现代选矿技术手册

张泾生 主编

第8册

环境保护与资源循环

肖松文 主编

北 京
冶 金 工 业 出 版 社
2014

内 容 简 介

本书围绕选矿过程中的环境保护与资源循环进行编写，具体包括矿山的环境保护与可持续发展、选矿产品的脱水及选矿废水的处理与循环使用、尾矿的回收利用、堆存及尾矿坝的管理、选矿厂的清洁生产与生态矿山建设、资源的循环与二次资源分选回收。

本书可供从事选矿工作及相关专业的科研、管理人员以及高等院校相关专业师生参考。

图书在版编目(CIP)数据

现代选矿技术手册．第8册，环境保护与资源循环/张泾生主编；肖松文分册主编．—北京：冶金工业出版社，2014.1

ISBN 978-7-5024-6402-8

Ⅰ.①现… Ⅱ.①张… ②肖… Ⅲ.①选矿—技术手册 ②矿山—选矿—环境保护—技术手册 ③矿山—选矿—资源利用—技术手册 Ⅳ.①TD9－62 ②X751－62

中国版本图书馆 CIP 数据核字(2013) 第 263002 号

出 版 人　谭学余
地　　址　北京北河沿大街嵩祝院北巷39号，邮编100009
电　　话　(010)64027926　电子信箱　yjcbs@cnmip.com.cn
策划编辑　张　卫　责任编辑　张耀辉　美术编辑　彭子赫
版式设计　孙跃红　责任校对　王永欣　责任印制　牛晓波
ISBN 978-7-5024-6402-8
冶金工业出版社出版发行；各地新华书店经销；三河市双峰印刷装订有限公司印刷
2014年1月第1版，2014年1月第1次印刷
787mm×1092mm　1/16；30.25印张；732千字；463页
98.00元

冶金工业出版社投稿电话:(010)64027932　投稿信箱:tougao@cnmip.com.cn
冶金工业出版社发行部　电话:(010)64044283　传真:(010)64027893
冶金书店　地址:北京东四西大街46号(100010)　电话:(010)65289081(兼传真)

（本书如有印装质量问题，本社发行部负责退换）

《现代选矿技术手册》
编辑委员会

《现代选矿技术手册》

各册主编人员

第 1 册	破碎筛分与磨矿分级	张国旺
第 2 册	浮选与化学选矿	张泾生
第 3 册	磁电选与重选	周岳远
第 4 册	黑色金属选矿实践	陈　雯
第 5 册	有色金属选矿实践	谢建国
第 6 册	稀贵金属选矿实践	肖松文
第 7 册	选矿厂设计	黄　丹
第 8 册	环境保护与资源循环	肖松文

《现代选矿技术手册》前言

进入新世纪以来，国民经济的快速发展，催生了对矿产资源的强劲需求，也极大地推动了选矿科学技术进步的步伐。选矿领域中新工艺、新技术、新设备、新药剂大量出现。

为了提高我国在选矿科研、设计、生产方面的水平和总结近十年选矿技术进步的经验，推动选矿事业的进一步发展，冶金工业出版社决定出版《现代选矿技术手册》，由中国金属学会选矿分会的挂靠单位——长沙矿冶研究院牵头组织专家编写。参加《现代选矿技术手册》编写工作的除长沙矿冶研究院的专业人士外，还邀请了全国知名高校、科研院所、厂矿企业的专家、教授、工程技术人员。整个编写过程，实行三级审核，严格贯彻“主编责任制”和“编辑委员会最终审核制”。

《现代选矿技术手册》全书共分8册，陆续出版。第1~8册书名分别为：《破碎筛分与磨矿分级》、《浮选与化学选矿》、《磁电选与重选》、《黑色金属选矿实践》、《有色金属选矿实践》、《稀贵金属选矿实践》、《选矿厂设计》以及《环境保护与资源循环》。《现代选矿技术手册》内容主要包括金属矿选矿，不包括非金属矿及煤的选矿技术。

《现代选矿技术手册》是一部供具有中专以上文化程度选矿工作者及有关人员使用的工具书，详细阐述和介绍了较成熟的选矿理论、方法、工艺、药剂、设备和生产实践，相关内容还充分考虑和结合了目前国家正在实施的有关环保、安全生产等法规和规章。因此，《现代选矿技术手册》不仅内容丰富先进，而且实用性强；写作上文字叙述力求简洁明了，希望做到深入浅出。

《现代选矿技术手册》的编写以1988年冶金工业出版社陆续出版的《选矿手册》为基础，参阅了自那时以来，尤其是近十年来的大量文献，收集了众多厂矿的生产实践资料。限于篇幅，本书参考文献主要列举了图书专著，未能将全部期刊文章及企业资料一一列举。在此，谨向文献作者一并致谢。由于时间和水平的关系，本书不当之处，欢迎读者批评指正。

《现代选矿技术手册》的编写出版得到了长沙矿冶研究院、冶金工业出版社及有关单位的大力支持，在此，表示衷心的感谢。

《现代选矿技术手册》编辑委员会

2009年11月

《现代选矿技术手册》各册目录

第1册　破碎筛分与磨矿分级

第1章　概述
第2章　粉碎理论基础
第3章　破碎与筛分
第4章　磨矿与分级

第2册　浮选与化学选矿

第1篇　浮选
第1章　浮选基本原理
第2章　浮选工艺
第3章　浮选新工艺及特种浮选技术
第4章　浮选药剂
第5章　浮选设备
第2篇　化学选矿
第6章　概论
第7章　矿物原料焙烧
第8章　矿物原料的浸出与分离
第9章　浸出净液中金属的分离回收

第3册　磁电选与重选

第1篇　磁选
第1章　概论
第2章　磁选理论基础
第3章　磁化焙烧
第4章　磁选设备
第5章　磁选工艺流程

第4册　黑色金属选矿实践

第5册　有色金属选矿实践

第6册　稀贵金属选矿实践

第7册　选矿厂设计

第8册　环境保护与资源循环

《环境保护与资源循环》编写委员会

（按姓氏笔画排列）

主　编　肖松文

副主编　阙煊兰

编　委　王又武　仝克闻　刘石桥　汤雁斌　杨文章　陈启平　陈顺良　陈　雯　周成湘　姚中亮　柳厚祥　顾帼华　黄自力　龚文勇

《环境保护与资源循环》前言

由冶金工业出版社出版，中国金属学会选矿分会挂靠单位长沙矿冶研究院牵头组织编写的《现代选矿技术手册》（共8册）陆续出版，本书为该手册的第8册《环境保护与资源循环》。

考虑到第一部《选矿手册》出版发行20多年来，金属矿山环境保护工作在我国发生了质的变化，成为矿山（选矿厂）生产管理的一项重要内容；在清洁生产、可持续发展、资源循环等先进理念的引领与国家法律制度的推动下，我国金属矿山（选矿厂）在环境保护与资源循环方面取得了巨大的进步。为了全面反映所取得的技术进步，本书对分散于第一部《选矿手册》各卷中与环境保护相关的章节内容进行了归并集中，并根据目前金属矿山（选矿厂）环境保护实际需要，对结构内容进行了重新编排，具体内容共分7章：第1章矿山（区）环境保护与可持续发展总论，第2章选矿产品脱水与水循环利用，第3章矿山（选矿厂）废水处理与循环利用，第4章选矿尾矿的综合回收利用，第5章尾矿堆存与尾矿库管理，第6章选矿厂清洁生产与生态矿山（区）建设，第7章资源循环与二次资源分选回收。

本书在编写过程中，充分考虑了矿山环境保护工作的特点，强调“理念适度超前、技术先进适用、法律政策贯彻到位”，具体参阅和收集了大量国内外专业文献以及矿山（选矿厂）环境保护的实践资料，特别注意吸收矿业发达国家在矿山（选矿厂）环境保护方面的先进经验，同时又考虑到国内的实际情况，技术应用实例以国内典型矿山选矿厂为主，从而强化技术进步方向的引导，力求内容全面、实用可靠。文字表达则尽量简单明了，力求做到深入浅出。本书可作为中专以上文化程度的选矿、环境保护工作者及有关人员使用的工具书。

本书除主编、副主编外，参加编写的还有长沙矿冶研究院仝克闻教授级高工、龚文勇教授级高工，中冶长天国际工程有限责任公司王又武教授级高工，长沙理工大学柳厚祥教授，长沙矿山研究院姚中亮教授级高工，大冶有色金属股份公司汤雁斌教授级高工，武汉科技大学黄自力教授等人。同时感谢中冶长天国际工程有限责任公司设计大师刘石桥教授及周成湘教授、杨文章教授，长沙矿冶研究院陈雯教授、陈启平教授，中南大学顾帼华教授，中南林业科技大学陈顺良教授认真审阅本书并提出宝贵意见。

由于时间和编写人员水平所限，书中不当之处，敬请读者批评指正。

《环境保护与资源循环》编写委员会
2013 年 4 月 22 日

《环境保护与资源循环》目录

1 矿山(区)环境保护与可持续发展总论

1.1 矿业的生态环境问题

1.1.1 概况

由于行业本质特性所限，矿业活动可能在多方面对生态环境产生影响，并导致不可逆转的生态环境破坏：矿石开采与废石/尾矿堆存直接占用土地、破坏土壤和地质条件，破坏土地上原有的生态系统；矿石、废渣等固体废物中酸/碱性、毒性、放射性或重金属成分，通过地表水体径流、大气飘尘污染周围的土地、水域和大气，影响远远超出废弃物堆置的地域和空间；采选加工过程中的废水、废气排放对于土壤、水体和大气环境影响巨大；几乎所有矿山都不同程度地遭受塌陷、滑坡、崩塌、泥石流灾害的危害或威胁，地质灾害在某种程度上已成矿业的“公害”[1~3]。

表 1-1 列出了与矿业活动相关的生态环境问题[4]，如果管理措施得当，其中某些问题可以避免，但是，如矿山生物多样性破坏等问题完全不可避免，只有等到矿山关闭后再重新修复；所涉及的生态环境要素分类列于表 1-2 中[5]。

表 1-1 矿业可能导致的生态环境问题及其表现形式

问题类型	主要表现形式
生态环境破坏	土地占用与植被破坏，地下水均衡系统破坏，地表水量减少，地质遗迹破坏，地形地貌改观，人文风景景观破坏，生物多样性丧失
环境污染	地表水污染，地下水污染，土壤污染及其环境效应，大气污染
地质灾害	崩塌，滑坡，泥石流，地面塌陷，地裂缝，地面沉降，尾矿库溃坝等

表 1-2 矿业活动与主要环境问题简表

环境要素	矿业活动对矿山环境的作用形式	产生的主要环境问题
大气环境	废气排放	大气污染
	粉尘排放	酸　雨
	废渣排放	
地面环境	地下采空	采空区地面沉陷（塌陷）
	地面及边坡开挖	山体开裂、崩塌，滑坡、泥石流
	地下水位降低	水土流失、土地沙化、岩溶塌陷
	废渣、尾矿排放	侵占土地、土壤污染、尾矿库溃坝
水环境	地下水位降低	水均衡遭受破坏
	废水排放	水质污染
	废渣、尾矿排放	

目前，人们普遍关注的矿业（山）生态环境问题，主要包括：水资源破坏与水污染、尾矿/废石等固体废物的产生与排放、尾矿库的溃坝与泄漏、土地占用与土壤污染、空气污染、生物多样性破坏，下面分项介绍相关情况[1~3,6,7]。

1.1.2 水资源破坏与水污染

矿业是一个高耗水行业，不仅消耗大量水资源，而且破坏矿山水资源体系：矿石开采过程中，由于矿井作业排水需要，将抽吸地下的蓄水层，从而导致矿区的水均衡系统被破坏，使其水文地质和水文条件发生改变，产生不同面积的疏干漏斗，引起区域性水位下降，减少地表水、土壤水和地下水的蓄积量，甚至发生地下水资源枯竭。

矿业废水的主要来源有矿坑（矿井）水、选矿废水、冶炼废水及尾矿库废水等。矿山废水的主要污染物为重金属离子、有毒有害化学品及固体悬浮物。选矿厂、冶炼厂由于大量使用硫酸、氰化物、有机物（浮选药剂）等有毒有害化学品，废水中含有大量的重金属及有毒有害成分，如铜、锌、砷、镉、六价铬、汞、氰化物以及各种悬浮物，这些成分复杂的废水进入地表水体，将使土壤或地表水体受到污染，危及矿区周围水域甚至破坏整个水系；尤其是酸性和含金属废水进入水道，其中的含酸混合物、高浓度有毒金属以及耗氧化合物，将对下游数公里的水生生物、水滨植物和水资源使用带来重大的风险。

酸性矿山排水（Acid Mine Drainage，AMD），是矿山水污染的一个特殊问题，它是由于黄铁矿等硫化矿物暴露于空气和水中，发生自然氧化形成。由于硫化矿物，尤其是黄铁矿普遍存在于黑色金属、有色金属、煤及非金属矿中，因此，几乎所有的固体矿山开采、选矿加工过程均将产生酸性矿山排水，而且废石堆、尾矿库也存在酸性矿山排水问题。因此，如未采取合理的治理措施，矿山关闭后，仍将长期影响环境和人类健康生活。例如，西班牙伊比利亚黄铁矿带中的一个有色金属矿区，尽管矿井早已闭坑废弃，但两千多年来一直产出酸性和有色金属废水。

1.1.3 固体废物的产生与处置

受技术经济条件限制，矿业过程必然产生大量的废石和尾矿等固体废物，据不完全统计，目前，全世界矿业每年排出的废石及尾矿总量达100亿吨以上。虽然其中部分可以回填采空区，但大部分仍需堆存处置，这不仅占用大量土地，破坏自然景观，而且由于成分复杂，含有多种有害成分甚至放射性物质，并通过水、气和土壤等途径，对周围环境造成严重影响。

1.1.4 尾矿库溃坝与泄漏

尾矿库是一个重要的矿山安全隐患，由于尾矿粒度细、浆体流动性好，极易发生泄漏事故，一旦泄漏、溃坝，则发生尾矿大量外泄，淤塞河道、冲毁农田、房舍、桥梁和公路，对下游地区人民的生命财产造成巨大危害，导致人员伤亡，近十年来，我国恶性尾矿库溃坝事故不断，人员伤亡严重。

而且，由于尾矿成分复杂，不仅含有微量有害金属元素，而且有不少硫化物、有机物、氯化物、氰化物等有害选矿药剂残留其中，发生溃坝、渗漏、裂缝事故后，尾矿所到之处必然导致土壤、水生环境污染，甚至形成流域性的生态环境灾害。例如，2001 年 1 月

30日，罗马尼亚 Baia Maye 金矿，因大雨和融雪，发生尾矿库溃坝和泥石流，10万立方米含氰化物尾矿浆注入帝萨河支流，导致鱼类大量死亡，下游匈牙利境内200万人生活用水被污染。

1.1.5 地貌景观改变与植被破坏

不论是露天采矿，还是地下开采，采矿活动必然导致矿山地形地貌发生明显改变：露天采矿以剥离挖掘为主，它完全破坏了采矿场的植被，改变了采矿场的地表景观，使采矿场发生不可逆的变化，甚至使高山变成人工湖，其对地表地貌的景观改变、植被破坏远大于地下开采。地下开采虽无需剥离表土，但若不对矿井及地下坑道进行及时填充，则有可能发生地面沉陷、崩塌、滑坡，进而导致地表形态的改变，土地荒废、房屋倒塌。

矿山开采还可能破坏地面、地下生态系统平衡，进一步诱发地震、泥石流、山体滑坡等自然灾害，并发生更大规模的地貌景观改变与植被破坏。

1.1.6 土地占用与土壤污染

不论是矿石开采还是废石、尾矿堆存，矿业活动都要占用大量土地。一般来说，露天采矿所占用土地面积大约相当于采矿场面积的5倍以上。

矿山关闭后，如果没有及时针对被占用的土地采取有效生态恢复措施，将导致土壤的酸化、碱化、盐渍化、重金属污染、土壤板结等，使土地质量下降，土地承载力降低。

另外，矿区土壤的重金属污染正日益引起人们重视，我国某些有色金属矿区土壤中重金属的含量（见表1-3）都已大大超过背景值与国家标准值。

表1-3 我国重要矿区土壤重金属含量统计 (mg/kg)

矿 区	Pb	Zn	Cu	Cd	As	Cr	备注	文献出处
安徽铜陵	122.5	227.2	282.1	1.93	—	—	平均值	[8]
广东大宝山	193	241.9	220.1	1.3	24.1	—	平均值	[9]
湖南郴州	720.5	757.6	127.4	5.7	453.6	—	平均值	[10]
	764.74	372.75	95.57	4.10	—	—	平均值	[11]
贵州赫章	3260	4567	907.3	28.4	—		平均值	[12]
云南个旧	383.9~3085.89	677.56~5842.26	—	12.25~119.14	—	25.25~218.82	区间值	[13]
江西德兴	—	—	195.52	1.96	—	—	平均值	[14]
国家土壤二级标准	250	200	50	0.3	30	150	pH=6.5 最高值	

注：—表示没有数据。

1.1.7 空气污染

矿业的大气污染，主要源自粉尘颗粒物（dust particles），地质勘探、开采时的钻孔爆破、矿石粉碎、煅烧以及矿石/废石运输过程，矿石破碎和焙烧过程都会产生大量的粉尘，这些粉尘以微细粒的液态、固态或黏附在其他悬浮颗粒上等形式进入大气中，危害大气和人体的健康。

另外，干旱地区废石堆尾矿库中的风化废石与细粒尾矿，在大风作用下极易产生扬尘，甚至形成沙尘暴。

除了粉尘外，二氧化硫、氮氧化物、一氧化碳等有害气体排放造成的大气污染同样不能忽视，具体来说，有色金属冶炼过程产生大量低浓度二氧化硫烟气，煤炭采矿时排放甲烷、一氧化碳、瓦斯气体，废石堆（特别是煤矿石）发生氧化自燃，同样释放大量有害气体。

1.1.8 生物多样性的破坏

矿业活动对于矿山区域的生物多样性产生直接或间接的影响。直接影响较易识别，主要源自土地植被被清除（道路建设，勘查钻探、表土剥离或建造尾矿库等）、废石/尾矿处置与排放，水污染、空气污染。间接或隐性影响主要源自采矿作业诱发的环境变化，通常很难立即识别，需要长期累积方能显现，而且影响显现后，往往会涉及相邻地区。

可以说，植被被清除、废渣排放、土壤土质退化与污染等将对矿区生物多样性造成致命破坏；生物多样性丧失后，虽然矿山遗址上某些耐性物种能实现自然生长，但由于矿山废弃地土层薄、微生物活性差，生态系统的恢复非常缓慢，通常需要50~100年才能完全恢复。

1.2 国际矿业环境保护与可持续发展的历程

1.2.1 国际矿业环境保护与可持续发展的历程

1.2.1.1 *矿业环境保护的发展历程*

矿业是一个历史悠久的产业。但是，矿业环境保护却始自20世纪50年代。美国、加拿大、澳大利亚等西方矿业发达国家，在惨痛的教训促使下，采取法律、经济、技术等多方面的措施治理环境污染，实施环境保护，具体经历了污染末端治理与环境保护法制化、污染源头控制与全面规范管理两个发展阶段[15~18]：

（1）污染末端治理与环境保护法制化。在环境保护早期阶段，主要采取污染末端治理形式，减少污染物的环境排放，控制环境污染的产生，政府则制定法律、法规及标准，强制企业进行污染治理，其中美国走在环境保护立法的最前列，1968年美国联邦政府颁布第一部关于环境问题的成文法《国家环境政策法》，使环境保护成为美国的基本国家政策。此后又颁布了一系列涉及矿业环境保护的法律法规，至1977年颁布《露天矿山复垦与执行法》、《联邦矿山安全和健康法》，基本形成了比较完善的矿业环境保护法律法规和管理措施体系。

（2）污染源头控制与全面规范管理。进入20世纪80年代，环境污染问题进一步复杂化、系统化，简单的污染末端治理不仅经济成本高，而且效果差；迫使政府与企业转变环境保护与污染控制方式。从企业角度，污染源头控制不仅成本远低于末端治理，而且效果好。政府的环境保护管理，则为从静态实施环保政策及标准向实施动态管理转变，从单一的管理手段向管理、示范、奖励等手段相结合转变，从传统的“命令与控制”手段向加强政府部门与矿业公司的合作、增强矿业公司的环保能力转变；政府部门建立明确的环保目标，制定切实可行的标准和激励措施，为矿业公司提供信息服务，开展环境影响评价，推广综合环境管理体系，加强政府部门、非政府组织、矿山企业之间的合作。

1.2.1.2 矿业可持续发展的兴起与深入推进

随着1987年联合国世界环境与发展委员会发表研究报告——《我们共同的未来》，1992年6月联合国环境与发展大会在巴西里约热内卢召开，通过《世界范围可持续发展行动计划》（即21世纪议程）。实现可持续发展成为国际组织和各国政府共同关心的重大国际问题之一。矿业也不例外，开始了可持续发展的新征程：

1992年，澳大利亚联邦政府发布《生态可持续发展国家战略》（National Strategy for Ecologically Sustainable Development）报告，明确提出矿业可持续发展的基本目标与战略策略[19]。

1996年，加拿大自然资源部发布面向可持续发展的矿物与金属管理政策：《加拿大联邦的矿物与金属管理政策：通过合作伙伴关系促进可持续发展》[20]。

1997年10月，17家跨国矿业公司联合成立防止酸化工业网（INAP），研究开发减少酸性排水的影响[21]。

1999年，9家全球最大的矿业公司发起了“全球矿业倡议（GMI）”；2000年4月GMI启动“矿业、矿产与可持续发展”项目，拉开了全球矿业界共同研究可持续发展问题的序幕，该项目专门调查分析矿业对可持续发展的贡献，并就如何在全球、区域、国家以及地方层次上提高矿业的贡献率提出建议；最后形成了题为《开创新纪元》的总报告和包括矿业可持续发展各方面问题的分报告[22]。

2000年，联合国可持续发展委员会第八次会议明确提出“在可持续发展体系中，把矿物、金属和复垦作为未来工作的优先领域。”

2001年，根据“矿业、矿产与可持续发展”项目的初步研究成果，国际金属和环境委员会（ICME）重组为国际采矿与金属理事会（ICMM），成为国际矿业与金属行业推进可持续发展的领导机构。

2002年，可持续发展问题世界首脑会议在南非约翰内斯堡召开，会议通过的《可持续发展世界首脑会议实施计划》明确提出：“矿业、矿产对多数国家的经济和社会发展至关重要”。并要求通过采取合理的行动措施促进矿业的可持续发展[23]。这是联合国首脑会议首次正式提出矿业的可持续发展问题，全球矿业界向可持续发展方向迈进的一个重要里程碑。

2003年，ICMM理事会通过可持续发展的10项基本原则，此后又相继发布了7个支撑性立场声明及一系列技术规范指导文件，从而形成了由基本原则、立场声明、公开报告、独立保证等构成的ICMM可持续发展框架[24]。

2003年，在联合国环境规划署和国际采矿与金属理事会指导下，黄金白银行业与其他利益相关方共同制定了《黄金行业氰化物生产、运输和使用的国际氰化物管理规范》(International Cyanide Management Code for the Manufacture, Transport and Use of Cyanide in the Production of Gold)，并成立了致力于强化氰化物安全管理的国际氰化物管理协会(ICMI)[25]。

2005年6月，澳大利亚矿产理事会正式发布“不朽的价值：澳大利亚矿产工业可持续发展框架”（Enduring Value—the Australian Minerals Industry Framework for Sustainable Development）及其实施指南[26~28]。

2005年11月，由加拿大和南非政府提议、联合国贸易与发展会议推动的“采矿业、矿物和金属可持续发展政府间论坛”在日内瓦成立，由此，国际社会为最大限度地扩大矿业对可持续发展的贡献迈出了重大步伐。

2011 年 12 月，“采矿业、矿物和金属可持续发展政府间论坛”秘书处发布“矿业可持续发展政策框架”文件[29]。

2011 年 5 月，联合国可持续发展委员会 19 届会议发布《促进矿业可持续发展的政策选择和行动措施》(Policy options and actions for expenditing progress in implementation: mining report of the secretary general)，这标志着矿业可持续发展进入了深入攻坚阶段[30]。

1.2.2　矿业领域的重大环境灾害事故

矿业由于自身特殊性，对自然环境的影响不可避免，而且相当严重，尤其是尾矿坝溃坝事故，由于大量的含重金属或氰化物的尾矿浆外泄，往往造成下游河流和土壤生态系统毁灭性破坏，甚至导致大量人员伤亡，产生严重的环境灾害与损失。表 1-4 列出了 1960 ~ 2011 年国际上重大的尾矿坝灾害事故及其损失情况[31]。

表 1-4　国际上重大的尾矿坝事故（1960 ~ 2011 年）

日　期	国家/矿山	所属公司	事故类型	尾矿泄漏量	影响/损失
1965. 3. 28	智利 El Cobre 铜矿新尾矿库		地震导致尾矿液化/垮坝	35 万立方米	尾矿下泻 12km，毁坏 El Cobre 镇，超过 200 人死亡
1965. 3. 28	智利 El Cobre 铜矿老尾矿库		地震导致尾矿液化/垮坝	190 万立方米	
1966. 5. 1	保加利亚 Sgorigrad Mir 铅锌铜矿		暴雨导致库漫堤垮坝	45 万立方米	尾矿下泻 8km，下游 Sgorigrad 半个村庄毁损，死亡 488 人
1966. 10. 21	英国 Aberfan，Wales，煤矿	Merthyr Vale Colliery	暴雨导致尾矿液化/垮坝	16. 2 万立方米	尾矿下泻 600m，144 人死亡
1970	赞比亚 Mufulira，铜矿		尾矿液化泄漏进入地下工事	100 万吨	89 名矿工死亡
1971. 12. 3	美国 Fort Meade 磷矿，Florida		黏土坝垮坝	900 万立方米黏土水	尾矿沿 Peace River 下泻 120km，大量鱼类死亡
1972. 2. 26	美国 Buffalo Creek 煤矿，West Virginia		暴雨导致库垮坝	50 万立方米	尾矿下泻 27km，125 人死亡，经济损失超过 6500 万美元
1974. 11. 11	南非 Bafokeng，铂矿		尾矿泄漏、管道损坏	300 万立方米	死亡 12 人，尾矿下泻 45km
1979. 7. 16	美国 New Mexico，Church Rock，铀矿	United Nuclear	尾矿库基础破坏/泄漏	37 万立方米放射性废水，1000t 污染沉泥	污染沉泥下泻 110km
1980. 10. 13	美国 Tyrone 铜矿		子坝增加过快，产生内应力	200 万立方米	尾矿下泻 8km，毁坏农田

续表 1-4

日　期	国家/矿山	所属公司	事故类型	尾矿泄漏量	影响/损失
1981.12.18	美国 Ages 煤矿 Harlan County, Kentucky	Eastover Mining Co.	暴雨导致垮坝	9.6 万立方米煤回用污泥	污泥沿河下泻1.3km，死亡1人，Cumberland 河中鱼大量死亡
1982.11.8	Sipalay, Negros Occidental, Philippines 铜矿	Marinduque Mining and Industrial Corp.	黏土基础滑坡导致溃坝	2800 万吨	尾矿下泻进入农田，使其增高 1.5m
1985.7.19	Stava, Trento, Italy fluorite	Prealpi Mineraia	安全线不足，出水管道不够	20 万立方米	尾矿下泻 4.2km；268 人死亡，62 间房屋毁坏
1991.8.23	加拿大 Sullivan 铅锌矿 Kimberley, British Columbia	Cominco Ltd.	扩建时老尾矿液化导致垮坝	7.5 万立方米	邻近水源污染
1994.2.14	南非 Olympic Dam 铜铀矿，Roxby Downs	WMC Ltd.	两年多时间里尾矿泄漏	500 万立方米污染水进入土壤中	
1994.2.22	南非 Harmony 金矿，Merriespruit	Harmony 金矿公司	暴雨导致垮坝	60 万立方米	尾矿下泻4km，17 人死亡
1995.8.19	圭亚那 Omai 金矿	Cambior Inc.	管道破坏导致垮坝	420 万立方米氰化物污泥	Essequibo 河 80km 生态毁灭
1995.9.2	菲律宾 Placer 金矿，Surigao del Norte	Manila Mining Corp.	尾矿库基础破坏	5 万立方米	12 人死亡，沿岸污染
1996.3.24	菲律宾 Marcopper 铜矿，Marinduque Island	Placer Dome Inc.	老排水管泄漏尾矿	160 万立方米	疏散 1200 人，18km 填满尾矿，损失 8000 万美元
1998.4.25	西班牙 Los Frailes 铅锌铜矿，Aznalcóllar	Boliden Ltd.	基础破坏导致垮坝	4～500 万立方米毒性废水与污泥	1000 多公顷农田被尾矿填埋
2000.1.30	罗马尼亚 Baia Mare 金矿	Aurul S. A.	暴雨、融雪导致垮坝	10 万立方米含氰化物废水	蒂萨河支流 Somes/Szamos stream 被污染，鱼类死亡 1 吨多，下游 200 万人生活用水被污染
2000.3.10	罗马尼亚 Borsa	Remin S. A.	暴雨导致垮坝	2.2 万吨含重金属尾矿	蒂萨河支流 Vaser stream 被污染
2000.10.11	美国 Inez 煤矿，Martin County, Kentucky	Martin County Coal Corporation	地下矿井坍塌导致尾矿库垮坝	95 万立方米煤泥泄漏进入河道中	约 120km 河流被污染，其中鱼类死亡，Tug 镇生活自来水系统改建
2010.10.4	匈牙利 Kolontár，铝土矿	MAL Magyar 铝公司	垮坝	70 万立方米碱性赤泥	多个小镇被淹（$8km^2$），死亡 10 人，大约 120 人受伤

1.2.3　推进矿业可持续发展进程的重要国际公约

自20世纪70年代起，在联合国主持和欧盟等地区性组织的支持下，与环境保护相关的几个国际公约相继生效，表1-5列出了其中几个重要的国际公约和议定书，以及它们已经或将对矿业产生的影响。

表1-5　有关重要的国际公约、议定书及其对矿业的影响

国际公约（议定书）	签约时间/地点	对矿业的影响
保护世界文化和自然遗产公约	1972年巴黎	影响有自然和文化价值古迹周围的矿山开采
关于特别是作为水禽栖息地的国际重要湿地公约（拉姆萨尔湿地公约）	1971年伊朗拉姆萨尔	可能影响涉及湿地的矿业项目土地获取
蒙特利尔破坏臭氧层物质管制议定书	1987年加拿大蒙特利尔	限制工业产品中的氟氯碳化物使用，影响到采矿工业，尤其是深井矿山制冷系统的改变
控制危险废料越境转移及其处置巴塞尔公约（Basel Convention）	1989年通过/1992年生效	可能影响到某些金属废料的贸易，尤其是与冶金工业有关
生物多样性公约（Biodiversity Convention）	1992年巴西里约热内卢	土地获取困难，矿业项目可能破坏生态系统、影响生物多样性
气候变化框架公约	1992年纽约	限制二氧化碳、甲烷等温室气体排放，矿业必须节能减排，也可能影响到煤炭市场
京都议定书（Kyoto Protocol）	1997年日本京都通过	为各国的温室气体排放规定了减排目标

在以上国际公约中，气候变化框架公约、京都议定书对矿业的影响最显著。由于采矿和冶炼企业是能源消耗大户，除非它们提高能源利用效率，否则必须面临成本上涨与温室气体减排的压力。协议生效后，已经有欧盟、加拿大、澳大利亚等国矿业企业采取措施，通过更好地管理资源、改进技术、提高员工为下一代保护全球气候的意识，减少能源消耗。

虽然目前发展中国家还不必履行京都议定书中的减排义务，但同样面临改变能源消费模式的压力。而且虽然一个国家有主权决定是否认可某一项国际公约，但由于经济的全球化要求，最终所有国家都参与国际公约不可避免。因此，国际公约对于各国矿业的影响是必然的。

1.3　矿业可持续发展的内涵、目标与措施

1.3.1　矿业可持续发展的内涵

可持续发展，是指："满足当代人需要，而不损害后代人满足他们需求能力的发展"。矿业可持续发展，是可持续发展在矿业领域的具体化，根据"矿业、矿产与可持续发展"项目《开创新纪元》报告，具体是指：将矿业作为一个整体对待，它在为人类今天幸福生活做出贡献的同时，并不影响后代人从中获取资源的能力[32]。通俗地理解，是指："矿业项目投资在经济上有利可图，在技术上适当，在环境上无害，在社会上负责任"。但是，

这并不意味着一个矿山关闭后再开另一个矿山，即为可持续发展。

矿业可持续发展，具体体现在经济可持续、生态可持续、社会可持续三个方面：

（1）经济可持续。经济持续有效地向社会提供矿物与金属产品。

（2）生态可持续。矿业开采过程中应尽可能地减少三废排放、土地资源占用与生物多样性破坏等生态环境影响；矿山关闭后，应将生态环境修复到矿山开发前或不影响当地社区发展的状态。

（3）社会可持续。矿业开发应促进当地社区居住贫困人口的发展，并不影响相关方从其他自然资源（例如土地旅游资源）获利与发展的能力。

以此为基础，加拿大、澳大利亚等矿业发达国家根据本国的实际情况及关注重点，对矿业可持续发展的内涵进行了进一步阐述。例如，根据《加拿大政府的矿物与金属管理政策》，加拿大矿物和金属工业可持续发展具体包括以下因素：

（1）在勘探、开采、生产、加工增值、使用、再使用、再循环以及必要情况下，处理矿物与金属产品过程中采用最佳工作方案，使用最有效、最有竞争力、对环境最为负责的工作方式。

（2）尊重所有资源使用者的需求和价值，并将所有这些融入政府的决策中。

（3）保持或提高当代以及后代人的生活质量与生活环境。

（4）保证各有关组织结构、个人及社区的参与。

1.3.2 矿业可持续发展的基本原则与框架

矿业可持续发展，就必须在一个社会、经济、环境等方面表现出持续改进，并且，政府管理体系不断进化创新。推进矿业可持续发展，首先必须建立一套可持续发展的基本原则及其实施框架。

《MMSD 开辟新天地》提出了矿业可持续发展在社会、经济、环境、政府四个方面的基本原则，具体见表 1-6[22]。

表 1-6 矿业可持续发展的基本原则

相关方面/角度	基 本 原 则
经济领域（Economic sphere）	人民生活水平的提高；提高资源利用效率与经济效益；实现环境和社会成本的内部化；矿业公司实力的保持与增强
社会领域（Social sphere）	保证发展过程中成本与利益的公平分摊；尊重与强化基本人权；寻求持续改善、确保通过其他形式资本积累；在矿产资源耗竭后不影响后代人发展
环境领域（Environmental sphere）	强化自然资源与环境保护的责任，包括已破坏环境的修复；全供应链实施废物与环境破坏最小化；在环境影响不知或不明情况下，谨慎行动；尽可能保护自然生态与关键自然资源
政府领域（Governance sphere）	支持人民民主参与决策；鼓励在透明与公平法规政策体系下，企业独立运营；通过适当的审核与平衡，避免权利的过度集中；通过为所有相关方提供相关真实信息，以确保程序公正；推进合作以建立诚信共赢的价值观；恰当决策，并坚守必要的基本原则

国际矿业与金属理事会在《MMSD 开辟新天地》报告基础上，于 2003 年 5 月发布了矿业公司推进可持续发展的 10 项原则[24]，具体是：

（1）实行和维持符合道德伦理的生产实践和牢固可靠的公司管理体制；

（2）在公司决策过程中，融合可持续发展考虑；

（3）在对待、处理受矿业活动影响的雇员和其他人员时，拥护基本人权和尊重文化、习俗和价值；

（4）基于有效的数据和牢固的科学，实施风险管理战略；

（5）寻求不断地改进和提高健康和安全业绩的方式；

（6）寻求不断地改进环境业绩的方式；

（7）有助于保护生物多样性和综合的土地利用规划；

（8）促进和鼓励负责任的产品设计、使用、再使用、循环和产品处理；

（9）有利于社区社会、经济和公共事业的发展；

（10）与各利益有关方进行有效的、透明的接触和沟通，并独立进行核查报告安排。

并在10项原则基础上，建立了包括基本原则及其立场声明、公开报告、审核报告、会员行为评价在内的矿业企业可持续发展基本框架。

1.3.3　矿业可持续发展的目标与行动纲领

在可持续发展原则框架下，澳大利亚、加拿大等矿业发达国家从推进本国矿业发展需要出发，制定了相应的矿业可持续发展的目标与行动纲领。

1.3.3.1　澳大利亚

在1992年《生态可持续发展国家战略》（National strategy for ecologically sustainable development）报告中，澳大利亚联邦政府明确提出了矿业可持续发展的三项基本目标[19]：

（1）确保废弃矿山修复到良好的环境与安全标准，并至少达到与周围土地条件一致的水平；

（2）为使用矿物资源向社区提供适当的回报，并确保矿业部门环境保护和管理业绩良好；

（3）改进社区合作与信息公开，改善职业卫生与安全水平，实现社会公平发展。

基于以上目标，确定了矿业生态可持续发展的基本策略：确保矿产资源勘查与开发符合生态可持续发展原则，通过强化决策机制、要求高水平环境与职业健康安全业绩、强化地质科学信息基础、最大化采矿对社会的经济回报、改进协商机制，从而来达到矿产和能源生态可持续发展的目标。通过强化决策机制，建立一个高标准环境、职业卫生与安全体系，加强地质科学信息基础，优化矿业对社区经济回报以及改革顾问体制等具体措施，实现矿业可持续发展。

为了贯彻国家生态可持续发展战略，1996年12月澳大利亚矿产理事会（Minerals Council of Australia）代表澳大利亚矿产业，制定了《环境管理准则》（Code for Environment Management），2000年2月，在对过去3年（1996～1999年）原准则实践评估的基础上，又进一步修订了《澳大利亚矿产工业环境管理准则》（Australian Minerals Industry Code for Environmental Management）[33]。

2005年6月澳大利亚矿产理事会发布了“不朽的价值：澳大利亚矿产工业可持续发展框架”（Enduring Value—the Australian Minerals Industry Framework for Sustainable Development）[26]。进一步强化了澳大利亚矿产工业对可持续发展的承诺，即：

（1）不断履行国际采矿和金属理事会的10项原则和组成要素；

（2）至少在一年基础上，公开报道矿场层级的业绩，报道格式从全球报告倡议、全球报告倡议采矿与金属业增刊中自选或自己制定；

（3）评估所采用的系统，以管理关键的运作风险。

1.3.3.2 加拿大

加拿大联邦政府为了满足加拿大国民对发展经济、增加就业、建立更加有效有力的联邦制以及实施可持续发展的愿望，制订了矿物与金属工业可持续发展以下六项目标[20]：

（1）将可持续发展概念融入联邦政府有关矿物和金属工业决策中，建立以可持续发展为基础的决策原则。

（2）在开放和自由的全球贸易及投资框架中，确保加拿大矿物与金属工业的国际竞争能力。

（3）通过与其他国家、利益相关方及多边机构组织结成合作伙伴关系，在国际上提倡和推动矿物与金属的可持续发展。

（4）使加拿大成为世界上促进金属及其有关产品安全使用的先行者。

（5）鼓励土著居民参与到和矿物与金属有关的活动中。

（6）提供一个科学技术发展和应用的框架，从而使矿业能够提高竞争能力，并更好地保护环境。

在以上总体目标基础上，加拿大联邦政府围绕联邦政府的决策、商业环境、矿物、金属与社会、土著社区、科学技术、矿物、金属与国际大环境、指标衡量与跟踪检查等事项，制订了更为详细的行动措施，以确保可持续发展目标的实现。

1.3.4 矿业可持续发展的具体行动措施

在《可持续发展问题世界首脑会议执行计划》中，明确提出为了提高采矿、矿物和金属业对可持续发展的贡献，需要采取下列行动[30]：

（1）明确采矿、矿物和金属业整个生命周期对环境、经济、健康和社会方面所产生的影响及惠益；在各有关政府、非政府组织、矿业公司和工人及其他利益相关者之间建立伙伴关系，强化在国际与国家层面已经开展的相关行动，提高可持续采矿和矿物加工业的透明度和问责制；

（2）加强当地和土著社区及妇女等利益相关者的参与，根据国家法规，使其在矿业活动的整个生命周期，包括矿场关闭后的修复上发挥积极作用；并考虑到重大的跨界影响。

（3）为发展中国家和经济转型国家提供资金、技术和能力建设支持，促进其实施可持续的采矿（包括小型采矿在内）和矿物加工；并在可能与适当时，完善增值加工、提供最新科学技术信息、开垦与恢复已经退化的矿场。

2011年联合国可持续委员会19届会议发布的《旨在加快执行进度的各项政策选择和行动：采矿业》进一步细化了相关的行动措施，具体如下：

（1）在政府、公司和社区各级发展伙伴关系和有效协作，建立完善矿业部门为重点的知识伙伴关系。

（2）把矿业更充分地纳入国民经济体系，强化了矿业行政管理程序现代化，提高矿业效益，促进矿业公司的利润再投资，发展地方经济。

(3) 强化完善矿业环境保护的法律、法规和体制框架，在国家层面促进矿业公司实施最佳环境管理，确保废弃矿场环境得到良好恢复，妥善管理尾矿库、废石场、矿场排水和闭坑矿场。

(4) 在国家层面加强法律、法规和体制框架建设，改善矿工工作生活条件，消除童工，保障落实人权，保护土著和当地社区的权利，实施包括公平搬迁补偿在内的补救和赔偿机制。

(5) 加强主要群体以及当地和土著社区的参与，强化信息公开，分享最佳环境保护措施。

(6) 在国际社会支持下，在国家层面加强技术创新和能力建设。

(7) 支持最佳技术和专门技能转让，帮助发展中国家减少采矿的负面环境影响，鼓励分享矿场关闭和环境复原、采矿过程中水的回用，水污染最小化、节能以及减少化学品使用方面的最佳实践做法。

(8) 推动矿冶公司接受可持续采矿原则，逐步提高采矿作业的环境和社会标准，强化矿业企业的社会责任和环境责任，提升可持续发展方面绩效。

(9) 促进将人工与小规模采矿（ASM）融入国家经济体系，在使其负面环境与社会影响最小化基础上，最大限度增加创收和谋生机会。

(10) 持续改善矿业部门的国际管理，认可采矿业、矿物、金属与可持续发展政府间论坛（IGF）的工作，鼓励国际组织、各国政府、公司和相关利益方一道制定指导方针和最佳规范，指引矿业发展。

(11) 提高矿冶领域的能源和资源使用效率，有效利用和管理矿产资源，促进金属和矿物的循环利用。

下面重点介绍与环境保护与清洁生产技术密切相关的具体措施。

1.3.4.1 法律政策制度与管理体制建设

政府层面，世界各国，尤其是西方发达国家，纷纷修订矿业法及相关法规制度，增加了更多和更加严格的环境保护内容，具体对矿山开发和环境影响评价，矿山闭坑和复垦，污染防治控制等问题都制订了专门的规定，形成了环境影响评价制度、矿山复垦保证金和财务担保制度、环境监督和检查制度为核心的矿业环境保护法律与管理制度。

行业层面，由世界著名矿业公司以及国际地区及国家行业/商品协会组成，代表国际上采矿和金属行业的国际性行业组织，国际采矿与金属协会（International Council on Mining and Metals，ICMM）自2001年成立以来，一直致力于与业界和其他主要利益相关方一起，推进矿业和金属领域的可持续发展，制订了可持续发展的原则框架及实施规范，基本形成了由原则立场声明、信息主动公开报告、第三方行为审核报告、会员行为绩效评价组成的矿业公司可持续发展主动行为制度。

1.3.4.2 制定实施最优的技术方法与管理规范

技术与管理是矿业环境保护与推进可持续发展的基础手段与保障措施。针对矿业的特点，各国环境保护与矿业管理部门与各国矿业协会及著名矿业公司合作，制定颁布了一系列的矿业环境保护与可持续发展技术与管理规范，用以指引矿业公司按最佳技术与管理方法处理有关问题，其中最有影响的有：ICMM组织编写的ICMM良好实践指南[34]、澳大利亚环境保护部组织编写的《Best practice environment management in mining program》（采矿业环境管理最佳实践方案）[35]及澳大利亚工业旅游，资源部组织编写的《Leading practice sustainable development program for the mining industry》（采矿业可持续发展最优方法计划）[36]。下面列出三个丛书的具体书目，具体可以根据网址到网上免费下载。

A ICMM良好实践指南[34]

（1）Good practice guidence for mining and Biodiversity（采矿和生物多样性保护的良好实践指南）；

（2）Community development Toolkit（社区发展工具仓）；

（3）实现价值最大化：关于在矿产和金属价值链实施原料管理的指导手册；

（4）矿物和金属管理2020；

（5）采矿和金属业与人权：概况，管理方法与问题（2009）；

（6）Metals Environmental Risk Assessment guidence（金属环境风险评价指南）。

B Best practice environment management in mining program BPEM（采矿环境管理最佳实践计划）[35]

（1）Mine planning for environmental protection 矿山环境保护规划；

（2）Community consultation and involvement 社区顾问与参与；

（3）Environment impact assessment 环境影响评价；

（4）Environmental management systems 环境管理体系；

（5）Planning a workforce environmental awareness training program；

（6）Cleaner production 清洁生产；

（7）Environmental risk management 环境风险管理；

（8）Onshore minerals and petroleum exploration 海滨采矿与石油勘探；

（9）Tailings containment 尾矿污染；

（10）Hazardous materials management storge and Disposal 危险物管理、储存与处置；

（11）Managing sulphidic mine wastes and acid drainage 硫化矿废物与酸性废水管理；

（12）Water management 水管理；

（13）Noise，Vibration and airblast control 噪声、振动与鼓风控制；

（14）Cyanide management 氰化物管理；

（15）Atmospheric emissions 大气排放；

（16）Environmental monitoring and performance 环境监测；

（17）Environmental auditing 环境审计；

（18）Rehabilitation and Re-vegetation 修复与复垦；

（19）Landform design for rehabilitation 土地修复设计；

（20）Contaminated sites 污染场址；

（21）Mine decommissioning 矿山退役。

C Leading practice sustainable development program for the mining industry（采矿可持续发展最优方法计划）[36]

（1）a guide to leading practice sustainable development in mining（指南）；

（2）Airborne contaminants，noise and vibration（空气污染物、噪声与振动）；

（3）Biodiversity management（生物多样性管理，有中文版）；

(4) Community engagement and development（社区参与与发展，有中文版）；
(5) Cyanide management（氰化物管理）；
(6) Evaluating performance：monitoring and auditing（行为评价）；
(7) Hazardous materials management（危险物管理）；
(8) Managing acid and metallic-ferrous drainage（酸性和含金属废水管理，有中文版）；
(9) Mine closure and completion（矿区关闭与完成，有中文版）；
(10) Mine rehabilitation（矿区复原，有中文版）；
(11) Risk Management（风险管理）；
(12) Stewardship（监护，有中文版）；
(13) Tailings management（尾矿管理，有中文版）；
(14) Water management（水管理）；
(15) Working with indigenous communities（与土著社区合作）。

1.4　我国矿业环境保护与可持续发展

1.4.1　我国矿业环境保护的发展历程

1.4.1.1　矿业对国民经济社会发展的贡献

我国的矿业发展历史悠久，新中国成立后，尤其是改革开放以来，我国矿业获得了前所未有的大发展，探明了一大批矿产资源，建成了十分完善的矿产品生产与供应体系，2010 年固体矿产总量达到了 90 亿吨，其中原煤 33 亿吨、铁矿石 10.72 亿吨、10 种有色金属 3153 万吨、磷矿石 6807 万吨[37]。矿业不仅为我国国民经济社会发展提供了重要的能源和原材料保障，而且推动了区域经济，特别是中西部少数民族地区、边远地区经济的发展，解决了大量社会劳动力的就业，已成为推动国民经济社会持续协调发展的重要动力。

1.4.1.2　矿业环境保护与可持续发展的历程

自 20 世纪 80 年代初起，我国矿业的环境污染不良后果明显显露出来。为此，1986 年第六届全国人民代表大会常务委员会第十五次会议通过的《中华人民共和国矿产资源法》，明确规定："开采矿产资源，必须遵守有关环境保护的法律规定，防止污染环境"，从而将矿山环境保护正式纳入了法制轨道。

此后十多年里，环境保护法（1989）、大气污染防治法（1995）、固体废物污染环境防治法（1995）、《水土保持法》（1991）、水污染防治法（1996）先后生效，并基本形成了相对完备的环境保护法律体系。但是，由于法律制度的操作性差、执行力度不够；加之矿业行业不景气，企业经济实力差，矿业环境保护一直踯躅前行，成效不大，环境污染状况继续恶化。

此期间，1992 年联合国环境与发展大会后，为了响应联合国《21 世纪议程》，推进可持续发展，中国政府 1994 年发布了《中国 21 世纪议程——中国 21 世纪人口、环境与发展白皮书》[38]，系统地论述了中国经济、社会与环境的相互关系，构筑了一个综合性的、长期的、渐进的可持续发展战略框架，明确了我国可持续发展的战略方向。

21 世纪初起，国家整体经济实力明显加强，但是环境污染明显加重，环境保护问题成为全国人民关注的焦点，并得到了国家各级政府的高度重视，国家明显加快了相关法律法规的健全完善步伐，并具体针对尾矿库安全管理、土地复垦与生态修复等矿山环境保护特殊问题，制订了一系列法规制度标准，明显强化了法律规范的实施力度。与此同时，政府采取政策引导与财政支持等措施，强化矿山环境治理力度，2000 年以来，矿山环境治理投入明显增大，矿山环境破坏得到一定程度遏制。

近年来，我国吸收矿业发达国家的先进经验，适时启动了矿山尾矿综合利用、绿色矿山、和谐矿区建设，使我国矿业跨入了与国际基本同步的可持续发展新征程。

2008 年 12 月，国务院发布《全国矿产资源规划（2008 ~ 2015 年）》，首次从国家层面明确提出“发展绿色矿业、推进绿色矿山建设”，并从资源利用效率、循环经济、地质环境保护和土地复垦等方面明确了矿山建设要求，确立了“大力推进绿色矿山建设，到 2020 年基本建立绿色矿山格局”的总体规划目标[39]。

2009 年初，中国矿业联合会发布矿业行业自律性规范——《绿色矿山公约》[40]，将国家绿色矿山建设的规划进一步落实为企业的自觉行动。

2010 年 8 月，国土资源部《关于贯彻落实全国矿产资源规划发展绿色矿业建设绿色矿山工作的指导意见》（国土资发［2010］119 号）[41]。明确了以“坚持政府引导，落实企业责任，加强行业自律，搞好政策配套”为基本原则，推进绿色矿山建设，并确立了绿色矿山建设的一系列具体要求；配套发布了《国家级绿色矿山基本条件》，建立了国家级绿色矿山的评估标准体系，使我国矿业可持续发展进入了稳步推进时期。

1.4.1.3 矿业环境保护与可持续发展的成绩

A 矿产资源节约与综合利用水平明显提高

通过资源整合，矿产开发利用格局明显优化，矿产资源向开采技术先进、开发利用水平高的优势企业集聚，初步形成了大型矿业集团为主体，大中小型矿山协调发展的格局。

近年来，无底柱分段崩落采矿、充填采矿、铁矿细磨—细筛—磁选、磁选—反浮选、硫化矿电化学调控浮选、铝土矿选矿-拜耳法等先进工艺技术及装备推广应用，矿产资源综合利用水平明显提高，金属矿山露天开采回采率达到 85% 以上，地下开采回采率达到 80% 以上，不少矿山铁矿选矿回收率达到 85% 以上，有色金属选矿回收率达到 80% 以上，磷、硫达到 60%，50% 以上的钒，22% 以上的黄金，55% 以上的铂、钯、碲、铟、锗等稀散金属来自综合利用；尾矿、煤矸石、粉煤灰等固体废物资源得到积极利用，矿业循环经济的曙光初现[42]。

B 矿山环境保护和安全生产步入正轨、获得实效

通过资源整合，合理调整矿区范围，科学编制开发方案，一大批历史上形成的“楼上楼”、“矿中矿”、矿业权重叠造成的安全生产隐患得到有效解决。

“十一五”期间，中央财政投入带动地方财政、企业和社会资金，投入矿山环境保护工作，矿山环境治理与生态恢复取得了实效，地质环境恢复治理率迅速提高，达到了 30%，全国土地复垦率已从《土地复垦规定》（国务院 1988 年 12 月第 19 号令）实施前的 2% 提高到 12%。不但治理了采矿造成的地质灾害，还复垦了土地，恢复了植被，促进了矿业经济的可持续发展。

C 企业社会责任意识加强，绿色矿山、和谐矿区建设取得初步进展

在经济全球化，矿业经营国际化大背景下，在国家相关政策的推动下，矿业公司的“企业社会责任”意识明显加强，中国五矿、中国黄金、西部矿业、辰州矿业等一大批矿

业公司，纷纷践行“企业社会责任”，强化环境保护与安全生产，支持矿区社会发展，并通过上市公司年报、发布企业社会责任报告、公司可持续发展报告等形式，公开公司在环境保护、节能减排、安全生产、清洁生产、社区建设等方面的行为业绩。践行“企业社会责任”已经成为这些矿业公司经营发展的一项重要内容。

作为践行社会责任的重要载体，自2010年起，“绿色矿山，和谐矿区”试点建设在全国铺开，试点工作紧紧围绕“和谐生态、和谐民主、和谐生产安全”3个重点推进，力求实现“开矿一处，造福一方；开发一小点，保护一大片；矿地和谐，科学发展”。目前已经有两批200多家国家级绿色矿山试点单位，引领示范作用已经初步显现。

1.4.2　我国矿业可持续发展的目标与纲领措施

1.4.2.1　我国矿业可持续发展的任务

朱训2000年在《论矿业与可持续发展》一文中，经过系统分析，提出了我国矿业可持续发展的三项任务：一是矿业要为我国经济建设与社会发展持续提供矿产资源保障；二是矿业开发过程中要搞好环境保护；三是矿业自身要实现可持续发展。并且，明确只有矿业自身做到可持续发展，才有可能为我国社会主义现代化建设持续提供矿产资源保障，并同时注意保护好环境[43]。

1.4.2.2　矿产资源的保护和可持续利用的总体目标及措施

在《中国21世纪人口、环境与发展白皮书》中，明确提出我国矿产资源的保护和可持续利用的总体目标是：在继续合理开发利用国内矿产资源的同时，适当利用国外资源，提高资源的优化配置和合理开发利用资源水平，最大限度保证国民经济建设对矿产资源的需要，努力减少矿产资源开发所造成的环境代价，全面提高资源效益、环境效益、经济效益和社会效益。具体目标如下[38]：

(1) 加强地质勘查工作，根据经济建设的需要与地质条件的可能，最大限度地保证国民经济急需的主要矿产有相应的探明储量和地质资料；

(2) 建立矿产资源的资产化管理制度，处理好矿产资源所有者和开发者，中央和地方的经济关系，加强矿产资源开发的监督管理，有效地抑制对矿产资源的乱挖滥采，保证矿业秩序的全面好转，实现矿产资源的合理开发利用；

(3) 提高对矿山“三废”的综合开发利用水平，努力做到矿山尾矿、废石以及废水和废气的“资源化”和对周围环境影响的“无害化”，实现矿山闭坑后，矿山环境整治、复垦工作的制度化；

(4) 建立适应市场经济要求的地质勘查管理体制和矿产资源管理体制，促进地质勘查工作的良性循环，充分发挥市场机制对矿产资源优化配置的基础性作用；

(5) 建立健全法律、法规体系，使矿产资源开发、地质环境保护和地质勘查工作及各项管理纳入法制轨道。

在以上目标基础上，具体制定了矿产资源管理、矿产资源综合勘查、评价管理、矿山环境保护管理及国际合作行动方面的行动措施。

1.4.2.3　我国矿业环境保护与可持续发展的法律管理制度

A　矿业环境保护的法律制度

目前，我国矿业环境保护法律制度体系由基本法、相关法以及专门法规标准组成。

其中基本法方面，矿业环境保护同时受《矿产资源法》和《环境保护法》两部法律的制约。

相关法方面，与环境保护法相配套的单项法律、法规，如环境影响评价法、水污染防治法、固体废物污染环境防治法、大气污染防治法、环境噪声污染防治法、自然保护区法等，都涉及到矿山环境保护。此外，建设项目环境保护条例（1998）、清洁生产促进法（2002）、循环经济促进法（2008）也与矿山环境保护密切相关。

专门法规标准，主要是针对矿山地质环境保护、尾矿库安全、土地复垦等特殊问题的法律法规文件。代表性的法规如下：

《中华人民共和国矿山安全法》（1992 年）；

《土地复垦条例》（国务院 2011 年 3 月第 592 号令，代替原土地复垦规定）；

《矿山地质环境保护规定》（国土资源部第 44 号部令）；

《地质灾害防治条例》（国务院令第 394 号）；

《尾矿库安全监督管理规定》（国家安全生产监督管理总局令［2006］第 6 号）；

关于尾矿库安全管理、矿山清洁生产等方面具体法规标准，详见后面相关章节。

B 矿山环境保护的管理制度

在法律法规基础上，我国建立了环境保护行政管理制度，规范环境保护事务。与矿山环境保护事务相关的制度，包括：矿山生态环境保护专项规划制度、环境影响评价、三同时制度、土地复垦制度、矿山环境恢复和土地复垦保证金管理制度、环境信息公开制度等。

a 矿山生态环境保护专项规划制度

《矿产资源规划管理暂行办法》（国土资发［1999］356 号）确立了我国矿山生态环境保护规划制度，其主要任务是对矿山开发建设的生态环境保护、矿山开发利用的“三废”处理、矿山土地复垦与土地保护利用、矿山环境污染和生态破坏的治理及矿区地质灾害监测与防治进行统筹规划，并保障实施。

b 环境影响评价、三同时制度

像普通建设项目一样，矿产资源开发利用建设项目，建设之前首先应进行环评，在建设过程中应实行“三同时”。矿山环境影响评价报告书，一般包括 4 方面的内容：

（1）矿山开发前的环境状况；

（2）矿山开采技术、方法、规模、环境保护方法和计划；

（3）矿业活动可能造成的环境影响，哪些是可以避免的，需采取何种方法减缓；

（4）防止环境污染、生态破坏、地质灾害的措施、方法、技术、技术设备、设施；要求针对相关环境污染与地质灾害问题，提出最佳方案，并采取切实有效的防治措施。

c 土地复垦制度

土地复垦是矿业环境保护中重要内容。《矿产资源法》、《水土保持法》、《土地复垦条例》等都规定了“谁破坏、谁复垦”、“谁复垦、谁受益”的土地复垦原则，并要求开发者植树种草，恢复表土层和地表植被。

d 矿山环境恢复和土地复垦保证金制度

《矿山地质环境保护规定》按照“污染者付费原则”，要求各种新、老矿业项目采取矿山环境恢复和土地复垦措施，并明确要求矿业权人应当缴存矿山地质环境治理恢复保证金，按照“企业所有，政府监管，专户储存，专款专用”的原则管理，以确保采矿权人能履行矿山环境恢复和土地复垦的义务[44]。

e　环境信息公开制度

根据《中华人民共和国清洁生产促进法》，为了促进公众对企业环境行为的监督，《关于企业环境信息公开的公告》（环发［2003］156号）明确要求相关企业进行环境信息公开。环境信息公开办法（试行）（总局令第35号）进一步正式确定了我国的企业环境信息公开制度。

环保部门应当在职责权限范围内向社会主动公开污染物排放超过国家或者地方排放标准，或者污染物排放总量超过地方人民政府核定的排放总量控制指标的污染严重的企业名单；列入名单的企业，应当向社会公开下列信息：

（1）企业名称、地址、法定代表人；

（2）主要污染物的名称、排放方式、排放浓度和总量、超标、超总量情况；

（3）企业环保设施的建设和运行情况；

（4）环境污染事故应急预案。

国家鼓励企业自愿公开下列企业环境信息：

（1）企业环境保护方针、年度环境保护目标及成效；

（2）企业年度资源消耗总量；

（3）企业环保投资和环境技术开发情况；

（4）企业排放污染物种类、数量、浓度和去向；

（5）企业环保设施的建设和运行情况；

（6）企业在生产过程中产生的废物的处理、处置情况，废弃产品的回收、综合利用情况；

（7）与环保部门签订的改善环境行为的自愿协议；

（8）企业履行社会责任的情况；

（9）企业自愿公开的其他环境信息。

环境信息公开的方式：列入名单的企业，应当在环保部门公布名单后30日内，在所在地主要媒体上公布其环境信息，并将向社会公开的环境信息报所在地环保部门备案。自愿公开环境信息的企业，可以将其环境信息通过媒体、互联网等方式，或者通过公布企业年度环境报告的形式向社会公开。

在企业环境信息公开制度基础上，为了促进上市公司，特别是重污染行业的上市公司真实、准确、完整、及时地披露相关环境信息，增强企业的社会责任感，国家环境保护总局发布了《关于加强上市公司环境保护监督管理工作的指导意见》（2008年2月22日，环发［2008］24号），建立了上市公司环境信息披露制度。

1.4.3　我国矿业可持续发展面临的问题及对策措施

1.4.3.1　我国矿业可持续发展面临的问题

在矿业开发利用的环境保护与可持续发展方面，仍面临一些矛盾和问题，主要有：

（1）部分矿产资源保障能力与发展需求差距明显。改革开放30年来，我国经济社会发展对矿物能源和原材料的需求一直处于急剧增长之中。虽然矿产资源供应总量大幅增长，但仍难以满足实际发展的需求，矿产资源对外依存度不断提高。（富）铁、（富）铜、优质铝土矿、铬铁矿、钾盐等大宗矿产对外依存度均已超过50%，其中2010年我国进口铁矿石达到6.19亿吨，对外依存度由2005年的54%提高到63%；以进口铜精矿为原料的冶炼铜产量比例，由2005年的56%上升到60%。

（2）资源开发和综合回收利用效率不高，资源浪费仍然严重。改革开放30年来，我国以相对不足的资源，支持了国民经济的快速增长，但是，资源开发利用方式总体上还相对粗放，开发利用效率不高，资源浪费仍较严重。2010年我国矿山企业“三率”（采矿回采率、采矿贫化率和选矿回收率）普遍偏低，矿产资源总回收率仅35%，共伴生矿产资源综合利用率40%；尾矿的平均利用率更不到10%，资源浪费仍然严重[45]。

（3）矿山生态环境恶化趋势仍未得到有效遏制。尽管近年来，矿山环境保护工作力度明显加大，但是由于长期忽视环境保护，近年“三废”排放量继续扩大，污染严重，土地破坏、水生态平衡失调日益突出，泥石流、地面塌陷等地质灾害加剧，生态环境恶化趋势仍未得到有效遏制。据初步统计，截至2008年底，全国因采矿活动占用、破坏土地面积达330万公顷，其中地面塌陷面积43万公顷，固体废弃物累计积存量353.3亿吨，2008年矿山废水液排放量48.9亿吨，2006~2008年引发的矿山地质灾害5000余次，造成直接经济损失近70亿元[46]。

表1-7~表1-12列出了2009年我国主要矿产业污染物的排放及处理情况[47]。

表1-7 2009年度全国矿产业工业废水处理排放情况统计

矿业	排放总量/万吨	达标排放量/万吨	达标率/%	污染物去除量/t			
				挥发酚	氰化物	化学需氧量	石油类
煤矿	80235.5	73665.1	91.81	36.966	2	127133.76	546.76
石油天然气	10197.5	10005	98.11	166.67	0.035	97647.2	171512.2
黑色金属矿	15546.2	14650	94.24	3.48	1.04	25446.9	89.97
有色金属矿	37307.3	32730	87.73	2.757	344.66	86175.86	12.4
非金属矿	7718.5	7291.5	94.47	0.052		20778.07	45.59
其他矿	573.6	460.4	80.26			323.303	1.923
矿业合计	151578.6	138802	91.57	209.925	347.735	357505.093	172208.843
全国总量	2090299.8	1980074.6	91.94	84754.5	13802.7	13212637.8	371074.6
行业比例/%	7.25	7.01	—	0.25	2.52	2.71	46.41

表1-8 2009年度全国矿产业工业废水主要污染物排放量统计 (t)

矿产类别	汞	镉	六价铬	铅	砷	挥发酚	氰化物	化学需氧量	石油类	氨氮
煤矿	0	0.295	0.083	0.04	0.259	264.693	1.677	91672.57	590.23	4709.6
石油	0.003	0	0.022	0	0	7.914	0.104	16599.74	397.14	756.171
黑色矿	0.015	0.207	0.246	5.208	0.407	0.499	0.084	11044.72	81.58	473.56
有色矿	0.487	12.523	1.172	115.44	114.475	1.232	5.506	46212.32	24.97	1855.48
非金属矿	0.005	0.032	0.542	0.397	0.351	0.171	0	6731.23	19.01	288.95
其他矿业	0	0	0	0	0	0	0	616.5	0.16	15.79
行业合计	0.51	13.057	2.065	121.085	115.492	274.509	7.371	172877.08	1113.09	8099.551
全国总量	1.387	32.317	55.424	182.214	197.299	1044.64	250.328	3791653	9513.5	245039
行业比例/%	36.77	40.40	3.73	66.45	58.54	26.28	2.94	4.56	11.70	3.31

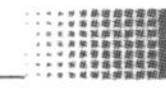

表 1-9　2009 年度全国矿产业工业废气排放量统计

矿产类别	工业废气排放量/亿立方米(标态)			二氧化硫排放量/t		
	排放总量	燃料燃烧排放量	生产工艺排放量	总　量	燃料燃烧过程排放	生产工艺过程排放
煤　矿	2334	2005. 4	328. 6	149861	132761	17100
石　油	1092. 2	1045. 6	46. 6	35302	25400	9902
黑色矿	1489. 1	914. 1	575	54538	22403	32136
有色矿	359	147. 8	211. 2	123028	15913	107115
非金属矿	834. 5	396. 9	437. 5	45230	39542	5688
其他矿业	18. 8	14. 2	4. 6	1079	933	146
行业合计	6127. 6	4524	1603. 5	409038	236952	172087
全国总量	436062. 7	241201	194862	164940645	14057743	288290

表 1-10　2009 年度全国矿产业工业废气中污染物处理排放量统计

矿产类别	二氧化硫去除量/t			烟尘/t		粉尘/t	
	去除总量	燃料燃烧过程去除	生产工艺过程去除	去除量	排放量	去除量	排放量
煤　矿	97284	94091	3193	1711792	92282	162241	187839
石　油	62612	3717	58895	46683	11052	0	4. 8
黑色矿	15129	4216	10913	102818	18401	146321	37815
有色矿	583333	6126	577207	126262	12072	49544	11614
非金属矿	26237	24266	1971	258133	22325	56614	25905
其他矿业	704	65. 7	4. 7	1240	1946	246	616
行业合计	785299	132481. 7	652183. 7	2246928	158078	414966	263793. 8
全国总量	28898606	17388953	11509653	328481457	5446242	87226480	4761993

表 1-11　2009 年度全国矿产业固体废物产生量统计　　（万吨）

矿产类别	总　量	危险废物	冶炼废渣	粉煤灰	炉　渣	煤矸石	尾　矿	其他废物
煤　矿	23869	0	32	300	295	20446	1424	1368
石　油	175	12	0	13	22	0	0	128
黑色矿	23442	0	34	10	32	2	20462	2901
有色矿	25848	158	77	10	25	10	24383	1164
非金属矿	1455	73	6	31	75	1	974	291
其他矿业	46	0	0	0	2	6	28	10
行业合计	74835	243	149	364	451	20465	47271	5862
全国总量	190674	1430	28209	36179	19818	22094	55563	22991
比例/%	39. 25	16. 99	0. 53	1. 01	2. 28	92. 63	85. 08	25. 50

表 1-12　2009 年度全国矿产业固体废物综合利用量统计　（万吨）

矿产类别	总　量	危险废物	冶炼废渣	粉煤灰	炉　渣	煤矸石	尾　矿	其他废物
煤　矿	18410	0	0	4	21	0	0	25
石　油	58	7	0	4	21	0	0	25
黑色矿	5823	0	28	11	31	5	4027	1722
有色矿	8954	73	47	2	24	9	8265	530
非金属矿	765	0	1	30	73	1	429	229
其他矿业	30	0	0	0	2	6	12	10
行业合计	34040	80	76	51	172	21	12733	2541
全国总量	128608	831	26257	27406	17899	17628	15270	17459
比例/%	26.47	9.63	0.29	0.19	0.96	0.12	83.39	14.55

由表 1-7 ~ 表 1-12 可知，固体矿业是我国“三废”生产排放的大户，有色金属矿业废水排放达标率都低于全国平均水平，仅 87.73%。

（4）矿山安全与劳动保障水平低、重特大安全事故时有发生。由于过度追求经济效益，矿山的劳动保障和管理体系不健全，安全防护条件差，独眼井、没有通风系统和安全通道、巷道缺乏支护等违反安全基本条件的情况，在中小型矿山十分普遍；矿山冒顶、坍塌、透水和瓦斯爆炸、尾矿库溃坝等人身伤亡与环境污染事故频繁发生。

尽管近年来，政府、社会加强了安全生产管理，自 2004 年起矿山企业安全生产事故呈持续下降的趋势，但是事故总量仍然较大，重特大事故时有发生，甚至出现“小公司小事故，大公司大事故”的情况。

（5）企业社会责任意识不强，矿区社会发展状况堪忧。由于多方面的原因，矿业公司的“企业社会责任”意识普遍不强，工人工作环境艰苦恶劣，正当权益得不到保护，矿区建设与发展被忽视。具体来说，自 20 世纪 90 年代初起，由于我国矿业公司经营模式的改变，矿山逐步成为纯粹的生产基地，矿业企业对矿山社区建设和发展支持明显减弱，加之矿山生态环境污染加剧，导致矿区生存环境明显恶化，矿区居民结构性失业突出，社会发展基础设施老化落后，社会治安秩序差，经济发展缓慢，社会问题突出。

近年，矿产资源开发秩序整顿工作严重打击了非法开矿，使矿产开发秩序明显好转。但是，并没有真正建立起合理的矿产开发利益分享机制，矿区居民未能分享到矿业快速发展的成果，却必须承担矿山生态环境恶化的严重后果，矿区持续发展前景堪忧。

（6）矿业可持续发展的法律体系不完善，支撑条件与能力建设滞后。虽然我国是一个矿业大国，但是，一直没有将矿业视为一个独立产业，制订相应的可持续发展战略框架。矿山的环境保护法律制度也散见于不同的法律、法规、规章和有关文件中。例如，《环境影响评价法》、《土地管理法》、《水土保持法》、《固体废弃物污染环境防治法》、《水污染防治法》、《土地复垦条例》、《关于逐步建立矿山环境治理和生态恢复责任机制的指导意见》等都有相应的规定，但是，却没有形成系统的矿山环境保护法律法规体系，针对性、可操作性较差。

特别要指出的是，根据国外经验，尤其是考虑到我国中小型矿山企业多，技术与管理水平低的特殊国情，矿山环境保护与可持续发展支撑条件与能力建设十分重要，但是，目前，支撑条件与能力建设方面明显落后于澳大利亚、加拿大等矿业发达国家。例如，至今仍没有一套包括矿山各种生态环境保护与可持续问题，具有较强操作实施性的适用技术与管理方法手册丛书，指导矿山企业的实际工作。导致中小矿山企业矿山环境管护没有很好的参照标准，环境保护与可持续发展不知从何入手，可持续发展推进缓慢。

1.4.3.2　我国矿业可持续发展的对策与措施

（1）继续完善法律政策制度体系，提高政府矿业管理的能力与水平。加快推进《矿产资源法》及其配套主要法规的修订，系统设计相关政策制度体系，提高政策制度的系统性、协调性与前瞻性；强化制度组合配套，尽快形成以战略统筹、规划调节为核心的矿产资源宏观管理体系，健全以市场配置为基础的矿业权管理体系，创新以矿产资源节约与综合利用为导向的资源高效利用体系，夯实以储量家底管理、行业诚信体系建设为基础的监管服务体系，建立以环境友好、矿区和谐为目标的资源开发社会责任体系；构建“调查评价扎实、规划调控科学、勘查快速突破、开发严格有序、市场监管有力、权益保障和谐”的矿产资源管理新格局，提高政府部门矿业管理的能力与水平。

（2）制定实施最佳的适用技术与管理规范，强化基础支撑条件与能力建设及分享。针对我国中小型矿山企业多、技术与管理水平低、环境保护与可持续发展基础条件差的特殊国情，向澳大利亚、加拿大等矿业发达国家学习，制定完善的矿山清洁生产、矿产资源节约与综合利用、环境保护与生态修复的技术标准与管理规范，使矿山监督管理、矿山环境保护与可持续发展推进有标准可依、有范例可循；加强矿山基层管理部门的基础技术条件与能力建设，重视基层管理人员与矿山一线工作人员的业务能力培训，提高相关人员的业务素质与技术水平。

（3）强化技术创新，提高矿产资源开发与综合利用效率，持续推进节能减排降耗。将技术创新作为支撑地质勘查找矿、资源高效开发利用、矿山生态环境保护的核心要素，实施鼓励矿业技术创新的财税政策，推动矿产资源清洁开发、节约与综合利用等方面的新技术开发与产业化应用，综合利用清洁生产和新能源技术，建立促进技术转化应用、推广的市场机制，加强矿业技术创新和管理经验的交流与共享；通过新技术、新工艺和新设备的应用推广，不断优化工艺流程，提高矿产资源开发与综合利用效率，持续推进节能减排降耗。

（4）强化矿业公司的社会责任，提升公司可持续发展绩效。将矿山生态环境保护作为矿业公司最基本的义务和责任，严格要求矿业公司在矿山开发全过程遵守国家相关法律法规，按照国家规范标准要求，披露企业环境信息，实施污染控制与环境保护工作，主动遵守国际矿业与金属理事会矿业公司可持续发展的10项基本原则、《中国矿业联合会绿色矿业公约》，建设绿色矿山。

强化矿业公司的社会责任，推动矿业公司将必要的社区建设纳入资源开发工程范围，反哺扶持矿区乡镇道路和饮水、农灌工程建设，关注社区的教育发展，支持矿区中小学教学条件改善，帮扶补助矿区困难家庭子女上学。除了必要的“输血”外，同样注重“造血”，积极创造条件，培训提高矿区村民的职业技能，吸收安排矿区农民就业，并通过委托运输、装卸、产品加工等，扩大就业范围；打造矿区特色产业，发展特色经济，提升矿区可持续发展的能力。

（5）加强公众参与和社区磋商，建设和谐矿区，促进矿区可持续发展。将公众参与和社区磋商作为促进矿区环境保护与可持续发展的重要措施，推动建立矿山开发过程中公众参与和社区磋商机制，使公众参与和社区磋商贯穿矿山建设开发的各个环节和所有阶段，实现资源开发与区域经济、生态环境保护、矿区居民生活、产业转型发展的统筹兼顾；着力建立由地方政府引导，矿业公司为主体，矿区公众及其他相关方共同参与的和谐矿区建设新格局，促进矿区和谐持续发展。

2 选矿产品脱水与水循环利用

2.1 选矿产品脱水目的及方法选择

2.1.1 选矿产品脱水的目的

选矿产品，不论是精矿、中矿或尾矿，均呈浆体状态，属于典型的悬浮液固液体系，固体浓度低，含水量高。根据后续生产的工艺要求及水资源再利用需要，都应进行固液分离脱水处理，具体情况如下。

2.1.1.1 *精矿*

精矿浆的固含量因选矿工艺而异：一般弱磁选精矿固含量45%～50%，强磁选精矿5%～10%，浮选精矿20%～25%。

精矿脱水的目的主要有：（1）脱除水分，满足产品用户或下一步工序的要求；（2）便于长途运输；（3）回收几乎不含固体的清水，实现水资源循环利用。

2.1.1.2 *中矿*

一般而言，中矿浆固体浓度较低，因此，必须脱水提高矿浆浓度，才能满足下一段选矿作业的需要。尤其是随着矿石“贫细杂”化，联合选矿流程的推广应用，中矿再磨/再选作业相应增加，中矿脱水已成为选矿工艺流程中的重要环节。

2.1.1.3 *尾矿*

选矿厂所用的水绝大部分最终都进入了尾矿浆，尾矿浆固体浓度一般较低，仅4%～10%，由于尾矿价值不大，固液分离的目的主要是满足浆体输送、堆存的需要和回收其中的水资源，以实现水资源的循环利用。

一般而言，选矿厂的尾矿浆处理都采取先浓缩增浓，然后泵送至尾矿库，尾矿库的澄清水又通过泵送返回选矿厂使用。近年来，随着节能降耗、环境保护要求不断提高，选矿厂纷纷采取尾矿高压浓缩脱水，实行尾矿膏体排放甚至干式排放，从而最大限度地回收利用水资源。

2.1.2 矿浆体系的特性及分离方法

2.1.2.1 *矿浆体系构成及水的赋存状态*

矿浆属于典型的悬浮液体系，具体由固体和液体两个相组成，其中固体为分散相，具体为矿物颗粒，液体是连续相，一般为水。矿浆体系中的水分，包括成矿过程中的水分、开采水分，分选加工用水和运输、存储过程中加入的水分，按赋存形态不同，可分为自由水、毛细管水、结合水及化合水四类[48]：

（1）自由水。又称重力水，存在于各种大孔隙中，其运动受重力场控制，是最容易被脱除的水。

（2）毛细管水。即颗粒间的空隙中因毛细管现象而吸附保留的水分子，水的保留量和孔隙度有关，孔隙度越大，可能保留的水分子越多。

（3）结合水。固体物料和液体水接触时，两相接触面因物理化学性质与固体内部不同，表面因自由能大而吸引水分子，在固体表面形成水化膜。结合水又可细分为强结合水和弱结合水。

强结合水，又称吸附结合水，指紧靠颗粒表面与表面直接水化的水分子和稍远离颗粒表面由于偶极分子相互作用而定向排列的水分子。

弱结合水，指与颗粒表面结合较弱的部分结合水，在温度、压力出现变化时偶极分子之间连接破坏，使水分子离开颗粒表面而在距其稍远部分形成的一层水，它具有氢键连接的特点，但水分子无定向排列现象。

通常，进入双电层紧密层的水分子为强结合水，在双电层扩散层上的水分子为弱结合水，结合水与固体结合紧密，不能用机械方法脱除，应用干燥法也只能去除一部分，并且当物料与湿度大的空气接触时，那部分水分又会吸收回来。

（4）化合水。是指和相关物质按固定的质量比率，直接化合而成为新物质的水分，由于结合牢固，该部分水只有在加热到物质晶体破坏温度，才能释放出来。

2.1.2.2　影响固液分离的固体物料性质

（1）粒度组成。物料粒度越粗，越易沉降，粒度越细，比表面积越大，吸附的水分多且不易脱除。物料的粒度组成均匀时，颗粒间空隙较大，容纳的水分多但却易脱除，若粒度组成不均匀，细颗粒充填在粗粒空隙中，而使颗粒空隙微小，毛细管作用增强，其水分难于脱除。

（2）密度。物质密度越大，同样粒度的颗粒越易沉降；同样质量的物质颗粒，密度越大，体积越小，相应比表面积越小，吸附的水分也越小。

（3）孔隙度。孔隙度大时存在水分多，毛细管作用弱而水分易脱除，孔隙度小时存在的水分少，但毛细管作用强，水分不易脱除。

（4）润湿性。润湿性差的疏水矿物，含水量少且易脱除，而亲水矿物含水量较多，脱水困难。

（5）细泥含量。泥质属亲水矿物，一方面它充填于物料间隙，而使毛细管作用增强，另一方面，它附着在矿物表面，而使物料水分增高，均导致脱水难度增大。

2.1.2.3　固液分离方法

矿浆体系的固液分离特性，主要由固体物料特性与水分赋存状态所决定，其中固体颗粒粒度和矿浆浓度影响最明显，一般而言，固体颗粒粒径大、粒度组成均匀、密度大、固体浓度低、液相黏度小、表面张力低、固液分离易，反之则固液分离难。

图 2-1 大致列出了不同粒度固体颗粒与固体浓度常用的固液分离方法。其中固体颗粒尺寸大、容易分离的固液体系，采用单一的沉降或过滤方法就能达到分离目的；但是，微细颗粒含量高、黏度大的固液体系，则需综合利用两种或多种分离方法，才能达到较好的分离效果。

具体的固液分离方法大致有：重力浓缩沉降、过滤、离心沉降等。重力浓缩沉降，主要是利用固相与液相密度差，使固体颗粒在重力作用下发生沉降，实现固液分离。由于它借助重力而无须外加能量，因此，理论上最经济；但是，效果相对较差，一般作为固液分

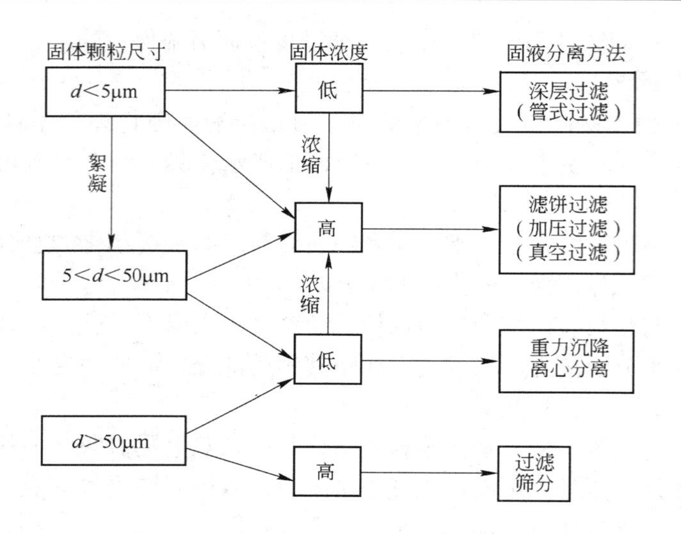

图 2-1　固体颗粒尺寸及常用的固液分离方法

离的第一道工序，脱除大量的自由水，尽可能达到高的固体浓度以满足下段工序的要求；过滤与离心沉降是借助外力作用脱除剩余自由水与毛细管水，一般用于固液分离的第二段工序。

2.1.3　选矿产品脱水流程选择

选矿产品脱水工艺因产品用途及特性不同而不同，具体根据固液分离后的物料水分或浓度要求，物料粒度差别以及物料与水结合状态确定。

2.1.3.1　*精矿脱水*

精矿产品一般要求含水量小于15%。其中重选、磁选产出的粗粒级精矿，由于粒度粗、沉降快，一般采用一段重力沉降脱水即可达到要求。但是，浮选、细粒磁选/重选，或联合流程产出的精矿，则需要经过浓缩-过滤两段脱水流程，才能达到用户要求。如果用户要求精矿产品含水量小于10%，或者选矿厂处于严寒地区，为防止精矿冻结而影响装卸，有的还需要进行干燥深度脱水，精矿脱水原则工艺流程如图 2-2 所示[48]。

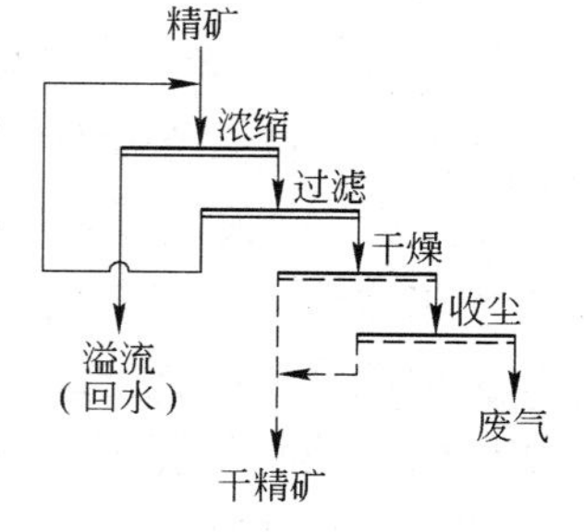

图 2-2　精矿脱水原则流程

2.1.3.2　*尾矿脱水*

尾矿脱水工艺流程与尾矿的最终堆存处置方式密切相关。目前，大、中型矿山选矿厂一般都采用尾矿库堆存排放尾矿，因此，一般采用浓缩一段脱水流程即可。

在某些矿山，尾矿被作为填料充填采空区，此时，尾矿脱水工艺因尾矿充填工艺及充填料浆需要而定，当采用全尾矿胶结充填工艺时，尾矿脱水工艺流程有浓缩-沉降、浓缩-过滤、浓缩-沉降-过滤三种[49]。

另外，近年来，随着环境保护要求与水资源价值的提高，尾矿干堆排放逐渐兴起，为此，尾矿浓缩-压滤两段脱水流程逐渐被大家所接受。

2.1.3.3 中矿脱水

中矿脱水主要目的，是提高中矿或低品位粗精矿的矿浆浓度，为下一步作业提供浓度合适的矿浆，因此，一般采取浓缩或离心沉降脱水即可。

鉴于目前选矿产品脱水主要采用浓缩沉降与过滤两种工艺，下面重点介绍这两种工艺的技术原理、设备及实践应用情况。

2.2 浓缩脱水技术及设备

2.2.1 重力沉降及其设备概述

由地球引力作用而发生的颗粒沉降过程，称为重力沉降（gravity settling）。重力沉降固液分离是一个物理过程，根据目的及要求不同，重力沉降可分为以下3种类型[50]：

（1）澄清（clarification）。目的在于回收获得基本不含固体的清澈液体。例如：选矿尾矿脱水处理作业，浸出矿浆的沉降分离，溶液净化后的固液分离作业，堆浸液中少量悬浮物的分离净化等。其中悬浮物的含量由少量至常量，固体颗粒粒度亦有较宽的分布，其最终产物除澄清液外，浓缩的底流悬浮液可以含液量较高，根据不同的工艺要求，可以进一步回收或作为废弃物处理。

（2）浓缩（thickening）。目的在于脱除大量的水分来回收有价值的固体产品，要求尽可能获得高浓度的底流矿浆。如选矿精矿脱水处理，从置换贵液中回收金泥等。另外，还有一些作业要求尽可能提高矿浆浓度以提高浸取液的回收率。

（3）分离（separation）。需要同时兼顾澄清与浓缩的要求，在矿物加工和湿法冶金中，将矿浆中固体颗粒从液相或浸出液中分离出来的作业多属此类。

重力沉降固液分离的设备主要是浓缩机，其主要由池体、耙架、传动装置、给料装置、排料装置、安全信号和耙架提升装置组成。浓缩机广泛适用于冶金、化工、煤炭、选矿、环保等行业，是目前选矿厂精矿、尾矿脱水的主要设备。

当前，选矿厂常用的浓缩机有普通耙式浓缩机、倾斜板（管）式浓缩机和高效浓缩机三种：

（1）普通耙式浓缩机。普通耙式浓缩机是目前选矿厂应用最多的浓缩设备，按传动方式分为中心传动式和周边传动式两类，周边传动式又可进一步分为辊轮传动式和齿条传动式两类。这类浓缩机结构简单，容易管理，生产可靠。但是，单位面积生产能力低，占地面积大。

（2）倾斜板（管）式浓缩机。倾斜板（管）式浓缩机是基于颗粒浅层沉降和滑动原理，在普通浓缩机基础上发展起来的强化沉降设备。具体是在普通浓缩机澄清区偏上部分，沿圆周方向装设向浓缩机中央倾斜的倾斜板（管），从而加速矿粒沉降，强化沉降分离过程。其生产能力约是传统浓缩机的4倍，尤其适用于细粒精矿和尾矿浓缩脱水，其缺点是结构复杂，倾斜板易脱落、变形和老化，维护和操作较麻烦。

（3）高效浓缩机。高效浓缩机是20世纪70年代研制的新式浓缩设备，其结构与普通耙式浓缩机相似，特别之处如下：

1）增设了专门的絮凝剂添加装置，在待浓缩矿浆中添加一定量的絮凝剂，使矿浆中固体颗粒形成絮团或凝聚体，从而加快了物料的沉降过程，提高了浓缩效率。

2）给料筒向下延伸，将絮凝料浆送至沉积和澄清区界面下，强化了浆体挤压过滤作用。

3）设置有控制药剂用量、底流浓度的自动控制系统。

由于以上特点，高效浓缩机实际上已不是单纯的沉降脱水设备，而是结合了泥浆过滤特性的复合脱水设备，处理能力与效率显著提高，单位处理能力达到常规耙式浓缩机4～9倍。

浓缩设备的类型及规格选择，既要满足下段作业对精矿或中矿含水量的要求，又要严格控制和减少溢流流失的金属量及溢流水的浊度。因此，浓缩机的有效面积要求一般应尽量通过生产性试验或模拟实验确定；若无条件进行系统试验，也应进行矿浆静态沉降试验，再根据沉降试验曲线及有关参数进行计算和选取；如果准确掌握了矿浆的性质特性，也可参照处理类似选矿厂的生产指标进行选型计算。

2.2.2　重力沉降浓缩脱水的技术原理

2.2.2.1　颗粒干涉沉降速度

由于选矿矿浆体系中固体颗粒的浓度一般都较高，矿浆沉降过程中颗粒之间有明显的相互作用，属于典型的干扰沉降，其情况与自由沉降有明显区别：

（1）每个颗粒因受到附近颗粒的干扰，颗粒之间空隙的形状和面积不断变化，使得靠近颗粒处的流体速度梯度加大，因而剪应力加大，颗粒受到比自由沉降更大的阻力。

（2）大颗粒是相对小颗粒的悬浮体系进行沉降，介质的表观密度和黏度都大于纯净的液体介质。

郝克斯雷（Hawksley）针对颗粒干涉沉降的特点，在颗粒自由沉降斯托克斯定律基础上，导出了修正的斯托克斯定律[51]：

$$u_t = \frac{d^2(\rho_p - \rho_e)g}{18\mu_e} \tag{2-1}$$

式中　d——颗粒粒度；

ρ_p——颗粒的密度；

ρ_e——介质的表观密度，由下式计算：

$$\rho_e = \varepsilon\rho_f + (1 - \varepsilon)\rho_p \tag{2-2}$$

ρ_f——纯介质相的密度；

ε——悬浮体系中介质的体积分率，即空隙率；

μ_e——悬浮体系的表观黏度，即：

$$\mu_e = \mu_m/\varphi$$

μ_m——介质的黏度；

φ——悬浮液的经验校正因子，为悬浮液空隙率的函数，无量纲，具体可由下式计算：

$$\varphi = \frac{1}{10} \times 1.82(1 - \xi) \tag{2-3}$$

式(2-1)表明，当颗粒的粒度d和密度ρ_f一定时，悬浮体系中介质的体积分率越小，也就是颗粒的浓度越大，介质的表观密度越大，表观黏度也越大，沉降速度越小。

由于浓悬浮液体系中固体的体积分率较大，在沉降过程中，被沉降颗粒置换的液体上升速度不可忽略，这时颗粒相对于器壁的表观沉降速度要小于相对于流体的沉降速度。悬浮体系中的小颗粒有被沉降较快的大颗粒向下拖曳的趋势，故而被加速；另外，絮凝现象也使颗粒的有效尺寸增大，因而，显著地改变了聚沉的进程。

综合以上，悬浮体系中颗粒浓度的增加，将使大颗粒的沉降速度减慢、小颗粒的沉降速度加快；人们试验发现，对于粒度差别不超过6∶1的悬浮液，所有粒子以大体相同的速度沉降，浓悬浮液沉降时具有一个明显的沉降层界面。

2.2.2.2　间歇沉降曲线

间歇沉降试验，是人们测定悬浮液中颗粒沉降速度的重要方法。试验前先将悬浮液混合均匀，然后倒进直立的玻璃量筒中，开始时各处悬浮液浓度相等（图2-3a）；颗粒开始沉降后，筒内出现四个区域（图2-3b）；A区已无颗粒，称为澄清区，或清液区，B区内固相浓度与原悬浮液浓度相同，称为等浓度区（沉降区），C区越往下，浓度越高，称为压缩区，D区由最先沉降下来的粗大颗粒和随后陆续沉降下来的颗粒构成，固体浓度最大，称为压紧区。沉降过程中，A区与B区分界面较为清晰，而B区和C区之间则没有明显的分界面，仅存在一个过渡区。随着沉降过程进行，A、D两区逐渐增大，B区则逐渐缩小最后消失（图2-3c），在此过程中，A，B两区界面将以等速向下移动，直至B区消失与C区上界面重合为止，A、B两区界面向下移动速度，即为该浓度悬浮液中颗粒沉降的表观沉降速度。

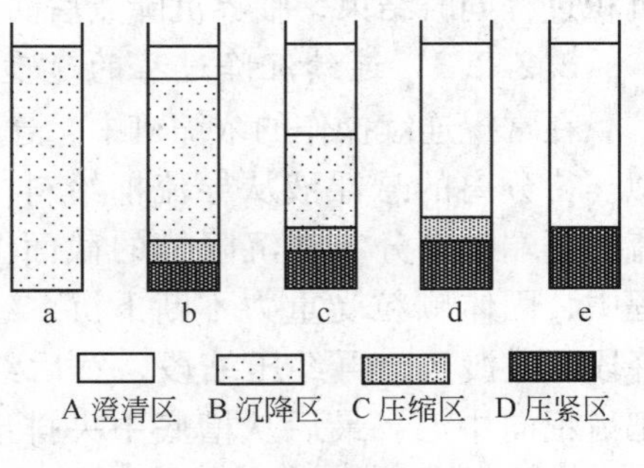

图2-3　间歇沉降试验

等浓度B区消失后，A区与C区便直接接触，A，C两区界面下降速度逐渐变小，直至C区消失（图2-3e），此时A区与D区之间形成清晰的界面，达到所谓的“临界沉降点”。此后便进入沉淀区缓慢的压紧过程，沉淀物压紧挤出的液体必须穿过颗粒之间狭小的缝隙而升入清液区，而底部的较大颗粒则构成一个疏松的床层。压紧过程所需时间长，往往占用整个沉聚过程的绝大部分时间。

采用间歇沉降试验数据，以沉降时间为横坐标，分别以澄清区、压缩区、压紧区高度为纵坐标，即可绘制沉降过程中各区的变化情况，具体如图2-4所示。

清液区高度变化曲线如图2-4中A区所示：在临界沉降点左边（直线段），清液区A与沉降区B的界面等速下降，直线段的斜率就是其沉降速度，该沉降速度与悬浮液的浓度有关，浓度越低则沉降速度越快，悬浮液浓度对沉降曲线形状的影响如图2-5所示。超过临界沉降点以后，压缩区浓度逐渐增大，沉降速度逐渐减小，加上浓度扩散的影响，固液

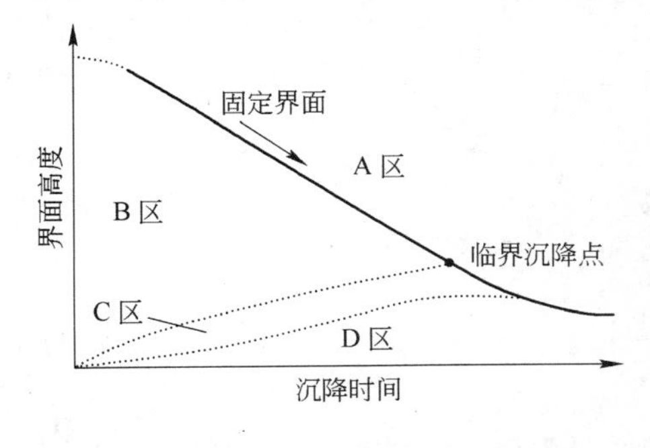

图2-4　沉降-沉积曲线

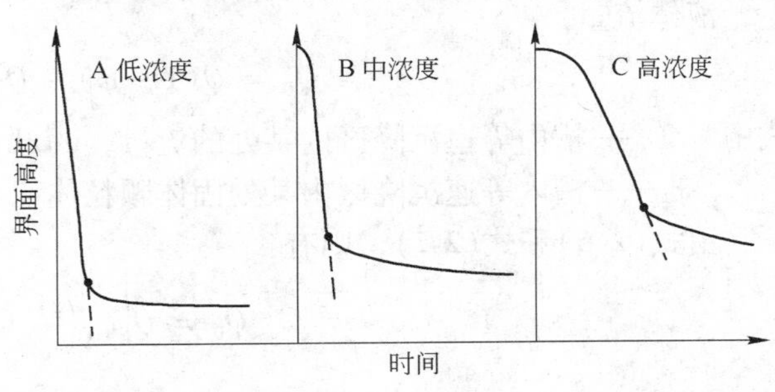

图2-5　不同固体浓度絮凝悬浮液的沉降曲线

界面下降趋缓，最后变成斜率很小的直线。这时，压紧区的高浓度悬浮体在上面的压力作用下，逐渐把存在于颗粒间的部分水分挤压出去，自身体积则逐渐减小直到过程终点。

在清液区，下界面逐渐下降的同时，变浓度区 C 和沉淀区 D 则逐渐上升，直至临界沉降点，其变化情况如图 2-4 中 C 区、D 区虚线所示，该虚线也称为沉积曲线。在临界沉降点附近，曲线呈弯曲状态，称为浓度过渡区。一般物料的悬浮液都具有这样的沉降-沉积曲线。但是，粒度较粗且形成床层可压缩性较小的悬浮液，则不出现浓度过渡区，沉降-沉积过程同时结束，临界沉降点后曲线为一水平线。

2.2.2.3　连续沉降过程的速度方程

在常规连续操作的浓缩机中，悬浮液的沉降过程与间歇沉降试验中悬浮液变化过程类似。待分离的悬浮液从导流桶给料，然后从导流桶下端水平分布在沉降槽的截面上。在此过程中，固体颗粒受重力不断下沉，经历等速沉降段、过渡区、再经压缩段，然后经过底部的耙齿耙向中心，最后从槽底中央排出，即为底流。具体如图 2-6 所示。

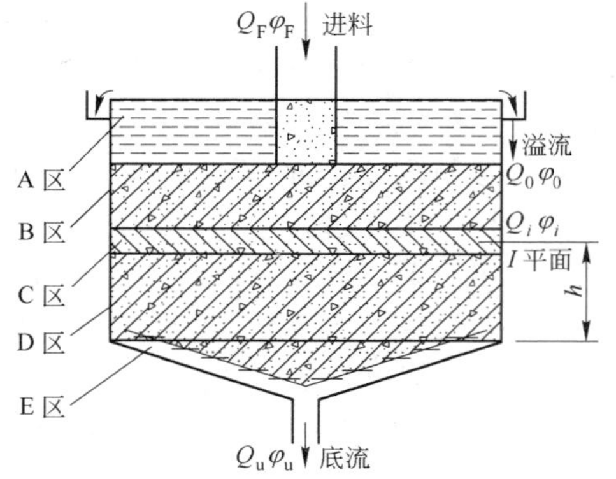

图 2-6　道尔沉降槽中沉降区的分布
A—澄清区；B—等速沉降区；C—干涉沉降区；D—压缩区；E—底流收集区

对于图 2-6 所示的稳态连续沉降过程，有以下假设：

（1）等速沉降区的固体沉降速度 u_B 等于清液面的沉降速度。

（2）干涉沉降区的固体沉降速度 u_C 是该区固体浓度 C' 的函数，即：

$$u_C = f(C') \tag{2-4}$$

（3）对于稳态操作的浓缩机，为保证溢流不含固体，则应满足：

$$\frac{Q_0}{A} \leqslant u_B \tag{2-5}$$

式中　A——浓缩机的水平截面积，m^2。

当浓缩机进出料稳定，且溢流中不含固体时有：

固体流量：

$$Q_F\varphi_F = Q_\varphi = Q_u\varphi_u \tag{2-6}$$

液体流量：

$$Q_0 = Q(1-\varphi) - Q_u(1-\varphi_u) \tag{2-7}$$

式中　Q——槽内等速沉降区内某处的流量，m^3/h；

φ——槽内等速沉降区内某处固体颗粒体积分数。

由式(2-6)和式(2-7)，则有：

$$Q_0 = Q_F\varphi_F\left(\frac{1}{\varphi} - \frac{1}{\varphi_u}\right) \tag{2-8}$$

如果把固体体积分数 φ_F、φ 和 φ_u 分别转换成对应的悬浮液质量浓度 C_F、C 和 C_u，以 $\frac{Q_0}{A}$

表示被沉降的固体所置换的液体表面速度 u，则式(2-8)可转换成：

$$A = \frac{Q_F C_F}{u}\left(\frac{1}{C} - \frac{1}{C_u}\right) \tag{2-9}$$

式中 C_F——进料颗粒质量浓度，kg/m^3；

u——等速沉降区内浓度为 C 的悬浮液的沉降速度，m/h；

C——等速沉降区内悬浮液的质量浓度，kg/m^3；

C_u——底流进料颗粒质量浓度，kg/m^3。

式(2-8)或式(2-9)即为科-克莱文杰（Coe-Clevenger）法。从中可以看出，该公式的关键是根据单个间歇沉降试验，确定与悬浮液的浓度 C 相应的沉降速度 u 值，并获得相应的 u-C 关系曲线。

由于C-C法的前提是整个沉降区悬浮物浓度相同，因此进入干涉沉降区之后C-C方程就不再适用。

2.2.2.4 微细颗粒的絮凝助沉原理

A 超细微颗粒的表面荷电性质

当悬浮液中的颗粒小于1μm时，即可被称为胶体。胶体粒子在溶液中做布朗运动，重力场对它的作用可以忽略不计。对于胶体矿物来说，由于晶体解离或吸附作用等原因，其表面常带有正电荷或负电荷。颗粒荷电后在界面周围吸引着与固体表面电性质相反，电荷相等的离子，形成双电层结构，具体如图2-7所示。

这些带有同种电荷的胶体粒子之间相互排斥，长期处于分散状态，不易沉降。为此，必须加入凝聚剂和絮凝剂破坏双电层结构，才能使其快速沉降。

B 超细微颗粒的凝聚和絮凝机理

由图2-7可知，一个带电的胶体粒子，其表面会紧密附着一层异性电荷离子。当颗粒运动时，其也随之一起运动，其外层界面为剪切面，在剪切面上的点位则是该颗粒运动状态的能级，称为Zeta电位。Zeta电位的大小也就是胶体粒子靠近时相互排斥力的大小，根据DLVO理论，当胶体粒子相互靠近时，其之间的相互作用力为静电力排斥力和范德华力引力之和，即：$V_T = V_{ER} + V_{WA}$。当 $V_T > 0$ 时，胶体颗粒以稳定形式存在，当 $V_T < 0$ 时，胶体颗粒相互凝聚。

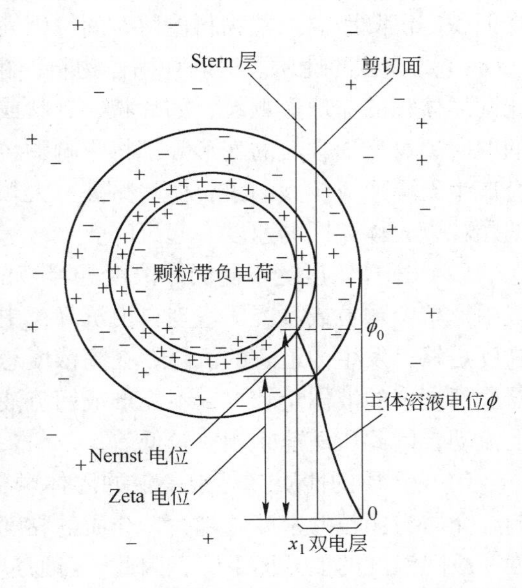

图2-7 胶体双电层模型

根据双电层模型，溶液中离子的类型及浓度对颗粒的Zeta电位影响显著。加入电解质将较大程度压缩双电层的厚度，明显降低Zeta电位。因此，实践中采取外加无机电解质（如酸、石灰、明矾等）的措施使超细微颗粒呈电中性，从而以消除粒子间的排斥力，破坏胶体稳定，出现聚凝聚集。

破坏胶体稳定的另一方法是添加高分子絮

凝剂，通过桥连作用把微细粒联结形成一种松散的、网状的聚集状态。由于高分子絮凝剂单个分子长度可达 3.5μm，超过了粒子间的范德华力和静电力的作用距离，并且其活性基团可和粒子发生作用，因此，无论悬浮液中粒子表面荷电状况如何、势垒多大，只要添加的絮凝剂分子具有适宜吸附的官能团，或具有吸附活性，便可实现絮凝，絮凝剂的桥联作用如图 2-8 所示。

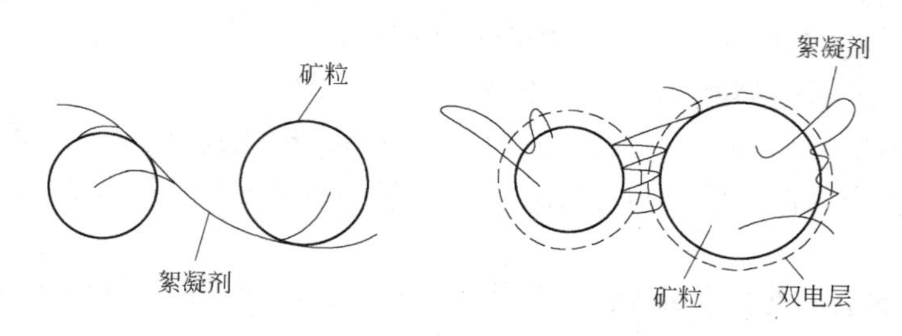

图 2-8　絮凝剂桥联示意图

C　聚凝剂和絮凝剂

目前，常用的凝聚剂和絮凝剂主要有无机物和有机物两类。

无机物主要有硫酸铝、硫酸钠、硫酸铁、石灰及氯化铝等，实际用得最多的是离解后可产生 Al^{3+}、Fe^{2+}、Fe^{3+} 及 Ca^{2+} 离子的无机凝聚剂。目前，聚合铝盐、聚合铁盐、聚合硅酸等高分子无机絮凝剂也得到了广泛的应用。

有机絮凝剂主要有聚丙烯酰胺类、聚乙烯胺类、淀粉、明胶等，其按离子类型分，有阴离子型、阳离子型、非离子型、两性型，详细情况请参见文献［52］。

2.2.2.5　影响重力沉降分离的主要因素

重力沉降分离的基础是固相和液相之间密度差，影响分离效果的因素则包括分散相颗粒的大小、形状、浓度、连续液相（或介质）的黏度、凝聚剂和絮凝剂的种类及用量、沉降面积、沉降距离以及物料停留时间等因素。

（1）颗粒的性质。对同种固体物料，粗颗粒比细颗粒沉降快；球形或近球形的颗粒，比同样体积的非球形颗粒，如片状、针状或尖锐棱角的颗粒沉降快。非球形颗粒在沉降时的取向、可变形颗粒的变形等都将影响颗粒的沉降速度。小颗粒比表面积大，在悬浮液中会产生聚集形成较大的集合体。另外，大颗粒可能带动小颗粒一起下沉，从而使粒度不同的颗粒以大体相同的速度一起沉降。

（2）固体浓度。不同固体浓度悬浮液的沉降行为差异明显（见图 2-5）。低浓度悬浮液中，单个颗粒或絮凝团呈现自由沉降；中浓度悬浮液中絮团则相互接触稀疏，如果沉降高度足够，发生沟道式的沉降；在高浓度悬浮液中，由于缺乏足够的沉降高度或者接近容器底部剩余的液体量较少，不能形成回流液沟道；液相只能通过原始颗粒间的微小空间向上流动，因此压缩速率相对较低。

（3）介质的性质。对于一定的固体颗粒，介质的密度和黏度对沉降速度有显著的影响，介质与颗粒的密度差越大，介质的黏度越小，颗粒的沉降速度就越大；由于介质的黏度一般随温度的上升而下降，因此，可通过调节介质温度提高沉降速度。

（4）预处理方式，尤其是凝聚剂和絮凝剂的种类与用量。絮凝预处理产生的絮团大小以及形状，主要取决于使用的絮凝剂类型，其沉降速度不仅取决于絮凝剂的类型，而且取决于已发生的分散和吸附作用。一种预处理方法是用专门配置的电解质与聚电解质的混合物，将一群尺寸不同和形状不规则的颗粒转变成接近球形、密实的絮团，从而使固液分离过程得到显著强化。

2.2.3 普通浓缩机

2.2.3.1 周边传动浓缩机

周边传动浓缩机外形结构见图 2-9。根据机械行业标准（JB/T 6991—2010），周边齿条/辊轮传动式浓缩机的基本技术参数列于表 2-1[53]，相关制造企业的设备资料可参见文献［54］。

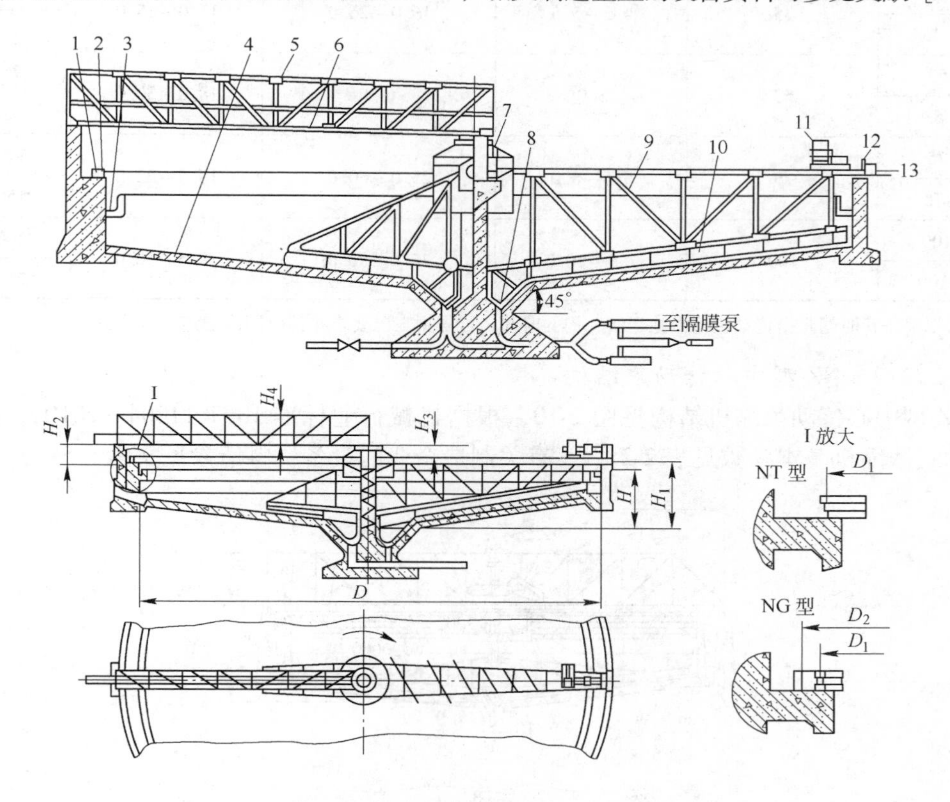

图 2-9 周边传动浓缩机外形结构示意图

1—齿条；2—轨道；3—溢流槽；4—浓缩池；5—托架；6—给料槽；7—集电装置；8—卸料口；9—耙架；10—刮板；11—传动小车；12—辊轮；13—齿轮

表 2-1 周边齿条/辊轮传动式浓缩机基本技术参数

型 号	浓缩池内径/m	池中心深度/m	耙架每转时间/min · r^{-1}	电动机功率/kW	参考重量/t
NG-15	15	3.0 ~ 4.0	7.5 ~ 8.5	5.5	10.0
NT-15					12.0
NG-18	18		8.5 ~ 10.0		12.0
NT-18					15.0

续表 2-1

型　号	浓缩池内径/m	池中心深度/m	耙架每转时间/min · r^{-1}	电动机功率/kW	参考重量/t
NG-24	24	3. 5 ~ 4. 5	12. 0 ~ 18. 0	7. 5	26. 0
NT-24					30. 0
NG-30	30		15. 0 ~ 20. 0		30. 0
NT-30					35. 0
NT-38	38	4. 0 ~ 5. 0	15. 0 ~ 25. 0	11. 0	57. 0
NTJ-38					60. 0
NT-45	45	4. 5 ~ 5. 5	16. 0 ~ 26. 0	11. 0 ~ 15. 0	62. 0
NTJ-45					75. 0
NT-53	53	5. 0	6. 0	18. 0 ~ 30. 0	75. 0
NTJ-53					83. 0
NT-75	75	5. 5 ~ 8. 0	25. 0 ~ 60. 0	18. 5 ~ 22. 0	120. 0
NTJ-75					150. 0
NT-100	100	7. 5 ~ 10. 0	35. 0 ~ 80. 0	18. 5 ~ 30. 0	160. 0
NTJ-100					200. 0

注：耙架每转时间是指传动机构沿池运转一周的时间，可根据工况要求在此范围内确定。

2. 2. 3. 2　NZ 型中心传动浓缩机

NZ 型中心传动浓缩机结构见图 2-10，根据机械行业标准 JB/T 11004—2010，液压中心传动式浓缩机基本参数见表 2-2[55]，有关制造企业的设备资料请参见文献［54］。

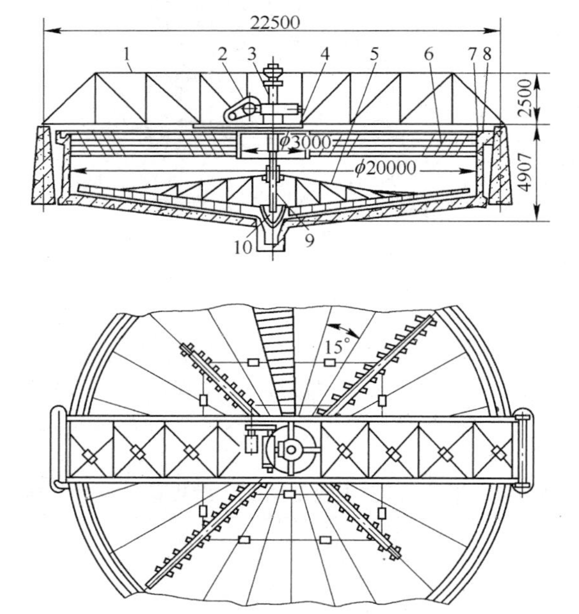

图 2-10　NZ-20Q 型中心传动耙式浓缩机结构

1—桁架；2—传动装置；3—耙架提升装置；4—受料筒；5—耙架；6—倾斜板；7—浓缩池；8—环形溢流槽；9—竖轴；10—卸料斗

表 2-2 液压中心传动式浓缩机基本技术参数

型号	浓缩池内径 /m	池中心深度 /m	沉淀面积 /m²	耙架转速 /min·r⁻¹	提耙高度 /mm	处理量 /t·d⁻¹	驱动功率 /kW	参考重量 /t
NZY-6	6	3.0~3.2	28.0	2.5~5.0	350	50~100	3.0	5.5
NZY-9	9	3.5~3.8	63.6	3.0~5.0	350	120~175	3.0	17.0
NZY-12	12	3.5~3.8	113.0	4.0~7.0	350	200~300	4.0	21.0
NZY-15	15	4.0~4.5	176.0	5.0~10.0	450	350~400	5.5	24.0
NZY-18	18	4.0~4.5	254.0	8.0~12.0	450	600~800	5.5	31.0
NZY-20	20	4.0~4.5	314.0	8.0~12.0	450	800~1000	7.5	33.0
NZY-24	24	4.5~5.5	450.0	9.0~12.0	450	1000~1300	7.5	38.5
NZY-30	30	4.5~5.5	706.0	10.0~14.0	450	1500~1800	11.0	47.0
NZY-38	38	6.5~8.0	1134.0	15.0~22.0	600	1800~2200	15.0	66.0
NZY-40	40	6.5~8.0	1256.0	15.0~22.0	600	2200~2400	15.0	72.0
NZY-45	45	6.5~8.0	1590.0	15.0~22.0	600	2400~2800	15.0	78.0
NZY-53	53	6.5~8.0	2206.0	15.0~22.0	600	2500~3000	15.0	105.0
NZY-60	60	7.0~8.5	2827.0	16.0~50.0	600	2500~5000	18.5	130.0
NZY-75	75	8.0~10.0	4418.0	20.0~80.0	800	7500~10000	22.0	195.0
NZY-100	100	8.0~10.0	7853.0	35.0~80.0	800	10000~15000	30.0	290.0

2.2.3.3 浓缩机的选型计算

普通浓缩机的型号规格，主要根据给矿量及溢流中最大颗粒或物料集合体在水中的沉降速度来确定。具体计算方法为：(1) 按单位面积处理量计算；(2) 按溢流中最大颗粒的沉降速度计算；(3) 根据澄清试验沉降曲线分析计算[56]。

A 按单位面积处理量计算

按浓缩机的单位面积处理量 q，计算浓缩作业所需浓缩机的总面积，具体公式如下：

$$A = \frac{G_d}{q} \tag{2-10}$$

式中 A——需要的浓缩机面积，m^2；

G_d——给入浓缩机的固体量，t/d；

q——单位面积处理量，$t/(m^2 \cdot d)$。

q 一般根据工业性或模拟试验选取。若无试验数据，可参照类似选矿厂的实际生产指标选取；在无上述资料时，也可以参照表 2-3 中数值选定。

表 2-3 浓缩机单位面积处理量 q 值

被浓缩产物名称	q/t·(m²·d)⁻¹	被浓缩产物名称	q/t·(m²·d)⁻¹
机械分级机溢流（浮选前）	0.7~1.5	浮选铁精矿	0.5~0.7
氧化铅精矿和铅-铜精矿	0.4~0.5	磁选铁精矿	3.0~3.5
硫化铅精矿和铅-铜精矿	0.6~1.0	白钨矿浮选精矿及中矿	0.4~0.7
铜精矿和含铜黄铁矿精矿	0.5~0.8	萤石浮选精矿	0.8~1.0
黄铁矿精矿	1.0~2.0	锰精矿	0.4~0.7
辉银矿精矿	0.4~0.6	重晶石浮选精矿	1.0~2.0
锌精矿	0.5~1.0	浮选尾矿及中矿	1.0~2.0
锑精矿	0.5~0.8		

注：1. q 值，系指给矿粒度 -0.074mm 占 80%~95% 时的数值，粒度粗时取大值。2. 排矿浓度，方铅矿、黄铁矿、硫化铜矿、闪锌矿精矿不大于 60%~70%；其他精矿不大于 60%。3. 对含泥多的细泥氧化矿，所列指标适当降低。

求得浓缩作业所需浓缩机的面积之后，再按下式计算浓缩机的直径：

$$D = 1.13\sqrt{A} \tag{2-11}$$

式中　D——需要的浓缩机直径，m；

A——需要的浓缩机面积，m^2。

B　按溢流中最大颗粒的沉降速度计算

按溢流中最大颗粒的沉降速度，计算浓缩作业所需浓缩机面积，公式如下：

$$A = \frac{G_d(R_1 - R_2)K_1}{86.4u_0K} \tag{2-12}$$

式中　A——需要的浓缩机面积，m^2；

G_d——给入浓缩机的固体量，t/d；

R_1——浓缩前矿浆的液体和固体重量比；

R_2——浓缩后矿浆的液体和固体重量比；

u_0——溢流中最大颗粒的自由沉降速度，mm/s，一般由试验取得，如无试验数据，按公式：$u_0 = 545(\rho_T - 1)d^2$ 计算；

d——溢流中允许的最大固体颗粒直径，mm，精矿、中矿浓缩机溢流中目的矿物最大粒度取约 5μm，脉石矿物最大颗粒约 10μm；

ρ_T——拟截留物的密度，g/cm^3；

K——浓缩机有效面积系数，一般取 0.85～0.95，ϕ12m 以上浓缩机取大值；

K_1——矿量波动系数，1.05～1.20，视原矿品位波动范围决定。

选定浓缩机面积后，还要验算目的矿物的流失量及溢流水的浊度，并校正浓缩机的上升水流速度 u，其应小于溢流中最大颗粒的自由沉降速度 u_0，即要求 $u < u_0$。

浓缩机的上升水流速度按下式计算：

$$u = \frac{V}{A} \times 1000 \tag{2-13}$$

式中　u——浓缩机上升水流的速度，mm /s；

V——浓缩机的溢流量，m^3/s；

A——浓缩机面积，m^2。

C　根据澄清试验的沉降曲线分析计算

a　自然沉降试验

（1）取有代表性的矿浆量 100～200kg（固液比约 1∶4），经脱水和自然干燥后，将干矿缩分，再用原矿浆澄清水配制成 j 组（一般为 5 组）以上浓度的试样；其中最小浓度与设计浓缩机的给矿浓度相当，最大浓度与最浓层矿浆的浓度相当（比设计排矿浓度稍小或等于排矿浓度）；

（2）取刻度相同的 1000mL（或 2000mL）量筒若干个，注入相同体积、等浓度的矿浆，并充分搅拌均匀；

（3）测定沉降速度参数：停止搅拌，让矿浆自然沉降，每隔一定的时间测记澄清界面下降高度 H；同时用虹吸管吸取澄清水，测定水中悬浮固体量 M；记下沉渣高度，测定沉渣单位体积固体重量 C_{pj} 和密度 ρ；

（4）根据上述测定结果，绘制不同浓度试样 H-t，M-t，C_p-t 关系曲线，具体如图 2-11 所示。

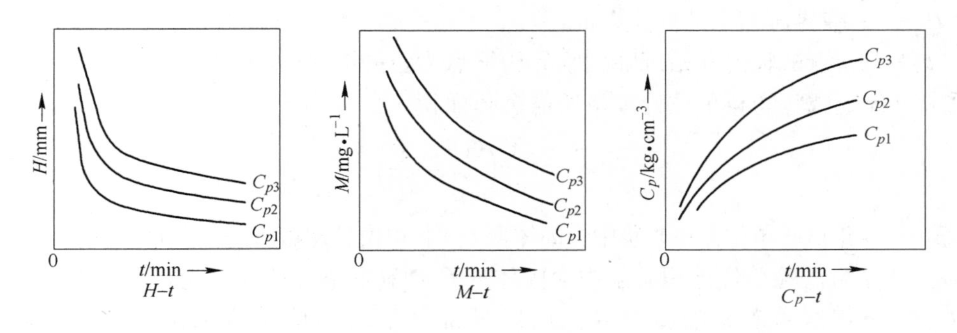

图 2-11　矿浆自然沉降试验的沉降曲线

b　絮凝沉降试验

当自然沉降试验效果不好（静止沉降 60min 以上，澄清液中悬浮固体量仍超过设计要求）时，则应酌情进行絮凝沉降试验。

选择几种常用的絮凝剂，配成浓度各为 1% 的溶液。在几个量筒中盛以等量、等浓度的矿浆，用滴定管分别注入等量不同种类的凝聚液，经充分混合后，按自然沉降试验方法，测定记录各量筒中矿浆的沉降澄清情况，初步对比试验结果，并根据絮凝剂的价格和货源供应情况，选择一种或两种絮凝剂作进一步试验，绘出不同絮凝剂添加量时的沉降试验关系曲线。

c　计算方法

沉降曲线（H-t）可能存在以下两种情况：沉清面清晰，沉降曲线有临界压缩点（图 2-12）；或沉清面清晰，但曲线圆滑不存在临界压缩点（图 2-13）。

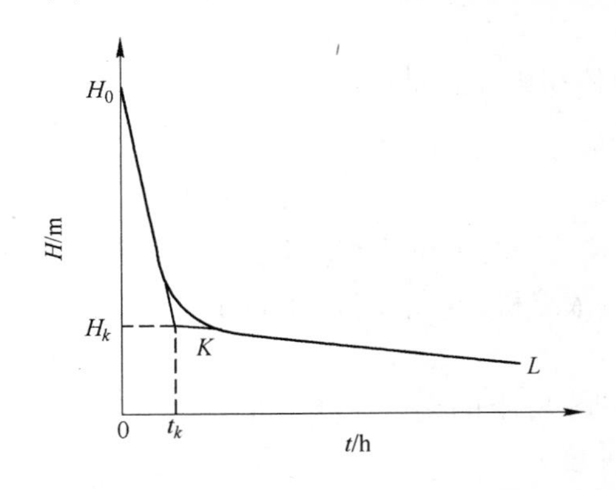

图 2-12　有临界压缩点的沉降曲线

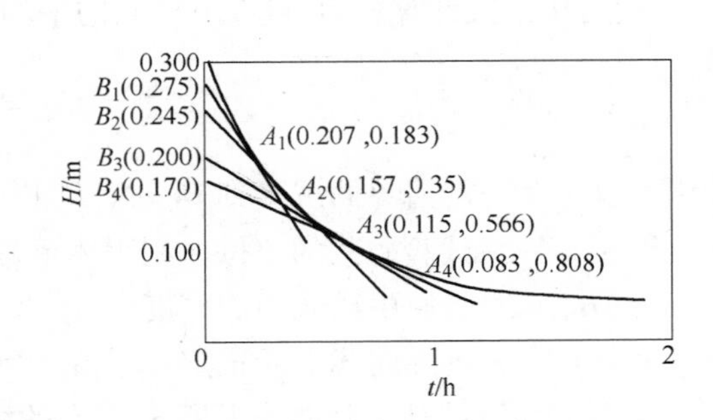

图 2-13　无临界压缩点的沉降曲线

（1）有临界压缩点的计算方法。先用绘图法找出各组试验的临界压缩点 K：图 2-12 中 H_0K 为自由沉降过程线，KL 为压缩过程线，K 为临界压缩点。

然后求各组试验的物料集合沉降速度：

$$u_{pj} = \frac{H_{0j} - H_{kj}}{t_{kj}} \tag{2-14}$$

式中　u_{pj}——j 组试验单位体积矿浆中含固体量 C_j 时，物料集合沉降速度，m/h；

H_{0j}——量筒中矿浆的高度，m；

H_{kj}——临界压缩点的高度，m；

t_{kj}——j 组试验由开始沉降到临界压缩点为止的沉降时间，h。

再求出各组试验物料单位处理量所需沉降面积 a_j：

$$a_j = \frac{1}{u_{pj}}\left(\frac{1}{C_{pj}} - \frac{1}{C_p}\right) \tag{2-15}$$

式中　a_j——j 组试验单位体积矿浆中含固体量 C_j 时，单位处理量所需沉降面积，$m^2/(t \cdot h^{-1})$；

u_{pj}——j 组试验单位体积矿浆中含固体量 C_j 时矿物料集合沉降速度，m/h；

C_{pj}——j 组试验矿浆的澄清界面层以下部分平均的单位体积矿浆中含固体重量，t/m^3；

C_p——设计浓缩机排矿单位体积矿浆中含固体重量，t/m^3。

最后，计算所需浓缩机的总面积 A，即：

$$A = K_0 a_{max} G_d \tag{2-16}$$

式中　A——所需浓缩机的总面积，m^2；

K_0——校正系数，一般采用 1.05 ~ 1.20；当试样的代表性较好，试验的准确性较高，处理的矿浆量较稳定以及选择的浓缩机直径比较大时，可取小值，反之取大值；

a_{max}——求得各组的单位处理量所需沉降面积中的最大沉降面积，$m^2/(t \cdot h^{-1})$；

G_d——浓缩机处理矿量，t/h。

（2）无临界压缩点的计算方法。先用绘图法在各组试验的 H-t 曲线图上选取几点 $A_i(H_i, t_i)$，分别作切线交纵轴于 B_i 点。

然后按下式计算各 B_i 点以下矿浆的平均单位体积固体重量：

$$C_{pi} = \frac{C_{p0} H_0}{B_i} \tag{2-17}$$

式中　C_{pi}——澄清界面沉降到 B_i 时，B_i 以下矿浆的平均单位体积固体重量，t/m^3；

C_{p0}——试验矿浆的单位体积固体重量（按浓缩机给矿取值），t/m^3；

H_0——量筒中矿浆面的高度，m；

B_i——沉降曲线上所选定 A_i 点的切线在纵坐标上的交点高度，m。

再计算 j 组试验沉降曲线上所选 A_{ji} 点的沉降速度 u_{ji}：

$$u_{ji} = \frac{B_{ji} - H_{ji}}{t_{ji}} \tag{2-18}$$

式中　u_{ji}——j 组试验沉降曲线上所选 A_{ji} 点的沉降速度，m/h；

B_{ji}——j 组试验沉降曲线上所选 A_{ji} 点的切线在纵坐标上交点的高度，m；

H_{ji}——j 组试验沉降曲线上所选 A_{ji} 点的高度，m；

t_{ji}——j 组试验沉降曲线上所选 A_{ji} 点的沉降时间，h。

按下式求出 j 组试验所选 A_{ji} 点的单位处理量所需沉降面积：

$$a_{ji}=\frac{1}{u_{ji}}\left(\frac{1}{C_{pji}}-\frac{1}{C_p}\right) \tag{2-19}$$

式中 a_{ji}——j 组试验沉降曲线上所选 A_{ji} 单位处理量所需沉降面积，$m^2/(t\cdot h^{-1})$；

u_{ji}——j 组试验沉降曲线上所选 A_{ji} 点的沉降速度，m/h；

C_{pji}——试验矿浆的澄清界面沉降到 B_{ji} 时，B_{ji} 以下平均单位体积矿浆中含固体重量，t/m^3；

C_p——设计浓缩机排矿单位体积矿浆中固体重量，t/m^3。

最后计算所需浓缩机的总面积 A，即：

$$A=K_0a_{max}G_d \tag{2-20}$$

式中 A——所需浓缩机的总面积，m^2；

K_0——校正系数，一般采用1.05~1.20。当试样的代表性较好，试验的准确性较高，矿浆量较稳定以及拟选择的浓缩机直径较大时，可取小值，反之取大值；

a_{max}——通过试验求得各组沉降曲线上所选各点的单位处理量所需沉降面积中的最大沉降面积，$m^2/(t\cdot h^{-1})$；

G_d——浓缩机处理矿量，t/h。

2.2.4 高效浓缩机

2.2.4.1 简况

高效浓缩机是以絮凝技术为基础，分离微细颗粒矿浆的沉降设备，国外20世纪70年代研制成功并用于工业生产，我国则于80年代研制成功。

高效浓缩机结构与传统的中心传动式浓缩机相似，它的主要特点如下：

（1）在待浓缩的料浆中添加一定量的絮凝剂或凝聚剂，使浆体中的固体颗粒形成絮团或凝聚体，以加快其沉降速度、提高浓缩效率。

（2）给料筒向下延伸，将絮凝料浆送至沉积和澄清区界面下。

（3）设有自动控制系统，调节控制药剂用量、底流浓度等。

高效浓缩机内实质上已不是单纯的颗粒沉降，而是结合了泥浆层过滤，因此，矿浆底流浓度高，其单位处理能力为常规耙式浓缩机4~9倍，单位处理能力的投资比常规浓缩机低约30%。

高效浓缩机产品种类多样，最主要的区别在于给料-混凝装置、自控方式和装置，目前，国内外的代表性产品如下：

（1）国外艾姆科型（Eimco）高效浓缩机（图2-14）、道尔-奥利弗（Dorr-Oliver）高效浓缩机（图2-15）[57]。

（2）国内主要有马鞍山矿山研究院天源科技机械厂（简称马院天源机械）的GX型高效浓缩机、中国煤炭科学研究院唐山分院设计、无锡县选煤机厂生产的NGF（XGN型）高效浓缩机、平顶山选煤设计研究院设计、无锡县洗选设备厂生产的GXN型高效浓缩机、淮北矿山机械厂生产的NJG/NXZ型高效浓缩机、中芬矿机生产的NXZ型和NXZ型高效浓缩机。

国外公司的有关设备信息可以从相关公司网站上查阅[57,58]，下面重点介绍国内代表性产品情况[54]。

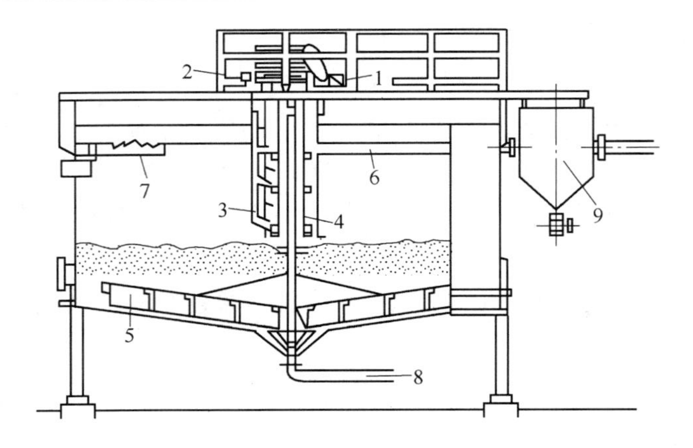

图 2-14　艾姆科高效浓缩机的结构图

1—耙传动装置；2—混合器传动装置；3—絮凝剂给料管；4—给料筒；5—耙臂；6—给料管；7—溢流槽；8—排料管；9—排气系统

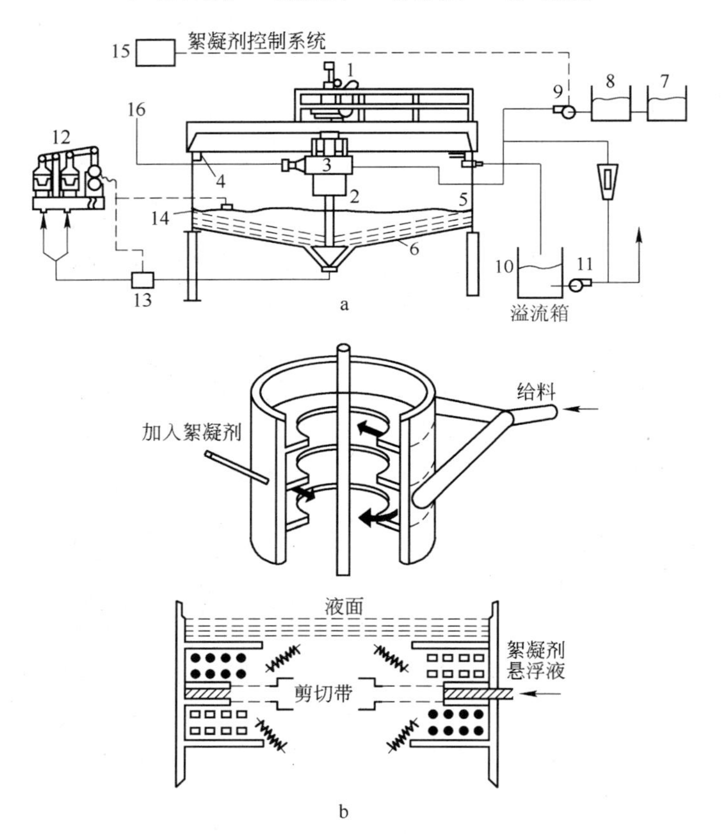

图 2-15　道尔-奥利弗高效浓缩机结构示意图

a—结构示意图；b—给矿筒截面图

1—传动装置；2—竖轴；3—给矿筒；4—溢流槽；5—槽体；6—耙臂；7—絮凝液搅拌槽；8—絮凝液贮槽；9—絮凝液泵；10—溢流箱；11—溢流泵；12—底流泵；13—浓度计；14—浓相界面传感器；15—絮凝剂控制系统；16—给矿管；

□—顺着目视方向流动；● —逆着目视方向流动

2.2.4.2　GX 型高效浓缩机

GX 型高效浓缩机系统如图 2-16 所示，具体包括主机、絮凝剂配置与添加、自动控制等部分。GX 型高效浓缩机的主要技术参数见表 2-4。

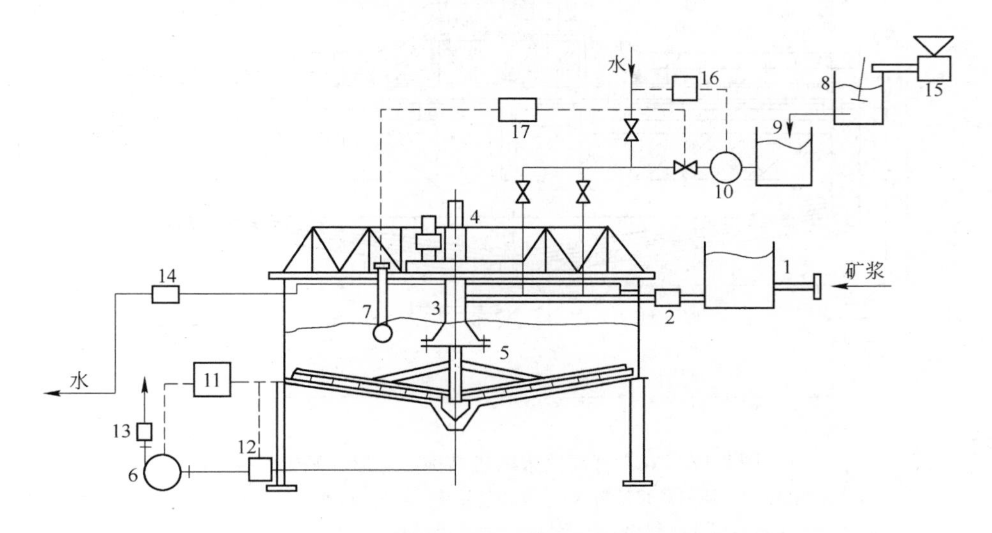

图 2-16　GX 型高效浓缩机系统构成图

1—消气装置；2—流量计；3—混合装置；4—中心驱动装置；5—耙架；6—底流泵；7—界面计；8—絮凝剂补充槽；9—絮凝剂储存槽；10—给药计量泵；11—底流浓度控制系统；12—浓度计；13—底流流量计；14—浊度计；15—加药机；16—稀释水控制系统；17—絮凝控制系统

表 2-4　GX 型高效浓缩机主要技术参数

型 号	浓缩池内径 /mm	沉降面积 /m^2	处理能力 /$m^3 \cdot h^{-1}$	电机功率 /kW	提耙高度 /mm	耙子转速 /$r \cdot min^{-1}$
GX-2.5	2500	4.9	15～20	0.75	300	1.68
GX-3.6	3600	10.0	30～40	0.75	200	1.10
GX-5.18	5180	21.0	60～80	1.50	300	0.80
GX-9	9000	63.0	180～240	3.00	400	0.47
GX-12	12000	110.0	250～350	4.00	400	0.30

2.2.4.3　NGF 型高效浓缩机

NGF 型高效浓缩机由中国煤炭科学研究院唐山分院研制、无锡县选煤机厂生产，池体结构见图 2-17，设备结构及性能参数见表 2-5、表 2-6。

表 2-5　NGF 型浓缩机池体结构参数

型 号	浓缩池			倾斜板			
	直径/m	深度/m	沉淀面积/m^2	沉淀面积/m^2	垂直高/m	水平距离/m	倾角/(°)
NGF-12	12	4	113	244	1.15	0.12～0.15	60～75
NGF-15	15	4	177	800	1.15	0.12～0.15	60～75
NGF-18	18	4.4	254	1150	1.30	0.12～0.15	60～75
NGF-20	20	4.4	314	1400	1.30	0.12～0.15	60～75

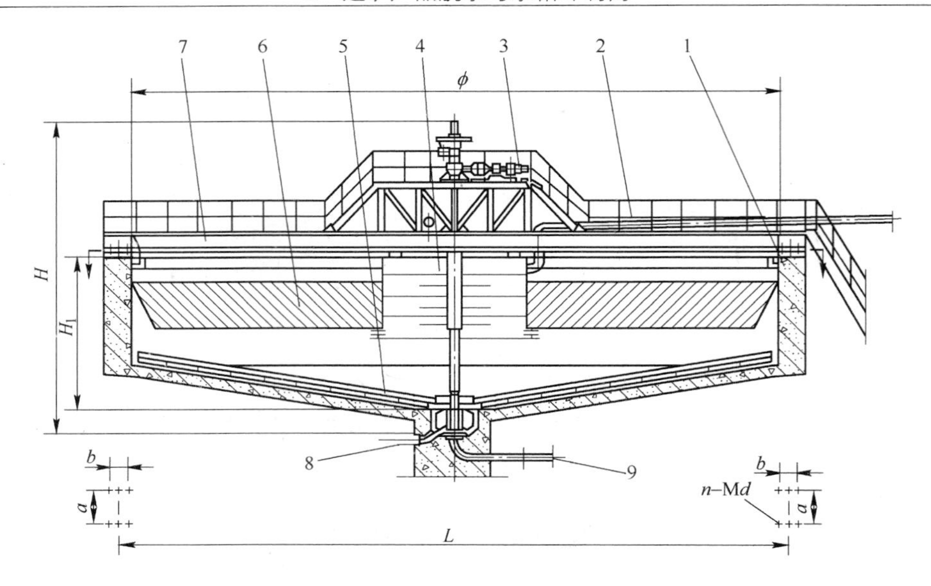

图 2-17　NGF 型高效浓缩机结构、外形和基础尺寸

1—浓缩池；2—原料矿浆给料管；3—传动系统；4—搅拌絮凝给料井；5—耙架；6—上流式层流倾斜板；7—钢架；8—底流排放管；9—密封高压水胶管

表 2-6　NGF 型高效浓缩机规格型号性能参数

型 号	传动电动机			提升电动机			最大提耙高度/m	处理能力（干矿）/t · h⁻¹
	型　号	功率/kW	转速 /r · min⁻¹	型　号	功率/kW	转速 /r · min⁻¹		
NGF-12	YCT180-4A	4	1250 ~ 125	Y132S-8	2. 2	750	0. 4	20 ~ 40
NGF-15	YCT180-4A	4	1250 ~ 125	Y132S-8	2. 2	750	0. 4	25 ~ 40
NGF-18	YCT180-4A	5. 5	1250 ~ 125	Y132S-8	2. 2	750	0. 5	30 ~ 50
NGF-20	YCT180-4A	5. 5	1250 ~ 125	Y132S-8	2. 2	750	0. 5	45 ~ 65

2. 2. 4. 4　GXN 型高效浓缩机

GXN 型高效浓缩机结构外形如图 2-18 所示，主要技术参数列于表 2-7。该机主要用于煤泥水的澄清和浓缩，也适用于冶金、矿山、化工等部门。

表 2-7　GXN 型高效浓缩机技术参数

<table>
<tr><th rowspan="2">型 号</th><th rowspan="2">处理能力 /t · h⁻¹</th><th colspan="2">传动电动机</th><th colspan="3">提耙电动机</th><th colspan="3">池体主要尺寸</th><th rowspan="2">耙子转速 /r · min⁻¹</th></tr>
<tr><th>型　号</th><th>功率/kW</th><th>型　号</th><th>功率/kW</th><th>转速 /r · min⁻¹</th><th>内径 /m</th><th>斜度 /(°)</th><th>面积 /m²</th></tr>
<tr><td>GXN-6</td><td>4 ~ 7. 5</td><td rowspan="2">Y100L₁-4</td><td rowspan="2">2. 2</td><td rowspan="2">Y100L₁-4</td><td rowspan="2">2. 2</td><td rowspan="7">1500</td><td>6</td><td rowspan="5">10</td><td>28. 3</td><td>0. 3</td></tr>
<tr><td>GXN-9</td><td>8 ~ 16</td><td>9</td><td>63. 6</td><td>0. 25</td></tr>
<tr><td>GXN-12</td><td>15 ~ 25</td><td rowspan="2">Y132S-4</td><td rowspan="2">5. 5</td><td rowspan="2">Y132S-4</td><td rowspan="2">5. 5</td><td>12</td><td>113</td><td>0. 33</td></tr>
<tr><td>GXN-15</td><td>20 ~ 30</td><td>15</td><td>176</td><td>0. 2</td></tr>
<tr><td>GXN-18</td><td>25 ~ 40</td><td rowspan="2">Y132M-4</td><td rowspan="2">7. 5</td><td rowspan="2">Y132M-4</td><td rowspan="2">7. 5</td><td>18</td><td>255</td><td>0. 13</td></tr>
<tr><td>GXN-21</td><td>40 ~ 60</td><td>21</td><td rowspan="2">13</td><td>346</td><td>0. 1</td></tr>
<tr><td>GXN-24</td><td>50 ~ 80</td><td>Y160M-4</td><td>11</td><td>Y160M-4</td><td>11</td><td>24</td><td>452</td><td>0. 09</td></tr>
</table>

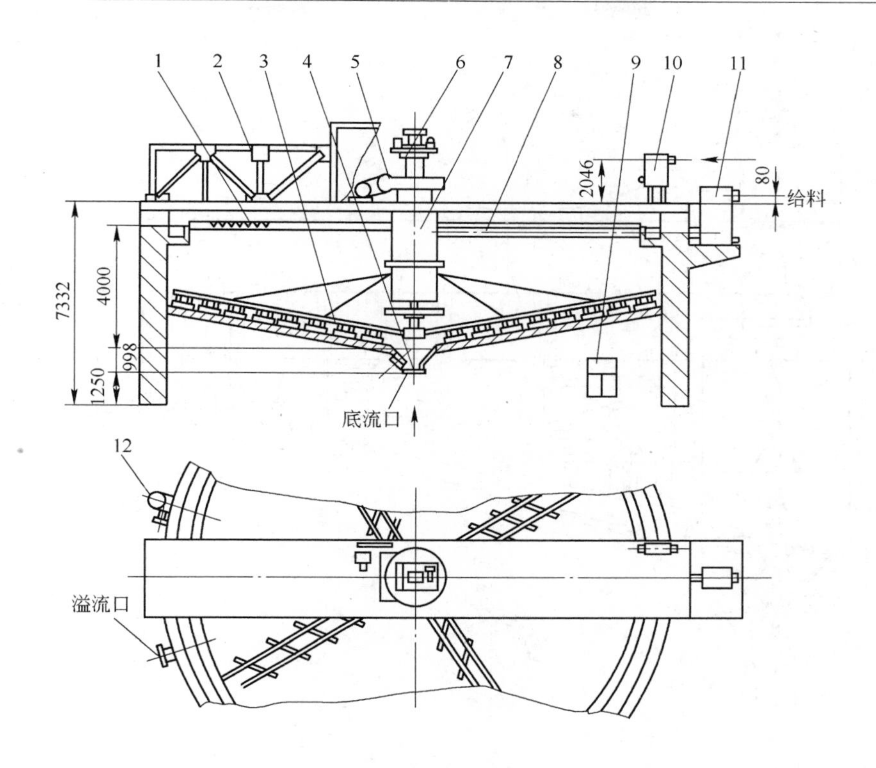

图 2-18 GXN-18 型高效浓缩机

1—三脚架；2—桥架；3—耙子；4—漏斗组件；5—传动装置；6—提耙机构；7—立轴；8—入料管路；9—电气控制系统；10—给药箱；11—消泡器；12—观察管

2.2.4.5 NJG 型高效浓缩机

NJG 型周边传动、中心搅拌、自动提耙高效浓缩机结构见图 2-19，主要技术参数见表 2-8。

表 2-8 NJG 型浓缩机主要技术参数

型 号	内径/m	深度/m	沉淀面积 /m^2	处理能力 /$t \cdot d^{-1}$	齿条中心圆直径/m	周边传动功率 /kW	中心搅拌功率 /kW
NJG-22	22	6.748	380	800~1000	22.56	4	3
NJG-30	30	7.356	706	1200~1600	30.56	7.5	4
NJG-38	38	7.926	1130	2000~2700	38.63	7.5	4
NJG-45	45	8.482	1590	3000~4000	45.63	11	4
NJG-38B	38	5.323	1130	2000~2700	38.63	11	中心
NJG-45B	45	5.323	1590	3000~4000	45.63	15	水泥
NJG-53B	53	5.323	2205	3400~5500	53.63	15	支柱
NJG-70BS	70	6.619	3848	5000~7000	70.77	15	副耙
NJG-80BS	80		5024	8000~10000	80.77	18.5	搅拌

注：ϕ30 以下为胶轮传动，ϕ30 以上为齿条传动。

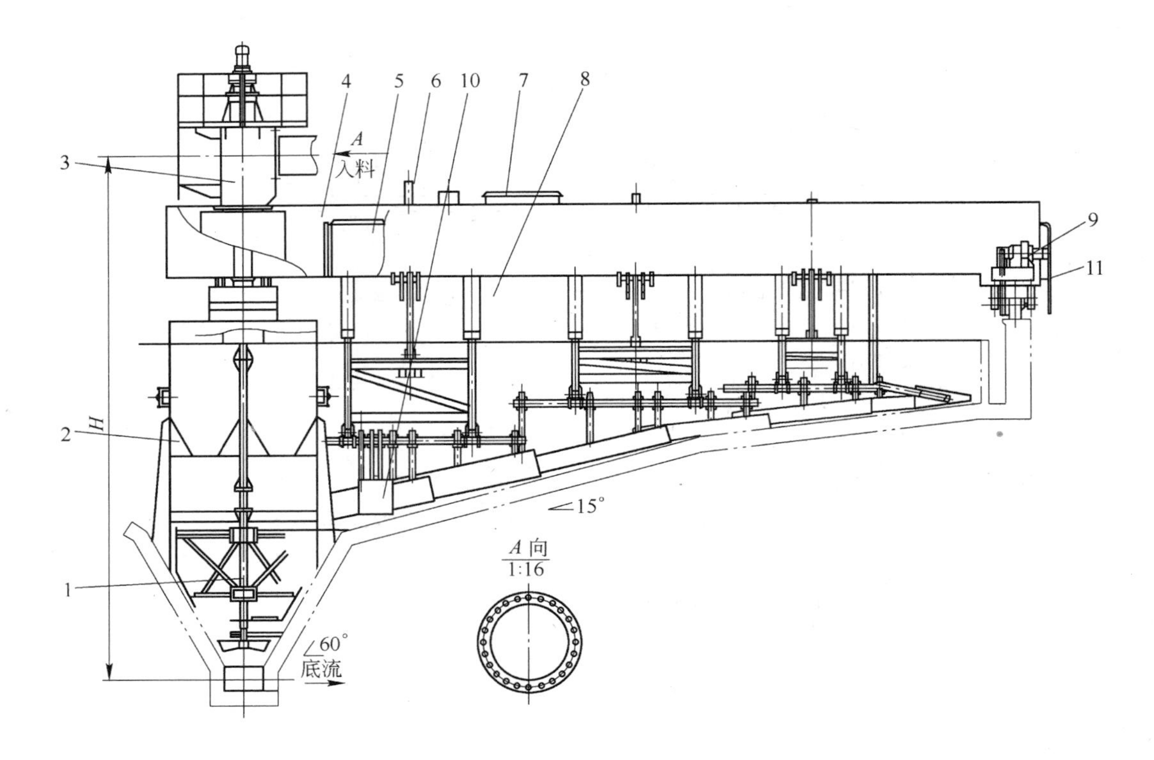

图 2-19　NJG 型高效浓缩机结构示意图

1—搅拌装置下部；2—搅拌装置中部；3—搅拌装置上部；4—桥架体；5—液压系统；6—刮臂提升装置；7—电气控制柜；8—刮集装置；9—周边驱动装置；10—测力装置；11—扶梯

2.2.4.6　NXZ 型高效浓缩机

NXZ 型高效浓缩机结构尺寸如图 2-20、图 2-21 所示，主要技术参数见表 2-9。

表 2-9　NXZ 型高效浓缩机主要技术参数

型　号	内径/m	深度/m	沉淀面积 /m^2	处理能力 /$t \cdot d^{-1}$	提耙高度 /mm	功率/kW
NXZ-16	16	4545	200	400 ~ 600	450	5.5
NXZ-18	18	4545	254	650 ~ 900	450	5.5
NXZ-24	24	5343	450	1000 ~ 1500	450	7.5
NXZ-30	30	5343	706	1600 ~ 2500	450	7.5
NXZ-38B	38	5905	1134	2000 ~ 3000	550	11

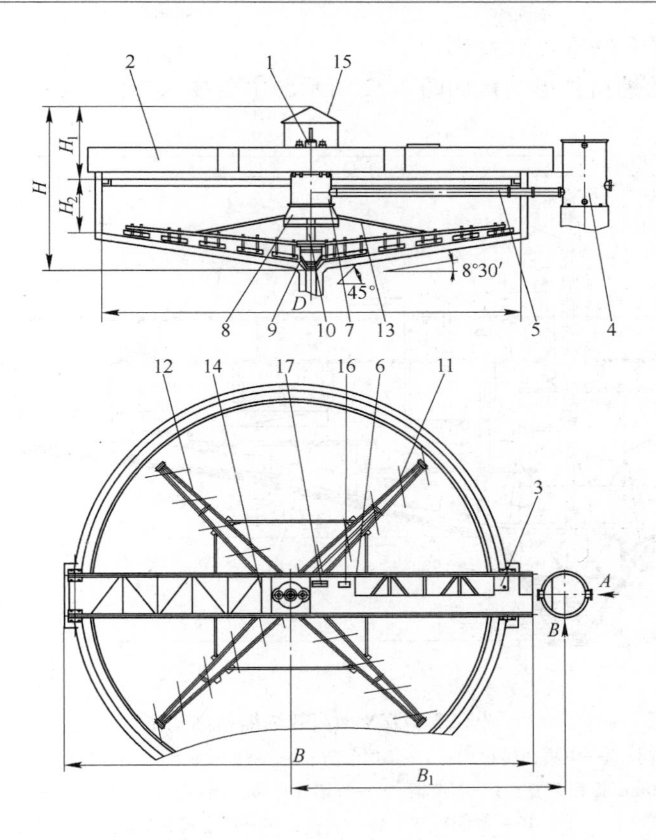

图 2-20　NXZ 型高效浓缩机结构示意图

1—传动装置；2—桥架；3—加药装置；4—去气筒；5—入料管；6—栏杆；7—固定筒；8—布料筒；9—刮板；10—轴；11—耙架Ⅰ；12—耙架Ⅱ；13—连接杆；14—栏杆；15—防雨棚；16—电控箱；17—液压站

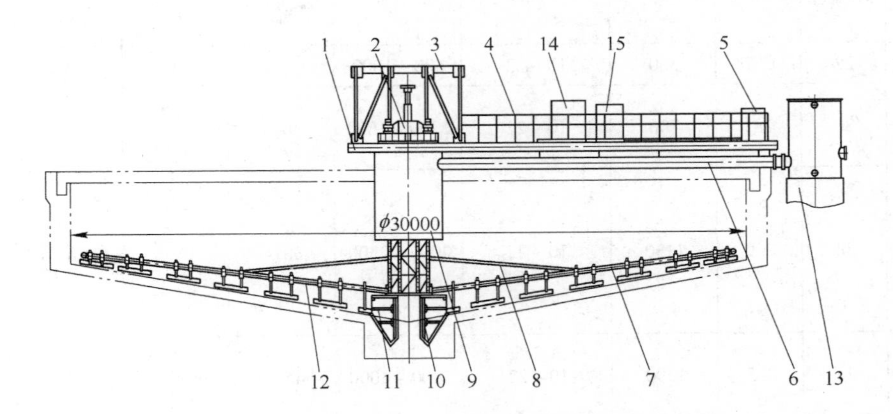

图 2-21　NZX-B 型高效浓缩机结构示意图

1—桥架；2—传动装置；3—吊挂装置；4—栏杆；5—加药装置；6—入料管；7—耙架Ⅰ；8—连接杆；9—入料筒；10—转笼；11—副耙；12—耙架Ⅱ；13—去气筒；14—电控箱；15—液压站

2.2.4.7　GZN 型高效浓缩机

GZN 型高效浓缩机外形结构如图 2-22 所示，主要技术参数见表 2-10。

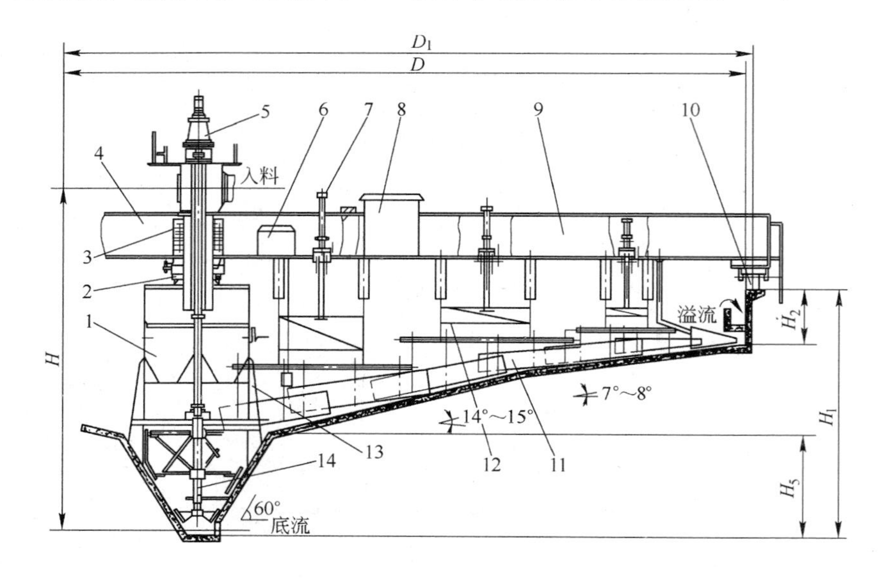

图 2-22　GZN 型高效浓缩机结构图

1—稳流筒；2—中央回转机构；3—集电装置；4—桥架Ⅰ；5—搅拌减速机；6—液压站；7—液压提耙装置；8—电控柜；9—桥架Ⅱ；10—周边驱动装置；11—刮泥板；12—刮泥框架；13—支腿；14—中心搅拌装置

表 2-10　GZN 型高效浓缩机主要技术参数

型　号	内径 /m	深度 /m	沉淀面积 /m^2	桥架每转时间 /min	处理能力 /$m^3 \cdot h^{-1}$	齿条中心圆直径/m	周边传动功率 /kW	中心搅拌功率 /kW	液压提耙功率 /kW
GZN-22D	22	6.7	380	10～22	800～1000		4	3	2.2
GZN-30D	30	7.3	706	10～22	1200～1600	30.9	7.5	4	2.2
GZN-22DT							7.5		2.2
GZN-38	38	7.9	1130	10～22	2000～2500	38.4	2×5.5	4	4
GZN-38D							7.5		3
GZN-38T							2×5.5		4
GZN-38DT							7.5		3
GZN-45T	45	8.5	1590	10～22	3000～4000	45.6	2×7.5	4	4
GZN-45DT							11		3
GZN-53T	53	7.5	2205	10～22	3500～5500	53.6	18.5	中心水泥柱、小耙搅拌	2×3
GZN-53DT									
GZN-60T	60	7.2	2826	10～22	5000～7000	60.6	2×11		2×4
GZN-75T	75	8.3	4415	10～22	7000～11000	75.6	2×18.5		2×4

2.2.5 倾斜板（管）浓缩机

倾斜板浓缩机，是在普通浓缩机澄清区偏上部位加装一系列平行斜板（或斜管）而成，斜板（或斜管）把液流隔成薄层，使微细颗粒沉降至槽底浓缩，从而强化微细颗粒的沉降与水的澄清。从水力学和材料学双重角度出发，斜管效果都要优于斜板，尤其是斜板容易变形导致泥渣排除困难，但是，斜管制作困难，目前市场上产品主要为倾斜板浓缩机。

目前，国内倾斜板浓缩机代表性产品有：昆明冶研新材料股份有限公司的 KMLZ(Y) 系列斜板浓缩机，淮矿生产的 ZQN 型箱式斜板浓缩机。

KMLZ(Y)倾斜板浓缩机主要由池体、给矿槽、锥斗和平行排列的倾斜板组件组成。每个组件有若干个沉降单位组成。按外形结构有圆池型与箱式两种，圆池型外形结构见图 2-23，KMLZ(Y)型倾斜板浓缩机技术参数列于表 2-11。

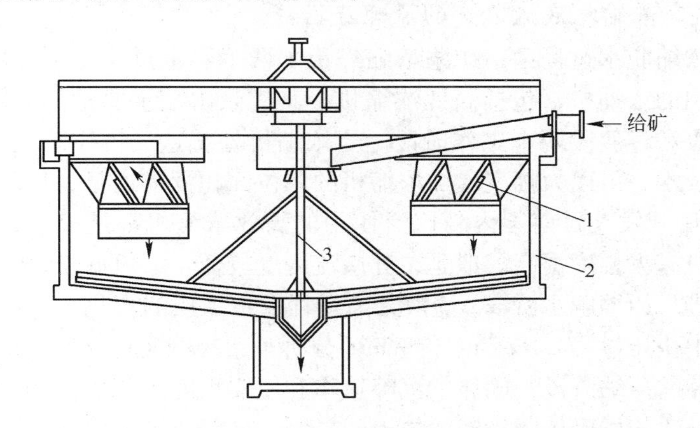

图 2-23 KMLZ(Y)型倾斜板浓缩机结构示意图
1—斜板组；2—池体；3—耙体装置

表 2-11 KMLZ(Y)型倾斜板浓缩机技术参数

规格型号	沉降面积/m^2	占地面积/m^2	设备高度/m	处理干矿量/$t \cdot h^{-1}$		底流浓度/%
				铁精矿脱水	铁尾矿脱水	
KMLZ-50	50	8.6	6.2	3.4	0.7	30~60
KMLZ-80	80	16	6.9	5.4	1.1	30~60
KMLZ-100	100	14.1	6.9	6.7	1.4	30~60
KMLZ-200	200	51	9.1	13.5	2.7	30~60
KMLZ-300	300	59	8.9	20.3	4.0	30~60
KMLZ-400	400	98	7.6	27.1	5.4	30~60
KMLZ-500	500	127	9.6	33.8	6.7	30~60
KMLZ-600	600	150	9.7	40.6	8.0	30~60
KMLZ-700	700	175	9.7	47.4	9.4	30~60
KMLZ-800	800	190	9.4	54.1	10.7	30~60
KMLZ-900	900	225	9.7	60.9	12.1	30~60
KMLZ-1000	1000	188	12.7	67.7	13.4	30~60
KMLZ-1200	1200	236	10.1	81.2	16.1	30~60
KMLZ-1500	1500	300	11.2	101	20.1	30~60

续表 2-11

规格型号	沉降面积/m^2	占地面积/m^2	设备高度/m	处理干矿量/$t \cdot h^{-1}$		底流浓度/%
				铁精矿脱水	铁尾矿脱水	
KMLZ-1800	1800	360	11.5	121	24.1	30～60
KMLZ-2000	2000	368	11.6	135	26.8	30～60
KMLZ-2500	2500	450	11.7	169	33.5	30～60
KMLZ-3000	3000	445	11.2	203	40.2	30～60
KMLZ-3200	3200	489	10.9	216	42.8	30～60
KMLZ-3400	3400	463	12.4	230	45.5	30～60
KMLZ-3500	3500	480	11.7	237	46.9	30～60
KMLZ-4000	4000	570	11.5	270	53.6	30～60

2.2.6 深锥膏体浓缩机

2.2.6.1 提高浓缩机底流浓度的原理及措施

在重力沉降浓缩脱水过程中，矿浆浓缩经历了两个脱水过程：沉降脱水和压缩脱水。现在工业普遍使用的浓缩机，包括高效浓缩机，其矿浆浓缩主要是固体颗粒的沉降脱水，具体经历了沉降段和过渡段两个工作阶段。当浓缩机处于这一工作阶段，采用絮凝浓缩，或其他高效浓缩技术，可以大幅度增加浓缩机的单位面积固体通量，使设备处理能力显著提高。1970 年以后开发、目前国内外广泛使用的高效浓缩机都是基于这一原理，其处理能力较普通浓缩机有大幅度提高。但是，其底流浓度较低，一般低于 50%。

当浓缩过程进入压缩脱水阶段，固液分离过程发生了质的变化，由固体颗粒的沉降变成了水从浓相层中挤压过程。Buscall 和 White 分析了絮凝沉降特性后提出了屈服应力的概念，认为絮凝浓缩的压缩阶段，固体的沉降速率和压实程度主要取决于重力、流出浓相层液体的黏滞力以及浓相层固体颗粒间的应力的平衡；絮凝浓缩形成的网状结构物的压缩脱水仅与压力有关，当浓相层所承受的压力大于临界值，浓相层的浓度才可能大幅度地提高，因此，要获得高的浓缩机底流浓度，只有通过增加浓缩设备的高度来实现[59]。

陈述文等进一步研究发现，浓缩机中的浓相层是一个接近于均匀的体系，仅依靠压力将水从浓相层挤压出来极为困难，且过程漫长。提高池体压缩高度，虽能提高底流浓度，但对于提高浓缩机的处理能力作用不大。而采取措施破坏浓相层中平衡状态，如通过特殊设计的装置进行搅拌或者采用外加电场的装置破坏浓相层平衡状况，在浓相层中制造低压区域，使其成为浓相层中水的通道，即可使浓缩机压缩脱水速度大大加快，处理能力明显提高[60]。

2.2.6.2 深锥浓缩机

深锥浓缩机（deep cone thickener），是国外 20 世纪 70 年代研制成功，以获得极高底流浓度矿浆为目标的高效浓缩机。

图 2-24 为早期英国煤炭公司用于处理尾煤的深锥浓缩机，其直径为 4.5m，待处理物料在溜槽中与絮凝剂混合，混合后的浆体通过给料井进入浓缩机中，开始固液分离过程。溢流水通过溢流槽排出，固体颗粒在重力作用下沉降到浓缩机的底部，通过底流管排出。搅拌器在浓缩机中缓缓转动，在浓缩机下部的浓相层中形成水的通道，以便絮团中夹带水的排出[61]。

与普通浓缩机和高效浓缩机相比，深锥浓缩机的池体压缩高度高，整体呈立式桶锥形，底部锥角极陡，一般为60°~75°。其具体特点如下：

(1) 在池体中设有一特殊结构搅拌器，通过搅拌在浓相层内形成一低压区，形成絮团中水的排出通道。

(2) 压缩高度大，其与絮凝技术结合，加速了物料沉降和溢流澄清过程，处理能力大，底流浓度高。

(3) 排矿方式与普通浓缩机完全不同，取消了集矿耙，底流依靠重力自卸排矿。

因此，得到的底流矿浆浓度高、单位处理能力大。但是，传统的深锥浓缩机锥角极陡，大型化困难；另外，澄清区和压缩区空间窄，药剂用量大，溢流水质较差。因此，人们对其进行了一系列的优化改进。

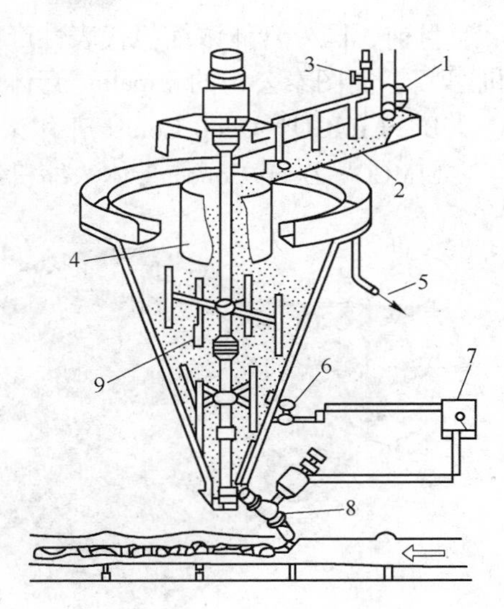

图 2-24 典型深锥浓缩机的结构示意图
1—给矿控制阀门；2—隔板式给矿溜槽；3—絮凝剂阀；4—中心筒；5—澄清水；6—传感器；7—控制器；8—排砂阀；9—搅拌器

目前，我国深锥浓缩机代表性产品有：沈阳矿山机械厂 Nu-10 型深锥浓缩机、淮矿和中芬矿机生产的 SZJ-4 型高效深锥浓缩机、GSZN 型高效深锥浓缩机。

2.2.6.3 膏体浓缩机

A 概况

膏体浓缩机，是在深锥浓缩机基础上，为适应尾矿膏体高浓度排放需要而开发。最早的膏体浓缩机系由 Alcan 公司开发，用于赤泥的洗涤与浓缩[62]，1996 年 Alcan 公司授权许可 Dorr-Oliver Eimeo（现 Flsmidth）公司在非铝土矿行业使用生产销售膏体浓缩机。近年，随着尾矿膏体充填采矿、地表膏体堆存的发展以及湿法冶金中浓缩洗涤的兴起，膏体浓缩机得到较快的发展。自 1996 年起，EIMCO 公司生产销售了超过 40 台 EIMCO 深锥膏体浓缩机，应用涉及铝土矿、铜矿、铅锌矿等选矿尾矿的浓缩与逆流洗涤[63]。

与普通浓缩机及高效浓缩机相比，膏体浓缩机的特点是压缩区高度高、浓相层固体停留时间长、耙架机构的扭矩大。具体根据床层高度与机械扭矩相关的 K 系数不同，膏体浓缩机分类见表 2-12[64]。

表 2-12 膏体浓缩机分类

几何特征	典型床层深度/m	泥层停留时间	最大直径/m	K 系数	能否形成膏体	底流浓度相对大小
常规/高流量浓缩机	1	中等	120	<25	不	1（最低）
无耙陡锥（60°）浓缩机	2~6	慢	12		可	2
陡锥（60°）带耙浓缩机	2~6	慢	12	<25	可	3
浅锥（约15°）膏体浓缩机	3	高	90	>100	可	4
ALCAN 型膏体浓缩机(30°~45°)	8	高	30	>150	可	5（最高）

目前，国外膏体浓缩机代表性产品有 FLS Midth 公司的 EIMCO® Deep Cone®膏体浓缩机[65,66]、奥图泰公司的 Supalfo®膏体浓缩机[67]、Westech 公司的 Deep Bed™浓缩机[68]。

B　EIMCO® Deep Cone®膏体浓缩机

EIMCO® Deep Cone®膏体浓缩机结构如图 2-25 和图 2-26 所示[65,66]。

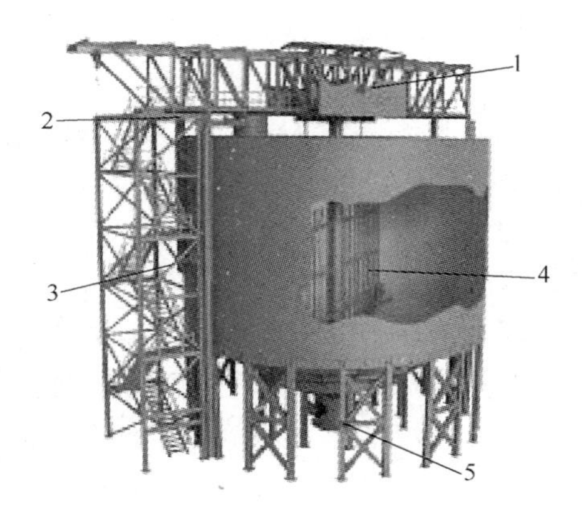

图 2-25　EIMCO® Deep Cone®膏体浓缩机主体结构示意图

1—驱动头；2—E-Du®给料稀释系统；3—给料管；4—耙架；5—膏体排料筒

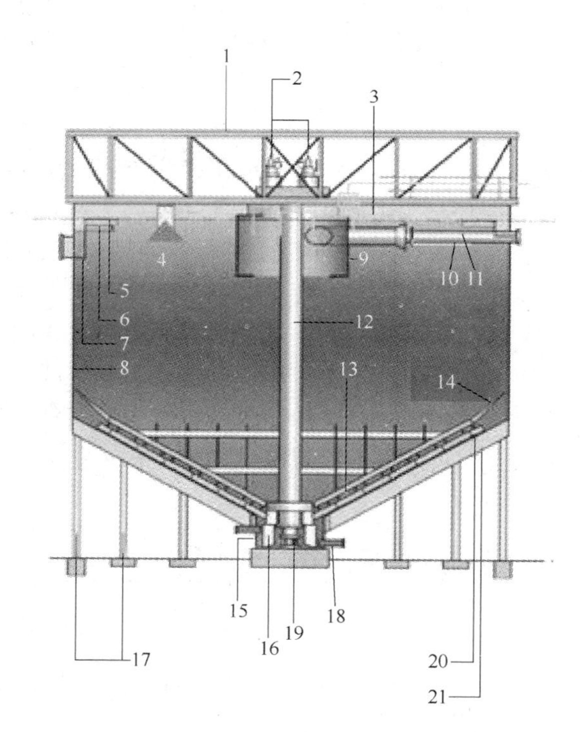

图 2-26　EIMCO® Deep Cone®膏体浓缩机详细结构

1—人行桥；2—耙驱动马达；3—多头注射器；4—锥形观察孔；5—出水导流堰；6—出水槽；7—出水口；8—槽体；9—给料；10—E-DUC 喷嘴；11—进料管；12—耙架（轴）；13—耙臂；14—刮泥臂；15—排料筒；16—刮板；17—槽体支撑柱；18—底流喷嘴；19—方向轴承；20—扇形底板；21—底板支持梁

Deep Cone®膏体浓缩机的特点如下：

（1）单位负荷高。通过采用 EIMCO-E-DUC 给料系统等措施，稀释优化给料固体浓度、优化控制絮凝剂添加与絮团形成，避免絮团分散，从而确保给料矿浆恰当稀释，有效分散絮凝剂实现快速絮凝，从而获得最大的沉降速度，大幅度提高单位处理负荷，其中固体通量是传统浓缩机的 20 倍，水力负荷是普通浓缩机的 10 倍。

（2）耙的传动机构。由于膏体浓缩机内存矿量多，底流近似为黏稠性膏体，矿浆黏度高，使浓缩机机械扭矩大幅度增加，为此，设计了大扭矩浓缩机的传动机构；具体采用多头齿轮、深齿面耦合、油缸润滑、应力测量高精度扭矩等措施，保障经常性连续大扭矩操作需要。

C　Supaflo®膏体浓缩机

Supaflo®膏体浓缩机外观及结构原理如图 2-27 所示。

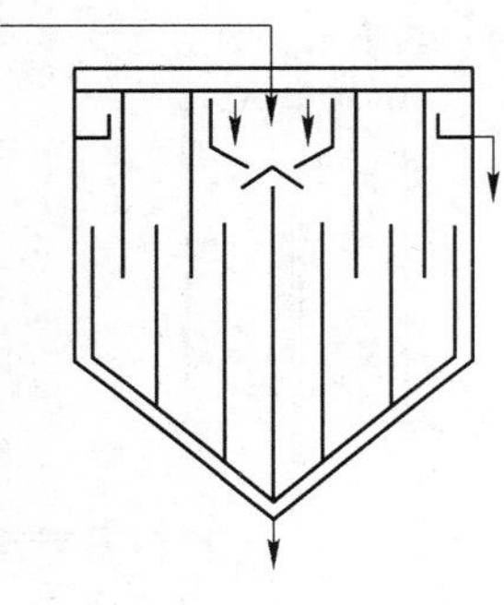

图 2-27　Supaflo®膏体浓缩机外观及结构原理示意图

其特点如下：

（1）采用高效 Floc-Miser 给料筒，通过控制反应器中的混合接触条件，用自动稀释系统（图 2-28）实现给料矿浆的脱气、喷射添加絮凝剂、混合和絮凝[69]。

（2）高能的耙架驱动系统。采取低速马达通过一高效行星齿轮箱驱动，与传统多级电机驱动装置相比，行星齿轮箱提供了极好的扭矩和推力载荷能力，通过液压压力可以实现扭矩的精确测量和三级驱动保护[70]。

（3）高效控制。具体通过控制絮凝和总固体量，来实现浓缩工艺和底流浓度的稳定（图 2-29），其中絮凝控制，通过调节絮凝剂泵的速度来实现稳定的絮凝剂添加，泥层高度作为反馈信号来控制絮凝剂添加量设定点，总固体量控制通过调节底流泵速度来获得稳定的泥层质量。

（4）采用扩展的高压缩区。增强泥层排水的 Supapickets（静止和反转）等措施，提高底流浓度，底流屈服应力大于 200Pa。

D　膏体浓缩机的应用

目前，膏体浓缩机主要应用于以下三个方面[71~73]：

（1）尾矿膏体地下充填（图 2-30）。

（2）尾矿膏体地表堆存（图 2-30）。

（3）浆体逆流洗涤（CCD）（图 2-31）。

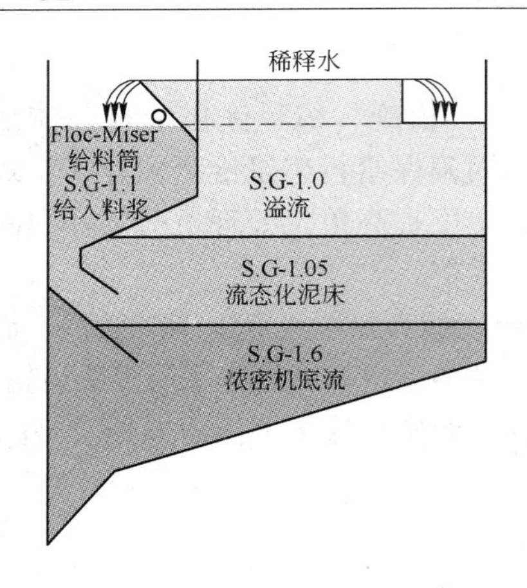

图 2-28　Supaflo®膏体浓缩机自动稀释系统示意图

图 2-29　Supaflo®膏体浓缩机絮凝和总固体量控制示意图

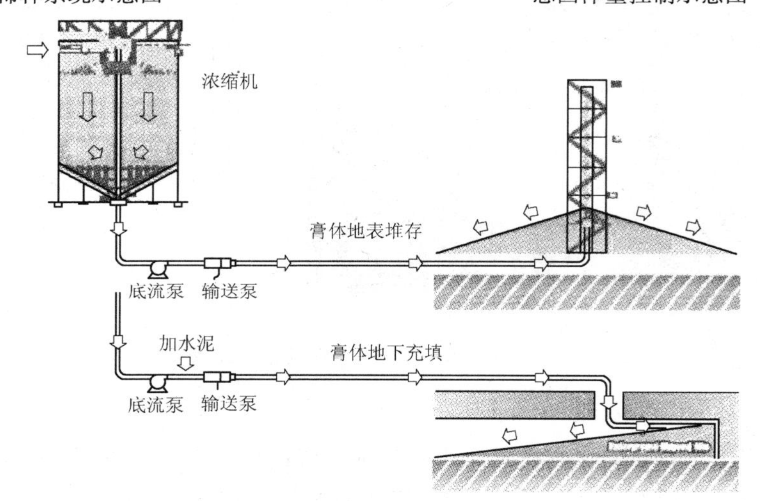

图 2-30　尾矿浆膏体浓缩机处理示意图

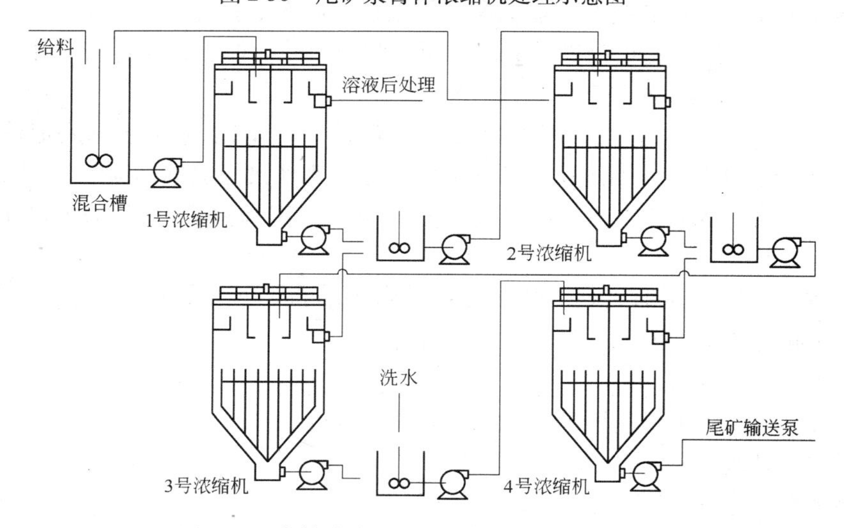

图 2-31　膏体浓缩机用于浆体逆流洗涤示意图

涉及的矿种包括铝土矿、铅锌矿、铜矿等，表2-13[74,75]列出了国内外部分典型深锥膏体浓缩机应用实例。

表2-13 典型深锥膏体浓缩机应用实例

序号	国家	矿山/公司	浓缩机型号(直径)/m	底流浓度/%	尾矿堆存方式
1	南非	Kimberley	15	57	角砾云橄岩尾矿
2	印度	Nalco	20（2台）	65～70	赤泥 TTD
3	爱尔兰	Lisheen	18	65～70	铅/锌尾矿回填
4	加拿大	Kidd creek	35	63	CTD/TTD
5	中国	中国黄金内蒙古矿业有限公司	40（2台）	64～68	CTD
6	中国	云南驰宏锌锗股份有限公司	11	74	CTD

2.2.6.4 HRC(HR)高压浓缩机

A 简况

HRC(HR)型高压浓缩机，是长沙矿冶研究院（现长沙矿冶研究院有限责任公司）在深锥浓缩机基础上开发的高压浓缩机，结构类似于国外ALCAN型膏体浓缩机，其综合了深锥浓缩机底流浓度高与高效浓缩机处理量大的优点，目前，已经实现产品系列化，并在金属矿山普遍推广应用。

B HRC(HR)系列高压浓缩机的结构与技术参数

HRC(HR)系列高压浓缩机的基本结构见图2-32。设备由耙架、传动机构、浓缩机的直筒体、变锥角的下锥体、浓相层中的搅拌器以及特殊设计的旋流分散给矿井组成。

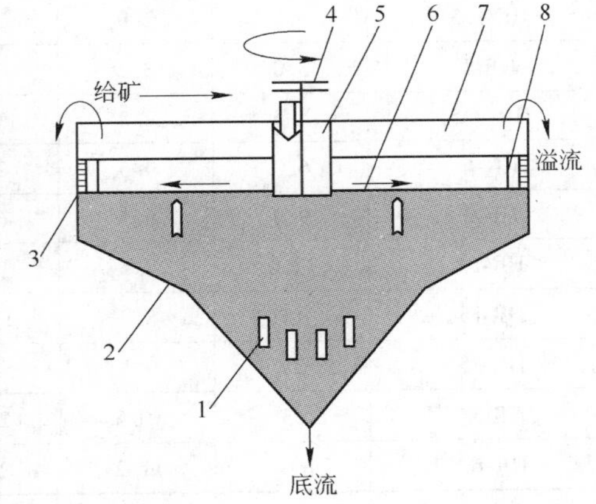

图2-32 HRC(HR)型高压浓缩机结构示意图[60]
1—耙架；2—锥体；3—直筒体；4—传动机构；5—给矿井；6—压缩区；7—澄清区；8—沉降区

待处理物料由给料井给入浓缩机中，特殊设计的给料井将流态变化造成的紊流作用降低到最低，使矿浆基本以层流向浓缩机周边迁移。在迁移过程中固体颗粒沉降进入到压缩区，澄清的溢流沿浓缩机的池壁上升进入溢流堰。压缩区的浓相层在压力作用下，通过特殊设计搅拌器的搅拌作用形成的低压通道进入沉降区域。经过压缩的矿浆自流或通过泵排出。

HRC（HR）系列高压浓缩机，根据高/径比及锥体倾角大小，分为深锥形HRC型高压浓缩机与浅锥形HR型高压浓缩机，其技术参数分别见表2-14和表2-15[76]。

表2-14 HRC型高压浓缩机的主要技术参数

型号	浓缩池/m		沉淀面积/m²		生产能力/t·h⁻¹	电机功率/kW	重量/t
	直径	深度		加斜板			
HRC-1.5	1.5	2.5	1.8		0.5～2.5		

续表 2-14

型　号	浓缩池/m		沉淀面积/m^2		生产能力 /$t \cdot h^{-1}$	电机功率 /kW	重量/t
	直　径	深　度		加斜板			
HRC-3	3.0	4.1	7.1		2.5～8.0	1.1	9.5
HRC-4.5	4.5	6.0	15.9	50	5.0～15.5	1.1	13.1
HRC-6	6.0	7.5	28.3	90	7.5～25.0	1.1～2.2	17.4
HRC-9	9.0	9.6	63.5	160	13～32	2.2～3.0	32.0
HRC-12	12.0	9.8	113	300	20～50	2.2～3.0	40.0
HRC-15	15.0	10.6	176.6	500	30～60	3.0～4.4	28①
HRC-18	18.0	10.72	254	600	30～70	5.5	35①
HRC-25	25.0	12.5	490	1200	50～120	5.5～6.0	45①
HRC-28	28.0	13.5	615.4		80～300	6.0	55①

①不包括壳体。

表 2-15　HR 型高压浓缩机的主要技术参数

型　号	浓缩池/m		沉淀面积/m^2		生产能力 /$t \cdot h^{-1}$	电机功率 /kW	重量/t
	直　径	深　度		加斜板			
HR-1.5	1.5	2.0	1.8		0.2～1.0		
HR-3	3.0	3.2	7.1		0.8～3.5	1.1	4.5
HR-4.5	4.5	3.8	15.9	50	3.0～10.8	1.1	7.5
HR-6	6.0	4.5	28.3	90	5.0～15.0	1.1～2.2	15.4
HR-9	9.0	6.5	63.5	160	10～25	2.2～3.0	23.0
HR-12	12.0	7.5	113	300	20～35	2.2～3.0	27.0
HR-15	15	8.3	176.6	500	30～50	3.0	24①
HR-25	25	9.5	490	1200	45～65	5.5	35①
HR-53	53	10.5	2205		200～290	15	120①
HR-60	60	11.2	2826		250～370	22	140①

① 不包括壳体。

由于高压浓缩机内存的矿量较普通浓缩机多，高黏度的矿浆使浓缩机机械扭矩大幅度增加，根据这些特点，HRC 高压浓缩机设计了大扭矩的传动机构；另外，还设计了根据物料性质需要的絮凝混合器、低阻力的耙架结构。其中合适的锥角以及高度是 HRC 高压浓缩机设备设计中的重点内容。

在结构功能上，HRC 型高压浓缩机具有如下特点：（1）设备采用多头传动，传动扭矩大、效率高。（2）具有消能、混合浆体装置，充分发挥絮凝剂絮凝作用。（3）优化设计浓相层深度，确保底流排矿稳定，实现高浓度排放。（4）优化设计底锥及耙架结构，确保浓浆自卸、畅通排出。（5）澄清区较深，便于装配斜管设施，确保溢流水质达标。

C　HRC 高压浓缩机系统的组成及特色技术

HRC 高压浓缩机系统的组成见图 2-33。由高压浓缩机主机、药剂系统、消能稀释系统、输送系统、控制系统组成。其外观见图 2-34。

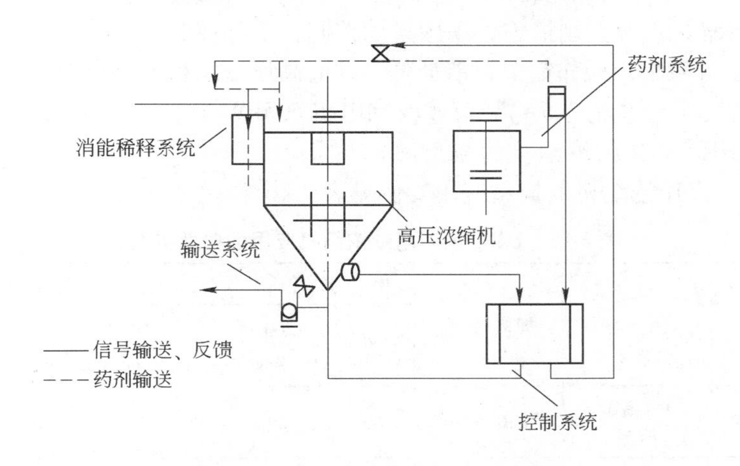

图 2-33　HRC 高压浓缩机系统的组成示意图[60]

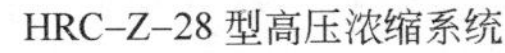

HRC–Z–28 型高压浓缩系统

HR–60 型高压浓缩系统

图 2-34　HRC 型高压浓缩系统外观图

高压浓缩技术作为一项新的系统性高效浓缩技术，除了高压浓缩机主机技术外，还包括如下多项技术：

（1）絮凝。絮凝剂的添加使用效果是高压浓缩技术应用的关键。根据物料性质选择合适的絮凝剂，强化药剂与固体颗粒的混合，从而提高浓缩机的处理量，降低絮凝剂的用量。如果给矿浓度较高，可以根据处理物料情况采用给料自动稀释系统。

（2）系统控制。控制方式可以采取浓缩机料位自动控制、底流浓度自动控制，以及根据来料性质变化进行的模糊控制，具体根据用户要求确定。

（3）高浓度底流输送。产生的膏状底流，已经不能采用通用的离心泵进行输送，采用体积泵输送比较合适；也可采用胶带输送。

HRC（HR）型高压浓缩机系统的主要特点与优势如下：

（1）处理能力大，处理效果好。处理能力为常规浓缩机 4～10 倍；底流浓度最高可达到 70% 以上，较常规浓缩机提高 20%～50%；出水水质满足国家排放标准要求。

（2）采用模块化设计，系统装备成套，可根据用户要求采用不同的浓缩工艺（絮凝浓缩，倾斜板浓缩等）及控制措施；采用自动控制，手动控制等。

（3）设备运行稳定，操作简单；能耗低，12m 高压浓缩机驱动电机仅 3.0kW，实际运行电流仅 3 ~ 4A（额定电流 7.5A）；25m 驱动电机 5.5kW。

D　HRC(HR)型高压浓缩机的应用实例

HRC(HR)型高压浓缩机的典型应用实例见表 2-16[76]。

表 2-16　HRC 系列高效浓缩机应用的典型实例

使用地点	用　途	规格/数量	物料性质		工艺指标		运行状况
			比重	-200 目 (-0.074mm)/%	负荷 /kg·(m²·h)⁻¹	底流浓度 /%	
江西铜业公司武山铜矿	精/尾矿浓缩	HRC-6/1	2.89	89	230	60 ~ 70 *	1989 年
江西铜业公司银山铅锌矿	非金属矿浓缩	HRC-4.5/2 HRC-3/1	1.65	4.7μm		35 ~ 40	1995 年
中原冶炼厂	氰化洗涤	HRL-9/2	3.42	98	150	>63	1998 年
中原冶炼厂	氰化洗涤	HRL-12/2	3.42	98	150	63 ~ 70 *	1998 年
江西铜业公司东乡铜矿	尾矿浓缩	HRC-6/2		91	250	>56	1999 年
金瑞科技公司	洗涤作业	HR-6/3	4.56	-320 目 (-0.044mm)		>60	1997 年
西藏罗布莎铬铁矿	尾矿浓缩	HR-6/1		70		40	1994 年
邯邢冶金矿山局玉石洼铁矿	尾矿浓缩	HRC-25/2	2.73	80	163	55 ~ 57	2000 年
山东乳山大冶金矿	绢云母脱水	HRC-9/2	2.71	5μm	60	35 ~ 50 *	2000 年
兖矿北海高岭土公司	高岭土脱水	HRC-12/2 HRC-25/1	2.70	2μm			2002 年
宝钢梅山铁矿	尾矿浓缩	HRC-25/2	2.70	75		45 ~ 56	2003 年
广东云硫集团	铁红浓缩	HRC-9/2	4.56	2μm		50 ~ 60	2003 年
酒钢选矿厂	中矿浓缩	HRC25/2	3.75	-400 目 (-0.038mm)	170	30 ~ 45	2005 年
承德铜兴公司	尾矿浓缩	HRC25/2	2.75	90	160	50 ~ 55	2005 年
酒钢选矿厂	中矿浓缩	HRC25/1	4.2	-400 目 (-0.038mm)	755	30 ~ 35	2006 年
新疆后山金矿	氰化洗涤	HRC-12/4	3.4	98	150	50 ~ 60	2006 年
浙江华友钴镍公司	洗涤作业	HRC-12/4 HRC-15/1	3.1	95		50 ~ 60	2007 年
首钢招兵沟	精、尾矿浓缩	HRC-18/1 HR-60/1	4.2 2.71	75 80	350 340t	50 ~ 60 45 ~ 50	2007 年
酒钢选矿厂	中矿浓缩	HRC25/1	4.2	98	377t	35 ~ 40	2008 年
本钢马耳岭选厂	尾矿浓缩	HR-60/1	2.7	75	380t	45 ~ 50	2010 年
汉钢杨家坝铁矿	尾矿浓缩	HRC28/1	2.76	78	120t	45 ~ 55	2011 年
鲁中矿业	尾矿浓缩	HRC28/1	2.75	75	185t	45 ~ 50	2011 年

注：* 表示设备可承受的最高浓度。

2.3 过滤脱水技术及设备

2.3.1 矿浆过滤过程及原理

2.3.1.1 过滤原理及分类

过滤，是指从流体中分离固体颗粒的过程。其基本原理是在压强差的情况下，固液悬浮液通过多孔性介质，其中液体透过介质，而固体颗粒则截留在介质上，从而达到固液分离的目的。

根据过滤介质及阻力不同，过滤主要分为滤饼过滤和深层过滤两种，两种过滤形式的原理模型如图2-35所示。

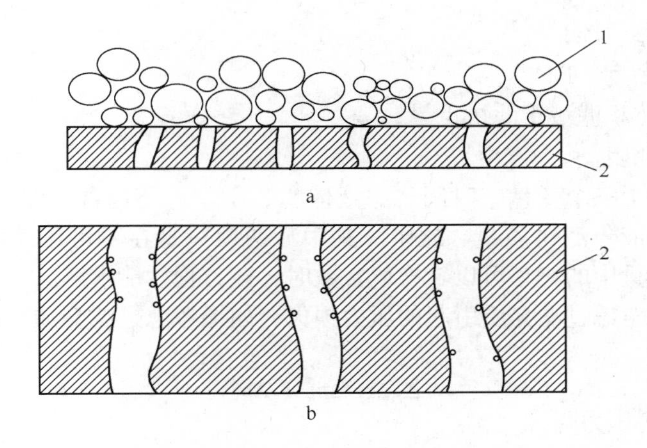

图2-35 两种不同方式的过滤原理示意图
a—滤饼过滤；b—深层过滤
1—滤饼；2—过滤介质

滤饼过滤采用表面过滤机，当料浆流向过滤介质时，大于或相近于过滤介质空隙的固体颗粒，先以架桥方式在介质表面形成初始层，其后沉积的固体颗粒逐渐在初始层上形成一定厚度的滤饼，由于滤饼的阻力远大于过滤介质的阻力，因而对过滤速率起决定性影响。工业过滤大多属于滤饼过滤。

深层过滤，其过滤介质一般采用0.4~2.5mm的沙粒或其他多孔滤质，其堆积高度较大，悬浮液一般以5~15m/h速度通过过滤介质，固体粒子被截留于介质内部的空隙中，其过滤阻力即为介质阻力。

2.3.1.2 过滤速度基本方程式

过滤速度，是指单位时间内通过单位过滤面积的滤液体积，可用下式描述：

$$u = \frac{\mathrm{d}v}{A\mathrm{d}t} \tag{2-21}$$

式中 u——瞬时过滤速度，m/s；
v——滤液体积，m^3；
A——过滤面积，m^2；
t——过滤时间，s。

过滤速度作为评价过滤效果的指标，其与所施加的推动力和滤饼的厚度密切有关。根据达西定律，

$$\frac{\Delta p}{L}=\frac{\mu}{k}\cdot\frac{\mathrm{d}v}{\mathrm{d}t}\cdot\frac{1}{A} \tag{2-22}$$

在不考虑过滤介质压力损失的情况下，经过一系列推导，可以建立过滤速率与有关因素的一般关系式：

$$\frac{\mathrm{d}V}{\mathrm{d}t}=\frac{A^2\Delta p}{\mu cV\alpha} \tag{2-23}$$

式中 V——滤液体积，m^3；

t——时间，s；

A——过滤面积，m^2；

Δp——压力差，Pa；

μ——液体黏度，Pa · s；

c——单位体积滤液干滤饼重量；

α——滤饼比阻。

式(2-23)包含了三个变量：时间、滤液体积、压差；还包含了四个常数：过滤面积、黏度、单位体积滤液干滤饼质量、比阻。其中后两项只是在不可压缩滤饼情况下才是常数。只有在三个变量中的一个可以转换成常数时，该方程才能求解。

上述公式没有考虑过滤介质引起的压力损失，如果考虑过滤介质引起的压力损失，总压差可定义为：

$$\Delta p=\Delta p_c+\Delta p_m \tag{2-24}$$

式中 Δp_c——滤饼压力降；

Δp_m——由过滤介质引起的压力损失。

针对式(2-24)，分别使用达西定律，可得：

$$\Delta p=\frac{\mu c\alpha}{A^2}V\frac{\mathrm{d}V}{\mathrm{d}t}+\frac{\mu}{A}\frac{L_m}{k_m}\frac{\mathrm{d}V}{\mathrm{d}t} \tag{2-25}$$

式中 L_m——过滤介质的厚度；

k_m——过滤介质的渗透率。

如果这两个参数在过滤过程中保持不变，就可以定义 R_m 为过滤介质阻力，量纲为 m^{-1}，$R_m=L_m/k_m$。因此，滤饼过滤方程就可以写成：

$$\Delta p=\frac{\mu c\alpha}{A^2}V\frac{\mathrm{d}V}{\mathrm{d}t}+\frac{\mu}{A}R_m\frac{\mathrm{d}V}{\mathrm{d}t} \tag{2-26}$$

2.3.1.3 滤饼过滤速度方程的几种典型表现形式

A 恒压过滤

在恒压条件下，对式(2-26)积分，设定边界条件为：时间为0时，滤液量为0；时间为 t 时，滤液量为 V，计算可得下列的线性化抛物线方程：

$$\frac{t}{V}=\frac{\mu c\alpha}{2A^2\Delta p}V+\frac{\mu R_m}{A\Delta p} \tag{2-27}$$

式(2-27)可以看作是一条直线，式中 $\frac{t}{V}$ 可以看作非独立变量，V 为独立变量。用实验获得 $\frac{t}{V}$ 值和 V 值作图，可计算式(2-27)的斜率和截距如下：

$$斜率 = \frac{\mu c\alpha}{2A^2\Delta p}V \tag{2-28}$$

$$截距 = \frac{\mu R_m}{A\Delta p} \tag{2-29}$$

如果已知液体黏度、过滤面积、压差、单位滤液体积的干滤饼质量，就可以计算出滤饼比阻及过滤介质阻力。

B　恒速过滤

工业上大量使用容积泵向过滤设备提供矿浆，这类泵输出体积流量均匀的矿浆，送入过滤机，如果滤饼不可压缩，就具备了恒速过滤的条件。

随着过滤过程的进行，滤饼发生了新的沉积，系统阻力增加，为了维持固定的流量，压差就必须增加，这一类系统通常要有一个卸压阀，在此阀未打开之前，为恒速过滤，这段时间相当长；此阀开启后，则转变为恒压过滤。

在恒速情况下：　$\frac{\mathrm{d}V}{\mathrm{d}t} = \frac{V}{c} = 常数$

据此，式(2-26)变为：

$$\Delta p = \left(\frac{\mu c\alpha}{A^2 t}\right)V + \left(\frac{\mu R_m}{A}\right)\frac{V}{t} \tag{2-30}$$

在过滤压差与滤液量为坐标的图上，上式同样是一条直线。通过实验获得 Δp 值和 V 值，作图得到直线的斜率和截距，经过适当的处理，计算得到滤饼的比阻与过滤介质阻力。

由过滤的基本方程式，还可以推导出变压变速过滤、先恒速后恒压等过滤速率方程式，在这里不做详细阐述。

计算得到的滤饼比阻与过滤介质的阻力，是两个非常重要的过滤参数，它对优化工艺条件、放大试验室结果以及正确选择过滤介质，都具有重要的指导作用。

2.3.2　过滤设备的分类

目前，工业过滤设备主要是基于滤饼过滤原理而开发，其形式按推动力的不同，可分为重力式、真空式、加压式以及离心式过滤机。表 2-17 列出了过滤机的分类情况。

表 2-17　过滤机分类列表

分类及名称	按形状分类	按过滤方式分类	卸料方式	给　料	应用范围
真空过滤机	筒形真空过滤机	筒形外滤式过滤机 筒形内滤式过滤机 折带式过滤机 绳索式过滤机	刮刀卸料 吹风卸料 自重卸料 自重卸料	连续	用于矿山、冶金、化工及煤炭部门
		无格式过滤机	自重卸料		用于煤泥和制糖厂
	平面真空过滤机	转盘翻斗过滤机 平面盘式过滤机 水平带式过滤机	吹风卸料 吹风卸料 刮刀卸料	连续	用于矿山、冶金、煤炭、陶瓷、环保等部门
	立盘式真空过滤机		吹风卸料		
	筒形磁性过滤机	内滤式磁性过滤机 外滤式磁性过滤机	吹风卸料 刮刀卸料	连续	用于含磁性物料的过滤

续表 2-17

分类及名称	按形状分类	按过滤方式分类	卸料方式	给　料	应用范围
压滤机	带式压滤机 板框压滤机 板框自动压滤机 厢式自动压滤机 旋转压滤机 加压过滤机	机械压滤 机械或液体加压 液压 液压 机械加压 压缩空气压滤	自重卸料 吹风卸料 自重卸料 自重卸料 排料阀卸料 阀控或压力排料	连续间歇 间歇 间歇 连续 连续	用于煤炭、矿山、冶金、化工建材等部门
离心过滤机	连续式离心过滤机 间歇式离心过滤机		重力卸料 机械卸料 螺旋卸料 刮刀卸料 活塞卸料	连续 间歇	用于煤炭、陶瓷、化工、医药等部门

真空过滤机，是借助真空泵的减压作用，使过滤介质两侧形成压力差，并作为推动力，迫使含有固体颗粒流体通过过滤介质，而固体颗粒则被截留在介质上，从而实现固液分离。真空过滤机按照结构形式和操作方式不同，主要分为筒式真空过滤机、盘式真空过滤机与平面真空过滤机。

压滤机，是利用泵或压缩机作用产生压力，在加压条件下实现固液分离，主要用于粒度细、黏度大物料及难处理悬浮液的过滤。

目前，金属矿山主要采用真空过滤机和压滤机，尤其是筒式真空过滤机、陶瓷真空过滤机、板框压滤机、厢式压滤机等进行选矿产品的过滤脱水。

2.3.3　筒形真空过滤机

2.3.3.1　筒形外滤式真空过滤机

筒形外滤式真空过滤机，主要由筒体、传动机构、主轴承、分配头、料浆槽、搅拌器、刮刀等组成，具体构造如图 2-36 所示。其中筒体为铸造或用钢板焊制的圆筒，外表

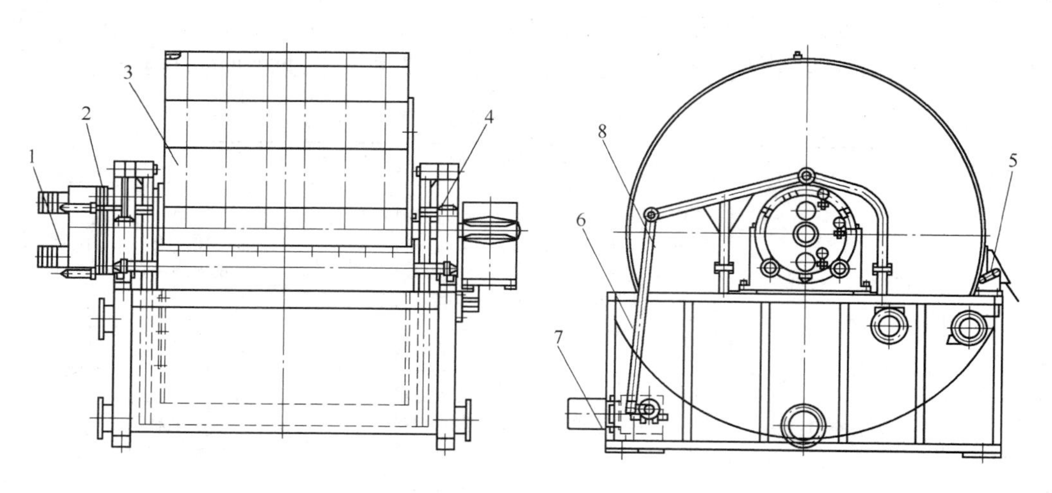

图 2-36　筒形外滤式真空过滤机构造图

1—筒体传动机构；2—分配头；3—筒体；4—主轴承；5—刮刀；6—料浆槽；7—搅拌传动机构；8—搅拌器

面用槽型格子板分隔成若干个轴向贯通的过滤室，滤室之间密不透气；滤布覆盖在格子板上；筒体通过主轴承支撑在料浆槽上，经传动机构驱动绕水平轴转动。筒体下部浸入料浆槽中，料浆槽内有搅拌器，位于筒体以下，借助伞形齿轮和链条传动。搅拌器运动使料浆槽内矿浆保持悬浮状态。

筒形外滤式真空过滤机，主要用于密度小、粒度细、产品水分要求低的有色金属、非金属精矿和浮选精煤的过滤脱水作业。当处理细黏物料，滤饼水分过高时，可以采取在筒外脱水区增设拍打、压辊、压带等装置，挤压滤饼以降低水分。目前，我国生产筒形外滤式真空过滤机的主要厂家，有沈阳矿山机械集团公司、辽源重型机械厂、浙江诸暨有色冶金机械厂等企业[54]。

2.3.3.2 筒形内滤式真空过滤机

筒形内滤式真空过滤机有胶带卸料和溜槽卸料两种形式，胶带卸料筒形内滤式真空过滤机构造见图 2-37。

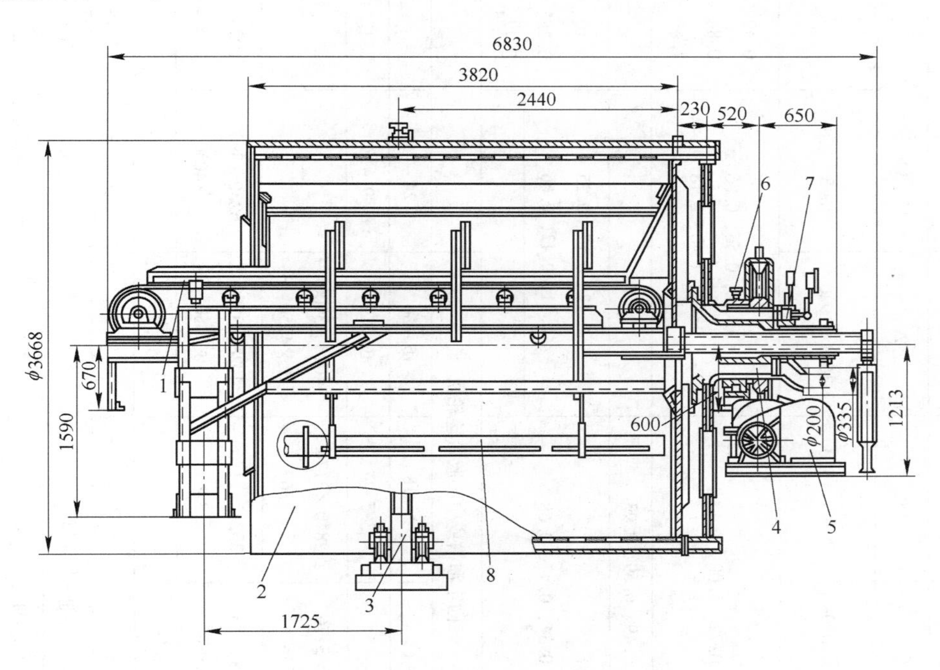

图 2-37 筒形内滤式真空过滤机构造图

1—卸料皮带运输机；2—筒体；3—托辊；4—喉管；5—传动机构；6—主轴承；7—分配头；8—给矿管

筒形内滤式真空过滤机适用于过滤粒度较粗或粗细夹杂、密度较大、沉降速度较快的物料，如磁选和浮选铁精矿脱水，一般要求给矿粒度 -0.074 mm 粒级含量大于 50%，但不宜过粗，若粒度过粗，则形成的滤饼过于松散，在未被携带到卸落区就会从筒体内表面脱落，使过滤效果变差。该机的缺点是体积庞大、工作情况观察不便、筒体内部维护工作不便、更换滤布困难。

目前，国内常用的 GN 型筒形内滤式真空过滤机技术参数见表 2-18。

表 2-18 GN 型筒形内滤式真空过滤机技术参数

型号		GN-8	GN-12	GN-20	GN-30	GN-40	GN-40A	GN-40
过滤面积/m^2		8	12	20	30	40		
筒体尺寸（直径×高）/mm×mm		2956×1020	2956×1370	3668×1920	3668×720	3668×3720		
筒体转速/$r \cdot min^{-1}$	高速	0.72，1.00，1.43		0.42，0.56，0.86 1.04，1.40，2.18		0.42，0.56 0.84，1.04 1.40，2.18	0.13，0.17 0.24，0.31 0.40，0.60	0.23～0.91
	中速	0.49，0.69，0.93		—		—	—	
	低速	0.34，0.47，0.68		0.12，0.17，0.25 0.31，0.42，0.66		0.12，0.17 0.25，0.31 0.42，0.66	0.10，0.13 0.19，0.24 0.32，0.46	
卸料方式		固定溜槽或中心胶带连轮机			中心胶带运输机			
生产能力/$t \cdot h^{-1}$	磁选精矿	6～12	9～18	15～30	24～45	30～60		
	浮选精矿	2.4～5	3.5～7	6～12	9～18	12～24	8～20	
外形尺寸/mm×mm×mm	溜槽卸料	2490×3176×3367	2840×3176×3367	4028×3900×4050	—	—	—	—
	皮带卸料	3328×3176×3367	3328×3176×3367	4028×3900×4050	6230×3900×4050	6925×3900×4050		9535×3900×4050
重量/kg	溜槽卸料	6.6	7.3	12.3	—	—	—	—
	皮带卸料	6.9	7.6	12.7	14.4	16.6	18.4	17.2
减（变）速器		BK-Ⅲ（专用）		K231P（专用）				WDBY4.0-7/1/11
电动机		Y112M-6，2.2kW		YD160M-8/6/4 3.3，4，5.5kW				Y112M-4 4kW
滚筒卸料用电动机		YD-15-100-5032 1.5kW		YD-22-100-5040 2.2kW		YD-30-100-5032 30kW		

2.3.3.3 折带式真空过滤机

折带式真空过滤机，是为了解决筒形外滤式真空过滤机在过滤时滤饼水分高、卸料困难、滤布易损坏等问题而研发。其过滤原理与筒形外滤式真空过滤机基本相同，不同的是滤饼采取折带卸料。

折带式真空过滤机的滤布环绕着筒体与各滚筒，并被筒体驱动运动。工作时，料浆给入料浆槽内，在经过滤、脱水区域后，滤饼随滤布继续运动而离开筒体表面，继而运行至卸料辊处，由于卸料辊突然转向，使滤布上的滤饼断裂开，并离开滤布而卸料，滤布继续运行至清洗区进行冲洗，再生后经导向辊返回到筒体表面，开始下一次循环。过滤原理如图 2-38 所示。

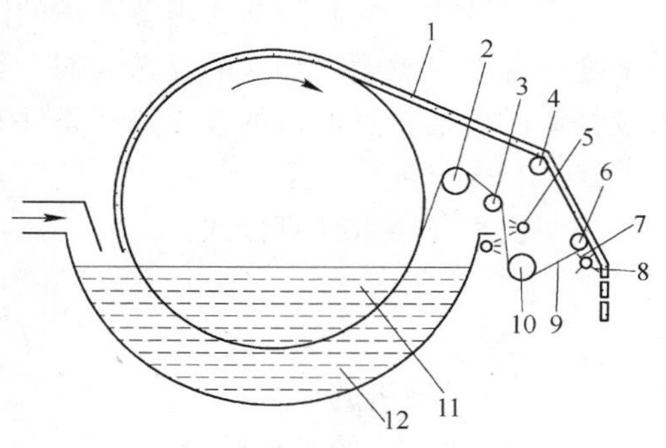

图 2-38 折带式真空过滤机工作原理图
1—滤饼；2—滤布跑偏修正装置；3，4—支撑辊；5—清洗喷嘴；6—剥离辊；7—刮板；8—刮辊；9—滤带；10—导向辊；11—筒体；12—料浆槽

由于折带式真空过滤机的滤布清洗得较彻底，因此其对容易堵塞滤布的料浆，如细黏物料等的过滤效果较好，其缺点是耗水量较大、滤布易磨损、易跑偏。

目前，国外折带式真空过滤机的单台面积已达 140m^2 以上，我国的主要厂家，主要有沈阳矿山机械集团公司、辽源重型机械厂、浙江诸暨有色冶金机械厂等企业[54]。国内某厂生产的折带式真空过滤机技术参数见表 2-19。

表 2-19 折带式真空过滤机的技术参数

型 号	过滤面积 /m^2	筒体直径 /mm	浸入角 /(°)	转速 /r·min^{-1}	主电机功率/kW	重量 /kg	外形尺寸/(长×宽×高) /mm×mm×mm
GD2/1.0	2	1.0	120	0.13~2	0.37	1580	1600×1900×1500
GD5/1.75	5	1.75	120	0.13~2	0.55	2560	2200×2660×2100
GD10/2.0	10	2.0	140	0.13~0.79	1.5	4660	3380×3200×2170
GD15/2.5	15	2.5	140	0.13~0.79	1.5	5400	3860×3370×2750
GD20/2.5	20	2.5	140	0.13~0.79	1.5	6300	4460×3370×2750
GD25/2.5	25	2.5	90~140	0.13~0.79	1.5	7200	5160×3370×2750
GD30/3.0	30	3.0	90~140	0.13~0.79	1.5	8400	5100×4730×3370
GD35/3.0	35	3.0	90~140	0.13~0.79	1.5	9500	5530×4730×3570
GD40/3.0	40	3.0	90~140	0.13~0.79	1.5	10950	6100×4730×3570
GD45/3.0	45	3.0	90~140	0.13~0.79	1.5	12400	6600×4730×3570
GD50/3.0	50	3.0	90~140	0.13~0.79	2.2	13300	7400×4730×3570
GD60/3.5	60	3.5	90~140	0.13~0.79	2.2	15200	7600×5100×4070
GD70/3.5	70	3.5	90~140	0.13~0.79	2.2	19000	8600×5100×4070

2.3.3.4 筒型真空过滤机的选型计算

A 需要考虑的主要因素

选择过滤机形式和规格，需要考虑的因素包括：物料的粒度，矿物组成和密度，矿浆的浓度，温度及黏度，加入的浮选药剂、絮凝剂、助滤剂的影响，用户对精矿含水量的要求及精矿的价值，过滤机的技术操作条件和性能等[56]。

B 工作台数的计算

过滤机工作台数计算公式：

$$n = \frac{G}{Fq} \tag{2-31}$$

式中 n——过滤机的台数；

G——需过滤的干精矿量，t/h；

F——选择的过滤机的面积，m^2；

q——过滤机单位面积的处理能力，$t/(m^2 \cdot h)$。

q 值一般应从工业试验、半工业试验直接测得或按过滤试验资料计算得到。若无试验数据，可参考类似选矿厂生产指标选取，也可参照表 2-20 选取。

表 2-20　过滤机单位面积处理量 q 值

过滤物料	$q/t \cdot (m^2 \cdot h)^{-1}$	过滤物料	$q/t \cdot (m^2 \cdot h)^{-1}$
细粒硫化、氧化铅锌精矿	0.1～0.15	硫化钼精矿	0.1～0.15
硫化铅精矿	0.15～0.20	锑精矿	0.15～0.20
硫化锌精矿	0.2～0.25	锰精矿	0.2～0.25
硫化铜精矿	0.1～0.2	萤石精矿	0.1～0.2
氧化铜、氧化镍精矿	0.05～0.1	磁铁精矿	0.05～0.1（粒度 0.2～0mm）
黄铁矿精矿	0.2～0.5	磁铁精矿	0.2～0.5（粒度 0.12～0mm）
含铜黄铁矿精矿	0.25～0.3	焙烧磁选精矿	0.25～0.3
硫化镍精矿	0.1～0.2	浮选赤铁精矿	0.1～0.2（粒度 0.1～0mm）
磷精矿	0.4～0.5	磁浮选混合精矿	0.4～0.5

注：各数值是按真空过滤机（滤布为棉织帆布）的生产指标选取的。氧化矿精矿，粒度很细时，取偏小值。

C 单位面积处理能力的测定计算

常用的试验测定方法是过滤叶片试验（Filerlead test）法，该法用一套“标准过滤叶片装置”，模拟工业过滤机操作条件，测定所取精矿试样的过滤性能，并计算所模拟的过滤机单位面积处理量 q。

标准过滤叶片试验装置见图 2-39。

具体的试验及计算步骤如下：

（1）取样和制样：从工业生产或工业、半工业试验过程中采取具有代表性的试样，若无上述条件，也可以从连续试验或闭路流程试验中直接取样，模拟生产条件制备过滤试样。

（2）选定滤布种类：要求选用的滤布与生产拟采用的滤布种类完全一致。

（3）过滤叶片与矿浆的相对位置应与拟选定过滤机滤布面与矿浆相对位置一致。

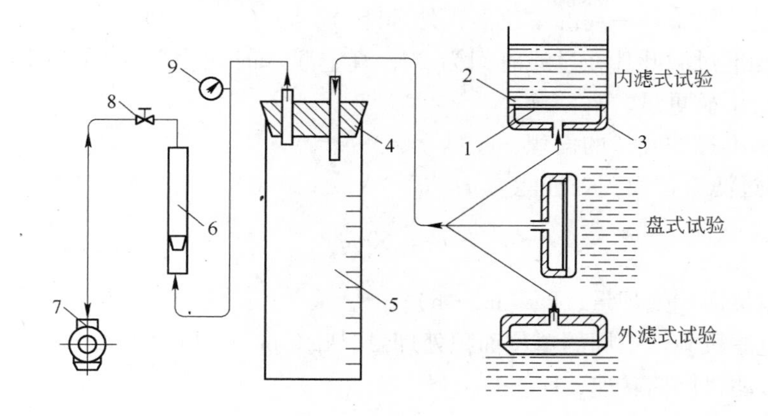

图 2-39　标准过滤叶片试验装置示意图

1—滤布；2—滤饼；3—标准滤叶片；4—密封室；5—真空瓶；
6—转子流量计；7—真空泵；8—真空调节阀；9—真空表

（4）模拟生产条件，确定试验的过滤时间 T_1 和真空脱水时间 T_2（图 2-40）：

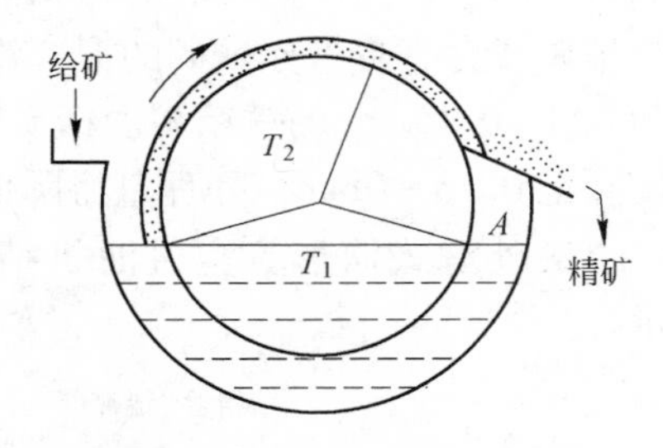

图 2-40　过滤机 T_1、T_2 时间分布图

过滤时间 T_1：

$$T_1 = \frac{60\gamma}{n} \tag{2-32}$$

式中　T_1——过滤时间，即相当于过滤机圆筒（盘）上某点 A 旋转一周通过矿浆的时间，s；

γ——过滤机过滤面积浸入率，%；

n——过滤机圆筒转速，r/min。

$$\gamma = \frac{S_1}{S} \times 100\% \tag{2-33}$$

式中　S_1——过滤机圆筒（盘）浸入矿浆中面积，m^2；

S——过滤机圆筒（盘）面积，m^2。

真空脱水时间 T_2：

$$T_2 = \frac{60 \times (0.75 - \gamma)}{S} \times 100\% \tag{2-34}$$

式中，T_2 为真空脱水时间，（盘）上某点 A 旋转一周相当于过滤机圆筒离开矿浆后到达吹风卸料点的时间，s。

（5）计算滤机旋转一周处理能力（q_s）：

$$q_s = \frac{10q_0}{S_t} \tag{2-35}$$

式中 q_s——过滤机旋转一周的单位面积处理能力，kg/(m² · 周)；

q_0——标准过滤叶片在过滤时间为 T_1，真空脱水时间为 T_2 的条件下试验所得滤饼的干矿重量，g；

S_t——标准过滤叶片的面积，cm²。

（6）计算过滤单位面积处理能力 q：

$$q = 60nq_s \tag{2-36}$$

式中 q——单位面积处理量，kg/(m² · h)；

q_s——过滤机旋转一周的单位面积处理量，kg/(m² · 周)；

n——过滤机圆筒转速，r/min。

2.3.4 磁性过滤机

磁性过滤机分为内滤式和外滤式两种，其结构分别与筒形内滤式和外滤式真空过滤机相似，不同的是筒体内部装有锶铁氧体永久磁系。由于该特点，磁性过滤机专门用于粗粒磁铁精矿或含有少量赤铁矿的混合铁精矿的过滤。其中外滤式磁性过滤机，最适合处理粒度为0.8～0.15mm的铁精矿。精矿粒度为0.8～0mm时，处理量可达3t/(m² · h)，但当粒度降至0.15～0mm，处理量将降低一半。

永磁外滤式筒形真空过滤机结构如图2-41所示，磁性过滤机的技术参数如表2-21所示。

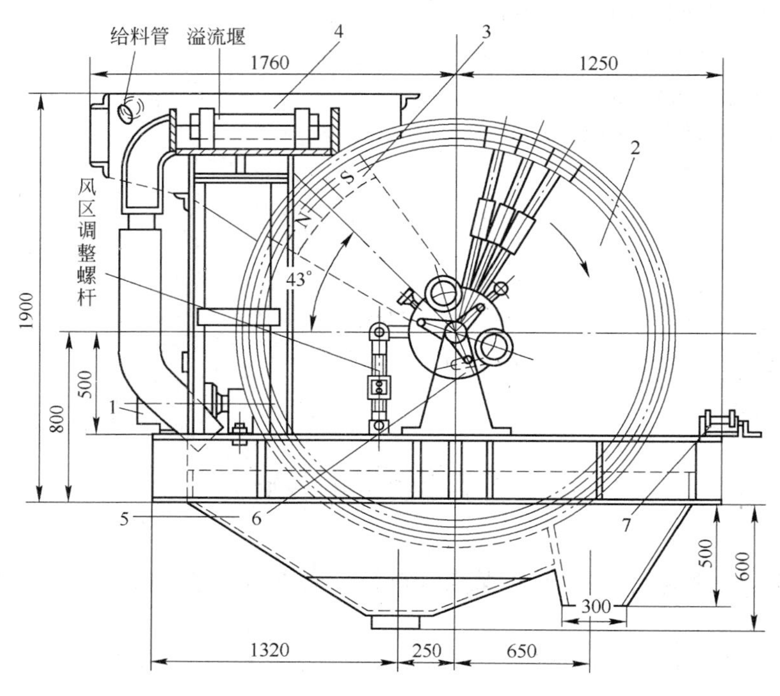

图2-41 永磁外滤式筒形真空过滤机结构

1—传动装置；2—筒体；3—磁系；4—给料槽；5—溢流槽；6—分配头；7—绕线装置

表 2-21 磁性过滤机的技术参数[54]

型号		GYW-3	GYW-5	GYW-8	GYW-12	GYW-20
过滤面积/m^2		3	5	8	12	20
筒体尺寸	直径/mm	1600	2000			2550
	深度/mm	700	900	1400	2000	2650
筒体表面磁感应强度/mT		80			87	
精矿水分/%		8~11			8~10	
生产能力(给料粒度为 0.15~0.80mm)/$t \cdot h^{-1}$		6~9	14~18	22~43	33~65	54~108
电动机功率/kW		1.5	1.5	1.5	2.2	4
电机转速/$r \cdot min^{-1}$		940				
真空度/kPa		60~80				
抽气量/$m^3 \cdot (min \cdot m^2)^{-1}$		0.5~2				
鼓风压力(连续吹风)/kPa		10~30				
鼓风量/$m^3 \cdot (min \cdot m^2)^{-1}$		0.1~0.5				
过滤脱水区角/(°)		176				
卸矿区角/(°)		21				
再生区角/(°)		100				
外形尺寸 /mm×mm×mm		1895×2506×2087	2110×2755×2500	2610×2905×2500	3210×2905×2500	
总重/kg		3265	3932	4754	5494	6500

注：筒体转速 0.5~2r/min；给矿浓度≥60%。

2.3.5 陶瓷盘式真空过滤机

2.3.5.1 概况

陶瓷过滤机是芬兰瓦迈特公司（valmet OY）于 1979 年研制成功，并首先用于造纸工业。不久，芬兰奥托昆普（Outokumpu）公司奥托梅克子公司购买了制造陶瓷片的专利，命名为“凯拉梅克”（Ceramec）型陶瓷过滤机，1985 年首次用于矿山精矿脱水，其节能效果显著，能耗仅为普通真空过滤机的 10%~20%，被誉为过滤行业里程碑式的技术进步。

1995 年我国广东凡口铅锌矿首先引进陶瓷圆盘真空过滤机，使用效果良好，过滤系数提高 1 倍以上，滤饼水分降低 2.5 个百分点，取得了可观的经济效益。20 世纪 90 年代末，我国江苏省陶瓷研究所和江苏宜兴市非金属化工机械厂首先实现了陶瓷过滤机核心部件——陶瓷过滤片的国产化。进入 21 世纪，陶瓷过滤机已在我国金属矿山选矿厂广泛应用[77]。

2.3.5.2 陶瓷过滤机的结构及工作原理

A 陶瓷过滤机的结构组成与工作原理

陶瓷过滤机的结构与普通盘式真空过滤机相似，主要由转子、搅拌器、刮刀组件、料浆槽、分配器、陶瓷过滤板、水路系统、清洗设备和自动化系统等组成（图 2-42）。

陶瓷过滤机的工作原理类同于普通圆盘真空过滤机，其特殊之处是采用多孔的陶瓷过滤板作为过滤介质，利用其毛细管力的作用，使水通过过滤板，其他物料始终不能通过，从而达到固液分离的目的。

B　陶瓷过滤机的工作过程

陶瓷过滤机的工作过程如图 2-43 所示，装有过滤板的圆盘旋转浸入悬浮液，在真空作用下悬浮液被分离，固体物料吸附于陶瓷板两侧，形成滤饼，脱离浆槽，继续抽真空以进一步脱出滤饼中的水分，至一定位置时，由陶瓷（不锈钢）刮刀刮下滤饼，同时，通过反冲洗将陶瓷板上剩余的固体物料除去，然后循环，实现连续过滤。该工作过程具体可分为滤饼的形成、滤饼脱水、滤饼刮除、反冲洗 4 个阶段[77,78]：

（1）滤饼形成阶段：在真空力的作用下，真空区料浆中的固体颗粒吸附在陶瓷过滤板上形成滤饼，滤液通过陶瓷过滤板微孔经滤室、分配阀到达真空桶。

图 2-42　陶瓷过滤机的结构组成示意图

1—矿箱；2—筒体；3—陶瓷刮刀；4—陶瓷过滤片；5—搅拌器；6—分配阀；7—驱动电机；8—真空泵；9—PLC 可编译控制器

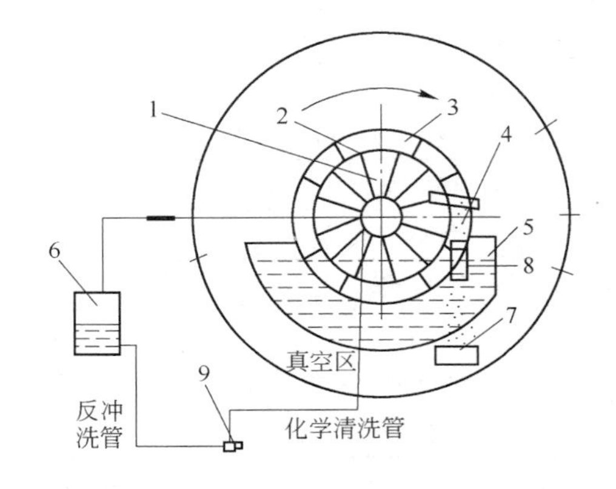

图 2-43　陶瓷过滤机的工作过程示意

1—转子；2—滤室；3—陶瓷过滤板；4—滤饼；5—料浆槽；6—真空桶；7—皮带输送机；8—超声装置；9—滤泵

（2）滤饼干燥阶段：在真空力的作用下，滤饼继续脱出滤液，并经滤室、分配阀到达真空桶。

（3）滤饼卸料阶段：陶瓷过滤板上滤饼由刮刀卸下至输送带。

（4）反冲洗阶段：真空桶内的滤液水由滤泵抽出，一部分滤液水通过水路系统回到反冲洗区，清洗陶瓷过滤板，重新回用，另一部分滤液水外排也可利用。

C　陶瓷过滤机的优点

与传统的真空过滤机相比，陶瓷圆盘真空过滤机具有下列优点：

（1）过滤效果好，滤饼水分低。易于运输处理，减少路途损耗。

（2）真空损失小，真空度高。使用一台小型真空泵便可达到 0.09MPa 的高真空度，比传统真空过滤机节能 90%。

（3）滤液清澈透明，含固量仅 0.003% ~0.004%。陶瓷过滤板微孔孔径小，细微过滤颗粒回收率高，不仅减少了微细颗粒流失，而且回水可在系统中循环使用，水资源得到充分利用，环保效果好。

（4）自动化程度高，由可编程序控制器 PLC 组成的自动控制系统可实现连续运行，利用率高达 95%，劳动强度低，维护方便，维修工作量小。

（5）处理能力大，为一般圆盘真空过滤机的 3 倍，生产效率高，生产成本低，虽一次性投资较大，但投资回收速度快。

（6）采用无滤布过滤，无滤布损耗，减少了维修费用。设备结构紧凑，安装和操作费用低，职业环境安全性高。

2.3.5.3 陶瓷过滤板的结构及其清洗

A 陶瓷过滤板的材料结构

陶瓷过滤板是陶瓷过滤机的核心部件，陶瓷过滤板必须满足三个条件：（1）微孔孔径不大于 2μm；（2）陶瓷材质必须具有亲水性；（3）材质必须有足够的强度。

陶瓷过滤板一般采用氧化铝陶瓷材质，其空隙率在 35% 左右。具体采用氧化铝与其他材质通过炼泥、成型、干燥、烧成、加工而成。其结构形状为中空的扇形板面，空腔内充填与板面相近的陶瓷球柱体。

为了取得良好的过滤效果，选择陶瓷过滤板应注意：

（1）物料粒径及分布与陶瓷过滤板微孔相匹配，虽然陶瓷过滤板孔径越大易吸浆，但易引起陶瓷过滤板堵塞。

（2）陶瓷过滤板孔径相同时，应可能选择透水率高的陶瓷过滤板，透水率高，吸浆性能较好。

B 陶瓷过滤板的清洗

由于作业过程中，有可能部分细颗粒堵塞陶瓷过滤板表面微孔，或者少部分细颗粒进入陶瓷过滤板内部微孔，引起堵塞，影响产能。因此，必须应做好陶瓷过滤板的清洗。

首先是每次循环反冲洗时，要保证足够的冲洗压力，尽可能地将陶瓷过滤板内的细颗粒冲出或陶瓷过滤板表面黏附颗粒冲开。其次，经过一段时间（具体根据矿物性质而定）的运行，陶瓷板表面及内部积存一定量的固体颗粒，导致陶瓷过滤板表面或者内部微孔堵塞，影响过滤效率时。就必须停机进行陶瓷过滤板的清洗；一定不能等陶瓷过滤板严重受堵时再停机清洗。

停机清洗主要有化学清洗与物理清洗两种措施[79]：

（1）化学清洗。是采用化学清洗剂与不易冲出的细颗粒进行化学反应，使其颗粒细化，再结合循环反冲，将细颗粒冲出；因此，应针对不同料浆特性，选择合适的化学清洗剂，一般化学清洗剂是稀酸液。

（2）物理清洗。是采用超声波清洗，对浸入的陶瓷过滤板表面进行清洗。具体是超声波在槽体水溶液中振动，产生强大的冲击波，将陶瓷过滤板表面的污物撞击下来。由于超声波在水溶液中衰减很小，所以对浸入液体中的物体表面，包括狭缝小孔均有清洗作用；水溶液温度为 20～50 ℃时清洗效果最好。最好根据不同料浆的特性，合理选择超声波设备。如果陶瓷过滤板表面是黏性大的污物，则应采用频率高的超声换能器。

为了保证清洗效果，实际一般采取超声波清洗和稀酸液清洗相结合的混合清洗。在化学清洗的同时进行超声清洗，从而更有效地、彻底地清除陶瓷板表面上的物料颗粒；保持陶瓷板的毛细管畅通，实现设备运转的高效率。

2.3.5.4　典型陶瓷过滤机的规格性能

A　Ceramec 陶瓷过滤机

目前，Ceramec 陶瓷过滤机是国际上最具代表性的陶瓷过滤机。它现由芬兰奥图泰公司生产，商品名为 Outotec Larox® CC filters，其外观结构如图 2-44 所示。主要由矿浆槽、主传动装置、滤盘、刮刀、搅拌装置、分配阀、超声清洗器、真空泵、滤液筒、超声波液位计、控制盘等部件组成，并与有关阀门管路等均安装在一个坚固的底座上，组装成一个结构紧凑的完整设备。另一台滤液泵安装在过滤机 3m 以下平面处，为防止腐蚀，所有关键部件均采用不锈钢材料制造，以确保耐用性。

图 2-44　Ceramec 陶瓷过滤机的外观结构示意图[80]

Outotec Larox® CC 陶瓷过滤机的技术规格见表 2-22[80]。

表 2-22　Outotec Larox® CC 陶瓷过滤机的技术规格参数

Outotec Larox CC	CC-15	CC-30	CC-45	CC-45 HiFloW	CC-60	CC-60 HiFloW	CC-144	CC-240
过滤面积/m^2	15	30	45	45	60	60	144	240
过滤介质类型	Blue24	Blue24	Blue24	Blue30	Red24	Red30	Red36	Red36
过滤盘数量/片	5/10	10/12	15/12	15/12	20/12	20/12	12/15	20/15
过滤盘直径/mm	1900	1900	1900	1900	1900	1900	3800	3800
长度/mm	4050	5600	7040	7210	8530	8750	8571	13700
宽度/mm	3300	3300	3300	3420	3400	3420	5700	6020
高度/mm	2700	2700	2750	2863	2750	300	4780	4780
重量/kg	7100	9800	13800	14025	14900	15100	43000	69000
体积/m^3	3.1	5.2	7.4	7.4	9.0	9.0	35	56
真空泵功率/kW	2.2	2.2	2.2	2.2	2.2	2.2	5.5	5.5
装机容量/kW	16	28	33	43	36	44	96	148
功耗/kW	11	14	17	25	20	27	70	105

B　国内典型陶瓷过滤机

国内主要有江苏省宜兴非金属化工机械厂有限公司（原江苏宜兴非金属化工机械厂）[81]、安徽铜都特种环保设备股份有限公司、辽宁圣诺矿冶科技有限公司（原辽宁鞍山特种耐磨设备厂）[82]、核工业烟台同兴实业有限公司等厂家生产陶瓷真空过滤机。

江苏省宜兴非金属化工机械厂有限公司生产的HTG型陶瓷过滤机外观结构如图2-45所示，技术规格参数见表2-23[83]。安徽铜都特种环保设备股份有限公司生产的TT系列陶瓷过滤机的技术参数如表2-24所示[54]。

图2-45 HTG型陶瓷过滤机的外观结构示意图

表2-23 HTG型陶瓷过滤机性能规格

型号	陶瓷板数量/块	滤盘数量/圈	过滤面积/m^2	主轴电机/kW	真空泵电机/kW	装机功率/kW	实际功率/kW	重量/t
HTG-01	12	1	1	1.1	1.1	6		1.6
HTG-15	60	5	15	1.5	2.2	17	8	8.7
HTG-24	96	8	24	2.2	2.2	21	10	10.5
HTG-30	120	10	30	2.2	2.2	24	12	11.6
HTG-45	180	15	45	3.0	2.2	26	14	14.8
HTG-80	240	20	80	5.5	5.5	46	17	24.0

注：滤盘转速0.5～2r/min，搅拌转速6～20r/min。

表2-24 TT系列陶瓷真空过滤机的技术参数

型号	过滤数量/块	滤盘数量/圈	过滤面积/m^2	装机功率/kW	主轴电机/kW	重量/kg
TT-4	24	2	4	8	1	1200
TT-8	48	4	8	10	1.5	1800
TT-12	72	6	12	11	1.5	2700
TT-16	96	8	16	14	2.2	4200
TT-20	120	10	20	16	3	5400
TT-24	96	8	24	16	3	6800
TT-30	120	10	30	18	3	8000
TT-36	144	12	36	20	3	9300
TT-45	180	15	45	24	4	10600
TT-60	180	15	60	32	4	12000
TT-80	240	20	80	43	5.5	15000
TT-100	300	25	100	54	7.5	18000

注：滤盘转速0.5～1.5r/min。

2.3.6 水平带式真空过滤机

水平带式真空过滤机，是利用真空吸力和料浆自重作用来实现固液分离的一种连续过滤设备，适用于粒度粗、浓度大及滤饼需要多次洗涤的物料过滤作业，具有生产能力大、洗涤效果好、滤布再生性好、操作维修简单、生产费用低等优点。

A DI 型移动室水平带式真空过滤机

移动室带式真空过滤机的结构特点是真空盒可往复运动。过滤时，真空盒随滤带一起向前运动，在此过程中完成固液分离，当真空行程终了时，真空盒触及行程开关，真空被切换后，真空盒又迅速返回初始位置，并重新恢复真空进行下一次循环；其工作原理和工艺流程如图 2-46 所示。

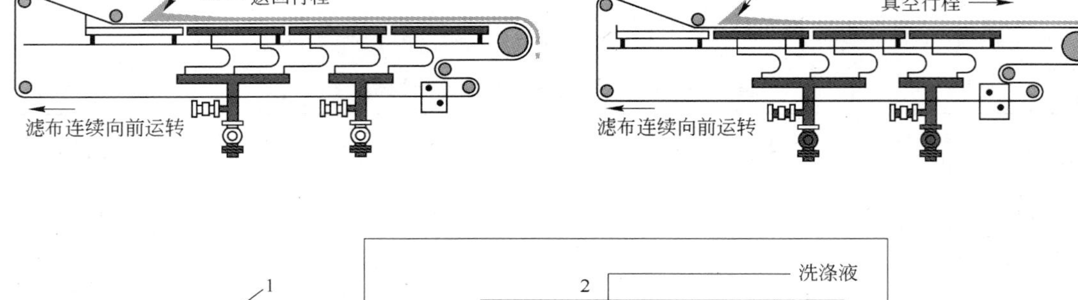

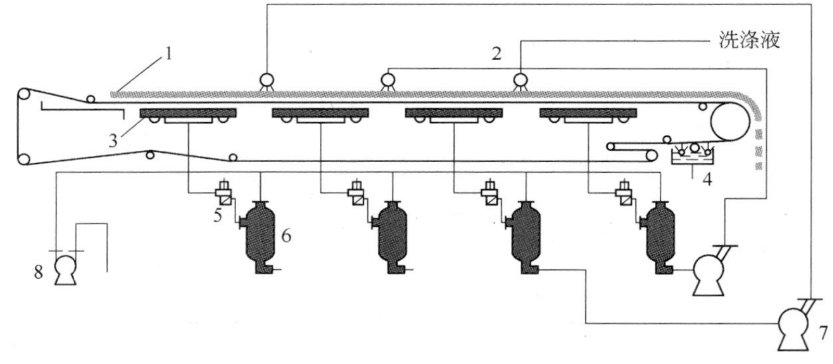

图 2-46 移动室带式真空过滤机工作原理及工艺流程图

1—加料装置；2—洗涤装置；3—纠偏装置；4—洗布装置；5—切换阀；6—排液分离器；7—返水泵；8—真空泵

核工业烟台同兴实业有限公司生产的 PBF 橡胶带式真空过滤机技术参数如表 2-25 所示[84]。

B 固定室带式真空过滤机

固定室带式真空过滤机又叫橡胶带式真空过滤机，其结构特点是真空盒固定在滤带下方，滤带在真空盒上移动。与移动室带式真空过滤机相比，固定室型克服了移动室型工作过程中不断地切换真空所带来的能源消耗。目前国外该机型的过滤面积已经达到 185m^2，国内最大面积为 135m^2。图 2-47 为固定室带式真空过滤机的构造图，表 2-26 为 DZ 系列固定室真空过滤机的技术参数。

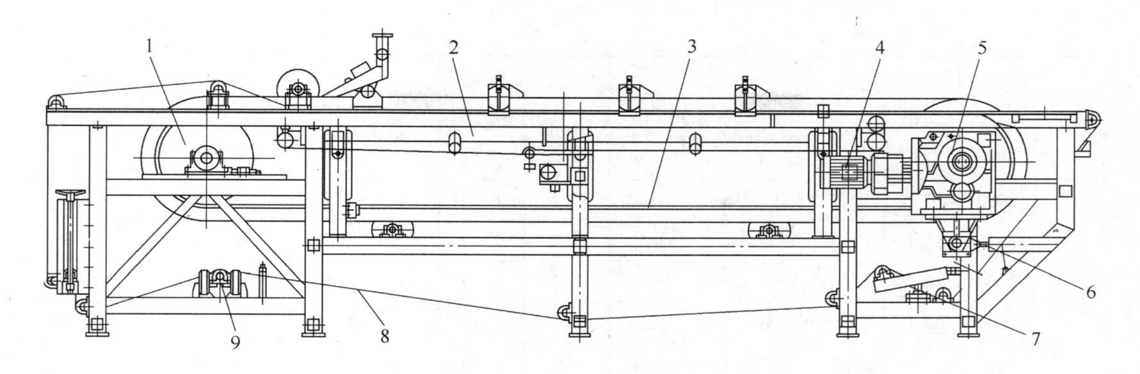

图 2-47 固定室带式真空过滤机构造图

1—从动辊；2—真空箱；3—胶带；4—电机；5—驱动辊；6—洗涤装置；
7—滤布张紧装置；8—滤布；9—滤布调偏装置

表 2-25 PBF 橡胶带式真空过滤机技术参数

型号	滤室宽度 /mm	过滤面积 /m^2	主机外形尺寸 /mm × mm × mm	重量 /kg	电动机功率/kW		压缩空气耗量 /$m^3 \cdot min^{-1}$	真空耗量 (−0.05MPa) /$m^3 \cdot min^{-1}$	滤带再生水耗量 /$L \cdot min^{-1}$
					主电机	洗刷电机			
PBF Ⅰ	625	1.9	6125 × 2100 × 1520	2400	1.1	0.75	0.6 ~ 0.9	3 ~ 4	20 ~ 30
	625	2.8	7625 × 2100 × 1520	2600	1.1	0.75	0.6 ~ 0.9	4 ~ 5	20 ~ 30
	625	3.8	9125 × 2100 × 1520	2800	1.1	0.75	0.6 ~ 0.9	6 ~ 8	20 ~ 30
	625	4.7	10625 × 2100 × 1520	3000	1.1	0.75	0.6 ~ 0.9	7 ~ 9	20 ~ 30
	625	5.6	12125 × 2100 × 1520	3200	1.1	0.75	0.9 ~ 1.2	8 ~ 10	20 ~ 30
	625	6.6	13625 × 2100 × 1520	3400	1.5	0.75	0.9 ~ 1.2	9 ~ 12	20 ~ 30
	625	7.5	15125 × 2100 × 1520	3600	1.5	0.75	0.9 ~ 1.2	9 ~ 12	20 ~ 30
	625	8.4	16625 × 2100 × 1520	3800	1.5	0.75	0.9 ~ 1.2	10 ~ 14	20 ~ 30
PBF Ⅱ	1250	3.8	6125 × 2800 × 1670	2850	1.1	0.75	0.6 ~ 0.9	6 ~ 8	40 ~ 60
	1250	5.6	7625 × 2800 × 1670	3100	1.1	0.75	0.6 ~ 0.9	8 ~ 10	40 ~ 60
	1250	7.5	9125 × 2800 × 1670	3350	1.5	0.75	0.9 ~ 1.2	9 ~ 12	40 ~ 60
	1250	9.4	10625 × 2800 × 1670	3600	1.5	0.75	0.9 ~ 1.2	15 ~ 20	40 ~ 60
	1250	11.3	12125 × 2800 × 1670	3850	2.2	0.75	1.2 ~ 1.5	15 ~ 20	40 ~ 60
	1250	13.1	13625 × 2800 × 1670	4100	2.2	0.75	1.2 ~ 1.5	15 ~ 20	40 ~ 60
	1250	15.0	15125 × 2800 × 1670	4350	2.2	0.75	1.2 ~ 1.5	18 ~ 23	40 ~ 60
	1250	16.9	16625 × 2800 × 1670	4600	2.2	0.75	1.2 ~ 1.5	20 ~ 28	40 ~ 60
PBF Ⅲ	1600	9.6	9125 × 3200 × 1670	3700	1.5	1.10	0.9 ~ 1.2	15 ~ 20	50 ~ 70
	1600	12.0	10625 × 3200 × 1670	4000	2.2	1.10	1.2 ~ 1.5	15 ~ 20	50 ~ 70
	1600	14.4	12125 × 3200 × 1670	4300	2.2	1.10	1.2 ~ 1.5	18 ~ 23	50 ~ 70
	1600	16.8	13625 × 3200 × 1670	4600	2.2	1.10	1.2 ~ 1.5	20 ~ 28	50 ~ 70
	1600	19.2	15125 × 3200 × 1670	4900	2.2	1.10	1.2 ~ 1.5	20 ~ 28	50 ~ 70
	1600	21.6	16625 × 3200 × 1670	5200	2.2	1.10	1.2 ~ 1.5	30 ~ 36	50 ~ 70

续表 2-25

型号	滤室宽度/mm	过滤面积/m^2	主机外形尺寸/mm×mm×mm	重量/kg	电动机功率/kW		压缩空气耗量/$m^3 \cdot min^{-1}$	真空耗量(-0.05MPa)/$m^3 \cdot min^{-1}$	滤带再生水耗量/$L \cdot min^{-1}$
					主电机	洗刷电机			
PBFⅣ	2000	12.0	9125×3600×1670	4100	2.2	1.10	1.2~1.5	20~28	60~80
	2000	15.0	10625×3600×1670	4450	2.2	1.10	1.2~1.5	20~28	60~80
	2000	18.0	12125×3600×1670	4800	2.2	1.10	1.0~1.5	20~28	60~80
	2000	21.0	13625×3600×1670	5150	2.2	1.10	1.2~1.5	30~36	60~80
	2000	24.0	15125×3600×1670	5500	3.0	1.10	1.5~2	30~36	60~80
	2000	27.0	16625×3600×1670	5850	3.0	1.10	1.5~2	35~45	60~80
PBFⅤ	2500	15.0	9125×4150×1670	4600	2.2	1.10	1.0~1.5	20~28	70~90
	2500	18.8	10625×4150×1670	5000	2.2	1.10	1.0~1.5	20~28	70~90
	2500	22.5	12125×4150×1670	5400	3.0	1.10	1.5~2	30~36	70~90
	2500	26.3	13625×4150×1670	5800	3.0	1.10	1.5~2	35~45	70~90
	2500	30.0	15125×4150×1670	6200	3.0	1.10	1.5~2	35~45	70~90
	2500	33.8	16625×4150×1670	6600	4.0	1.10	1.5~2	40~45	70~90
PBFⅥ	3000	18.0	9125×4150×1770	5100	2.2	1.10	1.2~1.5	20~28	80~100
	3000	22.5	10625×4150×1770	5550	3.0	1.10	1.5~2	30~36	80~100
	3000	27.0	12125×4150×1770	6000	3.0	1.10	1.5~2	35~45	80~100
	3000	31.5	13625×4150×1770	6450	4.0	1.10	1.5~2	40~50	80~100
	3000	36.0	15125×4150×1770	6900	4.0	1.10	1.5~2	45~55	80~100
	3000	40.5	16625×4150×1770	7350	4.0	1.10	1.5~2	45~55	80~100

注：滤带速度为0.5~6m/min，0.4~0.6MPa。

表 2-26　DZ 系列固定室真空过滤机的技术参数

过滤宽度/mm	过滤面积/m^2	主机外形尺寸/mm×mm×mm	重量/kg	主机功率/kW	压缩空气耗量(0.3~0.4MPa)/$m^3 \cdot min^{-1}$	真空耗量(-0.053MPa)/$m^3 \cdot min^{-1}$	滤带再生水耗量(0.02MPa)/$L \cdot min^{-1}$	水封水耗量(0.02MPa)/$L \cdot min^{-1}$
1300	10.4	12000×1900×2300	8100	5.5	0.3	20	60~80	4~8
	13.0	14000×1900×2300	8300	7.5	0.3	26	60~80	4~8
	15.6	16000×1900×2300	9500	7.5	0.3	30	60~80	4~8
	18.2	18000×1900×2300	10700	11	0.3	36	60~80	4~8
	20.8	20000×1900×2300	11900	11	0.3	40	60~80	4~8
1800	21.6	16000×2450×2300	13200	11	0.3	42	100~120	6~10
	25.2	18000×2450×2300	14900	11	0.3	50	100~120	6~10
	28.8	20000×2450×2300	16600	15	0.3	48	100~120	6~10
	32.4	22000×2450×2300	18300	15	0.3	65	100~120	6~10
	36.0	24000×2450×2300	20000	15	0.3	72	100~120	6~10

续表2-26

过滤宽度/mm	过滤面积/m^2	主机外形尺寸/mm×mm×mm	重量/kg	主机功率/kW	压缩空气耗量(0.3~0.4MPa)/$m^3 \cdot min^{-1}$	真空耗量(-0.053MPa)/$m^3 \cdot min^{-1}$	滤带再生水耗量(0.02MPa)/$L \cdot min^{-1}$	水封水耗量(0.02MPa)/$L \cdot min^{-1}$
2000	24.0	16000×2650×2300	14600	11	0.3	48	115~135	8~12
	28.0	18000×2650×2300	16500	15	0.3	56	115~135	8~12
	32.0	20000×2650×2300	18400	15	0.3	65	115~135	8~12
	36.0	22000×2650×2300	20300	15	0.3	72	115~135	8~12
	40.0	24000×2650×2300	22200	15	0.3	80	115~135	8~12
2500	30.0	16500×3.20×2.80	18200	15	0.3	60	150~170	10~14
	35.0	18500×3200×2800	20600	15	0.3	70	150~170	10~14
	40.0	20500×3200×2800	23000	22	0.3	80	150~170	10~14
	45.0	22500×3200×2800	25400	22	0.3	90	150~170	10~14
	50.0	24500×3200×2800	27800	22	0.3	100	150~170	10~14
2800	33.6	16500×3500×2800	20400	15	0.3	72	180~200	12~16
	39.2	18500×3500×2800	23200	22	0.3	84	180~200	12~16
	44.8	20500×3500×2800	26000	22	0.3	96	180~200	12~16
	50.4	22500×3500×2800	28800	22	0.3	110	180~200	12~16
	56.0	24500×3500×2800	31600	22	0.3	120	180~200	12~16
3000	36.0	16500×3700×2800	22600	22	0.3	72	220~240	14~18
	42.0	18500×3700×2800	24800	22	0.3	84	220~240	14~18
	48.0	20500×3700×2800	27000	22	0.3	96	220~240	14~18
	54.0	22500×3700×2800	29200	22	0.3	108	220~240	14~18
	60.0	24500×3700×2800	31400	30	0.3	120	220~240	14~18
3200	44.8	18500×3900×2800	27000	22	0.3	100	270~290	14~18
	51.2	20500×3900×2800	29200	22	0.3	110	270~290	14~18
	57.6	22500×3900×2800	31400	22	0.3	120	270~290	14~18
	64	24500×3900×2800	33600	30	0.3	135	270~290	14~18
	76.8	26500×3900×2800	35800	30	0.3	160	270~290	14~18

注：胶带速度为0.8~8m/min。

2.3.7 压滤机

2.3.7.1 板框压滤机

板框压滤机是结构最简单、应用最广泛的一种压滤机，在冶金、矿山、化工、煤炭、染料、制药、食品、环保等领域应用广泛。

目前，我国主要生产使用卧式板框压滤机，其主要由压紧机构、分板装置、主梁、活动压板、固定压板、板框、滤布等组成，具体结构如图2-48所示。表2-27给出了国产板框压滤机技术参数[54]。

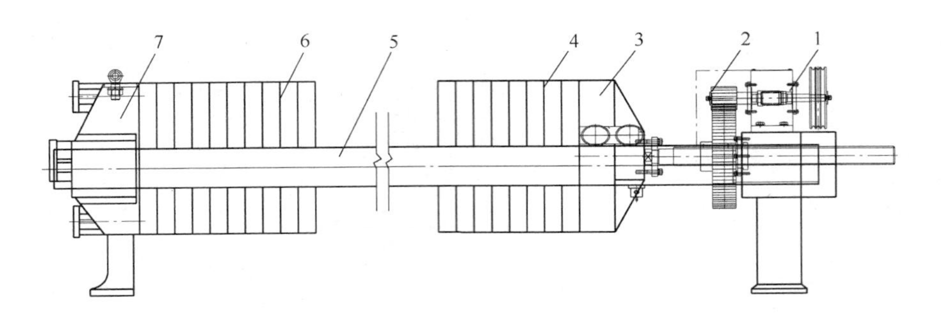

图 2-48　卧式板框压滤机构造图

1—压紧机构；2—分板装置；3—活动压板；4—板框（滤框、滤板）；
5—主梁；6—滤布；7—固定压板

表 2-27　板框压滤机技术参数

型　号	过滤面积 /m²	滤室数量	滤板规格 /mm × mm × mm	滤饼厚度 /mm	滤室容积 /m³	过滤压力 /MPa	外形尺寸（长 × 宽 × 高）/mm × mm × mm	电机功率 /kW	重量 /kg
B_A S250-U	0. 5	7	250 × 250 × 31	15	0. 004	0. 5 ~ 0. 8	930 × 350 × 860		130
	1	13			0. 008		1100 × 350 × 860		145
	2	25			0. 016		1480 × 350 × 860		165
B_A^M S450-U	4	11	500 × 500 × 60	30	0. 065	0. 5 ~ 1. 0	1970 × 700 × 725		850
	6	16			0. 098		2270 × 700 × 725		980
	8	21			0. 130		2570 × 700 × 725		1110
	10	26			0. 162		2870 × 700 × 725		1240
	12	31			0. 194		3170 × 700 × 725		1370
B_A^M S630-U B_A^M 630-U B_A^M J630-U	15	20	720 × 720 × 63	30	0. 226	0. 5 ~ 1. 0	3160 × 960 × 1060 3180 × 960 × 1060 3190 × 960 × 1060	2. 2	2000 2560 2160
	20	26			0. 297		3540 × 960 × 1060 3560 × 960 × 1060 3570 × 960 × 1060		2250 2860 2380
	30	39			0. 452		4350 × 960 × 1060 4370 × 960 × 1060 4380 × 960 × 1060		2750 3460 2820
	40	51			0. 595		5110 × 960 × 1060 5130 × 960 × 1060 5140 × 960 × 1060		3250 4060 3860

续表 2-27

型　号	过滤面积 /m²	滤室数量	滤板规格 /mm × mm × mm	滤饼厚度 /mm	滤室容积 /m³	过滤压力 /MPa	外形尺寸（长×宽×高）/mm × mm × mm	电机功率 /kW	重量 /kg
B_A^M 800-U B_A^M J800-U	20	20	800×800×65	30	0.287	0.5 ~ 1.0	3570×1230×1160 3430×1230×1160	2.2	2710 2550
	30	30			0.453		4210×1230×1160 4080×1230×1160		3080 2920
	40	40			0.605		4860×1230×1160 4730×1230×1160		3380 3220
	50	50			0.756		5510×1230×1160 5380×1230×1160		3700 3540
	60	60			0.907		6160×1230×1160 6030×1230×1160		4090 3930
	70	70			1.059		6810×1230×1160 6680×1230×1160		4390 4840
	80	80			1.210		7460×1230×1160 7330×1230×1160		4750 4580
B_A^M 900-U B_A^M J900-U	40	32	900×900×67	32	0.63	0.5 ~ 1.0	4530×1380×1300 4340×1360×1280	2.2	3750 3700
	50	40			0.80		5080×1380×1300 4870×1360×1280		4110 4050
	60	47			0.94		5550×1380×1300 5340×1360×1280		4520 4400
	80	63			1.27		6640×1380×1300 6410×1360×1280		5250 4950
B_A^M 1000-U B_A^M J1000-U	50	32	1000×1000×73	35	0.95	0.5 ~ 1.0	5240×1460×1360 4630×1460×1360	2.2 4	5000 4900
	60	38			1.13		5680×1460×1360 5070×1460×1360		5290 5180
	80	50			1.49		6560×1460×1360 5950×1460×1360		5870 5740
	100	62			1.84		7430×1460×1360 7290×1460×1360		6450 6300
B_A^M 1250-U B_A^M J1250-U	120	46	720×720×65	35	1.79	0.5 ~ 1.0	6610×1770×1620 5860×1770×1620	4 5.5	9500 8800
	150	58			2.26		7390×1770×1620 6640×1460×1360		10330 9640
	180	69			2.70		8100×1770×1620 7350×1460×1360		11620 10480
	200	77			3.02		8620×1770×1620 7870×1460×1360		11650 11040
	250	95			3.73		9790×1770×1620 9040×1460×1360		13050 12440

卧式板框隔膜压滤机，与卧式板框压滤机的结构原理基本相同，所不同的是前者在板框内装入了隔膜加压装置，由于隔膜能在过滤过程结束后对滤饼再次进行挤压，这样使得滤饼的水分能进一步降低，同时缩短了过滤时间。图 2-49 为河北景津环保设备有限公司（原河北景津压滤机厂）生产的卧式板框隔膜压滤机。

图 2-49　卧式板框隔膜压滤机

2.3.7.2　厢式自动压滤机

厢式自动压滤机，是由凹形滤板和过滤介质交替排列组成过滤室的一种间歇过滤设备，其结构如图 2-50 所示。

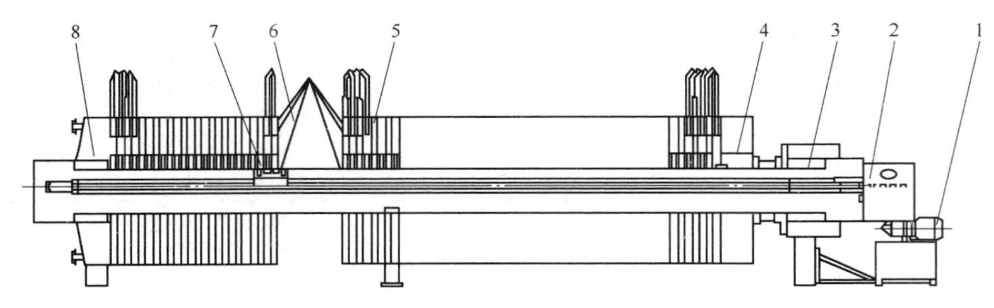

图 2-50　厢式自动压滤机构造图

1—液压系统；2—电控系统；3—压紧装置；4—头板组件；5—滤板组件；6—主滤布；7—主梁及拉板装置；8—尾板组件

厢式自动压滤机具有结构简单、易操作、故障少、双面过滤、过滤压力高、过滤面积大、效率高、滤饼水分低、滤板抗腐蚀性好、运转费用低、适用行业广等优点，对细颗粒高黏度的物料过滤效果较好。主要不足是滤布紧压滤板边缘，寿命短、滤布更换较困难、滤饼不能太厚、洗涤效果不如板框式。

德国 LENSER 过滤集团是厢式自动压滤机的著名生产商，由其研制生产的聚丙烯隔膜滤板用于板框压滤机和厢式压滤机后，过滤效果得到了明显的提高，主要表现为：滤饼水分大大降低、过滤周期得到缩短、处理量增加。

我国于 20 世纪 80 年代研制成功厢式自动压滤机，目前主要生产厂家主要有河北景津环保设备有限公司（原河北景津压滤机厂）、中信重工机械公司、无锡县化机厂等企业[54,85]。某公司生产的厢式自动压滤机技术参数见表 2-28。

表 2-28　厢式自动压滤机技术参数

型　号	过滤面积 /m^2	滤室数量	滤板规格 /mm × mm × mm	滤饼厚度 /mm	滤室容积 /m^3	过滤压力 /MPa	外形尺寸（长 × 宽 × 高）/mm × mm × mm	电机功率 /kW	重量 /kg
X_A^M Z1000-U	60	38	1000 × 1000 × 60	30	0.90		4800 × 1560 × 1360	3	7080
	80	50			1.19		5520 × 1560 × 1360		7880
	100	62			1.48		6240 × 1560 × 1360		8680
	120	75			1.80		7020 × 1560 × 1360		9480

续表 2-28

型号	过滤面积 /m²	滤室数量	滤板规格 /mm×mm×mm	滤饼厚度 /mm	滤室容积 /m³	过滤压力 /MPa	外形尺寸（长×宽×高） /mm×mm×mm	电机功率 /kW	重量 /kg
X_A^M Z1250-U	120	46	1250×1250×65	30	1.79		6140×1850×1620		10900
	150	58			2.26		69200×1850×1620		11800
	200	77			3.02		8150×1850×1620		13300
	250	95			3.73		9320×1850×1620		14800
X_A^M Z1500-U	300	77	1500×1500×70	32（40）	4.76	0.5~1.0	9100×1960×1780	5.5	26500
					5.96		9470×1960×1780		27000
	350	90			5.58		10010×1960×1780		28230
					6.98		10450×1960×1780		28730
	400	103			6.39		10920×1960×1780		29950
					8.00		11420×1960×1780		30450
	450	116			7.21		11830×1960×1780		31670
					9.02		12400×1960×1780		32170
	500	128			7.96		12670×1960×1780		33390
					9.96		13300×1960×1780		33890
X_A^M Z1600-U	300	69	1600×1600×70	35	5.21	0.5~1.0	8340×2060×1880	5.5	28200
	400	92			6.98		9950×2060×1880		31300
	500	115			8.74		11560×2060×1880		34400
	600	138			10.50		13170×2060×1880		37500
X_A^M Z1500×2000-U	400	78	1500×2000×80	40	7.99	0.5~1.0	9690×1960×2280	11	33000
	500	97			9.96		11210×1960×2280		36500
	600	117			12.03		12810×1960×2280		40000
	700	136			14.00		14300×1960×2280		43500
	800	155			15.98		15850×1960×2280		47000
X_A^M Z2000-U	600	86	2000×2000×80	40	12.01	0.5~1.0	10770×2900×3530	11	58440
	710	101			14.13		11970×2900×3530		62400
	800	114			15.97		13010×2900×3530		65640
	900	128			17.95		14130×2900×3530		69240
	1000	142			19.92		15250×2900×3530		72840
	1120	159			22.33		16610×2900×3530		77100
	1180	168			23.61		17330×2900×3530		79320
X_A^M ZG1250-U	120	46	隔膜板 1250×1250×78 厢式板 1250×1250×72	35	2.08	0.5~1.0	6590×1850×1620	3	12600
	150	58			2.63		7490×1850×1620		13620
	200	77			3.52		8910×1850×1620		15320
	250	96			4.39		10340×1850×1620		17020
X_A^M ZG1500-U	300	78	隔膜板 1500×1500×85 厢式板 1500×1500×75	40	6.04	0.5~1.0	9940×1960×1780	5.5	31200
	350	90			6.98		10900×1960×1780		32800
	400	104			8.07		12020×1960×1780		34400
	450	116			9.02		12980×1960×1780		36000
	500	128			9.96		13940×1960×1780		37600

2.3.7.3 带式压滤机

带式压滤机，是20世纪60年代发展起来的一种连续过滤设备，因其结构简单、操作方便、易于维护、可连续作业、能耗低等特点而得到了迅速的发展。在污水处理、煤炭、湿法冶金、选矿等领域有着广泛的应用。

带式压滤机的工作原理如图2-51所示。它利用滤带间的挤压和剪切作用来脱除料浆中水分，工作工程包括预处理即絮凝给料、重力脱水、挤压脱水、卸料及滤布清洗等四个阶段。一般在过滤前添加絮凝剂，以获得更低水分的滤饼，但是，同时增加了操作的复杂性和生产成本，不过相对板框式压滤机来说，其成本和运行费用要低30%。表2-29给出了带式压滤机的技术参数[84]。

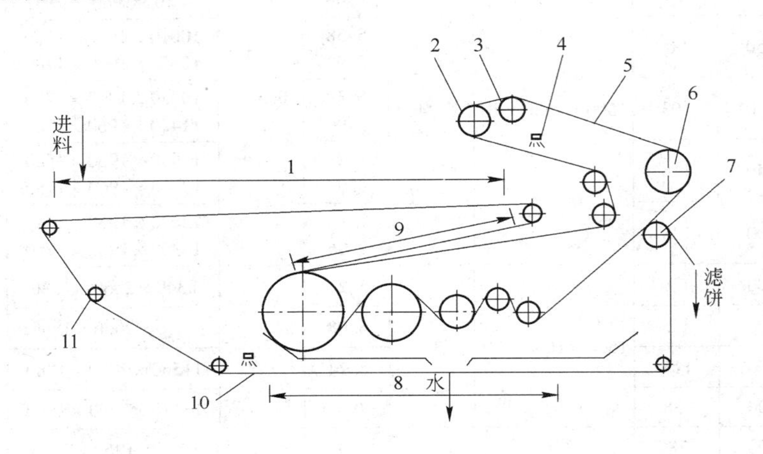

图2-51 带式压滤机工作原理图

1—重力脱水区；2—张紧装置；3，11—纠偏装置；4—滤布清洗装置；5—上滤布；6，7—驱动装置；8—挤压脱水区；9—楔形压榨区；10—下滤布

表2-29 DY型带式压滤机技术参数（核工业华东烟台同兴实业有限公司）

参数 \ 型号	500	1000	1500	2000	2500	3000
过滤有效宽度/mm	500	1000	1500	2000	2500	3000
滤带速度/m · min^{-1}	0.6~6	0.6~6	0.6~6	0.6~6	0.6~6	0.6~6
主机功率/kW	1.1	1.5	2.2	2.2	3.0	3.0
重量/kg	2200	2700	3200	3700	4900	5700
处理量/m^3 · h^{-1}	2~4.5	4~8	7.5~12	10~17	15~21	18~25
清洗水耗量/L · m^{-1}	30~50	60~75	80~100	120~130	140~160	180~200

2.4 选矿产品脱水与水循环利用实践

2.4.1 选矿产品脱水技术发展概况

过去二十多年里，随着选矿厂处理对象性质变化和环境保护要求不断提高，产品脱水的任务和内涵发生了重要变化：

（1）选矿处理矿石资源“贫、细、杂”化，原矿必须经过细磨乃至超细磨，才能实现单体解离，分选得到合格的精矿产品。相应地，产品颗粒粒度明显变细，脱水难度显著加大，简单的浓缩沉降已无法满足实际需要。

（2）水资源日益珍贵，选矿产品脱水不仅需要得到水含量符合用户要求的精矿产品，而且还必须尽可能多回收能循环利用的水资源。

（3）由于环境保护与安全风险防范要求的提高，尾矿膏体或干堆排放正逐步成为尾矿处置的主要方式，尾矿脱水处理从简单的矿浆浓缩发展至膏体浓缩乃至压滤处置。

在上述背景下，过去二十年里，选矿产品脱水处理技术进步显著，出现了一系列的重要技术创新，简要总结如下：

（1）浓缩沉降技术不断完善，浓缩装备不断更新。高效浓缩机、膏体浓缩机、高压浓缩机等先进浓缩装备逐步取代普通浓缩机，明显提高了浓缩效率与底流浓度，并满足高浓度输送与膏体排放的实际需求。

（2）精矿过滤普遍采用陶瓷真空过滤机取代普通真空过滤机，极大地提高了过滤效率，明显降低了滤饼水分与过滤能耗。

（3）在黄金矿山与某些特殊区域，尾矿压滤—干堆排放技术普遍推广应用，成为尾矿脱水处理的主体技术。

下面分精矿陶瓷真空过滤机过滤、尾矿高压/膏体浓缩、尾矿压滤—干堆排放三个方面，分别介绍选矿产品脱水技术的应用实践。

2.4.2 微细粒精矿陶瓷过滤脱水实践

2.4.2.1 概况

我国精矿脱水原来普遍采用真空过滤机，但是，传统的真空过滤机用滤布作过滤介质，存在耗气量大、能耗高、真空度低、滤饼含水率高、产量低、滤布易磨损、维修工作量大等缺点。1994 年凡口铅锌矿首先引进国外的陶瓷真空过滤机用于锌精矿脱水，其过滤效率高、能耗低、滤饼水分低的优点得到充分体现。由此，陶瓷过滤机在国内精矿脱水领域迅速推广应用，如今已成为细粒精矿脱水的标准设备[86,87]。表 2-30、表 2-31 列出了陶瓷过滤机在我国精矿脱水领域的部分应用实例。

表 2-30 CC 陶瓷过滤机在我国精矿脱水方面的应用实例[85~91]

编 号	矿山/选矿厂	设备型号规格	处理物料	给矿浓度/%	滤饼水分/%	处理能力 /kg·(m²·h)⁻¹
1	凡口铅锌矿	CC-45	锌精矿			
		CC-45	硫精矿		9.23~11	1140~1400
2	铜化新桥矿业	CC-45	硫精矿	65~78	10.0~11.3	900~1260
3	金川有色	CC-45	铜镍精矿	>60	11.3	331.4
4	三鑫金铜公司	CC-30-39	硫精矿		10.22	
		CC-30-41	铜精矿		9.0	

表 2-31　国产陶瓷过滤机在选矿厂精矿脱水方面的应用实例[92~101]

编　号	矿山（选矿厂）	设备型号规格	处理物料	给矿浓度/%	滤饼水分/%	处理能力/kg·$(m^2·h)^{-1}$
1	铜陵铜官山铜矿	HTG-30	硫精矿	65~80	8.1~11.5	
2	江铜永平铜矿	HTG-45	硫精矿	70~80	8.2~10.2	
3	金川有色选矿厂	HTG-45	镍精矿	49~62	11.5~12.99	
4	东川矿务局	HTG-12	铜精矿	50~60	12.6~14.5	
5	程潮铁矿	HTG-12	铁精矿	62.4~68.3	7.2	
6	金山店铁矿	HTG-45	铁精矿			1500~2500
7	德兴铜矿	HTG-60	铜精矿	61.5	12.54	410
		TF-60	铜精矿	62.5	12.26	270
8	会理锌矿	TT-12	锌精矿		10~11	981
9	云浮硫铁矿	TT-45	硫精矿	65	9.34	1198
10	阿舍勒铜矿	45m	铜精矿		8~10	2.24t/h
		18m	锌精矿		8~10	
11	承德安利铁矿	P30/10-C	铁精矿	53.5	7.9~8.5	1500
12	东鞍山烧结厂	P30/10-C	铁精矿	62~70	9.32~9.68	570~969

2.4.2.2　硫精矿陶瓷过滤机脱水实践

A　铜化新桥矿业选矿厂[88]

a　简况

铜化集团新桥矿业有限公司（简称新桥矿业）选矿厂日处理原矿4000t，产品硫精矿脱水原采用真空内滤式过滤机和压滤机，滤饼水分高达15%~17%，设备处理能力低下，不仅制约了矿山的正常生产；而且排出的滤液浑浊，含固量偏高，导致资源浪费与环境污染。通过系统试验，采用CC-45陶瓷过滤机进行了硫精矿脱水系统改造，取得了很好的效果，不仅使硫精矿滤饼水分大大降低，而且明显降低了脱水生产成本，解决了因硫精矿水分高而困扰生产的精矿运输难题。

b　半工业生产试验

半工业试验在CC-1陶瓷过滤机上进行，试验物料来自ϕ50m浓缩机底流，细度-200目（-0.074mm）69.3%，矿浆pH=12.0，矿石密度3.775g/cm^3，矿浆通过管道自流进入陶瓷过滤机矿浆箱，试验结果见表2-32。

表 2-32　CC-1陶瓷过滤机过滤半工业试验结果

试验编号	1	2	3	4	5	6	7	8
真空度/Pa	-0.96×10^5	-0.94×10^5	-0.95×10^5	-0.95×10^5	-0.95×10^5	-0.95×10^5	-0.95×10^5	-0.95×10^5
矿浆液位/cm	-3	-7	-7	-5	-4	-5	-4	-4
矿浆浓度/%	44.75	47.18	51.11	53.01	55.97	58.79	62.66	65.45
滤饼水分/%	10.67	11.67	12.00	10.55	11.00	11.21	10.62	10.12
处理能力/kg·$(m^2·h)^{-1}$	214.3	286.1	295.6	312.0	336.4	360.3	420.6	450.5

注：陶瓷盘转速40r/s。

试验发现：矿浆浓度和物料细度是影响生产能力和滤饼水分的主要因素，矿浆浓度越高，过滤处理能力越大，物料细度越粗，滤饼水分越低；物料中细泥含量越大，生产能力越低，滤饼水分也越高。

c　工业生产试验

在半工业试验基础上，经多方论证和计算，最后确定采用1台CC-45陶瓷过滤机进行硫精矿脱水处理，2001年3月初，CC-45陶瓷过滤机正式投入使用，具体采用如下的工艺流程：硫精矿矿浆先进入高架式 ϕ30m 浓缩机，底流自流进入陶瓷过滤机矿浆箱。当给料矿浆浓度70%以上时，滤饼水分10%~10.5%，过滤机处理能力1000~1100t/d。生产实测的处理能力、滤饼水分和矿浆浓度关系见表2-33。矿浆过滤液清澈，悬浮物含量远低于国家二级排放标准，可直接排放。

表2-33　工业生产能力、滤饼水分与矿浆浓度的关系

试验编号	1	2	3	4	5	6
矿浆浓度/%	65	68	70	72	75	78
真空度/Pa	-0.97×10^5	-0.98×10^5	-0.97×10^5	-0.98×10^5	-0.98×10^5	-0.98×10^5
滤饼水分/%	11.3	11.0	10.4	10.3	10.1	10.0
处理能力/kg·(m^2·h)$^{-1}$	900	1000	1060	1150	1200	1260

d　使用效果

与原来的真空内滤式过滤机/压滤机系统相比，陶瓷过滤机具有如下优点：

（1）处理能力和生产效率高。1台CC-45陶瓷过滤机的处理能力与5台XYZ-20压滤机相当，且滤饼水分更低，滤液清澈透明，固体含量仅0.004%~0.006%，无须再处理即可直接排放，也可返回利用。

（2）节能效果明显。整个系统实际负荷仅17kW左右；而原来5台压滤机仅压缩空气供应就需动力250kW，节能达90%。

（3）维护量少且简单易行。整个系统实现了自动化控制，滤盘结构简单，运动部件少，因此，日常保养及维护十分简单方便。

B　云浮硫铁矿[96]

a　尾矿特性与沉降试验

过滤前硫精矿的矿浆浓度为65%，其中细度为-200目（-0.074mm）含量80%~95%。

在保持滤盘转速1r/min，真空度-0.095MPa的条件下，进行了不同矿浆浓度的过滤试验，结果见图2-52。试验表明矿浆浓度对处理能力和滤饼水分有较大影响；提高矿浆浓度，处理能力随之增加，同时滤饼水分也增加；反之，降低矿浆浓度，处理能力随之减小，同时滤饼水分也降低。

进一步在矿浆浓度65%，真空度-0.095MPa的条件下，进行了不同滤盘转速的过滤试验，结果见图2-53。试验发现滤盘转速对处理能力影响较大，但对滤饼水分影响较小；保持较快的滤盘转速，有利于提高生产能力，降低滤饼水分。

b　生产实践

在试验基础上，采用两台TT-45陶瓷过滤机进行硫精矿的过滤脱水。陶瓷过滤机投入

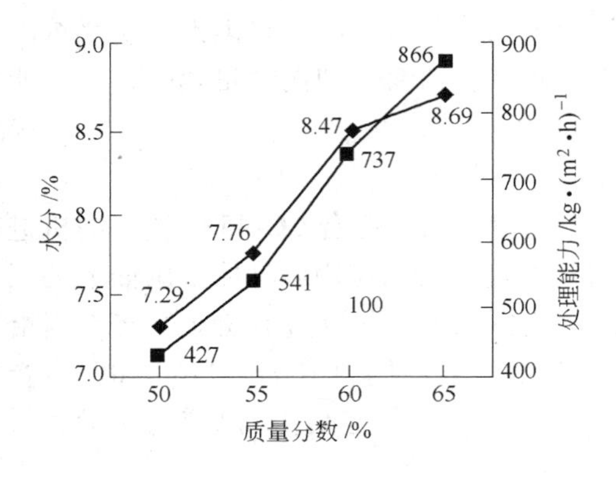

图 2-52　矿浆浓度过滤试验结果

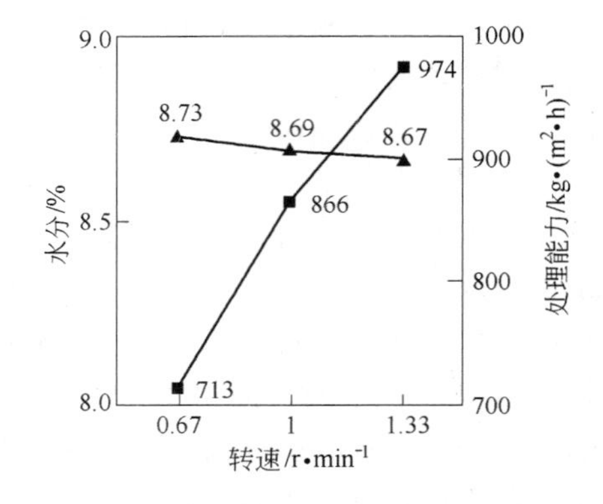

图 2-53　不同滤盘转速过滤试验结果

生产后一直运转良好，主要的操作参数为：滤盘主轴运转速度 0.8 ~ 1.2r/min，真空度 -0.095MPa。陶瓷过滤机和圆筒式外滤机使用效果对比见表2-34。与原来圆筒外滤式真空过滤机相比，滤饼水分下降 1.28%，电耗减少 55.77%，水耗减少 44.76%。

表 2-34　陶瓷过滤机和圆筒外滤机使用效果对比表

过滤设备	滤饼水分/%	真空度/MPa	电耗/kW·h·t^{-1}	水耗/m^3·t^{-1}	处理能力/kg·(m^2·h)$^{-1}$
陶瓷过滤机	9.34	-0.095	2.424	0.343	1198.22
圆筒外滤机	10.62	-0.065	5.481	0.621	660.5
数值增减	-1.28	-0.03	-3.057	-0.278	+537.72

C　湖北三鑫金铜股份有限公司[89]

a　矿浆特性及过滤模拟试验

产品硫精矿的细度为 -0.074mm 80%，矿浆温度 15℃，pH 值 7。

在压强差 75kPa、透水能力 3000mL/min 条件下，进行了过滤模拟试验，试验结果见表2-35、表2-36。

表 2-35　过滤模拟试验结果（矿浆浓度 60%）

滤饼水分/%	8.4	8.8	8.9	8.9
处理能力/kg·(m^2·h)$^{-1}$	336	532	593	730

表 2-36　过滤模拟试验结果（矿浆浓度 70%）

滤饼水分/%	8.8	8.9	10.2	10.6
处理能力/kg·(m^2·h)$^{-1}$	670	729	1112	1255

试验发现，滤饼水分随处理能力的增加而增加，但增加幅度不大；矿浆浓度对处理能力的影响更加明显，处理能力随矿浆浓度提高而明显增加。

b　生产现场工业试验

在过滤模拟试验基础上，选用 TT-45 陶瓷过滤机取代原盘式真空过滤机进行硫精矿过滤，在正式生产前进行了工业试验，试验结果见表2-37。矿浆浓度对陶瓷过滤机处理能力的影响明显，即随着矿浆浓度的增加，单位处理能力显著增加；最大达到 2826kg/(m^2·h)。

表 2-37 硫精矿陶瓷过滤机过滤工业试验结果（2009 年 5 月 22 日）

时 间	圆盘转速 /r·min⁻¹	矿浆浓度 /%	矿浆液位 /cm	物料细度 (-0.074mm)/%	滤饼水分 /%	过滤能力 /kg·(m²·h)⁻¹
12：35	1.5	53.7	-6	90.6	10.60	306
13：30	1.5	69.8	-12	85.0	11.57	3141
14：35	1.5	66.6	-9	87.6	10.63	1480
15：35	2.1	72.9	-4	82.0	10.91	2846
16：35	1.5	65.2	-25	90.0	9.70	731
17：35	1.5	70.3	-7.5	84.8	10.50	1780

注：真空度 -95kPa，矿浆温度 17℃。

c 运行效果

根据生产现场工业试验结果，确定陶瓷过滤机运行的合适条件：真空度 -90 ~ -96kPa、滤盘转速 1.3 ~2.0r/min、酸洗周期 8h、给料浓度 65% ~73%。

按照上述条件进行了陶瓷过滤机的运行考核，滤饼水分及台时效率考核结果见表 2-38，与原来盘式真空过滤机情况对比见表 2-39。

表 2-38 硫精矿陶瓷过滤机运行性能指标

时 间	2009.07	2009.08	2009.09	平均值
平均滤饼水分/%	10.52	9.85	10.27	10.22
平均台时效率/t	29.66	30.50	33.44	31.20

表 2-39 硫精矿过滤系统改造前后机性能对比表

设备名称	TT-45 陶瓷过滤机	盘式真空过滤机	设备名称	TT-45 陶瓷过滤机	盘式真空过滤机
过滤面积/m²	45	68	滤饼水分/%	10.22	15.2
安装功率/kW	25	97	台时效率(干矿)/t	31.0	20.5
运行功率/kW	20	92	计算能耗/kW·h·t⁻¹	0.64	4.48
真空度/kPa	-95	-62			

注：给矿浓度 65% ~70%。

2.4.2.3 金川镍选矿厂铜（镍）精矿陶瓷过滤机脱水实践[90,91]

A 简况

金川公司是我国最大的镍钴生产基地和铂族金属提炼中心，选矿厂处理能力为 11500t/d，精矿产率 15%。产品铜镍混合精矿采用浓缩、过滤两段脱水工艺流程处理，精矿先泵送至浓缩机浓缩，将矿浆浓度从 27% ~38% 提高到 50% ~70%，然后过滤，得到的精矿送往闪速炉冶炼处理。如果精矿水分过高，不仅增加了运输动力消耗，而且增加了冶炼成本。因此，改善过滤作业，是选矿厂降低生产成本的重要措施。

B CC 系列陶瓷过滤机半工业试验结果

1998 年 1 月在选矿厂精矿一、精矿二两个车间利用 CC-1 陶瓷过滤机（$1m^2$）进行了半工业试验，试验条件和结果见表 2-40。

表 2-40　1m² 陶瓷过滤半工业试验结果

矿浆浓度 /%	转盘转数 /r · min⁻¹	矿浆液位 /cm	矿浆温度 /℃	压力 /MPa	滤饼水分 /%	处理能力 /kg · (m² · h)⁻¹	备注（原料）
58 ~ 63	40	−2 ~ −3	10 ~ 14	0.8	15.50	401	一精矿车间的龙首富矿和磨浮混合矿精矿
58	60	−6 ~ 4	10	0.8	15.10	381	
58	60	−24 ~ −27	10	0.8	12.70	254	
61 ~ 63	60	−23 ~ −27	28 ~ 56	0.78	12.67	404	
64	40	−23	32 ~ 53	0.76	12.50	569	
55 ~ 58	40	−8 ~ −11	52	0.74	13.48	646	
35 ~ 60	60	−12 ~ 1	43 ~ 59	0.76	12.16	341	二精矿车间的磨浮富矿精矿
66	40	−4	18 ~ 19	0.82	12.90	712	
65	60	−6	18 ~ 19	0.82	12.40	529	
59 ~ 62	40	−4 ~ −9	43 ~ 45	0.77	13.00	727	
50 ~ 60	60	−5 ~ −8	32 ~ 59	0.78	13.30	471	

从表 2-40 可看出，矿浆加温有利于一车间精矿过滤作业，加温过滤滤饼水分比不加温低 2% ~3%，而处理能力则提高 150 ~ 200kg/(m² · h)。在合适的过滤作业条件下，滤饼水分可降到 13% 左右，处理能力达到 400 ~ 600kg/(m² · h)。而对于二车间磨浮富矿精矿，加温效果不明显；但是，矿浆浓度、转盘转数对处理能力和水分影响显著，矿浆浓度高，处理能力大，最好的技术指标为：陶瓷过滤机处理能力 400 ~ 600kg/(m² · h)，滤饼水分 12.5% 左右。

C　工业试验结果

在半工业试验基础上，1999 年 2 月选购了 1 台 CC-45 陶瓷过滤机安装在二精矿车间，正式生产前进行了工业试验，试验结果见表 2-41。其中处理能力与半工业试验有一定差距。为此，进一步进行了给矿浓度、矿浆温度的条件试验，试验结果见表 2-42，试验发现矿浆浓度、矿浆温度对处理能力和水分影响明显。

表 2-41　CC-45 陶瓷过滤机工业试验结果

阶 段	给矿浓度 /%	转盘转数 /r · min⁻¹	矿浆温度 /℃	给矿细度 (−74μm)/%	处理能力 /kg · (m² · h)⁻¹	滤饼水分 /%
1	57	519	56	90.3	402	12.3
2	61	610	43	91.2	356	13.1
3	62	514	42	91.2	320	13.4
4	62	610	常温	91.5	317	13.7
5	62	610	常温	91.2	289	13.9
6	62	610	常温	91.6	270	14.1

注：1. 矿浆浓度 60%；2. 阶段 1 为磨浮富矿 + 特富精矿，阶段 2 ~ 6 为磨浮富矿 + 选富矿精矿。

表 2-42 不同浓度、温度条件的过滤试验结果

条 件	数 值	处理能力/kg·(m²·h)⁻¹	滤饼水分/%
给矿浓度/%	56	356	12.6
	57	356	12.75
	58	364	12.75
	60	396	13.0
矿浆温度/℃	33	268	13.4
	41	298	12.3
	47	313	12.2
	53	360	12.8

D CC-45 陶瓷过滤机生产效果

1999 年 CC-45 陶瓷过滤机投入正式生产后，生产运行中发现：制约陶瓷机生产效率的关键因素是铜镍精矿 $-10\mu m$ 含量高、矿浆黏度大及选矿药剂影响。具体可行的解决措施是强化陶瓷片的清洗、矿浆除渣和调整操作工艺。2000 年 4 ~ 5 月对陶瓷过滤机进行了技术指标考查，具体结果见表 2-43。

表 2-43 陶瓷过滤机考察技术指标列表

编 号	浓度/%	细度/%	转数/r·min⁻¹	液位/%	水分/%	处理能力/kg·(m²·h)⁻¹
1	51.0	92.3	67	80	11.14	266.7
2	63.3	92.7	67	80	11.70	282.3
3	63.5	89.8	67	80	11.02	408.0
4	64.7	92.6	67	80	10.52	421.0
5	65.5	93.0	67	80	11.23	441.3
6	61.7	93.4	67	80	11.05	331.7
7	51.0	92.8	67	80	11.13	332.0
8	53.7	93.8	67	100	11.12	252.8
9	55.1	93.1	67	100	12.19	328.0
10	55.9	93.3	67	100	11.31	324.6
11	52.1	92.8	67	100	11.29	282.2
12	57.7	92.8	67	100	11.14	352.0
13	54.1	93.1	67	100	11.31	274.7
14	58.1	93.0	67	100	11.48	388.8
15	52.8	93.1	80	100	11.38	298.1
16	57.5	93.0	80	100	11.67	328.5
17	58.2	93.8	80	100	11.39	306.3
18	58.5	93.3	80	100	12.01	323.2
19	54.8	93.3	80	100	11.64	315.0
20	59.3	93.0	80	100	11.80	350.1
21	53.2	92.8	80	100	11.64	277.3
22	53.7	93.0	80	100	11.59	322.1
平均	57.3	92.9	80	95	11.51	331.4

注：细度为 $-74\mu m$ 含量，前 18 组一选、磨浮富矿精矿加特富矿，后 4 组为一选、磨浮富矿精矿。

当矿浆浓度在60%以下时，处理能力与1999年指标接近，但是，滤饼水分降低了0.8%~2.5%，如果矿浆浓度达到60%以上，则处理能力明显提高，达到400kg/(m^2·h)以上。

2002年针对陶瓷过滤机进行了一系列优化，具体采取了加强陶瓷片的清洗，根据矿浆性质及时调整陶瓷过滤机的工艺条件等措施，优化后滤饼水分及处理能力指标明显好转。

2.4.2.4　德兴铜矿铜精矿陶瓷过滤机脱水实践[97]

A　简况

德兴铜矿是特大型现代化采选联合企业，有泗州、大山两个选矿厂，原矿日处理能力达10万吨/d，精矿脱水一直使用40m^2折带式过滤机，铜精矿含水量一般14%左右。2002年之后，由于恢复铜钼分选工序，工艺流程和药剂发生变化，由此造成了铜精矿滤饼水分偏高，个别班次甚至达到18%以上，导致精矿运输途耗增加，冶炼厂的预干燥成本明显增大。在系统考察和方案研究基础上，2004年底采用两台60m^2陶瓷过滤机取代折带式过滤机，试生产成功后即转入正式生产，有效地降低了铜精矿水分。

B　铜钼分选与铜精矿脱水工艺流程

选矿厂的铜钼混合精矿先经旋流器预分级，沉砂进行铜钼分选，得到钼精矿和粗粒铜精矿，旋流器溢流与粗粒铜精矿合并，由浓缩机进行一段脱水，浓缩机底流泵至过滤厂房，由过滤设备进行二段脱水。

工业试验在铜陵和宜兴两种60m^2陶瓷过滤机平行进行，原料矿浆采用同一台ϕ45m浓缩机供应，试验时间1个月，试验结果见表2-44。

表2-44　铜精矿陶瓷过滤机脱水生产试验指标

技术指标	陶瓷过滤机		折带式过滤机	
	铜　陵	宜　兴	前一系列	后一系列
滤饼水分/%	12.26	12.54	14.27	14.21
平均台效/kg·(m^2·h)$^{-1}$	270	410		
-0.038mm含量/%	55.6	55.6	55.6	55.6
矿浆给料浓度/%	62.1	61.5	62	62
矿浆pH值	12.5	12.6	12.5	12.5
运转率/%	80.68	77.01		
陶瓷片破损情况	7	10		

C　生产实际情况效果

表2-45给出了铜精矿陶瓷过滤机的生产指标情况。其中陶瓷过滤机的铜精矿水分明显低于折带式过滤机，特别是铜陵陶瓷过滤机，低3个百分点以上。

表2-45　陶瓷过滤机的实际生产指标

过滤设备	过滤水分/%	台效/kg·(m^2·h)$^{-1}$
宜兴陶瓷过滤机	11.14	222.15
后一系列折带过滤机	13.30	229.7
铜陵陶瓷过滤机	10.14	125.8
前一系列带过滤机	13.27	247.8

另外，生产发现陶瓷过滤机的处理能力、产品水分与入料矿浆的可过滤性关系密切，当矿浆可过滤性较好时，陶瓷过滤机的处理能力较大，产品水分较低，反之处理能力下降，产品水分升高。在正常运行情况下，陶瓷过滤机滤液清澈，固含量低（测定结果0.017%），滤液无须进入浓缩机循环可以直接排放，既减少了金属流失，又提高了浓缩机处理能力。

2.4.2.5 东鞍山烧结厂铁精矿陶瓷过滤机脱水实践[100]

A 简况

东鞍山烧结厂自1958年投产以来，浓缩过滤一直是造成铁精矿成本高、制约生产顺行的一个重要因素。2001年采用P30/10-C陶瓷过滤机进行铁精矿脱水，明显简化了脱水流程，降低了铁精矿的水分，取得了良好的经济效益和社会效益。

B 浓缩过滤存在的问题

浮选铁精矿的粒度细、-200目（-0.074mm）含量高达90%，-10μm含量达26%，原来采用的浓缩过滤流程如图2-54所示，由于浮选过程中加入Na_2CO_3、脂肪酸类捕收剂，导致精矿浆黏附性强、不易团聚沉降；-10μm以下微细颗粒还对滤布产生堵塞，严重影响了滤布的透气性能和寿命，最终造成过滤作业能力低、滤饼水分高、成本高，金属流失严重。尽管采用了二段浓缩，但运行质量并不高。

C 工业试验结果

P30/10-C陶瓷盘式过滤机安装在东鞍山烧结厂一选厂过滤厂房1号过滤机旁，由一段1号<30mm浓缩机供矿。正式生产前，进行了陶瓷过滤机与内滤筒式过滤机对比工业试验，试验流程见图2-55，试验结果见表2-46。结果表明：在给矿浓度65.73%情况下，陶瓷盘式过滤机的作业指标均明显好于内滤筒式过滤机，其中溢流浓度低6.18%，利用系数高0.53t/(m²·h)，滤饼水分降低4.07%，实现了滤饼水分小于10%，利用系数大于0.65t/(m²·h)的历史性突破。

试验还考查了给矿浓度对陶瓷过滤机指标的影响，试验结果见表2-47。结果表明，给矿浓度越高，越有利于陶瓷盘式过滤机生产能力的发挥。

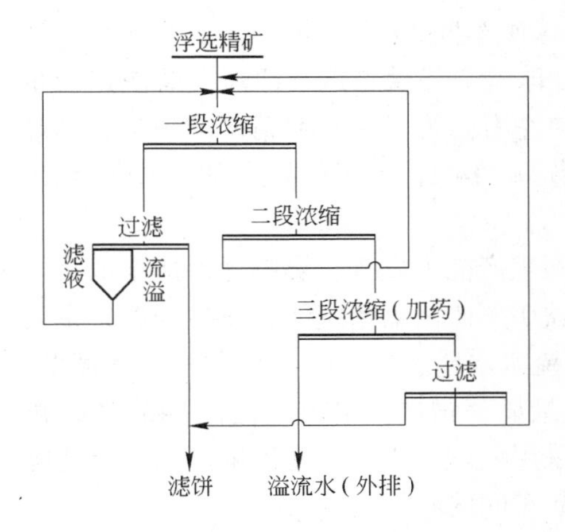

图2-54 浮选铁精矿原来的浓缩过滤工艺流程

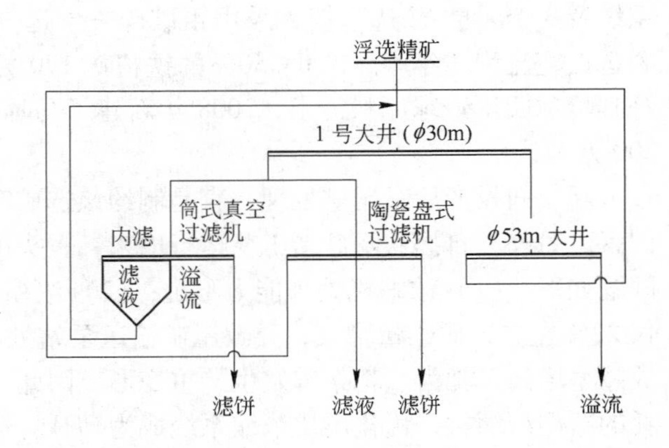

图2-55 P30/10-C陶瓷盘式过滤机工业试验工艺流程

表 2-46 两种过滤机工业对比试验结果（给矿浓度65.73%）

过滤机类型	滤饼水分/%	溢流浓度/%	利用系数/t·$(m^2·h)^{-1}$	处理能力/t·h^{-1}	滤液浓度/%
陶瓷盘式	9.41	56.54	0.757	22.72	21×10^{-4}
内滤筒式	13.48	62.72	0.227	7.26	15.46
差　值	-4.07	-6.18	0.530	15.46	-15.46

表 2-47 不同给矿浓度下陶瓷盘式过滤机的生产指标

给矿浓度区间/%	区间平均浓度/%	滤饼水分/%	溢流浓度/%	利用系数/t·$(m^2·h)^{-1}$
60~65	62.90	9.45	54.44	0.571
65~68	66.11	9.32	57.74	0.792
大于68	69.61	9.68	59.71	0.969

D 运行效果分析

试验期间，全厂过滤机利用系数有了较大的提高，1号大井金属流失进一步减少，相关统计数据见表2-48，整个选矿厂的过滤机总体利用系数由2001年同期的0.194t/$(m^2·h)$增加到0.234t/$(m^2·h)$，大井溢流浓度则大为降低，仅880mg/L，金属流失明显减少。

表 2-48 过滤机综合利用系数与1号大井溢流浓度统计数据

时　间	2000年累计平均	2000年1~5月累计平均	2001年1~5月累计平均	2001年考查期间累计平均
全厂利用系数/t·$(m^2·h)^{-1}$	0.198	0.194	0.234	0.249
1号大井溢流/mg·L^{-1}	5326	7985	2319	880

2.4.3 尾矿高压/膏体浓缩实践

2.4.3.1 马耳岭选矿厂车间尾矿浆高压浓缩实践[102]

A 背景

歪头山铁矿是本钢的两大主要原料基地之一，选矿车间1970年投产，现有9个磨选系统及3个再磨-深选系统，采用粗破碎—干选—自球磨—三段磁选—细筛再磨磁选的全磁选工艺流程，年产品位68.50%的铁精矿170万吨左右。为了弥补铁精矿的短缺，满足马耳岭球团厂造球原料需求，2008年新建了马耳岭选矿车间，年产铁品位68.50%铁精矿200万吨。

新车间投产后，尾矿处理一直是制约该选矿车间生产能力发挥、影响生产成本的重要因素。另外，自提铁降硅新工艺运行以来，歪头山铁矿尾矿浓缩系统经常发生问题，主要问题如下：(1) 浓缩机处理能力不足；(2) 浓缩溢流水水质恶化；(3) 浓缩底流浓度低，仅22%左右，矿浆量增大，导致尾矿输送泵站处理量显著增加，出现跑尾；(4) 浓缩机故障率增高，耙齿、耙架曾发生严重变形。因此，采用处理能力大、底流浓度高、节能降耗的新型浓缩机，优化尾矿浓缩系统成为马耳岭选矿车间的必然选择。

B 尾矿特性及沉淀试验

a 尾矿粒度分析

尾矿的粒度筛分结果列于表2-49。尾矿粒度组成呈现两头低，中间高的特点，其中 -0.074 +0.037mm、-0.037 +0.019mm 两个粒级含量较高、总量达37.31%，-10μm 细粒级含量仅8.11%。

表2-49 尾矿粒度组成的筛分结果

粒级/mm	粒级含量/%	正累积粒级含量/%	负累积粒级含量/%
+0.560	0.56	0.56	100.00
-0.560 +0.250	1.99	2.55	99.44
-0.250 +0.150	2.65	5.20	97.45
-0.150 +0.125	9.06	14.26	94.80
-0.125 +0.106	7.21	21.47	85.74
-0.106 +0.074	8.31	29.78	78.53
+0.074	18.01	47.79	70.22
-0.074 +0.037	20.68	68.47	52.21
-0.037 +0.019	16.63	85.10	31.53
-0.019 +0.010	6.79	91.89	14.90
-0.010	8.11	100.00	8.11

b 尾矿矿物组成

尾矿主要矿物为阳起石、石英、赤铁矿、黄铁矿，其中阳起石占75%，石英约占10%，另外还有少量角闪石，尾矿密度为2.6t/m^3。

c 沉降试验结果

针对不同浓度的尾矿浆，进行了自然沉降和絮凝沉降试验。自然沉降试验发现：矿浆中粗细颗粒离析快，粗粒很快沉降，而细粒长时间漂浮，浓缩机处理能力低，如要求浓缩机溢流水含固量达到外排水标准时，其处理能力仅15kg/(m^2·h)。

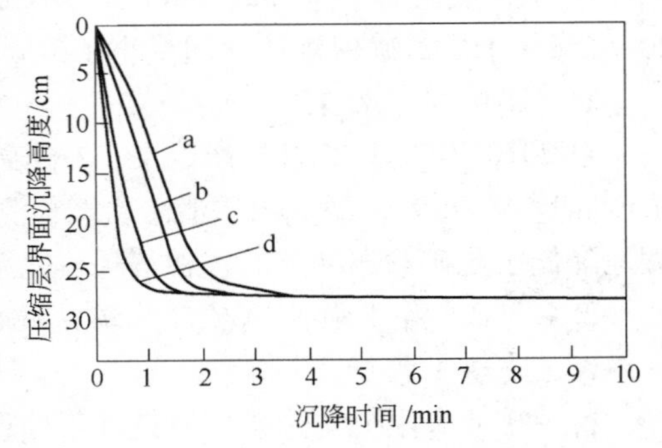

图2-56 絮凝沉降的沉降高度曲线

a—5g/t；b—10g/t；c—15g/t；d—20g/t

尾矿浆絮凝沉降试验结果见图2-56～图2-58。加絮凝剂后，矿浆中的粗细颗粒发生絮凝聚集，粗粒成为细粒的载体，沉降速度明显加快，但是，絮凝体并不稳定，易破裂；如果给料流速控制不好，则絮凝体破裂，溢流水质变差；为了得到较好的水质，必须严格控制浓缩机的给料流紊动速度。

C 浓缩机的选型方案

根据底流浓度达到40%～45%、溢流水质悬浮物含量不大于70mg/L等条件要求，浓缩机的设计选型有两个方案：

（1）根据鞍钢胡家庙、太钢尖山铁矿、鞍钢调军台等选矿厂尾矿浓缩实践，采取浓缩池加机械加速澄清池的两段浓缩澄清方案。但是，受厂址地形、占地面积的限制，只能布置2台 ϕ70m 高压浓缩机，表面水力负荷为0.485m^3/(m^2·h)。

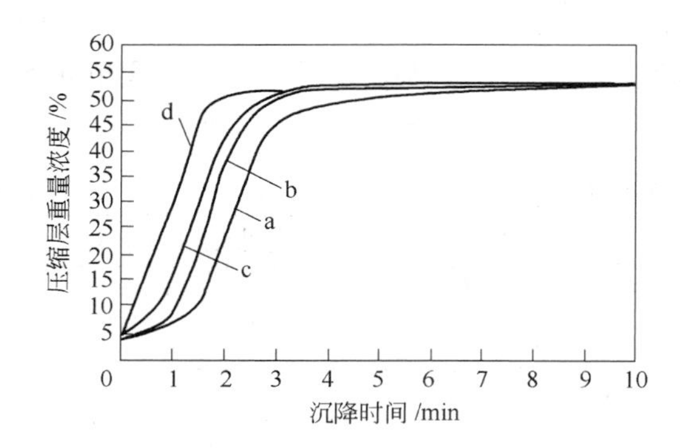

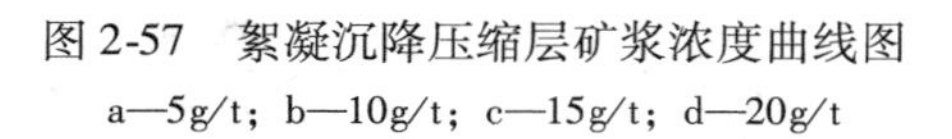
图 2-57　絮凝沉降压缩层矿浆浓度曲线图
a—5g/t；b—10g/t；c—15g/t；d—20g/t

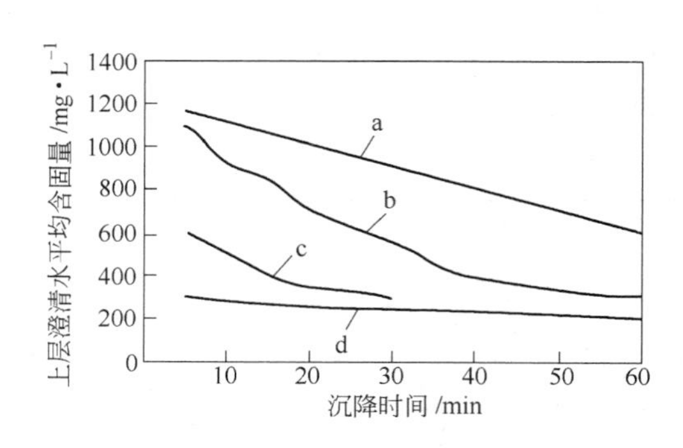

图 2-58　絮凝沉降澄清水含固量曲线
a—5g/t；b—10g/t；c—15g/t；d—20g/t

（2）采用一段高压浓缩澄清方案，选用2 台 HRC60 型高压浓缩机，取消方案 1 中的2 台 ϕ29m 澄清池，在 ϕ60m 浓缩机中添加絮凝剂，实施絮凝沉降。

综合对比占地面积、总图布置、处理能力、底流浓度、运行成本、建设投资等多方面因素，并结合综合试验结果，最后确定采用第二种方案。

具体的浓缩脱水流程为：全部尾矿经溜槽流至浓缩机的给矿分配池，然后经给矿管沿给矿桥架自流至中心分散井，絮凝剂在泵站调制好后，通过软管泵送至浓缩机中心和矿浆混合，沉降到浓缩机底部的矿砂在耙子的作用下，集中到浓缩机中心排出进入底流渣浆泵，由底流渣浆泵送至总砂泵站，而浓缩机的溢流则经管道自流至环水泵站。选用 2 台 ϕ60m HRC 重型高压浓缩机。

具体的工艺设计指标为：处理量 200t/h（干矿量）、给矿体积量 4042m^3/t、底流重量浓度 45%；底流体积量 321. 36m^3/t。不加药时的溢流含固量 2000mg/L；药剂添加量约 20 ~ 25g/t 干矿，确保溢流含固量小于 70mg/L。

D　实际应用效果

自 2010 年 7 月 30 日投产以来，2 台高压浓缩机运行稳定可靠，技术指标先进，底流浓度高达 48. 75%，溢流水质清澈，经检测，溢流含固量仅为 30mg/L，远超设计能力，极大地降低了尾矿输送环节的各种消耗，完全满足生产需求。

2. 4. 3. 2　鲁中矿业选矿厂浓缩系统扩能改造实践

A　改造工程背景

鲁中矿业有限公司选矿厂原设计年处理原矿 210 万吨，随着矿产品市场的好转，2005 年开始进行选矿厂的扩建改造，目前，选矿厂已扩建到年处理原矿 480 万吨，每年产生尾矿约 240 万吨。

选矿厂尾矿浓缩脱水原采用两段浓缩流程，一段浓缩的底流进入第二段浓缩，其中一段浓缩采用 2 台 ϕ53m 浓缩机，二段浓缩采用 2 台 ϕ45m 浓缩机。由于尾矿的粒度细，浓缩机处理能力小，导致底流浓度低（最终输送浓度 33%），溢流跑浑，严重制约了选矿厂生产能力的提高。因此，必须进行浓缩系统的扩能改造，从而与选矿厂处理能力相匹配，并提高浓缩机的底流浓度，降低浓缩机的溢流含固量，满足充填采矿的尾矿处理需要。

B 尾矿性质

尾矿密度为 2.75t/m³，粒度组成筛析结果见表 2-50。其中 -74μm 占 73.60%，-10μm达到41.33%，微细粒级含量高是该物料浓缩脱水难的主要原因。

表 2-50 尾矿粒级分布筛析结果

粒级/mm	粒级分布率/%	负累积分布率/%	粒级/mm	粒级分布率/%	负累积分布率/%
+0.074	26.4	100.00	-0.025 +0.020	2.65	59.28
-0.074 +0.040	6.43	73.60	-0.020 +0.010	14.06	55.39
-0.040 +0.030	7.46	66.14	-0.010 +0.005	13.90	41.33
-0.030 +0.025	4.21	61.93	-0.005 +0	37.27	27.43

C 系统扩能改造方案及工程内容

根据试验结果，确定采用 2 台 HRC-Z-28 型高压浓缩机，替代原有 2 台 53m 和 2 台 45m 普通浓缩机，实现年处理能力为 250 万吨尾矿，浓缩底流浓度≥45%。

系统改造工程的主要内容如表 2-51 所示。该方案的主要优点如下：(1) 大大节省了选矿厂尾矿脱水厂房面积及基建投资；(2) 明显提高了浓缩机底流浓度，使输送至尾矿坝的矿浆量大为减少，延长了尾矿库的使用年限；(3) 回水利用率增加 25%，选矿厂尾矿脱水能耗明显降低。

表 2-51 浓缩系统改造工程的具体内容

序 号	分工程名称	具 体 内 容	备 注
1	主体工程	HRC28 浓缩池土建 HRC28 浓缩机	
2	给矿输送	自选矿车间尾矿矿浆池处敷设三条尾矿输送管道分流至两台 HRC28 浓缩池	
3	溢流回水输送	从浓缩池溢流口处敷设溢流水管至原净环水水池	
4	底流输送	建立独立的底流泵泵站，浓缩机底流通过泵站抽送至原尾矿隔膜泵站前的柱塞泵矿浆池	
5	药剂系统	建立独立的药剂配制室，药剂在配药室中调制并输送至浓缩池	
6	检测与控制	给矿流量检测与控制、底流流量检测与控制、药剂添加量检测与控制、浓缩机主电机负荷检测、浓缩池床层压力检测	集中在检测控制室

D 工程实施效果

该工程 2011 年 7 月投产，其处理效果优良，单台 HRC-28 型高压浓缩机处理能力超过 160t/h，底流排放浓度 40% ~50%，最高浓度 55%，溢流水质平均小于 3×10^{-4}，较好地满足了实际需要。改造前后对比见表 2-52。

表 2-52 改造前后矿浆浓缩系统运行状况对比表

对 比 项 目	改 造 前	改 造 后
浓缩机配置	2 台 53m +2 台 45m 普通浓缩机	2 台 HRC28 高压浓缩机
尾矿处理量/$t\cdot h^{-1}$	315	315
给矿浓度/%	10	10

续表 2-52

对 比 项 目	改 造 前	改 造 后
给矿体积/$m^3 \cdot h^{-1}$	2946.68	2946.68
底流浓度/%	28	45
输送体积量/$m^3 \cdot h^{-1}$	921.7	496.7
厂内回水量/$m^3 \cdot h^{-1}$	2024.98	2449.98

最近（2012 年）选矿厂已经扩产至年处理原矿 500 万吨，尾矿总量达到 350 万吨，脱水仍采用 2 台 HRC-28 型高压浓缩机，单台浓缩机处理能力达到 220t/h，各项技术指标仍然达标。

2.4.3.3　玉石洼铁矿尾矿高压-膏体排放技术研究与实践[64,103]

A　尾矿性质

玉石洼铁矿属于邯邢冶金矿山管理局（现五矿集团邯邢矿业有限公司）管理，为矽卡岩型磁铁矿床，选矿厂采用单一磁选流程，尾矿主要以透辉石、透闪石-阳起石为主，其次为绿泥石、方解石，尾矿中泥含量极高，粒度筛析分析结果见表 2-53，其中 -500 目（-0.025mm）含量达 45.8%，极高的泥含量造成尾矿沉降性能差。

表 2-53　玉石洼铁矿尾矿粒度组成

粒级/目(mm)	粒级分布/%	累积分布/%
100（0.147）	20	100.00
-100 +140（-0.147 +0.105）	4.90	80.00
-140 +160（-0.105 +0.098）	2.40	75.10
-160 +200（-0.098 +0.074）	4.90	72.70
-200 +300（-0.074 +0.047）	10.00	67.80
-300 +400（-0.047 +0.038）	5.00	57.80
-400 +500（-0.038 +0.025）	7.00	52.80
-500（-0.025）	45.80	45.80
累　计	100.00	

B　沉降试验

鉴于该尾矿沉降性能差，针对不同浓度的尾矿浆进行了絮凝沉降试验，试验结果如图 2-59、图 2-60 所示。试验发现：（1）絮凝剂用量达到 60g/t 左右，尾砂浆才能发生明显的絮凝，而用量达到 80g/t 时，絮凝效果最佳，但是絮团结构不稳定，搅拌时间过长，絮团破裂；（2）尾砂浆初始浓度越低，絮凝效果越好，初始浓度为 20% 时，絮凝效果最好。

根据沉降试验曲线，计算得出了不同浓度矿浆的沉降速度及浓缩机单位面积负荷，具体见表 2-54。其中絮凝剂用量为 60g/t，浓缩机的单位面积负荷应低于 94kg/m^2。

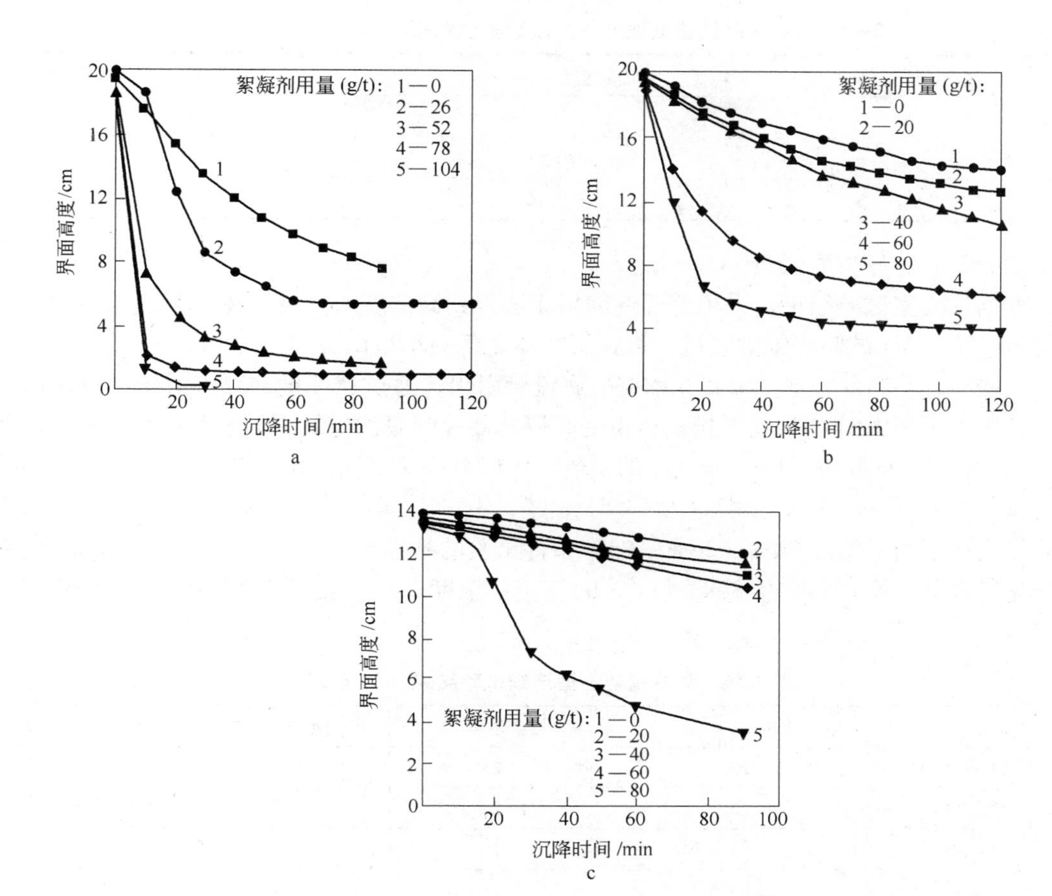

图 2-59 絮凝剂用量对沉降效果的影响

a—初始浓度 20%，$T=26.5$℃；b—初始浓度 26%，$T=28$℃；

c—初始浓度 31%，$T=28$℃

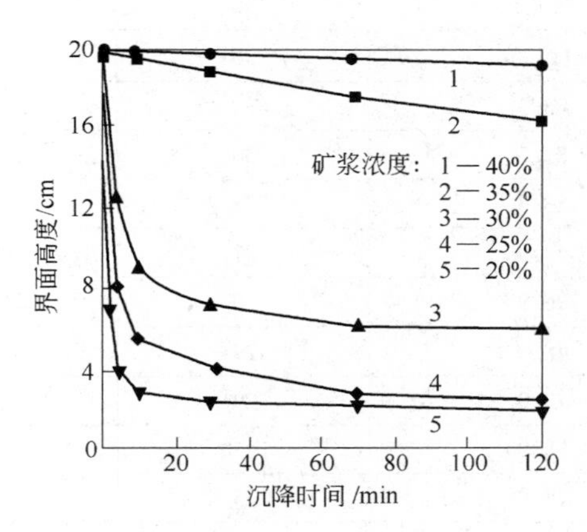

图 2-60 不同初始浓度矿浆沉降曲线

絮凝剂用量 80g/t，$T=26.5$℃

表 2-54　根据沉降试验曲线计算的浓缩机性能指标（絮凝剂用量 60g/t）

矿浆浓度/%	沉降速度/cm · min⁻¹	单位面积负荷/kg · (m² · h)⁻¹
20	1.3	233
25	0.61	156
30	0.16	94

C　膏体制备小型试验

根据试验室试验结果，采用普通浓缩机无法得到高浓度的底流膏体，因此采用专门设计的 ϕ1.5m × 3m 试验深锥浓缩机，进行了膏体制备的小型试验。

试验时，给料从选矿厂 ϕ45m 浓缩机底流管引出，通过缓冲桶并隔渣后给入试验浓缩机，其底流采用 KP400 软管泵排出，由变频调速器控制底流排量。絮凝剂在搅拌桶中调制成 1‰后使用。试验过程中，分流出的矿砂 -0.074mm 粒级占 68.67%，与正常生产尾矿粒度基本相同（-0.074mm 粒级占 63.51%）。

在完成了给矿浓度 30%、26%、25% 条件试验的基础上，进行了 27 h 连续稳定试验，结果见表 2-55，平均给矿量 80kg/(m² · h)，给矿浓度 27%，给药量 73g/t，底流浓度大于 59%。

表 2-55　膏体制备小型连续试验结果（稳定 27h）

时　间	给矿流量/kg · (m² · h)⁻¹	给矿浓度/%	药剂用量/g · t⁻¹	底流浓度/%
7 月 11 日 9：00	76.3	25	134	>60
10：00	76.3	25	115	>60
11：00	63.6	25	106	50
12：00	63.6	25	106	62.5
13：00	63.6	25	106	55
15：00	75.7	30	89	55
16：00	90.8	30	67	55
17：00	114.5	36	45	53
19：00	114.5	36	36	55
20：00	83.3	30	49	57
21：00	83.3	30	49	62
22：00	83.3	25	67	60
24：00	79.9	27	55	61
7 月 12 日 2：00	90.8	30	56	61
4：00	78.9	29	65	60
6：00	78.9	29	52	63
7：30	78.9	25	56	58
8：30	78.9	25	70	>60
10：00	74.0	20	70	>60
12：00	74.0	20	70	>60
平　均	80.0	27	73	>59

试验表明，采用深锥浓缩机可得到浓度为59% ~61%的尾矿膏体，膏体浓度稳定；絮凝过程中搅拌强度是影响絮凝体稳定性的关键因素。

D 工业分流试验

在膏体制备小型试验基础上，进行了工业分流试验，采用的膏体浓缩机为HRC-25高压浓缩机，其结构参数见表2-56，分流试验结果见表2-57。

表2-56 工业分流试验用膏体浓缩机的结构参数

底锥角/(°)	床层深度/m	泥层停留时间/h	直径/m	设备高度/m
60	2	12	25	12

表2-57 工业分流试验结果

矿浆浓度/%	单位负荷/kg·(m²·h)⁻¹	底流浓度/%	溢流固体含量/mg·L⁻¹
22 ~25	80	63	<300
22 ~25	108	55	<300

E 表面充填系统及实际运行效果

为了解决尾矿堆存问题，决定采用表面充填方法堆存选矿厂尾矿，堆存地点选择在玉石洼铁矿的尖山大坑，具体采用的尾矿膏体浓缩充填工艺流程见图2-61。

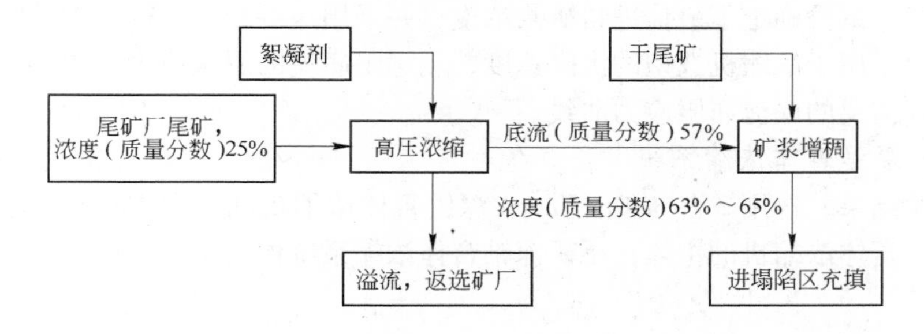

图2-61 玉石洼铁矿尾矿表面充填系统工艺流程

根据试验情况，选用长沙矿冶研究院HRC-25浓缩机，其结构参数见表2-58。

表2-58 HRC-25膏体浓缩机的结构参数

几何特征底锥角/(°)	床层深度/m	泥层停留时间/h	直径/m	设备高度/m	底流重量浓度/%
30 ~45	8	10 ~20	25	12	>57

工业系统于2001年底建成投产，在正式生产前，进行了为期10天调试生产。工业调试达到设计指标后，工程移交生产部门进行管理。移交生产后的生产考核指标见表2-59。

表2-59 设计指标与工业运行指标

分 类	给矿浓度/%	台时处理量/g·t⁻¹	底流浓度/%	药剂用量/g·t⁻¹	溢流固体含量/%
工业考核	20	40 ~60	≥57	30	≤300 ×10⁻⁴
设 计	25	40	≥57	80	≤300 ×10⁻⁴

由于没有对塌陷区进行防渗处理，充填过程尾矿浆体沿岩石裂缝进入采场，影响了充填场下采矿生产，充填系统运行半年后，尾矿充填至另一个下部已经停止采矿的塌陷区，

由于输送距离远，采用离心泵输送，浓缩机底流浓度降低至40%左右。

2.4.3.4　乌努格吐山铜钼矿尾矿膏体浓缩-堆存排放实践

A　背景

乌努格吐山铜钼矿，位于内蒙古自治区满洲里市西南22公里，2009年9月建成投产，设计日处理原矿3万吨，采用浮选工艺，每天工艺需水约10万吨，由于当地水资源紧缺，用水大部分需要靠回水循环利用解决，回水量是制约矿山生产的关键因素。为此，尾矿浓缩脱水采用膏体浓缩-排放方案，尽可能多回收循环水，具体采用ϕ40m Emico深锥膏体浓缩机，形成膏体后经过隔膜泵输送至尾矿坝进行堆存，经过一段时间的运行调试，目前已经实现了稳定运行。

B　尾矿特性及其沉降试验

尾矿粒度组成筛析结果见表2-60，其中-38.3μm占55.05%，-74μm占65%。

表2-60　尾矿粒度组成

粒度/μm	+175	-175 +104	-104 +74	-74 +53	-53 +43	-43 +38.3	-38.3
产率/%	7.86	13.04	9.01	7.26	2.18	5.60	55.05

针对尾矿膏体浓缩工艺需要，进行了絮凝剂的筛选试验，确认了最佳絮凝和澄清效果的絮凝剂，然后试验确定了最佳进料矿浆浓度，并采用这些参数进行了2L和4L量筒的沉降试验，确定了用于浓缩机选型的沉降速度，测定了底流的屈服应力，得到了指导耙齿和驱动力矩设计需要的底流屈服应力曲线。

C　尾矿深锥膏体浓缩系统

根据试验结果，选用2台ϕ40m Emico深锥膏体浓缩机和4台450/8三缸单作用隔膜泵，构成尾矿膏体浓缩机的主体，尾矿深锥膏体浓缩系统构成见图2-62。

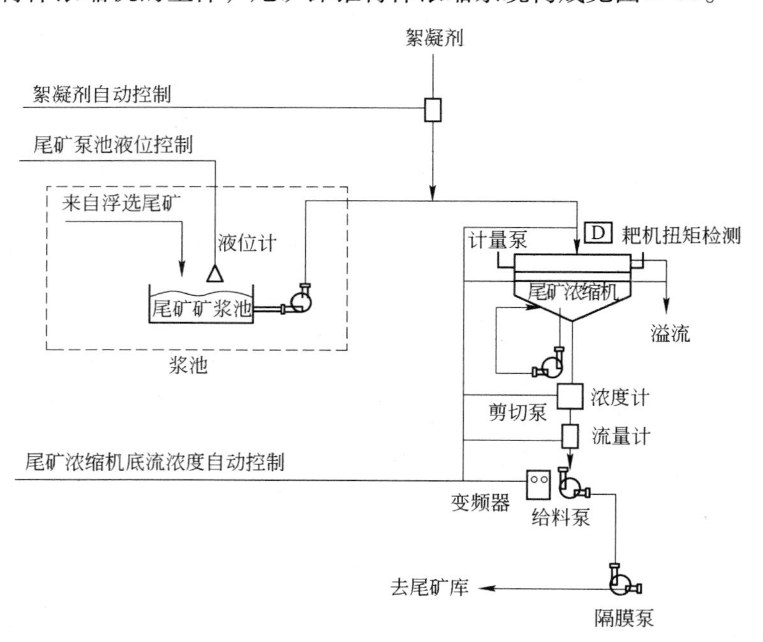

图2-62　矿山现场的尾矿深锥膏体浓缩系统

整个系统包括絮凝剂制备添加、浓缩机监控和尾矿自动控制排放3个部分。絮凝剂经过制备系统一次稀释后与补加水混合进行二次稀释，然后添加到进料井，絮凝剂流量、给矿浓度及给矿流量进行连锁，实施自动添加和实时自动调整。矿浆底流排放速度和深锥系统的其他参数，如絮凝层高度、耙机扭矩、给矿流量和给矿浓度等也实行联锁，实现自动化控制。

D. 生产运行效果

经过近一年的生产试运行后，尾矿深锥浓缩系统基本实现稳定运行，底流浓度达到65%左右，接近膏体浓度低值66%，且可以获得89000t/d的回水量返回生产使用，具体的运行指标见表2-61。

表2-61 深锥膏体浓缩机的现场运行指标

给矿流量/$m^3 \cdot h^{-1}$	给矿浓度/%	稀释后浓度/%	底流浓度/%	溢流水澄清度/%	絮凝剂用量/$g \cdot t^{-1}$
2035	26	9	65.2	99	20

随着现场流程的逐步稳定和设备参数的精确控制，底流浓度还有望提高。根据试验室的试验结果，底流浓度可以达到72%，膏体浓缩-排放对于节约水资源，减少对生态平衡的影响都有着至关重要的意义。另外，底流浓度的提高，将降低尾矿浆排放总体积，大大提高泵送设备的运行效率，节省大量的电能消耗，并延长了设备的使用寿命。

2.4.3.5 帕金沟（pajingo）金矿氰化尾矿膏体浓缩实践[104]

A 项目背景

帕金沟金矿位于澳大利亚原来的金矿开采中心区"Charters Towers"南69km，北昆士兰汤斯维尔（Townsville）镇西南132km，自2002年起由纽蒙特（Newmont）公司全资拥有，该矿原矿品位高，采取地下开采，提金采用CIP工艺。作为环境保护战略的一部分，2002年经过系统的方案研究后，决定将Scott Lode露天矿坑作为帕金沟选矿厂尾矿的堆放场所，并拟在帕金沟建设尾矿膏体浓缩系统。

与建设尾矿库相比，将露天矿坑作为尾矿堆存场，既经济又环保；采取尾矿膏体浓缩-排放方式，一方面减少了矿浆输送量，提高了堆场利用率，另一方面最大限度地提高了水的回用率，这对于缺水的澳大利亚尤其重要。

B 尾矿浓缩实验

帕金沟选矿厂已有采用奥图泰（Outotec）公司Supaflo®高效浓缩机用于预浸作业的实践经验，非常了解Supaflo®浓缩机的性能与可靠性。因此，确定实施尾矿膏体浓缩工程后，帕金沟选矿厂于2001年直接委托奥图泰公司开展相关尾矿浓缩试验与工程方案优化设计。

图2-63 奥图泰公司φ1m×10m半工业试验浓缩机

具体的动态半工业试验在奥图泰公司φ1m×10m半工业试验浓缩机（图2-63）上进行，该试验浓缩机反映了工业浓缩机的全规模流体与床层高度情况，因此不须考虑设计的规模放大问题。

试验时采用 HAAKE 流变仪测定底流的屈服应力，为耙的扭矩设计计算提供基础数据。

C　尾矿膏体浓缩实施方案

在试验工作基础上，奥图泰设计确定了尾矿膏体浓缩的工程实施方案：采用 1 台 ϕ14m Supaflo®膏体浓缩机，其侧墙高度 6m，流体流速 0.5t/(m^2·h)，处理能力 75t/h。

加上尾矿膏体浓缩系统后，选矿厂的工艺流程如图 2-64 所示。球磨矿浆先泵入 ϕ9m Supaflo®高效浓缩机进行预浸作业，产出固体浓度约 47% ~52% 的底流矿浆，CIP 尾矿采用 Supaflo®浓缩机进行脱水作业，产出固体浓度 59% ~61% 的底流膏体，浓缩机溢流（约 30m^3/h）则返回选矿厂使用。

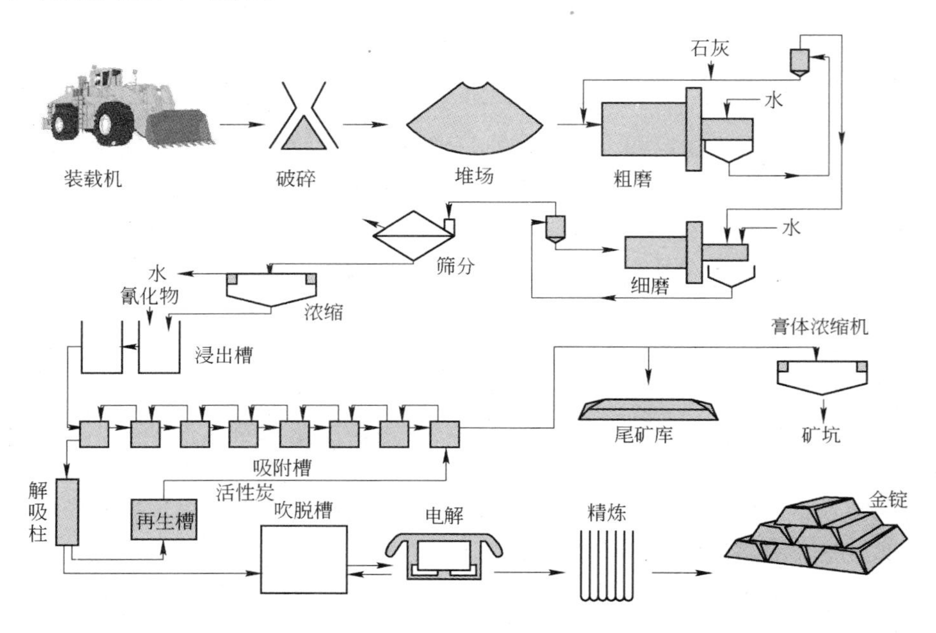

图 2-64　帕金沟金选矿厂工艺流程图

膏体浓缩机的底流借重力自流入 Scott Lode 矿坑，矿浆流变性能是决定浓缩底流最高浓度的关键因素，最佳的底流浓度因矿浆流变类型和絮凝剂添加量而异。

D　工程实施效果

实际运行过程中，浓缩机能承受的最大处理能力与底流密度都超过了试验值与设计值，膏体浓缩机设计处理能力为 75t/h，实际处理能力达到 93t/h；在给入矿浆浓度约 50%，粒度 P_{80} 38μm 情况下，浓缩底流浓度 59% ~62%。

为了运行稳定，浓缩机的底流浓度不宜波动过大，如底流浓度小于 57%，则由于矿浆黏度低而发生虹吸，底流浓度超过 64%，则发生快速下卸，具体主要通过控制絮凝剂添加量，从而补偿矿石流变性变化对底流黏度的影响，实现浓缩机稳定运行。

实施尾矿膏体浓缩工程，为选矿厂创造了多方面效益：

（1）首先由于浓缩溢流水中含有部分金和氰根离子，其返回使用，使氰化物消耗减少了18%。

（2）溢流水中自由氰根离子明显高于尾矿库或矿坑返回水，因此，金的回收率也有一定提高。

（3）尾矿排放浓度提高，使尾矿库容量增大，尾矿库成本降低，矿坑堆场尾矿更易固结，便于作业和管理。

（4）由于回水利用率提高，选矿厂用新鲜水量减少。

2.4.4 金矿全泥氰化尾矿压滤脱水-干堆排放实践

2.4.4.1 概况

传统上，金矿全泥氰化尾矿浆一般直接或碱氯化氧化处理后排放到尾矿库，尾矿库澄清水再返回选矿厂使用，这样不仅造成尾矿浆中已溶金和氰化物损失，而且环境风险大，容易导致环境污染，另外，尾矿库占用大片土地，建设和维修需要大量资金。

尾矿浆压滤脱水-干堆排放工艺，则是将全泥氰化尾矿浆用压滤机进行压滤脱水，滤液返回浸出流程循环使用，滤饼则干式堆放；该工艺首先在山东省归来庄金矿成功应用，与传统工艺相比，显示出明显的优越性：

（1）滤液返回生产流程，回收利用了滤液中未回收的已溶金、氰化物及碱，提高了金的回收率，降低了氰化物及新水的消耗。

（2）取消了含氰化物废水处理工序，基本实现了含氰废水零排放，大幅度降低了废水处理成本，同时降低了尾矿库的环境风险。

（3）干堆排放大幅减少了尾矿库库容要求，降低了尾矿库建设与维护费用。

该技术具有显著的环境效益与经济效益，是典型的清洁生产工艺，1997年被国家环保总局推荐为最佳适用环保技术，在全国推广应用。由于良好的使用效果与广泛的适用性，该技术在我国北方地区得到迅速应用，现已成为北方地区黄金矿山全泥氰化厂尾矿浆处理的标准技术；表2-62列出了该技术部分应用实例[105~114]。

表2-62 氰化尾矿压滤—脱水—干堆排放技术的应用实例

编号	尾矿/选矿厂	处理规模 /$t \cdot d^{-1}$	压滤设备	给矿浓度 /%	滤饼水分 /%	运输方式	投产时间
1	归来庄金矿	350/1000	240m^2 压滤机	30~40		汽车	1994/2010
2	京都黄金冶炼厂	400	XMZ340-4F（2台/340m^2）	40~50	20~23	汽车	1995
3	排山楼金矿	1200/2000	XAZ10006（4台）	40	20	皮带	1996
4	阿希金矿	750（1000）	厢式压滤机（5×500m^2）		23	皮带	1998
5	广西龙头山金矿	400~450		45~50	≤25	调浆运输	2003
6	赤峰柴胡栏子金矿	150	XMZ240/1250-u型压滤机(1/1)	40	18		
7	哈密金矿南堆子泉选厂	325	240m^2 压滤机（1/1）	43		自卸汽车	
8	骆驼圈选厂	300	240m^2 压滤机（1/1）	43		自卸汽车	

2.4.4.2　归来庄金矿氰化尾矿压滤—干堆排放技术研究与实践[105~107]

A　技术开发背景

归来庄金矿地处鲁西南丘陵地区，属于低温热液交代作用形成的构造隐爆蚀变角砾岩金矿床，矿石氧化程度高，含泥多，矿石中金属硫化物含量甚微，Sb、As、Cu 以及有机碳影响金氰化浸出的杂质含量都很低，金的氰化浸出效果很好。

鉴于矿石中有害杂质含量低的特点，梁经冬等研究提出了无含氰尾液排放的氰化提金新工艺，完成了贫液全部返回磨矿的全泥氰化浸出—锌粉置换的全流程闭路试验，试验工艺流程如图 2-65 所示，试验结果见表 2-63、表 2-64。

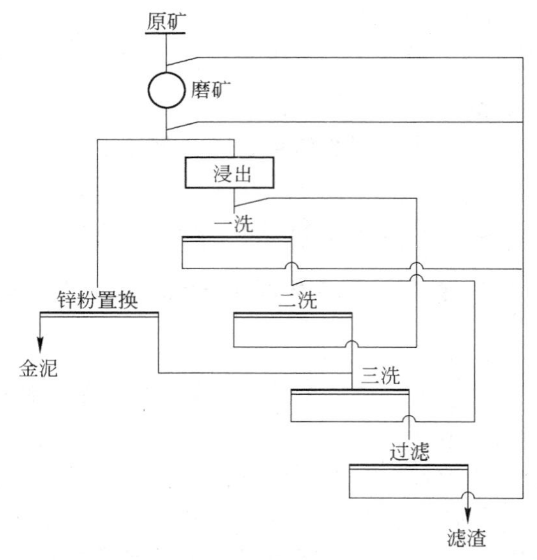

图 2-65　贫液全部返回的全泥氰化浸出-锌粉置换闭路试验流程

表 2-63　闭路试验废液的成分分析结果

时间/h		96	112	128	备　注
成分	Cu	1.92	2.16	2.1	1. 4 个小时取样一次，每 16h 组合一大样进行分析； 2. 不返回贫液时，贫液中 Cu 0.18；Pb <0.05；Zn 1.11；Fe 0.49
	Pb	0.44	0.61	0.5	
	Zn	40.88	40.5	47.96	
	Fe	1.85	1.79	1.8	
	pH	8	8	8	
	CN^-	87.3	91.1	77.5	

注：每 28 小时为一循环周期。

表 2-64　闭路试验滤渣/滤液金含量及金的浸出率指标

作业时间/h	滤渣 Au/g·t^{-1}	滤液 Au/mg·L^{-1}	浸出率/%	备　注
64	0.27	0.08	95.46	每小时取一次样；每 16h 组合一大样送分析
80	0.26	0.11	95.63	
96	0.23	0.09	96.13	
112	0.25	0.12	95.8	
128	0.27	0.1	95.46	
平　均	0.256	0.1	95.7	

试验结果发现，随着时间的延长，废液中 Cu、Pb、Zn 等金属离子有所积累，但是稳定在较低水平上，贫液返回不仅没有对金的浸出过程和效果造成不利影响，而且减少了氰化物用量，提高了金的回收率，综合技术指标为：金泥总回收率 95.14%，浸出率 95.7%（其中磨矿浸出率 5.71%，浸出段浸出率 89.99%），洗涤率 99.54%。

以上试验结果确认了贫液返回循环利用设想的可行性，试验建议的工艺流程被选矿厂建厂设计采纳，尾矿固液分离采用压滤工艺、滤饼干堆排放。由此，形成了尾矿压滤—干式排放工艺。

B 工程实施方案

归来庄金矿 1992 年、1993 年先后建成 100t/d 试选厂和 350t/d 大选厂，其中贫液返回的具体实施措施是：浸出作业提前，浸前矿浆浓缩产出贵液去锌粉置换，浓缩底流进行浸出，浸出矿浆三段洗涤，最后尾矿浆压滤脱水，一洗涤贫液及压滤液返回一段磨矿，尾矿干堆排放，具体工艺流程如图 2-66 所示。其中压滤机选用 240m^2 箱式压滤机，其没有隔膜挤压、洗涤及吹风等功能，仅起过滤作用，但使金洗涤回收率明显提高。

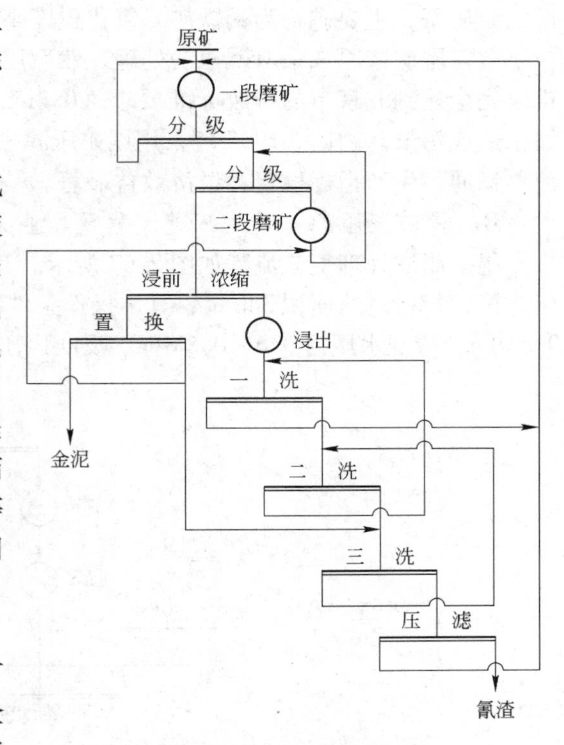

图 2-66 归来庄金矿全泥氰化—尾矿压滤工艺流程

C 工程实施效果

1994 年 1 ~ 10 月，归来庄金矿两个选矿厂的主要生产指标如表 2-65 所示。由于全部贫液返回氰化系统，100t 试选厂氰化钠消耗由 1992 年未采用贫液返回的 1.1kg/t 降至 0.68g/t。

生产中溶液全部返回循环利用后，系统中重金属等有害杂质存在一定积累。因此，贫液采取约一个月净化处理一次，具体采取中和沉淀去除其中重金属离子，净化上清液仍然返回系统使用。

根据归来庄金矿的计算，与传统流程相比，两个选矿厂采用尾矿压滤—贫液返回/尾矿干堆工艺，金的回收率提高 8.95%，每年多回收黄金 79.668kg，少消耗氰化钠 69t，减少污水排放量 38.2 万立方米。

表 2-65 归来庄金矿投产初始阶段的主要生产指标（1994 年 1 ~ 10 月）

项 目	100t/d 试选厂	350t/d 大选厂	项 目	100t/d 试选厂	350t/d 大选厂
原矿处理量	33115	105999.00	尾液金品位/g · m^{-3}	0.25	0.30
磨矿细度(−0.074mm)/%	96.5	91.0	金总浸出率/%	93.42	92.08
平均日处理量/t · d^{-1}	113.09	362.31	总洗涤率/%	98.81	98.19
原矿金品位/g · t^{-1}	8.51	5.02	氰化回收率/%	92.31	90.41
氰渣金品位/g · t^{-1}	0.56	0.40	氰化钾单耗/kg · t^{-1}	0.681	0.585

2.4.4.3 京都黄金冶炼厂尾矿压滤干堆工艺应用实践[108]

A 概况

京都黄金冶炼厂，是一座日处理400t 金矿石的全泥氰化炭浆厂。原料主要为崎峰茶金矿的原矿石，主要矿物为褐铁矿，氧化程度高，泥化严重，矿石疏松易碎。

含氰尾矿浆原来采取碱氯法处理，然后用泵送到尾矿库。但是，处理后氰化物含量仍难以完全达到北京市的排放标准要求（0.2mg/L）。而且，尾矿库存在渗漏现象，对下游河水造成污染。因此，1995 年采用尾矿压滤—干堆工艺进行了技术改造，应用以来，工艺流程畅通，生产指标稳定，经济效益显著。

B　尾矿浆压滤处理的工艺流程及作业条件

尾矿压滤处理工艺流程如图 2-67 所示。其中压滤机采用 2 台 XMZ340-4F 型厢式自动压滤机，每台过滤面积 340m^2，具体操作条件为：给矿浓度 40% ~50% 、给矿压力 0.4 ~0.8MPa、清洗水压力 0.6 ~0.8MPa、反吹风压力 0.7 ~0.8MPa。

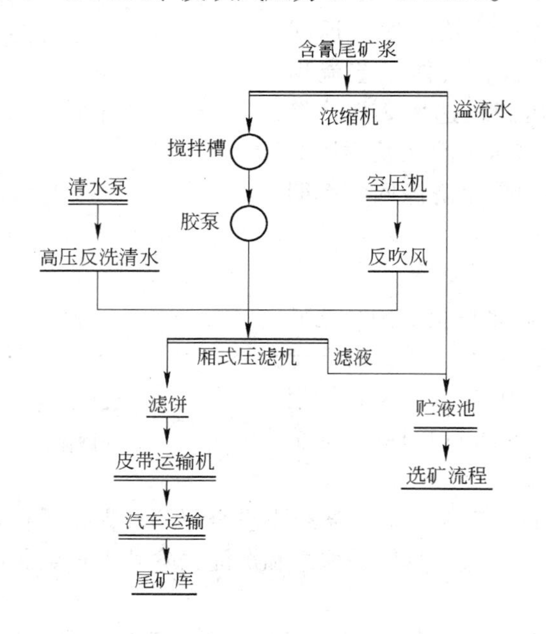

图 2-67　尾矿浆压滤-干堆处理工艺流程图

尾矿压滤产品性能：细度 -200 目（-0.074mm）94% ~95%、滤饼水分 20% ~23%、氰化物含量 1.39mg/L（低于国标含氰废物污染控制标准 1.5mg/L）。

C　压滤机的技术改造

生产过程中，针对压滤机系统存在的问题，进行了如下技术改造：

（1）增大反吹风风量，降低滤饼水分。压滤机随机带的储气罐容积为 3.8m^3，为增大反吹风风量，降低滤饼水分，增加了一个 10m^3 的储气罐。同时由一路吹风改为三路吹风，使滤饼水分降低了 1.4%。

（2）提高结料压力，降低滤饼水分。原给料泵的给料压力为 0.5MPa，为降低滤饼水分，采取提高给料泵的转速，使给料泵压力提高到 0.65MPa，滤饼水分降低了 1.1%。

（3）增设滤饼缓冲装置。由于滤饼从压滤机到汽车厢的落差达 38m，导致泥浆四溅。为此，在压滤机下 1.4m 处增设了缓冲装置，缓冲和分割下落滤饼，明显减小了滤饼对汽车的冲击力和泥浆飞溅的程度。

（4）增设滤饼运输皮带。原来采取汽车直接到压滤机底下接滤饼，不仅矿浆溅射厉害，而且汽车腐蚀严重。为此，在两台压滤机底下安装了一条运输皮带，将滤饼运输到压滤间外汽车上，彻底解决了汽车被腐蚀和压滤车间防寒问题。

D 使用效果

采用尾矿浆压滤工艺，滤液全部返回生产工艺流程，彻底取消了污水处理系统，自1995年11月应用以后，效果明显。改造前后生产技术指标对比见表2-66。

表2-66 生产技术指标对比结果

年 份	浸出率/%	吸附率/%	选矿总回收率/%	备 注
1994	91.05	97.56	88.83	应用前
1995	92.08	98.05	90.29	应用前
1996	92.83	98.26	91.22	应用后
1997	93.78	98.49	92.3	应用后

与碱氯法处理/湿式排放工艺相比，尾矿浆压滤—干堆工艺的效益如下：

（1）滤液中金按75%回收率计，1996年多回收黄金8.4kg。

（2）氰化钠用量由1.52kg/t降至1.31kg/t。

（3）滤液返回利用，选矿用水量由原来的3.15m^3/t降到了0.25m^3/t。

（4）减少氰化物废水排放，每年减少排放含氰废水35.1万立方米，按国家含氰污水排放标准0.5mg/L计算，每年向环境中少排放175.5kg氰化钠。

（5）有效延长尾矿库服务年限。存放尾矿浆的尾矿库，终期库容利用系数为0.7～0.8；而存放尾矿滤饼的尾矿库，终期库容利用系数可达1.0～1.4，尾矿库由湿排改为干堆，服务年限由原来的11年延长到17年。

2.4.4.4 排山楼金矿尾矿压滤—干堆工艺实践[109,110]

A 概况

排山楼金矿建于1996年10月，采用全泥氰化—炭浆吸附—高温高压解吸—电解提金工艺，氰化尾矿处理采用压滤—干堆工艺流程，经过近两年的不断改造与完善，取得了很好的效果，既回收尾液中金，又充分利用尾液中的有效药剂，并节约大量新水，带来了较大的经济效益。

B 尾矿处理工艺流程

尾矿浆脱水处理流程为：尾矿经过缓冲槽用渣浆泵打入压滤机内，压滤液全部返回磨矿、分级，滤饼则由皮带运输机运至尾矿库进行干式分层堆放；用推土机碾压、铺平尾矿堆；为防止水土流失，在边坡上覆盖沙土，种植草木，确保尾矿库的长期安全性。生产主要设备有：4台XAZ1060型板框压滤机、4台渣浆泵、2台5.0m×5.5m缓冲槽、皮带运输机、推土机等。具体设备联系见图2-68。

C 工艺流程的技术改造

在生产过程中，压滤干堆系统先后进行了3次较大的技术改造，从而进一步改善了系统运行效果，提高了处理能力，很好地满足了生产需要。

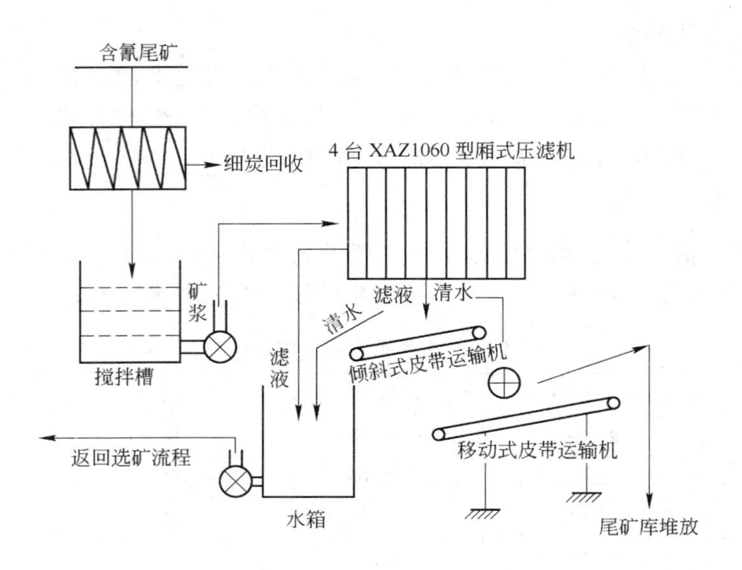

图 2-68 尾矿浆压滤—干堆处理设备联系图

a 压滤机的设备改造

在投产初期，XAZ1060 型板框压滤机出现了诸多问题，具体包括：（1）入料时渗漏严重，致使滤饼中夹杂滤液，无法干堆；（2）滤饼不成形，滤布粘矿，无法自动卸矿；（3）滤布边角磨损严重，滤布压圈容易变形，致使滤室密封不严，经常跑浑、冒矿，作业环境恶劣；（4）入料压力过高，致使主梁变形，各滤板受力不均，容易破损。

针对上述问题，进行了如下改造：（1）将原 110kW 渣浆泵改为 55kW 渣浆泵，同时将注浆压力由 0.8 ~ 1.0MPa 改为 0.4 ~ 0.5MPa；（2）将固定滤布的聚氨酯中心压环改为球墨铸铁压环；（3）使用挂胶滤布；（4）增设 4 条接水小皮带及 1 条 1.2m 宽、15m 长的皮带运输机；（5）改善主梁结构，经常冲洗滤布。

b 压滤系统的扩能改造

选矿厂原设计处理能力为 1200t/d，后经过两次扩建，扩大到 2000t/d。为此，针对尾矿压滤系统进行了扩能改造，具体改造措施如下：（1）严格控制压滤机的给料浓度，确保入料浓度在 39% 以上，将压滤渗液水以及打扫卫生、冲洗滤布水，由给入搅拌调浆槽改为磨矿分级闭路用水；（2）简化并完善压滤机的 PLC 自动控制系统，取消反吹、反洗等程序，从而缩短了压滤周期，提高了处理能力。

c 改进尾矿运输方式

投产伊始，运输距离较短，尾矿库库容大，使用单一的皮带运输机即可满足生产。后来，随着生产的进行，尾矿运输距离增长，改用皮带和汽车相结合的方式运输。但是生产发现，汽车运输不仅费用高，而且受夏天雨季、冬季寒冷等因素影响大。为此，经过充分论证，改用自行设计的自走式皮带运输机运输，不仅卸矿方便，而且运行成本低，不受天气的影响。

d 运行效果

采用尾矿压滤干堆工艺，不但满足了严格的环保要求，同时也取得了明显的经济效益和社会效益，具体来说：

（1）节约大量新水。原设计生产给水量为3336t/d，采用传统的废水处理工艺每天直接回用水1500m^3。而采用尾矿压滤干堆工艺，每天直接回用水2400m^3，节约新水9000m^3/d。

（2）从滤液中多回收金。每天回水2400m^3，其中含金0.05g/m^3，按98%回收率计，每年多回收金38.8kg（年工作330天计）。

（3）年节约氰化钠198t。

2.4.4.5 广西龙头山金矿尾矿压滤—造浆输送实践[111]

A 简况

广西龙头山金矿原采用尾矿湿排至尾矿库，2003年建成投产尾矿压滤设施，新系统明显节约了污水处理费用，降低了氰化物消耗，并提高了金的回收率，扣除压滤尾矿的转运堆存费用，取得了一定的经济效益。但是，由于矿山地处市郊，环境风险高；加之南方雨季长，雨季无法使用尾矿压滤干堆系统。为此，经过研究后，改用尾矿压滤—滤饼调浆输送工艺，扬送至尾矿坝，既避免了雨季滤饼干堆易被暴雨冲走污染环境的危险，又达到了节约污水处理及氰化物费用，降低生产成本，增加经济效益的目的。

B 尾矿压滤—调浆输送的工艺改造

尾矿压滤—滤饼调浆处理工艺流程见图2-69。具体工艺过程如下：选厂的尾矿浆自流入污水车间的尾矿缓冲槽内，再由给料泵压入压滤机滤室，经压滤排出水分，形成含水率低于23%的滤饼后，压滤结束。含氰离子的压滤溶液进入回水槽，返回选厂重新利用；压滤后的滤饼经皮带输送机卸入缓冲溜槽（加新水），进入螺旋搅拌槽调浆至40%～45%浓度，流入新增的搅拌槽，再均匀自流入原湿式污水处理车间，净化处理达标后扬送至尾矿库。

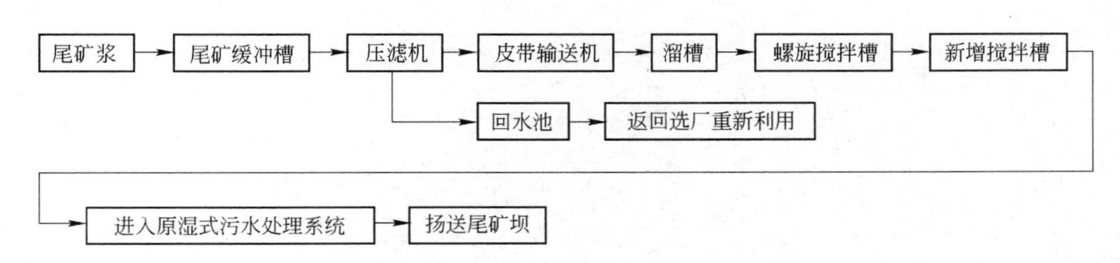

图2-69 尾矿压滤—滤饼调浆处理工艺

设计的技术指标如下：处理能力400～450t/d、矿石密度2.65～2.70t/m^3、尾矿浆浓度45%～50%、矿浆排放流量25～30m^3/h、滤饼含水量不大于23%、滤饼加新水调浆后浓度45%、滤饼调浆pH 11.0、滤饼调浆后CN^-浓度100～200mg/L、调浆处理后CN^-浓度低于0.5mg/L、压滤机单循环时间40min、压滤机工作压力0.8MPa、污水净化反应时间1.5h、Cl_2用量2.0kg/t(1.652kg/m^3)。

C 实际运行效果

采用尾矿压滤—滤饼调浆净化输送工艺，虽然流程较原来略为复杂，但是，因为减少了氰化物消耗，并多回收了黄金，仍具有一定的经济效益。2003 年 7 月 ~2004 年 7 月选厂氰化物消耗及污水处理成本情况见表 2-67。

表 2-67　选厂采用不同尾矿浆处理工艺的成本对比

处理工艺	时　间	NaCN 单耗 /kg · t⁻¹	Cl_2 单耗 /kg · t⁻¹	压滤成本 /元 · t⁻¹	污水净化处理成本 /元 · t⁻¹	压滤 + 污水净化成本 /元 · t⁻¹	备　注
湿式排放	2003 年 7 ~10 月	1.14	5.60	1.63	18.86	20.49	发生压滤机的维护费用；需要发生污水净化费用
压滤—干式排放	2003 年 11 月 ~2004 年 1 月	0.80	0.86	10.39	4.15	14.54	
压滤—滤饼调浆净化	2004 年 5 ~7 月	0.93	4.59	7.89	7.59	15.48	

由于先经过压滤，含氰废水大部分被返回利用，滤饼再加新水进行调浆处理，然后进入湿式污水处理系统，总氰质量浓度由原来的 350mg/L 左右降至 100mg/L 左右，因此污水处理费用大为降低。

3 矿山(选矿厂)废水处理与循环利用

3.1 矿山(选矿厂)废水的性质与危害

3.1.1 废水的来源与组成

矿山废水的来源，包括地面和地下矿场的排放水、选矿废水、废石堆场（坝）废水、废弃矿井排水等，其中选矿废水产生量最大，约占整个矿山废水量的34%~79%。

选矿废水根据来自的工段不同，一般包括四类：洗矿废水、破碎系统废水、选别废水和冲洗废水。各工段选矿废水的特点见表3-1。

表3-1 选矿厂各工段废水的特点

工段		废水特点
洗矿		含有大量泥沙和矿石颗粒，当pH值小于7时，还含有金属离子
破碎		主要含有矿石颗粒
选别	重选、磁选	主要含有悬浮物，澄清后基本可循环使用
	浮选	主要来源于尾矿，也有的来源于精矿浓缩溢流水及精矿滤液，主要含有浮选药剂、金属离子
冲洗		包括药剂制备车间和选矿车间的地面、设备冲洗水，含有浮选药剂和少量矿物颗粒

选别废水中的污染物及其含量，主要取决于矿石性质、磨矿细度、选矿工艺制度。通常情况下，重选和磁选过程不添加选矿药剂，外排废水主要污染物是悬浮物；浮选过程需要在作业中加入捕收剂、调整剂、起泡剂等浮选药剂，这些药剂在排出废水中均会有所残留，因此浮选废水中除悬浮物外，还含有各种浮选药剂（如黑药、黄药、煤油、硫化钠等）、一定量的金属离子及氟、砷等污染物，污染物种类多，危害大。表3-2列出了浮选废水中可能存在的药剂和其他化学成分。

表3-2 浮选废水中可能存在的药剂和其他化学成分

捕收剂（硫化矿浮选）			
硫醇	硫脲	硫代羰酸盐	硫代氨基甲酸酯
硫代碳酸盐	非离子油	硫代磷酸盐	巯基苯骈噻唑
黄药、黑药（酯）	双黄药	白药	其他硫代类捕收剂
捕收剂（氧化矿、硅酸盐、盐类矿物浮选）			
一元胺(第一胺、第二胺、第三胺)	季铵盐化合物	肟类（羟肟酸等）	两性捕收剂(如烷基氨基丙酸)
烷基磷酸	烷基硫酸盐	烷基磺酸盐（石油磺酸盐）	脂肪酸及其化合物

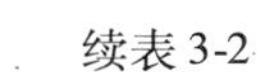

续表 3-2

硬脂酸	油　酸	亚油酸	亚麻酸
棕榈油	松香酸及塔尔油类	胂酸、膦（磷）酸类	非离子油
月桂酸	肉豆蔻酸	二　胺	其他捕收剂
起泡剂			
松　油	MIBC	各种烷基醇类	甲　酚
聚丙二醇	烷氧基石蜡	其他起泡剂	
调整剂（活化剂和抑制剂）			
硫酸铜	铬酸盐	高锰酸盐	硫化钠
亚铁氰化物	硅酸钠	硫酸锌	石　灰
硫酸铝	氯化铝	苏打灰	亚硫酸钠
碳酸钠	醋酸铅	硝酸铅	柠檬酸
单宁酸	铁氰化物	栲　胶	亚硫酸氢盐
氰化钠	氟化钠	木质素磺酸钠	亚硫酸钙
氢氧化铵	各种酸类	各种多价金属离子	其他类
絮凝剂、凝聚剂和分散剂			
各种淀粉及其衍生物	糊　精	聚丙烯酰胺絮凝剂	聚氧化乙烯
铝酸钠	硫酸铝及其聚合物	氯化铁及其聚合物	黏土类
缩聚磷酸盐	可溶性硅酸盐	聚亚胺	CMC 及其衍生物
铁硅铝聚合物	硫酸铁及其聚合物	其他有机物和无机物	古尔胶及多糖类
矿石本身的化学衍生物			
铜离子	铅离子	铬酸盐	砷化合物
锑化合物	镍离子	硒化合物	氟化物
铁离子	亚铁离子	磷酸盐	钴离子
锌离子	镉离子	其他离子	

由于原矿性质与选别工艺制度不同，浮选过程中药剂使用品种、加入量变化范围较宽，相应地，浮选废水中各种物质浓度差别很大，表 3-3 给出了几类矿石浮选废水的离子浓度实测范围，废水的其他特性指标见表 3-4[115]。

表 3-3　浮选废水中的离子及化合物的浓度范围　（mg/L）

离　子	铁矿石浮选	硫化铜浮选	铜-锌浮选	其他硫化矿浮选	非硫化矿浮选
Al	0.009 ~ 5.0	<0.5	—	6.2 ~ 7.8	210 ~ 552
Ag	—	<0.1	—	<0.02	0.04
As	—	<0.02 ~ 0.07	—	0.02 ~ 3.50	<0.01 ~ 0.15
Be	—	—	—	<0.002	36
B	—	—	—	<0.001	<0.01 ~ 0.65
Ca	55 ~ 250	—	—	<0.6	43 ~ 350
Cd	—	0.05 ~ 3.0	1.2 ~ 16.4	<0.01 ~ 0.74	<0.002 ~ 0.01

续表 3-3

离　子	铁矿石浮选	硫化铜浮选	铜-锌浮选	其他硫化矿浮选	非硫化矿浮选
Co	—	1.68	—	—	—
Cr	—	—	9.8 ~ 40	0.03 ~ 0.04	0.02 ~ 0.35
Fe	<0.02 ~ 10.0	550 ~ 18800	2900 ~ 35000	<0.5 ~ 2.800	0.06 ~ 500
Hg	—	0.0006 ~ 0.006	—	0.0008 ~ 27.5	—
K	—	—	—	—	77
Pb	0.045 ~ 5.0	<0.01 ~ 21	76 ~ 560	<0.02 ~ 9.8	0.02 ~ 0.1
Mg	—	—	—	1.93	320
Mn	0.007 ~ 330	31	295 ~ 572	0.12 ~ 56.5	0.19 ~ 49
Mo	—	29.3	—	<0.05 ~ 21	0.2 ~ 0.5
Na	—	—	—	—	270
Ni	0.01 ~ 0.20	2.8	—	0.05 ~ 2.4	0.15 ~ 1.19
Sb	—	<0.5	—	<0.2 ~ 64	—
Se	—	<0.003	—	0.144 ~ 0.155	0.06 ~ 0.13
SiO_2	—	46.8	—	—	—
Te	—	—	—	<0.08 ~ 0.3	<0.2
Ti	—	—	—	—	<0.5 ~ 2.08
Tl	—	—	—	—	<0.05
V	—	—	—	<0.5	<0.2 ~ 2.0
Zn	0.006 ~ 10	4.8 ~ 310	160 ~ 3000	0.02 ~ 76.9	<0.02 ~ 19
稀　土	—	—	—	—	4.9
氯化物	0.35 ~ 180	—	—	1.5	57 ~ 170
氟化物	—	—	—	4.8 ~ 11.7	1.3 ~ 365
硝酸盐	—	—	—	—	1.25
磷酸盐	—	20.8	—	—	0.8
硫酸盐	5 ~ 475	—	—	—	9 ~ 10600
氰化物	0.008 ~ 0.02	<0.01 ~ 0.17	—	<0.01 ~ 0.45	<0.01
硫化物	—	—	—	<0.5	<0.5
NH_3	—	—	—	—	1.4

表 3-4　浮选废水的其他特性指标

特性指标	铁矿石浮选	硫化铜矿浮选	铅-锌硫化矿浮选	其他硫化矿浮选	非硫化矿浮选
pH	5 ~ 10.5	8.1 ~ 10.1	7.9 ~ 11	6.5 ~ 11	5 ~ 11
电导率/$mS \cdot m^{-1}$	130 ~ 375	—	—	—	650 ~ 17000
全部固溶物/$mg \cdot L^{-1}$	0.3 ~ 1.090	395 ~ 4300	—	68 ~ 2600	192 ~ 18400
总悬浮固体/$mg \cdot L^{-1}$	0.4 ~ 1.900	114000 ~ 465000	20500 ~ 269000	2 ~ 550000	4 ~ 360000
化学需氧量/$mg \cdot L^{-1}$	0.2 ~ 36	—	—	15.9 ~ 238	<1.6 ~ 39.7
总有机碳/$mg \cdot L^{-1}$	—	—	—	7.8 ~ 290	9 ~ 3100
油及油状物/$mg \cdot L^{-1}$	0.03 ~ 90	<0.05 ~ 10	—	2.0 ~ 11.4	<1 ~ 3.4

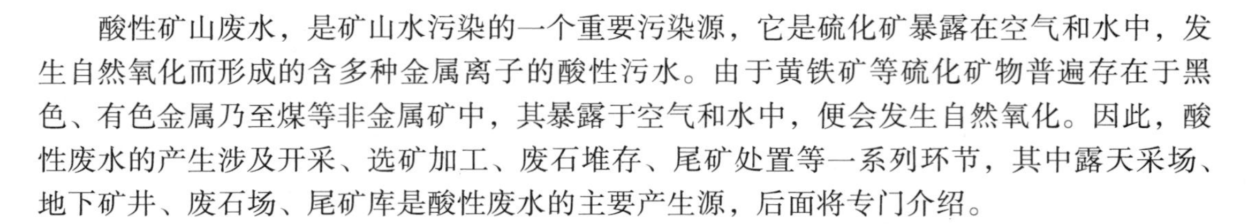

酸性矿山废水，是矿山水污染的一个重要污染源，它是硫化矿暴露在空气和水中，发生自然氧化而形成的含多种金属离子的酸性污水。由于黄铁矿等硫化矿物普遍存在于黑色、有色金属乃至煤等非金属矿中，其暴露于空气和水中，便会发生自然氧化。因此，酸性废水的产生涉及开采、选矿加工、废石堆存、尾矿处置等一系列环节，其中露天采场、地下矿井、废石场、尾矿库是酸性废水的主要产生源，后面将专门介绍。

3.1.2　矿山废水的主要污染物及其环境危害

矿山废水中的主要污染物包括重金属离子、酸、各种有机/无机选矿药剂。

药剂的毒性是判定选矿废水污染危害性的重要标准。选矿药剂的毒性差别很大，其中氰化物、重铬酸钾等重金属盐类调整剂有剧毒，HCN 浓度大于 0.10mg/L 就能使敏感的鱼类致死。浮选药剂对于鱼类的毒性作用强弱可以大致分为五类，具体见表 3-5。

表 3-5　浮选药剂对于鱼类的毒性作用强弱及其临界值　　(mg/L)

毒性强弱	极　毒	强　毒	中等毒性	弱毒性	实际上无毒
临界值	<1	1~10	10~100	100~1000	>1000

根据有关资料和浮选尾矿废水对鱼类的毒性试验，表 3-6 列出了主要有机浮选药剂对鱼类及水蚤类的毒性作用。由表可见，乙基黄药（钾盐）、C_{10} ~ C_{16}脂肪胺盐/酸盐属于强毒性物质，丁基黄药（钾盐）、异戊基黄药（钾盐）、25 号黑药、烷基磺酸盐、萜烯醇类（2 号油）都属于中等毒性物质，油酸、对甲苯胂酸实际上无毒。

表 3-6　浮选药剂对鱼及水蚤类的毒性作用

浮选药剂	毒性临界值/mg · L^{-1}			
	鲈　鱼	鳑鱼	水　蚤	小溪水蚤
油　酸	>2000	>2000	—	—
对甲苯胂酸	<1000(pH)	<1000(pH)	200	800(pH)
塔尔油	10~20	20~40	40	40
C_{12}烷基苯磺酸盐	6~8	10	30	40
C_{10} ~ C_{16}烷基磺酸盐	12~15	50~60	10~20	150
鲸蜡基磺酸盐（Mersolate）	6	10	30	30
乙基黄药（钾盐）	2	6	—	>10
丁基黄药（钾盐）	15	20	—	50
异戊基黄药（钾盐）	20	55	—	50
25 号黑药	50	60	<50	100
溴化 C_9 烷基吡啶	160	200	<5	5
溴化 C_{12} ~ C_{16}烷基吡啶	5	4	0.2	1
溴化 C_{18}烷基吡啶	0.75	0.75	<0.1	0.1
C_{10}脂肪胺盐/酸盐	2~3	3	—	2~3
C_{12}脂肪胺盐/酸盐	3~4	4	—	~4
C_{14} ~ C_{16}脂肪胺盐酸盐	4~5	5	—	4

续表 3-6

浮选药剂	毒性临界值/mg·L^{-1}			
	鲈 鱼	鲹鱼	水 蚤	小溪水蚤
T-1 萜烯醇	25~30	35~40	—	40
T-2 萜烯醇醋酸酯的混合物	12~15	12~15	—	>40
T-3 萜烯烃混合物	30	30	—	>30
T-4 萜类烃（$C_{10}H_{16}$）	20~30	20~30	80	60
T-5 萜类混合物	50	50	125	—
白精油 $C_{7\sim8}$烷烃的混合物	5~10	10~15	10	60

注：1. Mersolate = mersolsufonate，平均碳链长 15，含量 95%，其余 NaCl 3%，Na_2SO_4 1%，烷烃 1%。
2. T-1 系 α-萜烯醇及 β-萜烯醇的混合物，含量 90%，另外 10% 为其他萜醇及萜类碳水化合物。
3. T-5 萜类混合物包括萜醇、萜类、萜二烯、桉油醇、龙脑等。

下面具体介绍几种重要浮选药剂的环境行为与毒性[116,117]：

（1）黄药。学名黄原酸盐（RO-CS-SMe），淡黄色粉状物，有刺激性臭味，易分解，嗅味阀为 0.005mg/L，被黄药污染的水体，其鱼虾等有难闻的黄药味。此外，黄药在水中不稳定，易溶于水，尤其是在酸性条件下易分解，其分解物 CS_2 会造成硫污染。

（2）黑药。主要成分为烷基二硫代磷酸盐，其杂质为甲酸、磷酸、硫甲酚和硫化氢等，为黑褐色油状液体，微溶于水，有硫化氢臭味。它也是选矿废水中酚、磷等污染的来源。

（3）氰化物。属于极毒性物质。氰化物进入人体，在胃酸的作用下水解成氢氰酸而被肠胃吸收，再进入血液，血液中的细胞色素氧化酶的铁离子与氢氰酸结合，生成氧化高铁细胞色素酸化酶，从而失去传递氧的能力，使组织缺氧而导致中毒。氰化物在水体中有自净作用，因此，常利用其这一特性延长选矿废水在尾矿库中的停留时间，以使之达到排放标准。

（4）硫化物。S^{2-}、HS^- 在水中将影响水体的卫生状况，在酸性条件下生成硫化氢，当水中硫化氢含量超过 0.5mg/L，对鱼类有毒害作用，并可觉察其散出的臭气，大气中硫化氢嗅味阀为 10mg/m^3。此外，低浓度 CS_2 在水中易挥发，通过呼吸和皮肤进入人体，长期接触会引起中毒，导致神经性疾病——夏科氏（char-cote）二硫化碳癔症。

另外，由于浮选药剂，尤其是有机药剂的环境降解行为，严重影响着选矿废水污染及其处理工艺选择，因此，越来越引起人们的重视。

3.2 矿山（选矿厂）废水处理原则与方法

3.2.1 矿山（选矿厂）废水排放与循环利用的标准要求

目前，我国非煤固体矿山的废水排放，执行《污水综合排放标准》（GB 8978—1996）；近年颁布实施的《铅、锌工业污染物排放标准》（GB 25466—2010）、《铜、镍、钴工业污染物排放标准》（GB 25467—2010）、《铁矿采选工业污染物排放标准》（GB 28661—2010），分别规定了铅、锌、铜、镍、钴、铁矿选矿废水排放应该达到的标准要求。

另外，近年颁布的环境保护行业标准《清洁生产标准——镍选矿行业》（HJ/T358—

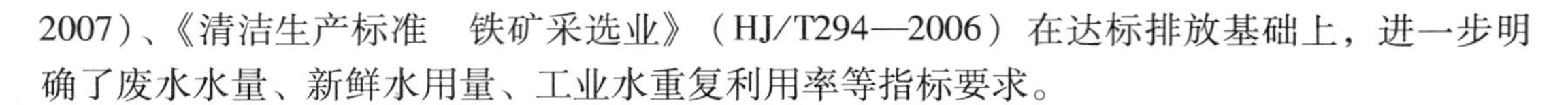

2007）、《清洁生产标准 铁矿采选业》（HJ/T294—2006）在达标排放基础上，进一步明确了废水水量、新鲜水用量、工业水重复利用率等指标要求。

3.2.2 矿山（选矿厂）废水污染防治的基本原则

3.2.2.1 优先源头控制，减少废水污染物产生量

从源头入手，改革工艺，强化管理，杜绝或减少废水污染物的产生量，是选矿厂防治废水污染的优先措施。具体操作上，优先选择磁选、重选、干选等污染程度较低的选矿工艺；采用无毒药剂替代有毒试剂，选用高捕收能力与选择性强的药剂，以减少药剂的投加量和金属在废水中的损失。

3.2.2.2 循环使用，综合利用

对于实际产生的矿山（选矿厂）废水，优先进行循环使用，综合利用。具体来说，重选/磁选工艺废水、各种设备冷却水、冲洗水仅含少量悬浮物等轻度污染物，简单处理后即可就地循环利用；普通尾矿废水经过尾矿库澄清及自然净化，一般能够返回用作选矿生产用水；浮选废水含有浮选药剂，虽然输送、存放过程中会产生一定的药剂损失，但是剩余部分药剂仍可继续与矿物作用，发挥其功效，循环利用不仅有利于节约用水，还有利于废水中残留药剂和有用矿物的回收。

不能就地循环利用的废水，还可进行差异化的综合利用，例如矿山酸性废水用作堆浸场喷淋液。

选矿废水的循环与综合利用，既是环境保护与节能减排的客观要求，又具有牢固的物质基础。

3.2.2.3 废水净化处理后回用或排放

对于不能直接循环、综合利用的废水，必须进行净化处理，处理后可以考虑回收利用或外排，处理方法与程度可依据国家有关排放标准、当地环保部门的要求及企业生产用水要求而定，具体通过试验研究，确定合理的工艺技术路线及使用方案。

3.2.3 矿山（选矿厂）废水处理方法概要

根据杂质和污染物的特性、不同相分散性能和不同的化学特性，矿山（选矿厂）废水处理可以采用物理法、化学法、物理化学法、生物法等处理方法。

3.2.3.1 物理法

物理法是最基本、最常用的工业废水处理方法，具体包括沉降与气浮、隔截与过滤、离心分离与蒸发浓缩等，它主要用来分离或回收废水中的悬浮性物质，在处理过程中不改变污染物质的组成和化学性质。

实践中，物理法常用作废水的一级处理或预处理，既可作为独立处理方法使用，又可用作化学处理法、生物处理法的预处理方法。对于矿山（选矿厂）废水而言，由于其中存在大量固体悬浮物，因此物理处理必不可少，实际上已成为选矿作业的一部分，具体在第2章选矿产品脱水与水循环利用中已经叙述，此章不再涉及。

3.2.3.2 化学法

化学法，主要是利用化学反应来分离或回收废水中的胶体、溶解性物质等污染物，以达到回收有用物质、降低废水中的酸碱度、去除有害金属离子、氧化某些有机物等目的。

该法既可使污染物质与水分离，也能够改变污染物的形态性质，可以取得比简单物理方法更高的净化程度。常用的化学法包括中和法、化学沉淀法、氧化还原法、混凝沉淀法。

A 中和法

中和法就是使废水进行酸碱中和反应，使其呈中性或接近中性或适宜于下步处理的pH值范围。

中和法主要适用于含酸、含碱废水处理。一般采用的中和方法主要有：（1）酸性废水和碱性废水互混中和。（2）试剂中和酸性废水，一般中和剂有生石灰、熟石灰、焙烧苏打、苛性钠、氨水等。（3）通过能起中和反应的物质进行过滤，如石灰、石灰石、电石渣、白云石、菱镁矿石、烧结菱镁矿及白垩等。其中酸、碱废水相互中和最经济。

选择哪种中和方法和许多因素有关，如废水中酸的种类和浓度、废水的流量和流动方式、有无其他化学物质的存在及影响等。

目前，用试剂中和处理酸性废水最普遍。试剂的选择完全取决于废水的性质及处理要求，具体取决于酸的种类、浓度和中和反应后生成的盐的浓度，常用的中和剂是熟石灰和石灰乳，通常称为石灰中和法。石灰中和可以同时把锌、铅、镉、铜、铬等金属转入沉淀，从而达到同时除去重金属的目的，若重金属需回收，则最好选用其他中和剂。

B 化学沉淀法

向废水中投加称之为沉淀剂的化学物质，使其和水中某些溶解性污染物产生反应，生成溶度积较小、难溶于水的沉淀物，然后再分离出来，从而达到净化的目的。化学沉淀法多用于去除废水中的重金属离子（铜、镍、汞、铬、锌、铅）以及砷、磷、氟等可溶性污染物。

化学沉淀法根据投入或形成的沉淀物种类不同，可分为氢氧化物沉淀法、硫化物沉淀法、铁氧体沉淀法等。

a 氢氧化物沉淀法

向废水中投加 CaO、$NaOH$、Na_2CO_3 等碱性物质，使之与废水中的重金属离子形成氢氧化物沉淀，主要用于去除重金属离子及氟离子等，是目前矿山废水处理最常用的方法。

b 硫化物沉淀法

向废水中投加 Na_2S 或 $NaHS$，使金属离子形成溶度积极小的金属硫化物沉淀，主要用于重金属离子的深度净化。由于金属硫化物沉淀颗粒细小，需同时投加絮凝剂，以提高分离效果。

c 铁氧体沉淀法

铁氧体沉淀法是近10年发展起来的一种新型废水处理方法，它是使废水中的各种金属离子形成铁氧体晶粒，并一起沉淀析出去除。

铁氧体是一种复合金属氧化物，化学通式为 M_2FeO_4 或 $MO \cdot Fe_2O_3$（其中M代表其他金属），最简单常用的是磁铁矿（Fe_3O_4）。能存在于尖晶石结构中的金属元素有Cr、Sn、Pb、Hg、Bi、Ag、Na等，因而用铁氧法可以处理含铬、锡、铅、汞、铋、银等重金属离子的废水。

铁氧体沉淀法处理含重金属离子的废水，能一次脱除废水中的多种金属离子，对于处理含Cr、Fe、As、Pb、Zn、Cd、Hg、Cu、Mn等离子废水效果较好。

铁氧体沉淀法形成铁氧体的条件是：提供足够量的 Fe^{2+}、Fe^{3+}，最佳比例是 Fe^{2+}：

Fe^{3+} = 1∶2；pH = 8 ~ 9。

C 氧化还原法

通过向废水中投加氧化剂或还原剂，使废水中的可溶性有害污染物发生氧化还原反应，转化成无毒/微毒化学物质，或可从水中分离出来的气体或固体，从而达到净化处理的目的。

a 氧化法

氧化法就是利用强氧化剂氧化分解去除废水中的还原态污染物，如 S^{2-}、CN^-、Fe^{2+}、Mn^{2+}、难生物降解的有机物及致病微生物等。最常用的氧化剂有氧系和氯系，氧系氧化剂有空气（氧）、纯氧、臭氧、过氧化氢、高锰酸钾等，氯系氧化剂有液氯、二氧化氯、次氯酸钠、漂白粉、三氯化铁等。其中，空气的氧化能力较弱，主要用来脱硫（S^{2-}、HS^-等）和除铁（Fe^{2+}）；氯系氧化剂的氧化能力较强，主要用来除 CN^-、酚、NH_4^+ 以及消毒等；臭氧的氧化能力最强，可氧化废水中大多数无机物及有机物。

b 还原法

还原法主要用于去除废水中呈氧化态的污染物，尤其是高价态的重金属离子 Cr^{6+}、Cd^{2+}、Hg^{2+}等，常用的还原剂有二氧化硫、水合肼、硫酸亚铁、铁粉（屑）、锌粉（屑）。

目前，还原法主要用于含铬废水及含汞废水的处理，采用的具体方法有硫酸亚铁-石灰法除铬、硼氢化钠法或铁粉还原法除汞。

D 混凝沉淀法

向废水中投加混凝剂，使水中难以沉淀的胶体状悬浮颗粒或乳状污染物失去稳定，由于互相碰撞以及附聚或聚合形成较大的颗粒或絮状物，从而更易于自然下沉或上浮而除去。在废水处理中，混凝法通常与沉淀法配合使用，故称之为混凝沉淀法，它可降低废水的浊度、色度，除去多种高分子有机物与某些重金属毒物等。

常用的混凝剂分为无机凝聚剂和有机絮凝剂两大类。无机凝聚剂应用最广的是铝盐，如硫酸铝、明矾等，其次是硫酸亚铁、硫酸铁等铁盐。与单体盐相比，聚合氯化铝、聚合硫酸铁等无机高分子混凝剂混凝效果更好，目前应用最为广泛。与无机凝聚剂相比，有机絮凝剂较少用量便可获得很好的絮凝效果，而且生成的固体物（污泥）量也较少。

在实际废水处理工艺中，单一使用某种絮凝剂效果不佳时，往往还要添加少量助凝剂。助凝剂大体也分为两类：一类是用于调节或改善混凝条件的药剂，如石灰、氯气等；另一类是改善絮凝体结构的高分子助凝剂，如活化硅胶、骨胶和海藻酸钠等。一般而言，有机絮凝剂与其他无机凝聚剂合用，絮凝效果更佳、更经济。

除无机凝聚剂和有机絮凝剂外，生物絮凝剂是近年来研究开发的新型絮凝剂，其优点是易于固液分离，形成的沉淀物较少、无毒害作用和二次污染等。

3.2.3.3 物理化学法

A 吸附法

吸附法是利用吸附剂将废水中一种或几种溶解性污染物或胶体物质，选择性吸附到它的表面上，从而回收或除去，达到废水净化的目的。

常用的吸附剂有活性炭、沸石、硅藻土、麦饭石、活化煤、磺化煤、焦炭、煤渣、腐殖酸、木屑等，其中活性炭使用最为广泛。

B 离子交换法

离子交换法是利用离子交换剂（交换体）和废水中的有害离子交换而进行分离，净化废水的方法，多用于处理含重金属离子、放射性元素及含氰废水。

离子交换剂分无机离子交换剂和有机离子交换剂（离子交换树脂）两类。具有吸附交换作用的无机离子交换剂有方钠石（$Na_4Al_3Si_3O_{12}Cl$）、泡沸石（$Na_2Al_2Si_3O_{10}\cdot 2H_2O$）、菱沸石（$(Ca、Na_2、K_2、Mg)Al_2Si_4O_{12}\cdot 6H_2O$）、片沸石（$(Na、K)Ca_4Al_4Si_{27}O_{72}\cdot 24H_2O$）、方沸石（$NaAlSi_2O_6\cdot H_2O$）以及高岭土、海绿砂等。

离子交换树脂是由单体加成聚合或缩聚而成的高分子聚合物，根据活性基团交换性能的不同，分为强酸阳离子交换树脂、强碱阴离子交换树脂、弱酸阳离子交换树脂、弱碱阴离子交换树脂、螯合树脂以及有机物吸附树脂等。由于离子交换树脂具有良好的理化性能，因而在废水处理中使用较为广泛。

C 电解法

废水电解法处理是一个电化学过程，具体根据作业方式不同，可分为电解氧化还原、电解气浮和电解凝聚。其中电解氧化还原是利用电解时，阳极吸收电子的能力使还原性物质在阳极上发生氧化反应，阴极放出电子的能力使氧化性物质在阴极上发生还原反应，从而使有害污染物转化为无害物质，或形成沉淀析出，达到除去污染物的目的。

电解法处理废水的优点是：采用低电压直流电源，不必大量使用化学药品，在常温常压下操作，管理方便，设备占地面积少。存在的问题是：电能及电极板消耗量较大，分离出来的沉淀物不易进行处理利用。

D 膜分离法

膜分离法是利用特殊的半渗透膜分离去除废水中的有害离子和分子，主要有微滤（MF）、超滤（UF）、纳滤（NF）、反渗透（RO）和电渗析（ED）等。几种主要的膜分离过程基本情况见表3-7。

表3-7 几种主要的膜分离过程基本情况

膜分离	推动力	传递机理	透过物	截留物	膜类型
微　滤	压力差	颗粒大小形状	水、溶剂、溶解物	悬浮物、颗粒纤维	多孔膜
超　滤	压力差	分子特性、大小形状	水、溶剂、小分子	胶体、大分子	非对称膜
纳　滤	压力差	分子大小及电荷	水、一价离子	多价离子、有机物	复合膜
反渗透	压力差	溶剂的扩散传递	水、溶剂	溶质、盐	非对称膜、复合膜
电渗析	电位差	电解质离子选择传递	电解质离子	非电解质、大分子	离子交换膜

分离膜材料是膜分离的基础，膜材料有醋酸纤维素（CA）、聚砜（PS）、聚酰胺（PA）、聚丙烯腈（PAN）、聚丙烯（PP）、聚偏氯乙烯（PVDF）、陶瓷膜等。

膜分离技术具有无相变、能耗低、设备简单、操作过程易控制等优点，已成为一种重要的分离方法，在石化、食品、生物工程、水处理等方面得到广泛应用。

3.2.3.4 生物法

生物法，是利用微生物具有氧化分解复杂的有机物和某些无机物，并将这些物质转化为简单无害物质的功能，采取一定的工艺措施，创造有利于微生物繁殖的环境，通过微生物持续不断生长繁殖，从而净化废水的方法。该法主要用于去除废水中溶解的胶体状有机污染物、氰化物和硫化物等。根据处理过程对氧的要求与否，分为好氧生物法和厌氧生物法。在矿山（选矿厂）废水处理方面，除了常规好氧生化法处理普通的低有机物含量废水外，更受关注的是硫酸盐还原菌（SRB）法处理矿山酸性废水，具体内容将在下一节专门介绍。

3.3　矿山酸性废水的产生、控制及处理

3.3.1　矿山酸性废水的性质特点[118]

3.3.1.1　矿山酸性废水的化学特性

矿山酸性废水（acid mine drainage，简称 AMD），是矿床开发利用过程中，矿石或围岩中黄铁矿等硫化矿物与地表水及空气中的氧接触，经过一系列氧化、水解反应而形成的酸性排水。实际上，有些矿区由于废水中所产生的酸已被天然矿物组合充分中和，呈现中性，但这类含金属的中性废水和酸性废水一样难于管理，因此，近年来，从管理需要等出发，人们趋向于将“酸性矿山废水”扩展至酸性（含金属）废水。另外，除了酸性矿山废水外，选矿过程往往还产生重金属废水，其性质与处理方式也与酸性矿山废水类似。为此，本书也采用酸性（含金属）废水的概念，意指矿石采选等过程中产生的酸性（含金属）废水。

酸性（含金属）废水具有如下化学特性：

（1）pH 值低，典型值在 1.5～4 之间；

（2）可溶金属，如铁、铝、锰、镉、铜、铅、锌、砷和汞含量高；

（3）酸度值很高，达 50～15000mg/L $CaCO_3$ 当量；

（4）盐度（硫酸盐）高（典型硫酸盐浓度 500～10000mg/L，典型盐度 1000～20000μs/cm）；

（5）溶解氧浓度低，一般小于 6mg/L。

3.3.1.2　矿山酸性废水的关键表征

酸性和含金属废水可能存在的关键表现特征有：

（1）颜色发红或透明得不自然；

（2）废水管线中有橙色-棕色氧化铁沉淀物；

（3）鱼类或其他水生生物死亡；

（4）和本底（受纳）水混合或水流汇合处生成沉淀物；

（5）植被恢复区（例如废石堆覆盖层）生长不好；

（6）植被枯萎或土壤灼伤；

（7）混凝土或钢结构腐蚀。

3.3.1.3　废水的酸性度和酸度负荷

酸性是氢离子（H^+）浓度的量度，一般用 pH 值表示，可使用经过校准的 pH 值现场测定。

酸度是氢离子浓度加上矿物（或潜在）酸度的总酸量度，矿物（或潜在）酸度是指通过氧化、稀释或中和造成各种金属氢氧化物沉淀，而可能产生的潜在氢离子浓度。酸度

一般用单位体积等效碳酸钙（$CaCO_3$）质量表示，例如 mg $CaCO_3$/L。

酸度可在实验中测定，也可以根据水质数据估算，公式（3-1）广泛适用于煤矿废水酸度估算。另外，如果有详细水质数据，可使用 AMDTreat 或 ABATES 等共享软件计算确定准确的酸度。

$$\text{酸度}(\text{mg CaCO}_3/\text{L}) = 50 \times \{3 \times [\text{总可溶 Fe}]/56 + 3 \times [Al^{3+}]/27 + 2 \times [Mn^{2+}]/55 + 1000 \times 10^{-(pH)}\} \tag{3-1}$$

式中，[ ] 表示浓度，mg/L。

酸度负荷是指总酸度（酸性 + 潜在酸度）和流量（或体积）的乘积，用每时间单位等效 $CaCO_3$ 质量（或给定体积水等效 $CaCO_3$ 质量）表示。酸度负荷是矿区酸性废水潜在影响的主要量度，矿区有可能释放最大酸度负荷的区域是矿区酸性废水管理的重点。

3.3.2 矿山酸性废水的产生、预防和控制

3.3.2.1 矿山酸性废水产生机理

矿山酸性废水的形成机理比较复杂，关键则是黄铁矿等硫化矿物的氧化。以黄铁矿的氧化过程为例，酸性废水形成的化学反应机理如下：

$$2FeS_2 + 7O_2 + 2H_2O \longrightarrow 2Fe^{2+} + 4SO_4^{2-} + 4H^+ \tag{3-2}$$

$$4Fe^{2+} + O_2 + 4H^+ \longrightarrow 4Fe^{3+} + 2H_2O \tag{3-3}$$

$$4Fe^{3+} + 12H_2O \longrightarrow 4Fe(OH)_3 + 12H^+ \tag{3-4}$$

$$FeS_2 + 14Fe^{3+} + 8H_2O \longrightarrow 15Fe^{2+} + 2SO_4^{2-} + 16H^+ \tag{3-5}$$

以上反应循环发生，从而产生大量氢离子，使排水呈现酸性。实际上，在通常情况下，以上反应进行缓慢；但是，氧化亚铁硫杆菌等微生物通过直接同化反应和间接同化反应，催化 Fe^{2+} 氧化为 Fe^{3+} 的反应过程，从而显著加快了黄铁矿等硫化矿物的氧化过程。

3.3.2.2 矿山酸性废水产生和输送的影响因素

影响矿山酸性废水的产生和输送的因素很多，其中影响硫化物氧化的因素有：

（1）金属硫化物的含量、分布、矿物学性质和物理形态；

（2）通过对流和/或扩散，从大气向反应区域提供氧气的速度；

（3）反应区域含水量及水的化学成分，包括 pH 值和二价铁/三价铁之比；

（4）反应区域的温度；

（5）矿物表面的微生物及其生态学性质。

酸性废水产生后，其化学组成及性质会随着溶液通过系统的运动以及与其他地质材料的相互作用而发生改变。影响二次相互作用的因素包括：

（1）中和剂和其他矿物的含量、分布、矿物学性质、物理形态；

（2）水的流量和流速；

（3）孔隙水的化学成分。

3.3.2.3 矿山酸性废水的产生来源

A 废石堆

废石一般都堆放在地面上，保持含水 5% ~10% 左右的不饱和状态。另外，也有将废

石回填到地下水部分淹没的矿坑。在这两种情况下，任何硫化物废石的不饱和区都容易产生酸性废水。酸性废水可能从废石堆的下部渗出，或在废石堆下方迁移到地下水中，在运营过程中和关闭后，都可能对水质产生不良影响。

图 3-1 示意说明了废石堆产生酸性废水过程。该系统的行为始终与时间有关，具体取决于材料的孔隙度、粒径（表面积）、扩散系数、透气性、透水性和导热性等物理性质。地理位置将决定空气密度、降水、温度、盛行风、植被、季节变化等因素。

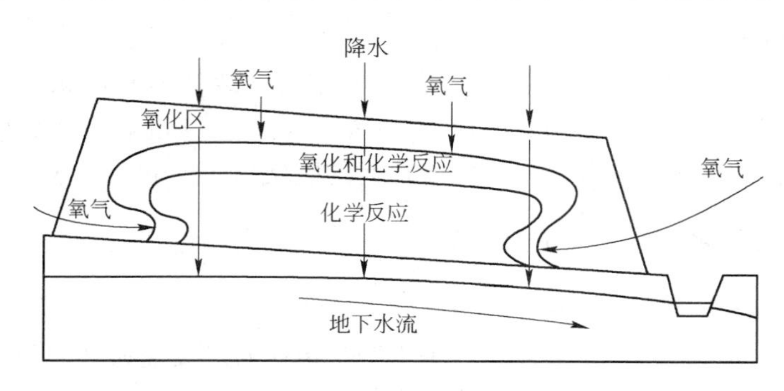

图 3-1 废石的酸性和含金属废水产生及污染物迁移过程

B 矿石堆

矿石堆性质与废石堆性质相类似，但硫化物浓度更高。矿石堆放时间往往较短，不过低品位矿石可能堆存几十年，从而成为潜在的长期酸性废水来源。除水质问题外，矿山酸性废水的产生还可能导致堆放矿石的品位显著降低。

C 尾矿贮存设施和尾矿坝

选矿尾矿一般以浆体形式排放到尾矿贮存设施。由于硫化物尾矿的粒径较细，因而可能成为酸性废水的重要来源。尤其是现有大部分尾矿贮存设施并未设计成挡水构筑物的形式，尾矿可能向着不饱和状态的方向发展（例如在关闭后），由此成为潜在的长期酸性废水源。

D 矿坑或露天矿场

矿坑或露天矿场的围岩，可能含有潜在的产生酸性废水的硫化矿物。在采矿过程中，矿坑周围地下水下降的过程影响了接触空气的硫化物量，也对由此产生的酸度负荷造成影响；来自围岩的酸性废水可能渗入矿坑或地下水系统。

E 地下矿场

地下巷道中围岩的问题与矿坑相似，由于脱水造成与空气接触的任何硫化物都是酸性废水的潜在来源，这将影响运营过程中地下收集回用、处理或排放水的水质。采矿完成后，地下巷道的淹没可以防止酸性废水的进一步产生。

F 矸石堆和堆浸堆

随着技术上的成熟和运营规模的增大，贱金属硫化物的生物浸出日益受到青睐。停产时，矸石堆或废料堆中残留的硫化物就成为酸性废水潜在的长期来源。如果堆浸堆下方加衬垫层，可使停产过程中和关闭后所产生的废水得到收集，从而方便酸性和含金属废水的管理。

3.3.2.4 矿山酸性废水预防和控制措施

矿山酸性废水的管理策略有以下三类：

（1）预防。减少硫化矿物的氧化和氧化物输送，实现减量化。

（2）控制。减少污染物负荷。

（3）后续处理。使水可以再用或排放。

无论是从经济还是环境保护角度，预防减量都是首选策略，其次是控制，最后选择才是处理。具体来说，预防和控制酸性废水产生的方法包括：

（1）采用覆盖物或密封层，使氧透入量最小。

（2）限制水渗入易风化的尾矿和废石。

（3）在排放之前分离硫化矿物。

（4）添加石灰、石灰石、磷酸盐控制 pH 值。

（5）采用杀菌剂抑制氧化亚铁硫杆菌的生长。

针对废石、尾矿、围岩、堆浸堆等不同材料，具体的预防控制措施如下：

（1）废弃矿石的选择性堆放。废弃矿石物料的选择性堆放是矿山运营期间首选的酸性废水管理方案。对于废石堆来说，潜在产酸物——反应性废石应该堆放在惰性废石（非产酸）的地基层上，并嵌入有垫层的天然排水沟，同时使用惰性废石包覆（见图 3-2）。完工后的废石堆顶部还需加覆盖层以限制降水和氧气的侵入。为了限制废石中降水的聚集，以及随后从矿石堆的渗出，可将反应性废石堆筑到最高高度后再逐渐用覆盖层覆盖。

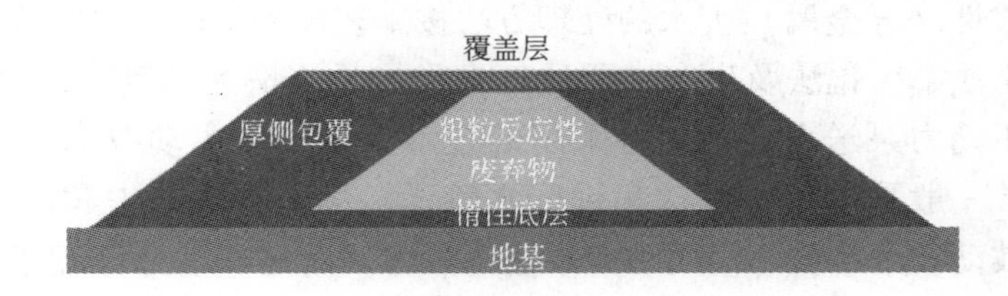

图 3-2 粗粒反应性废弃物的包覆

（2）反应性废石/尾矿的水淹没（覆盖）。限制反应性废石/尾矿与氧气接触的最有效措施，是将它们永久地淹没在水下。对于地表的废石/尾矿贮存设施来说，可以在足够大的汇水区内进行河谷拦蓄，并配套建造水坝和溢洪道，以维持废石/尾矿上方的水覆盖层（见图 3-3）。此方法一般适用于降水丰富地区。

将反应堆废石/尾矿沉放在水淹矿坑中，也有可能形成永久性的水覆盖层。另外，还可将反应性废石/尾矿回填水下巷道。

（3）平顶的覆土层。覆土层由一层或一层以上类似土质的材料组成，以限制径流渗透

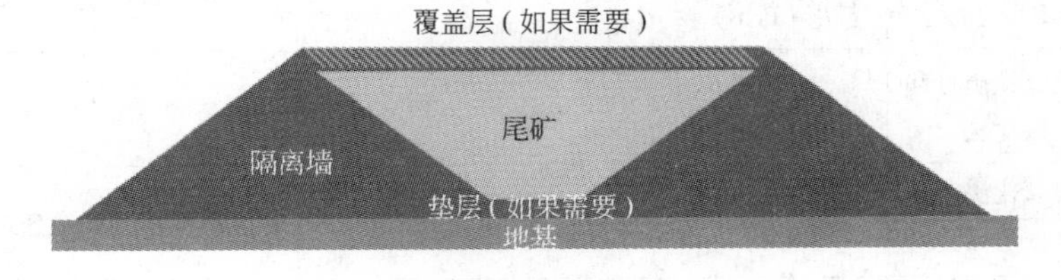

图 3-3 反应性尾矿的包覆

和/或氧气侵入贮存的反应性废弃物。覆土层必须在很长的时间内，把危害社会和环境的风险保持在人们可以接受的较低水平。覆土层还要能承受侵蚀、植物扎根或掘穴动物造成的穿透。覆土层可能的组成部分包括（按照从上到下的顺序）：

1）表土。一般是关键的组成部分，需要较高的蓄水能力、适度的养分循环能力、足够植物根部生长的深度，远大于0.5m。

2）毛细作用阻断层。耐久、惰性新鲜岩石，细粒很少，需要时用来限制植物根部穿透进下面的封闭层，需要有较近的进气值（远小于其厚度）和较低的蓄水能力。

3）封闭层。由压实黏土（如果可供使用）或压实矿山废弃物组成的关键部分，需要较低的透水率（小于10^{-8}m/s）来阻挡降水渗透，还需要较高的进气值（为了保持饱和度）。

4）毛细作用阻断层。如果矿山废弃物含盐并且/或可能生成酸，则用来限制污染物被吸收到覆盖层中。

3.3.3 矿山酸性（含金属）废水的处理技术

3.3.3.1 处理目的及方法概要

矿山酸性（含金属）废水的危害主要来自废水的酸度、金属离子以及盐度三个方面，因此，处理目的主要是：中和其中游离酸及Fe^{3+}、Al^{3+}等金属离子水解产生的酸度；去除Fe^{3+}、Al^{3+}以及重金属离子；去除SO_4^{2-}离子；恢复水的生态活性。

目前，矿山酸性（含金属）废水的处理方法按工艺原理不同，主要分为沉淀法、氧化还原法、物理化学法、生化法及生态工程法五大类，具体情况见表3-8。另外，根据处理技术系统是否使用动力泵送设备，又将采用的技术系统分为主动技术系统和被动技术系统。主动技术系统一般采用动力泵送实现废水输送，例如常规的中和沉淀就属于主动技术；与之相反，被动技术系统不使用动力泵输送液体，而是靠重力自流完成转移输送。近年国外兴起的生化法与生态工程法一般都采用被动技术系统形式，具体包括人工湿地法、缺氧石灰沟、垂直流动系统、转换井、可渗透反应墙法（PRB）、石灰石过滤床（LSB）、敞口石灰塘等。

表3-8 矿山酸性（含金属）废水的处理方法、实施方案及其适用范围

方法分类	方法名称	实施方案（工艺）	适用范围
沉淀法	中和沉淀法	石灰塘、基坑连续/批、传统中和、底泥循环、HDS工艺	普遍适用；去除金属离子，提高pH值
	硫化沉淀法		深度净化；去除重金属离子
生化法	硫酸盐还原菌（SRB）还原法	厌氧湿地、固态生物反应器、可渗透反应墙法（PRB）	去除金属离子、硫酸根
	氧化亚铁硫杆菌氧化法		提高pH值
氧化还原法	氧化法		含金属离子的前处理
	还原法		
	铁氧体法		复杂金属废水

续表 3-8

方法分类	方法名称	实施方案（工艺）	适用范围
物理化学法	离子交换法		去除/回收废水中的重金属离子
	溶剂萃取法		
	膜分离法		去除金属离子和盐分
生态工程法	湿地法		

下面重点介绍中和沉淀法、SRB 还原法、湿地法。

3.3.3.2 中和沉淀法

A 概况

中和沉淀法是目前处理矿山酸性废水最常用的方法，具体是通过投加碱性中和剂，中和废水中的酸度，提高水的 pH 值，并使废水中的重金属离子形成溶度积较小的氢氧化物或碳酸盐沉淀。该法可在一定 pH 值下去除多种重金属离子，具有工艺简单可靠、处理成本低等优点。

但是，传统的中和沉淀存在中和渣含水率较高、渣量大、易造成二次污染等缺点；人们通过不懈努力，发展了高浓度浆料（HDS）处理工艺[119]，在降低渣含水率与减少渣量方面取得了显著进步。

B 中和剂选择

常用的中和剂有生石灰、石灰乳、石灰石、白云石、电石渣、碳酸钠、氢氧化钠等。选择中和剂最重要的因素是满足水质排放的 pH 值要求，并需要考虑以下因素：原料成本（供货成本加实际使用的成本）、pH 值升高的速度和程度、职业健康和安全问题、投加率、备料工作（例如研磨）的要求、所需的输送系统；沉淀的难易程度、所产生的泥浆量、泥浆的化学性质。

中和剂选择与所采用的中和工艺有关，例如高浓度浆料工艺一般以石灰乳为中和剂，Richard Coalton 研究确定使用 NaOH 作中和剂，同样可以实现高浓度浆料的中和沉淀，但采用 $Mg(OH)_2$ 作中和剂却不行[120]。

C 工艺实施方案

中和沉淀法的具体实施方式有水塘（pond）处理工艺、基坑（pit）连续/批处理工艺、传统处理工艺、简易底泥回流工艺、高浓度浆料（HDS）工艺等[119]。

a 水塘（pond）处理工艺

属于最原始的实施方式，矿山酸性废水与生石灰混合进入水塘（反应沉淀池），进行中和反应及泥渣沉降，上层澄清水外排。反应沉淀池一般按两段设计，第一段用于反应沉降，水面较深，底泥定期清理；第二段主要用作进一步沉降，提高出水水质。

此处理工艺简单可靠，工程投资及运行费用低，且能较好适应水量、水质的要求。但是它没有泵送和搅拌混匀等动力作业，因此处理效率低，中和剂用量大，占地面积大。

b 基坑（pit）连续/批处理工艺

类似水塘处理工艺，但添加了泵入、泵出设备。批处理过程具体为：废水在中和反应器中与配置的石灰乳液混合，发生中和反应，重金属离子形成相应的氢氧化物沉淀；在此过程中可以添加絮凝剂，一段处理出水自流进入基坑，在其中进行絮凝沉降，基坑上层清液通过浮动泵泵入二段中和反应器，通过添加硫酸调节 pH 值，使其达到出水限制要求，二段反应器最终出水达标排放。

连续/批处理的关键，是保证浮动泵泵出的是基坑内表面澄清液。泵入泵出基坑的水量在变化，基坑内的水面高度也时刻波动，整个过程可以连续进行，也可以批处理操作。相比水塘处理工艺，基坑连续/批处理工艺能明显提高中和剂石灰的利用率，但同样面临着中和 pH 值不易控制，中和污泥沉降效果不佳等问题。

c 传统处理工艺

废水进入石灰中和反应池，进行中和反应，通过控制反应池 pH 值使废水中的重金属以氢氧化物沉淀的形式去除，处理出水投加絮凝剂后进入澄清池，进行泥水分离，上层清液达标外排，澄清池底泥泵入污泥池或者通过压滤机进行进一步处理。由于产生的沉淀絮体较小，会有部分进入处理水中，为了达到排放要求，通常要添加砂滤池或者其他过滤澄清设备，对溢流出水进行进一步处理，除去剩余的悬浮物、杂质。

与水塘处理工艺、基坑连续/批处理工艺相比，该方式具有较好的石灰利用效率，主要问题则是沉淀底泥含水率高，污泥处理费用大。另外，由于污泥浓度较低，相应带来了管道结垢等一系列问题，从而大大限制了该工艺的连续运行时间和应用范围。

d 简易底泥回流工艺

在传统处理工艺的基础上，增加底泥回流系统，以提高沉淀底泥的浓度。与传统处理工艺相比，该工艺缩小了反应器容积，提高了污泥的沉降性能，提高了石灰的利用率，降低了石灰的用量。其技术的关键点是底泥浓度明显高于传统处理系统，污泥固含量可达到 15%。

e 高浓度浆料（HDS）工艺

HDS，是 high density sludge 的简称，中文称为高浓度浆料工艺，或高密度污泥工艺。该工艺是在简单底泥回流系统基础上，增加淤泥与石灰或与酸性废水的混合池，通过底泥回流作沉淀结晶载体和两段/多段中和措施，促进沉淀物颗粒长大，增加沉淀颗粒粒径和淤泥密度，使其具有良好的过滤性能，从而提高处理效果与能力。

3.3.3.3 高浓度浆料工艺技术

A 工艺流程

标准 HDS 工艺流程如图 3-4 所示，其采取的是底泥返回与石灰混合方式。通过实践，人们又发展了 Heath Steele（见图 3-5）、Geco（见图 3-6）以及分阶段中和（见图 3-7）等多种 HDS 工艺[119]。

B 工艺特点及应用

HDS 工艺通过循环絮凝后的浆料在中和回路中发生反应，提供硫酸钙晶种作为晶粒生长场所，并成为新生浆料压实的镇重体。与传统石灰中和工艺相比，具有以下特点：

（1）由于晶种的吸附作用，颗粒相对增大，明显改善了中和渣沉降性能，加快了固液分离的速度，废水处理性能提高 1～3 倍。

（2）污泥固含量高，通常可达 20%～30%，污泥体积仅为常规石灰中和工艺的 1/20～1/30，可以大量节省污泥处置或输送费用。

（3）大量硫酸钙附着在浆料上，大大减少了设备及管道的结垢，节省了大量设备维护费用，并明显提高了设备的使用率。

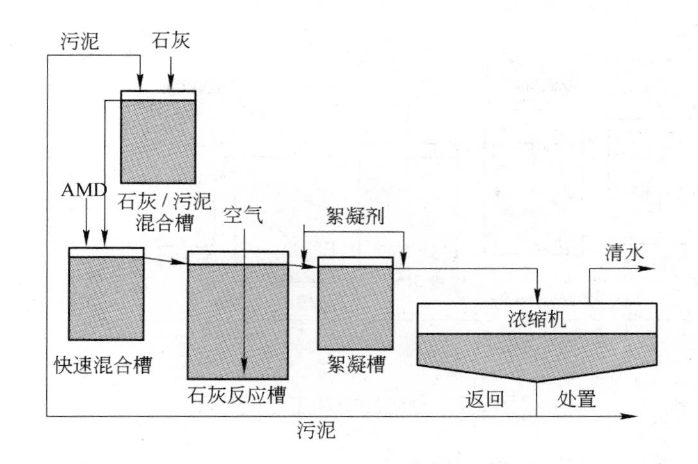

图 3-4 标准 HDS 工艺流程图

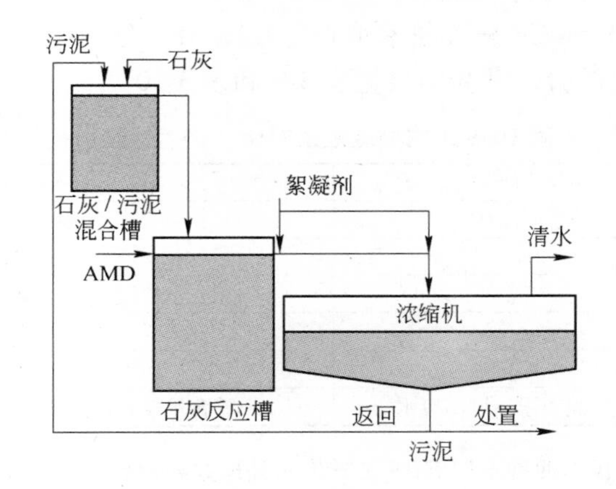

图 3-5 Heath Steele 工艺流程图

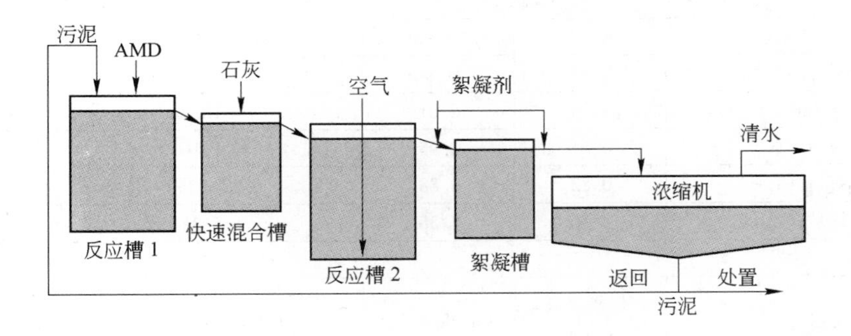

图 3-6 Geco 工艺流程图

（4）石灰利用效率明显提高，处理同体积的酸性废水，可减少石灰消耗 5% ~10%。

（5）可实现全自动化操作，药剂投加更合理、科学，有效降低了运行费用。

酸性废水的 HDS 处理工艺，属于典型的先进适用节能减排环保技术，广泛适用于矿山、钢铁、有色冶炼及化工酸性（含金属）废水的处理，目前已经在世界多个矿山应用，

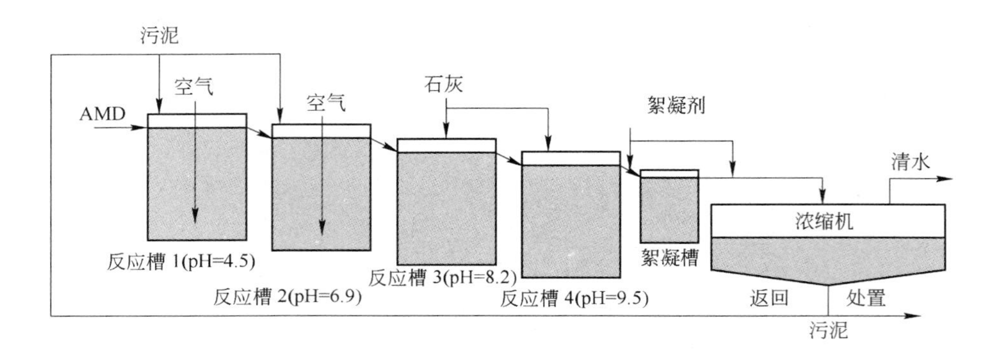

图 3-7　分阶段中和工艺流程图

是西方发达国家处理矿山酸性废水的标准工艺。

C　不同 HDS 工艺的对比分析

原诺兰达公司 Heath Steele 分部技术中心与 CANMET 分别在半工业试验系统上，进行了不同 HDS 工艺的对比试验，试验结果见表 3-9 和表 3-10[121]。

表 3-9　不同 HDS 工艺处理效果对比（诺兰达公司技术中心）

对比项目	标准 HDS 工艺	Geco 工艺
污泥固体浓度	相当（27%）	相当（25%）
污泥黏度		略低
水净化效果		略优
石灰用量		略小
污泥稳定性	略优	
适宜处理对象	重金属离子浓度高废水	铁含量较高，但 Zn、Ni、Cd 含量低的废水

表 3-10　四种不同 HDS 工艺废水处理效果对比（CANMET）

对比项目	Cominco	Geco	S-N	Tetra
污泥行为				
固体浓度/%	5.17	13.93	23.32（最高）	11.00
沉降速率/$m \cdot h^{-1}$	9.76	21.90	23.65（最快）	17.31
黏度/cP	3.94	6.61	12.2	3.34
过滤速度/$L \cdot h^{-1}$	0.61	0.95	1.16	1.48
石灰消耗/$g \cdot L^{-1}$	0.82	0.88	0.52（最小）	2.66（最多）
颗粒平均粒径/μm	8.30	7.38	5.34	7.56
环境影响				
净化水质	有机碳略高，浊度低	Ca/Mg 略高	有机碳高，浊度低	
污泥稳定性			由于终点 pH 值低，稳定性明显差	
工艺效率				
污泥中和能力/$kg\ CaCO_3 \cdot t^{-1}$	311～357	266～300	184～193	293～325
投资/运营成本	最低	第二低	最高	次高

注：1. 废水原料为低酸度、低强度废水，TFe 43.3mg/L，Zn 108mg/L，SO_4^{2-} 2528mg/L，酸度 1016mg/L。
2. 1cP = 1mPa · s。

D 工艺应用中的相关问题

a 砷的去除

仅用石灰中和除砷需要很高的 pH 值，而且得到的含砷酸钙污泥稳定性差。合理的处理方式是砷与铁或铜/锌金属离子共沉淀，为了改善处理效果与污泥稳定性，最好先将三价砷氧化为五价砷[122]。

当采用铁共沉淀时，宜采用二段沉淀工艺，让大部分砷在第一段低酸度（pH =4 ~6）下，以稳定砷酸铁形式沉淀下来，然后再在第二段使剩余砷与所有重金属离子共沉淀。

当使用浓缩机进行固液分离时，污泥循环有利于提高处理效率，但是，这将造成砷主要以吸附而非共沉淀形式去除，污泥中砷稳定性明显不及砷酸铁沉淀。为此，可以采用额外添加含铁离子溶液方式改善污泥稳定性。是否采用污泥循环以及 Fe/As 比率多少合适还应考虑污泥最终处置方式。

b 钼的去除

钼一般以阴离子（$HMoO_4^-$）形态存在于中性 pH 环境中，因此不能像重金属离子一样采用石灰沉淀去除。处理含钼矿山废水普遍采用铁共沉淀工艺，图 3-8 给出了诺兰达 Brenda 矿的处理流程：先在碱性矿山废水中加入硫酸铁，然后加硫酸调节 pH 值至 4.5，处理后再加入絮凝剂，在浓缩机中进行液固分离。由于出水水质要求严格，浓缩机溢流出水再用砂滤除钼。废水含 Mo 3mg/L，处理后最终出水含 Mo 降至 0.03mg/L[123]。

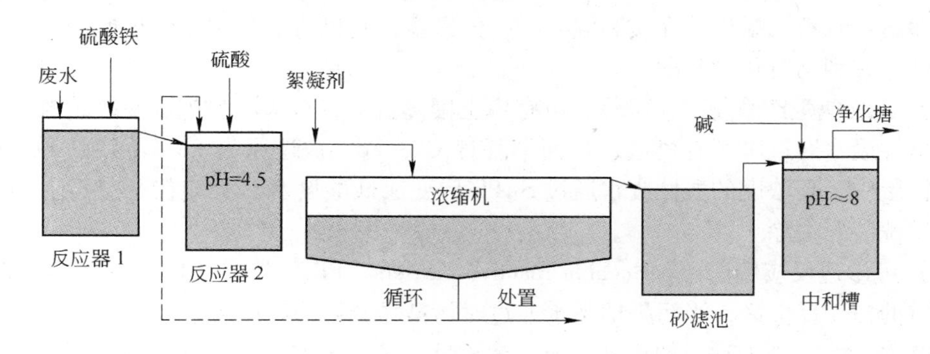

图 3-8 诺兰达 Brenda 矿含钼酸性废水处理流程

在许多场合，出水钼含量低于 0.3mg/L，可以不需砂滤等工艺步骤，pH 值调节也可以与铁沉淀同步完成。

3.3.3.4 硫酸盐还原菌（SRB）法

A 工艺原理

硫酸盐还原菌法，是利用硫酸盐还原菌（sulfate—reducing bacteria，简称 SRB）异化 SO_4^{2-} 的生物还原反应，在厌氧条件下，将其还原为 H_2S，释放碱度提高废水 pH 值，同时，废水中的重金属离子与 H_2S 反应形成溶解度低的金属沉淀物，从而实现废水净化。

该工艺的关键是微生物居间的硫酸盐还原-有机物氧化耦合反应：

$$2CH_2O_{(aq)} + SO_4^{2-} \longrightarrow H_2S + 2HCO_3^-$$

废水净化的具体方式包括：

（1）SO_4^{2-} 还原生成的 H_2S 与重金属离子反应，生成溶解度很低的金属硫化物沉淀：

$$H_2S + Me^{2+} \longrightarrow MeS + 2H^+ (Me = Cd、Cu、Pb、Fe、Hg、Ni、Zn)$$

（2）硫酸盐还原过程中，消耗 H^+ 离子，使溶液 pH 值升高，金属离子以氢氧化物形式沉淀。

（3）硫酸盐还原反应降低了溶液中的 SO_4^{2-} 离子浓度，同时有机营养物氧化，产生重碳酸盐，形成碱性。

B　SRB 及其生长环境要求

SRB，是一组进行硫酸盐还原代谢反应的厌氧菌的通称，是一类形态、营养多样化，利用硫酸盐作为有机物异化作用的电子受体的严格厌氧菌。它呈革兰氏阴性，在厌氧状态下，以乳酸或丙酮酸等有机物为电子供体、硫酸盐为电子受体而繁殖。

由于 O_2、NO_3^-、Mn^{4+}、Fe^{3+} 还原产生的等价能量高于 SO_4^{2-} 还原，因此，SRB 生长繁殖必须在厌氧还原性环境中进行，合适的氧化还原电位（ORP）是 -200mV。

除了氧化还原电位外，影响 SRB 生长的因素还有碳源、温度、pH 值、废水水质等，合适的生长条件必须通过试验才能确定。

C　实施方式及其特点

与中和沉淀法不同，SRB 法的实施方式以被动技术系统为主，具体包括厌氧湿地、连续碱生产系统（SAPS）、硫酸盐还原生物反应器以及可渗透反应墙（PRB）等。

（1）厌氧湿地（anaerobic wetlands）。系统结构为一个不透水的塘，在塘内填充土壤或沙、卵石、砾石、煤渣等介质和混合物，依靠富含有机物的基质产生还原菌生长所需的还原条件，并利用石灰中和酸。

（2）连续碱生产系统（SAPS）。由有机土壤覆盖层、石灰层和排水系统组成，水压驱动池内酸性废水通过厌氧有机层，从而消耗掉 O_2，Fe^{3+} 被还原为 Fe^{2+}，并以 FeS 形式沉淀在有机层中，高浓度的酸性废水通过 SAPS 后变成低酸度水，沉淀在石灰石上的铁和铝则采用冲洗装置去除。

（3）可渗透反应墙法（permeable reactive barriers，PRB）。“PRB”是一个填充有活性反应介质的被动反应区，当污染地下水通过时污染物会被降解或吸附。

PRB 属于无需外加动力的被动系统，渗透反应墙一般安装在地下水蓄水层中，垂直于地下水流方向。由于系统安装在地下，不占地面空间，因而比常规的地下水地面处理技术更经济、便捷。

随着有色金属、盐和生物活性物质在可渗透反应墙中的不断沉淀和积累，该被动处理系统会逐渐失去其活性，因此，需要定期更换填入的化学活性物质。

根据美国多家处理厂的实践，SRB 处理工艺的特点及其相关情况见表 3-11[124]。

表 3-11　SRB 处理系统的技术特点

处理系统	技术特点	优　点	存在问题	解决方案
厌氧人工湿地	长期有水或湿地植物	使用寿命长； 有生态美学价值	易堵塞； 温度影响大； 需要空间； 可能对野生动植物有害	适时冲洗； 选择合适场地

续表 3-11

处理系统	技术特点	优　点	存在问题	解决方案
固体养分生化反应器	地下池塘；不需种植；填有固体有机物	易于维修；对温度不敏感	可能损失碳源	适时冲洗；替换有机物
液相碳源生化反应器	地下池塘；不需种植；填有非活性料；定时添加液体碳源	基质稳定；持续碳源输入	管道堵塞；使用寿命短；需经常现场检查；化学药剂成本高；泵送耗能	定期冲洗泵及污泥塘；远程监控；使用太阳/风能
可渗透反应墙	中间截取；处理水流	几乎不需地表空间；管道需求最小化	管道堵塞；碳源损失	空气冲洗，更换反应性物料；不同基质混合
基坑湖处理	将 AMD 贮存于基坑湖中；添加碱与碳源	原址基坑湖已经存在；长停留时间	短时大量输入；启动慢；混合困难；H_2S、BOD、TSS、DO 含量难达标；没有连续运行实例	允许缓慢加入；早期在其他设施中进行混合；避免加入过量碳源作为后处理措施
有机修复	有机物添加到矿山固废或其贮存设施中	预防废水产生；成本低；容易与其他措施综合采用	使用历史短；不能控制条件；长期效果未知	监测运行效果；周期性添加；与其他措施一起采用

D　SRB 的应用情况

在西方发达国家，SRB 工艺已经普遍应用于矿山酸性废水处理，表 3-12 列出了有关应用实例的基本情况，表 3-13 列出了使用的有机基质及 SRB 细菌来源[124]。

E　SRB 处理技术的优缺点及改进方向

SRB 处理技术的优点见表 3-14[124]，相关问题的改正措施见表 3-15。

3.3.3.5　湿地生态工程法

湿地生态工程法，是近期迅速发展起来的一种污水处理技术。其基本原理是：建造人工湿地单元，利用特定植物在湿地中能降低酸性水中金属离子的作用，让酸性水缓慢流经人为的植物群落，达到活体过滤的目的。另外，湿地也可为微生物群落的附着生长提供界面，缓慢的水流与人工单元基质发生一定的中和作用。

人工湿地的单元结构，是在一定的面积大小上构筑一个透水或不透水（根据地下水的保护要求）的塘，然后在塘内填充各种介质。在有污水通过的介质上种植各种可吸收污染物的水生微生物（如香蒲等），也可繁殖细菌。人工湿地单元一般分为两种基本类型：一种是表面水流型，废水以浅水或漫流的形式缓慢流过介质表面和介质上种植的各种水生植物；另一种是地下水流型，废水以渗滤流的形式，在介质表层下缓慢流动，穿过介质和植物的根系。

人工湿地法具有投资少、运行费用低、易于管理、抗冲击力强等优点，在处理酸性矿山废水上有很强的可行性。尤其是煤炭矿区随着地下煤炭资源大量采出，岩体原有平衡遭到破坏，在采空区上方地表造成大面积塌陷，这些塌陷区可培养、繁殖大量的植物、藻类和细菌，是进行人工湿地处理的基础。

表 3-12　SRB 法应用实例的基本情况

矿山名称/地址	污染物	介质	技术方法	流速 /L·min^{-1}	建设投资 /万美元	运行时间 /年	污染物去除率/%								pH	
							Al	Cd	Cu	Fe	Pb	Ni	Zn	SO_4^{2-}	给水	出水
Yellow Creek2B	Al、Cu、Fe、Ni、Zn	海水	生物反应器	38	15.8	2002～现在	99.8	—	91.0	98.9	—	99.4	93.0	—	3	6.6
Wheal Jane Tin	Cu、Cd、SO_4^{2-}、Zn	海水	复合生物反应器	36	170（3 个）	1997～2002	82.3	88.4	51.0	99.8	—	—	95.9	60.2	3	6
West Fork	Pb、Zn	海水	生物反应器	45～40	70	1996～现在	—	33.3	78.4	—	91.7	—	37.5	22.2	7.8	7.8
Surething	Al、Cu、Fe、Pb、Zn、As、Cd、Mn	海水	复合生物反应器	8～11	25	2001～2005	99.9	100	99.9	97.4	—	100	—	59.6	2.6	7.3
Leviathan	Al、Cu、Fe、Ni、Zn	海水	液相碳源生物反应器	22～83	83.6～86.4	2003～现在	98.3	66.7	99.3	99	—	75.4	92.0	16.9	3	7
Nickel Rim	Fe、Ni、SO_4^{2-}	地表水，海水	PRB	—	3.0	1995～1998	99.2	—	99.7	76.8	—	99.7	98.5	73.8	4	6.7
Success	Pb、Zn、Cd	土、海水	PRB	19	50	2001～现在	—	99.8	—	—	99.7	—	99.9	40.0	4.5	6.5
Gilt Edge	Cd、Cu、Pd、Se、Zn、SO_4^{2-}	地表水，海水	Pit Lake 修复	—	—	2001～2006	—	99.5	99.9	—	—	94.2	99.3	—	3.3	7.1
Lilly/Orphan Boy	Al、Cu、Fe、Cd、Zn、As、SO_4^{2-}	海水	原位生物反应器	11	—	1994～现在	94.7	80.6	87.2	25.1	—	—	52.1	—	3	6

表 3-13 SRB 处理系统使用的有机基质与 SRB 来源

矿山名称	有机基质	体积/m^3	SRB 来源
Yellow Creek2B	50%木屑，30%石灰石，10%奶牛饲料，10%干草	988	奶牛饲料
Wheal Jane Tin	95%锯木屑，5%干草	765	奶牛饲料
West Fork	67%锯木屑，19%石灰石，12%肥料，2%苜蓿	6840	半工业试验基质肥料
Lilly/Orphan Boy	奶牛饲料，干草	—	奶牛饲料
Surething	50%奶牛饲料，50%胡桃壳	167	奶牛饲料
Leviathan	河石，乙醇料	235	奶牛饲料
Nickel Rim	20%城市垃圾，20%树叶覆盖料，9%木屑，50%豆类	216	本地
Success	100%磷灰石或70%磷灰石，30%塑料包装材料	280	本地
Gilt Edge	糖蜜、甲醇、石灰	272/500	本地

表 3-14 SRB 被动处理工艺的优点和缺点

优点	缺点
成本低； 不需要经常现场管理； 几乎不需动力； 能有效去除多种污染物； 中性、酸性或碱性环境都有效； 污泥产生量小，不影响自然景观； 可以抵抗寒冷天气的影响； 易与其他被动技术综合使用	仅能处理小流量、低浓度废水； 缺乏对工艺参数的控制； 需要一定的维修与更新； 技术经验不足； 可能存在臭气； 除锰效果差； 产生 H_2S 气体

表 3-15 SRB 处理系统潜在的问题及其改善措施

问题	解决方案
堵塞管道/坑道	采用多孔、不降解材料，冲洗
季节性高流量	储存分流
碳源消耗	替换，碳源过量，混合其他物质
低 pH 值冲击 SRB	耐酸物，加碱，重复循环
低温	设置在地平面下，加不透水的覆盖
除锰效果差	增加好氧岩石过滤器
出水 BOD、固体含量偏高，可溶解氧含量偏低	增加好氧曝气塘或卵石过滤器

湿地法在工程上还存在一些问题。首先，湿地生态工程要求进水理想 pH 值高于 4.0，而矿山酸性废水的 pH 值一般为 3.0～4.0，故需要改善基质和腐殖土层，添加石灰等碱性物质来满足植物生物要求；其次，湿地生态系统处理酸性废水的速度非常慢，一般需要 5～10 天。

3.3.4 矿山酸性（含金属）废水的处理实践

3.3.4.1 Kristineberg 矿酸性废水分段 HDS 工艺处理实践[125]

A 简况

Kristineberg 矿是瑞典一含铜、锌、金、银的多金属硫化矿，波立登矿业公司于 1940 年开始经营，开采深度已达地下 1000m。该矿产生的酸性废水水质因矿体深度而异，其中地下 250m 水平处的酸性废水中铁、锌、铝、铜、锰、镉、砷及硫酸根含量都较高，必须处理后才能排放或使用。

波立登矿业公司 1996 年与加拿大 Golder Assoicates 合作，成功完成了两段 HDS 工艺的半工业试验，1998 年建成分段 HDS 工艺工业处理厂。尽管实际处理的酸性废水水量、水质与设计指标相比发生了较大变化，但经过工艺设备优化调整，处理厂仍实现了正常运行，废水处理能力达到 $125m^3/h$，出水水质达到排放标准要求。

B 半工业试验结果

试验处理废水的水质见表 3-16。首先通过批次试验确定了半工业试验所需的基本工艺参数，具体包括：石灰添加量、最佳中和 pH 值、絮凝剂种类及用量、出水水质等。另外，考察了 pH 值对金属离子、SO_4^{2-} 去除效果的影响（见表 3-17）。

表 3-16 Kristineberg 矿酸性废水的水质

参 数	pH	金属离子和 SO_4^{2-} 含量/$mg \cdot L^{-1}$							
		TFe①	Zn	Al	Cu	Mn	Cd	As	SO_4^{2-}
含量范围	2.5～2.8	3250～3535	1600～1765	1305～1438	434～485	31～34.9	3.89～4.78	0.95	22718～27809
目 标	5.0～9.5	5	<1		0.5				

①TFe 表示总铁含量，其中 Fe^{2+} 含量超过 1000mg/L。

表 3-17 试验室试验不同 pH 值下处理的出水水质情况 (mg/L)

pH	Fe	Zn	Cu	As	Al	Cd	Mn	Pb	SO_4^{2-}
4.3	1250	1360	266	<0.5	464	3.25	29.2	0.21	14357
5.3	758	927	907	<0.5	2.27	2.41	25.4	<0.2	9737
6.4	106	13.6	0.04	<0.5	0.52	0.19	10.0	<0.2	5717
7.4	3.15	0.45	0.06	<0.5	0.67	0.04	2.67	<0.2	5280
8.4	1.52	0.72	0.18	<0.5	1.09	0.03	1.1	<0.2	4873
9.4	0.45	0.27	0.1	<0.5	1.19	<0.02	0.09	<0.2	3665
AMD/2.5	3250	1600	434	0.95	1300	4.6	31	0.4	22718

半工业试验重点进行了分段 HDS 工艺试验，试验结果见表 3-18。分段中和沉淀明显改善了污泥沉降特性，同时出水水质也比常规 HDS 工艺更好。其中第一段中和 pH = 4.5、第二段中和 pH = 9.5 情况下，出水水质与污泥特性优于第一段 pH = 5.5、第二段 pH = 9.5 的方案，而三段中和方案（pH = 4.5/5.5/9.5）各项指标更优。

表 3-18 半工业试验结果

试验工艺	pH	出水水质/mg·L^{-1}①									固含量/%	污泥沉降速率/m·h^{-1}
		Fe	Zn	Cu	As	Al	Cd	Mn	Pb	SO_4^{2-}		
直接中和	9.2	1.03	0.89	1.21	<0.5	1.67	<0.02	0.63	ND	11097	4.3	<0.1
直接中和	10.5	0.18	0.04	0.06	<0.5	7.84	<0.02	0.01	ND	1850	4.5	<0.1
传统 HDS	9.5	0.33	1.61	0.08	<0.5	1	0.09	3.38	<0.2	ND	16~20	0.1
两段 HDS	4.5~9.5	0.2	0.3	0.4	<0.5	2.65	0.4	0.06	<0.2	3035	18~43	0.6~1
	5.5~9.5	0.29	0.5	0.6	<0.5	2.45	0.5	0.1	0.31	3065	12~40	0.3~0.8
三段 HDS	4.5/5.5/9.5	ND	0.04	0.09	<0.5	0.2	0.06	0.09	0.002	1883	30~57	0.6~1.4
原水	2.5	3535	1650	460	<0.5	1380	4.1	38	0.4	27600		

① 未过滤，平均值，ND 未测。

C 工业处理厂设计与建设

Golder Associates 公司根据半工业试验结果，推荐了两段 HDS 工艺（pH = 4.5 ~ 9.5），提交了 70m³/h 废水处理厂的工艺设计，波立登矿业公司与波立登工程集团公司合作完成了详细工程设计、建设与调试工作。

废水处理厂布置如图 3-9 所示，设计的关键组成部分包括：消石灰/石灰乳制备和加料单元、废水中和反应单元（包括中和、氧化）、有机絮凝剂制备/加料单元、固液分离（澄清/浓缩）单元以及工艺控制系统。其中 2 段中和分别在第一、二个反应槽中进行，而第三个反应槽用于矿浆的进一步充气氧化。

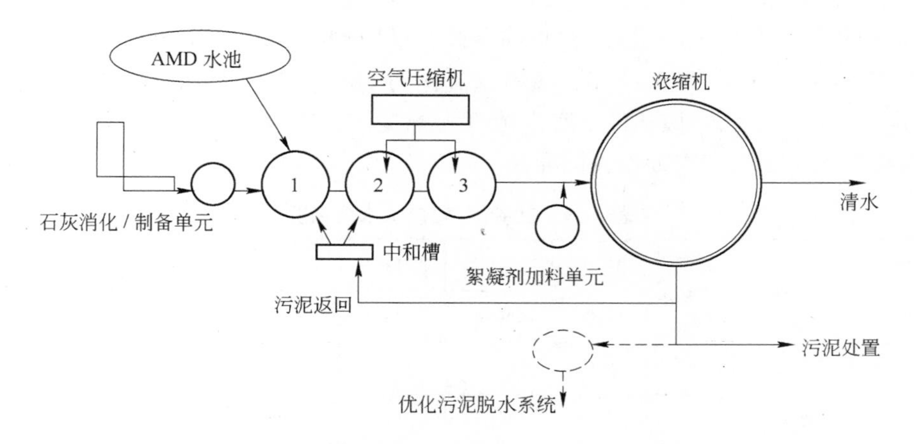

图 3-9 Kristineberg 矿废水分段 HDS 工艺处理厂平面布置

由于浓缩机在整个项目投资中所占比例最大，为了减少投资，设计时应在保证达到工艺要求前提下，尽可能减少浓缩机的规格尺寸。

废水处理厂自动化程度很高，工艺控制完全采用 PLC 系统。设备运行状态由计算机自动检测，污泥循环比率、废水给料流量、pH 值等工艺参数由控制系统设定或改变，工艺过程主要控制 pH 值与澄清池中污泥高度两个参数。

D　处理厂的运行调试与系统优化

废水处理厂建成后，由于矿山情况变化，废水处理对象发生了重大变化，除了原来的高金属离子含量酸性废水外，深部矿井近中性废水以及设备冲洗废水也需汇入一并处理，水量由原来 $70m^3/h$ 增至 $125m^3/h$。废水水质方面，酸性变弱，pH 升高，金属离子与硫酸根离子浓度降低，但含有一定量的油类有机物，另外，水质随时间变化较大。

由于处理对象改变，调试过程中又开展了工艺优化试验，重新确定了合理的工艺操作条件，例如污泥循环比例、污泥清除率、污泥层高度。

调试过程中发现，运行中若污泥返回比例偏高，会导致浓缩机发生紊流，底流污泥固含量降低。经过系统对比后，适当调整了中和作业条件，将第一段中和 pH 值由 4.5 改为 7.5，第 3 个反应槽不再充气，仅作普通混合用。优化调整后，尽管澄清浓缩机容量偏小，但仍能满足 $125m^3/h$ 废水处理需要，出水水质达到了规定的排放标准，污泥固含量超过 30%，并具有很好的过滤脱水性能，经真空鼓式过滤机处理后，污泥固含量可达到 60%，可与尾矿一起在尾矿库堆存。

3.3.4.2　德兴铜矿酸性废水 HDS 工艺处理实践[126,127]

A　简况

德兴铜矿是江西铜业集团公司的主干矿山，矿山酸性废水产生量很大，原来采用常规石灰中和法处理，但由于废水中含有大量的硫酸根离子，处理系统经常出现管道严重结垢，影响系统运行。

为了解决此问题，通过国际招标，企业选择与加拿大选矿及环境监测研究有限公司（PRA）合作，开展了酸性废水 HDS 工艺处理试验研究，并在工业水处理站与酸水/尾矿混合输送系统中进行工业应用，取得了很好的效果。

B　现场试验结果

2002 年 6～11 月进行了三期小型验证试验，试验酸/碱废水水质见表 3-19。试验确定的最佳工艺条件为：pH＝8.0～8.5，浆料返流比为（8～10）：1、絮凝剂用量为 10mg/L，酸/碱给水比不小于 1：2。该条件下底渣浓度大幅提高，固含量可达 20%～30%，处理后各项水质指标均达到国家二级排放标准。

表 3-19　试验酸/碱废水水质情况　（mg/L）

废水类别	pH	Al^{3+}	Cu^{2+}	Fe	Mn	Ca^{2+}	COD	SO_4^{2-}
酸性废水	2.63	1310	146.8	1484	73	391	—	16900
碱性废水	11.63	2.7	0.1	1.45	0.24	650	483	3800
国家排放标准（二级）	6～9	—	1.0	—	2.0	—	150	—

C　工业水处理站 HDS 工艺改造

现场验证试验成功后，德兴铜矿借鉴 PRA 公司 HDS 技术，从 2004 年 7 月起对原有工业水处理站进行了局部改造，改造后工艺流程如图 3-10 所示，具体新增了底渣泵房至混合池的底渣回流管，同时调整了工艺控制参数。

经过半年多的实际运行，系统运行良好，长期存在的结垢问题得到明显缓解，底渣浓度得到大幅提高，固含量从原来的不足 1% 提高到 10% 以上，同时水处理能力大幅提高，

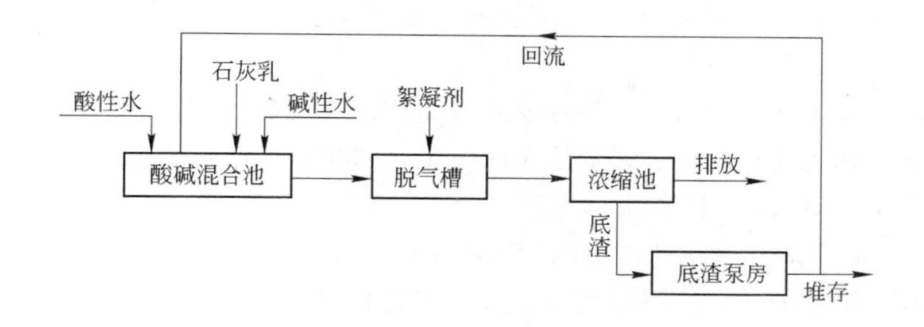

图 3-10 德兴铜矿酸性废水处理 HDS 工艺流程示意图

达到 9000t/d 以上（设计为 8600t/d），处理后水质各项指标稳定达到国家废水排放标准。HDS 技术实施前后的效果对比如图 3-11 所示。

D HDS 工艺实际运用中应注意的问题

利用 HDS 工艺处理矿山酸性废水，工艺流程简单，但操作控制技术要求高，如果操作不当，不仅 HDS 技术的优越性得不到体现，而且可能会造成整个工艺流程失控。

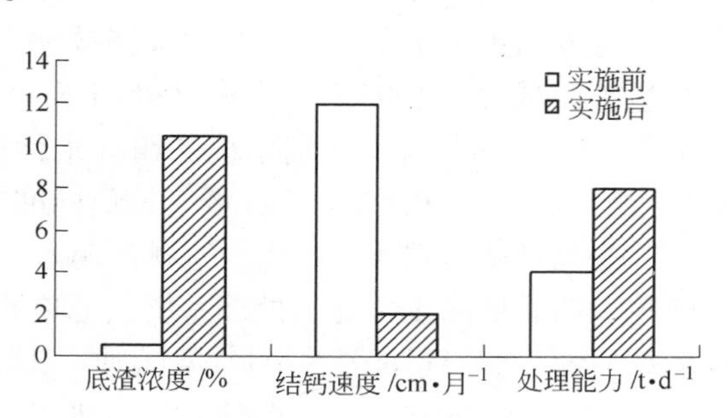

图 3-11 HDS 技术实施前后效果对比图

a 酸性水、碱性水、石灰及回流渣的投加位置

应尽可能使它们在最短的时间内迅速混合、均匀并充分反应，避免发生局部过饱和现象（局部高浓度）。投加顺序是：石灰与回流渣首先进行混合（其混合液称之为碱渣），使石灰的浓度得到稀释，然后将碱渣、酸性水、碱性水分别在不同的位置投加到反应槽中。

b pH 值控制范围

应以处理后水中重金属离子浓度恰好达到国家废水综合排放标准为宜，过高会增加石灰消耗，太低则处理后水质达不到国家排放标准，德兴铜矿酸性废水处理适宜的 pH 值控制范围为 6.5 ~7.5。

c 絮凝剂的投加及搅拌

絮凝剂的投加要适量，以使生成的矾花颗粒大小适中。矾花颗粒太小，沉降速度慢，影响设施处理能力的提高，而且可能造成处理后水质混浊；矾花颗粒太大，虽然可以提高沉降速度，但其表面积相应减少，又会增加结垢的机会。另外，絮凝剂投加过量，会使泥渣黏结，流动性变差，容易造成管路堵塞。

絮凝剂的搅拌应使絮凝剂与泥渣迅速混合均匀，但搅拌强度不宜过大，否则会使新生成的矾花颗粒破碎，影响沉淀效果。

d 回流比与底渣浓度

在运行的开始阶段，应加大回流比（回流比达到 100%），以提高底渣浓度及反应槽中的泥浆浓度。运行稳定后，则应根据底渣浓度来确定回流比，以维持反应槽中泥浆浓度为 4% ~5%，当反应槽中泥浆浓度低于 4% 时，结垢现象十分明显，反应槽中泥浆浓度高于 5%，则可以大大延长结垢周期。

3.3.4.3 West Fork 矿酸性废水 SRB 生物反应器处理实践[124]

A 简况

West Fork 矿地处美国密苏里州 Reynolds 县境内，是一个正在开采的铅锌矿，1998 年由 ASARCO 公司转入现在的所有者 Doc Run 公司。该矿位于新密苏里铅矿带上，区内年均温度 13℃，年平均降水量 1110mm。

该矿的地下矿井酸性废水产生量约 4540L/min，杂质平均含量为：Pb 0.035mg/L、Zn 0.08mg/L、SO_4^{2-} 180mg/L，该酸性废水一直采用硫酸盐还原生物反应器处理，处理水达到国家规定排放标准后，排入 West Fork 黑河。

B 工艺试验与处理系统

在 SRB 处理系统建设之前，先进行了批次试验与现场试验。批次试验在一直径 2.43m 的生物反应槽中进行，其中填充有奶牛饲料和锯木屑等培养基，水流量 7.9L/min，试验剩下的养分用于半工业试验生物反应器接种用。

半工业试验于 1994 年 3 月～1996 年 2 月间完成。试验系统就建在矿山附近，设计处理流量 76 L/min，为了确定系统的耐冲击性能，试验时实际最高流量达到 185L/min，试验出水铅浓度小于 0.02mg/L，低于排放标准。

工业处理系统就建在矿山与选矿厂附近，紧邻尾矿库与黑河，地下矿井水用泵提升至沉降池，然后依靠重力通过处理系统其他单元。处理系统具体包括：沉降池、两个平行的厌氧反应池、卵石过滤池和一个曝气池，具体如图 3-12 所示。设计正常流量 4540L/min，最大流量 5680L/min，整个处理系统占地 $2hm^2$。每个厌氧生物反应器面积均为 $0.19hm^2$，装有四套给水分布管与出水收集管；反应器内填充层填料为：锯木屑 67%、惰性石灰石 19%、复合奶牛饲料 12%、苜蓿混合物 2%，填充层总高度 1.8m，层上覆盖一层石灰石碎石；反应器出水进入一有内置挡板的混凝土地窖，进一步混匀并进行流量控制。

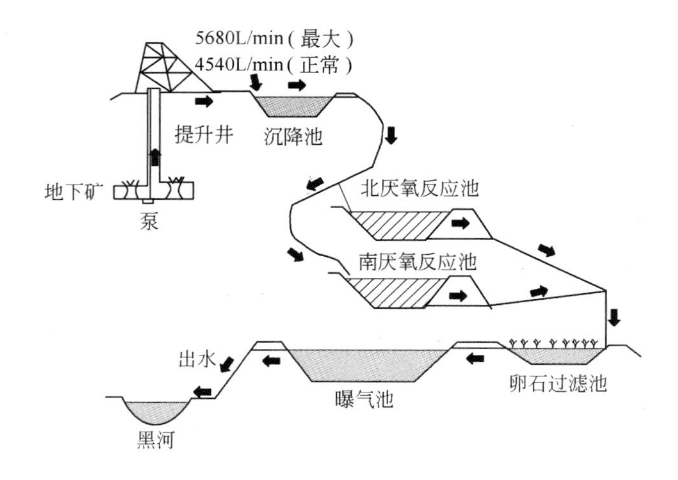

图 3-12 West Fork 矿 SRB 工艺工业处理系统

在正常运行时，厌氧生物反应器出水的锰、BOD、粪便大肠杆菌、硫化物含量可能超标，另外溶解氧含量可能偏低，为此，将出水引到卵石过滤池进一步净化。卵石过滤池面积 $0.23hm^2$，高 0.3m，里面建有石灰石衬底和沟渠，填料层还培养有藻类和香蒲草，以强化氧化与碳的摄取，尤其是 Leptothrix Discophora 细菌可促进锰氧化，使其以 MnO_2 形式沉淀下来。过滤池出水再进到曝气池（0.32hm^2），进一步去除 BOD 和增加溶解氧，达到排放要求后外排。

该处理系统 1996 年开始正式运行，在开始阶段，厌氧反应器用澄清的矿井水培育 36h，以降低 BOD，释放大肠杆菌和锰，然后用泵抽吸反应器内水循环两周。

处理系统建设总投入 50 万美元，设计与技术许可费 20 万美元。

C 处理效果

生物反应系统正常运行 8 年后，排水仍能达到国家规定的排放标准要求，铅含量为 0.027～0.05mg/L，锌含量低于 0.05mg/L，SO_4^{2-} 平均含量小于 140mg/L，pH 值维持 7.8 左右。在寒冷月份，硫酸盐还原速率同样不受影响，全年都能维持出水水质优良。

系统运行过程中，出现的问题有：

（1）系统运行 6 周后，发现一个厌氧反应池出现基材渗透性变差，硫化氢气体积聚在土功织物层，阻碍了垂直的水流。为了释放硫化氢气体和恢复水流，对反应池进行重新开挖和填充，但没有填充中间积物层，从而避免气体积聚。

（2）系统运行几年后，由于出现藻类物附着，厌氧反应池出水管发生阻塞，采用周期性旋耕基料措施，可以处理与预防该故障发生。

（3）由于矿山生产原因，厌氧生物反应池还因固体悬浮物进入而发生阻塞，为此，采用提高有机基料中木屑的比例、增加填充层的空隙等措施，确保水流的平稳。

D 经验教训

（1）硫酸盐还原生物反应是处理中性矿井废水，去除铅的有效方法，即使在高流量下处理效果仍然良好。

（2）为了确定处理系统的大小规模、基料选择和操作条件，批次试验和半工业试验是工业处理系统建设前的必要工作。

（3）硫化氢积聚、藻类生长以及固体颗粒进入，可能导致水流阻塞等问题，必须有基料更新或维持的措施方案。

（4）厌氧反应器法必须有卵石过滤、曝气氧化池等补充措施，方能有效去除锰、BOD 及大肠杆菌等杂质，并增加溶解氧，使出水水质达到排放标准要求。

3.3.4.4 Surething 矿酸性废水综合生物反应系统的应用实践[124]

A 简况

Surething 矿是一座已废弃的铅锌金银多金属矿山，位于美国蒙大拿州 Elliston 市南 11km，海拔高度 2200m，年平均气温 6℃，降水量 370mm，春季降雪量大且快速融化，极易形成洪水。

Surething 矿自 19 世纪开始开采，20 世纪 50 年代废弃，废弃后 137m 矿井不再使用，矿井坑道排出的酸性废水含有铝、砷、镉、铜、铁、铅、锰、锌、硫酸根和铵根（见表 3-20），酸度较高，pH 值大约为 2.6。该酸性废水进入当地 O'keefe 河。

在美国国家环保局矿山废物技术计划（MWTP）支持下，该矿山作为矿山酸性废水处理与预防技术创新示范基地，在批次试验基础上，于 2001 年夏季建成了生化还原-石灰中和综合处理示范系统，并在 2001～2005 年间进行了半工业示范应用试验。

表 3-20　Surething 矿酸性废水处理前后的水质指标（2005 年）　　（mg/L）

成　分	给　水	出　水	排放标准	成　分	给　水	出　水	排放标准
pH	2. 58	7. 31	6. 5 ~ 8. 5	Pb	0. 151	0. 004	0. 015
Al	29. 5	<0. 04	0. 087	Mn	26. 7	0. 037	0. 05
As	0. 127	<0. 01	0. 01	Zn	22. 7	<0. 007	0. 338
Cd	0. 208	<0. 00009	0. 00076	NH_4-N	0. 11	0. 37	4. 61
Cu	2. 35	<0. 003	0. 037	SO_4^{2-}	591	239	250
Fe	15	<0. 014	0. 3				

B　技术应用

该综合处理系统包括厌氧和好氧两个处理单元，具体如图 3-13 所示。整个系统中的水流输送均采取重力自流，没有泵送，废水由矿井坑道自流入第一个厌氧反应池，该反应池中充填有奶牛饲料（50%）和胡桃壳（活性强的碳源复合物，50%）混合物，奶牛饲料也作为 SRB 的来源。其他各设施单元的构成及其功能见表 3-21。

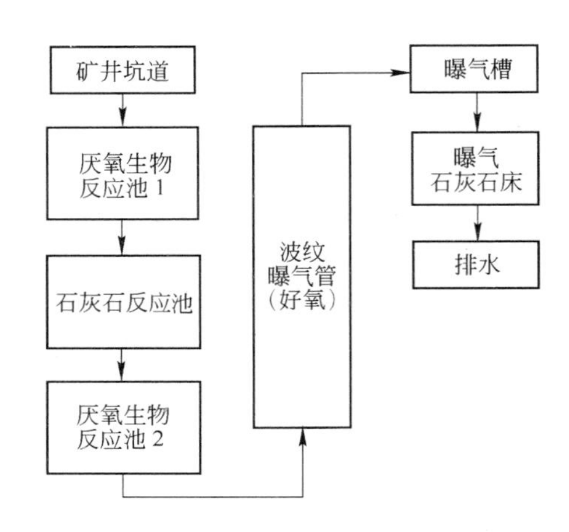

图 3-13　Surething 矿酸性废水综合处理系统

C　运行效果

该综合处理系统建设投资约 25 万美元，在示范应用期间，运行效果与设备状况每月测定一次。

系统示范运行期间，废水处理效果见表 3-20。其中各种金属去除率达到 92% ~99%，SO_4^{2-} 浓度降低了 60%，水质指标完全达到蒙大拿州排放标准要求；由于有机养分中富含 N，因此 NH_4-N 含量略有提高，但仍低于排放标准。

表 3-21　综合处理系统的设施单元及其功能

设施名称	功　能	填充物情况	水流停留时间（流速）	备　注
厌氧反应池 1	发生硫酸盐还原反应，生成硫化物和碱	112m^3 有机养分	3d(7. 6L/min)	反应池表面用苜蓿绝氧
石灰石反应池	进一步提高碱度	41m^3 石灰石、卵石	1. 3d	反应池表面用苜蓿隔氧
厌氧反应池 2	金属硫化反应，去除金属离子	84m^3 有机养分	2d	反应池表面用苜蓿隔氧
波纹曝气管	曝气	91m 长		
地表曝气槽	充氧，去除剩余硫化物		2 ~ 3h	
石灰石曝气反应池	除锰	表面积 279m^2，高 1m		

系统中厌氧反应单元对铝、砷、镉、铜、铁、铅和锌去除效果很好，4 年运行期间，系统共处理了 1136 万升废水。

由于锰不易以硫化矿物形式沉淀，因此，SRB 生化还原处理系统不能除锰。为此，将波纹曝气管、曝气槽反应池设定为好氧环境，以便于锰氧化细菌（MOB）生长，最初锰的去除率可以达到95%，但是，冬季锰的去除率急剧下降。另外，残留的过量硫化物对于 MOB 的生长冲击很大，为了去除此部分硫化物，2003～2004 年间，采取加长波纹管长度（61m）与减少曝气管反应器高度等措施，提高了曝气氧化能力，改造后，锰去除率达到了 99%。

运行后期，虽然出水水质达标，整个系统仍在有效运行，但是第一个生物反应池却已经失效。实际上，批次试验时就发现，由于低 pH 给水对 SRB 的冲击影响，第一个生物反应池先于系统的其他部分失效。实际运行 3 年后，第一个生物反应池的出水中铝、铁浓度已经与酸性废水一致，针对该问题，采取的补救措施是将第一个生物反应池 pH 值由 2.58 调高至 4。

D 经验教训

（1）硫酸盐还原生物反应与石灰石综合处理系统可以有效去除矿山酸性废水中的铁、铝及其他金属离子，并提高 pH 值。

（2）如果废水中锰含量超标，建立专门的除锰单元是必要的，具体可行的方案是设立一个有助于细菌氧化锰反应的好氧曝气反应池。

（3）给料系统应便于维修，否则管道堵塞将妨碍水流平稳，管路设计时应考虑便于流量分配，例如采用多孔竖管就利于强化反应器功能。

（4）金属含量与酸度高的废水环境，将缩短厌氧生物反应器的使用寿命。

3.3.4.5 德兴铜矿酸性废水处理调控系统的建立与应用[128]

A 概况

2003 年德兴铜矿地区（包括大坞头老窿水）每天产生酸性废水达 40903m^3，而实际处理能力仅 22785m^3/d，有近一半的酸性废水未经处理直接排入大坞河，对环境造成了严重污染，引起了各界广泛关注。

在系统调研理清各废水来源及水质情况、废水处理方式和能力的基础上，该矿确立了清污分流、源头控制、优先堆浸利用、适度中和处理及扩大 HDS 技术应用，合理利用现有设施进行有效调控和处理，强化管理，综合减少废水产生与排放的处理调控原则，建立了酸性废水处理调控系统。采取切实可行的调控措施后，效果显著，减少废水产生量$479 \times 10^4 m^3/a$，新增酸性废水处理能力 $491 \times 10^4 m^3/a$，大幅度减少了酸性废水及金属离子排放量，使大坞河的水质得到较大改善，从而有效地改善了矿区的生态环境。

B 酸性废水来源及处理情况（2003 年）

该矿酸性废水主要来自露天开采区和废石场（包括水龙山、杨桃坞、祝家、西源废石场）。由于降雨、空气及细菌的作用，堆存在废石场中的废石在自然条件下，产生含有铜、铁等金属离子的酸性废水；同时，露天采矿场边坡及采矿作业面矿石因长时间裸露氧化，也会产生酸性废水。2003 年酸性废水水量、水质情况见表 3-22。

表 3-22　2003 年德兴铜矿酸性废水水量、水质情况

废水产生源	流量 /$m^3 \cdot d^{-1}$	pH	Cu^{2+} /$mg \cdot L^{-1}$	TFe /$mg \cdot L^{-1}$	Fe^{3+} /$mg \cdot L^{-1}$	SO_4^{2-} /$mg \cdot L^{-1}$	耗碱量 /$mg \cdot L^{-1}$
露天采矿场	7950	3.36	28.20	94.62	55.91	2444.9	503.70
杨桃坞废石场	5534	2.24	146.00	2086.02	2064.52	16929.1	11782.2
祝家废石场	3866	2.46	87.60	623.66	408.60	24506.7	11212.8
堆浸萃余液	7200	2.12	24.85	589.25	537.64	27766.5	12877.2
水龙山废石场	2304	2.08	27.70	2322.58	2236.56	11722.4	9898.80
西源废石场	7685	2.43	95.82	1200	700.2		9089
大坞头老窿水	6364	2.26	17.25	431.45	262.98	753.23	1662.40
合　计	40903						

当时（2003 年）德兴铜矿酸性废水处理措施主要有：工业水处理站进行集中处理，酸性废水与尾矿混合输送至 4 号尾矿库，堆浸厂通过循环喷淋蒸发减少酸性废水，利用 4 号尾矿库酸、碱废水在库中混合后自然净化，其余部分废水直接排入大坞河中。当时的废水处理情况具体见表 3-23。

表 3-23　2003 年德兴铜矿酸性废水处理情况

处 理 措 施	处理能力/$m^3 \cdot d^{-1}$	说　明
工业水处理站集中处理	8600（酸性水） 20000（碱性水）	经过二次改造，处理能力已经满负荷
酸性废水与尾矿混合输送至 4 号尾矿库	5000	利用酸性废水与泗洲选矿厂尾矿混合进入 4 号尾矿库
堆浸厂通过循环喷淋蒸发减少酸性废水	1500	约蒸发 10%
利用 4 号尾矿库酸/碱废水在库中混合自然净化	7685	西源废石场产生的酸性废水自流入尾矿库，利用尾矿碱量自然中和
合　计	22785	

C　酸性废水处理调控工程

a　清污分流、源头削减工程

先后完成了杨桃坞酸性水库、祝家酸性水库及水龙山废石场清污分流，露天采矿场南山 110m 截水沟及引水巷道，大坞头老窿水治理等工程，从源头上减少了污染物的产生，每年减少酸性废水产生量超过 332 万吨，具体见表 3-24。

表 3-24　清污分流、源头削减工程实施效果表

区　域	汇水面积/km^2			酸性水量/万吨·年$^{-1}$		
	实施前	实施后	实施后减少	实施前	实施后	实施后减少
大坞头	2.067	0.690	1.377	232.3	78.7	153.6
北山 320 ~ 300m	0.364	0	0.364	43.7	0	43.7
水龙山废石场	0.70	0.243	0.457	84.1	29.2	54.9
杨桃坞酸性水库	1.8	1.711	0.089	202.0	193.2	8.79
祝家酸性水库	3.60	2.931	0.669	403.9	332.4	71.49
合　计			2.956			332.48

b　清洁生产、过程控制工程

根据露天采矿所产生的矿岩料堆具有持水、蓄水，并使清水酸化的特点，采取清扫最终边坡，防止清水滞留，控制工作面爆破矿岩存量（根据采剥工程及矿岩运输能力，旱季不超过500万吨，雨季不超过260万吨）等措施，从而避免清水酸化。密切注意雨水转化为酸性水的空间差，做好动态清污分流，强化现场排水设施维护保养，及时开泵排水，每年减少酸性废水产生量290万吨。

c　HDS废水处理技术应用工程

应用加拿大PRA公司高浓度浆料（HDS）处理技术对工业水处理站进行技术改造，不仅使酸性废水处理能力从8600t/d提高到15000t/d，而且彻底解决了长期存在的硫酸钙结垢问题。

d　堆浸喷淋综合利用工程

将品位较低的废石集中堆存在一起，形成喷淋场，把采矿过程中产生的含铜离子酸性废水用泵输送到喷淋场进行喷淋，浸出铜离子渗透进入调节库，经过萃取后，电解产出电积铜。将杨桃坞酸性废水输送到祝家废石场用于堆浸喷淋，扩大喷淋面积，不仅处理了酸性废水（通过蒸发），而且提高了电积铜产量，2005年喷淋蒸发酸性废水60万吨，创经济效益3000余万元。

e　生态恢复、保持水土工程

按照“因地制宜，统筹规划，先易后难，循序渐进，综合考虑长短期经济、环境效益”的原则，先后与有关单位合作，在杨桃坞废石场、水龙山废石场及黄牛前边坡等地，开展生态恢复试验，对铜厂采矿场、水龙山废石场及坡面、杨桃坞排土场北侧部位、将军庙170m以上最终边坡面、北山410m场地观景台部位进行了生态恢复，面积超过$15\times10^4m^2$，既保证了合理开发资源，又使环境污染与破坏程度降到最低。

以上酸性废水处理调控工程建成后，全矿酸性废水产生量明显减少，处理能力大幅提高，具体见表3-25和表3-26。全矿的酸性废水产生量下降到27781m^3/d，处理能力提高到37685m^3/d；处理能力超过了全矿每天酸性废水产生量，为酸性废水调控创造了条件。

表3-25　酸性废水处理调控工程实施后全矿酸性废水产生量

废水产生源	产生量/$m^3\cdot d^{-1}$	废水产生源	产生量/$m^3\cdot d^{-1}$
露天采矿场	2740	水龙山废石场	800
杨桃坞废石场	5293	西源废石场	7685
祝家废石场	1907	大坞头老窿水	2156
堆浸萃余液	7200	合　计	27781

表3-26　酸性废水处理调控工程实施后环保设施的处理能力

设施名称	处理能力/$m^3\cdot d^{-1}$	设施名称	处理能力/$m^3\cdot d^{-1}$
工业水处理站	15000	利用尾矿库自然中和	7685
酸/尾混合输送工艺	3500	大山尾矿中和	10000
堆浸厂	1500	合　计	37685

D　酸性废水处理调控方案

（1）在正常情况下，杨桃坞酸性水库底部含铜浓度较高的酸性水优先输送到祝家240泵站，用于堆浸喷淋。雨季酸性水库水位较高时（水位离排洪口小于100cm），应将水库表面含铜浓度较低的酸性水分别输送到工业水处理站或通过大坞头泵站输送到大山尾矿流槽进行中和处理。

（2）正常情况下，堆浸萃余液分别输送到工业水处理站或通过大坞头泵站输送到大山尾矿流槽进行中和处理，剩余部分排入祝家酸性水库。旱季时，堆浸萃余液主要输送到工业水处理站或输送到泗州厂尾矿溜槽进行中和处理，剩余部分排入祝家酸性水库。

（3）正常情况下，大坞头老窿水通过大坞头泵站输送到大山尾矿流槽进行中和处理。旱季大坞头老窿水量很小，大坞头泵站无法正常运行时，大坞头老窿水通过杨桃坞至大坞头泵站的玻璃钢管回流至170集水沟，与水龙山废石场酸性水混合后自流进入杨桃坞酸性水库。

（4）水龙山废石场产生的酸性水经170集水沟拦截，正常情况下通过水龙山废石场至杨桃坞酸性水库的酸性水输送管道自流进入杨桃坞酸性水库，或通过采场140m平台截水沟经140m巷道排入杨桃坞酸性水库。

（5）正常情况下，采区南部110m截洪沟拦截的水自流进入工业水处理站处理。针对采区裸露矿岩为原生硫化矿物，在降雨汇聚较短时间内不会被酸化的特点，及时开动水泵将最低工作面的积水仓汇水从西坡排洪隧道排出，防止酸化。

（6）大坞头泵站正常情况下要求满负荷生产，确保每天酸性废水输送能力在1万吨以上。

（7）工业水处理站在雨季时要尽最大能力满负荷生产，以确保酸性水库酸性水不外排；在平水期及枯水期，主要负责处理采区南部110m截洪沟拦截的水、杨桃坞酸性水库渗漏水及祝家酸性水库坝前渗漏水。

（8）酸尾混合输送工艺应根据泗洲选矿厂一期生产情况，在确保酸性水与尾矿混合后水质不酸化的情况下，尽最大能力处理酸性废水。

3.4　含氰废水的处理与循环利用

3.4.1　含氰废水的来源及特点[129,130]

含氰废水是指含有CN^-基团的工业废水。在矿业、冶金、电镀、焦化等行业，含氰废水的产生与排放十分普遍，其除了CN^-浓度较高外，往往还含有大量的重金属离子、硫氰酸盐等化合物，对外界水环境污染很严重。

在矿业领域，黄金矿山使用氰化物作浸出剂，是含氰废水的产生与排放大户，其氰化贫液CN^-浓度一般为200～2000mg/L。废水中CN^-、重金属离子的含量特点与所采用的提金工艺直接相关，不同提金工艺产生的含氰废水特点见表3-27。

除了黄金矿山外，铅锌、钨钼选矿厂也有含氰废水的排放，主要是精矿浓缩脱水的排水，其氰化物含量一般较低，为30～100mg/L，尾矿水中含氰量则更低，一般小于20mg/L。

表 3-27 各种提金工艺的含氰废水特点

提金工艺	废水特点（污染物含量范围）
全泥氰化-锌粉置换	CN^-浓度较低，重金属离子浓度较高
全泥氰化-炭浆工艺	CN^-、重金属离子浓度均较低
金精矿氰化-炭浆工艺	CN^-浓度较高，重金属离子浓度适中
金精矿氰化-锌粉置换工艺	CN^-、重金属离子浓度均较高
生物氧化/焙烧-氰化-炭浆/锌粉置换工艺	CN^-、SCN^-、As、重金属离子浓度都很高
堆浸-炭吸附工艺	CN^-浓度较低、重金属离子浓度较高

3.4.2 含氰废水处理利用的主要工艺方法

含氰废水处理利用的方法很多，按照处理对象与工艺方式不同，可以分为以下四类[131]：

（1）中低浓度废水净化法。用强氧化剂氧化破坏含氰废水中的CN^-，使之失去毒性，具体包括碱氯氧化法、二氧化硫-空气氧化法、过氧化氢氧化法、活性炭催化氧化法、臭氧氧化法等。

（2）回收氰化物法。通过化学反应将含氰废水中氰化物转化富集与再生，同时回收其中的有价金属，如酸化回收法、硫酸-硫酸锌法。

（3）净化除杂-水回用法。在不破坏CN^-前提下，采用物理化学方法将含氰废水中影响氰化浸出的重金属离子除去，然后返回生产工艺过程使用，如溶剂萃取法、膜分离法等。

（4）应急处理法。发生突发性污染事故时，可迅速降低水中含氰污染物浓度从而减少所造成的危害程度，如化学络合法。

下面具体介绍几种工业应用较广的方法。

3.4.2.1 碱氯氧化法[132]

该法于1942年开始应用于工业生产，是目前国内外黄金矿山普遍使用的一种方法。它利用氯氧化氰化物，使其分解成低毒物或无毒物；在反应过程中，为防止氯化氰和氯逸入空气中，反应在碱性条件下进行，故称碱氯氧化法。

碱氯氧化法处理氰化物废水，发生的主要化学反应为：

$$OCl^- + CN^- + H_2O \longrightarrow CNCl + 2OH^-$$

$$CNCl + 2OH^- \longrightarrow CNO^- + Cl^- + H_2O$$

$$2CNO^- + 3OCl^- \longrightarrow CO_2\uparrow + N_2\uparrow + 3Cl^- + CO_3^{2-}$$

该法使用的含氯试剂有液氯、漂白粉、漂白精、次氯酸钠溶液和二氧化氯。含氯试剂的纯度一般以所含的有效氯（换算成Cl_2的量）占药剂总质量的质量分数表示。各种氰化物被氧化分解的先后顺序如下：

$$SCN^-、CN^-、Zn(CN)_4^{2-}、Cu(CN)_3^{2-}、Ag(CN)^{2-}、Fe(CN)_6^{4-}、Au(CN)_2^-$$

其中，碱性氯不能氧化亚铁/铁氰化物及金的氰络物。

在碱氯氧化法处理过程中，除亚铁、铁的氰化物及金的氰络物不能被破坏外，其他氰化物均被破坏，相应的重金属均被解离出来，并在适当pH值条件下，通过与亚铁氰络合物、铁氰络合物、砷酸盐、碳酸盐和氢氧根离子反应，生成沉淀物而从废水中分离出来。

碱氯氧化法的工艺操作简单，只需将矿浆或废水 pH 值控制在 11 左右，加入氯氧化剂后搅拌即可。处理系统主要由加氯设备、石灰乳制备设备和反应槽组成，如果废水处理车间距尾矿库较远，不必设反应槽，反应在尾矿输送管道内进行即可，有的氰化厂加氯过程也在管道内完成，这样可避免有毒的 CNCl 气体逸出，从而减少动力和投资。

碱氯氧化法，氯消耗量与废水成分密切相关，若废水成分复杂，氯氧化剂消耗量较高，一般是理论值的 4 ~9 倍；药剂纯度不高或硫氰酸根含量高时，氯氧化剂消耗量更大；当含有亚铁氰络合物时，处理过程中其会被氧化成可溶的铁氰络合物，由此导致处理后的废水难以达到国家排放标准。

该方法的特点是药剂来源广泛、价格低、设备投资少，但工作环境污染严重，会产生氯化氰二次污染物，对操作工人危害较大，而且药剂耗量大，长期使用设备腐蚀严重。

3.4.2.2 二氧化硫-空气氧化法[133]

该法由加拿大国际镍金属公司（Inco）于 1982 年开发，又称因科（Inco）法，它是在一定 pH 值范围和铜离子的催化作用下，利用 SO_2 和空气的协同作用，氧化废水中的氰化物。

二氧化硫-空气氧化法去除氰化物的主要途径是将 CN^- 氧化为 HCO_3^- 和 NH_3，具体反应方程式为：

$$SO_2 + H_2O \longrightarrow 2H^+ + SO_3^{2-}$$

$$CN^- + O_2 + SO_3^{2-} + 2H_2O \longrightarrow HCO_3^- + NH_3 + SO_4^{2-}$$

此外，2% 氰化物会随废水 pH 值降低转变为 HCN，进而被吹脱进入气相，随反应废气外排；另有 2% 以重金属氰化物沉淀形式进入固相。

该法不但能去除废水中的氰化物，还能以重金属难溶盐形式去除铁和亚铁的氰络物，但不能去除硫氰化物，废水中各种络合氰化物去除的先后顺序如下：

$$CN^-、Zn(CN)_4^{2-}、Fe(CN)_6^{4-}、Ni(CN)_4^{2-}、Cu(CN)_3^{2-}、SCN^-$$

该法使用的药剂包括 SO_2、铜盐、石灰，其中 SO_2 的消耗与 CN^- 浓度有关，理论上 SO_2/CN^- 为 2.48，实际上氰化物浓度与 SO_2/CN^- 的关系如下：

氰化物浓度/$mg \cdot L^{-1}$	<50	100 ~200	>300
SO_2/CN^-	8 ~15	5 ~8	<5

另外，这一数值还与催化剂浓度有很大关系，具体应根据试验确定。

铜盐可以是硫酸铜或氯化铜，其添加量随着废水 CN^- 浓度增加而应有所增加，一般在 50 ~150mg/L 范围。当废水中 SCN^- 含量高时，铜盐添加量应增加，当废水中含铜 50 ~100mg/L 时可不加催化剂。

石灰的耗量一般为 SO_2 耗量的 1.5 倍左右，石灰乳浓度一般为 10% ~20%。

该法的优点如下：

（1）处理效果优于氯氧化法，能把废水中总氰化物（CN_T^-）降低到 0.5mg/L。

（2）通过形成沉淀物形式去除废水中重金属，但铜有时超标。

（3）可处理废水，也可处理矿浆。

（4）工艺简单，设备不复杂，投资少。

（5）药剂来源广，对药剂质量要求不高，成本不高。

（6）作业方便，即可间歇处理，又可连续处理。

其缺点为：

（1）属于破坏氰化物的方法，无经济效益，废水中贵金属、重金属不能回收。

（2）不能消除废水中的硫氰化物，处理后的废水含一定浓度的亚硫酸盐，会使氰酸盐水解速度变慢。

（3）电耗高，一般是氯氧化法的3~5倍。

（4）反应过程如果pH值过低，会逸出HCN和SO_2，而且残余氰化物的含量高；pH值过高时，残余的氰化物含量高；因而对反应pH值的控制要求严格。

3.4.2.3 过氧化氢氧化法[134]

A 工艺概况

该法于1974年由美国杜邦公司开发，它与二氧化硫-空气氧化法相似，是在一定pH值范围（9.5~11）和铜离子催化作用下，利用过氧化氢氧化分解废水中的氰化物，使其转化为无害的化合物，其主要化学反应为：

$$CN^- + H_2O_2 \longrightarrow CNO^- + H_2O$$

$$CNO^- + 2H_2O \longrightarrow NH_4^+ + CO_3^{2-}$$

与二氧化硫-空气氧化法类似，过氧化氢氧化法处理含氰废水时，Cu、Zn、Pb、Ni、Cd的氰络合物也因其中氰化物被破坏而解离，$Fe(CN)_6^{4-}$既不会被氧化，也不会被分解，而是与解离出的铜、锌等离子生成难溶的$Cu_2Fe(CN)_6$或$Zn\ Fe(CN)_6$从废水中分离出去。

B 反应条件

过氧化氢氧化法处理含氰废水的反应条件如下：

（1）反应pH值范围为8~9.5。

（2）物料与过氧化氢用量比为4：1 ~ 5：1。

（3）催化剂（一般为$CuSO_4 \cdot 5H_2O$）适量，废水含一定浓度铜时，可不加硫酸铜。

（4）连续反应或间歇反应，反应时间1h。

C 工艺优点

（1）能使可释放氰化物降低到0.5mg/L以下，由于$Fe(CN)_6^{4-}$的去除效率较高，总氰化物含量大为降低。

（2）Cu、Pb、Zn等重金属离子以氢氧化物及亚铁氰化物等难溶物形式去除。

（3）既可处理澄清水，又可处理矿浆。

（4）设备简单，电耗低于氯氧化法和二氧化硫-空气法，易实现自动控制。

（5）不氧化硫氰酸盐，药耗低。

（6）过氧化氢的反应产物是水，不会增加其他有毒物质。

（7）处理后废水COD含量低于二氧化硫-空气法，可以循环使用。

D 工艺缺点

（1）属于破坏氰化物的方法，无经济效益。

（2）SCN^-不能被氧化，废水实际上仍然有一定毒性。

（3）过氧化氢是强氧化剂，腐蚀性大，运输、使用有一定困难和危险。

（4）产生的氰酸盐需要在尾矿库停留一段时间，才能分解为 CO_2 和 NH_3。

（5）车间排放口铜浓度难以降到 1mg/L，需要在尾矿库内自净，才能使铜达到国家排放标准要求。

3.4.2.4　活性炭法[135]

活性炭法处理含氰废水技术，包括活性炭催化氧化法、活性炭催化分解法两种。活性炭表面吸附氰化物是活性炭处理含氰废水的前提，而氰化物破坏的途径主要是氧化与水解，如果供氧充分，活性炭上吸附足够的氧，氰化物则以发生氧化反应为主，如果不能供氧，则以水解反应为主。

氰化物在活性炭上的氧化，实质是被活性炭吸附氧产生的过氧化氢所氧化。因此，催化氧化的最佳条件与过氧化氢氧化法相同，最佳 pH 值范围是 8～9.5，铜离子在催化氧化中起着重要作用，由于氰化厂废水中往往含有铜，故可不另加铜催化剂。

此外，反应的条件还包括充气量、废水喷淋密度。充气量大小据反应所需要的氧决定，由于活性炭吸附氧的速度受液膜控制，故必须提高空气流过反应塔的线速度，但过分提高气速，不但增加炭床阻力，增加风机电耗，还会减少废水中氰化物与活性炭的接触机会，使氰化物吸附速度降低，最终导致氰化物去除率降低。因此，充气量应该通过试验确定，如按气液比计算，一般在 100 左右。

活性炭催化水解法不需要空气，因此处理负荷远小于催化氧化法，适于处理氰化物浓度在 30mg/L 以下的废水。

3.4.2.5　酸化回收法[136]

酸化回收法又称酸化挥发-碱吸收法，是处理高、中质量浓度含氰废水的传统方法，它是向含氰废水（浆）中加入硫酸，使废水呈酸性，其中氰化物转变为 HCN，然后向废水（浆）充入气体吹脱 HCN，使其从液相逸出进入气相，并用 NaOH 吸收液吸收，反应得到 NaCN 溶液返回使用。

该方法的反应机理为：

$$Me^{2+} + 2CN^- + H_2SO_4 \longrightarrow MeSO_4 + 2HCN\uparrow \text{（Me 为 Na、K、Ca 等）}$$

$$HCN + NaOH \longrightarrow NaCN + H_2O$$

具体工艺过程大致可分为废水的预热、酸化、HCN 的吹脱（挥发）、HCN 气体吸收四个阶段。具体工艺技术参数为：控制 pH 值在 2～3 之间，用强酸（H_2SO_4）与废水混合，加温至 30～40℃后用压缩空气或锅炉剩余热蒸汽进行气提，挥发后的 HCN 用 NaOH 溶液吸收，吸收后氰化钠溶液重新再利用。

酸化回收法主要消耗硫酸、烧碱和电力。另外，冬季需要预热废水，消耗蒸汽。

该工艺过程中，酸主要是用于中和废水中的碱，使废水达到一定酸度（$pH<2$），并使废水中氰化物转变成 HCN，总酸耗一般为 5～10kg/m^3。烧碱主要用于与载气中的 HCN 及其他酸性气体反应，并保持吸收液残余碱度，一般实际用量大于理论计算量。

在废水处理后氰化物浓度降低至 5mg/L 左右情况下，电耗约为 3.26kW/m^3，具体包括：废水提升泵 0.5kW/m^3、吹脱用风机 1.5kW/m^3，碱液循环泵 0.5kW/m^3，排风机 0.5kW/m^3，酸泵及加酸系统 0.26kW/m^3。

酸化回收法处理效果，特别是氰化物的回收率，与废水组成、酸化程度、吹脱温度、吸收碱液浓度、发生塔的喷淋密度、气液化、发生塔结构有较大关系。前4项由基本原理决定，后3项与设备性能有关，一般情况下，氰化物回收率为85%～95%，残液氰离子质量浓度为10～20mg/L，工艺控制较好，最低可达到3～5mg/L。

该法的优点如下：

(1) 药剂来源广，价格低，废水组成对药剂耗量影响较小。

(2) 可处理澄清的废水（如贫液），也可以处理矿浆。

(3) 能最大限度地回收氰化物，废水氰化物浓度高时具有较好的经济效益。

(4) 易实现自动化。

该法的缺点为：

(1) 一次性投资大，比相同处理规模的碱氯氧化法高4～10倍，中小企业难以承担。

(2) 运行操作复杂，冬季需要对废水（浆）进行预热，才能取得较好的回收效果。

(3) 废水氰化物浓度低时，处理成本高。

(4) 经酸化回收法处理的废水还需要进行二次处理才能达到排放标准。

3.4.2.6 溶剂萃取法

该法利用有机胺类萃取剂（N_{235}）选择性萃取废水中的金及铜、锌、铁等重金属络合阴离子，萃取后仍含CN^-的萃余液则直接返回生产工艺中循环利用，负载有机相反萃得到重金属离子富集液和萃取剂，萃取剂返回循环利用，重金属离子富集液进一步处理回收有价金属，从而实现有价金属及氰化物的有效回收利用。

20世纪90年代，莱州市黄金冶炼厂与清华大学开发了“溶剂萃取处理氰化浸出贫液新工艺”，具体采用烷基叔胺（N_{235}）为萃取剂，萃取/反萃的反应机理为：

$$3[R_3NH]^+Cl^-_{(O)} + Cu(CN)^{3-}_{4\ (W)} \longrightarrow Cu(CN)_4[R_3NH]_{3(O)} + 3Cl^-_{(W)}$$

$$2[R_3NH]^+Cl^-_{(O)} + Zn(CN)^{2-}_{4\ (W)} \longrightarrow Zn(CN)_4[R_3NH]_{2(O)} + 2Cl^-_{(W)}$$

$$Cu(CN)_4[R_3NH]_{3(O)} + 3OH^-_{(W)} \longrightarrow 3R_3N_{(O)} + Cu(CN)^{3-}_{4\ (W)} + 3H_2O$$

$$Zn(CN)_4[R_3NH]_{2(O)} + 2OH^-_{(W)} \longrightarrow 2R_3N_{(O)} + Zn(CN)^{2-}_{4\ (W)} + 2H_2O$$

该工艺适用于处理铜、锌综合质量浓度不低于0.2g/L的氰化浸金贫液，萃取剂体系由烷基叔胺、高碳醇、磺化煤油组成，萃取液平衡pH值为6，铜/锌萃取率不低于99%，反萃率不低于99%，萃余液中$Cu + Zn \leqslant 0.1g/t$。

反萃得到的铜、锌离子富集液处理是该工艺面临的主要问题，曾设想采用电解法处理回收铜、锌，电解后的含氰化物溶液返回贫液中。

3.4.3 含氰废水处理与循环利用实践

3.4.3.1 金渠金矿含氰废水半酸化/酸化法处理实践[137]

A 基本情况

金渠金矿氰化厂日处理金精矿60t，原采用传统的“一次闭路磨矿、二浸二洗、氰渣压滤、贵液锌粉置换”流程，系统用水循环使用，生产污水“零排放”。但是，由于金精矿中铜、铁、硫等杂质含量较高，氰化过程中部分杂质被浸出进入溶液，在水体中不断积累，从而增加了氰化物的消耗，影响了生产指标，使生产难以顺利进行。为了保证零排放且不影响生产，2008 年 9 月起，该厂采用酸化法-二氧化氯氧化和半酸化法相结合工艺处理含氰废水。生产实践证明，该工艺简单可行，可操作性强，既可以实现综合回收，又降低了氰化物消耗。

B　工艺流程

氰化厂每月约有 $1500m^3$ 含氰废水需经酸化法处理，贫液中游离氰根为 800 ~ 1000mg/L。

正常生产情况下，采用半酸化法处理含氰废水，即将贫液给到 $\phi 4m \times 5m$ 酸化反应塔，控制溶液 pH 值为 2 ~ 3。酸化处理后废水中氰根含量可降到 300mg/L 左右，酸化循环结束后即进行沉淀，酸化塔上清液则进入中和槽，加氢氧化钠中和（pH = 12 左右），液体全部返回氰化浸出流程，酸化塔内的沉淀液则用 $80m^3$ 箱式压滤机压滤，滤渣即硫氰化亚铜，综合回收后销售，滤液进一步处理。

当氰化系统中的铜等贱金属离子浓度较高时，就采用酸化法-二氧化氯氧化工艺，即将酸化反应后的液体（酸化塔中的上清液）给入酸液槽，进行吹脱。吹脱气体进入碱液池吸收，吸收液为氢氧化钠水溶液（浓度 15% ~ 20%），由于碱液浓度较高，瞬间吸收生成的氰化钠浓度较低，多次循环吸收使氰化钠浓度逐步提高，氢氧化钠浓度降低，当氢氧化钠浓度下降至 5% 左右时，返回氰化系统，供氰化浸出使用。吹脱后，贫液含氰量降至 40 ~ 50mg/L，给入中和槽加氢氧化钠搅拌中和，控制 pH = 12；再进行二氧化氯氧化除氰，使含氰量降至 0.5mg/L 以下，达到国家规定的排放标准。具体工艺流程如图 3-14 所示。

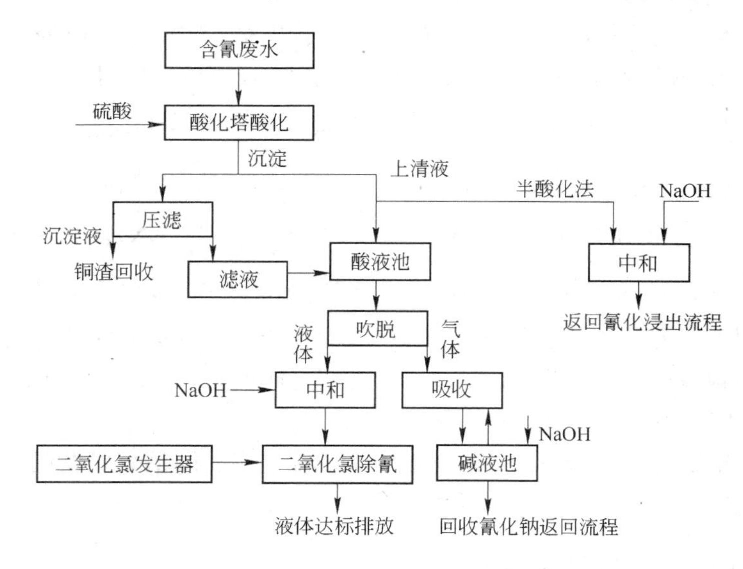

图 3-14　金渠金矿含氰废水处理工艺流程图

C　技术指标

贫液不经处理循环使用，杂质离子不断积累，氰化浸出指标明显下降。半酸化法处理工艺投产后，循环水水质基本能满足生产要求，处理后贫液返回生产使用，在一定时间内对氰化浸出指标影响不大。酸化实施前、后水体杂质含量对比见表 3-28。

表 3-28　氰化浸出液酸化前后水体杂质含量对比表

类　别	Au	Ag	Cu	Fe	CN^-
生产中的贵液	4.23	6.85	652.5	245.5	1200
生产中的贫液	<0.01	<0.02	635.5	218.0	950
经半酸化法处理后的贫液	<0.01	<0.02	45.0	10.5	1150

由于废水半酸化法处理后还含有一定量的铜、铁等杂质，长期循环将使氰化系统中的铜、铁等离子浓度逐渐增高，影响到氰化浸出指标，这就需要定期采用酸化法-二氧化氯除氰工艺流程处理。氰化厂废水处理技术经济指标见表 3-29。

表 3-29　2008 年 8 ~ 9 月氰化厂废水处理技术经济指标

时　间	处理量 /m^3	贫液组成/mg·L^{-1}			排液组成/mg·L^{-1}			铜渣组成		成本 /万元·月$^{-1}$
		CN^-	Cu	CNS^-	CN^-	Cu	Pb	Cu/%	Au /g·L^{-1}	
8 月	1500	960	650	446	<0.5	<1.0	<1.0	44	8	4.5
9 月	1550	866	670	428	<0.5	<1.0	<1.0	46	10	4.8

D　效益分析

以 2008 年 8 ~ 9 月的生产指标计算，平均月产铜渣 3t，铜品位 45%，金品位 8g/t，月均产值约 32 万元；氰化钠消耗降低了 15kg/t，节约氰化钠 10t 左右，价值 4 万元；含氰废水处理单位成本为 32.50 元/m^3，每月约 5 万元，月综合效益约 2.2 万元，年增经济效益约 26.4 万元。

E　小结

采用酸化法-二氧化氯除氰和半酸化法相结合的工艺流程处理含氰废水，基本实现了氰化厂含氰废水的零排放，并回收了贫液中的氰化钠和铜、金等有价组分，达到了综合回收的目的。其中有以下两点值得借鉴：

（1）当含氰废水中铜离子浓度较高时，适宜采用酸化法处理，当铜离子浓度较低时，适宜采用半酸化法；当生产中铜离子浓度超过 1000mg/L 时，对金的氰化浸出影响较大。

（2）废水处理过程中，采用硫酸进行酸化，氢氧化钠进行吸收和中和调碱度，要严格保证各段所要求的 pH 值。采用氢氧化钠中和，生产成本虽然较高，但生产易于操作，中和效果好。

3.4.3.2　含氰废水酸化法-二氧化硫/空气氧化法处理实践[138]

A　简况

在我国采用金精矿氰化-锌粉置换、金精矿氰化-炭浆工艺的黄金矿山较多，尤其是山东省地区比较普遍。金精矿氰化厂最后排放的贫液中氰化物质量浓度很高，一般达到 800 ~ 1200mg/L。传统的金精矿浸出含氰废水处理方法为酸化回收法，但氰化物去除率不太理想，达不到废水排放标准，而且废水处理成本很高。

山东省莱州市某金矿氰化废水工艺改造，采用改进的酸化法工艺进行一级处理，回收废水中的绝大部分氰化物；同时用炭吸附法回收废水中的微量贵金属，而废水中的残余氰化物用二氧化硫-空气氧化法进行二级处理，使其达到排放标准，实现了环境效益、经济效益和社会效益三者的统一。

B　工艺流程

废水处理工艺流程如图 3-15 所示。具体工艺过程如下。

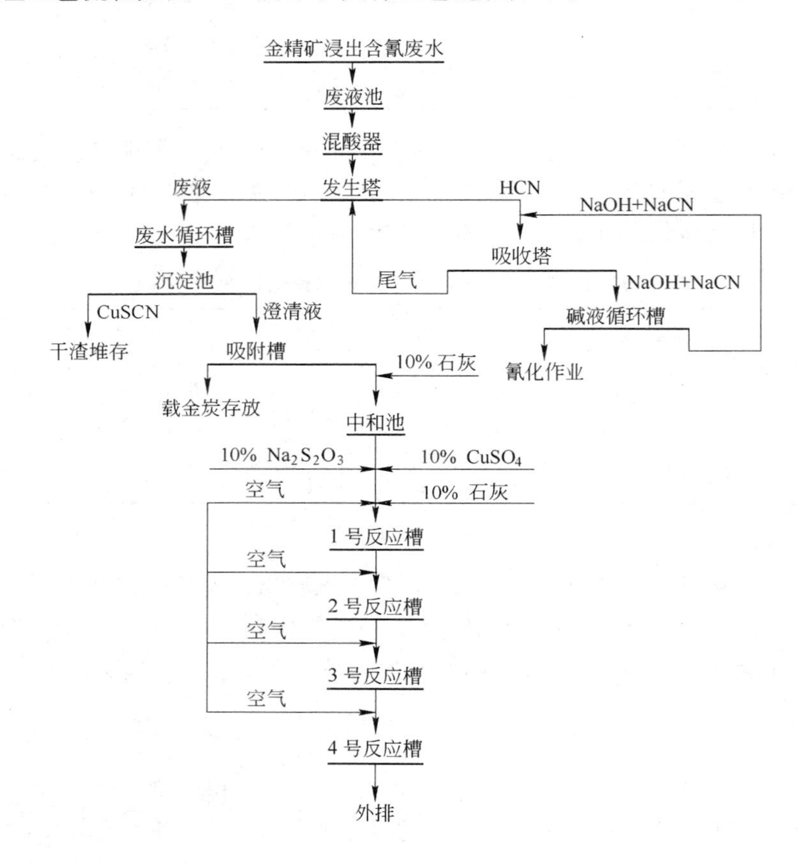

图 3-15　废水处理工艺流程图

a　酸化与吹脱

氰化废水首先进入废水处理车间的 80m³ 贫液贮池，用泵经流量计计量后送入换热器，加热到 30～35℃后进入混酸器，与从硫酸高位贮槽来的浓硫酸混合，pH 值降低到 1～3 后流出进入氰化氢发生塔，含氰化氢的废水在塔顶经喷淋装置均匀地喷淋在填料层上，与从塔底进入的空气逆向接触，废水中的氰化氢逸入空气中，除去大部分氰化氢的废水自塔底流出，进入废水循环槽，然后用泵送到 80m³ 中间贮池。

b　硫氰化亚铜的回收

经过酸化法处理后，含硫氰化亚铜悬浮物的酸性废水进入中间贮池沉淀，清液由泵经流量计计量后送至吸附柱回收金、银，沉积在中间贮池底部的硫氰化亚铜以沉淀物形式被回收。

c　氰化钠的回收

载有氰化氢的气体从吸收塔底进入吸收塔，与从塔顶喷淋的氢氧化钠溶液逆向接触，氰化氢被氢氧化钠溶液吸收，气体从吸收塔顶部经风机返回发生塔底部循环使用。吸收液经吸收塔底部返回到碱液循环槽，再经泵进行循环喷淋，当碱吸收液中氰化钠浓度达到一定值时，用泵送至氰化工序使用。

d 发生塔、吸附槽的冲洗

(1) 发生塔的冲洗。由于贫液与硫酸混合，会生成硫氰化亚铜白色沉淀物，并在发生塔的填料表面长期积累，因此必须定期地用清水冲洗发生塔，把填料表面的硫氰化亚铜沉淀冲洗下来。酸化回收法处理后的废水在中间贮池沉淀硫氰化亚铜，其上清液经流量泵送至氰化氢发生塔，自上而下冲洗硫氰化亚铜，含有硫氰化亚铜悬浮物的冲洗废水自塔底流出，进入废水循环槽，然后经泵送至中间贮池沉淀硫氰化亚铜，澄清液循环使用。

(2) 吸附槽的冲洗。经过长期的吸附作业，活性炭表面粘着大量的硫氰化亚铜及其他杂质，从而影响吸附效果，为此应定期用中间贮池中的澄清液冲洗活性炭，以去除炭表面的杂质，冲洗产生的浑水自吸附槽底流出，进入中间贮池沉淀硫氰化亚铜。

e 贵金属回收

含氰废水采用酸化回收法处理，分离出硫氰化亚铜沉淀物后进入吸附工序，含有微量金、银的酸性废水通过吸附槽，金、银被活性炭吸附，得以回收。废水自动流入室外 $60m^3$ 中和沉淀池。

f 二氧化硫-空气氧化法二级处理

酸性废水在中和池中用石灰乳中和至 pH =9 ~10.5，上清液用泵送回氰化废水处理车间反应槽中。在反应槽中，定量加入10%硫酸铜溶液和10%焦亚硫酸钠溶液，与罗茨风机鼓入的空气一同作用使氰化物得到氧化，流出反应槽的废水澄清后用泵送至尾矿库。

C 处理效果

(1) 酸化回收法的氰化物去除率

工艺调试初期，发生塔处理贫液量开始为 $60m^3/d$，后期达 $72m^3/d$，贫液含氰质量浓度为1060 ~1142.2mg/L。经过酸化回收后，游离氰为0.15 ~0.3mg/L（用硝酸银滴定法测定）；按照《水质氰化物的测定 GB 7487—87》中规定的硝酸银滴定法分析，氰化物质量浓度为1.5 ~3.0mg/L。

经过3个月的运行，酸化回收法处理效果稳定。设备运行15d，共回收氰化钠1800kg，氰化物回收率达到99.8%，回收硫氰化亚铜1500kg，经济效果显著。氰化物回收情况统计见表3-30。

表3-30 酸化处理氰化物回收情况统计

取样批次	处理前总氰浓度/mg·L^{-1}	处理后总氰浓度/mg·L^{-1}	回收率/%	取样批次	处理前总氰浓度/mg·L^{-1}	处理后总氰浓度/mg·L^{-1}	回收率/%
1	1142.2	2.80	99.75	13	1100.0	1.50	99.86
2	1070.0	3.10	99.71	14	1100.0	3.50	99.68
3	1060.0	3.80	99.64	15	1100.0	3.60	99.68
4	1104.0	2.10	99.81	16	1100.0	7.20	99.36
5	1100.0	1.70	99.85	17	1100.0	3.00	99.73
6	1100.0	1.70	99.85	18	1100.0	1.70	99.85
7	1100.0	2.30	99.79	19	1100.0	1.50	99.86
8	1100.0	2.30	99.79	20	1100.0	2.60	99.76
9	1100.0	2.80	99.75	21	1100.0	1.60	99.86
10	1100.0	2.80	99.75	22	1100.0	2.10	99.81
11	1100.0	2.80	99.75	23	1100.0	1.50	99.88
12	1100.0	2.20	99.80				

（2）金、银回收率

活性炭在酸化条件下，对金、银有着较强的吸附能力，吸附率几乎达到100%，载金炭品位不低于350g/t，而且吸附装置不需要专人管理，操作十分方便。

（3）二氧化硫-空气氧化法除氰效果

在15d的工业试验中，废水处理车间外排废水中氰化物质量浓度均达到国家工业污水综合排放标准，具体见表3-31。

表3-31 二氧化硫-空气氧化法去除氰化物结果

取样批次	中和池氰化物质量浓度/mg·L^{-1}	澄清池氰化物质量浓度/mg·L^{-1}	取样批次	中和池氰化物质量浓度/mg·L^{-1}	澄清池氰化物质量浓度/mg·L^{-1}
1	17.6	0.50	8	3.80	0.40
2	6.0	0.30	9	3.80	0.40
3	2.80	0.50	10	2.00	0.50
4	2.90	0.50	11	12.10	0.40
5	2.00	0.50	12	1.80	0.20
6	1.70	0.40	13	2.80	0.30
7	2.30	0.40	14	2.60	0.30

D 小结

山东省某金矿采用该工艺已经运行8年，技术指标一直很稳定，为企业创收利润30多万元，实现了环境效益、社会效益和经济效益的三者统一。

3.4.3.3 含氰废水过氧化氢氧化法处理实践[139]

A 简况

采用酸化法处理高浓度含氰废水具有较好的技术经济效益，每立方米废水可以回收2～4kg氰化钠、0.5～1.5kg铜渣，赢利在20元/m^{3}左右，是为数不多的赢利型含氰废水处理方法之一。该方法可将废水中的氰离子浓度由1000～2000mg/L降至5～50mg/L，但仍达不到国家规定的排放标准。对该部分废水采用过氧化氢氧化法进行二次处理，工业试生产显示出处理指标稳定，运行成本低，操作简单等优点。

B 工业试验原料及工艺流程

酸性含氰废水的组成见表3-32，处理工艺流程如图3-16所示。

表3-32 酸性含氰废水的组成

成 分	CN^-	Cu	Pb	Zn	Cd	As	SCN^-
含量/mg·L^{-1}	62.89	19.4	2.24	199.00	—	0.35	700

注：pH=2.1。

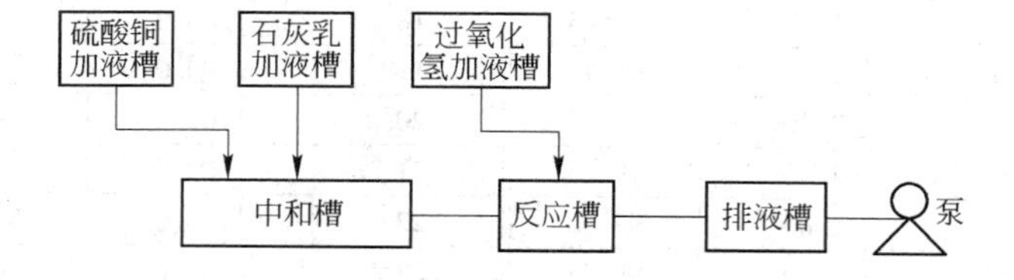

图3-16 含氰废水过氧化氢氧化处理工艺流程图

具体工艺条件参数为：

硫酸铜溶液	10%	过氧化氢溶液	27%
pH 值	10～11	处理量	$6m^3/h$
处理前含氰浓度	5～50mg/L	反应时间	2h

C　工业试验效果

工业试验于 1996 年 7 月 11 日在山东省三山岛金矿进行，共处理酸性含氰废水 $2774m^3$，处理前含氰浓度最高值为 62.27mg/L，处理后含氰浓度（以 CN_T^- 计）最低为 0.04mg/L，低于污水综合排放标准的规定。具体试验结果见表 3-33，处理前、后金属离子浓度见表 3-34。

表 3-33　含氰废水过氧化氢氧化处理前/后含氰浓度

处理量 $/m^3 \cdot d^{-1}$	处理前平均含氰浓度 $/mg \cdot L^{-1}$	处理后平均含氰浓度 $/mg \cdot L^{-1}$	处理量 $/m^3 \cdot d^{-1}$	处理前平均含氰浓度 $/mg \cdot L^{-1}$	处理后平均含氰浓度 $/mg \cdot L^{-1}$
31	2.53	0.48	72	11.58	0.11
45	1.58	0.14	72	16.26	0.35
45	3.26	0.16	120	18.06	0.24
39	1.86	0.13	120	29.35	0.41
20	4.10	0.09	120	29.35	0.41
84	15.74	0.11	120	13.84	0.12
144	8.65	0.13	120	42.04	0.16
120	20.05	0.19	120	22.51	0.36
67	5.34	0.21	120	5.20	0.25
67	8.00	0.13	120	19.12	0.15
72	32.00	0.41	120	2.99	0.16
120	39.68	0.42	120	6.64	0.15
72	14.27	0.04	120	6.50	0.11
72	14.57	0.14	120	12.62	0.11
72	11.97	0.13	120	7.68	0.08

表 3-34　含氰废水过氧化氢氧化处理前/后金属离子浓度

元　素	处理前浓度 $/mg \cdot L^{-1}$	处理后浓度 $/mg \cdot L^{-1}$
Cu	4.367	0.482
Pb	0.411	0.278
Zn	865.2	1.864

经过一年多的生产运行表明，该工艺处理指标稳定。

该废水原采用液氨法处理，成本为 17.80 元$/m^3$，采用过氧化氢法处理后，成本仅为 7.3 元$/m^3$（见表 3-35），与前者相比，成本降低 10.5 元$/m^3$。

表 3-35 工业试验成本核算

项 目	定 额	单价/元	金额/元	占成本比例/%
硫酸铜	0.2kg	8.00	1.6	21.92
过氧化氢	1.5kg	1.8	2.7	36.99
石 灰	10kg	0.16	1.6	21.92
电	4.0kW · h	0.35	1.4	19.17
合 计			7.3	100

3.4.3.4 含氰废水膜处理回收氰化钠实践[140]

A 基本情况

某矿业集团采用膜分离技术处理含氰废水回收氰化钠，处理水量为 $60m^3/d$，废水中氰化钠浓度为 600～1200mg/L，pH 值为 11～12。透过膜组件的透析液要求回用于生产或达标排放；含有氰化物和金、银等贵重金属的浓缩液返回氰化工段再利用。

B 工艺流程

具体工艺流程如图 3-17 所示，含氰废水上清液用输料泵给入过滤器中，以去除悬浮颗粒；出水经保安器进行膜前过滤，再经高压泵加压送入膜组件进行分离。膜组件共有透析液及浓缩液两个出口，水透过膜成为透析液，可直接排放或回用，金属化合物由于不能透过膜而使溶液得到浓缩成为浓缩液，浓缩倍数可达 10 倍；透析液流量为原废水流量的 90%，浓缩液流量为原废水流量的 10%。膜组件工作一段时间后会出现膜污染，膜通量下降，这时应采用 CIP（在线）清洗系统进行化学清洗，清洗过程约需 0.5～1h。

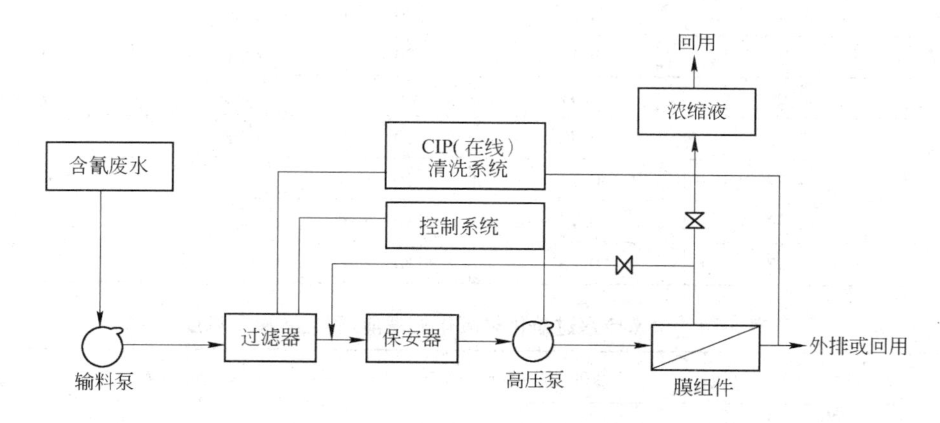

图 3-17 含氰废水膜处理回收氰化钠工艺流程示意图

浓缩液主要成分为氰化钠溶液，浓度为原废水氰化钠浓度的 6～10 倍。透析液主要成分为水，氰化钠浓度约为原废水氰化钠浓度的 1.5%，若需要更低浓度出水，可以对此透析液进行第二级膜处理。

C 膜分离系统组成

膜分离系统包括微滤膜设备与反渗透膜处理系统。微滤膜设备作为反渗透的预处理设备，带反冲洗装置，用于固液分离；反渗透膜处理系统用于氰化钠与水分离，回收得到氰化钠溶液。

系统主要设备及技术参数如下：

（1）Y型过滤器2台，规格为50目（0.297mm）；

（2）微滤膜芯3个，中空纤维，过滤精度0.2μm；

（3）反渗透膜总产水量2.7m^3/h，膜元件尺寸：4×20（产地：美国），膜壳型号和数量：4040×4（产地：美国）；

（4）不锈钢输料泵、高压泵，流量分别为12m^3/h、10m^3/h，扬程20m，功率15kW；

（5）换热器换热面积1.5m^2。

D 运行结果

该项目的膜设备经过一年多的运行，可回收氰化废水中绝大部分金属化合物（如氰化钠等），节省了原处理氰化钠所需的费用；出水氰化钠含量低，可以达标排放。

该项目于2005年11月由当地环境监测站进行验收检测，验收检测数据表明膜系统对氰化物的截留率达98.5%以上。

3.4.3.5 含氰废水综合治理循环利用实践[141]

A 概况

辽宁省黄金冶炼厂位于辽宁省朝阳市北郊5km处，始建于1985年，至1997年已形成100t/d浮选金精矿和50t/d高品位金块矿的处理能力；2000年在原有氰化浸出能力基础上又建设了一套100t/d焙烧-制酸-制铜冶炼厂。但是，由于原有尾矿库库容小，尾矿库底部的防渗漏层遭破坏，再加之外排污水环保治理措施不够完善，含氰废水不得不闭路循环使用。可是废水循环使用一段时间后，杂质逐渐积累，对正常生产造成了严重的影响，致使氰化回收率指标偏低。

该厂于1997年对原有生产工艺进行了技术改造，对氰化尾矿浆进行压滤处理，压滤后的氰化尾渣干式堆存，压滤后的含氰废水采用硫酸酸化-石灰中和沉淀净化处理后循环使用。通过以上技术改造，不但使含氰废水中的氰化物得到了综合利用，而且废水中的杂质得以沉淀净化，确保了贫液可以循环使用，实现了废水零排放。几年的生产实践证明，技术改造效果相当明显，金总回收率由技改前的95.48%提高到96.55%，同时累积节省污水治理费99万元，综合回收氰化钠36.2t，价值47万元，节约用水6万多立方米，一举多得。

B 工艺技术措施

含氰废水中的主要污染物为氰化物和Cu、Pb、Zn、Fe等杂质离子，循环使用一段时间后，由于杂质的积累，对氰化浸出率、洗涤率、置换率都产生了不利影响，为此，采用简易酸化处理除铜，并回收氰化钠，酸化处理后废水再用石灰中和沉淀，进一步去除重金属离子，中和净化液返回循环使用。

C 处理效果

1998~2000年，先后4次对循环使用的贫液进行酸化-中和沉淀净化处理，具体的生产指标和数据见表3-36；技术改造前后历年主要生产技术指标见表3-37。

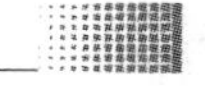

表 3-36 贫液综合治理前/后杂质的质量浓度对照 (mg/L)

净化时间	净化前/后	总 氰	游离氰根	铜	铅	锌	铁	pH
1998 年 3 月	净化前	2607.49	1813.47	1134.21	276.47	301.57	210.76	10
	净化后	1346.95	879.43	56.74	31.69	87.48	210.07	3
1999 年 4 月	净化前	1989.40	900.03	1202.64	300.66	276.81	243.60	10
	净化后	1034.73	450.27	48.24	56.08	87.15	34.77	3
1999 年 9 月	净化前	1635.54	809.96	1019.97	415.64	293.01	197.86	10
	净化后	1234.13	459.39	67.08	76.54	63.79	20.58	3
2000 年 3 月	净化前	1579.96	904.37	1356.09	279.43	246.72	121.43	10
	净化后	909.44	421.64	30.01	53.48	41.74	18.18	3

表 3-37 技术改造前后历年主要生产技术指标

项 目	技术指标						
	1994	1995	1996	1997	1998	1999	2000
投入矿量/t	34138	26249	4056	15671	6589	11377	9413
黄金产量/kg	601.81	329.07	24.35	242.05	177.3	247.59	198.32
石灰单耗/kg	18.5	21.5	18.2	14.6	14.0	8.9	8.0
氰化钠单耗/kg	5.86	5.82	4.50	3.02	2.51	2.20	2.00
氰化回收率/%	95.36	95.47	95.17	95.94	96.37	96.70	96.58
新水用量/$\times 10^4 m^3$	28.7	21.3	4.2	5.1	4.5	4.6	4.8

D 小结

采用简易酸化净化降杂、除铜效果明显，对铅、锌、铁等杂质也有一定抑制，处理后完全可以实现废水闭路循环使用，既能实现含氰废水零排放，又可确保贫液循环使用，不影响正常生产。

3.5 浮选厂废水的综合处理与循环利用

3.5.1 简况

与重选、磁选厂废水相比，浮选厂废水污染物含量高，并具有如下特点：

（1）固体悬浮物（SS）浓度高。由于矿石中的矿物嵌布粒度越来越细，为了实现矿物单体解离，细磨已成为浮选厂的基本作业，磨矿细度达到 -200 目（-0.074mm）95%～98%已属正常情况，从而有大量的微细颗粒无法沉降而保留在废水中。另外，矿物溶解及矿物与浮选药剂作用也会生成难沉降的胶体悬浮物，因此废水中固体悬浮物浓度高。

（2）铜、铅、锌等重金属含量高。铜、铅、锌等有色金属硫化矿普遍采用浮选处理，浮选处理的氧化矿石中往往也含有少量的铜、铅、锌矿物，在矿石破碎、磨矿、浮选过程中，铜、铅、锌硫化物会发生一定程度的氧化，在相应酸碱介质环境中，能不同程度溶解进入矿浆溶液中。另外，浮选时必然添加一定量的硫酸锌、硫酸铜等无机盐作为活化剂或抑制剂，因此，废水中重金属含量高。

（3）化学需氧量（COD_{cr}）高。浮选中添加的捕收剂、起泡剂，例如十二胺、松醇油等都属于较难分解的有机物，它们残留在废水中，必须通过氧化才能分解，因此，化学需氧量高。

总之，浮选废水污染比较严重，一般不能浓缩澄清后直接回用。目前，常规的做法是将各种浮选废水与尾矿浆一起输送至尾矿库，通过自然沉降、分解、降解净化后，尾矿库出水再返回选矿厂使用或直接外排，如不能达标排放则需进一步深度净化处理。

但是，在环境保护要求日益提高、水资源日趋紧张、生产成本控制更加严格的背景下，该做法的缺点也日益明显，具体来说主要有：

（1）废水输送与净化成本高。

（2）废水处理量大，处理效果差，难以确保正常返回使用甚至达标排放。

（3）不可控因素多，发生环境污染事故风险高。

虽然浮选厂的综合废水由于污染物（杂质）含量高，不能就地循环利用。但是根据清洁生产思想，分类收集、分类处置与综合利用却是完全可能的。近年在浮选废水综合利用方面，我国的凡口铅锌矿、南京栖霞山铅锌选矿厂、吉恩铜镍选矿厂等进行了有益探索，取得了很好的成效，实现了废水全部回用，极大地减少了废水的排放，消除了废水对环境的危害，产生了显著的经济效益和社会效益。下面详细介绍相关选矿厂的实践情况。

3.5.2　凡口铅锌矿选矿废水综合利用实践[142]

3.5.2.1　简况

凡口铅锌矿地处广东北江水系的上游，工业区周围农村人口密集，农田较多。长期以来，选矿厂采用集中回收和污水管道输送系统，将选矿废水与尾矿一起输送到12.5km外的尾矿库，再进行澄清净化和中和处理，处理后水质检测达标后排放。废水输送与净化处理成本高，浪费大，有时还出现环境污染事故。

近几年通过大量的试验研究、该矿大胆创新，解决了选矿废水的循环利用和资源化综合利用的技术难题，废水利用率达85%以上，极大地减少了选矿废水的排放，取得显著的经济效益和社会效益。

3.5.2.2　选矿废水的状况与特征

凡口铅锌矿每年处理100多万吨铅锌矿石，生产过程中需要使用新鲜水750多万吨，选矿工艺流程与用水分配情况如图3-18所示。

选矿废水按产出地点分，主要有铅、锌、硫精矿产品脱水的溢流水及过滤水、锌尾矿浆脱水、工业场地污水（包括洗矿水、厂房冲洗水及非工艺用水）以及尾矿输送含水四大部分，选矿废水流量情况见表3-38。

表3-38　凡口铅锌矿选矿废水流量统计

名　称	日排放量/t	年排放量/万吨	备　注
尾矿水	4455.00	104.94	随尾矿带走
精矿脱水	6740.85	153.79	溢流水
锌尾溢流水	10168.09	239.52	
浓缩机溢流水	544.74	12.83	污水沟
设备、辅助作业排水	3829.18	90.20	
工业场地用水	6298.30	148.36	
选矿废水量	27581.60	649.701	
总排水量	32036.14	754.64	

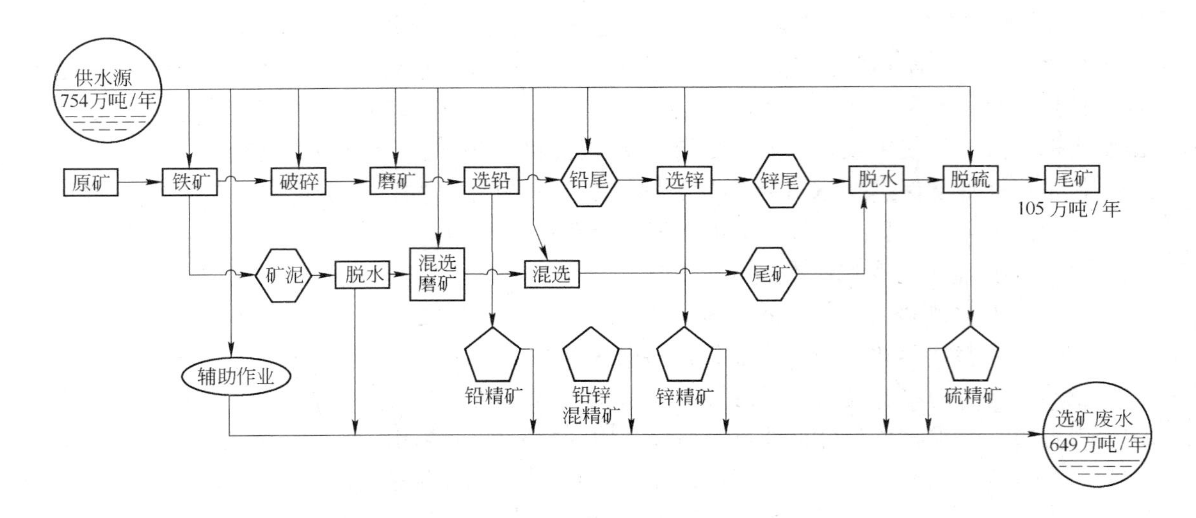

图 3-18 凡口铅锌矿选矿工艺流程及用水分配情况

选矿废水水质主要表现为含悬浮颗粒多，pH 值高（pH > 10.5）、黑色混浊，残留有机/无机药剂、油污类等，水质化验分析结果见表 3-39。其中废水的总硬度、硫化物、耗氧量、总碱度等高于生产用新水的 10 倍以上。

表 3-39 水质化验分析结果 (mg/L)

水样	pH	总碱度	COD_{cr}	BOD_5	Cl^-	OH^-	CO_3^{2-}	HCO_3^-	SO_4^{2-}	可溶固体物	NO_3^-
生产用水	7.1	41.7	17.7	7.9	3.4	0	0	91.5	96.4	289.3	4.08
选矿废水	11.56	190.2	259.3	159.3	243	76.5	66	0	1355	2712	1.68
锌尾水	11.98	349.1	335.9	119.8	303.7	195.5	75	0	1258	2786	2.17
水样	Pb	Zn	SS	Cu	Fe	DO	S^{2-}	总硬度	矿化度	水色	水温/℃
生产用水	0.12	0.262	<0.1	0.003	0.036	6.07	4.56	2.0	278	清	24
选矿废水	10.095	0.979	79.0	0.018	2.206	—	8.27	19.6	2652	清	29
锌尾水	16.888	1.354	139.0	0.328	2.761	—	13.83	22.8	2581	清	30

注：生产用水为选矿厂原生产使用的清水。

3.5.2.3 选矿废水资源化回收与处理净化技术

针对选矿废水排放点多、各点废水的含杂程度不一的情况，现场主要采用就地澄清、净化与回收的技术措施。

（1）加强选矿工艺过程中的脱水作业管理，提高废水回收效果。针对精矿浓缩机溢流水、过滤机滤液水较清、含固体颗粒少、含药剂浓度较高的特点，强化管理和集中回收该部分废水，通过两级以上沉淀池的自然澄清，将精矿脱水后的废水全部回收，并达到可直接回用的工业用水要求。

（2）新设计尾矿废水处理系统，对含有大量细微固体颗粒的尾矿废水，联合使用普通浓缩机、高效浓缩机和多级沉淀设备，结合使用絮凝剂加速澄清，使尾矿废水中的微细固体颗粒含量、悬浮物等大幅度降低，最终达到全面回收和可直接回用的工业用水要求。

（3）联合使用多级沉淀池和高效浓缩机设备，对所有落地的洗矿废水、选矿厂冲洗废水和其他废水进行澄清、净化回收。

上述回收澄清处理后的选矿废水，再集中至沉淀池进行再次澄清和净化，并根据不同废水水质情况进行相应的水质处理，如采用曝气法、酸碱中和、脱药、格栅等技术措施，降低废水中金属离子、残余的浮选药剂、固体颗粒及悬浮物含量，提高废水水质以达到循环回用要求，并集中输送至回水池供回用。具体处理工艺流程如图3-19所示。

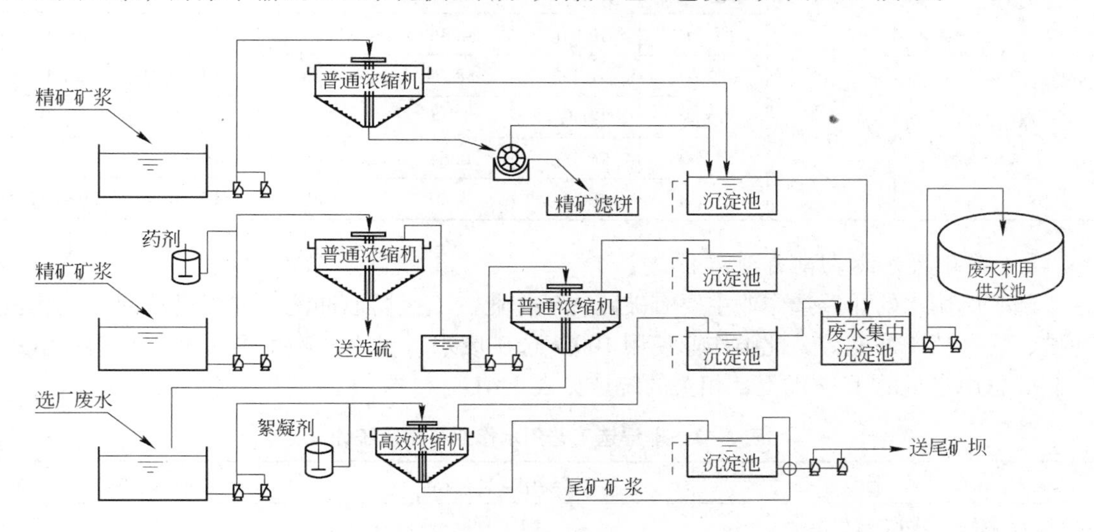

图3-19 凡口铅锌矿选矿废水处理工艺流程

通过一系列的澄清、净化处理后，废水水质明显改善：

（1）选矿废水清澈，悬浮物含量大大降低，颗粒含量少，达到100×10^{-6}以下；

（2）有机和无机物含量大大减少；

（3）水中溶解氧、矿化度、SS等含量降低。

3.5.2.4 废水综合利用技术

A 选矿废水返回浮选工艺过程

选矿废水水质不同于新鲜水水质，直接全部用于铅锌浮选工艺过程，铅锌生产指标将受到影响。通过大量试验和反复的验证，采取如下技术措施，浮选工艺过程利用选矿废水，可达到与使用新鲜水一样的技术经济指标：

（1）配比使用选矿废水。在铅锌浮选工艺过程中，选矿废水比例为30%～75%。

（2）调整浮选药剂制度，提高铅锌分选与精选富集效果。使用选矿废水后，根据废水性质特点调整浮选药剂用量，如根据浮选泡沫情况，减少松醇油、捕收剂用量，增加抑制剂用量，可提高选矿分选效率。

（3）控制关键浮选作业点，调配使用选矿废水。铅锌浮选精选作业很关键，若含有大量有机物和无机物的选矿废水介入，势必影响浮选富集效果，带来不必要的浮选中矿循环，精选作业使用选矿废水作为冲泡水，占用率以60%以下为宜。

采取上述技术措施进行选矿废水回用的工业试验，废水回用选矿指标与使用新鲜水相当，具体技术指标见表3-40。

表 3-40　选矿废水回用工业试验的技术指标

浮选工艺用水	处理量/t	产品名称	产率/%	品位/%		回收率/%	
				Pb	Zn	Pb	Zn
选矿废水（占用率 60% ~85%）	45606. 34	铅精矿	6. 347	58. 26	3. 24	84. 81	2. 11
		锌精矿	17. 531	1. 17	52. 33	4. 70	94. 29
		尾　矿	76. 122	0. 60	0. 46	10. 49	3. 60
		原　矿	100. 00	4. 36	9. 73	100. 0	100. 0
原新鲜水（不使用废水）	39716. 92	铅精矿	6. 493	58. 74	3. 19	84. 76	2. 12
		锌精矿	17. 474	1. 14	52. 61	4. 43	94. 29
		尾　矿	76. 033	0. 64	0. 46	10. 81	3. 59
		原　矿	100. 00	4. 50	9. 75	100. 0	100. 0

B　选矿废水返回非浮选作业

选矿厂用水的非浮选作业主要有破碎洗矿作业、工业场地冲洗、浓缩机消泡与过滤机冲槽、最终精矿冲泡等，此类作业使用100%选矿废水，也不影响生产指标，其用水量占选矿厂总用水量的45%以上，相关的统计见表 3-41。

表 3-41　非浮选工艺用水作业与用量统计

项　目	需要用水量/$t \cdot d^{-1}$	比例/%
破碎、筛分、洗矿作业	1400. 00	11. 55
精矿浓缩、过滤作业	2760. 00	22. 77
最终精矿冲泡	3296. 16	27. 19
工业场地冲洗	4664. 66	38. 48
合　计	12120. 82	100. 0

C　选矿废水综合利用技术措施

实行选矿废水综合利用，采取如下相应技术措施，可确保稳定运行：

（1）选矿废水用管道输送到各作业用水点，设计要求与原生产工艺用水拥有同等的压力、流量和调节控制能力，并与原有供水管网不冲突，可相互调节转换，不影响正常的生产过程。

（2）供水管道上安装相应的压力表、流量计和自动止压阀，安装相应的液位计、电负荷监测器、自动运行和手动操作等装置。使用过程中随时观察选矿废水主要技术条件的变化，及时调整变化的参数，选矿回水供水过程实行自动控制或手动控制。

（3）设置选矿废水的主要监控点，定时取样检测水质变化情况，对于部分金属离子、悬浮物、无机物和有机物等积累现象，进行特别监控检查，并根据选矿生产要求，采用强化处理选矿废水、适当调控废水处理措施，使之不影响正常的生产，实现选矿废水的循环利用。

3. 5. 2. 5　工业应用效果

工业试验完成后，即在磨矿浮选工艺过程的部分系统中使用选矿废水，浮选工艺操作稳定，应用情况良好，铅锌生产指标正常稳定，选矿厂 2002 年 5 ~ 12 月主系统生产指标对比见表3-42，选矿药剂用量对比见表3-43。使用选矿废水后，生产技术指标基本维持不变，药剂成本降低了0.356元/t。

表3-42 选矿厂主系统生产指标对比 (%)

浮选工艺用水	原矿品位		铅精矿		锌精矿		尾矿品位	
	Pb	Zn	品位	回收率	品位	回收率	Pb	Zn
原新鲜水	4.17	9.65	58.41	82.86	52.48	94.39	0.65	0.44
选矿废水（占用率60%～85%）	4.15	9.77	58.06	83.21	52.37	94.48	0.64	0.44

表3-43 选矿厂Ⅱ系统选矿药剂用量对比

用水类别	松醇油 /g·t^{-1}	乙硫氮 /g·t^{-1}	选铅丁基黄药 /g·t^{-1}	选锌丁基黄药 /g·t^{-1}	硫酸铜 /g·t^{-1}	DS /g·t^{-1}	石灰 /g·t^{-1}	总成本 /元·t^{-1}
原新鲜水	26.479	141.716	192.110	270.258	654.595	103.616	8.736	11.078
选矿废水	17.906	123.908	172.789	259.100	662.906	126.520	9.518	10.722
对比差值	8.572	17.808	19.321	11.157	-8.311	-22.904	-0.782	0.356

选矿废水综合利用工程完全实施后，预计废水用量在500万吨/年以上，不仅达到了清洁生产、保护矿山环境的目的，而且消除了矿区周边农田和北江水系潜在的水质污染，社会效益极为显著。

但是实施过程中，有些技术还需要作进一步优化提高，如选矿废水中有害成分完全净化处理、水系统调配处理、全部循环使用技术等。

3.5.3 栖霞山铅锌选矿厂选矿废水的处理与循环利用实践[143]

3.5.3.1 简况

南京栖霞山锌阳矿业有限公司地处长江南岸，紧邻栖霞山风景区，是华东地区最大的铅锌硫银有色金属矿山。矿石为高硫铅锌银矿，选矿厂日处理原矿石1300t，每天产出选矿废水5400m^3，直接排放严重污染环境，若末端处理达标排放则给企业带来沉重负担。

鉴于此，企业与广东工业大学合作，通过系统试验研究，确定了合理的选矿废水处理与循环利用技术方案，应用于实践实现了废水全部回用，取得了显著的社会效益和经济效益。

3.5.3.2 选矿厂废水产生情况

选矿厂废水包括选铅废水、选锌废水、选硫废水、锌尾矿水与尾矿水五部分，总用水量5900m^3/d，精矿产品及尾矿充填带走水量500m^3/d，最终产生废水量5400m^3/d，具体构成见表3-44。

表3-44 选矿厂各作业废水量统计

废水产生点	铅废水	锌废水	硫废水	锌尾水	尾矿水	合 计
废水量/m^3·d^{-1}	250	500	1300	2700	650	5400
所占比例/%	4.6	9.3	24.1	50.0	12.0	100.0

3.5.3.3　循环利用技术方案

A　锌尾水优先直接回用于选锌作业和精矿冲矿

在选矿废水中，锌尾水流量最大，约2700t/d，pH值在12.40左右，水中含有的主要成分为残留药剂，如乙硫氮、苯胺黑药、丁基黄药、起泡剂，以及铜离子、锌离子、铅离子、钙离子、硫酸根离子等。由于锌尾水是选锌的母液，直接用于选锌，对于提高锌回收率、降低选锌药剂成本都有好处。

在实验室对比试验成功的基础上，2003年5月完成了锌尾水直接用于选锌和精矿冲矿作业的改造，使用前后技术指标和药剂用量情况见表3-45。

表3-45　锌尾水直接用于选锌技术指标对比

时　间	选锌药剂用量				选锌补加水	产品名称	品位/%			回收率/%		
	石灰 /kg·t⁻¹	捕收剂 /g·t⁻¹	硫酸铜 /g·t⁻¹	起泡剂 /g·t⁻¹			Pb	Zn	S	Pb	Zn	S
2003.1～2003.4	9.5	351	387	49	总废水	锌精矿	1.57	53.39	30.81	4.8	90.7	15.7
						铅精矿	61.64	5.06	18.53	89.5	4.1	4.5
						原　矿	4.47	7.99	26.74	100	100	100
2003.5～2003.12	7.4	264	353	52	锌尾水	锌精矿	1.25	53.25	30.38	3.9	91.9	16.0
						铅精矿	62.75	5.22	18.01	90.0	4.2	4.4
						原　矿	4.47	8.00	26.28	100	100	100

使用锌尾水后，捕收剂、硫酸铜、石灰用量都不同程度地降低，锌回收率从90.7%提高到91.9%，由于减少了锌尾水进入选铅作业，铅精矿品位由61.64%提高到62.75%。

此外，由于锌尾水为高碱水，对于铅、锌、硫精矿的浓缩过滤脱水作业非常有利，也可以用作各种精矿的冲洗水，2003年5月应用以来，不但陶瓷过滤效果得到保证，而且石灰用量下降1kg/t原矿。

B　尾矿水直接回用于选硫作业

尾矿水产生量为650t/d，呈中性，含有捕收能力极强的310复合黄药、起泡剂、硫酸根离子等。由于尾矿水为选硫的母液，故对选硫十分有利，但对选铅和选锌却相对不利。

2002年起将尾矿水直接用于选硫生产，生产技术指标见表3-46。使用尾矿水选硫后，作业回收率提高了4.73%，尾矿品位降低了0.74%，310复合黄药用量降低60g/t。

表3-46　尾矿水直接用于选硫工业生产技术指标

时　间	水　源	硫作业回收率/%	尾矿硫品位/%	310复合黄药用量/g·t⁻¹
2002.2～2003.9	尾矿浓缩水	96.43	2.23	310
2001.1～2002.1	新鲜水	91.70	2.97	370

3.5.3.4　选矿废水净化处理与回用措施

铅锌精矿浓缩溢流废水由于量小、流量不够稳定，仍需集中到一起处理后再回用。选硫系统溢流废水呈碱性，对选硫不利，也必须处理后再回用。另外，多余的锌尾水为高碱性水，且含有较多的选矿药剂，其中铜离子等对选铅十分有害，高pH值环境对选硫极为不利，因此这些水都必须经过处理后才能回用。

根据选矿工艺要求，以上废水净化处理的原则是在不降低选矿指标的前提下，进行适度净化处理后再全部回用。适度净化处理的具体方案是：加入硫酸调节 pH 值，加入消泡剂降低废水起泡性，加入絮凝剂和硫酸铝进行混凝沉淀反应，去除废水中悬浮物和重金属离子，再加入活性炭降低废水中有机药剂的含量。

在试验成功的基础上，2001 年设计建成了日处理 3500t 废水的净化处理与回用系统。投产后选矿废水净化处理指标见表 3-47，相应的药剂用量为：硫酸 $1kg/m^3$、PAM $0.2g/m^3$、消泡剂 $11g/m^3$、活性炭 $0 \sim 50g/m^3$。处理后的选矿废水被用于磨矿、选铅等作业。

表 3-47 现场选矿废水净化处理前后水质情况

污染物	Pb	Zn	COD_{cr}	Cu	pH
处理前/$mg \cdot L^{-1}$	>40	>10	650		11.8
处理后/$mg \cdot L^{-1}$	<1	<1	523	<1	11.0

3.5.3.5 选矿废水净化回用综合效果

在试验研究成功基础上，矿山采用了新的选矿废水净化处理与回用系统，其工艺流程如图 3-20 所示。

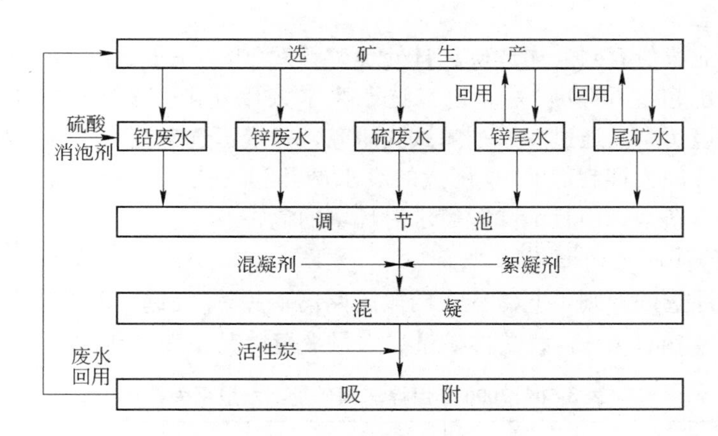

图 3-20 选矿废水净化处理与回用工艺流程

该流程下工业生产用水情况见表 3-48，废水全部回用后，选矿技术指标不仅未受影响，反而比部分回用时有所提高，具体见表 3-49，杜绝了废水的排放，节约了大量的选矿新鲜用水。

表 3-48 选矿各作业生产用水统计

用水点	直接回用废水				适度处理后回用废水						井下外排补充水（新鲜水）			合计
	尾矿水		锌尾水											
	破碎	选硫	选锌	精矿冲矿	磨矿	选铅	脱水	充填	石灰	其他	药剂	选铅	浇花	
用水量/$m^3 \cdot d^{-1}$	200	400	800	1000	2250	250	100	200	100	100	50	400	50	5900

表 3-49 废水回用对选矿指标的实际影响

废水利用情况	废水利用率/%	时　间	精矿品位				精矿回收率/%			
			Pb/%	Zn/%	S/%	Ag /g·t^{-1}	Pb	Zn	S	Ag
部分混合沉淀后回用	30～50	1994年～2001年6月	53.0	50.6	38.7	777	84.86	86.9	67.6	43.5
尾矿水直接回用，其余水适度处理回用	90～95	2001年7月～2003年4月	61.6	53.4	38.9	1269	89.5	90.7	76.8	60.5
尾矿水、锌尾水直接回用，其余水适度处理回用	100	2003年5月～2003年9月	62.8	53.3	38.3	1131	90.0	91.9	77.9	58.1

3.5.4 吉恩铜镍选矿厂选矿废水循环利用实践[144]

3.5.4.1 简介

吉林吉恩镍业股份有限公司选矿厂日处理矿石1500t，用水超过8700t，随尾矿排放到尾矿库的选矿废水超过6000t。一直以来选矿废水大量外排，不仅造成了水资源的浪费，而且还导致了环境污染。通过一系列的试验研究，确定了选矿废水返回磨矿浮选，同时使用组合捕收剂，并加大抑制剂CMC用量的废水循环利用技术方案，投入工业生产后效果良好，不仅节约了新水，而且消除了废水对环境的危害。

3.5.4.2 磨浮工艺流程及水平衡

选矿厂磨矿浮选的原则工艺流程为两段闭路磨矿-铜镍混选（2粗/2扫/1精/3精扫）-铜镍分离（1粗/4精/1精扫），具体矿量、水量平衡情况见表3-50。

表 3-50 2006 年磨浮车间矿量、水量平衡统计 (t/a)

矿量平衡			水量平衡			
类　别	投　入	产　出	投入类别	数　量	产出类别	数　量
原　矿	425752		磨矿添加水	569405.5	铜精矿含水	285.6
铜精矿		2380.1	混选添加水	557665.6	镍精矿含水	12438.9
镍精矿		56540.3	分选添加水	86322.1	尾矿排放废水	1103597.2
尾　矿		366831.6			自然损失水	97071.5

原磨浮车间的各作业补给水均为清水，主要用于磨矿作业、混合浮选作业、铜镍分选作业3处；排水口有4处：铜精矿含水、镍精矿含水、生产损失及自然蒸发水、尾矿排放废水，其中90%以废水形式排放。

3.5.4.3 废水直接返回流程对浮选指标的影响及控制措施

选矿废水经尾矿库自然净化后，大部分有机物被分解或吸附，大部分重金属离子也沉淀下来，但将其直接用于磨浮生产，各项选矿指标仍受到不同程度的影响（见表3-51），主要表现为：浮选泡沫不实，泡沫偏大、易碎，附着矿泥较多，精矿品位不好控制，回收率明显降低。

产生影响的主要原因是：含镍矿物均是易泥化、易氧化的矿物，采用废水浮选时，受废水中含氧量、杂质、细泥等因素影响，矿物可浮性下降。具体来说，含有大量镍磁黄铁矿和易浮、泥化的次生富镁硅酸盐脉石矿物，选矿废水中不可避免残留的杂质与残余药剂，是影响镍精矿品位和镍金属回收率的主要因素。小型试验发现，使用异戊基黄药与丁基黄药组合捕收剂（1∶1），可以明显强化矿石中含镍磁黄铁矿的捕收；加大羧甲基纤维素药剂用量抑制矿泥，也可以改善选矿废水的浮选效果。

表 3-51　选矿废水工业生产情况对比　（%）

生产条件	产　品	产　率	铜品位	镍品位	铜回收率	镍回收率
清水磨选（7 日累计）	镍精矿	12.39	1.11	8.07	38.47	83.98
	铜精矿	0.68	25.84	0.87	49.55	0.50
	尾　矿	86.92	0.05	0.21	11.98	15.52
废水磨选（7 日累计）	镍精矿	13.46	1.28	8.61	40.12	79.13
	铜精矿	0.84	25.40	0.97	50.12	0.56
	尾　矿	85.69	0.05	0.30	9.76	20.31

3.5.4.4　工业试验及实践

在实验室试验的基础上，2007 年年初对磨浮车间给水系统进行了改造，采用选矿废水进行浮选作业，同时改革了药剂制度。新药剂制度下选矿生产技术指标见表 3-52，浮选镍精矿的产率、回收率均有一定提高，同时尾矿中金属损失减少。

表 3-52　新药剂制度下选矿生产技术指标　（%）

产　品	产　率	铜品位	镍品位	铜回收率	镍回收率
镍精矿	12.56	1.33	8.18	46.17	85.50
铜精矿	0.56	26.47	0.79	40.81	0.37
尾　矿	86.86	0.05	0.20	13.02	14.13

3.5.4.5　效益估算

吉恩铜镍选矿厂自从实行尾矿库废水循环利用以来，极大地减少了新水用量，基本实现了尾矿库废水零排放。改造后一年内，选矿厂年清水单耗平均降低了 1t/$t_{原矿}$，节水创效达到 113.25 万元，同时免去了废水外排的治理成本，基本消除了废水对环境的危害。

3.5.5　某黄金矿山高悬浮物选矿废水处理工程实践[145]

3.5.5.1　简况

某矿业有限责任公司是一家大型黄金采选冶联合企业。矿山所处理矿石属于泥质页岩，矿带破碎泥化较严重，含泥高。为了保证精矿品位，降低精矿中硅酸盐含量，在浮选流程中加入了大量水玻璃（模数 2.8～3.0）。选矿厂每天外排废水约 1500m^3，废水中悬浮物浓度平均为 40000mg/L。选矿废水通过两级泵房输送到高位尾矿库自然沉降，溢流水直接排入地表水系。实测表明，外排溢流水外观呈乳白色，悬浮物含量达 2500～3200mg/L，大大超过国家污水综合排放标准，直接影响尾矿库溢流水排口下游的用水安全，也易引发工农矛盾。

针对该废水水质特点，试验确定了胶体脱稳后絮凝沉降的工艺流程，在试验基础上，结合现场实际情况，实施了工程设计和施工。该项目自 2004 年 8 月底运行以来，系统一直运转正常，出水水质稳定，各项指标远低于国家污水综合排放一级标准。

3.5.5.2　水质特性

该尾矿库排水量 1500m^3/d；废水水质：pH = 8.14～8.41，色度 2250；各有关物质含量：SS 2560～3110mg/L、COD_{cr} 14.78～29.56mg/L、As 2.00～2.54mg/L、Pb 0.04～0.06mg/L、Zn 0.05～0.07mg/L。主要污染因子为 SS、As 和色度。

该废水除了悬浮物含量高外，还有两个特点：（1）悬浮物颗粒小，极难澄清，自然状态下静置半个月仍不能澄清，呈现出超稳定胶体状态；（2）部分重金属离子浓度超标。要使该废水处理达标，首先必须破坏其悬浮胶体结构，再采取措施使之沉淀下来，同时使重金属随之一起沉降，才可能保证处理后的水质达到排放标准。

3.5.5.3　处理工艺流程

根据试验结果和现场实际情况，确定该废水处理采用如图 3-21 所示工艺流程，即废水先通过管道自流进入旋流折板反应池，在反应池首端加石灰乳，调 pH 值至 11，通过压缩双电层和电性中和等措施使胶体脱稳，反应时间 5min；然后再加入聚合氯化铝（PAC）进行凝聚反应（投加量 20mg/L），反应时间 25min；待反应充分后，通过配水口自流进入斜管沉淀池进行固液分离；上清液自流进入清水池调 pH 值外排或直接回用作精矿焙烧烟气脱硫系统的补给水；斜管沉淀池底流先通过排泥管汇入泥浆池，然后泵入输砂管送至尾矿库沉淀。

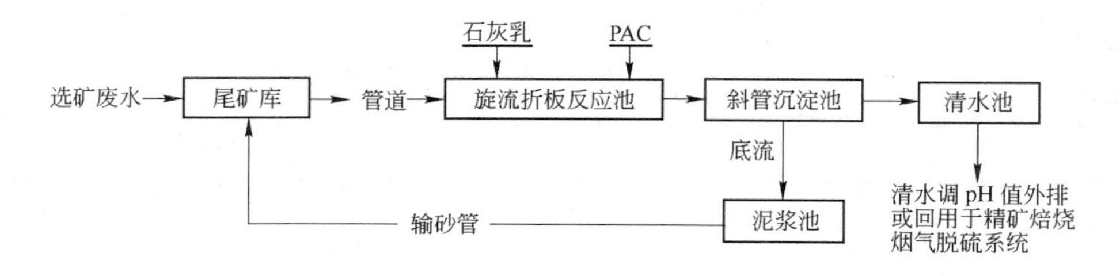

图 3-21　尾矿库溢流水处理工艺流程

3.5.5.4　工程设计参数

具体工程设计参数如下：

（1）旋流折板反应池：旋流部分钢结构，折板部分钢筋混凝土结构，总反应时间 30min，其中胶体脱稳反应（旋流部分）5min，絮凝反应（折板部分）25min。

（2）斜管沉淀池：钢筋混凝土结构，与旋流折板反应池合建，设计表面负荷 1.54 m^3/(m^2·h)；采用锥斗收集排泥管排泥。

（3）清水池：钢筋混凝土底板，砖砌池壁外抹水泥砂浆结构，停留时间 90min。

（4）沉降池：素混凝土底板、砖砌池壁外抹水泥砂浆结构，容积 8.0m^3。

3.5.5.5 实际运行效果

A 技术经济指标

工程设计利用了尾矿库溢流水高位势能（位置高于反应池 15m），反应池不设搅拌设备，整个系统的装机容量仅 2.5kW。工程建设总投资 30 万元，吨水投资约 200 元、吨水处理成本约 0.32 元（人工除外），工程投资省，运行成本低。

B 运行效果

自从 2004 年 8 月底运行以来，系统一直运转正常，出水水质稳定。2004 年 10 月，当地环境监测部门进行了验收监测，结果显示，处理后外排水外观清澈透明、色度 5.8，SS <30mg/L、As 0.058mg/L、COD_{cr} 62.98mg/L，远远低于国家污水综合排放一级标准限值，具体监测结果见表 3-53。

表 3-53 外排水处理前/后水质监测结果

监测指标	pH	色度	污染物含量/mg · L^{-1}					
			As	COD_{cr}	SS	Zn	Cd	Pb
总排处理前	6.54	2125	5.85	75.7	3137	0.05	0.001	0.06
总排处理后	8.31	5.8	0.058	62.98	38	0.01	0.001	0.01
排放标准	6～9	50	0.5	100	100	2.0	0.1	1.0

4 选矿尾矿的综合回收利用

4.1 尾矿的组成及其利用价值

4.1.1 尾矿的主要组成

尾矿，是选矿厂在特定经济技术条件下，将矿石磨细选取“有用矿物”后所排放的废弃物，即矿石选别出精矿后剩余的固体废料。它是固体工业废料的主要组成部分。

尾矿的主体成分是石英、硅酸盐、碳酸盐等脉石矿物，按照其中主要组成矿物的组合搭配情况，尾矿可分为镁铁硅酸盐型、钙铝硅酸盐型、长英岩型、碱性硅酸盐型、高铝硅酸盐型、高钙硅酸盐型、硅质岩型、碳酸盐型8种岩石化学类型。根据我国典型金属矿山的资料统计，各类型尾矿的矿物组成和化学成分范围见表4-1；我国几种典型金属矿床尾矿的化学成分见表4-2[146]。

表4-1　各类型尾矿的矿物组成和化学成分范围

尾矿类型	矿物组成	质量分数/%	主要化学成分(质量分数)/%							
			SiO_2	Al_2O_3	Fe_2O_3	FeO	MgO	CaO	Na_2O	K_2O
镁铁硅酸盐型	镁铁橄榄石（蛇纹石）	25～75	30.0～45.0	0.5～4.0	0.5～5.0	0.5～8.0	25.0～45.0	0.3～4.5	0.02～0.5	0.01～0.3
	辉石（绿泥石）	25～75								
	斜长石（绢云母）	≤15								
钙铝硅酸盐型	橄榄石（蛇纹石）	0～10	45.0～65.0	12.0～18.0	2.5～5.0	2.0～9.0	4.0～8.0	8.0～15.0	1.5～3.5	1.0～2.5
	辉石（绿泥石）	25～50								
	斜长石（绢云母）	40～70								
	角闪石（绿帘石）	15～30								
长英岩型	石　英	15～35	65.0～80.0	12.0～18.0	0.5～2.5	1.5～2.5	0.5～1.5	0.5～4.5	3.5～5.0	2.5～5.5
	钾长石（绢云母）	15～30								
	碱性斜长石（绢云母）	25～40								
	铁镁矿物（绿泥石）	5～15								
碱性硅酸盐型	霞石（沸石）	15～25	50.0～60.0	12.0～23.0	1.5～6.0	0.5～5.0	0.1～3.5	0.5～4.0	5.0～12.0	5.0～10.0
	钾长石（绢云母）	30～60								
	钠长石（方沸石）	15～30								
	碱性暗色矿物	5～10								
高铝硅酸盐型	高岭石类黏土矿物	≥75	45.0～65.0	30.0～40.0	2.0～8.0	0.1～1.0	0.05～0.5	2.0～5.0	0.2～1.5	0.5～2.0
	石英或方解石等非黏土矿物 少量有机质、硫化物	≤25								

续表 4-1

尾矿类型	矿物组成	质量分数/%	主要化学成分(质量分数)/%							
			SiO_2	Al_2O_3	Fe_2O_3	FeO	MgO	CaO	Na_2O	K_2O
高钙硅酸盐型	大理石(硅灰石)	10~30	35.0~55.0	5.0~12.0	3.0~5.0	2.0~15.0	5.0~8.5	20.0~30.0	0.5~1.5	0.5~2.5
	透辉石(绿帘石)	20~45								
	石榴子石(绿帘石、绿泥石等)	30~45								
硅质岩型	石英	≥75	80.0~90.0	2.0~3.0	1.0~4.0	0.2~0.5	0.02~0.2	2.0~5.0	0.01~0.1	0~0.5
	非石英矿物	≤25								
钙质碳酸盐型	方解石	≥75	3.0~8.0	2.0~6.0	0.2~2.0	0.1~0.5	1.0~3.5	45.0~52.0	0.01~0.2	0~0.5
	石英及黏土矿物	5~25								
	白云石	≤5								
镁质碳酸盐型	白云石	≥75	1.0~5.0	0.5~2.0	0.1~3.0	0.0~0.5	17.0~24.0	26.0~35.0	微量	微量
	方解石	10~25								
	黏土矿物	3~5								

表 4-2 我国几种典型金属矿床尾矿的化学成分

尾矿类型	化学成分(质量分数)/%											
	SiO_2	Al_2O_3	Fe_2O_3	TiO_2	MgO	CaO	Na_2O	K_2O	SO_3	P_2O_5	MnO	烧失
鞍山型铁矿	73.27	4.07	11.60	0.16	4.22	3.04	0.41	0.95	0.25	0.19	0.14	2.18
岩浆型铁矿	37.17	10.35	19.16	7.94	8.50	11.11	1.60	0.10	0.56	0.03	0.24	2.74
火山型铁矿	34.86	7.42	29.51	0.64	3.68	8.51	2.15	0.37	12.46	4.58	0.13	5.52
矽卡岩型铁矿	33.07	4.67	12.22	0.16	7.39	23.04	1.44	0.40	1.88	0.09	0.08	13.47
矽卡岩型铜矿	35.66	5.06	16.55	—	6.79	23.95	0.65	0.47	7.18	—	—	6.54
矽卡岩型钼矿	47.51	8.04	8.57	0.55	4.71	19.77	0.55	2.10	1.55	0.10	0.65	6.46
矽卡岩型金矿	47.94	5.78	5.74	0.24	7.97	20.22	0.90	1.78	—	0.17	6.42	—
斑岩型钼矿	65.29	12.13	5.98	0.84	2.34	3.35	0.60	4.62	1.10	0.28	0.17	2.83
斑岩型铜钼矿	72.21	11.19	1.86	0.38	1.14	2.33	2.14	4.65	2.07	0.11	0.03	2.34
斑岩型铜矿	61.99	17.89	4.48	0.74	1.71	1.48	0.13	4.88	—	—	—	5.94
岩浆型镍矿	36.79	3.64	13.83	—	26.91	4.30	—	—	1.65	—	—	11.30
细脉型钨锡矿	61.15	8.50	4.38	0.34	2.01	7.85	0.02	1.98	2.88	0.14	0.26	6.87
石英脉型稀有矿	81.13	8.79	1.73	0.12	0.01	0.12	0.21	3.62	0.16	0.02	0.02	
长石石英矿	85.86	6.40	0.80	—	0.34	1.38	1.01	2.26	—	—	—	
碱性岩型稀土矿	41.39	15.25	13.22	0.94	6.70	13.44	2.58	2.98	—	—	—	1.73

4.1.2 尾矿的资源利用价值

尾矿的资源利用价值主要体现在以下三个方面:

(1) 受原来的经济技术水平条件限制，尾矿中一般还含有一定量的有价金属和矿物成分。尤其是我国金属矿床大多为复杂多金属矿，加之大部分企业选矿技术水平低，因此，尾矿中有价金属含量往往不低，尤其是某些稀贵金属含量甚至远超出工业价值基准值，具有巨大的资源价值。

（2）原矿中的非金属矿物，经过一次选矿后，在尾砂中得到进一步富集，同时其物理性质也可能发生了一定变化，其利用价值大大提高。

（3）尾矿可视为一种复合的硅酸盐、碳酸盐非金属矿物材料，可直接作为建筑材料使用。

我国尾矿中金属矿物价值情况如下所述。

4.1.2.1 含铁尾矿资源

我国磁铁矿矿山选矿尾矿一般含铁6%～13%，最高可达20%以上，平均10%左右，其中磁性铁约占20%～50%，主要以微细粒贫连生体及单体形式存在，该部分铁矿物通过进一步强化分选，可以得到较好回收。该类铁矿尾矿是目前我国数量最大、最具有经济价值的尾矿铁资源。

我国不少有色金属矿山，尤其是钼矿、金银矿，例如陕西金堆城钼矿、河南汝阳钼矿和栾川钼矿、湖北鸡冠嘴金矿、陕西安康金矿、陕西银矿等矿山都伴生有少量微细粒磁铁矿，磁性铁含量约为0.5%～8%。这些矿山在浮选回收钼、金、银、铜等有价金属时，磁铁矿进入到尾矿中。随着细磨分选技术的发展和铁精矿价格上涨，从此类尾矿中分选回收磁铁矿，具有明显的经济效益。

与含磁铁矿尾矿相比，弱磁性铁矿尾矿的铁品位一般较高，约为10%～25%，最高可达30%～40%，其中的铁主要以菱铁矿、赤铁矿、褐铁矿或镜铁矿形式存在。

4.1.2.2 含有色金属的尾矿与废石资源

目前，具有利用价值的有色金属尾矿与废石资源，按来源可以分为以下三类，具体如下所述。

A 老尾矿库、废石场堆存的老尾矿/废石

云锡公司现有8个尾矿库，尾矿堆存量达1亿多吨，锡平均品位0.16%，已成为云锡公司持续生产的重要后备资源[147]。据有关生产统计资料，1983年江西省大吉山、西华山、盘古山、岿美山、铁山垅等12个钨选厂重选尾矿综合含WO_3 0.057%，矿砂重选尾矿中有色金属含量见表4-3，矿泥重选尾矿中有色金属含量见表4-4[148]。

表4-3 江西一些钨矿选矿厂矿砂重选尾矿中有色金属含量

选矿厂	金属品位/%					金属量/t·a^{-1}				
	WO_3	Bi	Mo	Cu	Sn	WO_3	Bi	Mo	Cu	Sn
大吉山	0.072	0.023	0.007	0.0074	0.0022	219	70.0	21.3	22.5	6.7
西华山	0.047	0.01	0.0104	0.0104	0.004	220	46.8	48.7	48.7	18.7
画眉坳	0.032	0.01	0.01	0.046		36.1	11.3	11.3	51.8	
盘古山	0.026	0.0142				57	31.3			
铁山垅	0.04	0.018	0.005	0.072	0.025	78.2	36.1	9.1	141.5	48.5
下垅左拔	0.081	0.026	0.0178	0.024	0.0179	5.4	1.7	1.2	1.6	1.2
下垅大平	0.051	0.051	0.04	0.022	0.014	17.3	17.3	13.6	7.5	4.8
漂塘大龙山	0.084	0.054	0.07		0.005	49.7	32.0	41.0		3.0
漂塘大江	0.037	0.009	0.0019	0.076	0.024	27.3	6.8	1.4	56.1	17.7
岿美山	0.072	0.012	0.064	0.026	0.006	69	11.5	61.4	24.9	5.8

表4-4 江西一些钨矿选矿厂矿泥重选尾矿中有价金属含量 (%)

选矿厂	WO_3	Bi	Mo	Cu	Sn
大吉山	0.16	0.044	0.016	0.012	0.0014
西华山	0.20	0.06	0.03	0.06	0.03
画眉坳	0.18	0.01	0.008	0.028	
盘古山	0.207	0.134			
铁山垅	0.146	0.029	0.007	0.135	0.028
下垅左拔	0.32	0.062	0.027	0.058	0.0286
下垅大平	0.18	0.083	0.115		0.01
漂塘大江	0.12	0.011	0.011	0.07	0.01
岿美山	0.289	0.026	0.0077	0.009	

中华人民共和国建国初期，我国黄金矿山主要采用重选—浮选、混汞—浮选等传统流程，尾矿中金品位多数在1.0g/t以上，不少高达2~3g/t，在当前金价情况下，尾矿再选回收价值十分明显。

B 金矿氰化浸出提金后的尾矿（氰化渣）

我国大部分金矿中都含有一定量的铜、铅、锌等重金属元素，氰化浸金后的尾渣，尤其是浮选金精矿氰化渣，铜、铅、锌含量可达到2%~10%。例如，河南桐柏银洞坡金矿金精矿氰化渣中含铜6.0%~7.5%、锌3.5%~4.5%、金2.5~3.0g/t、银60~90g/t、硫23%~25%，具有显著的回收价值[149]。

C 新生尾矿与废石

我国大量复杂多金属矿山，由于综合回收水平不高，尾矿中有价金属含量明显偏高。例如，金川二矿区富矿石浮选尾矿含镍0.22%~0.25%、铜0.19%~0.22%、硫1.34%~2.24%，且含有少量的钴及贵金属[150]。而且，在矿山开采开拓过程中，新产出大量低品位氧化矿废石资源。

必须强调的是：

（1）与原矿一样，我国大部分金属矿山尾矿也是富含多种有价金属元素及非金属矿物的复杂矿，具有重大的综合回收价值。例如，大冶铁矿洪山溪尾矿库尾矿平均含Fe 22.10%、Cu 0.203%、S 1.094%、Co 0.18%、Ag 3.78g/t、Au 0.15g/t；广西大厂地区南阳、五米桥、大宇及车河坡前4个尾矿库尾砂平均含Sn 0.58%、Pb 0.99%、Zn 1.63%、Sb 0.99%、Ag 50g/t[151]。

（2）尾矿是回收稀贵、战略金属的重要资源。稀贵金属在地壳中含量稀少，没有独立矿物，主要以单质、合金或氧化物形式伴生于其他矿床中。我国包头、攀枝花、金川、广西大厂、云南文山都龙等大型多金属矿床中都伴生有大量稀贵金属。目前，稀贵金属回收率都不高，大部进入到尾矿中，例如，金川公司选矿尾矿平均含Ag 4.0g/t、Au 0.02g/t、Pd 0.017g/t、Pt 0.054g/t、Os 0.010g/t、Ir 0.020g/t[152]；云南文山都龙锌锡矿选矿尾矿含In 54g/t、Ag 13.6g/t、Ge 10g/t、Ga 11g/t。从尾矿中回收稀贵金属意义重大。

4.1.3 尾矿的综合利用方式

根据前述尾矿的资源价值情况，其综合回收利用主要有两种方式：

（1）进行二次选矿/冶炼加工，回收其中有价金属或矿物。例如，对铁矿、铜矿、锡矿、钨矿、金矿等尾矿再选或者堆浸，回收铁精矿、铜精矿、锡精矿、金精矿等精矿或金属产品。

（2）整体或部分作为建筑、陶瓷生产原材料使用，即根据其物理化学性质特点，分为一种或多种非金属矿物材料，直接用于筑路和生产水泥、墙体材料、陶瓷材料，或作为充填料充填采空区。

尾矿综合利用的两种方式，紧密相关，矿山可根据尾矿组成特点和自身条件，选择合理技术方案。最理想的方式是先回收其中的有价组分，再将余下的尾矿直接利用，以此实现尾矿的高效综合利用。

4.2　尾矿再选的工艺技术及特色设备

4.2.1　尾矿再选的技术特点

与原矿相比，尾矿已经经历了破碎、磨矿及分选作业，具有如下特点：

（1）粒度细，含泥量高。

（2）有价金属品位较低。例如，含铁尾矿磁性铁含量一般为2%～5%，最高不会超过10%。

（3）有用矿物与脉石矿物嵌布关系密切，一般需要进一步细磨，才能充分解离，进而分选得到合格精矿产品。

（4）矿物表面氧化和污染程度高，浮选分离难度大。尤其是长期堆存的硫化矿浮选尾矿中，硫化矿物的化学氧化程度较高，一般难以通过常规浮选得到合格精矿产品。

由于尾矿的以上特点，尾矿再选与原矿分选虽然原理相同，但在工艺技术上存在明显差异，其特点为：

（1）不需进行破碎与粗磨作业，可以节省采矿、破碎、磨矿作业费用。

（2）一般都采用粗选抛尾-粗精矿再磨再选的原则工艺流程，粗选与粗精矿再磨是工艺的关键。

（3）粗选一般采用弱磁选、重选等低能耗分选工艺。采用高效节能的粗选与再磨设备是降低生产成本的主要措施。

（4）硫化矿尾矿浮选，必须采用合适的脱药与矿物表面清洗措施，才能进行有效分选。

（5）随着有色金属价格的上涨，直接原地浸出或堆浸逐渐成为从尾矿中回收低含量铜、镍、金、银等高价值金属的主要工艺。

下面按照尾矿中各种有价组分的不同，分别介绍其分选工艺技术与设备。

4.2.2　含铁尾矿资源回收利用技术

按照含铁尾矿的来源及其中铁矿物的性质，目前，回收利用的含铁尾矿铁资源主要分为含细粒磁铁矿的铁矿尾矿、含细粒磁铁矿的有色金属矿尾矿、含弱磁性铁矿物的铁矿尾矿三类。

4.2.2.1　*含细粒磁铁矿的铁矿尾矿*

自20世纪80年代末90年代初起，我国不少铁矿选矿厂从提高经济效益出发，相继建成了一系列尾矿再选厂。目前，尾矿再选回收细粒磁铁矿已成为我国磁铁矿山选矿厂的基本配置。表4-5为国内铁矿山尾矿再选厂回收细粒磁铁矿情况统计[153]。

表4-5　国内铁矿山尾矿再选厂回收细粒磁铁矿情况统计

选矿厂名称	投产时间	再选方法	投资资金/万元	回收精矿量/万吨·年$^{-1}$	尾矿再选后指标		
					精矿品位/%	尾矿品位/%	回收率/%
首钢水厂选矿厂	1995年～1996年3月	BKW1030型尾矿再选磁选机	625	21	67.3	7.19	22.46
南芬选矿厂	1993年2月～1996年10月	磁选	282	16.48（1993～1997年）	65.71	8.6	
歪头山选矿厂	1992年11月	磁选	—	3.92	65.76	6.15	21.23
梅山铁矿选矿厂	—	强磁选机 弱磁机	—	3.0 1.2	铁回收率提高2%～3%		
包钢选矿厂	—	磁选	—	3.5	64	—	—
马钢姑山选矿厂	1998年	高梯度磁选	—	2.0	55.5	—	56
鞍钢大孤山选矿厂	1996年	磁选	1000	6.57	63.5	—	—
承德西沟铁矿选矿厂	1997年4月	磁选	—	0.348	—	2.95	—
武钢金山店选矿厂	1995年10月	盘式磁选	—	1.014（平均）	54.14	9.35	—
武钢程潮铁矿选矿厂	1997年2月	盘式磁选	—	0.964	66.5	7.2	20.23
棒磨山矿选矿厂	1998年6月	盘式磁选	35	2.3	32.76（粗精）	—	—
弓长岭选矿厂	1996年12月	盘式磁选	614	11.05	65.43	9.23	—

由于尾矿中细粒磁铁矿含量很低，且主要呈微细粒单体与贫连生体形式存在。因此，各铁矿山普遍采用弱磁粗选-粗精矿再磨再选的原则工艺流程。但在具体实施上，各矿山却因厂而异，优先考虑充分利用已有设备能力，具体实施方式有以下几种：

（1）尾矿浓缩机底流入选，粗精矿利用闲置生产设备单独磨选，例如首钢水厂选矿厂。

（2）低浓度尾矿浆直接入选，粗精矿直接返回主生产系统的二次分级作业，此种方式被大多数铁矿选矿厂采用。

（3）低浓度尾矿浆直接入选，另建磨选系统，如承钢黑山选矿厂。

与入选原矿不同，尾矿浆具有浓度低（5%～6%）、流速快（0.8～1.0m/s）、矿浆体积流量大、铁品位低、铁矿物磁性弱等特点。为了充分回收磁性矿物，要求粗选磁选机具有较大的分选面积、与尾矿浆流速相适应的磁场力。常用的盘式永磁磁选机由于磁系结构

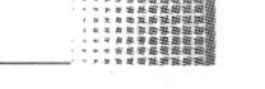

缺陷、分选区间有限，产品回收率较低。目前，比较实用的磁选机有 HS-ϕ1600 × 8 磁选机、BKW 型尾矿再选磁选机、JHC 型矩环式永磁磁选机等。

4.2.2.2　含细粒磁铁矿的有色金属尾矿

从有色金属尾矿中回收细粒磁铁矿，原则工艺流程与从铁矿尾矿中回收细粒磁铁矿一样，为弱磁选粗选-粗精矿再磨再选。但是，除了少数矿山外，大部分有色金属尾矿中磁铁矿粒度极细，例如金堆城钼矿、汝阳钼矿，因此磨矿细度要求比铁矿尾矿更细，一般要求 -0.038mm 85% 甚至 95% 以上。

陕西金堆城钼矿 1993 年就建立了尾矿再选系统，从钼硫尾矿中回收低品位磁铁矿，目前年产铁精矿近 4 万吨[154]。此外，柿竹园多金属矿、汝阳钼矿、山东龙头旺金矿等矿山均建立了尾矿再选回收磁铁矿系统，综合回收磁铁矿已成为其提高经济效益的重要措施。

4.2.2.3　含弱磁性矿物的铁矿尾矿

对于该类弱磁性铁矿物来说，强磁选是优选工艺。目前，昆钢上厂铁矿选矿厂、大江山铁矿选矿厂、太钢峨口铁矿选矿厂、湖北鸡冠嘴金矿选矿厂等，都建立了尾矿强磁选回收弱磁性铁矿系统。

4.2.3　有色金属尾矿资源回收技术

从尾矿/废石中回收有色金属的工艺利用方法，基本与原矿类似，具体根据矿物形态与品位高低不同，主要采取以下几种工艺。

4.2.3.1　重选

白钨、黑钨、锡石、氧化铅等矿物密度较大，化学惰性强，长期堆存仍不会发生化学变化，可以直接采用重选方法回收，得到合格精矿。

金、银、铂、钯等贵金属以单质形式存在于尾矿中时，重选是实现快速高效富集回收的最佳措施。

4.2.3.2　浮选

与原矿一样，尾矿中以硫化矿形式存在的铜、铅、锌等金属宜采用浮选工艺回收。但是，尾矿粒度细、矿物表面已经发生不同程度的氧化和化学污染，可浮性明显降低。例如，氰化尾渣经历了细磨和长时间的充分搅拌，出现严重过磨（ -37μm 95% 以上甚至更细），比表面增大，呈现“类胶态”分散体系，其中硫化矿物在氰化物长时间作用下，发生了部分溶解，表面亲水性增强，而且矿浆中存在大量泥质矿物和残留氰化物，使硫化矿与脉石矿物之间固有的浮选差异缩小，因此，浮选回收难度较大，必须采用表面清洗与脱药措施，才能恢复矿物的可浮性[155]。

另外，由于硫化矿易氧化，历史堆存的老尾矿往往氧化程度较高。例如，武山铜矿堆存尾矿中铜氧化率达到了 30%，难浮的次生 CuS 比例达 45.61% ~51.44%，可浮性极差[156]。

由于以上特点，尾矿中硫化矿浮选技术具有如下特色：

（1）必须采用预处理措施，消除矿浆中碳质矿物、易浮脉石和微细粒泥质物的影响。

（2）选用新型活化剂，消除 CN^- 等物质的抑制作用，恢复硫化矿物的浮游特性。

（3）采用组合捕收剂强化协同捕收。应用效果较好的组合范例有 Z-200 与丁黄药，苯胺黑药、乙硫氮与高级黄药等组合。

4.2.3.3 湿法浸出

堆浸是从低品位氧化铜矿、金矿中回收铜、金的最重要方法，自20世纪中期起，就已成为低品位金矿/废石/尾矿、氧化铜尾矿/废石的标准处理工艺[157]。近30年来，针对低品位硫化矿物中铜、锌、镍等有价金属的回收，又进一步发展了低品位硫化矿细菌氧化堆浸技术[158]。

4.2.4 尾矿再选作业的特色设备

4.2.4.1 HS-ϕ1600×8 磁选机

A 设备结构及性能

HS-ϕ1600×8 磁选机由本溪钢铁公司研发，属于弱磁性设备，设备结构如图4-1所示[159]。

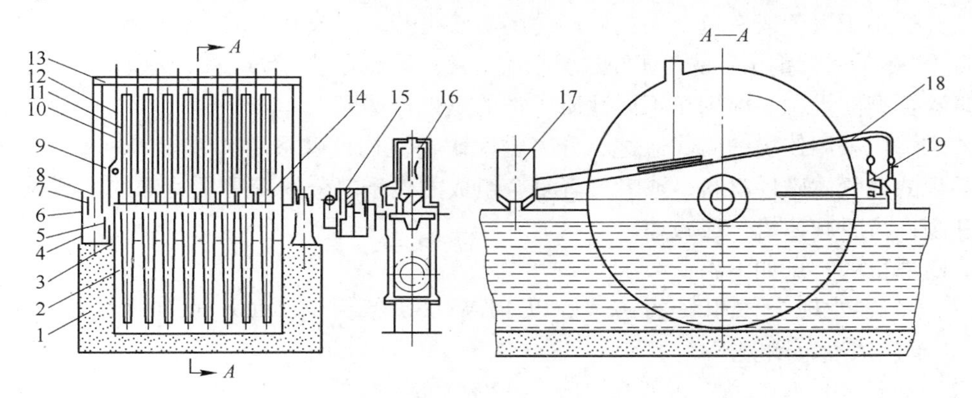

图4-1 HS-ϕ1600×8 磁选机结构示意图

1—尾矿溜槽（水泥砌成）；2—尾矿矿浆；3—调节套（调节磁性圆盘间距）；4—端盖；5—轴帽；6—转动轴；7—轴承；8—轴承座；9—刮料板；10—吊杆；11—不锈钢盘壳（ϕ1600mm×40mm）；12—永磁块；13—支架；14—轴键；15—半联轴器；16—减速机；17—粗精矿集矿溜槽；18，19—冲洗水管

HS-ϕ1600×8 磁选机的技术性能指标为：

选槽形式：逆流；
给矿粒度：0.5～0mm；
盘面场强：97.27kA/m（表面）；
圆盘转速：1r/min（可调）；
电动机功率：5.5kW；
给矿处理量：75～100t/h；
外形尺寸：1900mm×2150mm×1750mm；
机重：5165kg。

B 设备安装与分选过程

将磁选机安装于尾矿溜槽中，使其磁选圆盘的小半盘面浸入尾矿矿浆中，开机后使圆盘旋转方向与矿浆的流向相逆，调整浆体的流速、流量和圆盘转速，使其达到最佳匹配；尾矿浆在圆盘之间流过，磁性矿物被吸到圆盘上并随着圆盘转动带出矿浆面，冲洗水冲洗掉表面附着的脉石矿物后，磁性产品被刮料板刮到产品溜槽，经水冲洗进入到粗精矿集矿溜槽中，送往下道工序。脉石矿物从尾矿排出闸门排出，从而实现分选过程。

C 应用情况及效果

HS-ϕ1600×8 磁选机先后应用于本钢歪头山选矿厂、南芬选矿厂、冯家峪选矿厂，进行磁铁矿尾矿再选的粗选作业，具体选别效果见表4-6[159,160]。

表 4-6　HS-ϕ1600 ×8 磁选机在磁铁矿尾矿再选中的应用效果　(%)

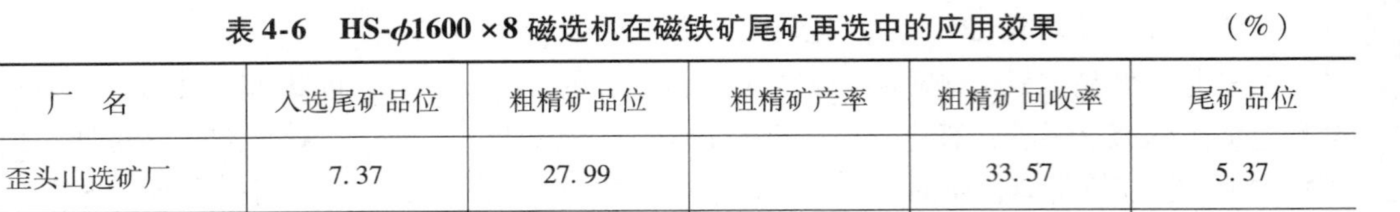

厂　名	入选尾矿品位	粗精矿品位	粗精矿产率	粗精矿回收率	尾矿品位
歪头山选矿厂	7.37	27.99		33.57	5.37
冯家峪选矿厂	7.12	28.34	3.06		6.45

4.2.4.2　BKW 型尾矿再选磁选机

A　设备结构及特点

BKW 型尾矿再选磁选机，是北京矿冶研究总院研制用于处理大体积量矿浆的磁选设备，尤其适用于黑色或有色金属选矿厂的尾矿浆再选，回收其中的磁性有价矿物[161]。

自 1996 年在首钢水厂选矿厂成功试用以来，该磁选机经过数次改型，至今已有Ⅰ、Ⅱ、Ⅲ、Ⅳ型问世，主要用于不同性质矿物的尾矿再选。

该磁选机采用传统的筒式运送、分离磁性矿物机构；磁系用高性能 NdFeB 永磁材料，或者常规的铁氧体磁性材料，或者二者复合组成的磁系。分选箱采用特殊的配置设计，用皮带和圆柱齿轮减速机二级减速。

该磁选机的特点如下：

(1) 能够处理大体积量的矿浆，以 BKW1030 型为例，每小时处理矿浆体积量达 $800m^3$，给矿浓度范围宽。

(2) 磁性铁回收率高，一般在 80% ~90% 之间。

(3) 对尾矿浆中的杂物有很高的适应性，比如砖头瓦块、碎钢球、小于 50mm 矿石块等。

(4) 给矿和尾矿排矿高差最小达 300mm，一般尾矿溜槽都能够正常配置。

B　应用情况

BKW 型尾矿再选磁选机，尤其适用于铁矿选矿厂的尾矿浆再选，实际应用厂家有：首钢水厂选矿厂、大石河选矿厂、鞍钢张岭选矿厂、承钢黑山和双塔山选矿厂、唐钢马兰庄铁矿、安钢舞阳矿业铁古坑选矿厂等，具体应用效果举例见表 4-7[161,162]。

表 4-7　BKW 型尾矿再选磁选机在铁矿尾矿再选中的应用效果举例　(%)

矿山名称	设备机型	入选尾矿品位	粗精矿品位	尾矿品位	产　率	回收率	磁性铁回收率
水厂选矿厂	1030Ⅲ型	10.19	31.86	7.44	11.26	35.21	83.00
张岭选矿厂	1030 型	10.33	29.88	7.61	12.21	35.32	
铁古坑选矿厂	1030 型	9.98	30.31	9.49	2.52	7.65	

另外，金川二矿区曾采用 BKW 型尾矿再选磁选机处理富矿浮选尾矿，取得了含 Ni0.44%，含硫 5.61% 的硫镍粗精矿（磁性产品），其中镍回收率 46.12%、硫回收率 72.37%（见表 4-8）。该粗精矿经过二精一扫浮选流程，可得到含 Ni 1.13%、含硫 25.02% 的硫镍精矿。

表4-8　金川二矿区富矿浮选尾矿BKW型尾矿再选磁选机分选结果　（%）

类　别	产　率	品　位		回收率	
		Ni	S	Ni	S
粗精矿	25.93	0.44	5.61	46.12	72.37
尾　矿	74.07	0.18	0.75	53.88	27.63
给　矿	100.00	0.25	2.01	100.00	100.00

4.2.4.3　JHC型矩环式永磁磁选机

A　设备结构

JHC型矩环式永磁磁选机，由磁性机构、卸料系统和传动机构三大部分组成。磁性机构采用一组内、外环结构，空腔内由橡胶或聚氨酯等非磁性材料密封，截面为矩形的磁性环，沿轴向支撑板平行均匀布置，并通过一个中心圆盘与主传动轴固定在一起，形成旋转磁性机构，其矩形环轴向间距可根据回收物料特性及盘间距磁场强度大小，在20～50mm之间任意选择。卸料系统采用一组喷嘴，位于矩形磁性环顶部的两侧，矩形磁环内的空腔中装有沿轴向悬臂的V形集矿槽，由冲洗卸料水把吸附在矩形磁性环的磁性铁矿物卸到集矿槽，形成无接触、水卸料系统。传动机构由两组滚动轴承和调速电动机组成[163]。

B　应用情况及效果

JHC型矩环式永磁磁选机于1997年3月首先在承德市西沟铁矿成功应用，用于处理铁矿尾矿再选的粗选作业，此后又相继在上泉铁矿、武钢程潮铁矿等矿山应用，处理矽卡岩型磁铁矿尾矿。其中，程潮铁矿选矿厂原尾矿品位8.57%，经过该磁选机选别后，可产出品位为30.63%的粗精矿，理论回收率20.23%，再选后尾矿品位7.30%[164]。

4.2.4.4　连排离心选矿机

A　设备结构及分选作业

连排离心选矿机在设备架体上，装有立式转鼓，转鼓结构如图4-2所示。转鼓内壁由一定数量的叶片组成若干个“尖缩溜槽”，并在“尖缩溜槽”上开设精矿排缝[165]。

在分选过程中，电动机及传动装置带动转鼓转动，自上部给入的矿浆随转鼓同向旋转，在离心力的作用下，物料以较快的速度离析分层，并沿着螺旋轨迹向上运动。转鼓为双锥角形式，当旋转流膜通过双锥连接区时受到较大阻力，使流膜发生错动，起到二次松散的作用，从而防止物料沉积。矿浆进入“尖缩溜槽”分选区后，流膜厚度逐渐增大，有利于轻重矿物的分离。重矿物首先从精矿排缝排出，尾矿则跃过排缝，从转鼓上沿排出，从而实现物料的分选。

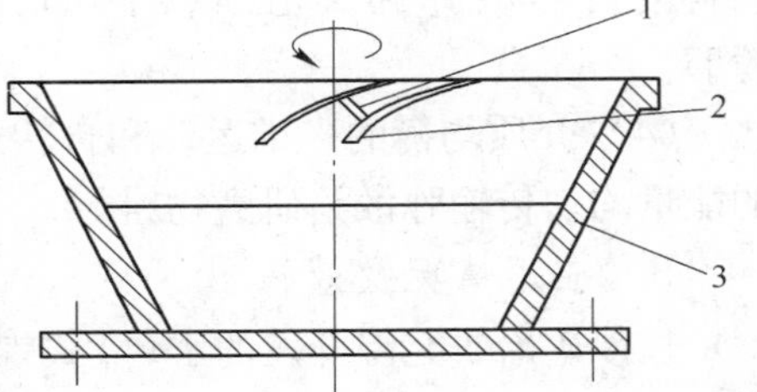

图4-2　连排离心选矿机转鼓结构示意图
1—精矿排缝；2—叶片；3—转鼓

B　设备特点及应用

连排离心选矿机具有结构简单、易于维护操作、处理量大、能有效回收微细粒矿物等特点。作为粗、扫选设备，优于摇床、螺旋溜槽等重选设备，能够广泛应用于铁、钨、锡、金等矿物的分选及尾矿二次回收的工业生产实践。

C　应用实例及效果

连排离心选矿机应用于蓬莱市大柳行金矿尾矿

再选，在给矿浓度35%、给矿量12t/h、转速350r/min情况下，精矿产率42.07%，回收率87.12%，各粒级金的回收率见表4-9[165]。

表4-9 连排离心选矿机选别时各粒级金回收率

粒级/目（mm）	产率/%			金品位/g·t^{-1}			各粒级金回收率/%
	给矿	精矿	尾矿	给矿	精矿	尾矿	
+100(+0.149)	74.69	70.43	77.96	0.60	1.34	0.09	91.45
-100+200(-0.149+0.074)	15.52	17.47	14.01	1.68	2.90	0.51	84.39
-200+325(-0.074+0.044)	3.54	3.93	3.25	0.80	1.20	0.43	72.22
-325(-0.044)	6.25	8.17	4.78	0.80	1.00	0.08	70.90
合 计	100.00	100.00	100.00	0.79	1.63	0.18	87.12

4.2.4.5 JM立式螺旋搅拌磨矿机

A 设备结构及特点

立式螺旋搅拌磨矿机是一种新型的细磨设备。磨机由传动部分（包括电动机及减速机）、上下筒体、螺旋搅拌器等部件组成。电动机经减速机带动螺旋搅拌器，在充满一定磨矿介质（钢球、刚玉球或砾石等）的筒体内做缓慢旋转，磨矿介质和物料在筒体内做整体的多维循环运动和自转运动。磨矿介质和物料在筒体内上下里外相互交换，物料在磨矿介质重量压力和螺旋回转产生的挤压力下运动，因摩擦、少量的冲击挤压和剪切被有效地粉磨。

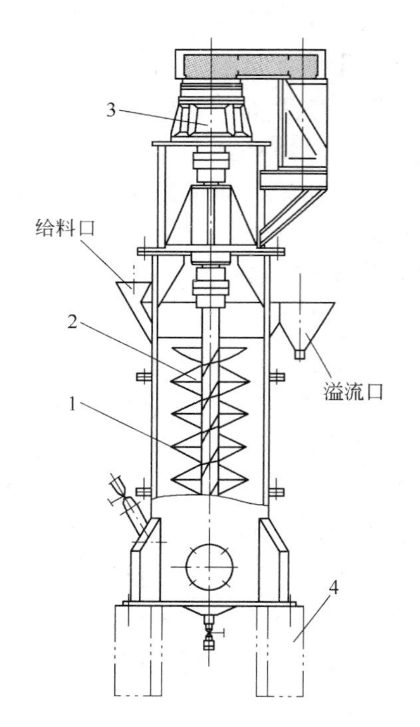

图4-3 立式螺旋搅拌磨矿机
1—筒体；2—螺旋搅拌器；
3—传动装置；4—机座

立式螺旋搅拌磨矿机的结构如图4-3所示[166]，由于其独特的结构和工作参数，因此具有如下特点：

（1）粉磨作用以磨剥离为主，少量的冲击和剪切作用，可以充分利用能量有效研磨物料。

（2）在磨矿区域，介质表面压力由介质重量压力和离心运动产生的挤压力组成，介质表面压力在磨机筒体里从上到下逐渐增大，在介质充填的最底层磨矿作用最强烈，粗颗粒由于沉降在磨机筒体下部而得到有效研磨。

（3）湿磨时，在介质充填之上是搅拌分级区域，物料按自然沉降和离心沉降内部分级，减少了过粉磨。

（4）介质均衡的多维运动和自转运动，把搅拌器的能量均匀传输弥散给研磨物料。

B 应用情况及效果

长沙矿冶研究院开发的JM立式螺旋搅拌磨矿机，具有细磨效率高、擦洗强烈、提高品位和回收率，设备稳定可靠、易损件寿命长等优点。目前，已被广泛应用于黄金矿、有色金属矿、金属矿和磁性材料等工业生产中。在尾矿再选利用方面，已用于有色金属矿尾矿再磨回收磁铁精矿、黄金尾矿再磨再选等领域，其中典型实例是柿竹园有色金属矿尾矿回收铁精矿生产线[167]。

柿竹园有色金属矿的铁粗精矿再磨原来采用普通卧式球磨机，磨矿粒度一直都是 -43μm 60%，铁品位在 53% ~55% 之间，磨矿细度不达标，铁精矿品位不能提高。经过多次试验，2005 年开始采用 JM 立式螺旋搅拌磨矿机，磨矿粒度 -38μm 达到 95.10%，铁精矿品位达到 65% 以上，铁精矿品位提高，经济效益显著。2008 年该矿又增加 3 台 1200 型大型立式螺旋搅拌磨矿机。

4.2.4.6 艾萨（ISA）磨机

A 设备结构及特点

艾萨（ISA）磨机是由澳大利亚 Mount Isa 矿和 NETZSCH 公司发明的一种细磨设备，采用水平高速搅动研磨原理来使矿物解理，具体结构如图 4-4 所示[168]。

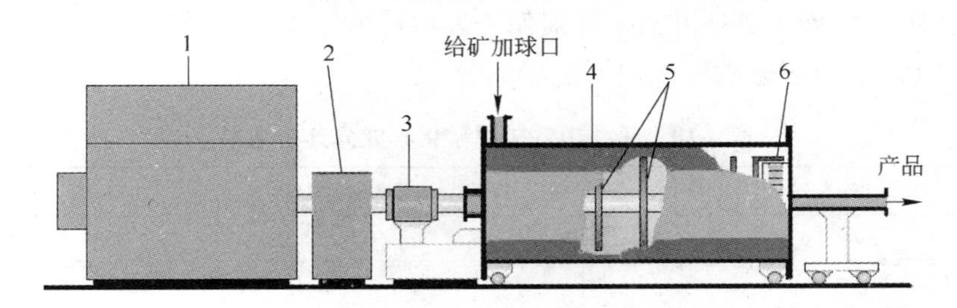

图 4-4 ISA MILL 卧式搅拌球磨机

1—电动机；2—齿轮减速箱；3—轴承；4—磨机外壳；5—磨盘；6—产品分离器

另外，艾萨（ISA）磨机应用位于排料端的介质和磨矿产品分离器排放磨矿产品。这种分离器可产生很高的离心力，使介质保存在磨机中，而让最终磨矿产品通过。因为没有拦着介质的筛网，所以就不存在筛网堵塞问题，甚至在应用低能力的磨矿介质时，艾萨（ISA）磨机也具有很高的处理能力。

B 应用情况及效果

世界上第一台艾萨（ISA）磨机（M3000）于 1994 年在 Mount Isa 铅锌选矿厂投入运行，至今，艾萨（ISA）磨机已广泛用于金、铅锌、铂等矿物的回收。例如，位于 Rustenburg 附近的南非英美铂业公司 Western Limb 尾矿再处理选矿厂，2003 年安装投产了目前最大规格的 M1000 ISA 磨机，用于铂族元素的回收；该磨机容积为 $10m^3$，装机功率为 2600kW；该厂应用 ISA 磨机达到了细磨和提高浮选精矿铂族金属品位和回收率两个目的，其中，回路中铂族金属回收率从 45% ~50% 提高到 55% ~60%，提高了 15%，整个浮选回路的 3 个铂族元素（铂、钯和铑）的回收率提高了 3%[169]。

4.3 尾矿再选回收有价组分生产实践

4.3.1 铁矿尾矿再选生产实例

4.3.1.1 歪头山铁矿选矿厂尾矿再选生产实践[159]

A 简况

歪头山铁矿为本钢主体矿山，原设计规模为年处理矿石 500 万吨（1990 年初），1990

年实际处理矿石378.39万吨，生产精矿134.17万吨，排出尾矿244.22万吨，尾矿中尚含有一定量的磁铁矿单体及贫连生体。为了回收这部分资源，1991年建设了尾矿再选厂，采用弱磁粗选-粗精矿球磨分级-磁力脱水槽-双筒弱磁选分选工艺，在给矿品位7.49%情况下，获得铁精矿产率2.64%、铁品位65.76%、回收率21.23%的指标，具有明显的经济效益与社会效益。

B 尾矿性质

歪头山铁矿属于鞍山式沉积变质岩型简单铁矿石，其中主要金属矿物为磁铁矿，脉石矿物为石英。铁矿石呈中细粒结构，与脉石矿物呈条带状和致密块状构造，并以条带状为普遍。选矿厂采用弱磁选获得铁精矿，尾矿主要为石英、阳起石、绿帘石及角闪石等，同时尚含有少量细粒单体及贫连生体铁矿物，含铁品位7%～8%，排放浓度5%～6%。尾矿化学成分、铁物相及粒度分析结果分别列于表4-10～表4-12。尾矿中磁性铁含量为3%，占全铁的38.21%，该部分铁可以用弱磁选回收。

表4-10 歪头山铁矿尾矿化学成分分析结果 (%)

成 分	TFe	SFe	FeO	SiO_2	Al_2O_3	CaO
含 量	7.91	5.96	4.63	72.42	3.32	3.93
成 分	MgO	S	P	K_2O	Na_2O	烧失
含 量	4.67	0.092	0.095	0.73	0.66	2.63

表4-11 尾矿中铁物相分析结果 (%)

相 态	磁铁矿	假象赤铁矿	赤褐铁矿	碳酸铁	黄铁矿	硅酸铁	全 铁
铁含量	3.00	0.55	0.13	0.22	0.09	3.86	7.85
分布率	38.21	7.01	1.66	2.80	1.15	49.17	100.00

表4-12 尾矿粒度分析结果

粒级/mm	产率/%	铁品位/%	铁分布率/%	粒级/mm	产率/%	铁品位/%	铁分布率/%
+0.2	10.22	4.47	5.78	-0.038 +0.030	1.94	9.05	2.26
-0.2 +0.1	30.16	6.24	23.62	-0.030 +0.019	8.28	13.00	13.57
-0.1 +0.076	7.06	8.33	7.41	-0.019 +0.010	8.90	6.77	7.54
-0.076 +0.050	13.50	10.09	17.08	-0.010	11.76	8.53	12.56
-0.050 +0.038	8.18	9.90	10.18	合 计	100.00	7.96	100.00

矿物单体解离度测定结果为：磁铁矿单体53.11%、连生体46.89%；脉石矿物单体73.78%、连生体26.22%。

C 试验情况

该厂选用自主研发的HS-ϕ1600×8磁选机进行粗选，得到产率5.87%、铁品位30.15%、铁回收率33.53%的粗精矿。对于该粗精矿，进行了两种磨矿细度（-0.076mm 85%和95%）共6个工艺流程的试验，试验结果表明，粗精矿多为细粒嵌布的连生体，经磨矿和多次选别可以获得铁品位62.05%～66.7%的合格精矿；欲获得铁品位大于65%的精矿，磨矿细度需-0.076mm 90%以上，或磨矿细度-0.076mm 85%、并在流程中加细筛作业。

考虑到拟建的再选厂规模小，流程既要简单，又要保证较高的选别指标，推荐采用弱磁选-球磨-磁力脱水槽-弱磁选-弱磁选流程，磨矿细度为 -0.076mm 90% 以上。

D 工业生产情况

在试验基础上，建立了尾矿再选厂，再选厂设备联系如图 4-5 所示。

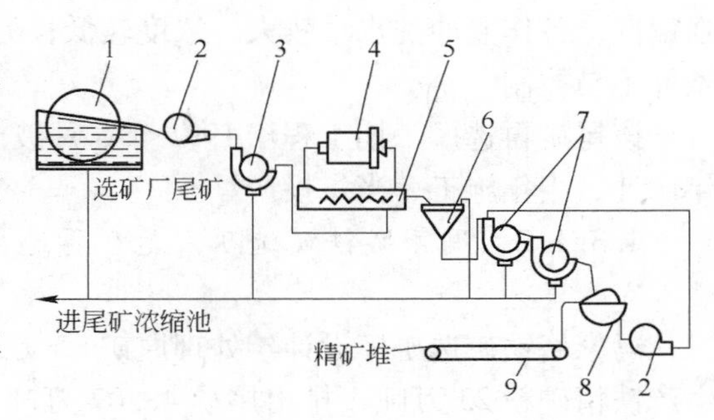

图 4-5 歪头山铁矿尾矿再选设备联系示意图

1—HS-ϕ1600×8 磁选机；2—2PWJ 砂泵；3—ϕ750×1800 筒式弱磁选机；4—ϕ1500×3000 球磨机；5—ϕ1200 单螺旋分级机；6—ϕ1600 磁力脱水槽；7—双筒弱磁选机；8—5m^2 永磁过滤机；9—H400 胶带运输机

生产调试稳定后，连续取样考查，确定的数质量流程如图 4-6 所示。图中矿浆流速为 0.8m/s，干矿处理量为 97.79t/h，矿浆量为 1627.12t/h。

数质量流程表明，尾矿再选可以获得产率 2.46%、铁品位 65.76%、回收率 21.23% 的优质铁精矿。与试验指标相比，精矿品位低 1% 左右，回收率低 25% 左右。其主要原因是：流程考查时，粗精矿的铁品位比试验矿样低 8% 以上，磨矿粒度 -0.076mm 含量低近 5%；为保证精矿品位合格，双筒弱磁选场

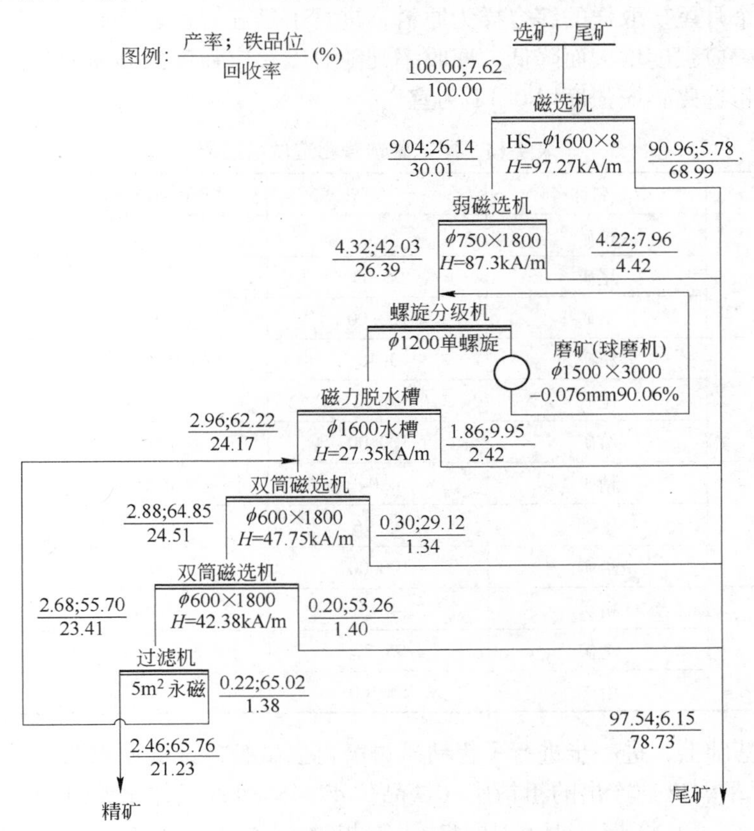

图 4-6 歪头山铁矿尾矿再选工艺数质量流程

强偏低，各作业冲洗水量较大，浓度较低；另外，原矿选矿厂生产波动使尾矿再选厂生产条件不易控制。

该尾矿再选厂一期工程于1991年6月破土动工，同年10月24日联动试车，实现了当年设计、当年施工、当年投产。

4.3.1.2　冯家峪铁矿选矿厂尾矿再选生产实践[160]

A　简况

冯家峪铁矿选矿厂设计年处理原矿80万吨（1994年），实际年处理原矿71.07万吨，生产铁精矿粉23万吨，排出尾矿48.07万吨，尾矿含铁7.41%，其中仍有一定数量的磁铁矿单体及其贫连生体。为此，在试验研究的基础上，1995年建成投产了尾矿再选工程，使选矿厂最终尾矿品位降低1%，每年从排弃的尾矿中多回收合格铁精矿约7200t，获得了较好的经济效益和社会效益。

B　尾矿性质及再选试验

冯家峪铁矿属于鞍山式沉积变质矿床，矿石的矿物组成比较简单，属于单一磁铁矿，以角闪磁铁石英岩及磁铁石英岩为主，属中粗度嵌布，一般粒度为0.2mm左右，易单体解离；脉石矿物以石英为主。选矿厂采用阶段磨矿-磁选-细筛闭路工艺流程。尾矿主要为石英、云母、角闪石及斜长石等，同时尚含有单体铁矿物及其贫连生体，含铁7%～8%，排放浓度为5%～6%。

以连续三个月尾矿取样的综合样为原料，进行了磁选管粗选试验，结果见表4-13。精矿品位随着磁感应强度增大而降低，回收率则随着磁感应强度提高略有增加，但增加幅度不大，合理的粗选磁感应强度以0.1T为宜。

表4-13　尾矿磁选管粗选试验结果

磁感应强度/T	产品名称/%	产率/%	TFe品位/%	回收率/%
0.1	精矿	3.37	47.48	17.01
	尾矿	96.63	7.59	82.99
	给矿	100.00	8.93	100.00
0.12	精矿	3.48	45.25	17.48
	尾矿	96.52	7.70	82.52
	给矿	100.00	9.01	100.00
0.14	精矿	4.04	40.65	18.18
	尾矿	95.96	7.70	81.82
	给矿	100.00	9.03	100.00
0.16	精矿	4.43	37.40	18.78
	尾矿	95.57	7.50	81.22
	给矿	100.00	8.82	100.00

在粗选的基础上，进一步进行了粗精矿再磨再选试验，试验原料为尾矿样在磁感应强度0.1T的情况下弱磁选产出的粗精矿（铁品位47.48%）；具体试验结果见表4-14。采用粗精矿再磨再选，可将精矿品位从47.48%提高到63%～67%，最终铁精矿产率为2%～2.5%。

表 4-14 粗精矿再磨-磁选管精选试验结果

磁感应强度/T	细度(-0.074mm)/%	产品名称	品位 TFe/%	产率/%		回收率/%	
				作 业	对原矿	作 业	对原矿
0.14	60	精矿	64.66	75.13	2.31	96.01	16.32
		尾矿 2	8.12	24.87	0.77	3.99	0.68
		尾矿 1	7.84		96.92		83.00
		给矿	9.15	100.00	100.00	100.00	100.00
	70	精矿	65.40	74.36	2.29	96.07	16.35
		尾矿 2	7.75	25.64	0.79	3.93	0.67
		尾矿 1	7.84		96.92		82.98
		给矿	9.16	100.00	100.00	100.00	100.00
	85	精矿	67.88	71.10	2.19	95.41	16.23
		尾矿 2	8.06	28.90	0.89	4.59	0.78
		尾矿 1	7.84		96.92		82.99
		给矿	9.16	100.00	100.00	100.00	100.00
0.18	60	精矿	63.54	77.83	2.37	96.81	16.44
		尾矿 2	7.38	22.17	0.71	3.19	0.57
		尾矿 1	7.84		96.92		82.99
		给矿	9.16	100.00	100.00	100.00	100.00
	70	精矿	63.13	74.94	2.38	96.40	16.40
		尾矿 2	7.98	25.06	0.70	3.60	0.61
		尾矿 1	7.84		96.92		82.99
		给矿	9.16	100.00	100.00	100.00	100.00
	80	精矿	67.14	73.44	2.24	96.33	16.42
		尾矿 2	6.54	26.56	0.84	3.67	0.60
		尾矿 1	7.84		96.92		82.98
		给矿	9.16	100.00	100.00	100.00	100.00

C 工业生产情况

根据试验结果，确定了最经济可行的尾矿再选厂建设方案：采用 HS-ϕ1600×8 盘式磁选机从选矿厂尾矿中回收粗精矿，将原 ϕ426mm 铸铁管改为明槽，利用厂房现有尾矿排放高差，使粗精矿自流至细筛筛上泵池，给入二段 ϕ2.7m×3.6m 球磨机进行再磨。增加尾矿再选的工艺流程如图 4-7 所示。

尾矿再选厂于 1995 年 5 月开始施工，其中再磨及选别、过滤作业均利用原工艺流程的设备，仅增加一台 HS-ϕ1600×8 盘式磁选机及 60m^2 厂房，固定资产投资为 32 万元，同年 10 月 3 日投入运转。尾矿再选工艺流程投入运行后，经两个月的流程取样考查，确定的主要技术指标结果见表 4-15，每月可从尾矿中多回收合格铁精矿 593t，全年可回收约 7200t，年创产值 205 万元，利润 70 万元，一年就可收回投资。

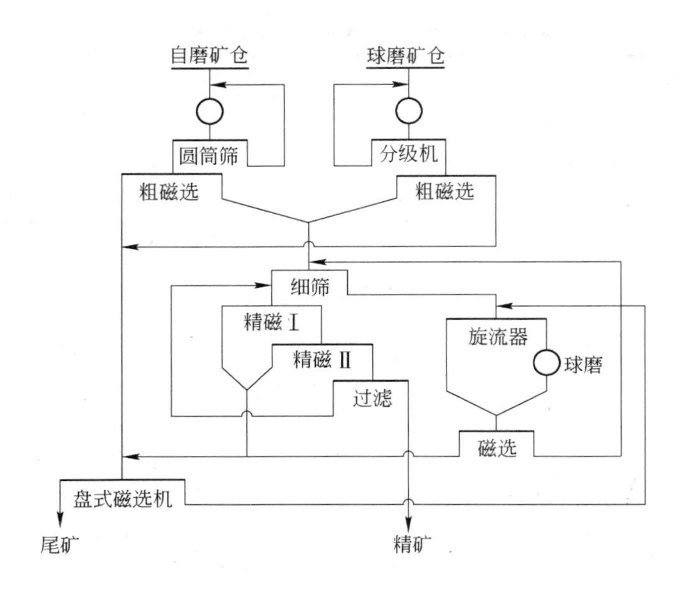

图 4-7　冯家峪铁矿选矿厂增加尾矿再选的工艺流程图

表 4-15　尾矿再选厂主要技术指标考查结果

项　目	技术指标	项　目	技术指标
给矿品位/%	7.12	粗精矿产率/%	3.06
尾矿品位/%	6.45	精矿产率/%	1.12
粗精矿品位/%	28.34	月产粗精矿/t	1616
精矿品位(TFe)/%	66.11	月回收铁精矿/t	593

1994～1996 年选矿厂主要技术指标见表 4-16。通过对尾矿再选回收，选矿厂最终尾矿品位降低近 1%。

表 4-16　1994～1996 年选矿厂主要技术指标

年 份	原矿品位/%	精矿品位(TFe)/%	尾矿品位/%	金属回收率/%	选矿比/$t \cdot t^{-1}$	磨矿作业率/%	精矿产率/万吨
1994	26.40	66.14	7.41	81.01	3.09	81.02	23.00
1995	24.71	66.22	7.24	79.38	3.38	87.20	26.16
1996	24.20	66.04	6.43	81.35	3.35	89.11	26.82

4.3.1.3　首钢矿业公司水厂选矿厂尾矿再选生产实践[170]

A　简况

首钢矿业公司水厂选矿厂 1969 年建成投产，投产以来尾矿品位一直偏高，且呈逐年升高趋势。1995 年尾矿品位高达 9.55%，金属回收率仅 75.75%。为此，于 1995 年在尾矿一泵站旁建成一座 612m² 尾矿再选厂房，将全厂尾矿全部回收再选。尾矿再选厂房自 1996 年 3 月陆续投产后尾矿品位逐年降低，1998 年降到 7.14%，金属回收率逐年提高，1998 年达到 81.83%。1997～1998 年，年平均回收品位 67% 以上的合格精矿粉 21 万余吨，年创效益3780余万元。

B　尾矿性质

水厂选矿厂的原矿为鞍山式石英磁铁矿，金属矿物主要是磁铁矿，其次为少量赤铁矿等；脉石矿物主要是石英，其次是角闪石、辉石等；有害杂质少，有用矿物结晶粒度不均匀。磁铁矿颗粒 -0.074mm 占 10%～20%。选矿主流程为两段磨矿-阶段磁选-细筛自循环。原矿品位25%～26%，精矿品位67.5%～68%，尾矿品位9.2%左右，粒度-200目（-0.074mm）45%。

C　工业生产情况

全厂的尾矿浆经 ϕ50m 和 ϕ53m 浓缩池（共11座）浓缩后，输送到再选厂房，用BKW1030型尾矿再选磁选机回收再选，再选后的尾矿为最终尾矿，由一泵站送往尾矿库。回收的粗精矿（品位35%左右）用泵送到主厂房再磨再选。主厂房用两个磨选系列（球磨机规格为 ϕ2.7m×3.6m）单独处理回收的粗精矿，其工艺数质量流程如图4-8所示。

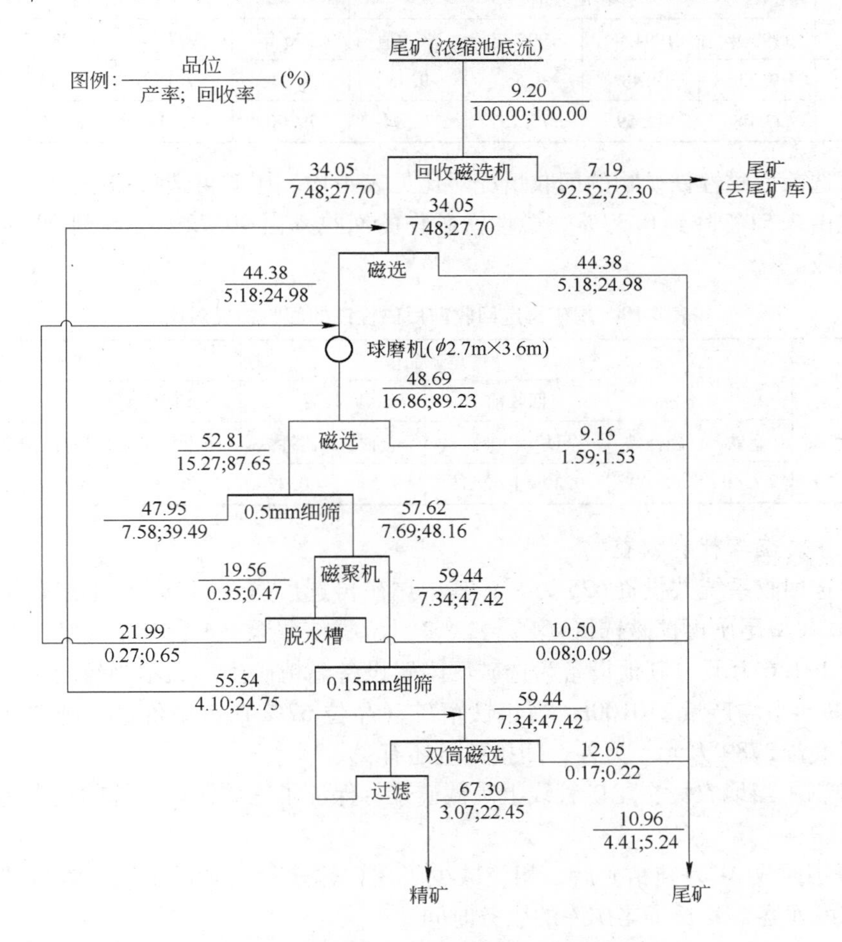

图4-8　水厂选矿厂尾矿再选工艺数质量流程

根据数质量流程图，主流程的尾矿（品位9.20%）再选回收磁选后，最终尾矿品位降到7.19%，降低了2.01%。回收的粗精矿品位34.05%，产率7.48%；粗精矿经主厂再磨再选后最终精矿品位 67.30%，产率 3.07%，回收率 22.46%。尾矿再选回收精矿化学多元素分析结果见表 4-17，其中有害元素磷和硫含量很低，属优质铁精矿。

表 4-17 尾矿再选回收精矿化学多元素分析结果

成 分	TFe	SFe	FeO	SiO_2	Al_2O_3	MgO	MnO	K_2O	P	S
含量/%	67.37	67.02	23.04	6.40	0.64	0.53	0.07	0.03	0.002	0.035

尾矿再选回收的精矿品位虽比主流程略低，但因其量仅占全厂总精矿量的 7.5%，对总精矿质量的影响不大，故生产中将回收精矿与主流程精矿混用。尾矿再选回收前后金属的回收率与尾矿品位对比情况见表 4-18。1996 年 3 月尾矿再选回收后，回收的精矿产量逐年增加，1996 年为 94881t，1997 年为 197095t，1998 年为 223104t。

表 4-18 尾矿再选回收前后金属回收率与尾矿品位对比 (%)

指 标	尾矿回收前				尾矿回收后			
	1993 年	1994 年	1995 年	平均值	1996 年	1997 年	1998 年	平均值
尾矿品位	9.33	9.48	9.55	9.45	7.38	7.15	7.14	7.22
回收率	73.08	72.59	75.75	73.94	79.90	82.04	81.83	81.18

尾矿再选前后磁性铁矿物的回收情况对比见表 4-19。尾矿再选厂房投产后，尾矿中磁性铁的品位由 2.51% 降到 0.37%，磁性铁矿物的回收率由 90.72% 提高到 98.68%，基本实现完全回收。

表 4-19 尾矿再选回收前后磁性铁的回收情况对比 (%)

原矿品位		精矿品位		尾矿品位				回收率			
				回收前		回收后		回收前		回收后	
全铁	磁性铁	全铁	磁性铁	全铁	磁性铁	全铁	磁性铁	全铁	磁性铁	全铁	磁性铁
25.30	17.79	67.60	66.99	9.39	2.51	7.34	0.37	73.06	90.72	30.27	93.63

D 经济效益与社会效益

尾矿再选回收系统共投资 625 万元，其中尾矿再选厂房（612m^2）土建费用 95 万元，购置 BKW1030 型尾矿再选磁选机（16 台）、3 寸立式渣浆泵（4 台/2 转 2 备）共 358.4 万元；安装费 171.6 万元，其他设备为选矿厂闲置设备。精矿生产成本为每吨 90.07 元。按 1997 和 1998 年平均产量 210100t、当年铁精矿（品位 67%）市场价格每吨 270 元计，每年可获经济效益 3789 万元。另外，间接效益还有：

(1) 抑制了当地农民在尾矿管线上乱截矿浆，保证了尾矿输送系统的正常运行和尾矿坝的正常筑建。

(2) 每年回收 21 万吨精矿后，相应减少了尾矿输送量，降低了尾矿输送费用，同时增大了尾矿库库容，延长了尾矿库的服务时间。

4.3.1.4 鞍山活龙矿业公司小岭子铁矿选矿厂尾矿再选生产实践[171]

A 简况

后英集团鞍山活龙矿业公司尾矿再选厂于 2006 年 10 月建成投产，其所处理的尾矿包括两部分：已废弃尾矿库的尾矿和生产排放的尾矿，年处理尾矿 315 万吨，综合入选品位

10.50%，尾矿粒度 -0.074mm 41%，磁性率28%～36%，属于半氧化矿；再选厂生产工艺流程为两次预选-两次精选-一次扫选细筛再磨流程。生产实践证明，该流程结构简单，选矿效率高，工艺操作简便，生产成本低，最终选别指标都超过了设计指标，铁精矿品位达到66%以上，产率6.97%，精矿回收率43.22%，综合尾矿品位稳定在6%以下。

B 尾矿性质

选矿厂生产排放尾矿化学成分分析结果见表4-20。尾矿中可回收的成分为铁，其磁性率为28%～36%，属半假象赤铁矿。

表4-20 选矿厂生产排放尾矿化学成分分析结果 (%)

成 分	TFe	Fe_2O_3	FeO	SiO_2	CaO	MgO
含 量	8.13	8.93	2.78	68.33	3.36	3.49
成 分	Al_2O_3	Na_2O	MnO	TiO_2	P_2O_5	S
含 量	4.37	0.58	0.15	0.22	0.19	0.062

尾矿中的矿物组成相对简单，主要的金属矿物有磁铁矿、假象赤铁矿及少量的赤铁矿；脉石矿物主要为石英，并有部分蚀变矿物长石及少量的黑云母和绿泥石。嵌布特征方面，除磁铁矿与脉石连生关系外，常见赤铁矿沿磁铁矿的解理和裂隙充填和交代，形成假象赤铁矿和半假象赤铁矿。此外还有少量脉石矿物中的细粒磁铁矿包裹体。

通过光学显微镜鉴定看出，铁矿物连生体较多，石英的浸染粒度比铁矿物浸染粒度大。尾矿筛析结果见表4-21。尾矿粒度越小，品位越高；金属分布率随尾矿粒度的减小而增大，当 -0.074mm 粒级达到70%时，金属分布率超过了70%。

表4-21 尾矿样品粒度及金属分布测定结果

粒级/mm	产率/%		品位/%	金属分布率/%
	粒 级	累 计		
+0.315	4.30	4.30	7.93	3.77
-0.315 +0.15	7.42	11.72	7.44	6.11
-0.15 +0.1	6.82	18.54	8.13	6.13
-0.1 +0.074	9.60	28.14	8.53	9.06
-0.074 +0.061	12.72	40.86	8.60	12.10
-0.061 +0.045	15.42	56.28	10.25	17.49
-0.045	43.72	100.00	9.35	45.34
合 计	100.00		8.13	100.00

C 工业生产情况

该尾矿再选厂工业生产的数质量流程见图4-9。在入选品位10.65%情况下，取得了铁精矿品位66.07%、产率6.97%、回收率43.22%的较好指标。该系统的特点为：

(1) 预选作业没有采用通常使用的盘式磁力回收机，而是采用了设置“漂洗水”的中磁选磁选机，使预选铁精矿品位、回收率得到大幅度提高。

(2) 粗精矿预精选采用了螺旋柱，充分发挥了其选择性高的技术优势，在入选粒度较粗的条件下，获得了高质量的精矿，不仅减少了磨矿段数和选别次数，而且使后续作业的条件有了明显的改善。

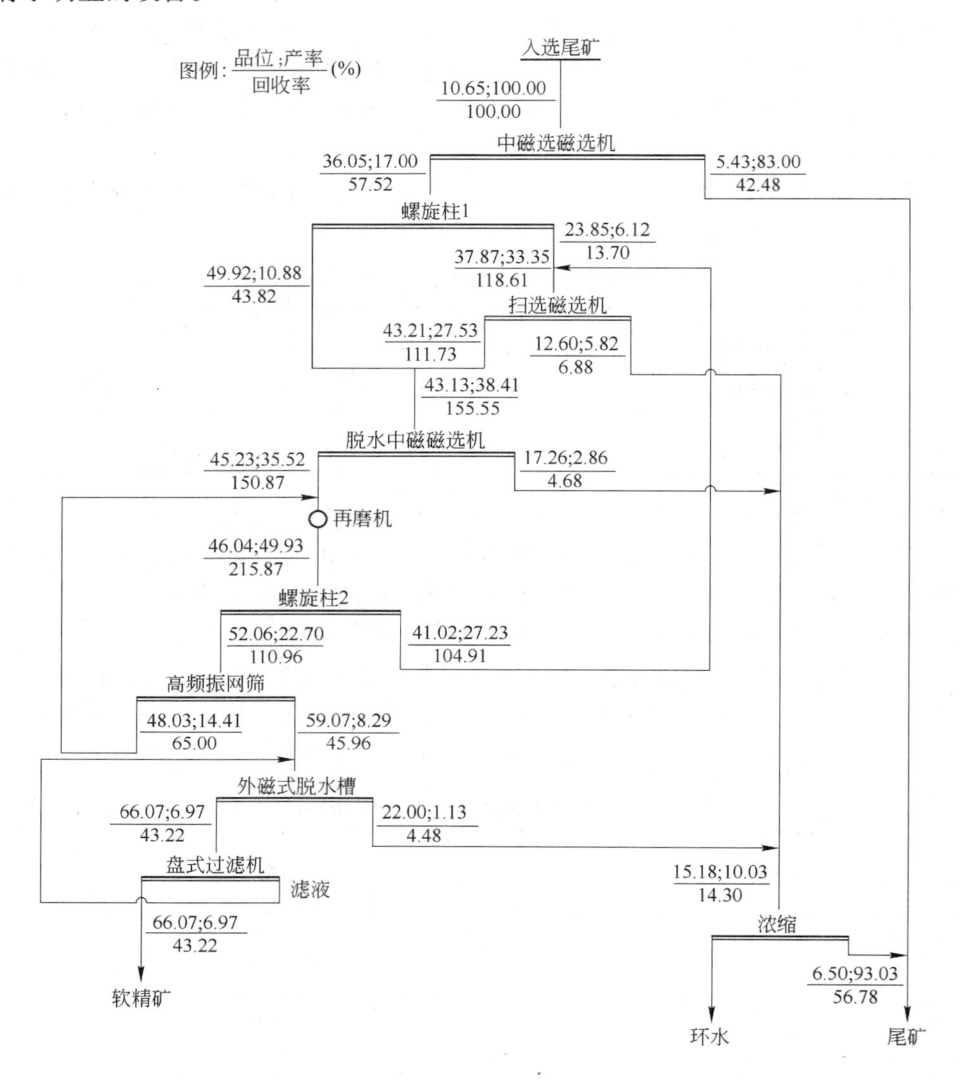

图 4-9 小岭子铁矿尾矿再选数质量流程

4.3.1.5 汝阳钼矿综合回收磁铁矿工艺的技术改造[172]

A 简况

河南省汝阳钼矿的浮钼尾矿含铁约 6%，铁矿物有磁铁矿、硅酸铁矿、赤（褐）铁矿、菱铁矿和黄铁矿等，磁铁矿中的铁金属量占全铁的 50%。采用弱磁选工艺对该尾矿的磁铁矿进行综合回收，具有较高的经济价值。

选矿厂建厂之初，采用浮钼尾矿直接筒式弱磁选回收其中的磁铁矿，但铁精矿的品位很低，仅为 20% 左右，即便经过多次精选，品位也很难提高。研究查明，磁铁矿的嵌布粒度极细，在浮钼尾矿细度为 -0. 074mm55% 的情况下，铁精矿中的大部分磁铁矿仍呈包裹型连生体存在。因此，要提高铁精矿品位，必须实施细磨工艺。在试验的基础上，对原有的磁选工艺流程进行了二次改造，改造后铁精矿品位达到了 63% 以上，铁回收率提高了

1%，为公司创造了可观的经济效益。

B 浮钼尾矿的性质

浮钼尾矿样的化学多元素分析和铁物相分析结果分别见表4-22和表4-23。浮钼尾矿中可供回收的主要成分是铁、钼。铁的产出形式较为复杂，分布在磁铁矿中的铁为49.59%，其余主要以赤（褐）铁矿的形式存在，或分布在碳酸盐和硅酸盐类矿物中。

浮钼尾矿样中磁铁矿的单体解离度测定结果见表4-24。可以看出，磁铁矿大部分都呈包裹型连生体存在，单体相对含量仅32.10%，因此需要细磨。

表4-22 浮钼尾矿化学多元素分析结果 （%）

成 分	TFe	FeO	Fe_2O_3	Mo	Cu	Pb	Zn	SiO_2	TiO_2	Al_2O_3
含 量	6.05	3.95	4.26	0.018	0.013	0.015	0.016	63.23	1.0	12.26
成 分	CaO	MgO	MnO	Na_2O	K_2O	P	As	S	CO_2	烧失
含 量	3.38	1.52	0.21	2.09	3.81	0.12	0.011	0.36	1.03	2.96

表4-23 浮钼尾矿铁物相分析结果 （%）

铁物相	磁铁矿	赤（褐）铁矿	碳酸铁	硫化铁	硅酸铁	全 铁
铁含量	3.00	0.32	0.43	0.22	2.08	6.05
分布率	49.59	5.29	7.11	3.64	34.37	100.00

表4-24 浮钼尾矿中磁铁矿的单体解离度测定结果 （%）

磁铁矿存在形态	单体	与脉石连生	与硫化矿连生	磁铁矿包裹脉石	脉石包裹磁铁矿	榭石包裹磁铁矿
相对含量	32.10	0.93	0.07	1.15	58.62	7.13

C 选铁工艺首次改造

磁铁矿分选原采用简单的磁选流程，铁精矿品位仅20%左右。为了提高铁精矿品位，经过一系列的试验研究后，2006年采用图4-10所示的弱磁粗选-粗精矿再磨分级-次精选-高频振动细筛流程进行了第1次改造。

第1次改造后，再磨细度-0.074mm 60%~65%，铁精矿品位提高到45%左右，回收率28%左右；铁精矿品位和回收率都有了明显提高，但离理想的精矿品位还有较大差距。

针对铁精矿产品粒度分析发现：-0.0385mm粒级的铁品位可达52.999%；但+0.0385mm粒级的产率超过一半，铁品位却较低，其中的铁矿物单体解离度很低。要想铁精矿品位达到理想值，必须再细磨，细度达到磁铁矿基本完全解离所需的-0.038mm占95%以上。

D 选铁工艺再次改造

第2次改造在第1次改造基础上，主要增加了二段再磨分级，采用两段再磨的阶磨阶选流程。第2次改造后的工艺流程如图4-11所示。

二段再磨可供选择的设备有立磨机和管磨机，考虑到管磨机属于定型产品，与立磨机相比，易损件磨损慢，设备故障率低，维护检修方便，且设备与易损件的价格低，电动机功率单耗较小。因此，二段再磨设备采用管磨机，根据工艺条件，选定1500×6400管磨机。

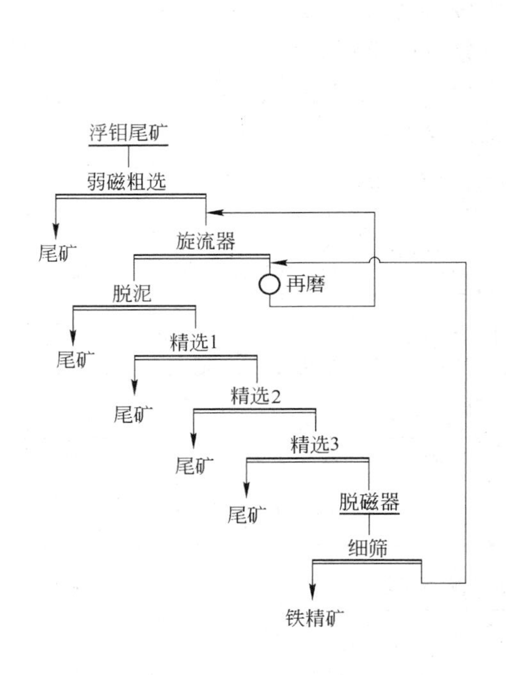

图 4-10　第 1 次改造后的选铁工艺流程

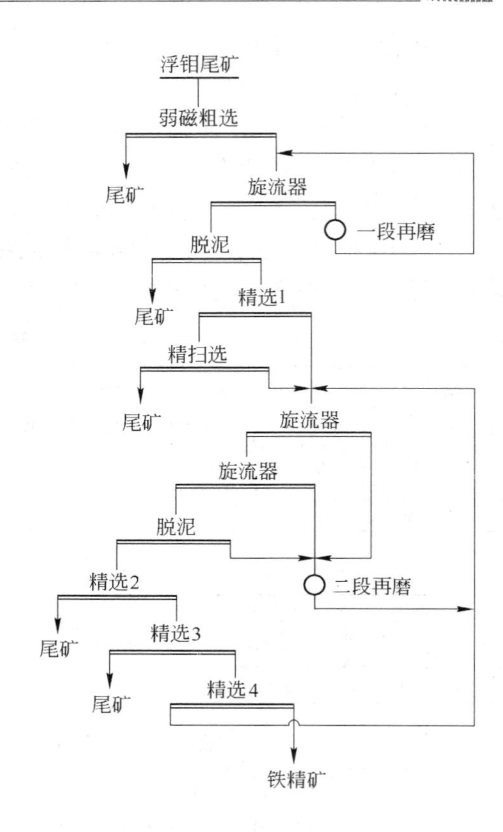

图 4-11　第 2 次改造后的选铁工艺流程

二段再磨后的分级采用如图 4-12 所示的旋流器串联两次分级方式，其中一次分级旋流器为 150mm，二次分级旋流器为 100mm，将一次旋流器的溢流不经泵池直接给入二次旋流器，这样不但减少了泵的数量，节约了成本，而且使系统易于协调稳定。

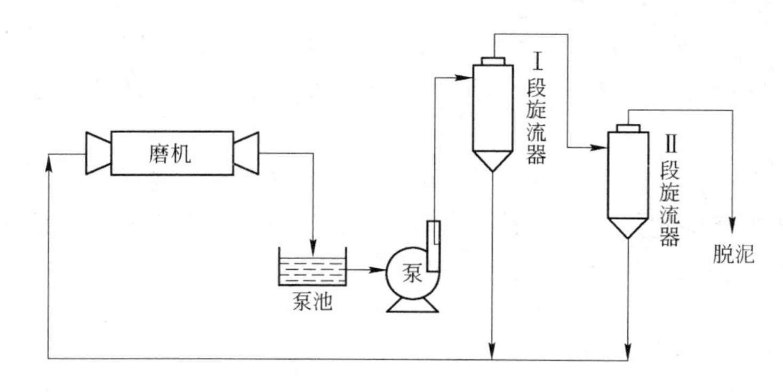

图 4-12　第 2 次改造旋流器串联方式

E　改造后的技术指标

两次改造后的技术指标对比结果如表 4-25 所示，铁精矿品位达到了 63% 以上，回收率超过 29% ，而且杂质含量低，符合铁精矿一级品标准，给矿山带来了可观的经济效益。

表 4-25 两次改造后的技术指标对比

技术指标	第 1 次改造	第 2 次改造			
		9 月	10 月	11 月	12 月
铁精矿品位/%	44.92	64.99	63.56	64.23	64.86
铁回收率/%	28.55	29.91	29.14	29.75	29.62
杂质含量%	S≤0.1，P≤0.1，SiO_2 20 ~ 25	S≤0.1，P≤0.1，SiO_2 5 ~ 10			
磨矿细度	-0.074mm 60% ~65%	一段 -0.074mm 60% ~65%，二段 -0.038mm 99.8%			

4.3.1.6 大红山铁矿 400 万吨/年选矿厂尾矿再选初步实践[173]

A 简况

昆钢集团大红山铁矿 400 万吨/年选矿厂于 2006 年建成投产。自投产以来，尾矿品位一直偏高，二次强磁尾矿品位高达 24% ~28%，这不仅造成金属流失和效益上的损失，而且加重了尾矿输送系统的负荷。于是在试验基础上，于 2007 年底建成投产了尾矿再选工程，采用 Slon-2000mm 立环脉动高梯度强磁选机，经过一次粗选-一次精选强磁选流程回收其中的弱磁性矿物，获得了较好的技术指标和经济效益。

B 尾矿性质

该尾矿中的铁主要以氧化铁的形式存在，具体包括赤铁矿、针铁矿、磁铁矿、褐铁矿 4 种氧化铁矿石，其中以赤铁矿、针铁矿为主（32.84%）。除了以上铁矿物，其他矿物还有硫铁矿（0.51%）、钛铁矿（0.49%）、石英、长石（37.56%）、方解石、白云石（0.80%）、云母、伊利石（4.23%）、辉石、符山石（2.47%）、透闪石、阳起石（1.05%）、绿泥石（1.97%）、萤石（2.26%）等。尾矿的多元素化学分析结果见表 4-26，铁物相分析结果见表 4-27，铁在尾矿各粒级中的分布见表 4-28，主要铁矿物单体解离度及其结合情况见表 4-29。

表 4-26 尾矿多元素化学分析结果 （%）

成 分	Fe	Sn	MgO	Na_2O	K_2O	Al_2O_3	TiO_2	SiO_2
含 量	24.40	0.047	2.24	1.45	0.742	8.06	1.76	41.7

表 4-27 尾矿铁物相分析结果 （%）

铁物相	磁黄铁矿	黄铁矿	磁铁矿	赤（褐）铁矿	全 铁
铁含量	0.90	0.05	1.04	23.80	25.79
铁分布率	3.49	0.19	4.03	92.29	100.00

表 4-28 尾矿各粒级中的铁分布

粒级/mm	产率/%	累计产率/%	品位/%	金属率/%	累计金属率/%
+0.15	7.37		9.77	2.89	
筛分 0.074	11.56	18.93	12.72	5.92	8.81
水析 0.074	27.21	46.14	32.77	35.87	44.68
+0.037	13.60	59.74	28.33	15.50	60.18
-0.037 +0.019	20.13	79.87	26.86	21.75	81.93

续表 4-28

粒级/mm	产率/%	累计产率/%	品位/%	金属率/%	累计金属率/%
-0.019 +0.010	7.94	87.81	24.84	7.94	89.87
-0.010 +0.005	4.54	92.35	24.52	4.48	94.35
-0.005	7.65	100.00	18.36	5.65	100.00
合　计	100.00		24.86	100.00	

表 4-29　主要铁矿物单体解离度及其结合情况　（%）

项目名称			+0.15mm	筛分 -0.074mm	水析 -0.074mm	-0.037 +0.019mm	-0.019 +0.010mm	-0.010mm	总样
单体	>4/5	本级	24.63	33.59	89.78	94.23	96.15	98.15	
		对原矿	0.81	1.99	32.20	14.61	20.91	7.79	78.21
	4/5 ~ 1/2	本级	8.71	10.76	0.73	1.02	1.43	0.16	1.63
		对原矿	0.25	0.64	0.26	0.16	0.31	0.01	
	1/2 ~ 1/4	本级	10.32	9.63	0.84	0.22	0.14	0.02	1.23
		对原矿	0.29	0.57	0.30	0.03	0.03	0.01	
	<1/4	本级	18.45	22.18	0.09	0.22	0.11	0.33	1.94
		对原矿	0.53	1.31	0.03	0.03	0.02	0.02	
	小计	本级	62.11	76.16	91.44	95.69	97.83	98.66	
		对原矿	1.78	4.51	32.79	14.83	21.27	7.83	83.01
包裹体及其他铁、微细粒铁		本级	37.89	23.84	8.56	4.31	2.17	1.34	
		对原矿	1.11	1.41	3.08	0.67	0.48	0.11	6.86
-0.005mm		本级							4.48
		对原矿							5.65
合　计		本级	100.0	100.0	100.0	100.0	100.0	100.0	
		对原矿	2.89	5.92	35.87	15.50	21.75	7.94	100.0

从上述表中可看出，尾矿中可供选矿回收利用的组分是 Fe，需要抛尾或降低的组分主要是 SiO_2、Al_2O_3、MgO、Na_2O、K_2O 等。

矿物粒级分布以 -0.074 +0.01mm 为主，该粒级铁矿物的单体解离度不高，属于夹带铁矿物多的微细颗粒矿石。

C　再选工艺试验及工程设计

针对该尾矿中铁的回收，昆明冶金研究院、云锡公司设计院进行了工艺试验研究。试验结果表明，采用强磁选流程可得到铁品位 50.00% 以上的铁精矿，总尾矿品位可降到 13.0% ~14.0%。昆明冶金研究院试验确定的强磁选工艺数质量试验流程如图 4-13 所示。

针对昆钢大红山铁矿的实际，工程设计中吸收了国内外选矿新技术，考虑新设备、新工艺的发展与动向，主体设备采用国内较先进的 Slon-2000mm 立环脉动高梯度强磁选机；利用地形高差，矿浆采用全自流输送。

D 生产实践

尾矿再选工程于2007年12月28日完工并试车，29日一次带矿试车成功。经流程考查各项指标都达到设计要求。当给料尾矿铁品位20.0%～30.0%时，再选精矿品位达到52.0%左右，尾矿品位13.0%～18.0%时，总尾矿品位降到14.0%。日产精矿600～800t，年产铁精矿15～20万吨。2008年1～2月尾矿再选实际生产情况见表4-30，尾矿再选生产数质量流程考查结果见图4-14。

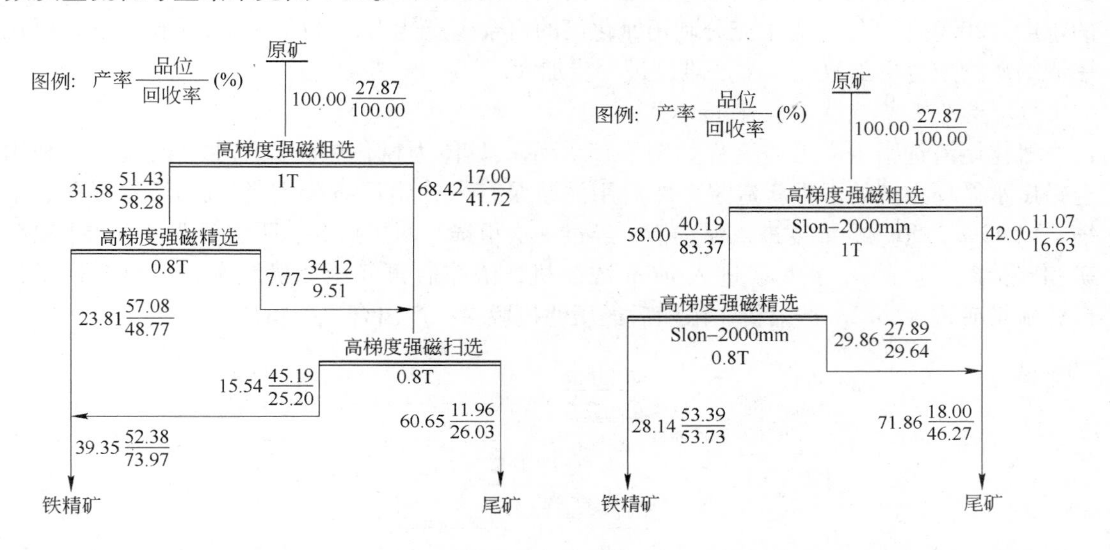

图4-13 尾矿强磁选工艺数质量试验流程图

图4-14 尾矿再选生产数质量流程（现场考查）

表4-30 2008年1～2月尾矿再选实际生产情况

月 份	精矿产率/%	精矿品位/%	精矿回收率/%	产出精矿量/t	选矿厂总尾矿品位/%
1	5.77	52.20	7.84	20710.40	14.30
2	5.88	51.25	8.09	18320.00	14.82

按日产600～800t铁精矿，年产铁精矿15万吨计，年销售收入7500万元（销售价格500元/t），获得经济效益4843.92万元。

4.3.2 含重金属尾矿再选生产实例

4.3.2.1 三山岛金矿氰化尾渣浮选回收铅生产实践[174]

A 概况

山东黄金集团有限公司三山岛金矿是国内井下采矿处理规模最大、机械化水平最高的黄金矿山之一。选矿采用两段一闭路浮选工艺，冶炼产品主要为金锭、银锭，副产品为硫精矿（即氰化尾渣）。

1990年初期，鉴于硫精矿（氰化尾渣）中铅品位较高，经过技术攻关，自行设计、建设、投产了氰化尾渣选铅厂。投产后较快地达到了设计生产能力（100t/d），铅精矿品位超过50%，达到了国家规定的质量标准。这是黄金行业第一家自建选矿厂从氰化尾渣中回收有价金属的案例，铅金属的回收提高了矿山资源的综合利用水平，产生了明显的经济效益。

B　原料性质

选铅厂的原矿是氰化提金后的尾渣，主要金属矿物为黄铁矿、方铅矿，其次为闪锌矿、毒砂。非金属矿物为石英、绢云母和长石等。其中矿物泥化严重，-400μm 粒级含量占 97% 以上，且矿物中含相当数量的选金药剂，尤其是氰化药剂，给选铅生产增加了很大的难度。2000 年开始，为了充分利用氰化厂的富余生产能力，开始外购金精矿处理，氰化尾渣的矿物成分更加复杂，生产难度进一步加大。

C　生产工艺流程及技术指标

氰化尾渣选铅生产工艺流程如图 4-15 所示。具体为氰化尾渣经脱水和返洗后，利用选铅厂水循环系统的水重新造浆，然后用泥浆泵打入选铅厂 ϕ9m 浓缩机，经过缓存和浓缩，以 40% ~50% 的浓度进入浮选槽，经过一次粗选、两次扫选、两次精选，生产出铅精矿和硫精矿（尾矿）；铅精矿进入 ϕ6m 浓缩机，浓缩后再经压滤机脱水，产出合格铅精矿；硫精矿进入 ϕ12m 浓缩机，浓缩后经压滤机脱水，产出合格硫精矿。

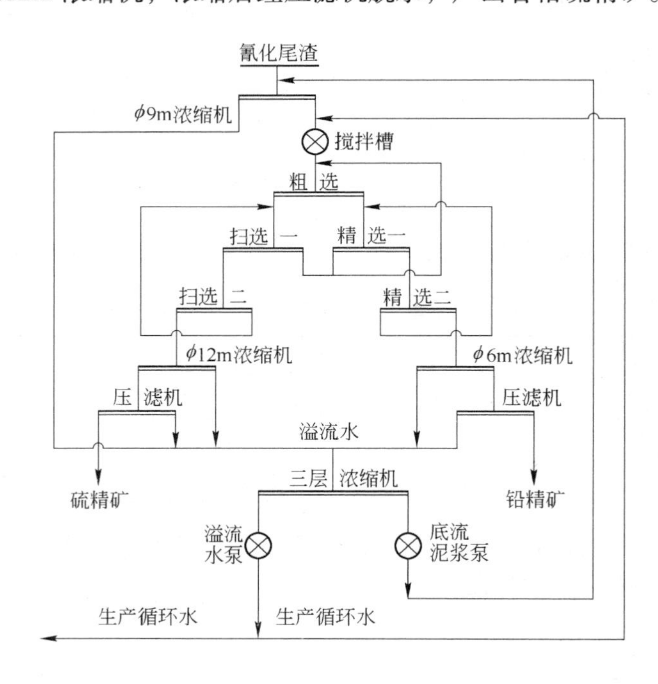

图 4-15　氰化尾渣选铅生产工艺流程

从投产至 2002 年，在管理人员和技术人员的不断努力下，选铅厂各项生产技术指标一直保持稳定增长的态势，具体见表 4-31。

表 4-31　氰化尾渣选铅厂历年主要技术指标统计

年　份	原矿品位/%	精矿品位/%	回收率/%	精矿中金富集比
1994	7.053	54.528	65.617	
1995	6.265	54.566	69.587	

续表 4-31

年 份	原矿品位/%	精矿品位/%	回收率/%	精矿中金富集比
1996	5.273	51.986	67.730	
1997	5.570	52.633	71.505	3.11
1998	5.061	52.742	71.508	4.15
1999	5.930	53.070	75.090	4.88
2000	8.643	54.452	78.560	5.83
2001	9.284	53.328	79.354	5.60
2002	8.491	53.103	82.476	5.71

D 工艺流程的改进

生产技术指标的提高主要得益于生产过程中不断的实践探索，并对工艺流程进行改进。

a 浮选工艺捕收剂的改进

原工艺设计中采用乙基黄药作为铅浮选捕收剂，由于乙基黄药的捕收能力较弱，后改用丁基黄药（用量 100～120g/t）；从而加强了对方铅矿的捕收，使选铅回收率稳定在70%以上。后来发现丁基黄药的选择性相对较差，实际生产过程中铅精矿品位难以稳定。1998 年开始，又调整为乙、丁基黄药混合使用（比例为 1∶1），从而既保证了捕收能力，又具有良好的选择性。

2000 年，通过反复试验，又调整为乙硫氮与丁基黄药混合使用（比例为 2∶1），通过此调整，在保证铅精矿品位 50%以上的同时，又使铅回收率提高了 2%～3%。

b 活性炭在浮选工艺中的使用

1996 年，开始将活性炭应用到铅浮选工艺中，其目的是：（1）吸附入选矿浆中过量的药剂，保持浮选液面的稳定，降低泡沫黏度；（2）吸附矿浆中游离的金氰络离子，提高铅精矿中金品位。

根据相同选铅条件下的粗选试验，得出活性炭用量与铅精矿中金的品位和回收率的关系见表 4-32。活性炭的最佳用量在 0.8～1.2kg/t 之间，此时，铅精矿中金的品位和回收率最好。

表 4-32 活性炭用量与铅精矿中金的品位和回收率的关系

活性炭用量 /kg·t⁻¹	铅精矿中金品位 /g·t⁻¹	铅精矿中金的回收率/%	活性炭用量 /kg·t⁻¹	铅精矿中金品位 /g·t⁻¹	铅精矿中金的回收率/%
0	1.38	26.896	1.2	2.91	32.681
0.4	1.99	29.515	1.6	2.93	26.024
0.8	2.14	39.245			

c 硫精矿脱水系统的改造

选铅厂正式达产之初，硫精矿脱水一直采用 2 台 $20m^2$ 的圆筒真空过滤机，其过滤效率低，能源消耗大。因此，1996 年用 $240m^2$ 的板框式压滤机代替了圆筒真空过滤机。改造后，硫精矿脱水系统在满足处理量要求前提下，滤饼水分保持在 12%以下，提高了硫精矿的质量。同时运行时间由 24h/d 减少为 6 ~ 8h/d，电器功率容量由 50.5kW 降低到 27kW，节电 80% 以上，极大降低了作业成本。

d 优化水循环系统

由于选铅的给矿是氰化尾渣，矿浆中含有大量的氰根离子，过量氰根离子进入生产水，使生产水中氰根离子含量高达 2000 ~ 4000mg/L，对矿区的生产环境构成极大的威胁。为杜绝外排生产用水，选铅厂不断改进和完善内部水循环系统，利用氰化系统闲置的三层浓缩机作为蓄水池，加强回水和用水管理，搞好生产水的循环与平衡，保证了生产生活环境的良好。

E 技术改造的经济效益

经过选铅厂人员的不懈努力，自达产以来，选铅厂各项成本费用逐年降低，经济效益稳步上升。2002 年全年处理氰化尾渣 38871.72t，原矿品位 8.49%，回收率 82.476%，累计成本 70 元/t，铅金属销售价格为 2000 元/t，全年累计获得利润 272.27 万元，再加上铅精矿中的金、银计价收入，选铅厂全年赢利非常可观。

4.3.2.2 河台金矿氰化尾渣浮选回收铜生产实践[175]

A 简况

河台金矿 1989 年投产，原矿为贫硫化矿蚀变糜棱岩型金矿石，选矿厂原设计为单一浮选金铜精矿工艺流程，经过几次改扩建，综合生产能力达到 750t/d。为实现就地产金，1998 年建成 100t/d 金精矿氰化厂，同时建设了氰化尾渣浮选回收铜系统，综合回收氰化尾渣中的铜，取得了较好的经济效益。

B 氰化尾渣的性质

氰化尾渣成分复杂，除金、银、铜可回收之外，还含铁、铅、锌等元素，其含量见表 4-33。铜含量为 2.50%，主要为原生硫化铜（占总量 73.02%，下同)，其次为次生硫化铜（23.24%）、氧化铜（3.73%）。在磨矿细度 -0.037mm 90% 情况下，铜矿物单体解离度测试结果见表 4-34，单体解离度不高，单体铜矿物含量为 48.6%。

表 4-33 氰化尾渣多元素分析结果 (%)

成 分	Cu	Fe	S	Al_2O_3	SiO_2	C	Pb	Zn	Au	Ag
含 量	2.50	15.36	13.48	4.42	45.60	0.65	0.31	0.23	(2.68)	(30)

注：Au、Ag 含量的单位为 g/t。

表 4-34 铜矿物单体解离度测试结果 (%)

存在状态	单体铜矿物	铜矿物与脉石连生	铜矿物与黄铁矿连生	铜矿物与磁铁矿连生	脉石包裹铜矿物	合 计
含 量	1.215	0.66	0.0375	0.18	0.4075	2.50
分布率	48.6	26.4	1.5	7.2	16.3	100.0

C 原始工艺流程及存在的问题

原始工艺流程为一次粗选、两次扫选、两次精选，具体采用 10 槽 5A 浮选机。投产后一年内（1998 年）铜回收率一直在 20% ~50% 波动，精矿品位低，尾矿品位大于 2%，各项作业指标都不理想，操作中泡沫质量差，且经常跑槽。具体原因是：(1) 磨矿细度不够；（2）氰根离子浓度较高，对铜矿物产生较强的抑制作用。

D 工艺设备改造

1999 年中期在系统研究基础上，对原生产系统进行了工艺设备改造，同时相应地调整了作业制度。改造后其工艺流程如图 4-16 所示。

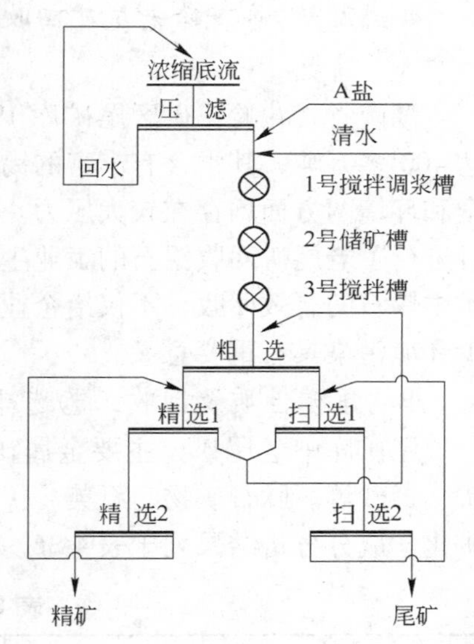

图 4-16 改造后氰化尾渣浮选回收铜生产工艺流程

工艺上具体进行了以下方面的改进：

（1）加强浮选金精矿磨矿作业的管理，降低旋流器的给矿浓度，稳定给矿量及输入浓度，增大旋流器的工作压力，提高其分级效率，使磨矿细度达到 -0.037mm 95% 以上。

（2）对氰化尾渣进行压滤，然后加入清水重新调浆，大幅度降低了矿浆中残余氰根离子浓度，同时，消除了残留药剂对铜矿物浮选的影响。

（3）在压滤渣重新调浆浮选作业前，设置三段搅拌作业，分别承担调浆、储矿、给矿作业，以确保给入浮选作业的矿量及浓度均匀连续。

（4）改革药剂制度。经试验研究，采用特效氰根离子抑制剂（无机 A 盐），丁基黄药为捕收剂、9538 为捕收增效剂、松醇油为起泡剂，相应操作条件为：氰化尾渣造浆时加 A 盐 500g/t，矿浆预处理 0.5h 以上；丁基黄药添加粗选 70g/t、扫选 30g/t；粗选与扫选各加松醇油 30g/t；粗选作业矿浆浓度控制在 25% ~28%。

设备方面的改造内容为：

（1）选用 SF4 型浮选机 7 台代替原用 5A 浮选机 10 台。浮选机配置为粗选 2 台、一次精选 2 台、二次精选 1 台、一次扫选及二次扫选各 1 台。

（2）压滤设备为 XAZ120m^2 箱式自动压滤机。

（3）增设搅拌槽。三段搅拌作业均为机械式搅拌槽，其规格为 1 号搅拌槽 ϕ2500mm × 2500mm2 号搅拌槽 ϕ2500mm × 2500mm/ϕ1500mm × 1500mm、3 号搅拌槽 ϕ2500mm × 2500mm。

E 生产技术经济指标

1998 年至 2001 年 9 月，河台金矿氰化尾渣浮选回收铜的生产技术指标统计见表 4-35。四年累计处理氰化尾渣 45637t，共回收金属铜 952.4t，铜精矿品位逐年提高，铜回收率显著提高，2001 年达到 77.14%。

表 4-35 河台金矿氰化尾渣浮选回收铜的生产技术指标统计

年 份	氰化尾渣矿量/t	铜品位/%	产铜量/t	铜精矿品位/%	尾矿品位/%	铜回收率/%	再磨细度(-37μm)/%
1998	7922.09	2.97	68.90	16.34	2.22	29.30	82.90
1999	7969.90	4.64	208.90	18.16	2.26	58.49	82.50
2000	18017.79	2.93	377.80	16.91	0.95	71.50	88.90
2001（1~9 月）	12000.34	3.21	296.80	20.19	0.84	77.14	89.14

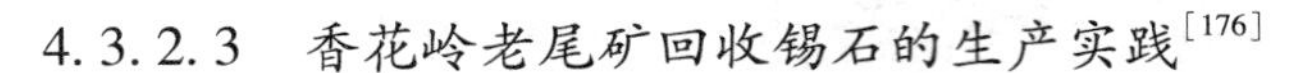

4.3.2.3　香花岭老尾矿回收锡石的生产实践[176]

A　简况

湖南省香花岭锡矿区尾矿库1951年开始使用，至2006年已有50多年，库存尾矿已达400多万吨，其中含有丰富的锡、铅、锌等有价元素。由于尾矿库已满负荷存放，在安全和环境两方面均存在较大压力。香花岭锡业有限责任公司在小型试验基础上，2006年9月进行了老尾矿回收锡石的工业生产试验，在试验生产稳定后，转入正式生产，实现了尾矿中锡石的有效回收，不仅给企业带来了可观的经济效益，而且对延长矿山服务年限、减少环境污染具有重要意义。

B　尾矿性质及回收工艺选择

尾矿库中老尾矿，主要金属矿物为锡石、闪锌矿、黄铁矿、黄铜矿、方铅矿、白钨矿、毒砂等。脉石矿物为石英、伊利云母、黄玉、绿泥石、方解石、白云石、萤石等。尾矿化学成分分析结果列于表4-36。

表4-36　尾矿化学成分分析结果　（%）

成　分	Sn	Pb	Zn	SiO_2	Al_2O_3	TFe	CaO	MgO	K_2O	CaF_2	S
顶　部	0.43	0.49	0.83	63.05	3.87	5.57	3.76	1.54	1.06	2.65	6.04
中　部	0.45	0.22	0.77	54.86	10.21	5.90	3.16	1.04	1.04	3.18	5.62
底　部	0.49	0.18	0.64	52.25	13.26	6.40	3.45	1.11	1.47	3.07	4.22
平　均	0.46	0.30	0.75	56.72	9.11	5.96	3.46	1.23	1.19	2.97	5.29

尾砂中锡的主要矿物形态为锡石，主要以两种形式存在：（1）呈胶粒状集合体形式单独存在，一般胶粒大小为0.001～0.3mm，锡石晶体为自形和半自形晶形式，其大小为几个微米；（2）呈星点状分布于颗粒较大的石英、岩石碎屑等颗粒之中。

尾矿中锡石嵌布粒度较粗，经适当磨矿后，产品粒级及锡金属分布分析结果列于表4-37，粗磨产品中锡石单体解离度分析结果列于表4-38，该结果表明，重选回收其中的锡石是可能的。

表4-37　香花岭尾矿粗磨产品粒度组成及锡金属分布

粒级/mm	+0.3	-0.3+0.074	-0.074+0.032	-0.032	合　计
产率/%	3.31	47.47	26.33	22.89	100.00
锡品位/%	0.24	0.32	0.67	0.51	0.453
锡分布率/%	1.75	33.53	38.94	25.78	100.00

表4-38　香花岭尾矿粗磨产品锡石单体解离度

粒级/mm	+0.3	-0.3+0.074	-0.074+0.032	-0.032
解离度/%	0	88.87	95.67	98.89

除了含有锡石以外，尾矿中还含有铅、锌等有色金属元素，它们大都以硫化矿形式存在，必须在选锡石前进行浮选脱硫。

实验室试验得到如下结论：

（1）采用浮选方法很容易脱除尾矿中的含硫成分，为后续重选收锡创造了条件，但浮选获得合格的铅锌混合精矿难度较大。

（2）将磨矿产品全浮脱硫后，在摇床上进行一次粗选和一次扫选，含 SnO_2 0.46% 的尾矿给料处理后，可得到含 SnO_2 大于 55% 的锡精矿，回收率大于 50%。如果在工业上再配合毛毯收锡，回收率还有可能进一步提高。

C 工业试验与生产实践

具体工艺流程如图 4-17 所示，工业试验设备配置如图 4-18 所示。

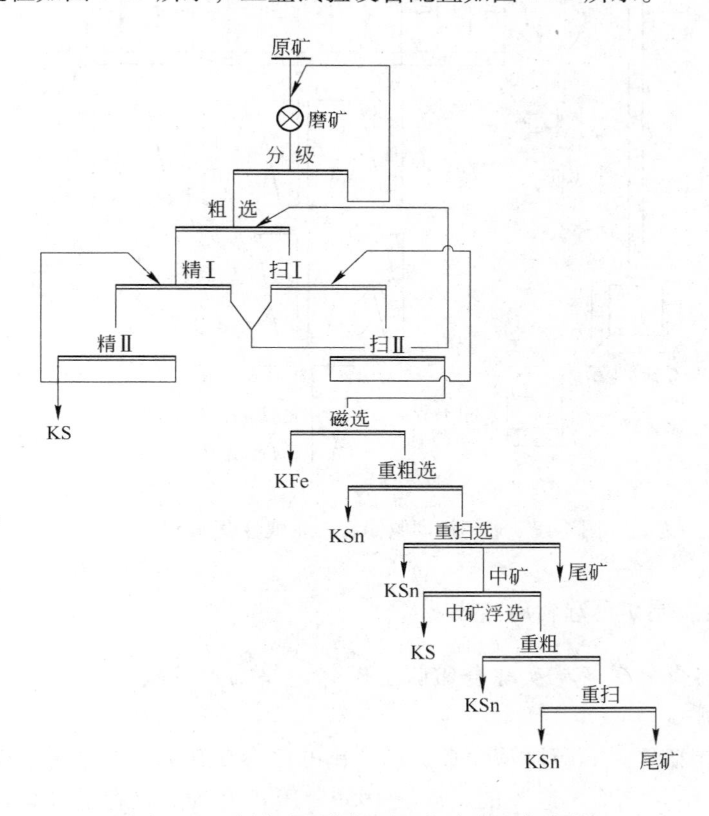

图 4-17 老尾矿回收锡石工业试验工艺流程

工业试验于 2006 年 9 月进行，试验为期 1 个月，经历了调试、优化和稳定生产三个阶段，随后转入正常生产，稳定生产阶段选矿指标统计列于表 4-39。

表 4-39 工业试验稳定生产选矿指标统计 （%）

产品名称	产 率	品 位	回 收 率
锡石精矿	0.43	55.15	51.55
新尾矿	99.57	0.22	48.45
原尾矿	100.00	0.46	100.00

从 2006 年 9 月底至 2007 年 2 月正常生产近半年间，选矿厂生产指标一直保持锡石精矿品位 53% ~55%、回收率大于 52%，累计生产品位 53% 以上的锡石精矿 30 多吨，给企业带来了可观的经济效益与社会效益。

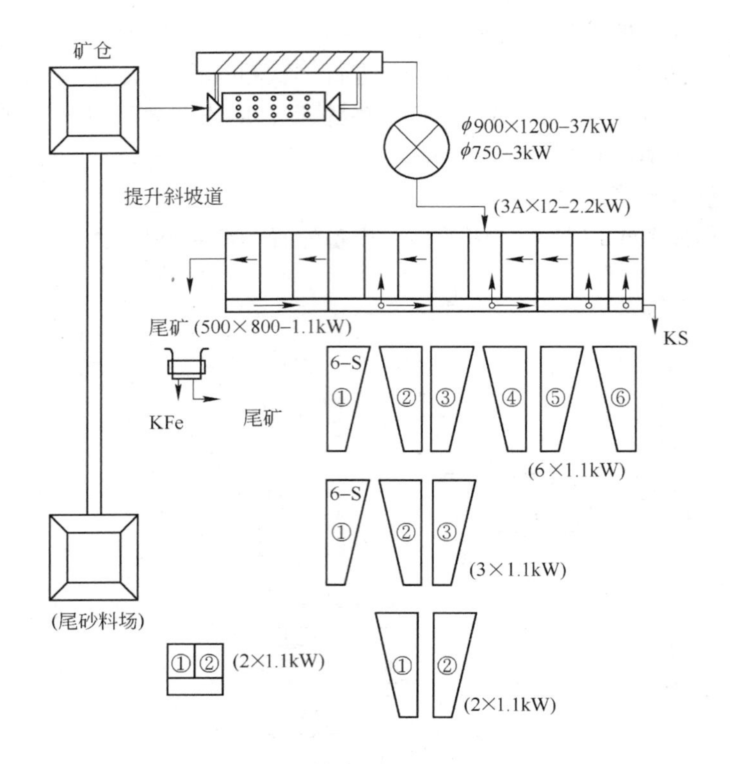

图 4-18　老尾矿回收锡石工业试验设备配置图

4.3.3　含稀贵金属尾矿再选利用实践

4.3.3.1　湘西金矿老尾矿综合回收金、锑、钨生产实践[177]

A　尾矿性质

湘西金矿沃溪矿区系石英脉型含金、锑、钨的多金属矿石。1 号尾矿库堆存的老尾矿多为 1955 ~ 1964 年"先冶后选"的尾矿及 1959 ~ 1965 年地表堆存的氧化矿经选别后的尾矿，有 35.27 万吨，金、锑、钨的平均品位分别为 4.18g/t、0.714%、0.16%。其中的金主要存在于炉渣选别后的尾矿中，由于矿石先经焙烧，一部分被重新包裹，其中 −10μm 微粒金占 29.61%，而且与脉石关系密切，与脉石连生及包裹的金占 39.77%，因此，该尾矿有部分微粒金用机械磨矿的办法难以单体解离或暴露。

B　小型选矿试验

针对该尾矿，重点进行了全泥氰化、浮选金锑 + 浮选钨 + 尾矿氰化、浮选金锑 + 尾矿氰化 + 浸渣选钨的流程试验研究。各流程试验结果如下所述。

a　全泥氰化流程

金浸出率为 71.43%。加 $Pb(NO_3)_2$ 进行预处理，能有效地减弱辉锑矿对氰化的有害影响，金浸出率提高 10%。该流程的主要缺点是要求磨矿粒度细、氰化钠的消耗较高。另外，伴生金属锑、钨不能综合回收。

b　浮选金锑 + 浮选钨 + 尾矿氰化流程

金选矿总回收率达 76.11%，也能就地产出成品金（金锑精矿可进矿山冶炼厂处理）。

流程比较简单。氰化钠的消耗由全泥氰化的1000g/t降至600g/t、磨矿细度由-40μm92%放粗到-40μm81%。

该流程的主要缺点是：(1) 由于白钨矿嵌布粒度细，浮选中单体解离度低，钨的回收率和精矿品位不佳。(2) 浮选金锑精矿质量太差，金、锑品位分别只有36.84g/t、4.05%，含SiO_2达56.78%，对冶炼成本及回收率有不利影响。(3) 浮钨所加油酸对后续炭浆（或炭浸）作业中的活性炭活性可能有一定影响。

c　浮选金锑+尾矿氰化+浸渣选钨流程

该流程金的总回收率比前一流程增加了1.94%。钨的回收率和品位较前方案也有所提高。氰化钠的消耗和尾渣品位与前流程相同。

该流程的主要缺点是：(1) 氰化作业所加石灰对后续选钨作业采用油酸浮选有不良影响，必须对氰化后的矿浆进行洗涤，去除钙离子。将矿浆洗涤至中性，流程复杂，基建投资高，工业上难以实现。(2) 金锑精矿和白钨精矿质量差，特别是白钨精矿含WO_3仅2.19%。即使采用彼得洛夫法加工，也难以达到合格品质量要求。

在上述研究结果的基础上，进一步进行了提高金锑精矿锑品位、降低二氧化硅含量和寻求提高全泥氰化浸出率、完善贵液提金工艺等试验研究，同时也进行了摇床重选试验。但是，全泥氰化试验没有取得新的进展，摇床降硅、富锑的试验也没有取得令人满意的结果。在浮选粗精矿作业中添加水玻璃或铁铬盐木质素抑硅试验取得了较好的结果，金锑精矿锑品位由原来5.65%提高到10.79%，精矿产率由原来的3.31%降低到1.39%；而且浸出技术指标和原试验基本相同。

C　选金的工业试验

通过综合的技术经济分析，并结合矿山生产实际情况，决定采用浮选锑+尾矿氰化流程进行建厂设计。设计的老尾矿选金厂工艺流程如图4-19所示。

工业生产试验从2001年2月23日至5月27日，历时92天。根据矿地测处1992~1993年的钻探勘察结果，确定采深6m以上采用全泥氰化流程；采深6m以下，采用浮选+氰化流程。此期间共处理尾矿8216t，产出金锑精矿71.5t，载金炭含金和电解提金共计10.095kg。在给矿金品位2.49g/t时，最终尾矿品位为0.895g/t，金实际回收率为63.86%，锑回收率为18.38%。在此期间，当给矿金品位达

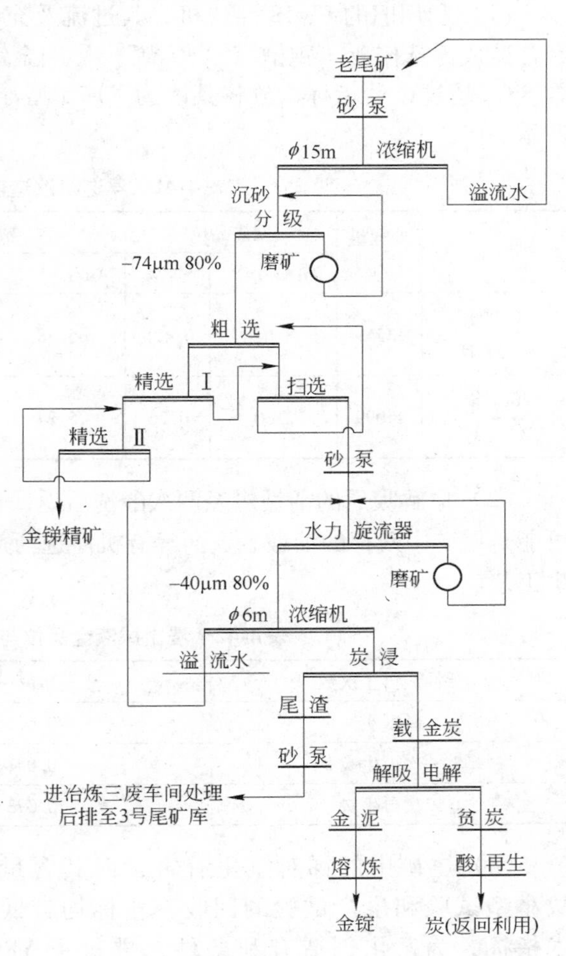

图4-19　湘西金矿老尾矿选金厂工艺流程

2.5g/t 以上时，全泥氰化流程浸渣金品位高达 1.6g/t，而采用浮选 + 氰化流程则浸渣金品位可降低至 1.0g/t 以下。不同流程的技术指标见表 4-40。

表 4-40　尾矿再选不同流程技术指标比较

时　间	工艺流程	处理量/t	给矿品位		浸渣品位		回收率/%	
			Au/g·t^{-1}	Sb/%	Au/g·t^{-1}	Sb/%	Au	Sb
5 月 17～20 日	全泥氰化	407.79	3.41	0.397	1.35	0.397	60.42	
5 月 23～27 日	浮选 + 氰化	434.35	2.67	0.311	0.71	0.213	73.77	32.88

工业试验结果表明，在给矿金品位大于 2.5g/t 时，锑、硫化物含量升高，最终磨矿细度只能达到 -50μm 82.5%，远低于小型试验全泥氰化 -40μm 91% 的细度，金矿物单体解离差，故以采用浮选 + 氰化工艺流程为宜；而当给矿品位较低时（2.0g/t），采用全泥氰化流程即可。

D　试生产过程中存在的主要问题及改进措施

（1）利用旧的 FW18 浮选机，其过流及充气能力较差，而 ϕ15m 浓缩机排矿不稳定，经常造成浮选作业“跑槽”、“掉槽”，影响金锑精矿质量和浮选选别效果，导致金锑精矿含 SiO_2 超过设计指标，故将其改为 XJ-28 型浮选机。改造前后的主要技术指标如表 4-41 所示。

表 4-41　浮选机改造前后主要技术指标

时　间	处理量/t	原矿品位		精矿品位			浸渣金品位/g·t^{-1}	回收率/%		备注
		Au/g·t^{-1}	Sb/%	Au/g·t^{-1}	Sb/%	SiO_2/%		Au	Sb	
2000 年 8～11 月	13259	3.64	0.476	65.28	7.66	56.78	1.26	70.06	46.28	改前
2001 年 2～8 月	25099	2.30	0.26	75.24	11.01	43.11	0.74	65.86	44.83	改后

（2）原解吸后的活性炭经两次酸洗后返回使用，吸附率明显降低（表 4-42），其原因可能是尾矿中残存的油酸、黄药等有机浮选药剂对炭的活性存在一定影响。后改用火法再生工艺。

表 4-42　浸出尾液金品位与活性炭再生次数的关系

活性炭再生次数	尾液金品位/g·m^{-3}	备　注
新　炭	0.016	椰壳炭
一次再生炭	0.041	酸再生
二次再生炭	0.073	酸再生

（3）尾矿中的锑对氰化有害，而其含量仅达边界品位，且 70% 为难选氧化锑，故小型试验和生产试验的回收率指标均较低。为了进一步提高锑、金浮选作业的技术指标，为氰化创造有利条件，进行了 Y89-3 与丁基黄药的对比试验，结果见表 4-43。

表 4-43 Y89-3 与丁基黄药对比试验结果

捕收剂名称	产物名称	产率/%	品位			回收率/%	
			Sb/%	Au/g·t^{-1}	SiO_2/%	Sb	Au
Y89-3	金锑精矿	0.75	18.300	102.00	29.64	53.55	49.07
	浮锑尾矿	99.25	0.120	0.80		46.45	50.93
	给　矿	100.0	0.256	1.559		100.0	100.0
丁基黄药	金锑精矿	0.66	16.600	96.00	33.76	42.38	38.94
	浮锑尾矿	99.34	0.150	1.00		57.62	61.00
	给　矿	100.0	0.259	1.627		100.0	100.0

与丁基黄药相比，Y89-3 捕收能力强，选择性好，锑、金的回收率及精矿质量均明显高于丁基黄药，自 2000 年 8 月起，便由 Y89-3 代替了丁基黄药。

E 技术经济效益

通过对浮选系统进行改造，活性炭再生炉的使用及浮选药剂制度的改变，使得现生产过程中金、锑的选冶回收率分别达到 67.4%、35.73%。同时由于对开采方法进行改进（液下泵代替采砂船开采）及含氰尾水采用 INCO 法治理，使系统生产成本大幅度降低，按年处理 4 万吨计，现生产成本为 335.2 万元，具体构成为：定额材料 64.60 万元，一般材料 37.83 万元，电力 76.66 万元，机制品 5.29 万元，配件 13.42 万元，人工工资 50.00 万元，冶炼成本 87.40 万元。

根据生产成本构成及金、锑现行市场价格，处理老尾矿的保本品位为 1.65g/t，当采矿尾矿平均金品位为 4.18g/t 时，每年可实现利润 525.78 万元。

4.3.3.2 辽宁五龙金矿老尾矿库的开采利用生产实践[178]

A 简况

辽宁五龙金矿于 1938 年建矿，现已开采 70 余年，资源逐渐枯竭。为了解决生产衔接与储量的矛盾，自 2001 年起对已关闭的周家沟老尾矿库进行了重新开采利用，取得了较好的经济效益和社会效益。

B 尾矿库资源情况

周家沟尾矿库建于 1964 年，1987 年闭库，库内尾矿量 341 万吨，金品位 0.67g/t，黄金总量 2285kg。库中尾矿堆积高度 50m，库面积 3.5 万平方米。

尾矿是低硫化物石英脉型金矿石的浮选尾矿砂，基本属于砂矿床类型，粒度 -0.074mm 90% 以上，尾矿密度 2.65t/m^3。尾矿堆积多年，呈板结状态，含少量杂质，构造简单，无大块砾石，库面覆盖一层泥土，种植玉米、棉花，并生长杂草。

C 尾矿库的开采

（1）采矿方法及生产能力。由于尾矿颗粒微细，不需要爆破方法回采，适合于机械挖掘或高压水枪冲采；但因已闭库多年，尾矿呈板结状态，若用高压水枪冲采，回采效率低，故选用机械（装载机）挖掘采矿方法。设计生产能力为 700t/d，选用装载机（前端式）1 台、翻斗自卸汽车 1 台，每天三班制作业，年工作时间 240d，冬季不生产。

（2）剥离开拓作业。开采前，先用装载机和人工清理方法，将库面的泥土、树根、杂草等清除；剥离作业完成后，用装载机挖掘一条宽 8m，深 2.5m 的开拓堑沟，从而形成回采作业面。

（3）回采方法。装载机以开拓堑沟为作业面，向垂直于堑沟方向的两个侧面推进挖掘回采，顺序为由上而下，由外向里。装载机把挖掘的尾矿装入翻斗自卸汽车，翻斗自卸汽车将尾矿砂运往氰化厂。

（4）防洪措施。为防止汛期库面汇水流入采场作业面，雨季生产时，在靠近山脚处的库面干滩上，用尾矿砂筑一道防洪坝，使山坡汇水直接流入溢洪井，确保雨季生产正常进行。

尾矿开采设备配置如图 4-20 和图 4-21 所示。

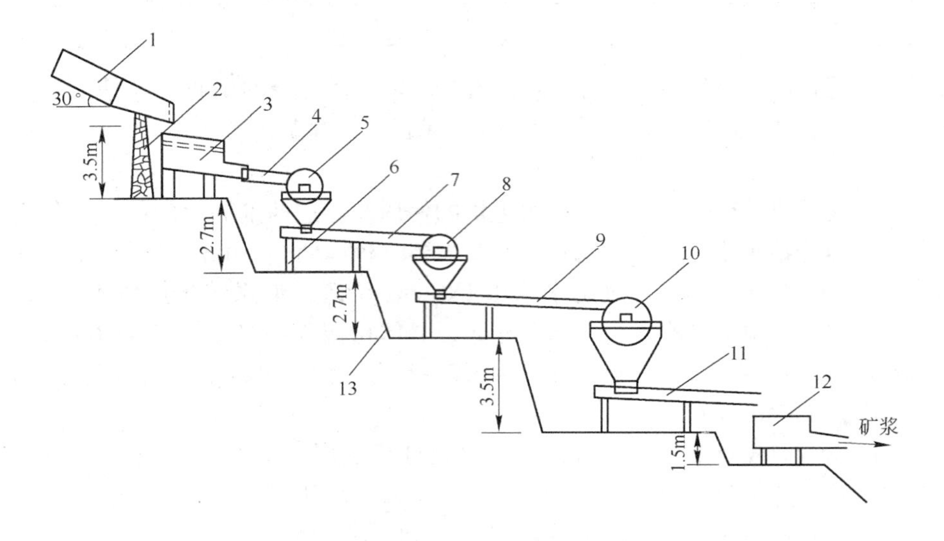

图 4-20　尾矿开采设备纵剖面配置示意图

1—受矿仓；2—石墙体；3—缓冲槽（ϕ3m）；4—溜槽；5，8—圆筒筛（ϕ1.2m×2.5m）；6—支架；7，9，11—矿浆管（ϕ203.2mm 铁管）；10—圆筒筛（ϕ1.5m×2.5m）；12—末端缓冲槽（ϕ1.5m×1.0m）；13—墙体

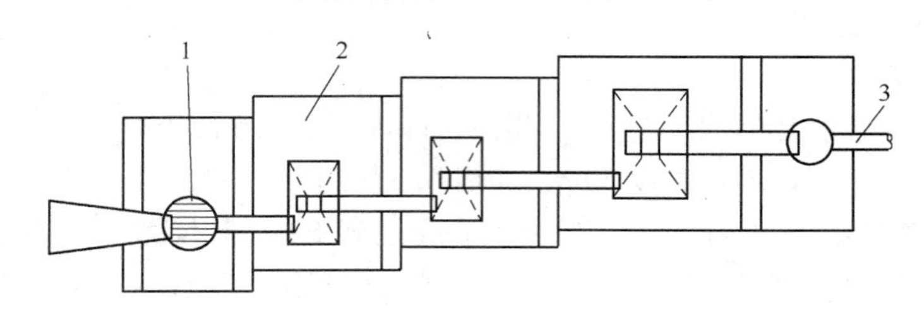

图 4-21　尾矿开采设备平面配置示意图

1—格筛；2—作业平台；3—矿浆输送管 ϕ270mm

D　尾矿处理

（1）造浆。尾矿库内回采的尾矿干料通过翻斗自卸汽车翻卸至受矿仓，再用压力为 3MPa（3kg/cm^2）的压力水通过水管喷嘴进行水碎，水碎矿浆直接流入缓冲槽，缓冲槽内设格筛，将粗颗粒尾矿、杂草及少量大粒砾石隔在筛上，由人工及时清理。在适当地点建一座 500m^3 高位水池，将缓冲槽内的矿浆浓度控制在 50%。

（2）筛分造浆。缓冲槽里的尾矿浆浓度为50%，粒径在0.6～2mm之间，不符合氰化浸出的技术要求，必须进行筛分和浓度稀释，使进入浓缩机前的尾矿浆浓度控制在20%，粒径为－0.6mm。

缓冲槽流出来的矿浆通过三段圆筒筛进行矿浆筛分和浓度稀释。第一段圆筒筛孔径10mm，进入矿浆浓度50%，流出矿浆浓度40%；第二段圆筒筛孔径2mm，进入矿浆浓度40%，流出矿浆浓度30%；第三段圆筒筛孔径0.6mm，进入矿浆浓度30%，流出矿浆浓度20%，直接进入浓缩机。矿浆筛分和浓度稀释全过程利用喷水的方式进行，单位耗水量为$4m^3/t$，浓缩机溢出来的水用水泵扬至$500m^3$高位水池；尾矿水碎和矿浆浓度稀释过程的用水全部使用系统循环水。

（3）尾矿输送。浓缩机流出来的尾矿浆浓度45%，直接进入浸出槽。经氰化工艺提取载金炭产品，产出的尾矿采用管道输送至黄洞沟尾矿库。

E 生产技术经济指标

该工程投资400万元，设计处理能力700t/d，于2001年6月27日正式投产，当年生产时间132天。尾矿金品位0.67g/t，氰化尾矿金品位0.21g/t，选冶总回收率68%，回收黄金41.235kg，直接生产成本19.66元/t，当年产值290万元，经济效益和社会效益都较好。

4.3.3.3 大柳行金矿尾矿综合回收金、银、硫的生产实践[165]

A 简况

大柳行金矿属于中温热液石英脉与蚀变花岗岩混合型金矿石。矿石中金矿物呈粗粒、中粒、细粒，与黄铁矿、铜蓝、闪锌矿、方铅矿连晶嵌布在脉石中，常见细粒、微细粒金嵌布在黄铁矿裂隙中，有部分粗、中、细粒金嵌布在石英中，偶见金粒嵌布在假象褐铁矿中。该矿选矿采用重选-浮选流程，金总回收率为91%。由于受磨矿细度、浮选时间等因素影响，尾矿金品位偏高，平均为0.34g/t，具有一定的回收价值。

在试验基础上，采用连排离心机作为粗选设备与摇床配合使用，实现全粒级入选，有效回收了其中的微细粒矿物，取得了可观的经济效益。

B 尾矿赋存规律及分选特性

尾矿在尾矿库内流动过程中，发生了较强的二次富集作用。坝体附近尾矿金品位大于2g/t，向下游方向品位逐渐变低。尾矿细度则呈由粗至细的分布。

尾矿的二次富集对于二次回收有用矿物是非常有利的，起到了预先分选的作用。在此基础上，界定了合理的边界品位，优先回采品位较高的部分尾矿。

试验矿样使用管式取样器人工取样，采样点间距3m，在尾矿坝附近均匀布点500个，采集矿样总质量419kg。试样筛析结果见表4-44。

表4-44 尾矿试样筛析结果

粒级/mm	产率/%	累计产率/%	粒级/mm	产率/%	累计产率/%
+0.15	79.01	79.01	-0.074+0.045	4.40	96.37
-0.15+0.074	12.96	91.97	-0.045	3.63	100.00

试验矿样采用云锡摇床分选的开路试验结果为：原尾矿金品位0.94g/t、精矿金品位17.50g/t、产率3.36%、回收率63.00%、二次尾矿金品位0.36g/t。堆存尾矿不需要经过

再磨，采用简单的重选方法即能取得较好的金回收效果。

C 工业试验情况

工业试验工艺流程如图4-22所示，采用连排离心选矿机粗选、粗精矿分级后摇床精选，摇床精矿作为最终产品，摇床中矿返回再选。具体工艺试验条件为：负荷300t/d，摇床冲次300次/min，每吨原矿用水量6m³/t。工业试验结果见表4-45。

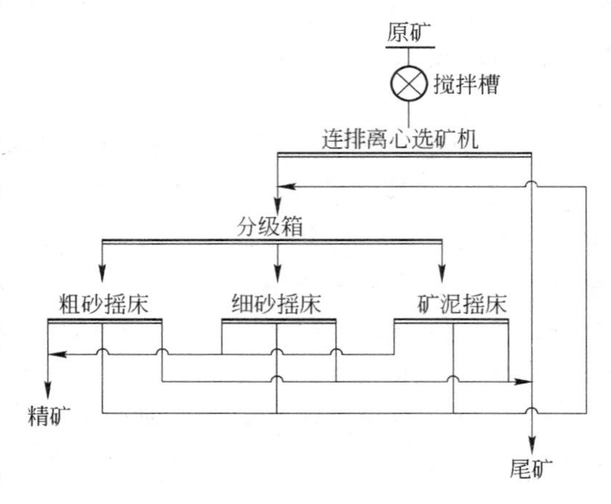

图4-22 大柳行金矿尾矿回收金、银、硫工业试验工艺流程

在金精矿中，主要金属矿物为黄铁矿，金矿物有3种，即银金矿（占80%）、金银矿（占13%）、自然金（7%）。金精矿含金21.78g/t，银103g/t，硫品位大于35%。在销售过程中金、银、硫均可计价。

表4-45 大柳行金矿尾矿回收金、银、硫工业试验结果

产品名称	产率/%	金品位/g·t⁻¹	金回收率/%	富集比
金精矿	3.01	21.78	80.94	17.64
二次尾矿	96.49	0.16	19.06	
给矿	100.00	0.81	100.00	

D 生产实践及其经济效益

在工业试验的基础上，基建工程于2002年6月建成投产，投资80万元。生产实践表明：该项目可年处理金品位为0.81g/t的堆存尾矿16.5万吨，金回收率80.94%，单位生产成本9.58元/t（包括运费4.00元/t），年产黄金103.94kg，白银509.9kg，硫精矿4500t，年创经济效益615万元。项目投资少，效益可观。

4.3.3.4 黄金尾矿堆浸提金的生产实践[179]

A 简况

铜陵地区的金矿山多采用浮选-氰化工艺生产黄金，生产早期由于选冶技术落后，相当一部分金、银等有价元素丢失在尾矿中。为了充分利用资源，延长矿山服务年限，牛山矿业公司采用堆浸工艺处理老尾矿，综合利用尾矿近150万吨，取得了显著的经济效益。

B 尾矿性质

表4-46给出了两个尾矿库尾矿样品分析化验结果，尾矿品位均在1g/t左右。根据小型堆浸试验结果，均可以采用堆浸回收其中的金。

表4-46 样品分析化验结果

矿山名称	Au品位/g·t⁻¹	Ag品位/g·t⁻¹	Fe含量/%	S含量/%
黄岭尾矿库	0.80	87.30	37.6	0.85
一棵松尾矿库	1.20	50.27	35.2	0.43

C 堆浸工业试验

在黄岭尾矿库附近，兴建了一座500t/堆的小型堆浸试验场。从尾矿库中采出的尾矿粒度 -200 目（-0.074mm）75%，经制粒后直接入堆，加 CaO 于清水池中，调节 pH 值在 10～11 之间，而后加入 NaCN，使 CN^- 达到 0.5%～0.8% 时开始喷淋，浸出液用锌丝置换，整个喷淋置换过程共50d。

试验给矿品位：Au 0.80g/t、Ag 87.20g/t，处理后尾渣含 Au 0.24g/t、Ag 40.20g/t（打孔取样），实际得 Au 0.263kg、Ag 21.5kg。相应的技术指标见表 4-47。

表 4-47 老尾矿堆浸提金工业试验技术指标 （%）

技术指标	Au	Ag	技术指标	Au	Ag
浸出率	70	54	理论回收率	66.54	50.28
置换率	97	96	实际总回收率	65.75	49.25
冶炼回收率	98	97			

D 工业生产实践

生产工艺流程如图 4-23 所示。具体实施方法是：将尾矿库的尾矿用机械采出后，制粒入堆，堆浸台的建造采用“二毡夹一膜”形式，堆场底坡 3‰，堆高 2m，并使整个堆形呈四棱台状；喷淋方式采用间断喷淋，确保日喷淋时间 8～12h，当 pH 值达到 10～11 之间时，加入浸出药剂，当收集液中 CN^- 达到 0.5%～0.8% 时，即可加入锌丝置换，连续喷淋 50 昼夜即可，最终在堆场浸渣上打孔取综合样品化验分析，测出浸渣的品位，此时可停止喷淋。

在拆堆之前，先用清水循环喷淋洗涤，回收后用于配制新的浸出液，然后再用碱氯法去掉残留的药物，方可销售尾矿或充填采矿废坑。

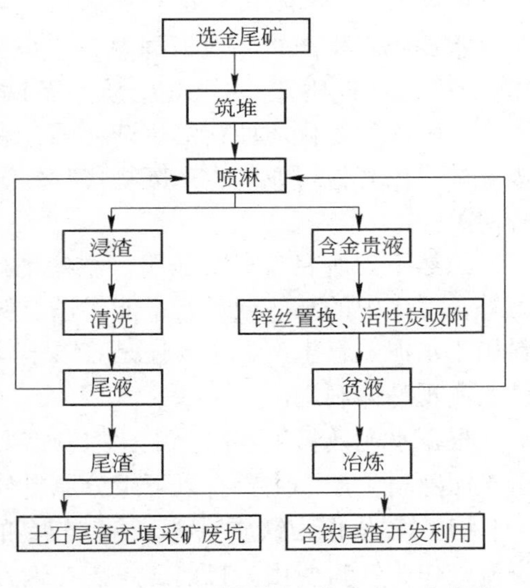

图 4-23 老尾矿堆浸提金的生产工艺流程

E 生产成本及经济效益分析

堆浸的生产总成本为 72 元/t，具体构成为：尾矿原料 20 元/t、药剂 18 元/t、人工工资 15 元/t、水电及化验 4 元/t、材料及折旧 4 元/t、管理费 5 元/t、其他 6 元/t。

按当时市场行情，黄金价格 110 元/g、白银 1.6 元/g 计算，处理 1 吨尾矿，回收 Au 0.52g、Ag 43g，单位产值 120.8 元/t，利税 48.8 元/t。另外，其中含铁尾渣有一部分也可以销售利用。

4.4 选矿尾矿整体利用技术及实践

4.4.1 尾矿生产水泥熟料

4.4.1.1 硅酸盐水泥熟料简介[180]

硅酸盐水泥熟料，主要由 CaO、SiO_2、Al_2O_3 和 Fe_2O_3 4 种氧化物组成，其含量总和通常在95%以上，各氧化物含量波动范围为：CaO 62% ~67%、SiO_2 20% ~24%、Al_2O_3 4% ~7%、Fe_2O_3 2.5% ~6.0%。除了上述4种主要氧化物外，通常还含有MgO、SO_3、K_2O、Na_2O、TiO_2、P_2O_5等。

在硅酸盐水泥熟料中，CaO、SiO_2、Al_2O_3和Fe_2O_3并不是以单独的氧化物形式存在，而是两种或两种以上的氧化物经高温化学反应生成的多种矿物的集合体，其中主要有以下4种矿物：

硅酸三钙，化学表达式为$3CaO \cdot SiO_2$，一般简写为C_3S；

硅酸二钙，化学表达式为$2CaO \cdot SiO_2$，一般简写为C_2S；

铝酸三钙，化学表达式为$3CaO \cdot Al_2O_3$，一般简写为C_3A；

铁相固溶体，通常以$4CaO \cdot Al_2O_3 \cdot Fe_2O_3$（铁铝酸四钙）作为代表式，简写为$C_4AF$。

此外，还有少量游离氧化钙（fCaO）、方镁石（结晶氧化镁）、含碱矿物及玻璃体。

通常，熟料中C_3S和C_2S含量约占75%左右，C_3A和C_4AF理论含量约占22%左右。

4.4.1.2　水泥熟料生产用选矿尾矿合理选择

水泥熟料生产，一般根据熟料组成配比需要和当地原料资源情况，选用石灰石（钙质）、砂岩（硅质）、黏土（铝质）及铁质原料（水泥行业俗称铁粉）4种原料进行配料生产。随着传统优质原料的逐渐耗竭，水泥企业从保障原料供应、降低原料成本出发，积极寻求采用其他行业的生产废物代替传统原料，其中选矿尾矿因量大易得且廉价引起人们普遍关注。

虽然不少研究与实践证明，某些尾矿可作为水泥熟料生产的矿化剂少量配用[181,182]；另外，尾矿中的某些微量元素能促进熟料的形成，从而实现节能。但是，选矿尾矿作为原料用于水泥熟料生产，主要还是着眼于其中的4种基本组分的使用，从而能够大量消耗尾矿，实现整体利用。

根据水泥熟料主要组分配比控制需要，并结合选矿尾矿的主要组成特点，选矿尾矿用于水泥熟料生产，主要有以下组分原料替代方案：

（1）替代作为铁质原料。含铁较高的铁矿尾矿或有色金属尾矿替代传统的铁粉或硫酸烧渣，作为铁粉使用。目前，尾矿在这方面的使用最普遍。

（2）高硅铁矿尾矿或有色金属尾矿代替传统的石英砂岩，作为硅质原料。

（3）含铝较高的尾矿代替黏土，作为铝质原料。

但是，实际上选矿尾矿中往往同时含有水泥熟料所需的CaO、Al_2O_3、SiO_2、Fe_2O_3 4种主要组分，因此往往是复合替代，同时作为其中两种或多种组分的提供者，部分或全部替代传统的铁粉、黏土或砂岩原料。表4-48列出了相关尾矿成分及其作为配料生产水泥熟料的研究结果。

在选矿尾矿作为配料生产水泥熟料时，不仅要考虑CaO、SiO_2、Al_2O_3、Fe_2O_3 4种主要成分，而且还要考虑水泥熟料有害杂质，如MgO、TiO_2、K_2O、Na_2O的控制，通常熟料碱含量以Na_2O计应小于1.3%，TiO_2含量应小于1.0%。

4.4.1.3　选铁尾矿替代铁粉配料生产水泥熟料实践[183]

A　概况

某公司2000t/d炉外预分解的新型干法生产线，生料制备系统采用ϕ3.8m×10m烘干

表 4-48 选矿尾矿成分及其作为配料生产水泥熟料情况

尾矿名称	化学成分/%													添加量/%	替代原料	矿山/企业	文献出处
	烧失	SiO_2	Al_2O_3	Fe_2O_3	CaO	MgO	K_2O	CaF_2	Na_2O	SO_3	Pb	Zn	Σ				
选铁尾矿	4.22	60.34	7.86	18.29	4.90	1.38								5.28	铁粉		[183]
磁铁尾矿	2.88	63.16	13.95	15.02	0.73	0.81	2.00		0.40	0.12			99.07	7.5	铝质原料	内蒙古商都世迈	[184]
铁矿尾矿	4.50	72.11	6.42	15.10	0.51	0.20							99.14	2.0	铁粉/硅质	山东枣庄	[185]
铅锌尾矿	1.96	65.26	11.43	10.21	1.59	2.47	0.55	4.70					97.65	13.81	铁粉/铝质	郴州桥口铅锌矿	[186]
铜尾矿	12.08	38.82	4.28	14.97	26.05	3.08	0.45							24.63	铁粉/铝质	大冶铜矿	[187]
铁尾矿	1.78	69.24	7.06	13.08	3.98	2.56							97.70	17.5~19	铁粉/硅质	河北平山	[188]
铁尾矿	16.38	27.90	6.74	25.04	12.64	2.77							91.47	3.3~6.70	铁 粉	梅山铁矿	[189]
铅锌尾矿	8.65	69.61	2.90	1.91	11.32	1.60	0.66	0.10			0.46 (PbO)	1.86 (ZnO)	99.07	10.20	硅 质		[190]
铁尾矿	4.51	49.26	10.83	22.64 (TFe)	6.82	3.89							97.95		黏土/铁粉	刘岭铁矿	[191]

中卸式管磨，设计产量75t/h。原来采用石灰石、粉煤灰、砂岩和铁粉进行配料，由于可磨性较差，砂岩配比在8.0%以上，使入磨物料的整体可磨性较差，生料磨平均产量仅70～74t/h，达不到设计标准；熟料烧成阶段因砂岩配比高，生料易烧性差，煅烧温度高，因而煤耗高；同时砂岩、粉煤灰、铁粉进厂价格对生产成本影响较大，公司效益受到影响。

为了改善上述情况，该公司充分发挥周围选铁尾矿资源较为丰富的优势，通过广泛细致的考查与充分详细的试验工作，实现了用选铁尾矿替代铁粉配料生产水泥熟料，取得了良好的效果。

B　原料组成及其配料方案

原采用的石灰石、粉煤灰、砂岩和铁粉等原料化学成分见表4-49，熟料配料方案先为：KH＝0.90±0.02，SM＝2.70±0.02，AM＝1.50±0.1，后来调整熟料中硅酸盐含量，提高熟料质量，配料方案变为KH＝0.91±0.02，SM＝2.85±0.1，AM＝1.80±0.1。

表4-49　原材料化学成分　　(%)

名　称	烧　失	SiO_2	Al_2O_3	Fe_2O_3	CaO	MgO	R_2O	Cl^-
石灰石	43.10	2.30	0.45	0.33	50.91	2.14	0.25	0.016
粉煤灰	1.47	52.53	26.22	6.80	7.78	1.34	1.35	0.003
砂　岩	0.62	91.06	1.98	1.05	2.06	0.15	0.25	0.003
铁　粉	5.96	18.77	2.32	61.97	2.48	1.78	1.25	0.044
煤　灰		52.13	26.56	5.08	7.14	1.50	1.15	0.012

选铁尾矿化学成分见表4-50。按照回转窑运行状况，结合前期熟料质量，用选铁尾矿替代铁粉后，熟料配料仍执行原调整方案：KH＝0.91±0.02，SM＝2.85±0.1，AM＝1.80±0.1。按燃煤灰分21.2%、应用基发热量24508kJ/kg，熟料热耗3500 kJ/kg，煤灰沉降率100%，煤灰掺入量3.03%，通过配料计算替代前后各原料的干湿基配比见表4-51。

表4-50　选铁尾矿的化学成分　　(%)

烧　失	SiO_2	Al_2O_3	Fe_2O_3	CaO	MgO	R_2O	Cl^-	SM
4.22	60.34	7.86	18.29	4.90	1.38	1.16	0.002	2.31

表4-51　原料水分及配比　　(%)

名　称		石灰石	粉煤灰	砂　岩	铁　粉	选铁尾矿
水　分		1.00	1.00	4.00	12.00	8.00
替代前	干　基	82.62	8.44	7.72	1.22	—
	湿　基	82.08	8.38	8.18	1.36	—
替代后	干　基	82.46	7.30	5.48	—	4.76
	湿　基	81.76	7.31	5.65	—	5.28

由表4-51可以看出，由于选铁尾矿中SiO_2含量较高（硅酸率为2.31），所以，替代后砂岩配比降低了2.53%，粉煤灰配比降低1.07%，选铁尾矿比铁粉用量增加了3.92%（按湿基）。

C 易烧性试验结果

按照计算确定的各原料配比及煤灰的掺入量，用天平称取已均化好的所需原材料，使用 ϕ305mm×305mm 球磨机制备替代前和替代后生料各 1.0kg，编号分别为 Q1 和 Q2，细度均为 0.08mm，方孔筛筛余分别为 1.48%、1.21%。选择 1400℃和 1450℃两个温度进行试验，结果见表 4-52。

表 4-52 熟料率值及矿物组成

方案	设计熟料率值			熟料矿物组成/%				fCaO/%	
	KH	SM	AM	C_3S	C_2S	C_3A	C_4AF	1400℃	1450℃
Q1	0.91	2.85	1.80	56.42	18.48	8.63	8.52	3.38	1.57
Q2	0.91	2.85	1.80	56.63	18.46	8.63	8.52	2.96	1.38

由表中试验数据可以看出，由于砂岩配比的降低和选铁尾矿的掺加，减少了生料中活性较差的结晶 SiO_2（石英）以及其他结晶质粗颗粒的含量，提高了生料的易烧性，使硅酸盐反应更加完全，从而降低了熟料中 fCaO 的含量。

D 工业试验结果

易烧性试验结束后，该公司进行了为期 15d 的工业试验，取得了良好的效果，生料磨台时、标煤耗等指标均比替代前有较大的改善，结果对比如下：

（1）生料系统。替代后，易磨性较差的砂岩含量降低了 2.53%；工业试验期间，生料磨的台时能力提高 15% 左右，单位生料的球耗也有所下降；另外由于用水分较低的选铁尾矿替代了水分较大的铁粉，铁质校正原料下料较为正常，减少了堵料现象的发生，出磨生料率值的合格率得到明显提高（见表 4-53）。

表 4-53 替代前后各系统工艺参数及工艺状况对比

方案	生料磨产量 /$t·h^{-1}$	生料球耗 /$g·t^{-1}$	生料 P 合格率 /%	熟料标煤耗 /$kg·t_{熟料}^{-1}$	fCaO 合格率 /%
替代前	70～74	35.2	79.2	126.9	86.4
替代后	80～85	32.4	87.3	125.2	88.7

注：替代后生料球耗为工业试验结果执行后三个月的统计值。

（2）烧成系统。由于砂岩量降低，替代后生料的易烧性有了提高，降低了熟料的烧结温度，促进了系统热工制度的稳定，更加有利于操作控制；工业试验期间，标煤耗有所降低，熟料游离钙合格率也有了一定提高。

（3）熟料质量。替代后熟料各项物理指标都有所提高，熟料的质量稳定性也有提高，月熟料 3d 抗压强度标准偏差由替代前的 1.64 降低到 1.32，熟料结粒状况有所改善，碱含量也基本相当。具体对比见表 4-54。

表 4-54 熟料物理性能

方案	凝结时间/min		标准稠度	安定性	抗折强度/MPa		抗压强度/MPa		熟料
	初凝	终凝	用水量/%		3d	28d	3d	28d	碱含量/%
替代前	123	195	23.8	合格	5.6	9.6	30.2	59.4	0.54
替代后	118	184	23.4	合格	5.7	9.9	30.8	60.1	0.56

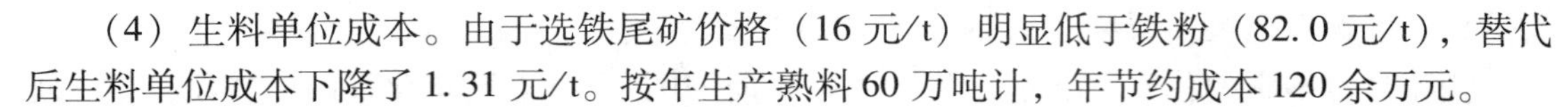

（4）生料单位成本。由于选铁尾矿价格（16 元/t）明显低于铁粉（82.0 元/t），替代后生料单位成本下降了 1.31 元/t。按年生产熟料 60 万吨计，年节约成本 120 余万元。

E　替代中需要注意的问题

（1）选择选铁尾矿资源时，要保证尾矿资源丰富，品质稳定；

（2）为保证配料及低碱水泥生产要求，选铁尾矿中 Fe_2O_3 含量应保证在 15.0% 以上，碱含量保证在 1.4% 以下；

（3）为保证生料磨台时能力，在选择尾矿资源时要优选易磨性较好的选铁尾矿。

4.4.1.4　磁铁尾矿/铜渣配料生产水泥熟料实践[184]

A　概况

内蒙古乌兰水泥集团有限公司一直坚持走“节能、环保、清洁生产”的新型工业化道路，曾先后用粉煤灰、炉灰渣、硫酸渣、矿渣、脱硫石膏、电石渣等工业废渣作为水泥原料，近年又采用磁铁尾矿、铜渣、粉煤灰等工业废渣配料，在 2 号窑上组织工业试生产，通过不断优化配料方案和工艺操作手段，现已在三条生产线上正常使用。

B　废渣原料及特性

磁铁尾矿是商都县世通公司的磁铁矿磁选尾矿，现该矿区堆存磁铁尾矿约 50 万吨左右，其化学成分含量较为稳定，可兼做铝质、铁质校正原料使用。

铜渣为内蒙古赛汗有色金属公司冶炼铜时产出的工业废渣，出炉后经水淬急冷，为深黑色颗粒，粒度细小均齐，粒径多为 2 ~ 5mm，物理吸附水分为 1.0%，松散密度为 1520g/L。铜渣中铁元素主要以 Fe^{2+} 的形式存在，同时还含有部分 CuO 及微量组分。

粉煤灰为乌兰集团余热电厂干排灰，其矿物主要有玻璃相、石英、莫来石等。烧失平均 7.5%，松散密度 600g/L。

各种废渣及原燃材料化学成分见表 4-55。另外，烟煤的工业分析结果为：M = 4.52%，A = 19.52%，V = 29.57%，FC = 46.39%，Q = 22998.49kJ/kg。

表 4-55　各种废渣原燃材料化学成分　　(%)

名　称	烧失	SiO_2	Al_2O_3	Fe_2O_3	CaO	MgO	K_2O	Na_2O	SO_2	FeO	Σ
石灰石	42.50	2.62	1.01	0.69	50.69	1.21	0.26	0.11	0.02	—	99.11
铜　渣	-4.53	36.13	6.76	4.66	10.70	3.32	0.57	0.25	0.09	39.95	97.90
硅　砂	1.19	94.66	0.51	1.68	0.28	0.71	0.35	0.10	0.01	—	99.52
磁铁尾矿	2.88	63.16	13.95	15.02	0.73	0.81	2.00	0.40	0.12	—	99.07
粉煤灰	7.17	47.41	27.70	3.66	8.93	2.87	0.77	0.38	0.39	—	99.28
煤　灰	—	45.99	23.62	3.22	21.99	1.91	1.06	0.07	2.08	—	99.94

C　配料方案设计

（1）配料组分。设计用石灰石、磁铁尾矿、粉煤灰、硅砂、铜渣 5 种组分单独配料，取代原混合料（石灰石与黏土预配料）、粉煤灰、硅砂、铁粉的传统配料方式。

（2）熟料率值设定。考虑到试验采用大量的尾矿、废渣配料，熟料烧成的共熔温度降低，加之大量微量元素的引入，在水泥熟料的矿物形成过程中起到“晶种”的作用，诱导晶体矿物的形成，改善了生料的易烧性。故适当提高了硅酸盐矿物的含量，以提高生料的耐火性。熟料率值控制如下：KH = 0.910 ± 0.02，SM = 2.40 ± 0.1，AM = 1.4 ± 0.1。

D 生产试验情况

2 号窑生产系统关键设备配置见表 4-56。

表 4-56 2 号窑生产系统关键设备配置

分 类	主机设备	设备性能和规格	备 注
生料系统	立磨系统	UM38、40 宇部磨	设计能力 260t/h
烧成系统	预热器分解炉系统	双系统五级旋风预热器，TDF 型分解炉（ϕ5600mm）	
	回转窑	ϕ4.0m×60m；三挡支承	设计能力 2500t/d
	箅冷机	TC-1164 型箅床；面积 612m^2	生产能力 2500～2900t/d
	燃烧器	PILLARD-ROtaflam	法国皮拉/德国风道
	高温风机	风量 540000m^3/h；静压－7500Pa（海拔 1487m）	双吸口式
	窑头引风机	Y4-73-22No. 28D（顺 45°）；风量 414000m^3/h；全压 1592Pa	锅炉离心引风机
质量控制系统	X 射线荧光分析仪	PHILIPS-PW1660-Cement. X-rad Spectrometer	QCX 在线分析

生产中存在的主要问题及改进措施：

（1）生料立磨粉磨系统运行平稳，磨机台时产量平均 257t/h，并未因铜渣的易磨性差而降低，具体数据见表 4-57。

表 4-57 出磨生料的技术指标对比

配料方式	立磨台时产量 /t·h^{-1}	出磨生料（0.08mm）细度平均值/%	出磨生料（0.08mm）细度合格率/%
用磁铁尾矿及铜渣	257	11.2	99.8
用黏土及铁粉	258	11.7	99.2

（2）预热器系统使用磁铁尾矿、粉煤灰及铜渣配料后，频繁出现塌料现象，同时分解炉烟室结皮现象严重。其主要原因是尾矿、工业废渣中含有大量的玻璃体及氧化亚铁，导致共熔温度降低，液相提前出现，物料发黏，易“挂片”、结皮。当结皮严重、人工清捅时，大块的结皮塌落堵在分解炉缩口处导致堵料。对于该问题，具体采取了以下解决措施：放粗出磨生料的细度，增加物料的分散度，优化操作参数，降低分解炉温度约 30℃，并提高窑速、薄料快转。采取以上措施后，生产逐渐趋于正常，操作控制技术参数对比见表 4-58。

表 4-58 操作控制技术参数对比

控制项目	调整前	调整后	控制项目	调整前	调整后
0.08mm 出磨生料细度/%	≤12.0	≤18.0	入窑生料分解率/%	95±2	90±2
分解炉出口温度/℃	890±10	860±10	窑速/r·min^{-1}	3.6	3.8
窑尾烟室温度/℃	1020±20	1000±20			

相比用黏土配料，用磁铁尾矿配料硅砂，用量减少 1.0% 左右，这对保护立磨辊套及衬板等耐磨材料具有很重要的意义，原料配料比例见表 4-59。

表 4-59 原料配料比例 (%)

配料方式	石灰质原料	铝质原料			硅质原料	铁质原料	
	石灰石	粉煤灰	黏土	磁铁尾矿	硅砂	铜渣	铁粉
用磁铁尾矿和铜渣	83.0	4.0	—	7.5	4.5	1.0	—
用黏土和铁粉	84.0	2.2	6.0	—	5.5	—	2.3

经过一个多月的生产实践和摸索，生产完全正常，熟料结粒好、升重高，窑上煅烧良好，火焰明亮，无飞砂、堵料、结皮等工艺事故。熟料的化学成分、矿物组成、物理性能分别见表 4-60 和表 4-61。

表 4-60 熟料的化学成分及矿物组成

熟料化学成分/%								
烧 失	SiO_2	Al_2O_3	Fe_2O_3	CaO	MgO	K_2O	Na_2O	SO_3
0.35	21.61	5.32	3.65	65.20	1.95	0.66	0.22	0.12

熟料率值			矿物组成/%			
KH	n	p	C_3S	C_2S	C_3A	C_4FA
0.911	2.41	1.46	59.8	16.8	7.9	11.0

表 4-61 熟料的物理性能对比情况

配料方式	比表面积 $/m^2 \cdot kg^{-1}$	标准稠度用水量/%	凝结时间/min		安定性/%	抗折强度/MPa		抗压强度/MPa	
			初凝	终凝		3d	28d	3d	28d
用尾矿	365	23.6	85	170	100	6.9	9.5	29.5	59.7
用黏土配料	369	24.5	75	155	100	6.7	9.0	28.8	57.9

生料的易烧性好，标煤耗降低，窑台时产量提高。具体数据见表 4-62。熟料结粒好、煅烧致密，需水量相对下降，便于和新标准接轨；同时实现了清洁生产、节能环保。

表 4-62 生产运行情况对比

配料方式	立磨台时产量$/t \cdot h^{-1}$	立磨运转率/%	窑台时产量$/t \cdot h^{-1}$	窑运转率/%	烧成标煤耗$/kg \cdot t^{-1}$
用尾矿	265	75.2	124	92.02	108.5
用黏土	258	72.8	118	89.12	112.2

E 效益分析

(1) 社会效益明显。用磁铁尾矿配料不但消纳了尾矿资源，而且可以节约大量的黏土矿产资源，2500t/d 干法窑生产线每年可节约黏土资源约 8 万吨左右。

(2) 经济效益可观。窑台时产量平均提高 6t，三条窑每年多生产熟料约 15 万吨，至少多赢利 750 万元；吨熟料的烧成标煤耗平均下降 3.7kg，按年产 280 万吨计算，年节约标煤 1.0 万吨。磁铁尾矿无须破碎，年节约人工、机具、设备电耗、折旧磨损等费用约 210 万元。综合年节约资金约 1580 万元，经济效益可观。

4.4.1.5 铅锌尾矿代替黏土和铁质配料生产水泥熟料工业试验[186]

A 铅锌尾矿原料及其化学成分

桥口铅锌矿尾矿为浅灰色粉状，含水量1%左右，化学成分稳定，取样分析结果见表4-63。特点是硅铁含量高，铝含量略低，与常规使用的黏土质原料化学成分接近，是理想的黏土质原料替代物。

表 4-63 桥口铅锌矿尾矿化学成分分析结果 (%)

矿 点	烧失	SiO_2	Al_2O_3	Fe_2O_3	CaO	MgO	SO_2	CaF_2	Σ
桥口 A	1.96	65.26	11.43	10.21	1.59	2.47	0.55	4.71	97.65
桥口 B	2.60	64.84	11.23	9.81	1.03	2.91	0.45	4.80	97.67

B 配料方案设计

根据目前正常生产控制指标及桥口铅锌矿尾矿化学成分的实际情况，决定利用该铅锌尾矿替代100%黏土和铁粉进行配料。其率值控制为 KH = 0.93 ± 0.01，SM = 2.8 ± 0.1，IM = 1.6 ± 0.1。熟料成分控制为 $w(Al_2O_3) < 5.2\%$，$w(Fe_2O_3) < 3.2\%$。铅锌尾矿配料方案与目前生产配料方案及有关化学成分对比见表4-64。

表 4-64 黏土配料和铅锌尾矿配料方案主要技术指标比较

配方类型	生料配合比/%				熟料率值			熟料中/%	
	石灰	黏土	尾矿	铁粉	KH	SM	IM	Al_2O_3	Fe_2O_3
黏土配料	85.57	12.39	0.00	2.04	0.92	2.58	1.50	5.38	3.05
尾矿配料	86.19	0.00	13.81	0	0.93	2.75	1.56	5.03	3.14

C 生产试验情况

(1) 铅锌尾矿生料制备。试生产期间，尾矿配料易磨性相对于黏土配料较差，应注意铅锌尾矿均化和喂料速度，以保证生料的细度达到要求。

(2) 熟料煅烧。生料易烧性好，窑的热工制度和台时稳定。当 fCaO 较低时，熟料结粒明显，均齐细小，立升重下降。试生产期间，熟料成分及其物理性能见表4-65。

表 4-65 熟料化学成分及其物理性能

日 期	SiO_2 /%	Al_2O_3 /%	Fe_2O_3 /%	CaO /%	fCaO /%	KH	SM	标准稠度 /%	3d 抗压强度/MPa	28d 抗压强度/MPa
6月17日	22.31	4.66	3.07	65.85	0.69	0.91	2.89	23.9	33.8	59.8
6月18日	22.19	4.66	2.96	65.89	0.95	0.91	2.91	23.6	33.5	59.7
6月19日	21.81	4.80	3.21	66.08	1.08	0.93	2.72	24.2	31.4	60.1
6月20日	22.03	4.53	3.09	66.36	0.81	0.93	2.89	24.2	32.8	59.4
6月21日	21.93	4.59	3.15	66.36	0.66	0.93	2.83	24.1	35.5	60.0
6月22日	21.93	4.65	3.21	66.04	0.57	0.93	2.79	23.7	34.7	60.7
6月23日	22.08	4.59	3.23	65.87	1.00	0.92	2.83	23.6	32.6	58.9
6月24日	21.67	4.78	3.15	68.98	1.16	0.93	2.71	23.8	32.8	60.3

从表4-65可以看出，熟料质量稳定，28d平均强度为59.9MPa，与利用黏土配料时的

熟料强度非常接近。

D　水泥质量及性能

（1）小磨试验。试验时熟料瞬时取样，按掺二水石膏4%、石灰石3%、矿渣5%、粉煤灰7%配比磨制，瞬时样熟料和小磨水泥各项检验结果见表4-66。

表4-66　熟料和水泥化学成分及物理性能

项　目	细度/%	比表面积 /$m^2 \cdot kg^{-1}$	凝结时间/min		标准稠度 /%	抗折强度/MPa		抗压强度/MPa	
			初凝	终凝		3d	28d	3d	28d
水泥	2.3	401	120	185	25.8	6.7	8.8	32.5	59.6
项　目	烧失/%	SiO_2/%	Al_2O_3/%	Fe_2O_3/%	CaO/%	fCaO/%	KH	SM	IM
熟料	0.32	21.46	5.15	3.10	66.14	0.91	0.932	2.60	1.66

（2）放射性检验。将以上小磨试样送湖南省建材质检站检验，根据国家标准GB 6566—2001《建筑材料放射性核素限量》要求检测，各项检测指标均合格，检测数据见表4-67。

表4-67　水泥放射性检测情况

序　号	检验项目	国标要求	检测值	结　论
1	内照射指数 $I_{R\alpha}$	≤1.0	0.2	合格
2	外照射指数 I_{γ}	≤1.0	0.2	合格

（3）水泥质量。熟料磨制的水泥各项指标均符合要求，外加剂适应性正常。

E　生产试验结论

（1）铅锌尾矿废渣具有与黏土相近的化学成分，完全可以100%替代黏土进行水泥配料，回转窑热工制度运行正常，水泥熟料质量稳定。

（2）铅锌尾矿废渣含有少量微量元素，具有一定的矿化作用，可以改善硅酸盐水泥生料的易烧性。铅锌尾矿配料可适当提高熟料强度（至少不降低强度），改善水泥性能。

4.4.2　生产新型墙体材料

4.4.2.1　新型墙体材料及其要求

墙体在建筑中起着围护、承重、隔断、保温绝热的作用，墙体材料是建筑业用量最大的建材产品之一，约占房屋建筑材料的70%。

传统墙体材料是实心黏土砖，但黏土砖生产消耗大量能源、毁坏大量耕地，而且不能满足建筑高层化，施工现代化，现代建筑保温、隔热、吸声、装饰多功能化的要求。我国墙体材料革新于1988年开始，国务院批转国家建材局等部门关于加快墙体材料革新和推广节能建筑意见的通知（国发［1992］66号），使我国墙体材料革新步入了快速发展的新阶段。

经过近二十年的发展，我国已经形成以砖、块、板为主导产品的新型墙体材料体系。具体来说，新型墙体材料包括[192]：

（1）工业废渣砖：以工业废渣为原材料生产的烧结与蒸压砖等，例如蒸压粉煤灰砖、烧结煤矸石砖、黄金尾矿砖等。

（2）块类材料：水泥混凝土砌块、加气混凝土砌块、石膏砌块等。

（3）板类材料：空心隔墙板、轻质复合墙板等。

新型墙体材料产品，特别强调在与当地资源、建筑结构要求紧密结合的同时，达到四高，即高掺量（掺加工业废渣50%以上），高孔洞率（空隙率25%以上）、高强度、高保温性能，同时还要满足装饰效果和二次装修的要求[193]。

4.4.2.2 固体废物在新型材料中的应用

采用固体废物作原材料是新型墙体材料的重要特性。墙体材料组成主要为无机骨料和胶结料，具有这种特征的尾矿、工业废渣、城市垃圾等固体废物均可考虑作为墙体材料的原料加以利用。表4-68汇总了固体废弃物在新型墙体材料中的应用情况[194]。

表4-68 固体废弃物在新型墙体材料中的应用

墙体材料产品	产品标准编号	名称解释（术语）包括所用固体废弃物
烧结粉煤灰砖	GB/T 5101—2003	以粉煤灰为主要原料，掺入煤矸石粉或黏土等胶结砖料，经配料、成型、干燥和熔烧而成的普通砖
烧结煤矸石砖	GB/T 5101—2003	以煤矸石为主要原料，经粉碎、成型、干燥和熔烧而成的普通砖
烧结粉煤多孔砖	GB 13544—2000	以粉煤灰为主要原料，掺入煤矸石粉或黏土等胶结砖料，经配料、成型、干燥和熔烧而成的主要用于承重部位的多孔砖
烧结煤矸石多孔砖	GB 13544—2000	以煤矸石为主要原料，经粉碎、成型、干燥和熔烧而成的主要用于承重部位的多孔砖
烧结粉煤灰空心砖与砌块	GB 13545—2003	以粉煤灰为主要原料，掺入煤矸石或黏土等胶结砖料，经熔烧而成，主要用于非承重部位的空心砖和空心砌块
烧结煤矸石空心砖与砌块	GB 13545—2003	以煤矸石为主要原料，经熔烧而成，主要用于非承重部位的空心砖和空心砌块
粉煤灰砖	JC 239—2001	以粉煤灰、石灰或水泥为主要原料，掺加适量石膏、外加剂、颜料和集料等，经坯料制备、成型、高压或常压蒸汽养护而制成的实心粉煤灰砖
煤渣砖	JC 525—93	以煤渣为主要原料，掺入适量石灰、石膏，经混合、压制成型、蒸压或蒸养而成的实心煤渣砖
蒸压灰砂砖	GB 11945—1999	以砂和石灰为主要原料，允许掺入颜料和外加剂，经坯料制备、压制成型、高压蒸汽养护而成的实心灰砂砖
蒸压灰砂空心砖	JC/T 637—1996	以砂和石灰为主要原料，经坯料制备、压制成型、蒸压养护而制成的孔洞率大于15%的蒸压灰砂实心砖
蒸压加气混凝土砌块	GB/T 11968—2006	以硅质材料和钙质材料为主要原料，铝粉为发气剂，原材料经搅拌、浇注成型、发气稠化、预养切割、高压蒸汽养护制成
普通混凝土小型空心砌块	GB 8239—1997	以水泥为胶凝材料，砂、石作集料，经搅拌、振动加压成型、养护制成，主规格砌块尺寸为390mm×190mm×190mm，砌块的空心率不少于25%
轻级料混凝土小型空心砌块	GB/T 15229—2002	用轻集料混凝土制成的小型空心砌块。常结合轻集料名称命名，有陶粒（粉煤灰陶粒、黏土陶粒、页岩陶粒）、自然煤矸石、浮石、火山渣、煤渣、膨胀矿渣珠混凝土小型空心砌块

续表 4-68

墙体材料产品	产品标准编号	名称解释（术语）包括所用固体废弃物
装饰混凝土砌块	JC/T 641—93	经过饰面加工的混凝土砌块
粉煤灰小型空心砌块	JC 862—2000	以粉煤灰、水泥、各种轻重集料、水为主要组分（也可加入外加剂等）拌和制成的小型空心砌块。其中粉煤灰用量不应低于原材料重量的20%，水泥用量不应低于原材料重量10%
石膏砌块	JC/T 698—1998	以建筑石膏为主要原料，经加水搅拌、浇注成型和干燥制成的轻质建筑石膏制品。生产中允许加入纤维增强材料或轻集料，也可加入发泡剂。按砌块结构分空心和实心砌块；按所用石膏原料分天然石膏砌块、化学石膏砌块；按防潮性能分普通和防潮石膏砌块
粉煤灰砌块	JC 238—91	以粉煤灰、石灰、石膏和骨料等为原料，加水搅拌、振动成型、蒸汽养护而制成的密实砌块
蒸压加气混凝土板	GB 15762—1995	以硅质材料、钙质材料为主要原料，以铝粉为发气剂，配以经防腐处理的钢筋网片，经加水搅拌、浇注成型、预养切割、蒸压养护制成的板材
石膏空心条板	JC/T 829—1998	以建筑石膏为基材，掺以无机轻集料、无机纤维增强材料而制成的空心条板
工业灰渣混凝土空心隔墙条板	JG 3063—1999	以粉煤灰、经煅烧或自燃的煤矸石、炉渣、矿渣、加气混凝土碎屑等工业灰渣为集料的机制混凝土空心条板，用作民用建筑非承重内隔墙，其构造断面为多孔空心式，生产原料中工业灰渣总重量为40%（重量比）以上； 以粉煤灰陶粒和陶砂、页岩陶粒和陶砂、天然浮石等为集料制成的混凝土空心隔墙条板，可以参照此标准执行
混凝土多孔砖	JC 943—2004	

4.4.2.3　选矿尾矿生产新型墙体材料研究

A　高硅铁尾矿制取蒸压尾矿砖[195,196]

a　原料尾矿性质

原料铁尾矿取自唐山钢铁公司石人沟铁矿，化学成分比较简单，具体见表 4-69，其中 SiO_2 72.49%，TFe 4.48%，属高硅型尾矿；颗粒级配见表 4-70。其他性质：堆积密度 $1.56\times10^3 kg/m^3$，含水率 5.3%，含泥量 3.9%；内照射指数 $I_{R\alpha}=0.8$，外照射指数 $I_\gamma=0.6$，均低于国家标准。

表 4-69　铁尾矿主要化学成分　（%）

名　称	SiO_2	CaO	Fe_2O_3	Al_2O_3	MnO	MgO	TFe	S	P	MFe
含　量	72.49	4.85	6.20	6.08	0.085	3.16	4.48	0.0	0.16	0.93

表 4-70　铁尾矿颗粒级配

筛孔/mm	+0.352	−0.352 +0.175	−0.175 +0.124	−0.124 +0.091	−0.091 +0.074	−0.074
筛余/%	0.877	26.82	30.58	29.30	1.12	3.01

b　工艺原理及试验流程

蒸压尾矿砖制备的基本原理是：硅质岩型铁尾矿主要成分是结晶形态的石英，在高压水热环境中，可自发地与碱性金属离子发生水化合成，生成沸石或水化硅酸钙等机械强度较高的含水矿物结合体。

试验的具体工艺流程如图4-24所示。

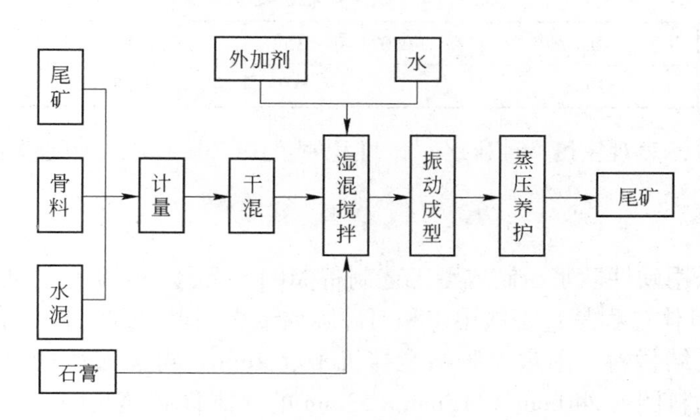

图4-24　蒸压尾矿砖工艺流程

试验尾矿砖的设计强度为15MPa和20MPa两种，所用水泥为425号普通水泥，采用振动成型，规格为250mm×250mm×50mm，砖块成型后蒸压养护11h，养护制度为：制品釜前抽真空0.5h，然后是2.5h升温，8h、1.6MPa恒温（约190℃），2.5h降温和制品出釜，做常规检测。

c　试验结果

利用铁尾矿生产砖类制品，影响产品性能的因素很多，本试验主要针对尾矿用量、水泥用量、粗骨料用量、粉煤灰用量、水用量及外加剂进行了条件试验，配比与检测结果见表4-71。三种配比的试块常规检测都达到了标准要求，其他指标也满足要求。

表4-71　尾矿砖原料配比及产品性能

编号	配　比					24h抗压强度/MPa		24h抗折强度/MPa		抗冻性（25次接触）	
	尾矿	水泥	石膏	粉煤灰	骨料	平均值	单块最小值	平均值	单块最小值	强度损失率/%	质量损失率/%
1	65	18	2	0	0	28.00	26.10	4.35	4.05	15	0.5
2	55	13	2	0	15	19.40	16.20	3.80	3.56	10	0
3	60	13	2	10	0	18.25	16.60	3.50	3.21	8	0

试验表明：唐山地区铁尾矿符合制作蒸压尾矿砖的原料要求，采取适当配比制作的蒸压砖产品各项指标都符合要求，尾矿在原料配比中平均可达到50%以上，这对于尾矿资源的利用来说，是一个非常好的方向。

B　陕西铁尾矿制取干压免烧砖[197]

a　试验原料

试验用铁尾矿来自陕西某矿山公司选矿厂，其主要矿物成分为：石英35%、伊利石18%、菱铁矿14%、高岭石8%、正长石8%、闪锌矿2%、黄铁矿2%、硬石膏2%、赤褐铁矿3%、其他7%，具体粒度组成见表4-72。根据^{226}Ra、^{232}Th、^{40}K的放射性分析结果，

该尾矿内照射指数 $I_{Ra}=0.100$，外照射指数 $I_{\gamma}=0.300$，符合《建筑材料放射性核素限量》（GB 6566—2001）对建筑主体材料的规定。

表 4-72　铁尾矿粒度组成

粒级/mm	-0.074	+0.074 -0.015	+0.015 -0.05	+0.5
含量/%	29.8	32.5	21.8	15.9

河砂取自当地，表观密度 2647kg/m^3，堆积密度 1476kg/m^3，细度模数为 3.0，级配为Ⅱ区。

b　试验方法

试验目标是采用硬性砂浆压制成型工艺制备 MU15 级干压尾矿免烧砖，具体工艺流程如图 4-25 所示。具体过程是：将铁尾矿和河砂陈放干燥一段时间，掺入适量的 425R 普通硅酸盐水泥作为胶结材料，用水泥胶结搅拌机干混 2min，再加入适量的水和外加剂混合 2min。将混匀的物料倒入 240mm×115mm×53mm 的自制标砖模具中，在一定压力下压制成砖坯。砖坯成型后即刻脱模，在自然条件下养护 1d 后码垛，洒水养护至 28d，即制得成品砖。

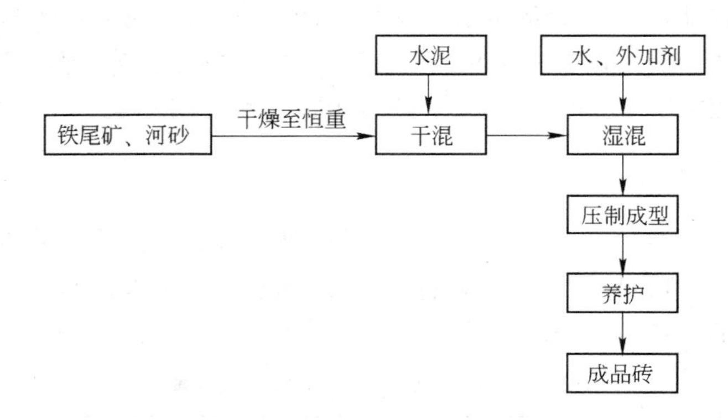

图 4-25　干压尾矿免烧砖硬性砂浆压制成型工艺流程

试验中以 10 块相同条件下制得的砖为一组，检测每组砖的 28d 抗压强度。

c　试验结果

具体进行了铁尾矿/河砂配比、搅和用水量、水泥用量、成型压力、化学外加剂等因素试验，考查了相关因素对抗压强度的影响，确定了最佳工艺配方：固体干料中铁尾矿 50%、当地河砂 40%、秦岭 PO425R 水泥 10%、搅和用水量为固体干料总量的 8%、萘系高效减水剂掺量为水泥量的 0.8%、葡萄糖酸钠缓凝剂掺量为水泥量的 0.03%。

按该配方，在成型压力 15MPa 的条件下制得的尾矿免烧砖，28d 抗压强度为 16.4MPa，依据 JC/T 422—2007《非烧结垃圾尾矿砖》标准规定，对该 MU15 级尾矿免烧砖进行相关性能检测，各项性能指标完全符合标准要求。

C　梅山铁尾矿制备免烧砖[198]

a　试验原料及性质

铁尾矿来自上海梅山矿业有限公司，其主要化学组成见表 4-73。将原尾矿制备成 3 种级配类型，各级配类型的粒度分布见表 4-74，其中细集料的粒度分布为尾矿的原始分布，粗集料的粒度分布为人工配制而成。

表 4-73 梅山铁尾矿主要化学组成 (%)

成 分	SiO_2	Al_2O_3	Fe_2O_3	CaO	MgO	烧 失
含 量	27.88	7.27	25.0	14.62	1.78	18.33

表 4-74 梅山铁尾矿级配类型及其粒度分布

级配类型	集料种类	配 比	粒度分布/%				
			-0.05mm	+0.05 -0.075mm	+0.075 -0.1mm	+0.1mm	合 计
G1	细集料	100.00	7.74	31.83	51.26	9.17	100.00
	粗集料	0.00					
	合 计	100.00	7.74	31.83	51.26	9.17	100.00
G2	细集料	85.00	7.74	31.83	51.26	9.17	100.00
	粗集料	15.00	0.00	17.00	21.00	62.00	100.00
	合 计	100.00	6.58	29.61	46.72	17.09	100.00
G3	细集料	90.00	7.74	31.83	51.26	9.17	100.00
	粗集料	10.00	7.00	10.00	21.00	62.00	100.00
	合 计	100.00	7.67	29.65	48.23	14.45	100.00

胶结料自制，组分构成见表 4-75。轻质集料为市售硅藻土、陶粒。外加剂为市售 JA1、JA2 型外加剂。

表 4-75 自制胶结料的组分构成 (%)

种 类	硅酸盐矿物	高炉矿渣	煤矸石	粉煤灰	水玻璃	复合激发剂	硫酸钠
JA-Ⅱ	75.0	13.5	4.5	4.0	0.5	1.0	1.5
JB-Ⅱ	80.0	10.0	5.5	4.5			
JC-Ⅱ	80.0	10.0	4.0	3.5	1.5	1.0	

b 试验方法

(1) 试块成型：将原料混匀、加水充分搅拌后在压力机上压制成型，试块尺寸 6cm × 6cm × 3cm。

(2) 氧化条件：在温度 (20 ± 2)℃、湿度不小于 90% 的湿气养护室内养护 1 周，之后自然养护。至规定的龄期后测强度。

c 试验结果

具体进行了胶结料种类及掺量、铁尾矿的级配、试块的密度、水固比、轻质集料、外加剂等因素试验，考查了相关因素对试样强度等性能影响。确定了制备免烧免蒸砖的适宜工艺条件：尾矿级配类型 G3，尾矿掺量 75%，胶结料 JA-Ⅱ 掺量 18%，轻集料陶粒掺量 5%，外加剂 JA1 掺量 2%，试样密度等级 2.0g/cm^3，水固比 0.13。

在上述工艺条件下，用梅山铁尾矿可制得抗压强度达 24.89MPa 的免烧免蒸砖，砖的其他性能指标见表 4-76，达到了 GB 5101—2003 及 GB 6566—2001 的要求。

表 4-76　试样的其他性能指标测定结果

测试内容	标准要求	实测值
5h 沸煮吸水率/%	平均值不大于 19	17
	单块最大值不大于 20	19
饱和系数	平均值不大于 0.88	0.71
	单块最大值不大于 0.90	0.78
冻后外观质量	符合标准 GB 5101—2003 中 5.4.3 要求	符合要求
冻后质量损失/%	不大于 2	单块最大值 0.2
泛　霜	不允许出现严重泛霜	无泛霜
石灰爆裂	符合标准 GB 5101—2003 中 5.6 合格品要求	符合要求

D　邯邢铁矿尾矿制备烧结砖[199]

a　尾矿性质

尾矿化学组成见表 4-77，属高钙镁型尾矿，主要矿物为方解石（36.8%）、透辉石（25.6%）、绿泥石（11.0%）、石英（12.3%）、黄铁矿（10.6%）、长石（3.7%）。

表 4-77　邯邢铁尾矿化学组成　　（%）

成分	SiO_2	Al_2O_3	TiO_2	Fe_2O_3	CaO	MgO	K_2O	Na_2O	SO_3	P_2O_5	MnO	CuO	F
含量	31.98	6.49	0.37	10.23	30.77	13.84	0.81	0.83	3.89	0.21	0.12	0.12	0.24

尾矿粒度分布测试结果如图 4-26 所示，颗粒粒度介于 0.375 ~ 200μm 之间，平均粒径 39.51μm，满足制备建筑用砖对原料细度的要求。

尾矿成型性能指数测试结果见表 4-78，其中塑性指数 8.2（介于 7 ~ 15 之间），属于中等塑性制砖原料，利于制砖过程的挤出成型和压制成型；干燥敏感性指数 0.38，坯体可以进行快速干燥，不致引起坯体的开裂。

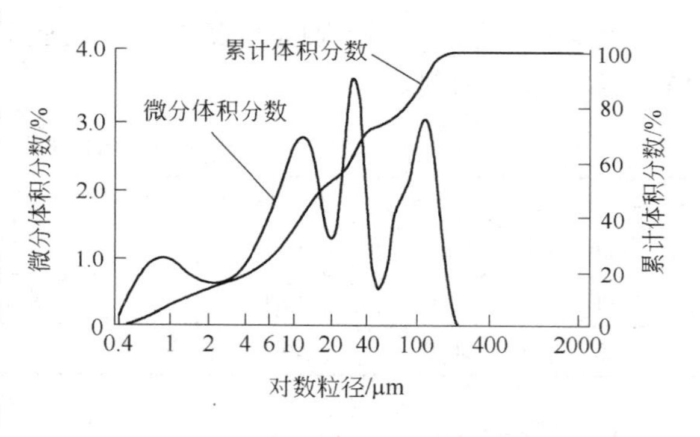

图 4-26　邯邢铁尾矿粒度分布曲线

表 4-78　邯邢铁尾矿成型性能指标　　（%）

普氏成塑水分	可塑性			临界含水率	干燥敏感性系数	干燥线收缩率
	液　限	塑　限	塑性指数			
21.4	27.5	19.8	8.2	15.5	0.38	2.46

b　工艺过程与性能检测方法

尾矿制砖试验采用压制成型，工艺过程为：配料→加水混合→困料→压制成型→干燥→烧成。压制成型在 50t 压力机上进行，成型压力 12MPa，试样在干燥箱中于 120℃ 下干燥 12h。

耐压强度检测采用 ϕ40mm × 40mm 试样，试样的体积密度和气孔率采用阿基米德法测试，泛霜试验和抗冻融试验均按建筑材料测试标准进行。

c 试验结果

三种配料比例：（1）尾矿量100%；（2）尾矿90%、黏土10%；（3）尾矿80%、黏土20%。采用压制方法成型，试样烧成后测试结果见表4-79，制品强度达到了建筑用砖MU20以上标号的要求。

表4-79 压制成型时烧成温度与烧成品的常温物理性能

编号	温度/℃	气孔率/%	吸水率/%	体积密度/$g \cdot cm^{-3}$	烧成线变化/%	耐压强度/MPa
1	1000	26.5	18.0	1.92	0.98	35.5
	1100	31.5	21.7	1.90	2.18	22.3
	1500	32.1	22.2	1.89	1.35	37.4
2	1000	25.2	16.9	1.95	0.30	36.0
	1100	32.5	22.4	1.91	1.58	21.7
	1500	32.8	22.6	1.90	0.09	31.1
3	1000	25.6	17.0	1.97	0.23	36.4
	1100	31.3	21.3	1.92	0.83	25.9
	1500	34.3	23.6	1.90	0.31	32.5

同时，对压制成型试样按照GB/T 2542进行了泛霜和抗冻融试验，发现试样属于轻微泛霜；连续5次冻融试验试样保持完好，未发现减重，具有很好的抗冻融性。

烧成试样的颜色为淡黄色，且颜色一致性较好，满足建筑用砖要求。

E 金矿尾矿生产蒸压砖[200]

a 试验原料

原料取自山东某金矿的尾矿，自然粒级，于阴凉处自然晾干，然后混匀、缩分、取分析样，其余置干燥处以备试验用。该金矿尾矿的化学成分及颗粒级配分别见表4-80和表4-81。

表4-80 尾矿的化学成分 （%）

成 分	SiO_2	Al_2O_3	Fe_2O_3	CaO	MgO	P_2O_5	SO_3	Na_2O	MnO	TiO_2	其他
含 量	77.21	14.54	1.79	1.85	0.93	0.08	0.29	2.89	0.08	0.13	0.21

表4-81 尾矿的颗粒级配构成

粒级/mm	+0.380	-0.380 +0.180	-0.180 +0.120	-0.120 +0.106	-0.106 +0.080	-0.080 +0.074	-0.074
含量/%	9.4	40.0	20.0	10.4	5.3	2.8	12.1

矿物组成为：云母20%、方解石10.0%、石英45.0%、钾长石/斜长石20.0%、其他5.0%。

石灰采用市售生石灰，细磨至200目（0.074mm）筛余小于15%，有效CaO大于

80%，消化时间为 3 ~ 4min，消化温度为 90℃，属快速消化石灰。石膏采用市售普通石膏。

b　坯料制备方法

首先将生石灰与石膏分别粉磨至 0.074mm 筛余 15% 左右，然后与尾矿混合、加水，用搅拌机进行搅拌，静置消化 2h 左右，进行二次搅拌并加水。通过探索试验，生石灰比例在 5% ~ 10% 时掺加 12% 左右的水；生石灰增加到 15% ~ 20% 时加入 14% ~ 15% 左右的水。

c　试验结果

重点进行了原料配比、成型压力、蒸压制度等条件试验，确定了最佳原料配比与成型、蒸压条件（见表 4-82），该条件下测定砖抗压强度结果为 17.5MPa。

表 4-82　最佳工艺条件及产品抗压强度检测结果

尾矿	原料配比/%		成型压力/MPa	蒸压制度/h			平均抗压强度/MPa	
	生石灰	石　膏		升温时间	恒温时间	降温时间	标准要求	实测结果
78	20	2	25	2	6	3	≥5.0	17.5

4.4.2.4　济钢郭店铁矿生产尾矿免烧砖实践[201,202]

A　概况

济南钢铁集团总公司为了解决原郭店铁矿选矿后的废弃尾矿占用排放场地问题，经考察、技术论证后，投资 30 万元建成了尾矿免烧砖生产线，设计生产能力为 500 万块/年。

B　尾矿原料性质

该生产线所产免烧砖以选矿后的尾矿为主要原料，并配以钢渣粉（铁粉渣、矿渣）以及少量的水泥等为辅料，各种原料配比为：尾矿 65%、钢渣 32%、水泥 3%。磁选尾矿和钢渣粉的化学成分及颗粒级配情况见表 4-83 ~ 表 4-85。

表 4-83　湿式磁选尾矿与钢渣粉的化学成分

成　分	SiO_2	TFe	CaO	MgO	Al_2O_3	P	S	Na_2O	K_2O	烧失
尾矿/%	54.34	8.50	3.67	6.20	9.60	0.95	0.85	—	—	—
钢渣粉/%	17.96	27.65 (Fe_2O_3)	33.21	8.19	5.19	—	—	0.26	0.16	2.90

表 4-84　湿式磁选尾矿的颗粒级配

粒级/mm	-0.047	+0.047 -0.10	+0.10 -0.15	+0.15
含量/%	46.70	21.00	18.00	14.30

表 4-85　钢渣粉的颗粒级配

粒级/mm	-0.16	+0.16 -0.315	+0.315 -0.63	+0.63 -1.25	+1.25 -2.5	+2.5 -5.0	+5.0
含量/%	20.0	17.0	15.0	15.5	16.0	16.0	0.5

C 生产工艺

整个生产过程包括原料的配合、输送、搅拌、挤压成型、养护等工序，具体工艺流程如图4-27所示。

按照各种原料不同的配比，称重后给入B-500胶带输送机，进而输送给干、湿料搅拌机，将各种原料搅拌、碾压均匀后给入一小料仓，为小道工序的生产提供方便。

混匀后的原料由料仓给入B-500胶带输送机，均匀地给入YZP60-B型免烧制砖机，挤压成型得到尾矿免烧砖，由人工倒运至室外码垛，并用塑料布封闭24h，而后打开塑料布进行自然养护，20d后即可使用。

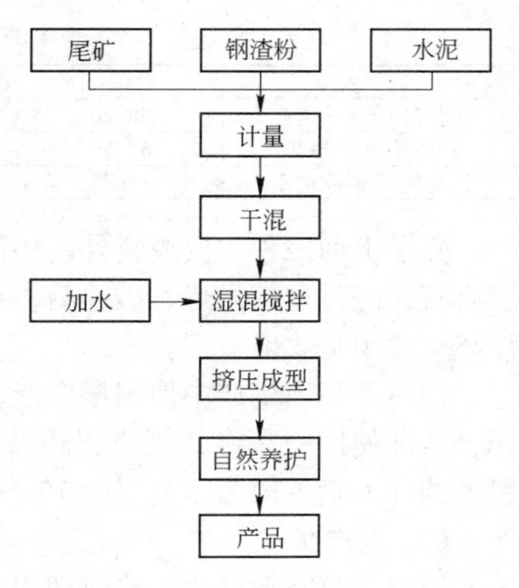

图4-27 尾矿免烧砖工艺流程

D 产品性能与经济效益

尾矿免烧砖生产设计年产量500万块，自1993年6月投产以来，所生产的免烧砖质量均达到标准的要求，具体各项指标见表4-86。

表4-86 尾矿免烧砖技术指标

项　目	技术指标
生产能力	500万块/年
抗压强度	7.5MPa，质量达到QBQ/032TC001—90企标75～100号标准
抗折强度	1.8MPa，质量达到QBQ/032TC001—90企标75～100号标准
冻融实验	不掉渣、屑，无裂纹断裂现象
规　格	3.5kg/块，240mm×120mm×58mm

目前，尾矿免烧砖主要代替土质砖用于总公司内部简易厂房、围墙等设施的建筑，达到了废物的综合利用目的，具有很好的环境效益和社会效益。

4.4.2.5 黄金尾矿和瓷土尾矿生产加气混凝土砌块[203]

A 简况

福建省德化县地处闽中屋脊的戴云山区，拥有丰富的矿产资源，是重要的高岭土、黄金、铁矿等原料生产基地，每年黄金矿山排放尾矿量可达17～18万吨，每年瓷土尾矿（废瓷土粗料）、废石膏产生量达几十至上百万吨。大量的尾矿不仅占用了林地、耕地，对生态环境造成破坏和污染，而且还需要花费大量的人力、物力、财力来维护正常的生产管理，因而如何利用尾矿是个急需解决的问题。

B 原料

根据黄金尾矿、瓷土尾矿化学成分、性质与砂相近，选定加气混凝土砌块原料采取水泥+石灰+尾矿砂组合：

(1) 水泥选用当地产的425号水泥，作为钙质材料，提供氧化钙和高碱水化硅酸钙，构成加气混凝土的强度组分，其用量10%～13%。

(2) 石灰选用当地生产的块灰，进厂前抽样分析各组分，要求有效CaO含量大于70%，MgO含量小于4.5%，块灰经雷蒙磨粉碎，细度200目（0.074mm）筛余小于15%，用量20%～25%。

(3) 尾矿。不同矿山尾矿化学成分分析见表4-87。

表 4-87　不同矿山尾矿化学成分分析　（%）

样　品	SiO_2	Al_2O_3	CaO + MgO	$K_2O + Na_2O$	Fe_2O_3
德化邱村金矿尾矿	66.20	13.68	7.58	4.39	4.07
双旗山金矿尾矿	67.59	14.65	5.88	3.13	3.42
德化陶瓷企业尾矿	81.73	9.89	0.20	2.43	0.57

除了上面三种主要原料外，还需少量石膏和发气剂（铝粉）。德化县陶瓷企业生产的废石膏，经过重新烘烤、破碎后，可用于加气混凝土砌块生产，废石膏用量一般控制在1.2% ~2.0%效果最佳。

铝粉是目前生产中使用最广泛、最成熟的发气剂，由于铝粉活性高，不利于储存和使用，实际使用中常将其制成铝粉膏，铝粉膏的各项指标应符合 JC/T 407—2000 标准；铝粉膏的加入量一般为干料量的7‰ ~8‰。

C　生产工艺

经过反复对比试验，确定利用瓷土及黄金尾矿制备加气混凝土砌块的技术路线为：尾矿预处理→石灰和石膏的处理→配料制浆与浇注→发气→干热预养与静停→切制→蒸压养护→成品堆场，具体如图 4-28 所示。

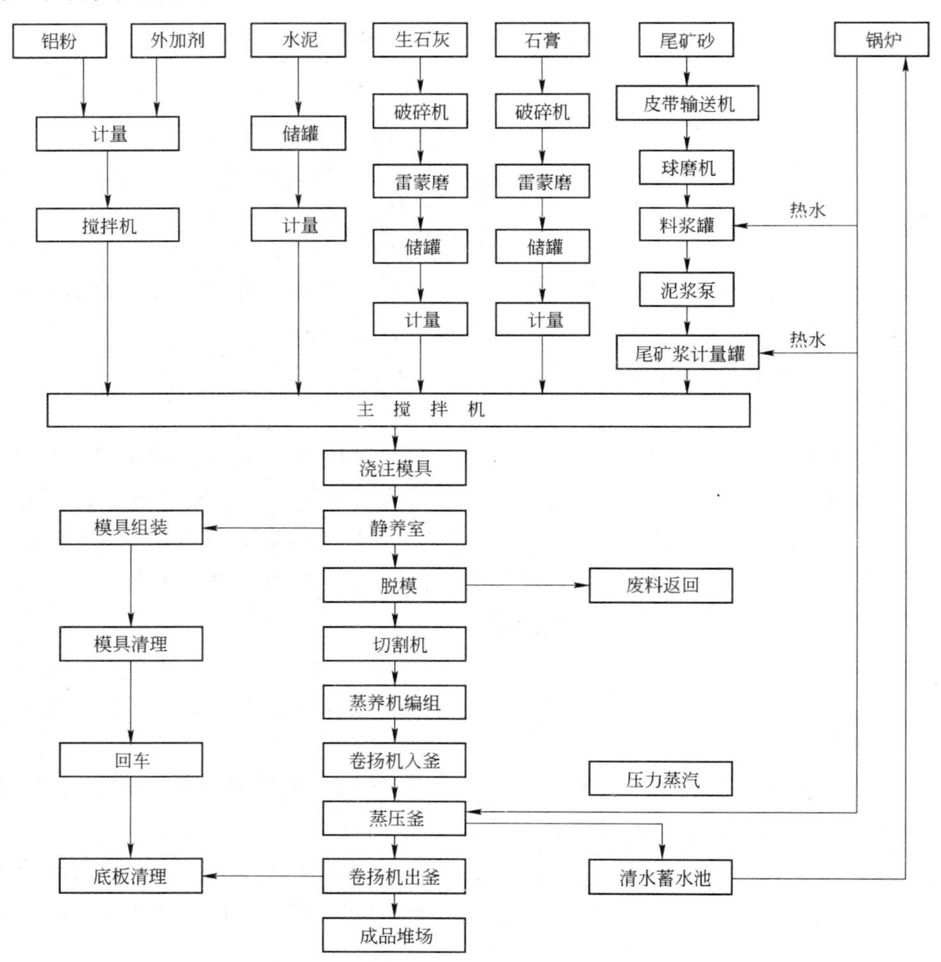

图 4-28　瓷土及黄金尾矿制备加气混凝土砌块工艺流程

D 产品质量

加气混凝土砌块产品经福建省建筑材料质量监督检验站抽样检测合格，其基本性能指标与同类企业山东烟台鸿建公司产品对比见表4-88。

表4-88 加气混凝土砌块性能对比表

产 品	抗压强度A3.5级/MPa		密度B06级/kg·cm^{-3}	抗压强度A5.0级/MPa		密度B07级/kg·m^{-3}
	平 均	最小值		平 均	最小值	
福建万旗产品	3.8	3.4	612	5.2	4.8	707
烟台鸿建产品	3.6	3.0	624	—	—	—
国家标准	3.5	2.8	≤625	5.0	4.0	≤725

注：测定标准为GB 11968—2006。

与山东烟台鸿建产品相比，本产品抗压强度A3.5级产品质量优势明显，并在国内首家利用黄金和瓷土尾矿开发出“水泥-石灰-黄金尾矿-瓷土尾矿”抗压强度A5.0级、密度B07级的产品，提升了尾矿生产加气混凝土砌块的性能。

E 生产注意事项

（1）物料处理过程：瓷土尾矿、废石膏模、石灰等原料都要经分级与球磨处理，生产中为兼顾尾矿的反应活性和尾矿中SiO_2总量不小于75%的要求，选取符合要求的粒级产品进行脱水处理，然后加入DH1活化剂对尾矿进行预活化，激发尾矿的反应活性，降低铁含量；同时提高尾矿的硅铝溶出率、尾矿的分散性以及其他物料的亲和性和接触面积，使加气混凝土的水合物CSH、托勃莫来石和水石榴子石增加，改善产品的性能。

（2）静养稠化过程：引气和稳泡是制造加气混凝土砌块的关键技术。生产中加入少量松香胺脂类阴离子表面活性剂与铝粉配合使用，浇注以后发气过程比较平稳，塌模的几率很低，有良好的浇注稳定性。干热预养过程通过控制一定的氧化温度，经发气、稠化、初凝、硬化一系列复杂的物理化学变化，最后达到切割所要求的强度。预养室静停1.5～2h即可达到切割要求，比一般加气混凝土的预养时间缩短1～2h，这是本工艺的独特之处和重要的技术进步。

（3）蒸压养护过程：蒸压养护是加气混凝土砌块获得最终强度的主要工序，产品最终质量的好坏，特别是强度的高低，均取决于蒸压养护过程。

在适宜的原料配比及前道工序下，不同蒸养制度对产品性能的影响见表4-89。实践表明，保温时间和压强对产品的质量影响最显著，当产品保温时间6～7h，压强1.1～1.2MPa时产品的强度较大，产品的最佳蒸养制度为：静停2h，升温2h，保温7h，压强1.1～1.2MPa，降温2h。

表4-89 蒸养制度对产品性能的影响

编号	静停时间/h	抽真空时间/min	升温时间/h	保温时间/h	压强/MPa	降温时间/h	出釜强度/MPa	养护18d后强度/MPa	干密度/kg·m^{-3}
1	2	20	4	5	1.15	2	4.32	4.73	725
2	2	20	4	6	1.15	2	4.64	5.01	716
3	2	20	5	7	1.15	2	4.85	5.16	714

续表 4-89

编号	静停时间/h	抽真空时间/min	升温时间/h	保温时间/h	压强/MPa	降温时间/h	出釜强度/MPa	养护 18d 后强度/MPa	干密度/$kg \cdot m^{-3}$
4	2	20	4	7	1.15	2	5.03	5.51	715
5	2	20	3	7	1.15	2	4.59	4.84	718
6	2	20	4	7	1.20	2	4.89	5.23	716
7	2	20	4	7	1.10	2	4.61	4.92	714
8	2	20	4	7	1.00	2	4.26	4.68	724

注：以上产品为强度 A5.0 级、密度 B07 级。

4.4.2.6　胶东地区黄金尾矿生产蒸压砖实践[204]

A　概况

胶东地区是我国最大的黄金产区，区内广泛赋存蚀变花岗岩型的玲珑式金矿床和断裂蚀变带型的焦家式金矿床。经过多年的开发，现堆存金矿尾矿砂近 3 亿吨，并且仍以 900 万吨/年的速度增加，不仅占用着大片土地，而且对区内环境造成污染。为此，自 1990 年起，当地研究机构与企业合作，围绕“利用黄金尾矿制砖”项目进行了大量试验研究，并在工业试验的基础上，设计建成 4 条年产 3000 万块标准砖的生产线。

B　尾矿及相关原料

尾矿砂的化学成分与矿石的成分基本一致，具体见表 4-90。矿物组成方面，该尾矿砂的主要矿物为石英、钾长石和碱性斜长石；其次为绿泥石、绢云母、黑云母、褐铁矿；另外夹杂有人为加入的黏土和碎石。各成分的大致含量见表 4-91。

表 4-90　胶东地区黄金尾矿砂化学成分　　（%）

矿床类型	SiO_2	TiO_2	Al_2O_3	Fe_2O_3	FeO	MgO	CaO	Na_2O	K_2O	烧失	总计
玲珑式	62.41	1.08	13.49	6.57	1.69	2.10	2.53	2.51	4.12	1.93	98.43
焦家式	70.42	0.15	14.08	2.30	1.26	0.45	0.76	3.66	4.88	1.66	99.62
混合式①	62.34	1.11	13.85	5.26	1.49	1.50	0.89	3.09	4.52	1.78	98.83

① 无固定矿山、矿石系外购的选矿厂。

表 4-91　胶东地区黄金尾矿矿物组成　　（%）

矿床类型	石英	钾长石	斜长石	黑云母	绿泥石	绢云母	褐铁矿	其他
玲珑式	24 ~ 26	24 ~ 26	34 ~ 36	2 ~ 3	3 ~ 5	1 ~ 2	4 ~ 6	1 ~ 2
焦家式	28 ~ 32	26 ~ 30	30 ~ 35	1 ~ 2	2 ~ 4	2 ~ 3	3 ~ 5	1 ~ 2
混合式	26 ~ 28	26 ~ 28	30 ~ 35	1 ~ 3	2 ~ 3	2 ~ 3	2 ~ 5	2 ~ 3

尾矿砂的粒度分布，因各矿磨矿参数差别而略有不同。个别矿山采用粗粒尾矿回填巷道，尾矿砂粒偏细。几个代表性矿山尾矿砂粒度分布情况见表 4-92，其中 1 号为小型选矿厂，2 号为中型选矿厂，3 号为中型选矿厂（粗颗粒回填）。

表 4-92　几个代表性矿山尾矿砂粒度分布　　（%）

编　号	矿山名称	+0.90	−0.09 +0.63	−0.63 +0.315	−0.315 +0.16	−0.16 +0.125	−0.125 +0.08	−0.08 +0.045	−0.045	合计
1	龙口金矿	2.60	8.25	13.75	31.25	8.00	10.12	17.60	9.60	99.57
2	北戴金矿	0.20	1.25	5.34	23.17	13.05	23.10	32.56	1.36	100.06
3	河东金矿	0	0.31	1.88	11.38	12.86	21.43	45.90	6.89	99.75

从成分和性质看，胶东地区黄金尾矿砂主要由石英和铝硅酸盐组成，SiO_2 和 Al_2O_3 含量高，表面积大，适合用作硅酸盐混凝土制品的酸性材料。

除了尾矿外，其他原材料及其要求如下：

（1）水泥作为凝胶材料，采用龙口水泥厂325号火山灰质水泥。

（2）生石灰作为增塑剂、胶结剂和碱性反应材料，采用龙口产石灰，fCaO 为70.20%，MgO 小于5%，煅烧温度900~1000℃，细度4900孔/cm^2 筛余小于15%。

（3）石膏作为反应促进剂，采用招远硫酸厂化学石膏，$CaSO_4 \cdot 2H_2O$ 不小于90%。

（4）黏土采用烟台红土，塑性指数11，含砂率10.50%、有机质含量小于2.5%。

（5）河砂用于改善颗粒级配、防止砖坯层裂，采用细度模数为3.0~2.3的中砂。

（6）纯碱提高 SiO_2 溶解度，促进水化反应。

C 工艺试验及方案选择

为寻求技术上简单可靠，经济上合理可行的配方和生产工艺，进行了自然养护、蒸汽养护、蒸压养护与烧结工艺4种方案试验。试验结果表明：自然养护、蒸压养护、烧结3种工艺采用合理的配方与工艺制度，都可以得到符合 GB 11945—89 中10级砖标准的产品；但是，自然养护与烧结工艺在经济上均不具备竞争力。相对而言，蒸压养护工艺不需用黏土，尾矿砂消耗量大，而且制砖生产周期短、不受气候条件制约、便于组织机械化连续生产，产品质量和经济效益明显优于烧结工艺。为此，选择蒸压养护工艺。

D 工业试验

工业试验的原料配比见表4-93。

表4-93 工业试验原料配比

尾矿粉	中细河砂	生石灰	松香酸钠	水	备 注
84%	6%	10%	0.05%	干料的12%	一次搅拌时加水12%； 二次搅拌时补足12%

试验中，为了提高制品的抗冻性，采用了如下措施：

（1）合理确定尾矿砂颗粒级配，使坯体密实度增加，对于过细的样品，适当掺入少量中细砂。

（2）合理确定 C/S、C/A 值，使之生成低温下稳定的低碱水化物，石灰用量在10%~12%时最佳。

（3）延长制品出釜至出厂时间。

（4）添加松香酸钠微沫剂，减少拌和水用量，增加密实度，所生成的微小气泡可堵塞毛细孔道，从而提高抗渗性和抗冻性。

工业试验采用灰砂砖生产线，工艺参数与小试验相同，养护制度为：静停4h（30℃），升温30~194℃，2h，保温8h（194℃），降温194~60℃，2h，样品性能见表4-94。

表4-94 工业试验中蒸压砖的技术性能

项 目	抗压强度/MPa		抗折强度/MPa		冻融循环15次后		软化系数
	5块平均值	单块最小值	五块平均值	单块最小值	剩余强度/MPa	质量损失/%	
出釜1天	32.10	31.90	5.31	4.90	25.40	2.89	0.85
出釜3月	32.52	30.84	5.20	4.78	28.85	1.23	0.89

由表 4-94 结果可知，样品强度大于 25 级。刚出釜样品冻融损失率略有超标，但在自然条件下搁置 3 个月后的样品，抗冻性能明显增强，15 次冻融后抗压强度损失不到 15%。由此推测，蒸压尾矿砖使用后的强度不会下降。

E　生产实践

在工业试验基础上，先后为龙口金矿、河东金矿、三山岛金矿、焦家金矿设计了四条蒸压尾矿砖生产线，于 1991 ~ 1994 年陆续投产，生产线工艺流程如图 4-29 所示。

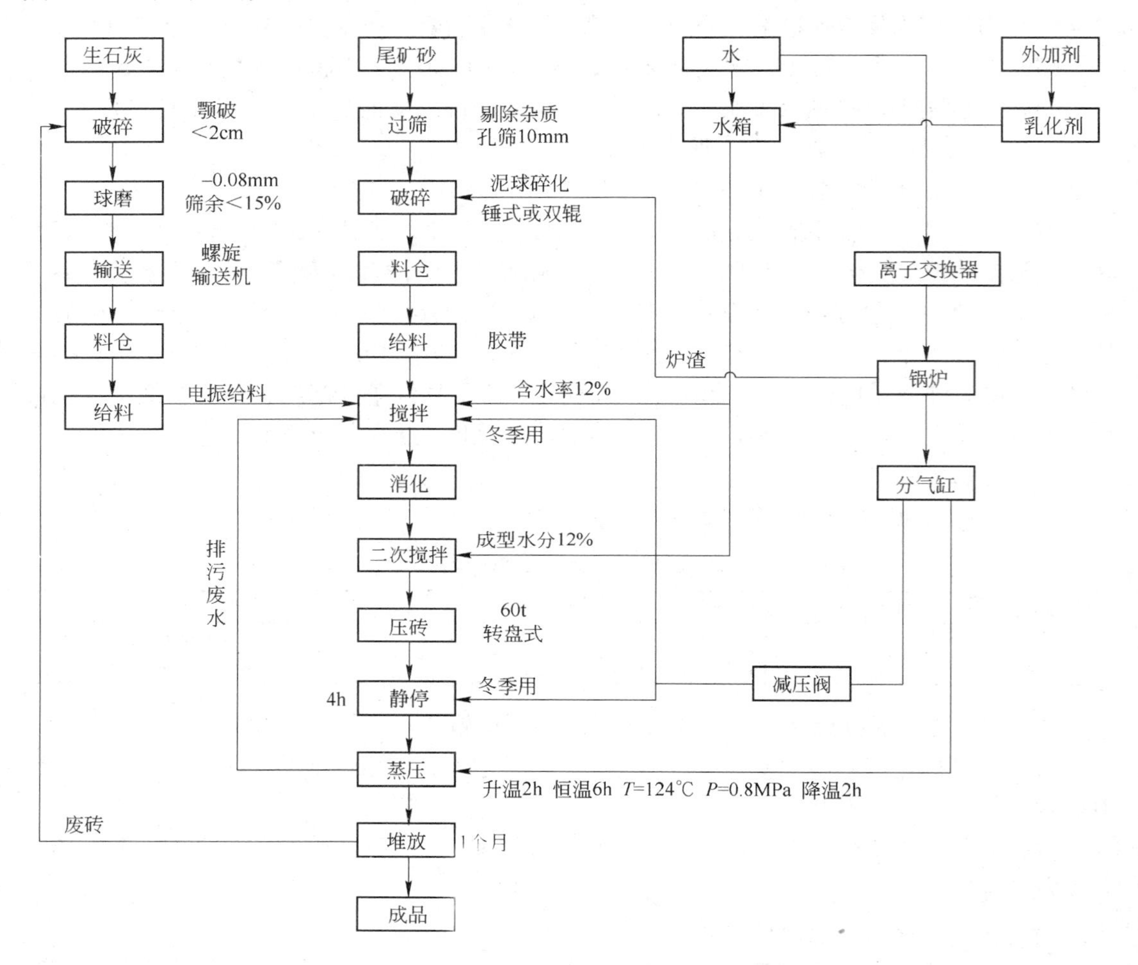

图 4-29　胶东地区黄金尾矿蒸压砖厂工艺流程

生产中，该工艺做了如下改正：

（1）采用蒸汽锅炉的炉渣代替砂子作为骨料，一方面用于改善混合料的颗粒级配，另一方面也增加了活性 SiO_2、Al_2O_3 等酸性反应物。

（2）在尾矿砂过筛和给料之间加上破碎工段，可以使原料更细更均匀。

4.4.3　尾矿充填

4.4.3.1　尾矿充填技术概要

尾矿充填，是在地下开采过程中，随着矿石不断地采出运至地表，利用尾矿做惰性骨料，制成具有一定物理力学性能的充填物充填采空区，从而对采空区围岩提供支撑，并为相邻矿体的开采提供条件。尾矿充填，既可解决矿山充填骨料来源问题，又可部分或全部解决尾矿排放问题，并具有充分回收资源、保护远景资源、保护地表不塌陷等功能，而且减少了尾矿库用地及环境破坏，在提高资源回收率、保护环境、保障矿山安全和可持续发展方面有着非常重要的意义。

经过几十年的研究开发及生产实践，各种高效的采矿方法及装备、各种充填工艺技术已经发展成熟，并在不同类型的矿山得到应用，取得了良好的技术经济效益和社会环境效益[205~207]。随着人们对安全生产及矿山环境保护要求越来越严格，充填采矿法运用越来越普遍，除了传统贵金属及有色金属矿山外，越来越多的黑色金属和非金属矿山也采用尾矿充填采矿[49,207,208]。

目前，尾矿充填工艺按照充填用尾矿是否分级，分为分级尾矿充填及全尾矿充填。

A 分级尾矿充填

分级尾矿充填是国内外应用最为广泛的充填工艺，它是将选矿厂全尾矿用渣浆泵加压后输送至水力旋流器分级，旋流器底部排砂口排出的粗颗粒用于充填，旋流器上部溢流管排出的细颗粒则输送至尾矿库堆存。调节渣浆泵压力、流量及旋流器结构参数，可获得不同的尾矿分级界限及底流浓度。采用分级尾矿充填时，尾矿中细粒级含量要求尽量少，以使充填料进入采场后能尽快脱水，形成充填体。国内外一般要求分级尾矿渗透系数不应小于10cm/h，我国矿山实际生产中变化范围较大，为4~19cm/h。相应的尾矿分级界限为30μm左右，即大于30μm的尾矿颗粒用于充填，而小于30μm的尾矿颗粒排入尾矿库堆存。

B 全尾矿充填

与分级尾矿充填不同，全尾矿充填工艺不对尾矿进行分级，尾矿浆经浓缩脱水后成为高浓度乃至近膏体浆体，然后根据配比要求加入水泥或水泥代用品等其他辅助材料，搅拌混合均匀以后由管路自流或泵送至井下充填。

全尾矿充填时，如充填料浆浓度未达到结构流体或膏体浓度，则充填料浆在管道及采场中为两相流，充入采场空区后将产生离析分层现象并需脱水。因此，全尾矿充填时必须尽量提高充填料浆浓度，使充入采场后充填料浆不脱水、不离析。实现高质量全尾矿胶结充填的核心，是提高充填料浆制备输送浓度及稳定性，技术关键则是全尾矿的脱水及稳定给料。目前全尾矿胶结充填主要有全尾矿结构流体胶结充填及全尾矿膏体泵送胶结充填。

a 全尾矿结构流体胶结充填

采用选矿全尾矿作为主要充填集料，以水泥或水泥代用品为胶结剂，充填料中-20μm颗粒含量不低于15%~20%；充填料浆坍落度为23~25cm；充填料浆在管道及采场中呈结构流动；充填料浆在采场空区中不产生离析脱水；充填料流平性好，坡积角小于3°~5°；凝固硬化后充填体整体性及均匀性好，充填体强度满足各类采矿方法要求。

b 全尾矿膏体泵送胶结充填

当全尾矿充填料浆浓度进一步提高而呈膏体性态时，坍落度小于20~22cm，输送阻力将大幅度增加，即使在充填倍线较小的条件下，亦无法实现自流输送，这时必须采用液压双缸活塞泵（或混凝土泵）进行加压输送，从而实现全尾矿膏体泵送胶结充填。

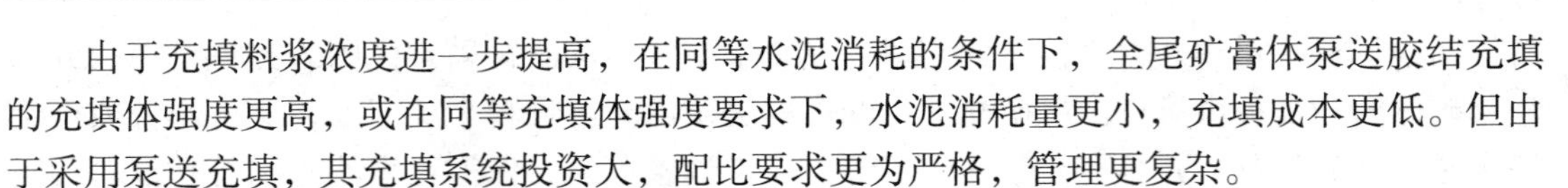

由于充填料浆浓度进一步提高，在同等水泥消耗的条件下，全尾矿膏体泵送胶结充填的充填体强度更高，或在同等充填体强度要求下，水泥消耗量更小，充填成本更低。但由于采用泵送充填，其充填系统投资大，配比要求更为严格，管理更复杂。

4.4.3.2　尾矿充填体的性能表征及要求

A　尾矿的理化性质[49]

尾矿作为充填料，其粒度组成、化学成分等理化性质是影响充填体性能的主要因素。不同矿山的尾矿，理化性质都有所不同。尤其是不同类型的矿石，性质差别相当大，需要在具体应用过程中通过试验分析确定。

a　尾矿粒度组成

尾矿的粒度组成，直接影响胶结充填体的胶结性能和胶结剂消耗量，对膏体充填料的性能也有重大影响。尾矿粒径、尾矿的细粒比率，都会影响充填料的孔隙率、孔径分布及渗透性能，从而影响充填体的强度。充填料的需水量会随尾矿的细度变小而增大。

矿山尾矿，一般按粒度分为粗、中、细三类，也可按岩石生成方法分为脉矿尾矿和砂矿尾矿两类，具体见表4-95[49]。

表 4-95　矿山常用的尾矿分类方法

分类方法	粗		中		细	
按粒级所占含量（质量分数）/%	>0.074mm	<0.019mm	>0.074mm	<0.019mm	>0.074mm	<0.019mm
	>40	<20	20～40	20～55	<20	>50
按平均粒径 d_{cp}/mm	极粗	粗	中粗	中细	细	极细
	>0.25	>0.074	0.074～0.037	0.037～0.03	0.03～0.019	<0.019
按岩石生成方法	脉矿（原生矿）			砂矿（次生矿）		
	含泥量少，小于0.005mm的细泥小于10%			含泥量多，小于0.005mm的细泥大于30%～50%		

尾矿粒度分析，一般粗尾矿采用筛分法，细尾矿采用激光粒度测定仪。粒度特性具体采用平均粒径和粒度分布参数描述。国内部分充填法矿山的全尾矿粒度组成见表4-96[49]。

表 4-96　国内部分充填法矿山的全尾矿粒度组成

矿山名称	粒径与产率											
凡口铅锌矿	粒径/mm	0.297	0.196	0.152	0.088	0.074	0.053	0.037	0.027	0.019	0.013	-0.013
	产率/%	2.90	4.57	7.97	24.75	7.85	10.37	8.15	11.10	4.14	1.84	18.36
	累计/%	100	97.10	92.53	84.58	59.81	51.96	41.59	35.44	24.34	20.20	18.36
大红山铜矿	粒径/mm							0.074	0.037	0.018	0.010	-0.010
	产率/%							28.00	32.90	22.20	6.40	10.50
	累计/%							100	72.00	39.10	16.92	10.50
武山铜矿	粒径/mm				0.5	0.3	0.15	0.074	0.04	0.03	0.01	-0.01
	产率/%				0.54	3.21	27.19	24.91	14.34	11.22	9.05	9.54
	累计/%				0.54	99.46	96.25	69.06	44.15	29.81	18.59	9.54
金城金矿	粒径/mm	0.45	0.28	0.18	0.154	0.125	0.098	0.076	0.05	0.02	0.01	-0.01
	产率/%	3.16	15.52	23.31	19.80	13.19	11.85	1.64	4.36	5.58	1.25	0.34
	累计/%	100	96.84	81.32	58.01	38.21	25.05	13.17	11.53	7.17	1.59	0.34

续表 4-96

矿山名称	粒径与产率											
南京铅锌矿	粒径/mm		0.40	0.30	0.20	0.15	0.10	0.071	0.04	0.02	0.01	-0.01
	产率/%		1.81	2.60	5.07	5.21	11.27	11.72	15.34	13.64	9.34	24.00
	累计/%		100	98.19	95.59	90.59	85.31	74.04	62.32	46.98	33.34	24.00
铜绿山铜矿	粒径/mm	0.128	0.096	0.064	0.032	0.016	0.008	0.004	0.003	0.002	0.001	-0.001
	产率/%	0.5	4.8	21.6	19.1	16.0	11.7	9.3	3.7	4.8	5.4	3.1
	累计/%	100	99.5	94.7	73.1	54.0	38.0	26.3	17.0	13.3	8.5	3.1
鸡笼山金矿	粒径/mm	0.128	0.096	0.064	0.032	0.016	0.008	0.004	0.002	0.0015	0.001	-0.001
	产率/%	0.3	3.4	15.5	28.5	19.5	10.13	12.9	6.9	2.6	1.9	2.6
	累计/%	100	99.7	96.3	80.8	52.3	32.9	21.5	14.0	7.1	4.5	2.6
望儿山金矿	粒径/mm							0.2	0.105	0.074	0.053	-0.053
	产率/%							34.90	13.45	17.05	17.45	17.15
	累计/%							100	65.10	51.65	34.60	17.15

b 化学成分

尾矿的化学成分对充填料的物态特性和胶结性能均有影响，其中以硫化物含量的影响最为显著。硫化物含量高将增加尾矿的稠度，在一定条件下具有自胶结作用。但是，由于硫化物的氧化会产生硫酸盐，硫酸盐的侵蚀又可导致胶结充填体长期强度的损失。因此，对于硫化物含量较高的尾矿充填料，当采用水泥作为凝胶材料时，其对充填体强度的负面影响很大。

c 物理特性

除了粒度组成外，尾矿的其他物理特性，如密度、孔隙率、渗透系数等，对充填体的性能也均有不同程度的影响，当采用分级尾矿非胶结充填时，渗透系数甚至是评价尾矿能否作为充填材料的关键因素。

尾矿渗透系数常采用卡斯基管测定，可由式(4-1)计算得到：

$$K = \frac{H}{t} f\left(\frac{S}{h_0}\right) \tag{4-1}$$

式中 K——尾矿渗透系数，cm/h；

H——试料高度，cm；

t——管中水位从 h_0 下降到 h_1 时所需的时间，h；

S——过流断面积，cm^2；

h_0——测定开始时的水面高度，cm；

$f\left(\frac{S}{h_0}\right)$ 可查表求得。

B 胶结充填体的性能

a 充填体的强度

对于以尾矿作为集料的胶结充填体，其强度的主要影响因素包括：胶结剂用量、集料粒度组成、料浆浓度、搅拌工艺及养护龄期等。

目前，国内矿山主要以水泥作为胶结剂，尾矿胶结剂的用量远没有达到饱和，胶结充填体属低标号混凝土。因而，在胶结充填过程中，胶结剂用量对充填体的质量影响最大，随着胶结剂用量的增加，充填体的力学强度显著增大。但是，由于水泥用量是充填成本的决定因素，在保证一定强度的前提下，应尽可能地降低水泥用量，从而有效降低成本。

集料的粒度组成是影响充填体强度的另一个重要因素，合理的集料级配可以得到最好的密实效果，从而得到较高的力学强度。在合适的级配条件下，较大的粒径集料可以获得较高的强度；在同等水泥用量条件下，废石集料的胶结充填体，其力学强度要比尾矿集料的胶结充填体高得多。

b　充填料的物理特性参数

全尾矿胶结充填料的物理特性，包括灰砂比、料浆浓度、料浆密度、料浆脱水率、充填体体积密度、充填体含水率和充填料组分配合比等参数，这些特性参数对胶结充填工艺和充填体质量均有较为显著的影响。进行充填系统设计时，一般应通过试验取得这些参数。表 4-97 为南京铅锌矿不同配比的全尾矿料浆试块的基本物理特性参数[49]。

表 4-97　全尾矿料浆试块的基本物理特性参数

试验编号	灰砂比	料浆浓度 /%	料浆密度 /g·cm^{-3}	脱水率 /%	试块体积密度 /g·cm^{-3}	试块含水率 /%	1m^3 充填体各组分消耗/kg		
							全尾矿	水泥	水
1	1:4	62	1.67	25.0	1.97	24.56	1189	297	484
2	1:4	66	1.73	17.9	1.98	24.32	1198	300	482
3	1:4	68	1.88	8.3	2.00	22.73	1236	309	455
4	1:8	62	1.69	25.0	1.96	25.24	1300	162	498
5	1:8	66	1.75	18.8	2.04	24.24	1374	172	494
6	1:8	70	1.88	12.5	2.06	22.73	1415	177	468
7	1:12	62	1.69	26.7	2.02	25.96	1381	115	524
8	1:12	66	1.75	18.8	2.06	24.07	1444	120	496
9	1:12	70	1.83	15.0	2.06	24.07	1444	120	496

注：1. 脱水率为料浆沉缩至最大浓度后，表面自由水体积与料浆原体积的百分比；2. 试块含水率为已脱模试块烘干至恒重时，所失水分与试块未烘干时原质量的百分比。

c　充填体的均质性

尾矿胶结充填料浆在充填过程中应具有良好的整体性，无沟流和固液分离现象，充填体强度均质性好。

充填体强度的均质性，可按照式(4-2)计算的强度变化率衡量，一般来说，全尾矿胶结充填体的强度变化率低于 30%，可认为是均质的。

$$\delta = \frac{\sqrt{\dfrac{\sum_{t=1}^{n}(R_i - R_p)^2}{n}}}{R_p} \tag{4-2}$$

式中　δ——强度变化率，%；

R_i——任一试块的强度，MPa；

R_p——算术平均强度，MPa；

n——试验次数。

C 全尾矿的沉缩特性

最大沉缩浓度，是指全尾矿料浆在静置沉缩时能达到的最大浓度，它是充填料浆特性变化的临界点，是尾矿脱水工艺的重要参数。

最大沉缩浓度，一般通过沉缩试验测定，具体试验在直径200mm、高1000mm的有机玻璃沉缩筒中进行。将搅拌均匀的全尾矿料浆注入沉缩筒内，记录砂液分界面下降的高度和时间，计算沉缩浓度，沉缩停止时所能达到的浓度为最大沉缩浓度。全尾矿料浆的最大沉缩浓度，主要取决于尾矿的密度与细度，密度越小、粒度越细，最大沉缩浓度越低。

根据全尾矿料浆中固体颗粒沉降与压缩时的特性，可以将料浆的沉缩分为固体颗粒的沉降和压缩两个阶段，临界沉降浓度是料浆中固体颗粒由沉降开始转为压缩时的浓度。

对于低浓度全尾矿浆料，固体颗粒首先在水中快速沉降，达到一定浓度后固体颗粒开始压缩密实。浓度高于临界沉降浓度的高浓度料浆，固体颗粒只有压缩过程而没有沉降过程。固体颗粒在沉降过程中存在粗、细颗粒分级特性。压缩过程的特点是没有粗、细颗粒的分级沉降，只有颗粒间隙减小和体积收缩，水被逐渐析出。因此，为防止胶结充填料的离析分级，其输送浓度应大于临界沉降浓度。

4.4.3.3 凡口铅锌矿高浓度全尾矿自流输送胶结充填实践[49,209]

20世纪90年代初期，长沙矿山研究院结合凡口铅锌矿的具体条件，研究开发出高浓度全尾矿胶结充填工艺，在凡口铅锌矿建成投产了国内第一个全尾矿胶结充填系统。

A 充填物料

充填物料由胶凝剂、全粒级尾矿和水组成。胶凝剂为矿山自产325号水泥，密度3.1t/m^3，体积密度1.2~1.4t/m^3。尾矿集料直接采自选矿厂的尾矿浆，经两段脱水装置脱水后形成尾矿滤饼，选矿厂尾矿浆的固体浓度（质量分数）15%~20%，脱水后滤饼含水率20%；尾矿密度3.2t/m^3，体积密度1.19~1.49t/m^3，孔隙率53.3%~62.8%，渗透系数为0.25~0.38cm/h；尾矿粒径小于0.074mm的含量为62.06%~83.77%，粒径小于0.037mm含量为42.33%~64.92%。

B 充填系统与充填工艺

全尾矿胶结充填系统主要由脱水装置、搅拌装置和井下输送管路三部分组成，有两段脱水和两段搅拌，具体工艺流程如图4-30所示。

具体的工艺流程如下：

料浆浓度（质量分数）为15%~20%的全尾矿浆由选矿厂1号泵站加压泵送入贮浆池，通过3PN型离心砂泵扬至ϕ2000mm×2500mm缓冲槽，然后自流至ϕ9000mm高效浓缩机；产出料浆浓度（质量分数）为50%左右的沉砂流入沉砂池，由2PNJA型衬胶砂泵扬至配备有SZ-6型真空泵和罗茨鼓风机的68m^{3}圆盘真空过滤机进行第二次脱水；获得含水率为20%左右的全尾矿滤饼，并由带宽为650mm的皮带输送机运送至充填站的卧式砂池。高效浓缩机的溢流浓度小于2%，直接流入2号泵站溢流水池，并扬送至尾矿库。真空过滤机的滤液通过气水分离器和滤液缸后，由2PNJA型衬胶砂泵扬至缓冲槽后再流入高效浓缩机。为了提高浓缩机的处理能力，添加PHP型阴离子絮凝剂，并在ϕ2000mm×2000mm搅拌桶内配制成浓度为0.1%的溶液后，由IS60-32-125型离心清水泵扬至ϕ2000mm×2000mm絮凝剂槽，然后通过J-ZD300/87型柱塞计量泵定量供给高效浓缩机。

水泥罐车将水泥运至充填站，借助风力经管道输送卸入水泥筒仓。仓内水泥经

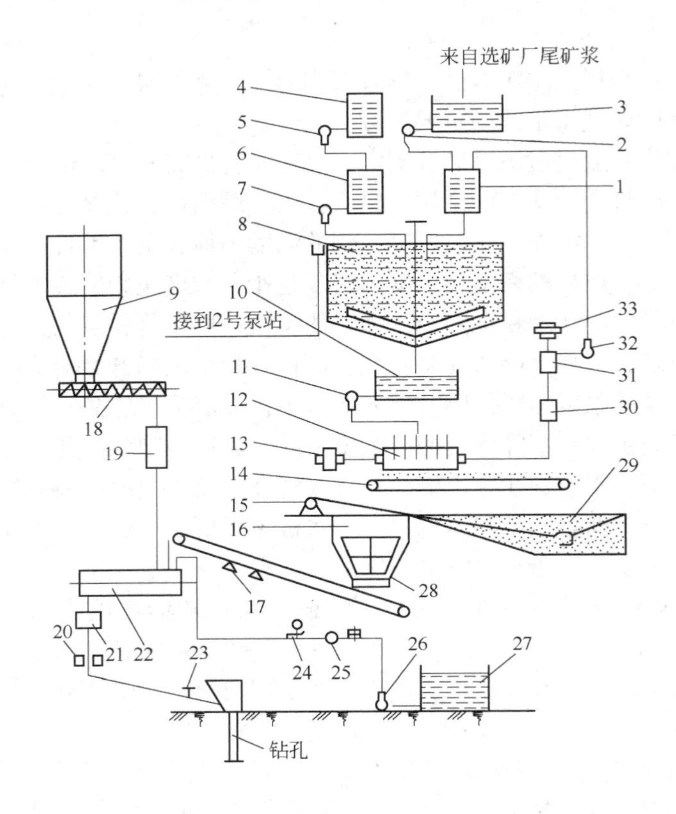

图 4-30　凡口铅锌矿高浓度全尾矿胶结充填工艺流程

1—缓冲槽；2—离心砂泵；3—贮浆池；4—絮凝剂搅拌桶；5—离心清水泵；6—絮凝剂槽；7—柱塞计量泵；8—高效浓缩机；9—水泥筒仓；10—沉砂池；11，32—衬胶砂泵；12—真空过滤机；13—罗茨鼓风机；14—皮带输送机；15—电耙绞车；16—分配漏斗；17—带计量皮带输送机；18—双管螺旋给料机；19—冲量流量计；20—γ 射线浓度计；21—高速活化搅拌机；22—双轴桨叶式搅拌机；23—夹管阀；24—电动夹管阀；25—涡街流量计；26—清水泵；27—贮水池；28—带破拱架振动放料机；29—卧式砂池；30—气水分离器；31—滤液缸；33—真空泵

ϕ250mm 可调速双管螺旋给料机和冲量流量计进入双轴桨叶式搅拌机，卧式砂池的尾矿滤饼由 55kW 电耙间断输送到中间贮料仓，然后由 CWI-Ⅱ型带破拱架振动放料机均匀地供给带宽为 650mm 的皮带运输机，经转运送入双轴桨叶式搅拌机。

通过 3BA 型清水泵和 50. 8mm（2in）供水管，从低位贮水池将水扬至搅拌楼的四层水平，然后分支为两根 25. 4mm（1in）管；其中一根直接向双轴桨叶式搅拌机供水，并由笼式调节阀控制；另一根向尾矿下料筒定量供水，并与尾矿一起进入双轴桨叶式搅拌机，以防止尾矿堵塞下料筒；通过 50. 8mm（2in）总供水管上的涡街流量计测定给水量。

经由双轴桨叶式搅拌机初步混合的充填料，自流进入高速活化搅拌机进行二次搅拌，制备成胶结充填料浆。制备好的充填料通过 ϕ125mm 管路自流进入充填钻孔，然后利用自然压头进行自流输送。钻孔从地表 +126m 水平直通井下 -40m 水平，然后通过阶梯形设置的井下管路输往待充采场。

C 充填系统的关键设备

充填系统的关键设备包括：高效浓缩机、CWZ-Ⅱ型振动放料机、双轴桨叶式搅拌机和高速活化搅拌机。

高效浓缩机，生产能力（给料浓度17%时）1195t/d；给砂浓度15%～20%时，底流浓度45%～55%。其主要技术参数为：

（1）筒体：直径ϕ9m；深度2.5m；面积63.6m^2；容积173m^3。

（2）耙子驱动装置：电动机功率3kW；型号Y100L2-4；转速1430r/min；减速机型号BWY-27-71-3；耙子转速0.25r/min。

（3）耙子提升装置：电动机功率1.5kW；型号Y90S-4；转速1400r/min。

（4）耙子提升高度：300mm。

（5）外形尺寸（长×宽×高）：9860mm×9000mm×8640mm。

CWZ-Ⅱ型振动放料机：台板安装角度15°，台板长度1200mm，台板宽度1200mm，最大眉线高度270mm；振动电动机型号YZU40-6/3型，激振力14.7～39.2kN，生产能力90t/h。

双轴桨叶式搅拌机：搅拌筒体长2480mm，宽1190mm，容积1.7m^3；叶片角度40°，叶片转数45r/min；电动机功率40kW。

高速活化搅拌机：转子转速1470r/min；圆筒形外壳直径500mm，长度400mm；生产能力40～60m^3/h；电动机功率22kW。

D 充填系统自动监控

胶结充填系统配置自动监控装置，在充填料制备与输送过程中实行自动监控。

自动监控包括仪表自动检测和微机综合处理，监控装置由检测仪表、中央控制台和微处理机三部分组成。检测参数包括尾矿质量流量、水泥质量流量、加水量和混合料浆的浓度（质量分数）。主要控制参数为混合浆料的浓度（质量分数）和灰砂比。胶结充填系统的自动检测如图4-31所示，其中尾矿质量流量由安装在皮带运输机上的WPC-D型电子皮带秤检测，水泥添加量由LFD-25型冲量流量计检测，加水量由MWL-L105-2型涡街流量计检测，混合料浆的浓度（质量分数）由γ射线浓度计自动检测。

E 主要参数与充填质量

全尾矿充填料浆的主要输送参数为：灰砂比1∶4；流速1.13m/s；料浆体积密度1.9t/m^3；阻力损失2396～3040Pa/m。

充填系统的主要技术指标为：充填能力50～70m^3/h；充填料浆浓度（质量分数）70%～76%；水泥消耗量210kg/m^3。

充填质量为：全尾矿胶结充填料浆具有良好的均质性和整体流动性，在采场可保持平整均匀的工作底板。冲洗管道水引入采场后完全浮在表面，对其下面的充填料不产生明显的稀释作用，因而对充填体强度和均质性影响不大。充填体28d单轴抗压强度2.4～3.8MPa；充填体强度变化率低于30%。

使用全粒级选矿尾矿作为充填料，增加了矿山充填料来源，减小了地表尾矿库库容，不仅可以减少矿山基建投资，而且有利于环境保护和生态平衡。全粒级尾矿料的细粒级含量大，具有良好的管输性，从而减少了堵管事故和管道磨损。输送浓度高，采场泌水量极少。既减轻了井下环境污染，又提高了充填体质量。

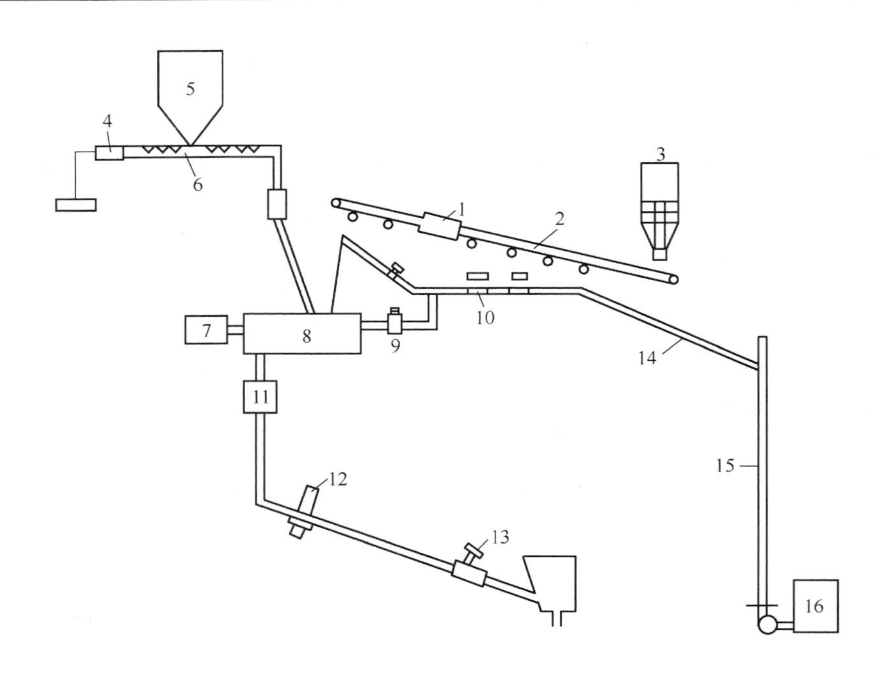

图 4-31　高浓度全尾矿胶结充填系统自动检测示意图

1—电子皮带秤；2—皮带运输机；3—砂仓；4—调速电动机；5—水泥筒仓；6—双管螺旋给料机及冲量流量计；7—ZLK-5 型速度控制器；8—双轴桨叶式搅拌机；9—笼式调节阀；10—MWL-L105-2 型涡街流量计；11—高速活化搅拌机；12—γ 射线浓度计；13—手动夹管阀；14—50.8mm（2in）水管；15—76.2mm 水管；16—贮水池

4.4.3.4　张马屯铁矿全尾矿胶结充填实践[210~213]

A　概况

张马屯铁矿位于济南市东郊，始建于 1966 年，年矿石生产能力 50 万吨。由于矿区地表系良田、村庄和工厂，不允许塌陷，采空区必须及时充填处理。矿山先后采用水砂充填和干式充填工艺进行采空区充填处理，并留永久矿柱，从而导致矿石回采率仅 60% 左右。90 年代初，矿山针对充填材料短缺和尾矿库建设征地难的双重问题，与长沙矿山研究院合作，在试验成功基础上，实施了全尾矿胶结充填采矿工程，开创了我国铁矿山使用全尾矿胶结充填采矿法的先例。

B　充填材料与强度试验

a　充填骨料——尾矿

充填骨料为选矿厂脱水全尾矿，平均含水率 25.7%、密度 2.828t/m^3，粒度组成见表 4-98，－0.074mm 颗粒约 65%。

表 4-98　全尾矿粒度组成

粒级/mm	+0.175	－0.175 +0.088	－0.088 +0.074	－0.074 +0.044	－0.044
粒级产率/%	3.15	15.95	14.45	26.11	40.35
累计产率/%	3.15	19.10	33.55	59.65	100.0

胶结材料为济钢水泥厂产425号硅酸盐水泥，充填用水为井下矿坑水。

b 充填体强度的确定

矿山采用的采矿方法为分段空场嗣后充填采矿法，阶段高60m。回采间柱时，充填体暴露面积达$2000m^2$，要求充填体自立性和抗爆破冲击能力强。为此，参照国内外类似矿山的经验，按经验类比法和经验公式法[214]确定充填体强度要求为1~2MPa。

c 充填材料配比及强度试验

为了使充填体强度达到要求的1~2MPa，进行了充填料配比的强度试验。设计灰砂比为1∶4、1∶5、1∶6，充填料浓度为54%~65.3%。试块采用7.07cm×7.07cm×7.07cm的金属试模制备，48h拆模，室温养护。按不同龄期对试块进行单轴抗压强度试验，测试结果见表4-98。根据试验结果，确定合适的工艺条件为：充填料质量浓度大于60%，灰砂比为1∶4~1∶6，其中矿房下部为1∶4，上部为1∶6。

C 充填工艺及充填系统

充填系统包括尾矿输送、水泥输送、供水和充填料制备四个部分，具体的尾矿充填工艺流程如图4-32所示。

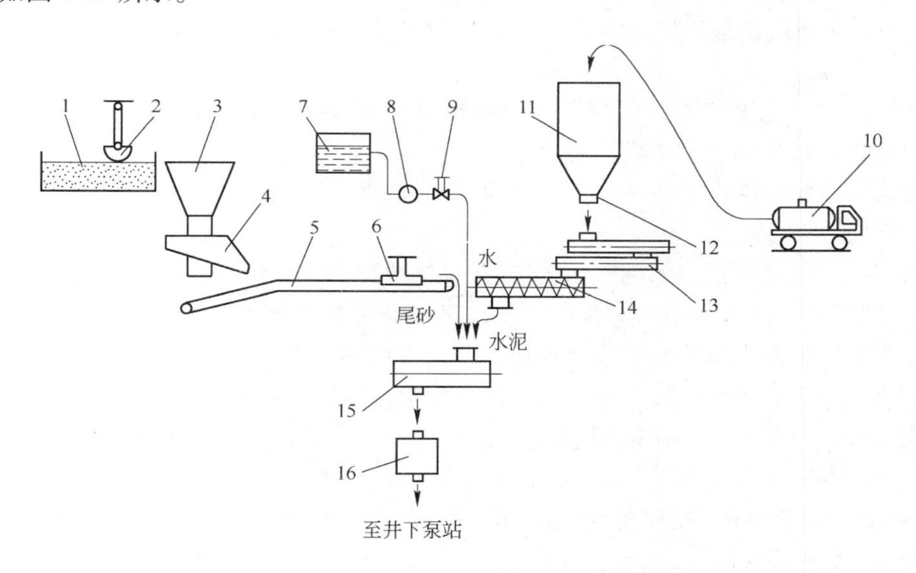

图4-32 全尾矿胶结充填工艺流程图

1—尾矿池；2—抓斗；3—贮料仓；4—振动给料机；5—皮带输送机；6—电子皮带秤；7—高位水池；8—涡街流量计；9—电动调节阀；10—水泥罐车；11—水泥仓；12—振动给料斗；13—螺旋电子秤；14—螺旋输送机；15—双轴搅拌机；16—高速搅拌机

（1）尾矿输送。抓斗吊车从尾矿池将尾矿抓运到贮料仓，然后由带破拱架的单台板振动给料机将尾矿均匀地给到皮带输送机上，经微电脑多功能电子皮带秤自动计量后进入双轴搅拌机。

（2）水泥输送。来自水泥罐车的水泥自动卸入制备站内ϕ6m的圆筒水泥仓，仓底采用振动给料斗卸料，经智能螺旋电子秤自动计量后，依次送至螺旋输送机、双轴搅拌机。

（3）供水。用清水泵将河道水送入容积为$30m^3$的高位水池，再通过给水管，并经满管式涡街流量计计量后加入到双轴搅拌机。

（4）充填料制备。尾矿、水泥、水经计量达到要求配比后，先经双轴搅拌机进行初步搅拌混合，再自流至高速搅拌机进行强力活化搅拌，然后通过 ϕ125mm 管道自流至采场充填。

D　采场充填作业

充填之前，首先在通往采空区的通道上构筑挡墙，并安装泄水装置，在采空区上部通道口安装充填管，并在充填管进入采场前的适当位置安装一个三通管，检查整个管路是否畅通和泄漏。当充填前的准备工作验收合格后，先向充填管内放水，采场三通管见水后，通知制备站放砂充填。充填完毕后要及时放水冲洗管路，以免下次充填时堵管。充填前的试管水及充填后的洗管水通过三通管排放在待充填采场外面。F309 号采场充填历时 8 个月，充填空区 24936m^3，平均水泥单耗为 190.5kg/m^3，试块 180d 平均强度为 1.42MPa。

E　充填体稳定性检验

为了验证全尾矿胶结充填的可靠性，对 F309 号采场 10 号矿柱进行了回采。10 号矿柱高 60m，采用中深孔分段法回采，分段高 12m，回采矿柱宽 5m，采用 YGZ-90 型钻机凿扇形炮孔，ZQ-20 型风动装岩机出矿，回采矿石 23500t，全尾矿胶结充填体暴露总高度 55m，暴露面积 1500m^2。

矿柱回采时，充填体不片帮塌落，抗爆破冲击震动能力较强，实现了矿柱的安全回采，各项技术经济指标达到了设计要求。

4.4.3.5　南京铅锌矿全尾矿结构流体胶结充填[215~217]

A　概况

南京铅锌矿地处南京市郊栖霞山风景区，矿体赋存于栖霞街与九乡河下，西距南京市区 19km，北距长江仅 1.5km，南靠近沪宁铁路与沪宁高速公路，交通方便。矿区经济发达，居民密集，地表无废石尾矿堆放场地，不允许塌陷，属于典型的“三下”开采矿山。

该矿先后采用空场采矿法、中深孔分段崩落法及充填采矿法等采矿方法，1991 年充填系统建成并投入使用后，主要采用点柱分层充填法。采场典型结构参数为：中段高 50m，沿走向长 30～50m，顶底柱高 8m，间柱宽 3～4m，点柱直径 4～5m，点柱中心距 15～20m。分层回采高度 3m，控顶高 4.5m，采矿总损失率约 20%，矿石贫化率 12%，采场综合生产能力 100～150t/d。

B　全尾矿的基本性质

全尾矿的粒度组成见表 4-99，全尾矿密度 3.13g/cm^3、松散密度 1.63g/cm^3，孔隙率 47.92%，主要化学成分组成：SiO_2 26.79%，Al_2O_3 1.72%、MgO 2.15%、CaO 20.15%、Fe_2O_3 15.11%。

表 4-99　全尾矿粒度组成

粒级/mm	+0.170	-0.170 +0.110	-0.110 +0.087	-0.087 +0.071	-0.071 +0.043	-0.043
粒级产率/%	33.31	9.17	15.83	2.67	3.52	35.50
累计产率/%	33.31	42.48	58.31	60.98	64.50	100.00

C　原充填工艺及系统存在的问题

2004 年以前采用的充填工艺流程为：选矿厂全尾矿由渣浆泵扬送至充填站的立式砂仓

中沉降，充填时采用高压水进行造浆，然后放砂至立式搅拌桶；水泥则由散装水泥仓底部的双管螺旋给料机进行给料，由螺旋电子秤进行计量；水泥及全尾矿浆经两段立式搅拌桶搅拌后制备成充填料浆，然后由高扬程渣浆泵加压，通过+14m平巷近800m的水平管道输送至各生产中段的采场，进行充填。系统主要运行参数为：充填料浆制备输送浓度55%～60%，流量45～55m^3/h，灰砂比分别为1∶4(浇注假底及分层浇面)、1∶6(分层充填)。

多年的生产实践发现，原来的充填系统虽可实现全尾矿及废石充填，但是，存在以下技术问题：

(1) 料浆输送浓度低，导致充填质量差、充填成本较高，且采场作业循环进度较慢。

(2) 受高扬程渣浆泵输送能力限制，原有充填系统制备输送能力不足，加之受立式砂仓放砂浓度的影响，系统稳定运行时间短，一般不超过3～5h，难以满足矿山生产能力要求。

D 充填系统技术改造

针对原充填工艺及系统存在的问题，该矿和长沙矿山研究院合作，进行了全尾矿结构流体胶结充填技术研究，试验成功后，对充填系统进行了改造。

改进后的全尾矿胶结充填系统见图4-33，具体的充填工艺流程为：选矿厂全尾矿经浓缩后浓度约50%。通过渣浆泵加压后经管道输送1.4km至新建充填站的卧式砂池中进行自然沉降。待沉降至最大沉降浓度后，排除全尾矿料面以上的澄清水，然后采用压气造浆使砂池中全尾矿浓度均匀。充填时打开砂池底部的放砂阀，将全尾矿浆定量输送至搅拌机中，水泥则经散装水泥仓底部的双管螺旋给料机给料，螺旋电子秤计量，按配比加入搅拌机。采用双卧轴搅拌机+高速活化搅拌机两段搅拌，搅拌均匀后的全尾矿充填料浆呈结构

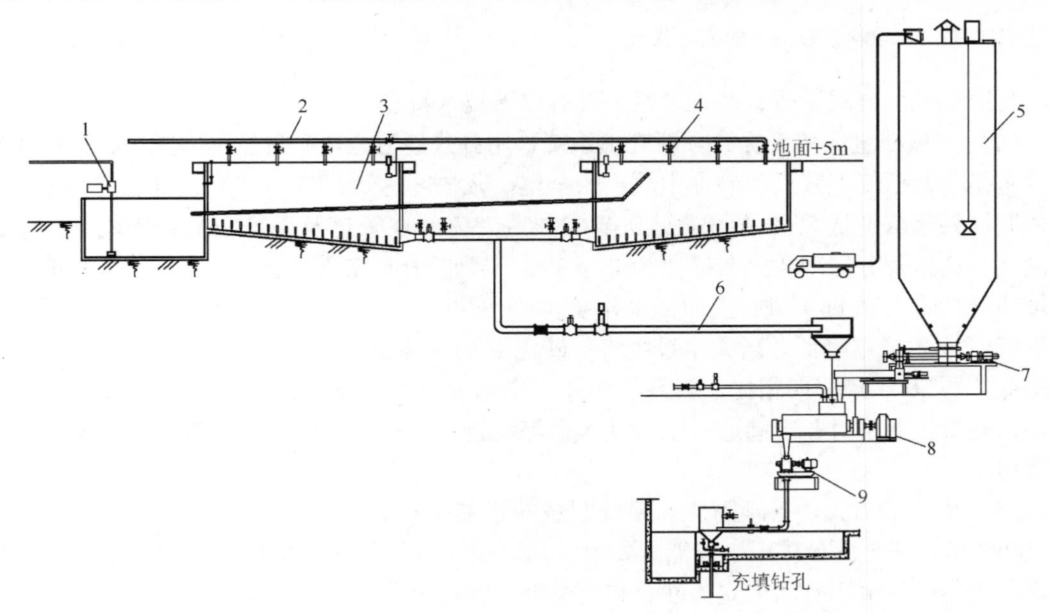

图4-33 改进后的全尾矿胶结充填系统流程
1—回水泵；2—全尾矿输送管；3—卧式砂池；4—放水阀；5—水泥仓；
6—放砂管；7—双管螺旋给料机；8—双卧轴搅拌机；9—高速搅拌机

流体性态，经流量及浓度检测后进入料斗，再通过充填钻孔及井下管网自流输送至井下充填。

自 2004 年新充填系统投入生产运行以来，生产一直正常，系统工艺流程畅通，制备输送能力达到 60 ~ 80m^3/h，连续最大充填量达 600m^3，充填料浆浓度最大可达 72%，一般为 68% ~ 70%。在管道及采场中呈结构流动，不脱水、不离析；充填体整体性好，充填体强度满足采矿方法要求。

充填料浆性态、采场充填料浆凝固前后状态等如图 4-34 ~ 图 4-36 所示。

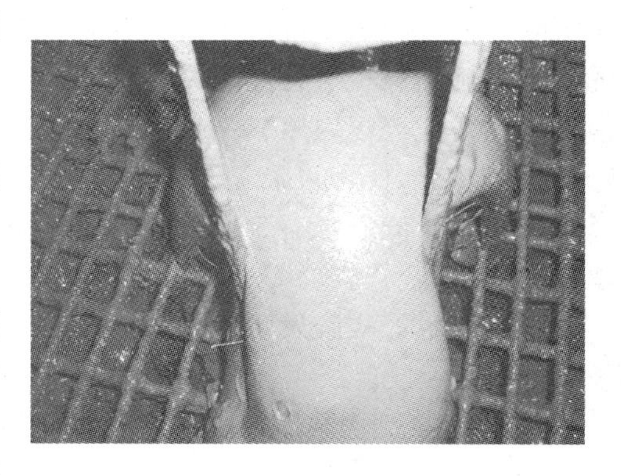

图 4-34　全尾矿充填料浆进入钻孔

图 4-35　充填料浆在空区的流动状态

图 4-36　凝固硬化后充填体表面状态

与原来充填方式比较，新充填系统具有以下技术特点：

（1）充填质量大幅度提高。新充填系统采用卧式砂池全尾矿自然沉降脱水、阶梯式排水设施排水及压气造浆后，砂池中放出的全尾矿浆浓度达到 67% ~70%，且稳定均匀，从而使充填料浆浓度从 55% ~60% 提高至 71% ~72%，在管道及采场中呈结构流动，不产生脱水、离析及分层现象，灰砂比为 1∶6 时，充填后 16h 充填体表面无积水，人员即可在充填体上行走，3d 即可进行上向回采作业。

（2）充填成本降低。新充填系统将灰砂比由 1∶4 降低至 1∶6 ~ 1∶8，水泥消耗量大幅度降低，与 2004 年同期相比，新系统每年可节省水泥用量 8900t，节省成本 231.4 万元。另外，充填作业不对井下巷道、水沟及水仓等设施产生污染，还可减少排水、清淤、排泥等费用。

（3）生产能力大、管理简便。系统制备输送能力提高后，可达到 60 ~ 80m^3/h，最高达 100m^3/h，完全满足矿山生产能力要求。加之全尾矿结构流体输送性能好，不产生堵管现象，全尾矿可由原有两个立式砂仓和两个卧式砂池存储、调节，采充作业易于平衡，矿山生产组织管理得到简化，采矿—选矿—充填闭路循环更为可靠。

该矿新充填系统投入使用后，不但实现了真正意义上的全尾矿充填。同时，结合矿石中其他有用成分的综合回收利用、生产废水处理及采矿方法等联合攻关，还实现了严格意义上的尾矿与废水零排放，为三下开采及环境极度敏感地区的资源开发提供了成功的范例。

4.4.3.6 安徽霍邱吴集铁矿全尾矿胶结充填采矿实践[218]

A 概况

安徽霍邱吴集铁矿（北段）位于淮河中上游南岸，属于沿淮侵蚀堆积平原区，是霍邱县铁矿区内已知规模较大的铁矿。由于地表为村庄和良田，不允许塌陷，安徽霍邱诺普矿业有限公司与长沙矿山研究院合作，开展了低品位铁矿山充填采矿技术的研究与试验，进行了充填系统建设并于2009年2月投入使用。经生产运行表明，系统制备输送能力可达91.29m^3/h，浓度稳定在70%左右，充填综合成本为78.43元/m^3，最大充填倍线为9.03。该充填系统技术先进，工艺科学合理，充填浓度高，成本费用低，完全可满足大型铁矿山连续充填作业要求，对我国同类矿山实现充填采矿具有良好的示范作用和推广价值。

B 矿山采矿技术条件及工艺的选择

吴集铁矿（北段）位于淮河中上游南岸，矿区地表地势平坦微起伏，区内沟塘密布，地表多为农田与村庄。矿体属中厚以上急倾斜矿体，矿石主要为磁铁矿，平均地质品位TFe 29.20%。矿体沿走向长3162m，控制斜深163～657m，平均斜深393.55m，赋存标高-33～-663m以下，厚度2.0～58.7m，平均22.23m。矿体走向自南向北由335°转至18°，倾向西，倾角50°～70°。矿体上覆第四系厚度达140m左右，且其中含有多层含水的长石中粗砂层，矿体上部为破碎风化带，漏水渗水强，应保护采场顶板不塌陷。另外，围岩和矿体稳固性较好。

根据吴集铁矿（北段）开采技术条件，综合考虑吴集铁矿（北段）生产规模较大，矿体较规整，并从提高资源回收率出发，设计选用阶段空场嗣后充填采矿法。并根据需要，开发了全尾矿结构流体胶结充填工艺与技术。

C 充填工艺系统

充填系统工艺流程如图4-37所示，主要由全尾矿储存供料线、水泥储存供料线、调浓水供给线、充填料浆制备与输送、自动控制及检测系统等组成。

a 全尾矿储存供料线

充填站设有两套充填系统，每套充填系统设置2个立式砂仓，砂仓直径10m，直筒体高度10m，总高22m，每个砂仓容积850m^3。选矿厂全尾矿浓度为10%，由渣浆泵直接输送至充填站的立式全尾矿存储仓中。4个砂仓交替进砂和充填。

砂仓进砂过程中，中低浓度尾矿浆中的尾矿颗粒自然沉降在砂仓底部，而水则通过砂仓顶部溢流孔、溢流环道及回水管道自流至尾矿库中，当尾矿沉降面达到设定位置时，停止该砂仓进砂。

砂仓停止进砂静置1h后，根据最终砂仓料位打开料位以上的各排水球阀，使全尾矿沉降面以上的澄清水通过该组球阀及回水管排出。溢流水及澄清水自流进入尾矿库沉淀，尾矿库中澄清水通过回水泵输送至选矿厂重复使用。

充填时采用压气造浆作业。每个砂仓底部安装有120个造浆喷嘴，+22.0m平台布置有15个进气球阀及15个排气球阀。逐排打开进气阀门和对应的排气阀门，排空造浆管内杂物，然后关闭排气阀门，使压气造浆喷嘴启动，从而对仓内尾矿进行造浆。待池中全尾

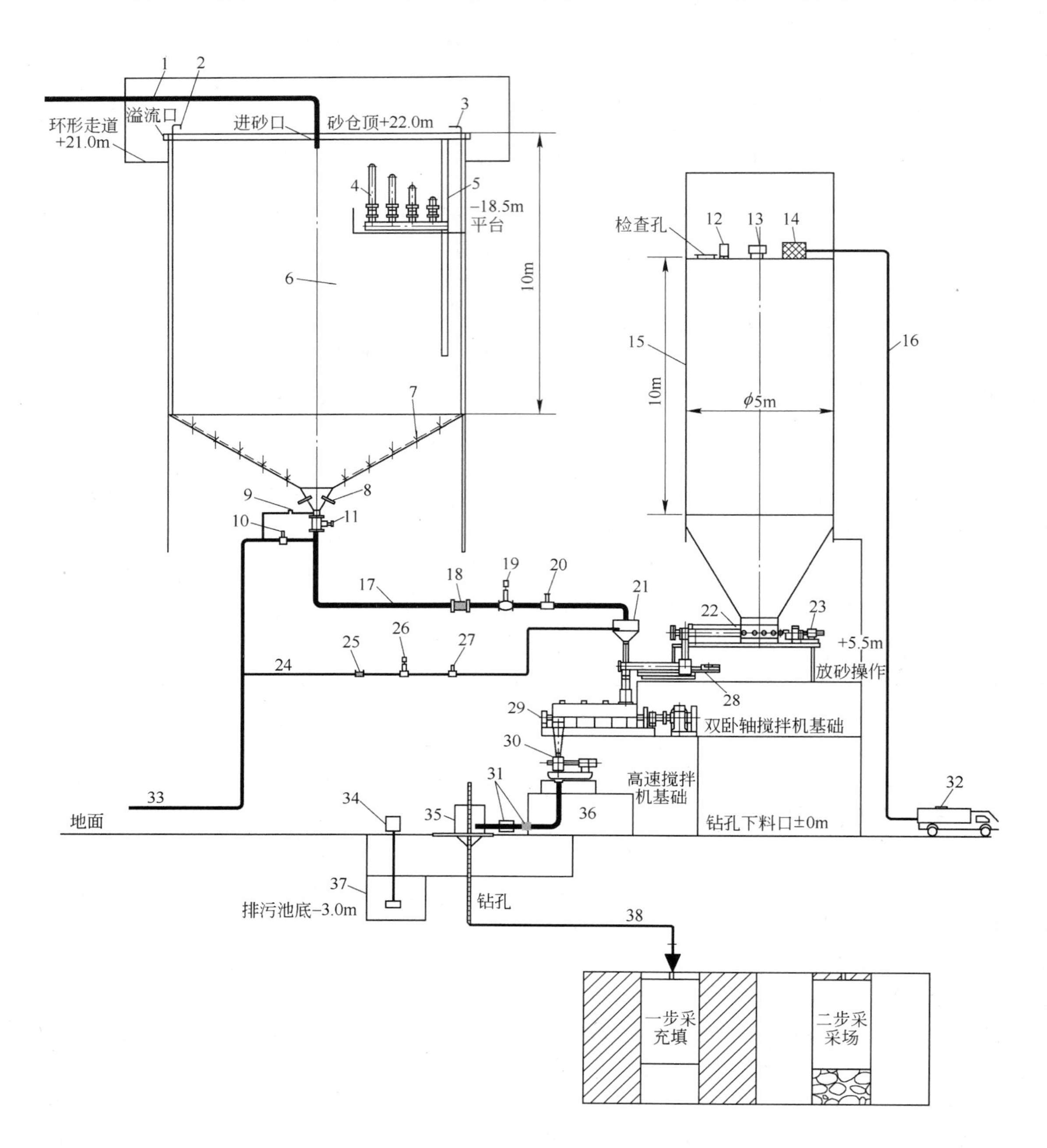

图 4-37　充填系统工艺流程

1—全尾矿输送管；2—排气管；3—进气管；4—排水阀；5—溢流管；6—钢制立式砂仓；7—压气造浆喷嘴；8—锥底喷嘴（2 个）；9—反冲水阀；10—冲洗水阀；11—放砂阀；12—料位计；13—收尘器；14—过滤箱；15—钢制水泥仓；16—吹灰管；17—放砂管；18，25—电磁流量计；19，26—电动调节阀；20，27—手动调节阀；21—尾砂进料斗；22—螺旋闸门；23—双管螺旋给料机；24—调浓水路；28—螺旋电子秤；29—双卧轴搅拌机；30—调整搅拌机；31—电磁流量计及 γ 射线浓度计；32—散装水泥罐车；33—供水管；34—吊泵；35—下料斗；36—测量管；37—排污池；38—输送管网矿造浆均匀后，打开放砂阀，通过放砂管向搅拌机供给全尾矿浆，其放砂量由放砂管上电磁流量计进行检测，放砂流量由电动调节阀进行调节。

b 水泥储存供料线

选用普通硅酸盐水泥作为胶结剂。散装水泥由散装水泥罐车运至充填站后，通过吹灰管卸入散装水泥仓中。为了防止各种杂物进入水泥仓，吹灰管上设置有过滤装置。散装水泥仓直径5.0m，总高约21m，有效容积为200m³，可储存水泥260t，能够满足充填系统连续运行要求。水泥仓顶设置人行检查孔、雷达料位计及袋式收尘器。

水泥仓底部设置有螺旋闸门及双管螺旋给料机。充填时打开螺旋闸门，启动双管螺旋给料机，即可向搅拌机定量供给水泥。水泥给料量由螺旋电子秤检测。双管螺旋电动机采用变频调速，改变螺旋转速即可改变水泥给料量，能够满足不同灰砂比及生产能力的要求。

c 调浓水供给线

充填站设置一条供水管道，由水泵加压供给压力水，用于冲洗设备、疏通管道及调节充填料浆浓度。当充填料浆浓度过高时，利用供水管上安装的调浓水阀，经电磁流量计检测，由电动调节阀调节调浓水量。

d 充填料浆制备与输送

全尾矿浆、水泥及适量调浓水经各自的供料线进入进料斗后供给搅拌机。搅拌机选用双卧轴搅拌机+高速活化搅拌机两段连续搅拌。两段搅拌机用连接斗进行连续。充填料经两段连续搅拌均匀后，制备成浓度适中、流动性良好的充填料浆，进入测量管。测量管上安装有电磁流量计及γ射线浓度计，用以检测充填料浆流量和浓度。

充填料浆最终进入充填料下料斗，并通过充填钻孔及井下输送管网，自流输送至井下采空区进行充填。为防止大块进入充填钻孔并便于冲洗管道，下料斗设置有格筛、冲洗水阀及钻孔排气孔。

每套充填系统布置两个充填钻孔，间距为3m，两组充填钻孔间距离为14m，自地表+44m施工至-100m水平。各钻孔中采用ϕ133mm×10mm锰钢管作为输送管，而井下充填平巷至采场用内径为110mm的钢编高强复合管作为输送管。

e 系统自动控制

为了保证充填料浆制备浓度、流量及配比的准确及稳定，充填站设立了完善的自控系统，对充填系统各运行参数进行检测和调节。

系统自动检测的参数主要有：全尾矿放砂流量、水泥给料量、调浓水量、充填料浆流量、充填料浆浓度、水泥仓料位。

系统自动调节的参数主要有：全尾砂放砂流量、水泥给料量、调浓水量。

上述系统运行参数还可由计算机进行数据采集、存储、模拟显示、制表、打印，以便于对充填系统运行状况进行监控和管理。

f 系统运行参数

充填料浆制备输送能力为80m³/h，充填料浆浓度为（72±1）%，系统连续稳定运行时间可达10~12h，系统一次最大充填量为600~800m³，灰砂比为（1∶4）~（1∶15）（可调），充填体强度满足采矿作业要求。

D 全尾矿胶结充填工业试验

a 充填采场准备

－150m 中段 C2 采场作为首次充填试验空区，采场充填参数如图 4-38 所示。该空区长 40.42m，宽 17m，高 50m，可充填实体 34000m^3。－100m 水平下盘巷道作为充填巷，充填管道总长 1299.67m，其中充填钻孔垂高为 144m，水平充填管道长 1155.67m，充填倍线为 9.03。

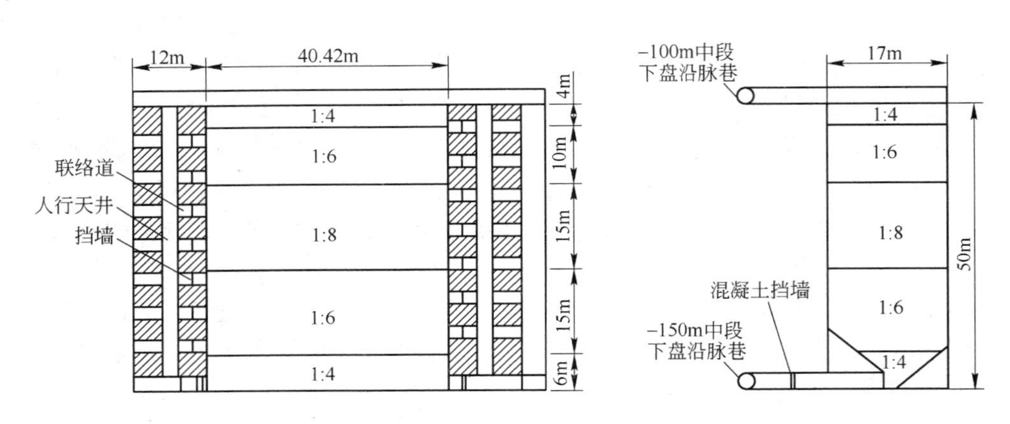

图 4-38　C2 采场充填参数（一步采空区）

b　充填作业情况

首次充填作业于 2009 年 2 月 18 日 11：20 开始，至 18：06 结束，共运行 6h46min，平均料浆流量为 91.29m^3/h。首次采场充填初始充填料浆浓度按 60% 调制输送，随着充填料浆顺利地输送，稳定 30min 后，充填料浓度逐渐提高，当浓度达到 71% 时，充填料浆流速明显降低，下料斗料位逐渐升高，但未出现堵管事故。本次 C2 采场工业试验证明，充填倍线为 9.03 时，结构流体全尾矿充填料浆最高浓度可达 71%。C2 采场充填料浆浓度统计结果如图 4-39 所示。由统计数据可以看出，在大倍线（9.03 倍）情况下，充填料浆浓度可稳定在 68% ~71% 之间，并形成稳定的结构流体，实现了高浓度大倍线自流输送。

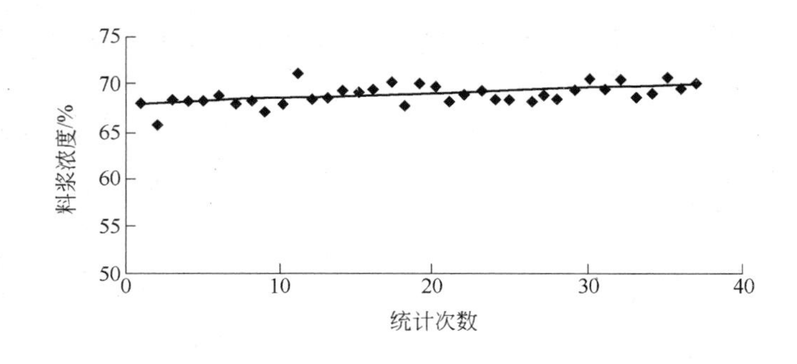

图 4-39　C2 采场充填料浆浓度统计结果

c　充填质量检测

充填站设置了地表实验室，每班对充填料浆进行取样，浇注试块，检测 3d、7d、28d、60d 试块的单轴抗压强度，2009 年 7 ~ 10 月代表性检测结果见表 4-100。

表 4-100 充填质量检测结果

取样时间	充填地点	灰砂比	浓度/%	单轴抗压强度/MPa			
				3d	7d	28d	60d
7 月 28 日	N2	1∶8	68	—	0.786	1.38	1.80
7 月 30 日	N2	1∶6	68	—	1.213	1.34	3.53
8 月 1 日	N2	1∶6	70	0.513	0.66	1.11	1.81
8 月 4 日	N2	1∶6	71	0.726	1.046	1.10	2.52
8 月 12 日	N2	1∶4	70	0.866	1.37	1.28	3.33
8 月 16 日	NO 底部	1∶4	71	1.23	1.33	2.12	2.59
8 月 17 日	NO 底部	1∶4	70	1.29	1.34	1.86	4.25
8 月 20 日	NO 底部	1∶4	70	0.91	1.01	1.84	2.84
8 月 25 日	Z13 底部	1∶4	70	0.84	0.98	1.89	2.16
9 月 8 日	Z13 中下部	1∶6	70	0.67	0.77	1.65	1.90
10 月 15 日	Z13 顶部	1∶4	70	1.04	1.78		

试块检测结果表明，充填钻孔下料斗所取料浆制作的试块均凝结硬化正常，灰砂比为 1∶4 时，试块 3d、7d、28d 强度平均为 1.026MPa、1.323MPa、2.80MPa，灰砂比为 1∶6 时，试块 3d、7d、28d 强度平均为 0.643MPa、0.871MPa、1.454MPa，灰砂比为 1∶8 时，试块 3d、7d、28d 强度平均为 0.407MPa、0.623MPa、0.874MPa，具有较好的规律性。

经充填体钻孔取样，在灰砂比分别为 1∶4、1∶6、1∶8 的各个区段上，充填体平均强度分别达到了 3.14MPa、2.05MPa、1.26MPa，达到或超过设计指标，满足了矿山安全生产要求。

d 充填成本

经过一年多的实际生产运营，矿房空区充填使用 1∶4、1∶6、1∶8 三种比例料浆按顺序充填，综合充填成本为 78.43 元/m³（见表 4-101），平均水泥消耗为 0.2094t/m³，每吨矿石分摊充填成本为 23.55 元，年用水泥总量为 6.2 万吨。

表 4-101 充填运营成本统计表

料浆配比	材料费/元·m⁻³			动力费/元·m⁻³			工资及附加费用/元·m⁻³	料浆比例/%
	合计	水泥	其他	合计	电	水		
1∶4	77.07	73.53	3.54	2.75	2.20	0.55	17.69	20.00
1∶6	57.85	54.31	3.54	2.75	2.20	0.55	17.69	50.00
1∶8	45.50	41.96	3.54	2.75	2.20	0.55	17.69	30.00
合计	57.99	54.45	3.54	2.75	2.20	0.55	17.69	100.00

E 充填工艺技术的创新

（1）低品位铁矿山实现了高浓度、结构流体、全尾矿胶结充填。针对铁矿尾矿特性，研究开发出低成本全尾矿结构流体胶结充填工艺与技术，建成了新型的全尾矿充填系统，实现了低品位铁矿山全尾矿结构流体的自流输送胶结充填，提高了充填料浆浓度，基本做到采场不脱水，保障了充填质量。

（2）实现了高浓度大倍线结构流体全尾矿充填料浆的管道自流输送，充填料浆浓度达到71%～72%。

（3）低浓度尾矿在充填站立式砂仓中自然沉降脱水制备尾矿浆技术。直接将选矿厂低浓度尾矿（浓度8%～10%）输送至充填站立式砂仓中进行自然沉降脱水，脱水工艺大为简化，大大降低了尾矿脱水能耗及运营成本。

5 尾矿堆存与尾矿库管理

5.1 尾矿堆存处理及其设施

5.1.1 尾矿的排放及堆存方式

5.1.1.1 *尾矿的排放方式*

目前，国内外尾矿的排放方式很多，具体分类如图 5-1 所示。

A *地表排放*

目前，地表尾矿库排放是最普遍的尾矿排放方式，在尾矿管理中占有重要地位。地表排放，即将尾矿排放在预定的沟谷、平地或河谷内，采用堤坝形成拦挡、贮存尾矿和选矿废水，使尾矿从浆体状态逐渐沉积，形成稳定的堆积体，废水经澄清后可再返回选矿厂循环使用。

因尾矿排放浓度及坝型的差别，地表排放可分为一次性筑坝（挡水坝）、尾矿堆坝（上升坝）、高浓度尾矿筑坝（环形坝）和尾矿干堆等形式，其中使用最普遍的是尾矿堆坝。

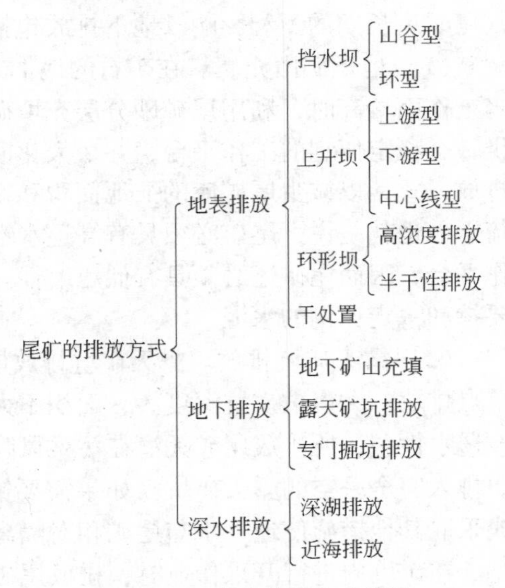

图 5-1 尾矿的排放方式分类

（1）一次性筑坝。拦挡尾矿的堤坝在尾矿开始向库内排放之前一次性按全高构筑（或分期施工）而成，类似于水坝。筑坝材料通常采用各种天然土料。其结构包括不透水心墙、排渗带、反滤层和堆石棱体。

一次性筑坝因建库坝址地形不同可分单面筑坝和多面筑坝。单面筑坝是在山谷谷口狭窄段修筑主坝而形成尾矿库（有时需在山脊丫口处修筑副坝），通常坝内设土质心墙，库底根据需要铺设防渗层。多面筑坝适合于开阔的平原地区，其坝体结构与单面筑坝坝体类似。由于对地形要求比较灵活，一般可靠近采场和选矿厂选址，便于利用废石筑坝和降低尾矿输送成本。但因其坝轴线长，需要大量筑坝材料，且后期维护工作量大，平原地区也极易形成风沙扬尘或坝体风蚀破坏。

（2）尾矿堆坝。它与一次性筑坝不同，需在尾矿库整个生产期间分期筑坝。基建时设初期坝，后期按尾矿堆坝工艺采用尾矿筑坝，库内尾矿堆积坝、沉积滩与蓄水区同步上升。尾矿堆积坝以采用尾矿筑坝为主，还可采用废石、砂石料、风化料等。

尾矿堆坝具有以下优点：①基建期间建设初期坝，生产期间采用尾矿筑坝，相当于分期施工，能够分散投资，初期工程费用低。②分期实施筑坝，筑坝材料选择灵活。子坝可采用尾矿、采矿废石或抛尾砂石料堆筑。③尾矿筑坝费用低，管理简便。

（3）高浓度尾矿筑坝。坝体结构形式与其他坝体基本一致，但排矿方式有所区别。尾矿经加药高效浓缩后成为膏体状态，高浓度中央排放（亦称火山喷发式排放或辐射式排放）和半干性喷洒排放。

（4）尾矿干堆。尾矿浆经高效脱水设备多级浓缩、压滤处理，使水从尾矿中排出，形成含水量小、易沉淀固化和利用场地堆存的干性尾矿或膏体，运送至固定地点（尾矿干堆场）进行分层堆放。干式堆存的尾矿基本上呈固体形式，其优点是土地复垦可与尾矿堆存同步进行。

B　地下排放

地下排放，即将尾矿砂充填采空区以支护岩层，从而减少尾矿的地表处理量。尾矿地下排放的优点是占地少，成本低，缺点是渗流水可能导致地下水污染，并向地表扩散。为了解渗流导致污染的情况，需在可控范围内模拟最不利条件进行渗流试验，以预测地下排入尾矿后长期的不利影响。地下排放包括地下矿山充填、露天矿坑排放和专门掘坑排放。

（1）地下矿山充填。在矿石的地下开采过程中，采矿作业从矿房底板向上不断推进。当工作面抬高时，利用尾矿砂分层充填矿房，充填体与围岩形成整体支护，为采矿作业提供一个稳定便利的工作平台，并最大化回采矿石。也有单纯利用废弃井巷处理尾矿的地下排放方式，以减少尾矿库的征地面积和投资。由于地下空间有限，充填尾矿必须快速排水疏干，也就是说，尾矿必须具有高透水性。而且，尾矿充填的目的是为采矿提供稳定的工作平台，因而尾矿还必须具有低压缩性。为了使充填体具有足够的强度，通常尾矿中还需要掺和一定比例的水泥。

（2）露天矿坑排放。露天矿坑排放尾矿工艺简单，既可围绕采场边界周边排放，也可单点排放。大多数矿坑深度大，面积不大，可供尾矿水澄清的空间有限。如果露天矿坑边坡透水性差，所排放尾矿无潜在污染风险，这样便可在不筑坝、不设防渗层的情况下将尾矿排入完全采空的露天矿坑。如果需要铺设防渗层，则需在矿坑全深范围内铺设防渗层，或采取其他措施使地下水与尾矿相对隔离。

在矿坑内进行开采作业时，排放尾矿难度很大，因此，露天矿坑排放尾矿最好利用已采完的矿坑。

（3）专门掘坑排放。专门为排放尾矿设计并挖掘排放坑，这种排放方式多为小型工程所采用。开挖的材料在矿坑的周边筑成环形坝，这样，既能够形成回水池，又能防止周边洪水进入库区。

除了以上两类排放方式外，另一类排放方式就是把尾矿直接泵入深湖或者近海排放，但是因为环境生态问题的争议，一直未能普遍推广应用。

5.1.1.2　*尾矿的输送及堆存方式*

尾矿输送及堆存方式主要有干式和湿式两种。

干式输送及堆存，是指干式选矿后的尾矿或经脱水后的尾矿，采用带式输送机或其他运输设备运到尾矿库堆存。

湿式选矿的尾矿矿浆一般直接采用水力输送至尾矿库，再采用水力冲积法筑坝堆存，这种方式即为湿式输送与堆存。目前，我国绝大部分选矿厂都采用这种方式输送与堆存尾矿。

从环境保护与水资源循环利用出发，不少矿山已经开始采取尾矿浆高效浓缩压滤后，干式输送与堆存尾矿。

5.1.2　尾矿库的功能、形式及等级

5.1.2.1　尾矿库的功能

尾矿库是矿山生产设施的重要组成部分，其主要有如下三方面的功能。

A　保护环境

选矿厂产生的尾矿不仅数量大、颗粒细，而且尾矿水中往往含有多种药剂，是矿山的严重污染源。将尾矿妥善贮存在尾矿库内，可防止尾矿及尚未澄清的尾矿水外溢污染环境；另外，尾矿库内形成大面积的水域，有利于尾矿水的自然澄清和净化，节省尾矿水净化所需的成本。

B　保护有用矿物资源

在选矿作业过程中，不仅有少量待选矿物随尾矿流失，而且尾矿中往往还含有目前不能回收的稀贵金属成分，将来选矿技术水平提高后，有可能再回收这部分资源，尾矿库堆存尾矿，有利于将来对尾矿回采利用。

C　循环利用水资源

选矿厂是用水大户，通常每处理1t原矿需用水4～6t，有些重选厂用水量甚至高达10～15t。这些水随尾矿排入尾矿库内，经过澄清和自然净化后，大部分可回收返还选矿厂生产再利用，一般回水利用率达70%～90%。在水资源日益紧张的今天，这对节约水资源具有重大意义。

5.1.2.2　尾矿库的形式

按照地形条件及建筑方式不同，尾矿库可分为山谷型、傍山型、平地型和截河型4种形式。

A　山谷型尾矿库

山谷型尾矿库，是在山谷谷口处筑坝形成的尾矿库。它的特点是初期坝轴线相对较短，坝体工程量较小，可堆积高度高，后期尾矿堆坝相对较易管理维护，当堆坝较高时，可获得较大的库容；库区纵深较长，尾矿水澄清距离及干滩长度易满足设计要求；排水系统较易布置，维护管理简单，但汇水面积较大时，排洪设施工程量相对较大，工程费用也随之增高。我国现有的大、中型尾矿库大多属于这种类型。

B　傍山型尾矿库

傍山型尾矿库，是依傍山坡多面筑坝所围成的尾矿库。它的特点是初期坝轴线相对较长，初期坝和后期尾矿堆坝工程量较大；由于库区纵深较短，尾矿水澄清距离及干滩长度受到限制，后期堆坝的高度一般不太高，故库容较小；汇水面积虽小，但调洪能力较低，排洪设施的进水构筑物较大；由于尾矿水的澄清条件和防洪控制条件较差，管理、维护相对比较复杂，工作量大。国内低山丘陵地区中、小型矿山常选用这种类型尾矿库，例如金山店尾矿库。

C　平地型尾矿库

平地型尾矿库，是在平缓地形周边四面筑坝围成的尾矿库。其特点基本上与傍山型相同，但筑坝长度更长，初期坝和后期尾矿堆坝工程量大，维护管理比较麻烦；由于周边堆

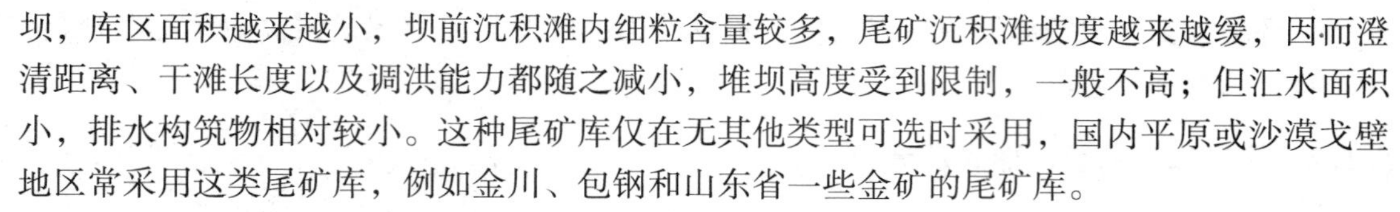
坝，库区面积越来越小，坝前沉积滩内细粒含量较多，尾矿沉积滩坡度越来越缓，因而澄清距离、干滩长度以及调洪能力都随之减小，堆坝高度受到限制，一般不高；但汇水面积小，排水构筑物相对较小。这种尾矿库仅在无其他类型可选时采用，国内平原或沙漠戈壁地区常采用这类尾矿库，例如金川、包钢和山东省一些金矿的尾矿库。

D　截河型尾矿库

截河型（河谷型）尾矿库，是截取一段河床，在其上、下游两端分别筑拦河坝形成的尾矿库。有的在宽浅式河床上留出一定的流水宽度，三面筑坝围成尾矿库，也属此类。它的特点是不占农田；库区汇水面积不太大，但尾矿库上游的汇水面积通常很大，库内和库上游都要设置排水系统，配置较复杂，规模庞大。这种类型的尾矿库维护管理比较复杂。

5.1.2.3　尾矿库等别的划分

按《尾矿库安全技术规程》（AQ2006—2005）规定，尾矿库各使用期的设计等别，根据该期的全库容和坝高分为五级，具体见表5-1。当两者的等差为一等时，以高者为准；当等差大于一等时，按高者降低一等。尾矿库失事将使下游重要城镇、工矿企业或铁路干线遭受严重灾害者，其设计等别可提高一等。

表5-1　尾矿库等别表

等　别	全库容 $V/\times 10^4 m^3$	坝高 H/m
一	二等库具备提高等别条件者	
二	$V \geqslant 10000$	$H \geqslant 100$
三	$1000 \leqslant V < 10000$	$60 \leqslant H < 100$
四	$100 \leqslant V < 1000$	$30 \leqslant H < 60$
五	$V < 100$	$H < 30$

5.1.3　尾矿设施及尾矿库

一般地说，尾矿设施主要包括尾矿输送、尾矿堆存、尾矿库排洪和尾矿库水处理4个系统。

（1）尾矿输送系统。该系统一般包括尾矿浓缩池、砂泵站、尾矿输送管道、尾矿自流沟、事故池及相应辅助设施等。通常，选矿厂排出的尾矿浆先经浓缩池浓缩，再经砂泵站扬送、管道输送或尾矿自流沟输送至尾矿库。

（2）尾矿堆存系统。该系统一般包括坝上放矿管道、尾矿初期坝、尾矿后期坝、浸润线观测、位移观测以及排渗设施等。尾矿浆体输送至坝前的放矿管道后，在坝前均匀分散放矿，放矿前应按预定的堆坝工艺设置初期坝和后期尾矿堆积坝，放矿后应在坝面设置浸润线和位移等观测设施，在滩面或坝面设置排渗设施等。

（3）尾矿库排洪系统。该系统一般包括截洪沟、溢洪道、排水井、排水管、排水隧洞等构筑物。尾矿库包括库区汇水面积和外围（或上游）汇水面积，库区外围（或上游）的汇水通常需设置截洪设施如截洪沟、溢洪道截排，库区通常需设置排水井、排水管、排水隧洞等构筑物排洪。

（4）尾矿库水处理系统。该系统包括尾矿库澄清水的回水设施和尾矿水的处理设施。

回水设施大多利用库内排洪井、管将澄清水引入下游回水泵站，再扬送至高位水池。也有在库内水面边缘设置活动泵站（或浮船）直接抽取澄清水，扬送至高位水池。

尾矿库是尾矿设施的主体，一般由尾矿坝、排洪设施、排渗设施、回水设施、观测设施等构成，具体如图 5-2 所示[146]。

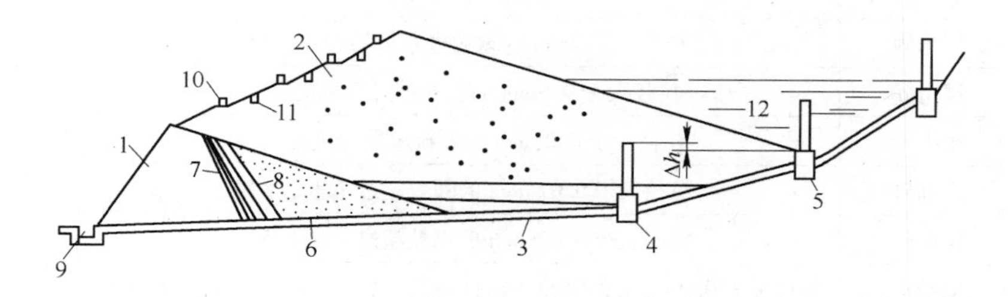

图 5-2 尾矿库纵剖面示意图

1—初期坝；2—堆积坝；3—排水管；4—第一个排水井；5—后续排水井；6—尾矿沉积滩；7—反滤层；8—保护层；9—排水沟；10—观测设施；11—坝坡排水沟；12—尾矿池

5.2 尾矿的工程力学性质

5.2.1 概要

尾矿既是尾矿筑坝的原材料，还是组成尾矿坝体结构的物料，尾矿坝在分期升高中构筑与使用，结构和功能完全不同于普通的蓄水坝，尾矿坝的工作状态不仅取决于坝体本身的工程特性，更重要的是取决于坝后沉积的尾矿工程力学特性。

5.2.2 尾矿工程技术分类[219]

为了大致判断尾矿的基本性质，合理选择相应的研究内容和方法。以尾矿的特点及其物理力学特性为基础，结合尾矿坝建筑工程的特点和实践要求，按照尾矿坝建筑工程的不同目的和用途，一般将统称的尾矿分为“原尾矿”和“坝体尾矿”两大类。

原尾矿，是指从选矿厂排出的被用作筑坝原材料的尾矿。根据尾矿坝建筑工程特点，原尾矿粒度成分中能形成有效沉积滩的筑坝颗粒量是评价尾矿筑坝可能性、筑坝高度、预见未来坝体结构以及坝体稳定程度的重要依据之一，其有效筑坝颗粒量则取决于所选择的有效筑坝颗粒的粒径界限值，因此，有效筑坝颗粒的粒径界限值是原尾矿进一步分类的主要标准。

坝体尾矿，是指原尾矿经水力冲洗的分选-沉积作用而形成尾矿坝坝体的尾矿。坝体的稳定性很大程度上取决于坝体尾矿结构及其物理力学性质，粒度成分是影响坝体尾矿结构及其物理力学性质的最关键因素，是坝体尾矿分类的主要依据。

因此，无论是原尾矿还是坝体尾矿，粒度成分都是综合性质分类的主要依据，它不仅能满足原尾矿和坝体尾矿的工程技术分类目的、用途以及技术的要求，而且综合概括了所有类型尾矿的共同本质，体现了原尾矿和坝体尾矿的联系。

表 5-2 所列为《选矿厂尾矿设施设计规范》（ZBJ1—90）的原尾矿分类标准，其中砂性尾矿以粒径含量百分数为主划分，黏性尾矿（尾土类）以塑性指数为主划分。2005 年 4

月 1 日起实施的行业标准《岩土工程勘察技术规范》(YS5202—2004) 在“尾矿及其他工业废渣堆积坝”中对尾矿的分类，也采用了上述分类标准。

表 5-2 原尾矿定名表

类 别	名 称	判 别 标 准	备 注
砂性尾矿	尾砾砂	粒径大于 2mm 的颗粒占全重的 5% ~50%	定名时应根据粒组含量由大到小，以最先符合者确定
	尾粗砂	粒径大于 0. 5mm 的颗粒超过全重的 50%	
	尾中砂	粒径大于 0. 25mm 的颗粒超过全重的 50%	
	尾细砂	粒径大于 0. 074mm 的颗粒超过全重的 85%	
	尾粉砂	粒径大于 0. 074mm 的颗粒超过全重的 50%	
黏性尾矿	尾粉土	粒径大于 0. 074mm 的颗粒不超过全重的 50%，塑性指数不大于 10	
	尾粉质黏土	塑性指数为 10 ~17	
	尾黏土	塑性指数大于 17	

《上游法尾矿堆积坝工程地质勘察规程》(YBJ11—86) 则完全以粒径含量百分数为依据进行尾矿分类，同时稍加修整以便与地基规范中土的分类呈类似的对照，具体见表 5-3。

表 5-3 尾矿分类表 (YBJ11—86)

类 别	判 别 标 准	名 称
尾矿砂	粒径大于 2mm 的颗粒占全重的 10% ~50%	尾砾砂
	粒径大于 0. 5mm 的颗粒超过全重的 50%	尾粗砂
	粒径大于 0. 25mm 的颗粒超过全重的 50%	尾中砂
	粒径大于 0. 10mm 的颗粒超过全重的 75%	尾细砂
尾矿土	粒径小于 0. 005mm 的颗粒超过全重的 30%	尾矿泥
	粒径小于 0. 005mm 的颗粒占全重的 15% ~30%	尾重亚黏
	粒径小于 0. 005mm 的颗粒占全重的 10% ~15%	尾轻亚黏
	粒径小于 0. 005mm 的颗粒占全重的 5% ~10%	尾亚砂
	粒径小于 0. 005mm 的颗粒小于全重的 5%	尾粉砂

表 5-4 列出了与表 5-2 相对应的“三大粒组”含量的平均值与变化范围（由王汉强综合整理)，利用该表可对各类原尾矿筑坝的可能性做出大致判断。

表 5-4 原尾矿三大粒组含量表

分类名称	平均粒径/mm		>0. 074mm/%		0. 074 ~0. 02mm/%		<0. 02mm/%		统计数量
	范围值	平均值	范围值	平均值	范围值	平均值	范围值	平均值	
尾砾砂	1. 35 ~3. 90	2. 307	87 ~100	96	0 ~13	4	0	0	3
	0. 82 ~1. 29	1. 109	82 ~95	89	3. 5 ~10	7	0 ~12	4	9
尾粗砂	0. 44 ~1. 11	0. 77	75 ~99	93	1 ~17	6	0 ~8	1	18
尾中砂	0. 386 ~0. 762	0. 57	63 ~100	88	0 ~17	8	0 ~20	4	24
尾细砂	0. 188 ~0. 404	0. 279	79 ~95	87	5 ~16	10	0 ~9	3	10
尾粉砂	0. 062 ~0. 37	0. 164	25 ~90	59	10 ~62	31	0 ~20	10	81

续表 5-4

分类名称	平均粒径/mm		>0.074mm/%		0.074~0.02mm/%		<0.02mm/%		统计数量
	范围值	平均值	范围值	平均值	范围值	平均值	范围值	平均值	
尾粉土	0.047~0.15	0.0898	16~61	40	15~60	35	20~30	25	42
	0.038~0.11	0.067	14~46	31	16~53	34	30~40	36	40
	0.03~0.08	0.048	8~37	21	17~43	29	40~58	50	30
	0.018~0.037	0.027	1.5~17.5	10	14~30	20	61~79	70	18

5.2.3 尾矿的工程力学特性

与尾矿筑坝及坝后沉积相关的尾矿工程力学特性，包括沉积特性、密度、渗透特性、变形特性等，相应的物理力学指标有粒度、均匀系数、天然堆积密度、孔隙比、内摩擦角、凝聚力、压缩系数、渗透系数等。

5.2.3.1 沉积特性

对于湿堆尾矿而言，常采用坝前均匀分散放矿方式排放。在水力作用下，尾矿浆具有搬运作用，同时，在重力和黏滞力的作用下，尾矿浆具有分选作用，粗粒尾矿砂先在坝前沉积，不同粒度的其他尾矿在库内依次分级，微细粒尾矿及悬移质被水流带至库尾，在蓄水区中沉积形成细粒尾矿泥带，其分离程度取决于全尾矿的粒度组成、尾矿浆浓度和排放方式等因素。因此，在尾矿堆积体内，尾矿砂和尾矿泥形成交汇带或高度互层。尾矿砂与天然砂土相似，而尾矿泥兼有天然砂土和黏土的特性。

尾矿的水力沉积使沉积滩的尾矿很不均匀，在垂直方向上，尾矿砂分层沉积，而蓄水周期性的升降、悬浮液中的细粒尾矿沉淀可能产生细粒夹层；在水平方向上，尾矿浆在沉积滩推移的过程中，较粗颗粒首先沉淀下来，较细的悬浮颗粒和胶质颗粒达到沉淀池的静水中时才沉淀下来，形成尾矿泥带。总体而言，滩前尾矿粒度较粗，靠近库尾的尾矿粒度较细。

尾矿沉积滩坡度由尾矿浓度和粒度决定，通常靠近坝前段的坡度较陡，在距离坝前较远的位置坡度较缓，往蓄水区呈降坡趋势。

5.2.3.2 密度

A 天然密度

尾矿的天然密度是进行尾矿库前期规划的重要指标。天然密度通常可用干密度（γ_d）或孔隙比（e）表示，尾矿库所需库容需根据尾矿的堆积干密度确定。

尾矿的天然密度与其原生矿密度相关，也与尾矿的固结程度密切相关，同样粒度的尾矿其固结程度高的天然密度大。通常，尾矿的埋深越大，孔隙比越小，即固结度越高，其干密度越高；相反，埋深越浅，孔隙比越大，干密度越低。

B 相对密度

相对密度是天然密度的量度，即尾矿在天然状态下，最松与最紧状态范围内的相对值，通常用于评价无黏性土的密实度，与尾矿的密实度有关。经过水力沉积后尾矿的相对密度（D_y）对其动力强度特性有重大影响。所以，尾矿的相对密度需经专门测定。

5.2.3.3　渗透特性

尾矿的渗透系数通常与尾矿粒度、沉积方式和埋深相关，变化幅度大，且随固结度增加而减小。从纯净粗粒尾砂到充分固结尾矿泥，其渗透系数变化范围为 $10^{-2} \sim 10^{-7}$cm/s。

（1）各向异性的影响。由于尾矿沉积的层状特性，使其渗透系数在水平和垂直方向的差异明显，对于均匀的尾矿砂和水下沉积的尾矿泥，其水平与垂直渗透系数之比 k_h/k_v 一般为 2 ~ 10。对于尾矿砂与尾矿泥之间的过渡带，两者之间的互层 k_h/k_v 高达 100 以上。

（2）排放距离的影响。尾矿渗透系数随排放点的距离而变化。通常，从排放点往库尾方向渗透系数依次降低，其值取决于排放尾矿浆中砂质或泥质含量，以及积水区相对于排放点的位置。渗透系数的变化规律与尾矿粒径及排放方式有关，尾矿粒径范围宽、排放浓度低，则沉积尾矿的渗透系数变化幅度大。

（3）孔隙比的影响。虽然尾矿砂和尾矿泥的渗透系数相差很大，但其随孔隙比降低的变化趋势是一致的。不同埋深的尾矿，其孔隙比不一样，尾矿砂的渗透系数随深度下降可降低为浅部的 1/5，而尾矿泥的压缩性大，其渗透系数可降低为浅部的 1/10。由于尾矿泥的渗透系数大幅降低，在尾矿砂和尾矿泥互层时，垂直渗透系数的大小由尾矿泥决定。

5.2.3.4　变形特性

A　压缩性

在荷载作用下的尾矿压缩，就微观而言，包括尾矿颗粒的压缩、孔隙中水的压缩和孔隙气体的压缩或外排。在 100 ~ 600kPa 的压力作用下，尾矿颗粒和孔隙水本身的压缩可忽略不计，因此，尾矿堆积体的压缩主要是由于水和气体从孔隙中排出所引起。尾矿中孔隙水和气体的排出要有一个时间过程。粒度越粗，孔隙越大，尾矿中孔隙水和气体的排出越快，尾矿的压缩就越快；反之，尾矿的粒度越细则其压缩的时间越长。

由于尾矿排放后呈松散状态逐渐沉积，其压缩性比类似的天然土大；压力越大，压缩越快，前期压缩快，后期趋于稳定；尾矿泥的前期固结类似于黏土，而尾矿砂的前期固结与所施加的压力范围有很大关系。

B　固结

尾矿在水力作用下沿沉积滩分级，以此形成初始堆积状态，而后随着堆积坝的不断加高，上覆压力和渗透压力逐渐增加，在荷载作用下，随着时间的推移，沉积尾矿孔隙中的自由水逐渐排出，孔隙逐渐减小，孔隙压力逐渐转移到尾矿骨架承担，这一过程称为尾矿固结。

尾矿的工程性质与其沉积、脱水及固结状态密切相关。固结使尾矿堆积体产生压缩变形，同时也使尾矿的强度逐渐增大，通常，尾矿在未脱水时呈浆体状态，不具备承载能力，但经脱水固结后，具有较强的承载能力，且承载能力随尾矿的固结程度逐步提高。

人们通过对大量不同类型矿山尾矿坝坝体尾矿实测数据进行统计、分析和综合，得出了坝体尾矿的平均物理力学指标，并列入了《选矿厂尾矿设施设计规范》（ZBJ1—90）的附录四及《尾矿库安全技术规程》（AQ2006—2005）的附录 B 中，具体见表 5-5。对于更详细的工程力学特性参数情况请参见相关文献[220]。

表 5-5 坝体尾矿的平均物理力学指标

项 目	尾中砂	尾细砂	尾粉砂	尾粉土	尾粉质黏土	尾黏土
平均粒径 d_p/mm	0.35	0.2	0.075	0.05	0.035	0.02
有效粒径 d_{10}/mm	0.10	0.07	0.02	0.010	0.003	0.002
不均匀系数 d_{60}/d_{10}	3	3	4	6	10	5
天然堆积密度 γ/g·cm^{-3}	1.8	1.85	1.9	2	1.95	1.8
孔隙比 e/%	0.8	0.9	0.9	0.95	1.0	1.4
内摩擦角 φ/(°)	34	33	30	28	16	8
凝聚力 C/kPa	7.84	7.84	9.8	9.8	10.78	13.72
压缩系数 a_{1-2}/kPa^{-1}	1.7×10^{-4}	1.7×10^{-4}	1.6×10^{-4}	2.1×10^{-4}	4.1×10^{-4}	9.2×10^{-4}
渗透系数 K/cm·s^{-1}	1.5×10^{-3}	1.3×10^{-3}	3.75×10^{-4}	1.25×10^{-4}	3×10^{-6}	2×10^{-7}

注：1. 表中指标均系从坝体取样试验所得的平均值；2. C、φ 值为直剪（固结快剪）强度指标。

5.2.4 有效筑坝颗粒的最小粒径界限[219]

根据调研资料、试验数据和工程实践经验发现，尾矿各个粒组在“水力充填-沉积”过程中，都有一定的沉积位置和沉积量。根据粒组的沉积位置、沉积量及其相应的物理力学性质，即可确定该粒组是否可以作为有效筑坝粒组。

其中 +0.05mm 颗粒可以用来筑坝，早已为业界所公认，-0.05mm 颗粒情况分析如下：

（1）粗粉粒组（0.05～0.037mm）能在有效沉积滩沉积。单管放矿量 $q<20$L/s 时，在 100m 以内几乎全部沉积形成沉积滩；$q>20$L/s 时，100m 以内沉积量在 50% 以上，在水边线前一点及入水后几乎全部沉积下来，形成沉积于干滩尾部和水下沉积坡。

（2）中粉粒组（0.037～0.02mm）能在有效沉积滩沉积。单管放矿量 $q>20$L/s 时，100m 以内沉积量小于 50%；$q<20$L/s 时，100m 以内沉积量超过 50%，两种情况在入水前后都会沉积下来，形成沉积于干滩尾部和水下沉积坡。

（3）细粉粒组（0.02～0.005mm）不易在有效沉积滩沉积。$q>20$L/s 时，100m 以内很少或几乎不沉积，沉积者系裹挟下沉；$q<20$L/s 时，100m 以内沉积量小于 50%，入水后下沉，是水下沉积坡或矿泥组成部分。

试验证明，-0.02mm 的颗粒，浓度 5%～10%，潜速大于 10cm/s 时，颗粒成悬浮流动状态，甚至形成异重流。

（4）黏粒组（<0.005mm）净水中也不易下沉，是水下沉积坡底部及矿泥区的主要部分。

综合以上可看出，0.05～0.037mm 及 0.037～0.02mm 两粒组的颗粒在沉积位置与沉积量方面都较接近。统计 17 个冶金厂矿的原尾矿水力充填筑坝资料，发现在过渡区形成的坝体尾矿基本上属粉土或更粗粒组，其 φ 值为 24°～35°，C 值为 0.028～0.27kg/cm^2，反映出过渡区的滩坡（体）具有相当强度，一般都可满足坝体稳定要求。因此这两个粒组的坝体尾矿都能筑坝，即 0.02mm 是有效筑坝颗粒的最小粒径界限。

根据我国尾矿筑坝工程实践和试验，可以确定：

（1）原尾矿中 -0.02mm 含量占70%以上时，有效筑坝颗粒量小于30%，由于有效筑坝颗粒量太少，故利用尾矿筑坝的可能性很小。

（2）原尾矿中 -0.02mm 含量占60%～70%时，有效筑坝颗粒量为40%～30%，有可能筑坝，但筑坝高度有限。此时，应根据有效筑坝颗粒量的总体积，结合具体地形条件、坝轴线长短、筑坝上升速度、坝体尾矿排水固结条件和筑坝工艺等，确定有效滩长、外坡坡度和筑坝高等参数。

（3）原尾矿中 -0.02m 含量占40%～60%时，有效筑坝颗粒量为60%～40%，在坝轴线不长、筑坝上升速度不快的情况下，采用一些有效筑坝工艺和相应辅助措施后，可利用尾矿来筑坝。

（4）原尾矿中 -0.02mm 含量小于40%时，有效筑坝颗粒量大于60%，在坝轴线不太长、筑坝上升速度不太快的情况下，尾矿可以筑坝，甚至筑高坝。

5.3 尾矿库的全生命周期管理

5.3.1 尾矿库的生命周期及其管理原则

尾矿库作为堆存尾矿的特殊工业建筑物，既是维持矿山生产的重要基础设施，又是重要的危险源与污染源，由于施工建设贯穿整个服务期，更是一项长期处于危险状态的在建工程，而且某些安全风险可能在规划、设计阶段就已经存在。因此，为了应对与管理各种风险，必须建立贯穿尾矿库生命周期全过程的规范化管理体系。

尾矿库生命周期全过程包括规划和设计、建设施工、运行和监控、停产和关闭、复垦等阶段，具体如图5-3所示。

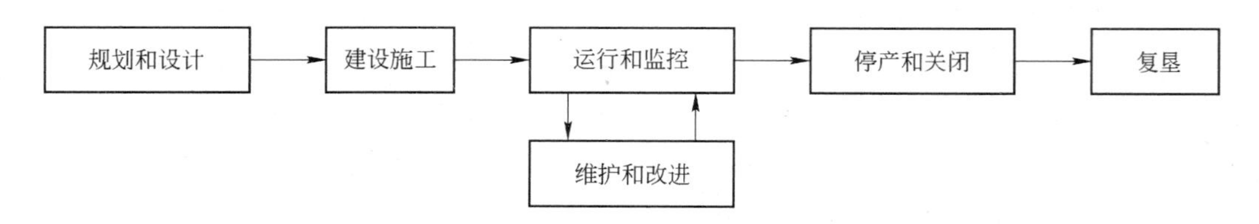

图5-3 尾矿库生命周期示意图

澳大利亚矿业协会编写的《持久价值——澳大利亚的矿业可持续发展框架》(Enduring Value——the Australian Minerals Industry Framework for Sustainable Development）明确提出了尾矿（库）管理的持久价值原则：

（1）贯彻实施强调持续改进的环境管理体系，以此评审、预防、减轻或改善不利的环境影响。

（2）为残余废弃物和加工渣提供安全贮存处置。

（3）依照正确的土地利用方式，复垦利用受尾矿库运营干扰或占用的土地。

（4）与利益相关方和受影响方协商、识别、评价、管理与尾矿库管理活动相关联的所有重大经济、公众健康、安全、社会、环境风险。

（5）将业务运营中的重大风险以及有效管理潜在风险的措施告知可能的受影响方。

5.3.2 尾矿库的主要风险

安全第一是尾矿库管理的最基本原则，在尾矿库设计、运行、关闭、复垦的整个生命周期及以后期间里，都必须达到利益相关方可接受的低风险水平，满足操作人员和公众的安全健康、社区、环境保护的目标要求。

为了达到此目标，必须将风险管理与控制措施贯穿于尾矿库规划、设计、建设、运营、关闭和复垦的全生命周期，并尽可能细化措施以将潜在风险控制在可接受范围内，最终实现有效的关闭。

尾矿库对人与环境的主要风险，主要分为运行阶段和关闭阶段，具体如下[221]：

（1）运行阶段的风险。尾矿贮存设施运行过程中，对公众健康、安全、社区、环境产生影响的设施失效及风险包括：

1）尾矿浆输送管道或澄清水回水管道破裂；

2）降雨引发的尾矿外工作面侵蚀或管涌；

3）隔离墙的岩土工程破坏或过度变形；

4）尾矿库过度充填，导致水在隔离墙满顶；

5）透过隔离墙的渗流，可能导致树木死亡；

6）受污染渗流进入地基，对地下水造成影响；

7）颗粒（粉尘）或气体排放；

8）鸟、野生动物或家禽接触尾矿库中的受污染水。

（2）关闭阶段的风险。尾矿库关闭后的失效模式和风险，除包括尾矿输送或回水管道破坏以外，还可能包括大部分尾矿运行阶段的失效模式和风险，此外，其他关闭后的失效模式和风险还有：

1）降雨引发的隔离墙表面侵蚀，可能使尾矿外露和移动；

2）溢流道破坏（如果有溢流道）；

3）雨水径流漫顶，引起隔离墙侵蚀；

4）尾矿表面上安置的覆盖系统破坏。

5.3.3 与尾矿库管理相关的法规标准

由于尾矿库存在巨大的环境安全风险，因此世界各国针对尾矿库勘察、设计、施工与管理等都制定了严格的管理法规与技术标准。自20世纪80年代起，我国先后制定颁布了一系列与尾矿库相关的法律法规与技术标准，从而使尾矿库工作纳入国家法律规范化管理范畴。

目前，与尾矿库管理直接相关的法律标准有：

（1）《尾矿库安全监督管理规定》（国家安全生产监督管理总局令［2006］第6号）；

（2）《非煤矿矿山企业安全生产许可证实施办法》（国家安全生产监督管理总局第9号令）；

（3）《非煤矿矿山建设项目安全设施审查与竣工验收方法》（国家安全生产监督管理总局第18号令）；

（4）《选矿厂尾矿设施设计规范》（ZBJ1—90）；

（5）《尾矿库安全技术规程》（AQ2006—2005）；
（6）《尾矿堆积坝岩土工程技术规范》（GB 50547—2010）；
（7）《铀水冶厂尾矿库安全设计规定》（EJ794—93）；
（8）《冶金矿山尾矿设施管理规程》（(90)冶矿字第185号）；
（9）《尾矿设施施工及验收规程》（YS 5418—95）；
（10）《选矿安全规程》（GB 18182—2000）；
（11）《金属非金属矿山安全标准化规范——尾矿库实施指南》（AQ2007.4—2006）；
（12）《尾矿库事故灾难应急预案》（国家安全生产监督管理总局 2007.5）；
（13）《尾矿库安全标准化评定标准（试行）》；
（14）《尾矿库安全监测技术规范》（AQ2030—2010）；
（15）《尾矿库环境应急管理工作指南（试行）》。
此外，与尾矿库工程相关的国家标准规范还有：
（1）《构筑物抗震设计规范》（GB 50191—93）；
（2）《防洪标准》（GB 50201—94）；
（3）《水工混凝土结构设计规范》（SL/T191—96）；
（4）《碾压式土石坝设计规范》（SL274—2001）；
（5）《岩土工程勘察规程》（GB 50021—2001）；
（6）《矿区水文地质工程地质勘察规程》（GB 12719—91）；
（7）《水工建筑物抗震设计规范》（DL5073—2000）；
（8）《土工合成材料应用技术规程》（GB 50290—1998）。

5.3.4　尾矿库全生命周期管理的主要内容

5.3.4.1　规划和设计

A　尾矿库规划的基本内容[221]

尾矿库规划是尾矿库生命周期的起始，尾矿库的规划应与矿山规划相一致，必要时应根据矿山规划的更改情况，对尾矿库规划进行评审和修改，从而确保所有的合理需求都能得到足够的财政支持和计划安排，进而最终实现有效关闭的目标。

尾矿库规划时，应特别考虑到以下几个方面的因素：

（1）尾矿处置方法应与矿山开采计划方案相协调，例如利用表土和废石建造隔离墙或覆盖层；

（2）尾矿库的位置应避免压占矿产资源或污染水资源；

（3）建筑材料和表面封土材料应易得；

（4）尾矿的地球化学特性；

（5）变化应对管理，例如选矿厂生产能力的提高，可能造成尾矿及水的贮存要求变化；

（6）尾矿的再处理，例如某些尾矿中可能含有贵重矿物，未来可能需要二次加工处理。

一般来说，一个完整的尾矿库规划应包括以下内容：

（1）尾矿库建设及使用计划；

（2）尾矿库的设计规范与要求，具体包括处理能力、岩土工程、地球化学、运行与关闭的关键要求；

（3）设计报告；

（4）施工报告；

（5）尾矿库作业手册，具体包括尾矿库运行原则、方法、相关知识培训、安全（风险）管理计划、应急措施和应对计划等内容；

（6）关闭计划。

在设计开始时，应该进行尾矿库的风险评估，以识别和量化可能的风险，并确定尾矿库的风险等级。

B 尾矿库库址与建设的多方案对比分析

多方案对比分析，是确定最佳尾矿库库址与建设方案的前提，方案对比分析包括以下步骤：

（1）定义运行参数。具体包括矿山生命周期计划、矿区地貌、汇水面积、历史降雨量、蒸发数据、设计尾矿产量/产率及其物理/化学/流变特性、水量、水质、水价、可用建筑材料、地基岩土工程参数以及地震数据等。

（2）识别评审所有可能的尾矿库库址。可能的库址包括植被区、现有的尾矿贮存设施、现在和将来的矿山空地、废石贮存区等。

评审尾矿堆存备选方案时，应考虑以下因素：

1）让水回收和尾矿固结程度最大化的备选方案；

2）在多个贮存池之间轮流排放尾矿，降低抬高速度，增加固结密度；

3）矿体贫化；

4）可能的酸性和金属矿废水排放或盐度、视觉、噪声、粉尘问题；

5）尾矿拦集或者管道破坏的影响；

6）矿区复垦。

评审结束后，应形成风险评估报告、贮存容量与时间关系图、最低的尾矿密度标准、建议尾矿堆存位置的候选清单等资料。

（3）矿区水量平衡方案的制订。

（4）尾矿脱水方案的制订。

（5）经济评价（净现成本和净现值评估）。

（6）最终评估。

C 岩土工程勘察研究

根据《尾矿库堆积坝岩土工程技术规范》，尾矿堆积坝在堆积过程中，必须进行岩土工程勘察。为了提供详细设计和项目决策所需的信息，必需时，还应开展适合项目复杂性和尾矿风险等级的岩土工程相关研究，其具体内容包括：

（1）针对每个设计结构及其关键部位的岩土工程研究；

（2）矿区的地震评估；

（3）尾矿的物理/化学特征、工程参数——特别是可能的酸性和金属矿废水排放、盐度及其他尾矿产生的污染物；

（4）水文地质研究——地下水概念模型，包括可能受尾矿贮存设施影响的区域本底水质。

D　水管理

水管理是尾矿库设计中需要考虑的一个关键事项，它将对尾矿库的设计、运行、关闭产生重大影响。具体内容包括：

（1）水文数据——包括矿区汇水面积、所有水源的识别以及设计雨量、洪水事件的推导；

（2）尾矿水量平衡建模——涉及坝顶超高的选择、损耗估算、缺水、水量过剩的管理；

（3）尾矿输送系统设计——包括泵和管线的选择和定型；

（4）回水系统设计——包括泵和管线的选择和定型；

（5）水质问题的考虑事项，由此制定控制污染物释放的计划。

5.3.4.2　建设施工

施工过程中应有完整的施工报告准确记录施工情况，并确保：

（1）由具备资质的承包商在适当的监督和对建筑材料的质量控制下，进行尾矿库施工，而且施工技术符合设计图纸和规范要求。

（2）提供详细的岩土工程记录和描述，例如地基的准备、坝基截水墙槽和截水沟中裂缝的处理等。

（3）提供竣工图，准确详细描述施工工程，特别是标明施工过程中可能发生过的设计更改位置，以利于进一步的优化设计，并为补救工程提供详图和尺寸，以便这些工程不影响整体结构的功能性。

施工建设中岸坡清理、坝体堆筑、坝面维护和质量检测等环节的具体工作要求如下：

（1）岸坡清理。每一期堆积坝充填作业之前必须进行岸坡处理，将杂物、植被及松散土层全部清除。若遇有泉眼、水井、地道或洞穴等，应作妥善处理。清除杂物不得就地堆积，应运到库外。在沉积滩内，不得埋有块石、废管件、支架及混凝土管墩等杂物。

（2）尾矿排放。采用冲积法筑坝，坝体较长时应采用分段交替作业，不断改变放矿段的位置，使坝体均匀上升，使排出尾矿向库内水区流动的路径平直稳定，形成均匀平整的沉积滩，避免滩面出现侧坡、扇形坡或细粒尾矿大量集中沉积于某端或某侧，不得任意在库后或一侧岸坡放矿，严禁矿浆冲刷坝体和反滤层。

（3）坝体堆筑。当排放尾矿堆积至坝顶时应按设计要求进行下一级子坝的堆筑，滩顶高程必须满足生产、防汛、冬季冰下放矿和回水要求。尾矿坝堆积坡比不得陡于设计值。

（4）坝面维护。坝外坡面维护工作应按设计要求进行，不得出现积水坑；或视具体情况选用以下维护措施：坡面修筑人字沟或网状排水沟；坡面植草或灌木类植物；采用碎石、废石或山坡土覆盖坝坡。

（5）质量检测。每级子坝堆筑完毕，主管技术员应进行质量检查，记录并存档。主要检查内容包括：子坝剖面尺寸、长度、轴线位置及边坡坡比；新筑子坝的坝顶及内坡趾滩面高程、库内水位；尾矿筑坝质量。

5.3.4.3　运行和维护

A　日常维护管理

每座尾矿库都应制订有尾矿库作业手册，明确矿山高级管理层在了解尾矿库设计、运营和关闭目标基础上的运营责任，指导和协助尾矿库工作人员的日常操作，帮助进行尾矿设施的运行和维护规划。

尾矿库作业手册应使用合适的参考图、表来说明重要操作的特点、原则及限制，并描述操作人员应接受的培训知识，具体包括如下内容：

（1）尾矿沉积和滩面发展的基本要领；

（2）澄清池正确管理和水有效回收措施；

（3）不当尾矿管理方法及其负面影响的案例；

（4）设备日常运行以及切换的频次和正确方法；

（5）需要特别谨慎的操作程序，例如避免尾矿库管线堵塞的阀门正确开关次序；

（6）更换和冲洗尾矿管道的程序；

（7）监测设施有效运行的关键指标，每个操作人员的职责和义务；

（8）保障关键设备正常运行的计划和预防性维护措施；

（9）将发现的异常、不正常现象或意外情况及时报告给主管的程序，并应采取的应急和风险防范行动。

尾矿坝的维护管理，不仅要严格按设计要求进行筑放矿施工，确保尾矿坝正常运行所需的沉积滩长度和坝体安全超高，控制好浸润线；而且要根据尾矿坝的特点，做好检查维护工作，及时消除隐患，使尾矿库处于正常状态。

B 安全管理

安全管理是尾矿库运行和维护的重头戏，根据国家监管法规要求，高风险或重大风险的尾矿库应制订专门的安全管理计划。

尾矿库安全管理计划，应包括如下内容：

（1）已识别出的安全风险；

（2）应对公众健康安全、社区、环境风险必要的控制措施；

（3）确保各种设备、部件正常运行的监督和维护程序。

C 监测和检查

为了确保尾矿库设施的正常运行，监测和定期检查必不可少，其中日常巡检和定期观测的内容应包括：

（1）识别并纠正尾矿工不当的行为；

（2）输送、排放设备、设施的状况；

（3）尾矿坝有无不良的状况；

（4）坝体是否有沉降；

（5）排渗设施有无不良的状况；

（6）浸润线的高低；

（7）排洪设施有无不良的状况；

（8）周围地质环境是否变化；

（9）周边是否有乱采滥挖现象；

（10）有无外来尾矿影响；

（11）有无放牧和开垦现象；

（12）纠正和预防行动的效力。

以上检查内容中，位移、渗流、浸润线、干滩、库水位、降水量等应安装在线监测系统，实行在线监测。

在汛期，应按规定进行防洪安全检查，检查的内容应包括：

（1）检查尾矿库设计的防洪标准是否符合规定；

（2）尾矿库水位；

（3）尾矿库的干滩长度、平均坡度和滩顶高程；

（4）在最高洪水时坝的安全超高和最小干滩长度是否满足要求；

（5）排水井、排水斜槽、排水涵管、排水隧洞、溢洪道和截洪沟等排洪构筑物有无变形、位移、损毁、淤堵，排水能力是否满足要求。

另外，企业应按规定对尾矿库坝体进行安全检查，检查的内容应包括：

（1）外坡坡比；

（2）位移；

（3）纵、横向裂缝；

（4）滑坡；

（5）浸润线位置；

（6）排渗设施和渗漏状况；

（7）坝面保护设施。

D　安全评价

为了正确判断尾矿库的整体运行状况，应该每年由具有尾矿管理经验的岩土工程师，对照设计要求，对尾矿库实际状况作出严格评价，就如何改进和减轻风险提出措施建议。该项评价具体应包括以下事项：

（1）施工阶段的实际情况，例如坝顶和滩面高度、贮存的尾矿数量、占用的库容是否符合设计；

（2）设计中所采用假设，如正常和地震载荷以及设计气象情况下的稳定性，现场尾矿参数（密度、强度和渗透率）、地下水位情况的验证确认；

（3）渗流控制措施，例如地下排水和内滤器（控制内部侵蚀或管涌）的状况评价；

（4）垫层情况（如果有）评价；

（5）监督和监测系统的状况评价，例如监测系统的检测环境、结构参数指标变化，并对监测资料进行分析评估，预测未来趋势；

（6）地下水监测结果评价，将地下水位、水质情况与“基线”数据、设计与关闭标准进行比较，判断近地表侧向渗透和竖向渗流的可能性；

（7）运行状况——尾矿沉积和地表水控制状况评价；

（8）运行事故的评价、改进或改造的措施建议，以便纠正错误，并将经验教训应用到将来的设计和运行中。

E　应急措施

在定期检查和评估基础上，所有尾矿库都应制订应急计划，从而确保万一出现故障，可采取适当措施，最大可能减少矿区现场和现场以外人员的安全风险，并且有组织、有系统地对事故作出反应，并将影响降到最低。

企业应根据认定的紧急情况，建立应急响应队伍，配备必要装备，并针对应急队伍和全体员工进行应急培训、训练及演习。

5.3.4.4 关闭

应将尾矿库的关闭作为矿山关闭计划的一部分予以认真考虑。尾矿贮存设施的关闭标准，应在运行阶段与社区协商评议，并对尾矿管理计划作出相应修改。

与关闭相关的关键设计包括：岩土工程和地貌表面稳定性，由设计和建造有效表面覆盖层和处理而实现的污染控制。并必须仔细考虑以下方面：

（1）必须在设计阶段就开始考虑关闭后用地和最终地貌；并在整个生命周期内继续关注，在此过程中应积极听取利益相关方的意见。

（2）关闭后监测和维护计划——列出所有关闭后的质量标准要求，测量关闭后的关键指标及其滞后影响所需的计划任务和具体措施活动，这包括溶解物的释放数量和速率、植被再生长的种类、密度等情况，监测时间长短因场地而异，具体以后续已无明显不利影响发生为标准。

5.4 尾矿库设计与建设

5.4.1 尾矿库库址选择与评价

5.4.1.1 *尾矿库库址的选择*

尾矿库库址的选择，很大程度上决定了尾矿设施基建费和经营费的高低以及管理工作的繁简。为了减少建设费用和有利于生产，保护环境，尾矿库必须选址合理，库容满足服务年限要求，尾矿坝符合安全技术规程相关要求。选址应遵守下列原则：

（1）不宜位于工矿企业、大型水源地、重要铁路和公路、水产基地和大型居民区上游；

（2）不宜位于大居民区及厂区最大频率风向的上风侧；

（3）不应位于全国和省重点保护名胜古迹的上游；

（4）工程、水文地质条件较好，避开地质构造复杂、不良地质现象严重区域；

（5）不占或少占农田，不迁或少迁村庄或居民住宅；

（6）不宜位于有开采价值的矿床上面；

（7）汇水面积小，有足够的库容，上游式湿排尾矿库有足够的初、终期库长；

（8）选择有利地形，筑坝工程量小，生产管理方便；库区附近有足够的筑坝材料；

（9）尽可能接近选矿厂，低于其布置标高，尾矿输送距离短，能自流或扬程小。

5.4.1.2 *尾矿库库址评价*

在尾矿库设计中，无论是尾矿排放方式还是尾矿库选址与布置形式，都存在多方案求优问题，以前由于所确立的目标单一，即以费用估计为评价准则，常选定费用最低的方案为最优方案。

近些年来，在尾矿管理中，环境因素日趋引起重视，其重要程度往往不亚于甚至高于经济因素，这样，方案选择成了多目标决策问题。

决策过程涉及众多客观因素（如场地自然条件和尾矿状态参数）和众多主观因素（如价值冲突和行政法规），为了实现最优化决策，必须构造一个合理的框架，确立一个科学的评价和选择方法，使之在满足生产要求和达到费用最低化的同时，实现环境保护和公众健康。

尾矿库库址的选择，应以筑（堆）坝工程量小、形成的库容大和避免不良的工程、水文地质条件为原则，并结合筑坝材料来源、施工条件与排水构筑物的布置等因素综合考虑确定，其中下游式尾矿筑坝宜选择具有一定长度的狭窄谷口作为筑坝坝址。

5.4.2 尾矿库的设计计算

5.4.2.1 库容计算[146,222]

A 尾矿库各种库容的含义

按含义不同，尾矿库库容可分为全库容、有效库容、总库容、调洪库容等，图 5-4 给出了尾矿库的典型断面及其相应的库容。各种库容的含义如下：

全库容（whole storage capacity）：尾矿坝某坝顶面、下游坡面及库底面所围成空间的容积，包括有效库容、蓄水库容、调洪库容、死水库容和安全库容 5 部分。

有效库容（effective storage capacity）：某坝顶标高时，初期坝内坡面、堆积坝外坡面以里（对下游式尾矿筑坝则为坝内坡面以里），沉积滩面以下，库底以上的空间，即容纳尾矿的库容。

蓄水库容：正常高水位与控制水位之间水的库容。

调洪库容（flood regulation storage capacity）：某坝顶标高时，最高沉积滩面、库底、正常水位三者以上，最高洪水位以下的空间。

死水库容：控制水位以下水所占的容积。

安全库容：最终堆积标高与最高洪水位之间未被尾矿充填的容积，又称空余库容。

总库容（total storage capacity）：设计最终堆积标高时的全库容。

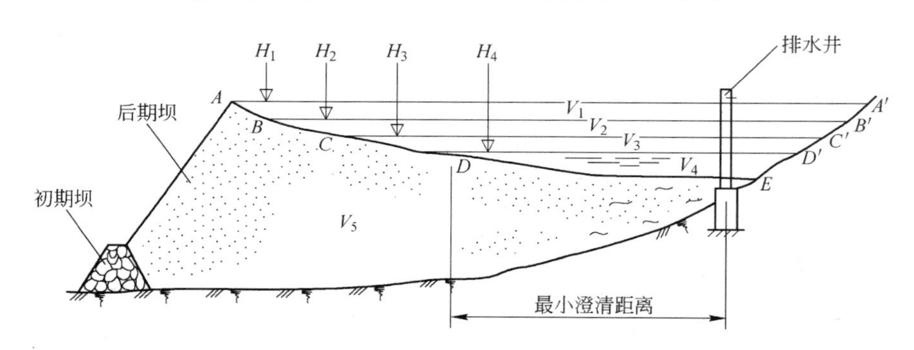

图 5-4 尾矿库库容示意图

V_1—安全库容；V_2—调洪库容；V_3—蓄水库容；V_4—死水库容；V_5—有效库容；
H_1—最终堆积标高；H_2—最高洪水位；H_3—正常高水位；H_4—控制水位

B 尾矿库所需库容的计算

尾矿库所需有效库容，与尾矿库设计年限内需贮存的尾矿量有关，具体可按式（5-1）计算：

$$V_y = \frac{W}{r_d} \tag{5-1}$$

式中 V_y——尾矿库所需的有效容积，m^3；

W——尾矿库设计年限内需贮存的尾矿量，t；

r_d——尾矿的松散密度（即平均堆积干密度），t/m^3。

设计计算时，r_d 值应根据实验室或类似尾矿库的实测资料确定，当缺少该资料时，颗粒密度（ρ_g）为 $2.7t/m^3$ 的尾矿，可按表 5-6 选定；其他密度的尾矿，应将表中数值乘以校正系数 β 值，按式（5-2）确定：

$$\beta = \rho_g/2.7 \tag{5-2}$$

表 5-6 尾矿平均堆积干密度

原尾矿名称	尾粗砂	尾中砂	尾细砂	尾粉砂	尾粉土	尾粉质黏土	尾黏土
平均堆积干密度/$t \cdot m^{-3}$	1.45 ~ 1.55	1.4 ~ 1.5	1.35 ~ 1.45	1.3 ~ 1.4	1.2 ~ 1.3	1.1 ~ 1.2	1.05 ~ 1.1

注：1. 表中系按尾矿颗粒密度 $\rho_g = 2.70t/m^3$ 编制；2. 若尾矿颗粒密度不等于 $2.70t/m^3$ 时，表中堆积密度数值应乘以校正系数 $\beta = \rho_g/2.70$。

确定有效库容后，按式（5-3）计算确定全库容：

$$V = V_y/\eta_z \tag{5-3}$$

式中 V——尾矿库所需的全库容，m^3；

V_y——尾矿库所需的有效库容，m^3；

η_z——尾矿库库容利用系数，其大小选取与尾矿库的形状、尾矿粒度、放矿方式有关，粗略计算时可参照表 5-7 选用。

表 5-7 尾矿库库容利用系数参考表

尾矿库形状及放矿方式	库容利用系数 η_z	
	初 期	终 期
狭长曲折的山谷形，坝顶放矿	0.30	0.60 ~ 0.70
较宽阔的山谷形，单向或两向放矿	0.40	0.70 ~ 0.80
平地或山坡形，三面或四周放矿	0.50	0.80 ~ 0.90

C 实际库容计算

尾矿库运行过程中，随着尾矿的不断排入，尾矿坝也逐渐加高。每一坝高度均有相应的实际有效库容和调蓄库容 V_{TX}（有效库容以外的库容），各部分的库容可根据图 5-4 用求积仪量算。

5.4.2.2 尾矿水澄清距离的计算

在尾矿水力冲积过程中，细粒尾矿将随矿浆水进入尾矿池，并需在水中停留一定时间，流过一定距离，细颗粒才能下沉，从而使尾矿水澄清并达到一定的水质标准，该距离即为澄清距离，具体可根据图 5-5，采用式（5-4）计算。

$$L = \frac{h_1}{u}v = \frac{h_1}{h_2} \cdot \frac{Q}{nau} \tag{5-4}$$

式中 L——所需澄清距离，m；

h_1——颗粒在静水中下沉深度（即澄清水层的厚度），m，一般不小于 0.5 ~ 1.0m，视溢水口的溢水深度而定，要求 h_1 大于溢水口的溢水水头；

v——平均流速，m/s；

Q——矿浆流量，m^3/s；

h_2——矿浆流动平均深度，m，一般取 0.5 ~ 1.0m；

n——同时工作的放矿口个数，根据放矿管和分散管（主管）直径而定（见表5-8），要求同时工作的放矿管断面面积之和等于分散管断面面积的两倍；

a——放矿管间距，m，一般取 5 ~ 15m；

u——颗粒在静水中的沉降速度，m/s，可参考有关专业资料按公式计算或查表取值。

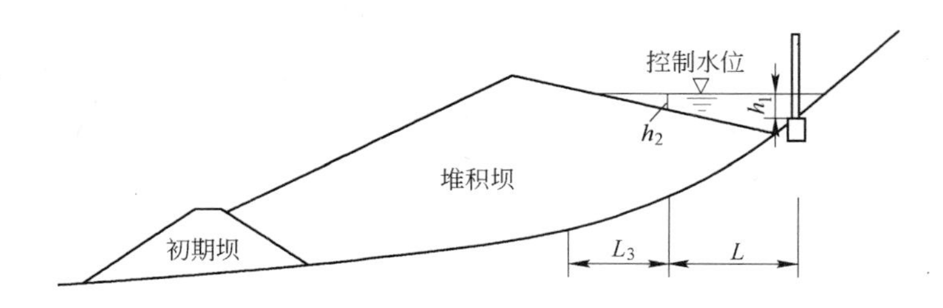

图 5-5　澄清距离计算示意图

表 5-8　分散管直径和放矿管直径参考表　　(mm)

分散管直径	100	150	200	250	300	350	400	450	500	600	700	800
放矿管直径	50	50	75	100	100	125	150	150	200	200	250	300

5.4.2.3　最终堆积标高的确定

根据尾矿库所需库容，先由库容曲线初定尾矿库的最终堆积标高，并给出堆积平面图（见图 5-6），随后进行调洪计算、渗流计算、澄清距离计算验证，若满足下述 3 个条件的要求，初定标高即为最终堆积标高。

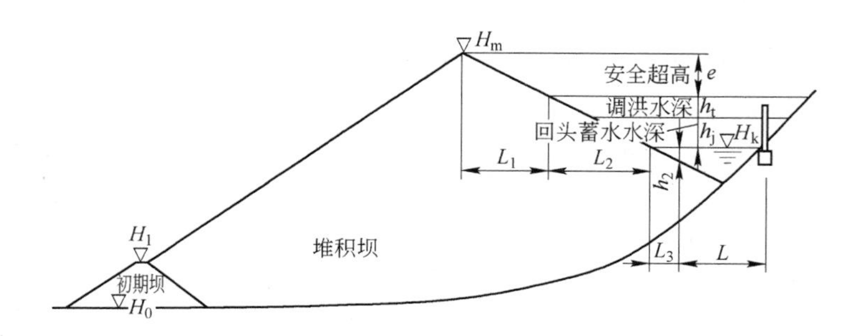

图 5-6　尾矿库最终堆积标高示意图

(1) 回水蓄水水深 h_j、调洪水深 h_t、安全超高 e 满足如下要求：

$$H_m - H_k \geqslant h_j + h_t + e \tag{5-5}$$

式中　H_m——尾矿库最终堆积标高，m；

H_k——尾矿库控制水位，m；

h_j——回水蓄水水深，m；

h_t——调洪水深，m；

e——尾矿库防洪安全超高，m。

（2）尾矿水澄清距离满足如下要求：

$$L_k \geqslant L + L_3 \tag{5-6}$$

式中　L——澄清距离，m；

L_3——达到尾矿矿浆平均流动水层厚度 h_2 的水面距离，m；

L_k——控制水位时，沉积滩水力线至溢水口的最小距离，m。

（3）满足渗流控制的最小沉积滩长度 L_1 的要求。为了确保尾矿堆积坝的稳定，应控制堆积坝的浸润线高度和渗流坡降，满足此渗流控制条件的最高洪水位时，沉积滩长度应大于设计提出的最小沉积滩长度 L_1 的要求。

若不能满足上述3个条件的要求，则应提高最终堆积标高，直至满足要求为止。

5.4.3　尾矿坝坝体的稳定性分析

5.4.3.1　稳定性分析的目的及任务[220]

尾矿坝坝体稳定性分析，是尾矿库工程设计与安全评价的核心与关键，它决定了一个尾矿库工程的成败与设施的安全。

稳定性分析，就是要验证各种试验边坡轮廓形状和内部分带条件下坝体的安全系数或破坏概率，以决定或优化坝体结构和几何参数。未经稳定性分析的坝体设计，只能视作假定的或试验的坝体轮廓设计，不能算尾矿坝工程设计的正式完成。

堆积坝的稳定分析，包括静力稳定分析、动力稳定分析和渗流稳定分析，对其均应进行相应的计算。

静力稳定分析，是验证拟定坝坡的稳定安全程度，一般采用瑞典圆弧法、毕肖普法或静力有限元法进行计算，要求堆积边坡的最小安全系数满足规范要求。

动力稳定分析，是为验证坝坡在动力（一般是地震）条件下的稳定性及产生振动液化的可能性、液化的范围及液化深度。一般采用有限元分析法，同时采用现场试验进行判别，以互相验证。对一般小型工程，则可采用拟静力法进行计算。

渗流稳定分析，是验算堆积坝在渗流条件下的稳定性，是否会产生渗流破坏，并应控制渗流出逸坡降小于尾矿的允许坡降。

5.4.3.2　稳定性分析的原则和程序

A　稳定性分析的原则

根据《选矿厂尾矿设施设计规范》（ZBJ1—90）、《尾矿库安全技术规程》（AQ 2006—2005）等相关的行业标准，在尾矿坝设计与安全评价中，稳定性分析应坚持如下基本原则[223]：

（1）尾矿坝设计应进行渗流计算，以确定坝体浸润线、出逸坡降和渗流量。浸润线出逸的尾矿堆积坝坝坡，应设反滤层保护；1、2级尾矿坝还应进行渗流稳定研究。

（2）上游式尾矿坝的渗流计算应考虑尾矿筑坝放矿水的影响。1、2级山谷型尾矿坝的渗流应按三维计算或由模拟试验确定；3级以下尾矿坝的渗流计算可按上游式尾矿坝的渗流计算简法进行。

（3）尾矿初期坝与堆积坝坝坡的抗滑稳定性应根据坝体材料及坝基岩土的物理力学性质，考虑各种荷载组合，经计算确定，计算方法宜采用瑞典圆弧法。当坝基或坝体内存在软弱土层时，可采用改良圆弧法。考虑地震荷载时，应按《水工建筑物抗震设计规范》的有关规定进行计算。

（4）地震烈度划分为6度及6度以下地区的5级尾矿坝，当坝外坡比小于1∶4时，除原尾矿属尾黏土和尾粉质黏土以及软弱坝基外，可不作稳定计算。

（5）尾矿坝稳定性计算的荷载分为5类，可根据不同情况按表5-9进行组合：

1）筑坝期正常高水位的渗透压力；

2）坝体自重；

3）坝体及坝基中孔隙压力；

4）最高洪水位有可能形成的稳定渗透压力；

5）地震惯性力。

表5-9　不同计算条件下的荷载组合

荷载组合		荷载类别				
		1	2	3	4	5
正常运行	总应力法	有	有			
	有效应力法	有	有	有		
洪水运行	总应力法		有		有	
	有效应力法		有	有	有	
特殊运行	总应力法		有			有
	有效应力法		有	有		有

（6）按瑞典圆弧法计算坝坡抗滑稳定的安全系数不应小于表5-10规定的数值。当采用简化毕肖普法与瑞典圆弧法计算结果相比较时，可参照《碾压式土石坝设计规范》有关规定选用两种方法各自的最小安全系数。

表5-10　坝坡抗滑稳定最小安全系数

运用情况	坝的级别			
	1	2	3	4
正常运行	1.30	1.25	1.20	1.15
洪水运行	1.20	1.15	1.10	1.05
特殊运行	1.10	1.05	1.05	1.00

（7）上游式尾矿坝的计算断面应考虑到尾矿沉积规律，根据颗粒粗细程度概化分区。各区尾矿的物理力学指标可参考类似尾矿坝的勘察资料或按表5-5坝体尾矿的平均物理力学指标确定，必要时通过试验研究确定。

（8）上游式尾矿坝堆积至1/2～2/3最终设计坝高时，宜对坝体进行一次全面的勘察，以验证最终设计坝体的稳定性和确定后期的处理措施。

B　稳定性分析的程序

稳定分析一般按下述步骤进行：

（1）通过工程地质勘察或工程类比的方法取得稳定计算所需资料及参数，并拟定计算断面。

（2）进行渗流分析，确定堆积坝的浸润线，并进行渗流稳定分析，求得满足渗流稳定要求的断面。

（3）对不进行动力稳定分析的堆积坝，进行边坡稳定计算，求得边坡稳定最小安全系数，判断边坡稳定与否，若不稳定或安全系数不满足要求，应修改断面或采取有利于稳定的工程措施，如压坡或排渗降水等，重做渗流分析和稳定计算，直至满足边坡稳定最小安全系数要求。

（4）需进行动力稳定分析的尾矿坝，先进行静力分析确定静力工作状态，在此基础上进行动力分析，求得动应力及应力水平，判断液化与否及液化区的范围。必要时再采用圆弧滑动法进行边坡滑动计算，从而确定所拟定的边坡是否稳定；如不稳定，应修改边坡或增设有利于动力稳定的工程措施重新计算，直至满足稳定要求。

5.4.3.3　渗流稳定性分析[220,224,225]

A　渗流对坝体稳定性的影响

渗流对坝体稳定性的影响主要表现在两个方面：

（1）影响坝坡整体稳定的渗透压力。尾矿坝体渗流压力的本质是，水在渗流过程中受到尾矿颗粒的摩擦阻力，而在渗透途径上损失了水头，即沿渗流方向尾矿颗粒受到水施加的拖曳力。渗透压力的存在降低了整体坝坡的稳定性。

（2）渗透变形。尾矿坝体在渗流的作用下，也可能产生自身变形和破坏，渗流出口处的尾矿在非正常渗流情况下，能导致坝体流土、冲刷及管涌等多种形式的渗透破坏。

B　尾矿坝地下水的渗流场分析

为了估算孔隙压力，从而为坝体稳定性分析提供输入数据，必须进行渗流场分析。

渗流场分析一般在“尾矿坝内渗流在重力流动稳态条件下发生”的假设下进行，先采用流网分析或有限元分析等方法确定坝内地下水位（或顶面流线），然后再得到稳定性分析所必需的孔隙压力分布。

对于下游型和中心线型尾矿坝，内部分带和边界条件类似于普通水坝，比较简单，采用常规的流网分析方法即可。上游型尾矿坝因为简单的流网分析忽略了坝内尾矿粒度离析等因素产生的渗透性变化，不能实现真实模拟，故必须采用有限元和相关数值分析方法来确定坝内地下水位，尤其是具有复杂渗透性变化和复杂边界条件的上游尾矿坝，更是如此。地下水渗流分析的有限元方法具体可参考相关文献[220]。

前面确定尾矿坝地下水位的方法，无论是流网法，还是有限元法，都是基于坝内渗流受重力梯度支配、渗流源是沉淀池的假设。但是，某些情况下，该假设并不成立，例如，快速沉积（大于5～10m/a）的尾矿泥，渗流可能受其固结引起的梯度而非重力梯度控制，相应地其坝内孔隙压力的分布就应根据固结理论确定。此外，坝上游旋流筑坝，通常是旋流器底渗水，而不是穿过坝的渗流水控制地下水位。因此，为了提供可靠的输入数据，应深入了解考虑各种类型尾矿坝的各向异性、非均质性和边界条件影响。

C　坝坡渗流出口处渗流稳定性分析

渗流出口处的颗粒特征及其渗透压力对于坝体安全具有决定性影响，坝坡渗流出口处的渗流稳定计算方法如下：

设渗流道截面面积为 S，并考虑渗流道与水平的夹角，取极小一段长度 l 进行分析（取抗渗坝体厚度也为 l），坝面抗渗力 F 为

$$F = CS + \gamma_1 Sl\sin\alpha\tan\varphi - \gamma_1 Sl\cos\alpha - \gamma_0 Sh\sin(\alpha - \beta) - \gamma_0 Sl\cos\alpha \tag{5-7}$$

式中　C——坝体材料黏聚力；

φ——坝体材料内摩擦角；

α——坝坡坡角；

γ_1——坝体材料的饱和密度；

h——渗流出口处至库内水面高度；

γ_0——水的密度；

β——渗流道与水平面的夹角。

令 $F=0$，则

$$h = \frac{C + \gamma_1 l\sin\alpha\tan\varphi - (\gamma_1 + \gamma_0) l\sin\alpha}{\gamma_0\sin(\alpha - \beta)} \tag{5-8}$$

由式（5-8）计算出的 h 值，是坝坡面出现渗水的临界条件。在该条件下，低于库内水面 h 的坝坡面会出现渗水现象，此时坝的稳定性就很危险。

5.4.3.4　静荷载下边坡稳定性分析[220]

A　分析方法和程序

目前，静荷载下边坡稳定性分析主要有两种基本方法，即极限平衡法和应力-应变法。极限平衡法原理简单，能够直接提供安全性的量度结果；应力-应变法通过数值求解，可以给出边坡体在应力作用下的变形图形和安全性指示。基于这两种方法的不足，人们又进一步发展了可靠性分析方法，该法可视为两种基本方法在可靠性理论上的延伸，可以进一步给出坝坡安全性的概率信息。

目前，尾矿坝边坡稳定性分析的一般程序如图 5-7 所示，即先进行试验坝坡剖面的极限平衡分析，初步确定坝坡最终设计剖面，然后再采用数值分析方法，检验极限平衡分析

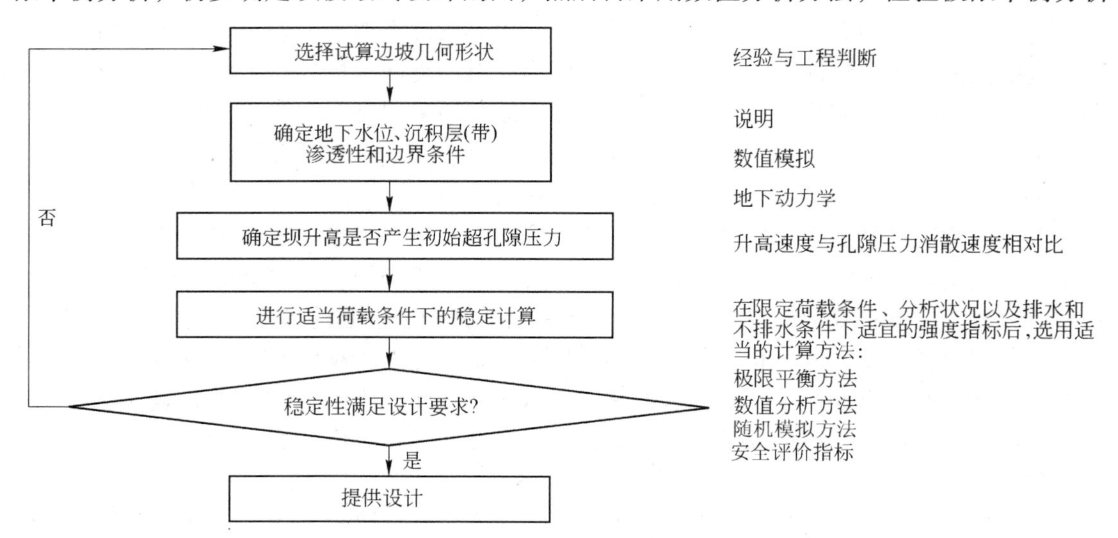

图 5-7　尾矿坝边坡稳定性分析程序

结果，最后则采用可靠性分析方法，明确坝坡的设计风险和工程风险。

B　尾矿坝的分析条件

尾矿坝稳定性分析，必须针对尾矿坝服务期限内，初期坝施工结束期、分段施工期、长期渗流条件等不同阶段、不同荷载条件下分别进行。由于坝上游边坡长期受尾矿支撑，一般不需要进行稳定性评价，因此稳定性的评价对象主要是坝下游边坡。

尾矿坝稳定性分析的基础，是各种不同起因的孔隙压力的估计，以及它们对抗剪强度影响的解释，同时需要真实地判断分析所依据的条件，表 5-11 示出尾矿坝稳定性分析条件概述。

表 5-11　尾矿坝稳定性分析条件概述

分析条件	适 用 性	强度和孔隙压力条件
初期坝施工结束	软基础上的初始坝； 细尾矿上中心体型升高坝	不排水强度 S_u 和 $\phi=0$ 分析
分段施工期	软基础上任意类型坝快速升高的上游型坝	考虑超孔隙压力和静孔隙压力随时间变化的增量分析，采用 ϕ_T 或 $S_{\alpha/\bar{\alpha}}$ 方法，考虑剪切过程的孔隙压力
长期稳定渗流	缓慢升高的最大高度尾矿坝； 松散材料的荷载可能发生迅速变化的最大高度尾矿坝	采用 ϕ 和稳定渗流地下水位进行有效应力分析； 考虑剪切过程中产生的孔隙压力，通常采用 ϕ_T 进行总应力分析

5.4.4　尾矿坝建设与施工

5.4.4.1　初期坝

A　初期坝选址原则

初期坝，又称基础坝，主要是为后期尾矿堆积坝打基础，并对尾矿堆积体起支撑作用，同时相当于巨大的排渗棱体。初期坝坝址选择应遵循以下原则：

（1）应尽量选择地形上最有利的坝址，如坝轴线较短，沟谷较窄，便于布置排水构筑物等。选择地形上较有利的坝址，土石方工程量少或后期尾矿堆坝工作量较少，就有可能节省工程造价。

（2）应尽量选择地质条件最好的坝址。坝基工程地质条件较好，基础处理简单，两岸岸坡稳定，并尽量避开不良地质作用（如岩溶、滑坡、活动断裂等）地区。

（3）应尽量选择最小坝高能获得较大库容的坝址。

（4）应尽量选择周边有合适筑坝材料的坝址。因为建筑材料的种类、储量、质量和分布情况，影响到坝的类型和造价。

（5）还应综合考虑排洪系统、回水设施、排渗系统的合理配置，施工条件，导流难易，交通运输以及各种施工准备，将来的管理费用等。

（6）施工工期的长短也影响着坝址的选择。选择工程量少、坝基处理简单的坝址将能缩短工期，而缩短工期，对尽快发挥投资效益有着极其重要的意义。

B　初期坝坝型选择

尾矿坝整体上可分为两大类：一类是初期坝用当地土、石材料筑成，后期坝采用尾矿堆筑，这类坝基建投资少，目前被广泛采用；另一类是整个坝体全用当地土、石材料或废石筑成，即一次性筑坝。

前一类坝型（见图5-8）的初期坝是在基建时期修筑，而后期坝是在整个生产过程中由生产单位逐年修筑。尾矿坝的设计，不但要选择合理的初期坝坝型，做好初期坝的设计，更重要的是根据尾矿特性、坝址地形地质条件、地震烈度、气候条件、施工条件和生产特点等因素，选好尾矿坝的整体坝型，做好整体坝的设计，生产单位按设计要求做好后期筑坝管理，确保整体坝的稳定与安全。

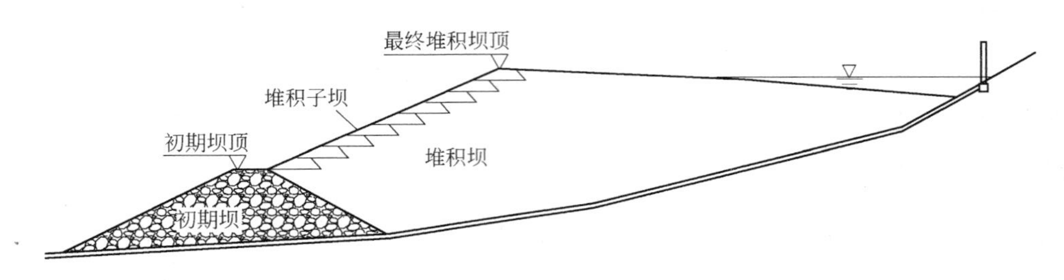

图5-8　上游式筑坝的尾矿库

后一类坝型（见图5-9）通常适合于尾矿颗粒很细，黏粒含量大，排水固结不易，由尾矿库库尾放矿合理，或者尾矿库与废石场结合考虑，用废石筑坝合理，坝体有防渗要求等情况。为了分散投资，此类坝型一般采用分期修筑，第一期坝应符合初期坝的有关规定，后期筑坝高度应始终大于库内尾矿堆积高度的要求。

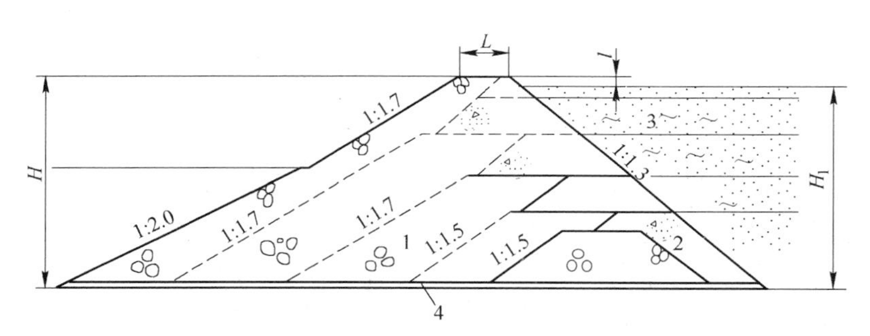

图5-9　一次性筑坝的尾矿库

1—废石；2—砂粒；3—矿泥；4—暗涵

就尾矿库初期坝的透水性而言，可分为透水坝和不透水坝两种类型。根据筑坝材料的不同，透水坝又可分为透水堆石坝、风化料筑坝、爆破土石坝等，不透水坝包括不透水堆石坝、土坝、重力坝等。

为了利于尾矿的排水固结和降低后期堆积坝的浸润线，提高坝体的稳定性，初期坝一般采用透水坝。具体情况如下：

上游式尾矿坝的初期坝，在尾矿库投入使用初期作为拦挡尾砂之用，后期作为尾矿坝的支撑棱体，应具有一定的强度和较好的透水性，以便使尾矿堆积坝迅速排水，加快固结，有利于稳定。因此，初期坝一般采用透水坝，其相当于水利工程中土坝的排水棱体。

中线式、下游式尾矿坝的初期坝，在尾矿库投入使用初期作为拦挡尾砂和初期蓄水用，后期可以起到坝体中间截水体的作用，为了提前回水和减少尾矿库使用后期向下游的渗水，初期坝一般采用不透水坝。对于有色金属或尾矿库内储存含有一定量有毒物质的尾矿，为防止有毒物发生泄漏危及库区下游居民生命财产的安全，也需采用不透水坝。

根据库址条件和规模，小型尾矿坝也可采用浆砌石或混凝土重力坝，但是其对地基要求高，单位投资大，坝高、库容受限，应用很少。例如，攀枝花红格矿区及湖南省湘西地区数家民营矿山的尾矿库均采用混凝土重力坝，但是坝高、库容均不大。

C 初期坝高度的确定

初期坝的坝高可根据下述原则确定：

（1）初期坝所形成的库容一般应可贮存选矿厂初期生产规模半年以上的尾矿量，当尾矿沉积滩顶与初期坝顶齐平时，满足生产所需的调蓄水量及防排洪需要，并按控制水位 H_k 对应的水面长度 l_s（见图 5-10）应大于澄清距离的条件进行复核。控制水位按式（5-9）确定。

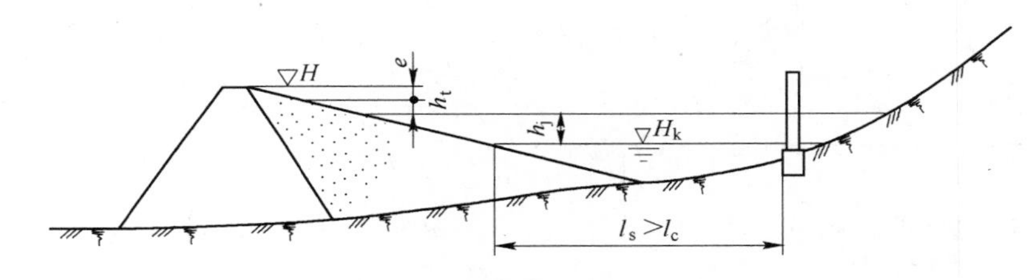

图 5-10 初期坝坝高确定示意图

$$H_k = H - e - h_t - h_j \tag{5-9}$$

式中 H_k——控制水位标高，m；

H——初期坝坝顶高程，m；

e——安全超高，m，见表 5-12 和表 5-13；

h_t——尾矿库调洪高度，m，由调洪演算确定；

h_j——尾矿回水的调节高度，m，当需用尾矿库进行径流调节时由水量平衡计算确定。

（2）安全超高应根据稳定计算的结果确定，并满足表 5-12 和表 5-13 的要求。

表 5-12 上游式尾矿坝的最小安全超高及最小干滩长度

坝的级别	1	2	3	4	5
最小安全超高/m	1.5	1	0.7	0.5	0.4
最小干滩长度/m	150	100	70	50	40

注：1. 3 级及 3 级以下的尾矿坝经渗流论证许可时，表内最小干滩长度最多可减少 30%；2. 地震区的最小干滩长度还应满足《构筑物抗震设计规范》的有关规定。

表 5-13　下游式和中线式尾矿坝的最小干滩长度

坝的级别	1	2	3	4	5
最小干滩长度/m	100	70	50	35	25

注：1. 坝顶与设计洪水位的高差不得小于表 5-12 的最小安全超高值；2. 地震区的最小干滩长度还应满足《构筑物抗震设计规范》的有关规定。

D　初期坝的结构形式及筑坝材料

初期坝的结构形式一般采用透水坝。透水坝一般是堆石坝，由堆石体及其上游面铺设的反滤层和保护层构成，如图 5-11 所示，它有利于尾矿堆积坝迅速排水，降低尾矿坝的浸润线，加快尾矿固结，有利于坝的稳定。反滤层主要防止渗透水将尾矿带出，一般由砂、砾、卵石或碎石三层组成，三层的用料粒径沿渗流流向由细到粗，并确保内层的颗粒不能穿过相邻的外层的孔隙，每层内的颗粒不应发生移动，反滤层的砂石料应未经风化、不被溶蚀、抗冻、不被水溶解，反滤层厚度以不小于 400mm 为宜；为防止尾矿浆及雨水对内坡反滤层的冲刷，在反滤层表面用干砌块石、砂卵石、碎石、大卵石或采矿废石铺设保护层。在一些缺乏石料的地区，也有将土坝上游坡建成反滤式坝坡的，如图 5-12 所示。

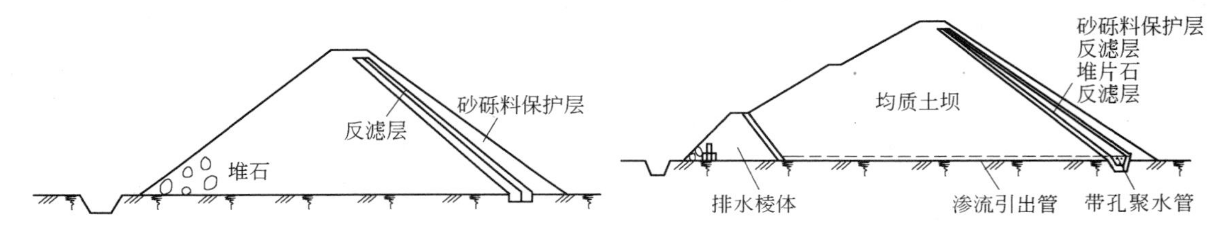

图 5-11　透水堆积坝剖面示意图　　图 5-12　反滤式上游坡均质土坝示意图

采用中线法堆坝和下游法堆坝的尾矿库，初期坝分成两部分，即上游拦挡坝和下游滤水坝。

初期坝的筑坝材料，只要渗流稳定的材料满足筑坝土料或石料要求即可。必须指出的是，不同的坝料应堆置在不同的部位，如不透水坝的土料，透水性小的置于上游坡部位，透水性大的置于坝轴线的下游，切忌将这两种土料混杂和分层分布；对透水坝的石料，过水部分应采用稍风化或未风化石料，不过水部分可采用任意料。对可能产生渗流破坏的坝料，必须采取防止渗流破坏的措施。对坝基土料也应如此。

E　初期坝的构造

初期坝的坝顶宽度，一般应满足交通要求和坝顶放矿的操作要求，但不得小于表 5-14 中的值。

表 5-14　初期坝的坝顶最小宽度　　(m)

坝　高	<10	10～20	20～30	>30
坝顶宽度	≥2.5	≥3.0	≥3.5	4.0

对采用废石堆坝的尾矿库，坝顶宽度还应满足排废石的特殊要求。

作为尾矿库基础的初期坝坝基，必须严格按水工构筑物有关规范、规程的要求，进行认真的处理，将初期坝置于稳定可靠的基础上：

（1）软土地基，应按软弱坝基进行处理；

（2）以砂砾（卵）石组成的地基，首先应研究有无集中漏水通道和地基本身的渗流稳定性，如可能产生集中漏水，应以截水墙截断其通道；对可能产生渗流破坏的地基，应采取防止渗流破坏的措施，如铺设反滤层或挖除；

（3）初期坝的反滤层应嵌入强度稳定和渗流稳定可靠的地层中；

（4）初期坝与岸坡接触地段，可适当开挖成齿槽，反滤层及斜墙应嵌入齿槽内。

初期坝的坝坡坡比与坝身结构、筑坝材料的性质、坝基地质条件、施工方法、坝高、地区地震烈度有关。

F 初期坝的施工

a 基本要求

坝体建筑前，应根据设计要求的压实干重度和施工采用的压实机具进行碾压实验，确定施工最优含水量、最佳铺土厚度和碾压遍数等压实参数。

施工中应严格控制压实参数，压实机具的类型、规格不得随意更改，铺土不得超厚。

坝体碾压应沿平行坝轴线方向进行，不得垂直坝轴线方向碾压。分段碾压时，相邻两段交接带碾迹应彼此搭接，顺碾压方向搭接长度不应小于0.3～0.5m；垂直碾压方向搭接宽度应为1～1.5m。分段填筑时，各段土层之间应设立标志，上下层分段位置应错开。应防止漏压、欠压和过压。压实合格后方可铺筑上层新料。

b 黏性土料坝的施工要求

（1）铺料与碾压应连续进行。当气候干燥、土层表面水分蒸发较快或需短时间停工时，其表面风干土层及铺料应经常洒水湿润，使含水量保持在控制范围内；当需长时间停工时，应铺设保护层，复工时应仔细清除，经检查合格后始准填土。

（2）横向接缝的接合坡度不应大于1∶3，高差不宜大于10m。除高压缩性地基上的土坝外，可设置纵向接缝，但宜采用不同高度的斜坡和平台相间形式，平台间高差不宜大于15m。

（3）坝体接缝坡面的处理，应配合填筑上升，陆续削坡，直到合格层为止。黏性土或砾质土的接合面削坡合格后，应边洒水，边刨毛，边铺土，边压实，并控制其含水量。当横向接缝坡度陡于1∶3时，在接合处应采取专门措施压实，压实宽度应不小于1～2m，且距接合面2m以内不得夯实。

（4）铺土时，上下游坝坡应留有削坡余量，并在筑护坡前按设计断面削坡。

（5）雨季施工时，其填筑面可中央凸起，向上、下游倾斜。雨后填筑面应晾晒或清除，经检查合格后方可复工。应做好坝面保护，下雨及雨后不许践踏坝面，禁止车辆通行。

（6）负温下施工时，应特别加强质量控制工作。铺土和碾压应采用快速作业，做好压实土层的防冻保温工作。压实时土料温度应在-1℃以上。当最低温度在-10℃以下，或0℃以下且风速大于10m/s时，应停止施工。填土中不得夹有冰雪。黏性土的含水量应略低于塑性；粒径小于5mm的砂砾料，其含水量应小于4%。严禁在接合面或接坡处有冻层、冰块存在。

c 堆石坝的施工要求

（1）堆石和砂砾料等粗粒岩土的卸料高度不宜大于2m。当岩土颗粒产生离析时，应混合均匀。

（2）堆石和砂砾料铺料后应充分加水。在无试验资料情况下，砂砾料的加水量宜为其填筑方量的20%～40%。中、细砂的加水量，应按其最优含水量控制。堆石和砂砾料的加水，应在压实前进行一次，边均匀加水边碾压。对于软弱石料，碾压后也应适当洒水，尽量冲走岩粉。

（3）堆石及其他坝纵、横向接合部位，应优先选用台阶收坡法。当无条件时，接缝的坡度不应大于其稳定坡度。与岸坡接合时，物料不得离析、架空，并应对边角处加强压实。

（4）碾压堆石坝上、下游坝坡铺料时，可不留削坡余量，只按设计断面留出块石护坡的厚度，边填坡，边整坡。

5.4.4.2　堆积坝

A　堆积坝的形式

堆积坝，是在尾矿库运行过程中，利用尾矿本身的自然沉积规律而逐步加高形成的坝体，又称尾矿堆积坝。狭义上讲，堆积坝是指为使坝体达到设计标高，在尾矿沉积滩前堆筑的一座座小型尾矿堆积子坝；广义上讲，堆积坝是指整个尾矿库内的尾矿堆积体。

堆积坝的形式与堆坝方法有关，依据坝体堆筑过程中坝顶轴线相对于初期坝位置的移动方向，可分为上游式、下游式和中线式三种。

（1）上游式。如图5-13所示，当库内尾矿沉积滩面升至初期坝坝顶时，在沉积滩上就近取砂，平行初期坝轴线向上游堆筑子坝，形成新的放矿空间，将放矿管移到子坝坝顶继续放矿充填，待尾矿沉积滩面升到子坝坝顶时，再进行下一级子坝的堆筑。堆积坝按一定的边坡坡度逐渐向上游方向堆筑推进，直至最终的堆积标高。当尾矿颗粒较细时，为了改善筑坝的质量，可先将尾矿分级，把细粒尾矿浆送到库内远离滩顶的区域，让粗粒尾矿在坝前沉积形成坝体。初期坝相当于堆积坝的排水棱体。

上游式堆积坝的筑坝特点是坝体无明显的上游坝面轮廓线，子坝位置不断向上游推移。坝体由流动矿浆中的尾矿颗粒自然沉积而成，沉积滩内往往含有较多细泥夹层，降低了其渗透系数和强度，浸润线位置较高，坝体稳定性较差。但是，它具有筑坝工艺简单、管理方便、成本低等优点，是目前我国应用最广泛的堆积坝坝型。

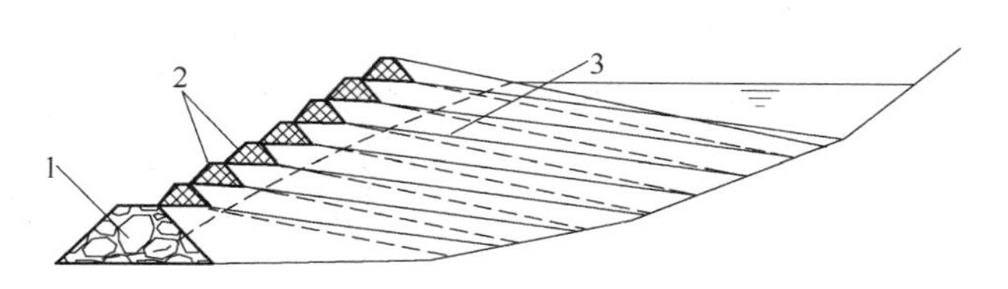

图5-13　上游式尾矿坝

1—初期坝；2—子坝；3—尾矿堆积体

（2）下游式。如图5-14所示，尾矿库运行后，在初期坝坝顶用水力旋流器将尾矿分级，底流沉砂以某种坡比向下游逐渐加高推移，先逐渐形成上游边坡，直至堆到最终堆积标高时才形成最终下游边坡。溢流排入库内自然沉积。当新坝体的坝顶达到一定高度后，再将放矿管及分级设备移至新的坝顶继续分级筑坝，坝顶逐渐升高并向下游推移，直至最终堆积标高。

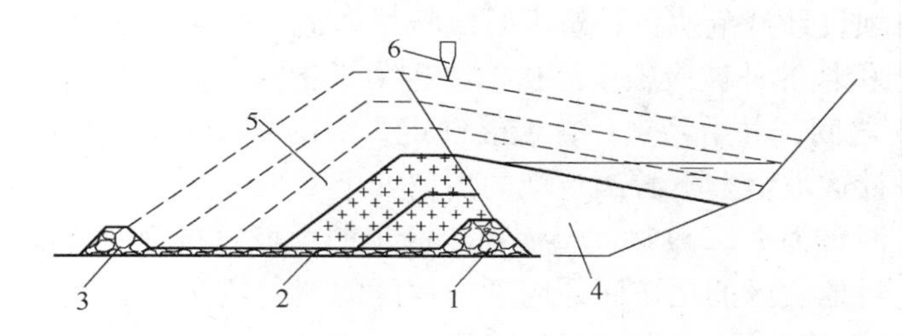

图 5-14 下游式尾矿坝
1—初期坝；2—排水层；3—拦砂坝；4—细尾砂；5—堆积坝；6—旋流器

下游式筑坝的特点是，具有明确的坝体轮廓线，坝顶不断向下游移位。这种堆积坝采用大量旋流器底流沉砂筑成堆积坝，坝体由粗粒尾砂压实而成，彻底改善了支承棱体的基础条件，其透水性能良好，抗剪强度较高，因而坝体稳定性好，地震时抗液化性能较强，适用于高烈度地震区或堆筑高尾矿坝。但是，它须以有狭长的坝址地形和可分离出足够的粗粒尾砂为前提条件，筑坝过程中须严格控制坝顶与库内沉积滩面的高差，保持均衡上升，以满足库内防洪和坝体稳定的要求。由于采用旋流器筑坝，工作量大，损耗大，移动困难，生产管理与维护比较复杂。目前下游式堆积坝应用较少。

(3) 中线式。如图 5-15 所示，中线式筑坝工艺与下游式类似，但堆积坝坝顶始终以初期坝轴线为中心（即坝轴线），坝轴线下游为粗粒尾砂筑成的坝体，上游为剩余尾矿形成的沉积滩。

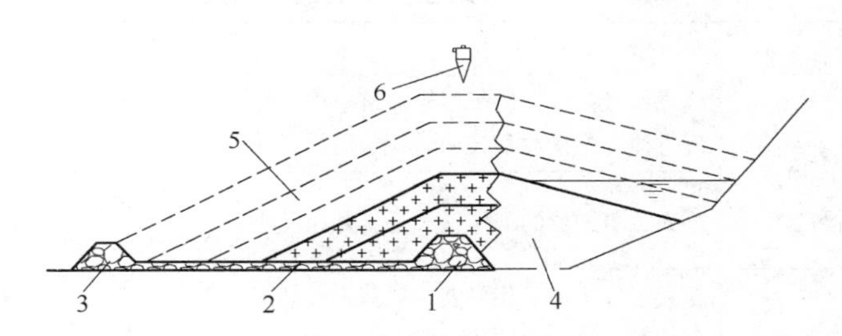

图 5-15 中线式尾矿坝
1—初期坝；2—排水层；3—拦砂坝；4—细尾砂；5—堆积坝；6—旋流器

中线法加高坝体时，堆积边坡不断向下游推移，待堆至最终堆积标高时形成最终堆积边坡。旋流器的溢流排入堆积坝顶线的上游。这种堆积坝改善了尾矿库支承棱体的基础条件，支承棱体基本上由旋流器底流的粗尾矿堆积而成，浸润线也有所降低，对堆积坝的稳定有利。因此，生产上希望采用这种堆积坝，不过由于旋流器筑坝给生产带来旋流器的移动和管理、临时边坡的稳定及扬尘等问题，使其应用受到限制，加之其基建投资高，目前实际应用还不多。

一次性筑坝（包括废石筑坝）的尾矿库不用尾矿堆坝，故没有堆积坝，是尾矿库的特殊情况。无论哪一种，其外坡坡度均须通过稳定分析来确定。

B 堆积坝的构造

(1) 堆积子坝。堆积子坝可采用粗粒尾矿或矿渣等砂（砾）质材料人工或机械堆筑，坝高可根据筑坝方式确定，一般人工筑坝的坝高较小，约 1 ~ 2m；机械筑坝的坝高较大，碾压层厚可按土石坝设计规范执行，筑坝时应将坝体适当压实呈密实状态。

(2) 坝坡。堆积坝的外坡应根据尾矿的物理力学指标，参考类似工程初步拟定，其值一般在1∶3～1∶5之间，并由稳定计算最终确定，采用能够满足边坡稳定最小安全系数要求的计算值作为设计边坡值。下游法筑坝的内坡安全系数可按次要构筑物选用，应能确保坝体运行期稳定，通常为1∶2～1∶2.5。对于高坝的坝坡可自上而下分段变缓。在拟定边坡及稳定计算中，对地震区的尾矿库还应考虑地区的地震烈度（按特殊工况计算）。

(3) 马道（或子坝平台）。为了便于检修，在坝坡上每隔5～10m高差应设置一条马道（或平台），其宽度根据管道设备的操作管理和筑坝机械的交通条件确定，最小宽度3～5m。

(4) 护坡。为保护坝坡和减少扬尘，在堆积坝外坡覆盖山皮土（或碎石土）厚0.2～0.3m；也可种植草或灌木（当尾矿较粗时，可先铺0.2～0.3m厚的腐殖土层），禁止种乔木。

(5) 截水沟。为防止山坡和坝坡雨水对坝肩及坝面的冲刷，应设坝坡及坝肩截水沟，一般采用砖石或混凝土结构。

C　堆积坝的筑坝方法

堆积坝筑坝方法，主要有冲积法、池填法、渠槽法、尾矿分级上游式、尾矿分级中线式、下游式，具体应根据尾矿排出量大小、尾矿粒度组成、矿浆浓度、坝长、坝高、年上升速度以及当地气候条件（冰冻期及汛期）等因素决定。各种筑坝方法的适用范围见表5-15。

表5-15　各种筑坝方法的适用范围

筑坝方法	特　点	适用范围
冲积法	操作较简便，便于用机械筑子坝，管理方便，尾矿冲积较均匀	适用于中、粗颗粒的尾矿堆坝
池填法	人工筑围埝的工作量大，上升速度快	适用于尾矿粒度细、坝较长，上升速度快且要求有较大调洪库容的情况
渠槽法	人工筑小堤工作量大，渠槽末端易沉积细粒，影响边棱体强度	适用于坝体短、尾矿粒度细的情况
尾矿分级上游式	可提高粗粒尾矿上坝率，增强堆坝边棱体的稳定性	适用于细粒尾矿筑坝
尾矿分级中线式、下游式	坝型合理，较上游式安全可靠	费用高，管理相对复杂

5.4.4.3　排洪构筑物

A　尾矿库防洪标准

按照现行规范规定，尾矿库的防洪标准应根据各使用期库的等别，综合考虑库容、坝高、使用年限及对下游可能造成的危害等因素，按表5-16确定。

表5-16　尾矿库防洪标准（现行）

等　别		一	二	三	四	五
洪水重现期/a	初　期		100～200	50～100	30～50	20～30
	中、后期	1000～2000	500～1000	200～500	100～200	50～10

注：初期指尾矿库启用后的头3～5a。

当确定尾矿库等别的库容或坝高偏于该等别下限，尾矿库使用年限较短或失事后对下游不会造成严重危害者宜取下限；反之应取上限。对于高堆坝或下游有重要居民点的，防洪标准可提高一等。贮存铀矿等有放射性或有害尾矿，尾矿库失事后对下游环境造成极其严重危害的尾矿库，其防洪标准应予以提高，必要时按可能最大洪水进行设计。

B 排洪构筑物的形式及其选择

尾矿库的排洪方式及布置，应根据库址的具体地形、地质条件、洪水总量、调洪能力、回水方式、操作条件与使用年限等因素，经过技术经济比较综合确定。

将尾矿库内的洪水及多余的尾矿澄清水排往库外的构筑物系统，常由进水构筑物（如排水井、排水斜槽、溢洪道等）和输水构筑物（如排水管、隧洞、明渠等）组成。按其具体组合方式，可分为井（或斜槽）-管式、井(或斜槽)-隧洞式和溢洪道三种基本类型。

（1）斜槽式排洪。由斜槽、结合井（消力井）、排水管（或隧洞）及出口消力池组成，适用于小流量的尾矿库。

（2）溢水塔式排洪。由溢水塔和排水管（或隧洞）及其出口消能设施组成，适用于各种流量的排洪。溢水塔有窗口式和框架式两种，前者用于小流量，后者用于大流量。

（3）溢洪道排洪。一般布置在坝肩或尾矿库周围的垭口地形上，以浆砌片石或混凝土砌筑成的溢流堰、排水陡槽和消力池组成，适用于各种大小的泄流量。但对堆积标高不断上升的尾矿库，只能用于尾矿库终了以后的排洪或某种特定条件下的临时排洪。一般在一次筑坝的尾矿库中应用。

以上各种排洪构筑物，可根据最大下泄流量选择，拟定其尺寸，进行水力计算，必要时可选取不同形式，通过经济技术比较确定。

C 水力计算及调洪演算

尾矿库排水系统的形式和布置应通过洪水计算和调洪演算，并结合地形、地质条件及澄清距离等因素综合分析确定。

a 水力计算

排水系统内的水流流态由水力计算确定，其目的是根据选定的排水系统和布置，计算出不同库水位时的泄流量，供尾矿库调洪计算使用。对大型排水系统还应通过水力模型试验确定相关水力学参数，避免出现有压流和无压流经常交替的工况。有时为防止产生负压气蚀，还在排水系统的适当部位设置通气管。

尾矿库排洪系统的构筑物形式各有不同，其水力计算应采用相应的水力学计算公式确定。

b 调洪演算

根据既定的排水系统确定所需的调洪库容及泄洪流量。不同的地区，洪水参数及洪水过程线有差别，不同的库址条件，汇水面积及汇流条件也不一样，应通过当地水文手册确定具体的洪峰流量、洪水总量及洪水来水过程线。对一定的来水过程线，排水构筑物愈小；所需调洪库容就愈大，坝也就愈高。设计中应通过几种不同尺寸的排水系统的调洪演算结果，合理地确定坝高及排水构筑物的尺寸，以便使整个工程造价最小。

（1）对于洪水过程线可概化为三角形，且排水过程线可近似为直线的简单情况，其调洪库容和泄洪流量之间的关系可按高切林公式确定。

（2）对于一般情况的调洪演算，可根据来水过程线和排水构筑物的泄流量与尾矿库的蓄水量关系曲线，通过水量平衡计算求出泄洪过程线，从而定出泄流量和调洪库容。

（3）以上为调洪演算的数解法，还可根据当地水文手册或相关资料采用图解法进行调洪演算。

5.4.4.4　排渗构筑物

A　排渗构筑物的形式及其选择

坝内设置排渗设施是有效地降低浸润线、有利于尾矿泥的排水固结、增强坝体稳定性的重要措施。尾矿坝的排渗设施有水平排渗、竖向排渗和竖向水平组合排渗三种基本类型。

（1）水平排渗。在坝基范围内或在不同高程的沉积滩面上预埋盲沟、滤管或滤板等排渗体，将渗水引至集水总管，自流排出坝外。对已堆积到一定高度而未预埋排渗体的尾矿坝，可用水平钻机在下游坡面上向坝内顶管设置水平滤管。水平滤管具有不耗能源、管理简便、施工快、造价低的优点。当尾矿坝内有厚层矿泥夹层时，仅用水平排渗效果稍差。

（2）竖向排渗。在坝基范围内预设或在尾矿沉积滩上补设渗水竖井，渗入井内的水用机械抽吸或在井底另设水平管自流排出坝外。渗水竖井可采用外包滤层的钢管井、钢筋混凝土管井、无砂混凝土管井、碎石盲井、袋装砂井或塑料插板等结构。竖向排渗的优点是可贯穿矿泥夹层，沟通上下各土层的渗水，迅速降低浸润线。但大多需专人维护管理，且耗电。

（3）竖向水平组合排渗。由竖向排渗和水平排渗有机组合而成的排渗方式。竖向渗井内聚集的渗水，通过水平排渗设施排出坝外。它兼有两种排渗方式的优点，但造价较高，多用于有较厚矿泥夹层、浸润线位置很高的尾矿坝。

B　底部排渗设施

当尾矿坝位于不透水地基上或初期坝为不透水坝时，常采用底部排渗设施，以降低浸润线。底部排渗的形式有褥垫式、渗水管沟、渗水盲沟及混合式多种，一般均与初期坝同时施工。排渗设施与尾矿砂之间需设反滤层。例如，官家山尾矿坝采用渗水管，牟定尾矿坝采用透水方涵（盖板带孔），南芬尾矿坝设计中采用两条渗水盲沟。

C　冲积坝的排渗设施

为了改善尾矿冲积坝的排渗条件，通常采用下述几种排渗形式，一般均在生产过程中施工。

（1）贴坡滤层。初期坝和地基均不透水，又未设底部排渗体，浸润线由坝坡逸出，为防止流失尾矿可设贴坡滤层。如东鞍山、杨家杖子和铜陵狮子山均采用此种形式。

（2）渗管或排渗盲沟。可防止浸润线由坝坡逸出。渗管或排渗盲沟与坝轴平行布置，坡向两侧或中间的集水管，坡度由不淤流速确定，一般为1%左右。大吉山、闲林埠等均采用这种形式。弓长岭利用原排水系统作后期坝排渗的集水井、管，效果很好。

渗管一般用钢管、铸铁管或钢筋混凝土、混凝土等做成孔管，管径、壁厚、开孔数目以及周围填料经计算确定。排渗盲沟一般用块石做成，周围填以砾石，砂做反滤层。此外，还可使用无砂混凝土管做渗管，因其强度较低，适于浅层敷设，欲提高其强度可做成有无砂混凝土滤水孔的混凝土管。无砂混凝土配比一般为1∶4（水泥∶砾石），砾石粒径采用2～10mm。

（3）渗井。可大幅度降低坝坡浸润线位置，对防止坝体地震液化和坝体稳定有利。渗井的井管可采用带孔的钢管、铸铁管、钢筋混凝土管或混凝土管，外包缠丝层和棕皮层，亦可采用无砂混凝土管。井管外填以粗砂砾。自流渗井应在底部接集水管，根据需要也可与底部排渗连接。不能自流的渗井应在井口设泵抽水。井径和井距可根据尾矿渗透系数确定。平面布置可采用直线或交错排列布置。南芬尾矿坝采用带孔铸铁管渗井，迁安、水厂采用无砂混凝土管渗井，金山店采用辐射式排渗井。

（4）立式排渗。包括水平和竖向两部分，其夹角呈锐角、直角和钝角三种，可分别按棱体、管式和贴坡排渗的公式计算确定。国外下游法筑坝采用较多。

5.4.5 尾矿库筑坝建设实践

5.4.5.1 大冶铁矿白雉山尾矿库联合筑坝生产实践[226~228]

A 概况

武钢大冶铁矿白雉山尾矿库地处低洼长沟山谷之中，白雉山水库上游，沟长3035m，属山区地形。库内无大的水系，平时水量很少，暴雨时流量陡增。地质构造上处于铁山岩体中心部位，是构造上的安全岛，水文条件好，两岸坝肩属稳定型边坡，处于7度地震烈度区。

该尾矿库初期坝建在沟谷西北的山口狭窄处，坝轴线底部标高72.5m，坝顶标高97.0m，坝高24.5m，坝顶轴线长152.1m；为透水堆石坝，库容$1630\times10^4m^3$，服务年限21a，属二级尾矿库。尾矿堆积坝外坡为1∶5，坝体总长113.5m。

该尾矿库于1988年建成投产，排放尾矿浓度40%，设计采用上游法分散管水力冲填法筑坝。运行不久，当沉积滩面距初期坝顶3~4m时，坝体出现严重渗漏，曾用草袋及土工布堵漏护坝，效果不佳，致使初期坝下游回水库淤积大量泥砂，限于地形，又无法进入距坝顶30m外的滩面上取砂筑坝。为此，1989年矿山与长沙矿冶研究院合作，开展筑坝技术与动力稳定性分析的研究，通过3年努力，开发了旋流器与分散管交替排放联合筑坝技术，解决了筑坝难题，此后一直正常生产，2000年初堆至160.0m标高，库容达到$850\times10^4m^3$。

B 尾矿的物理性质、静力及动力特性试验

a 尾矿物理性质的测定

尾矿分粗尾砂、中尾砂及细尾砂三个试样，分别进行密度、相对密度、沉降速度和粒度测定。其中密度及相对密度按《土工试验规程》(SDS01—79) 进行测定，结果见表5-17。

表5-17 尾矿样密度及相对密度 (g/cm^3)

试 样	颗粒密度	干密度	最大干密度	最小干密度	相对密度①
粗尾砂	3.01	1.65	1.94	1.345	0.60
中尾砂	3.09	1.42	1.89	1.195	0.43
细尾砂	3.04	1.60	1.93	1.340	0.53

①数值为相对值，单位为1。

沉降速度测定在直径150mm的有机玻璃圆筒内，按静置沉降试验方法进行，结果见表5-18。粒度测定采用筛分和水析法，结果见表5-19。

表 5-18 尾矿的静水沉降速度

矿浆浓度/%	沉降速度/mm · min^{-1}		
	粗 粒	中 粒	细 粒
30		2. 638	
40	1. 788	1. 758	1. 758
50		1. 110	

表 5-19 尾矿粒度测定结果

类 别	粒度组成/%					特征粒度/μm				不均匀系数 C_u	曲率系数 C_c
	-0. 5 +0. 25mm	-0. 25 +0. 1mm	-0. 1 +0. 05mm	-0. 05 +0. 005mm	-0. 005mm	d_{10}	d_{30}	d_{50}	d_{60}		
粗尾砂	7. 3	27. 9	19. 2	30. 6	15	2. 7	20	58	86	31. 9	1. 7
中尾砂	4. 1	22. 6	26. 5	34. 4	12. 4	3. 7	22	43	50	13. 5	2. 6
细尾砂	0. 2	1. 4	39. 6	45. 6	13. 2	3. 4	23	53	73	21. 2	2. 1

b 静力试验

具体进行三轴排水剪切试验，压缩、渗透的静力试验。三轴排水剪切试验的围压（σ_3）分别取 100kPa，200kPa，300kPa，400kPa，邓肯（Duncan）非线性变形参数破坏比（R_t）、模量系数（K）、模量指数（n）、凝聚力（C）和内摩擦角（φ）和部分常规物理力学指标见表 5-20。

表 5-20 静、动力计算选用参数

试 样 参 数	符 号	堆 石	粗 砂	中 砂	细 砂	矿 泥
饱和密度/g · cm^{-3}	P_m	2. 3	2. 1	2. 07	1. 96	1. 90
凝聚力/kPa	C	0	0	0	0	0
内摩擦角/(°)	φ	45	36	34	32	22
模量系数	K	900	70	60	55	45
	K_m	920	50	40	35	30
模量指数	n	0	0. 84	0. 88	0. 91	0. 91
	m	0	0. 58	0. 58	0. 64	0. 60
破坏比	R_t	0. 75	0. 58	0. 58	0. 59	0. 60
体积模量/MPa	M_1	4500	160	150	130	120
泊松比	μ_d	0. 48	0. 48	0. 48	0. 48	0. 48
阻尼比/%	D	28	25	26	27	27

c 动力试验

动力试验在 DCJ—78 型电磁振动式三轴仪上进行，试验方法是将饱和后的试样装入压力室，在不同的固结比和侧限压力下进行固结，试样固结稳定后施加不同大小的稳态轴向激振力，其波形为正弦波，测得动应力（σ_d）、轴向应变（e）和孔隙水压（μ）。具体是在 3 个固结比 K_0 = 1、1. 5、2. 0 和 3 个侧限固结压力 σ_3 = 100kPa、200kPa、300kPa 条件下测定动应力、动应变、液化剪应力和液化周期等参数。

d 共振柱试验

具体测定尾矿的最大动剪切模量（G_{max}）、有效平均应力（σ'）和阻尼比（D），以了解尾砂动剪切模量（G）和阻尼比（D）随动剪应变（γ_d）的变化关系，从而为坝体地震动力反应分析提供特性参数。

C 堆筑特性试验

通过试验明确尾矿堆体的形成规律、堆体形状、堆体坡面水流砂浆运动及其浓度与坡度变化的关系，并根据相似准则，结合尾矿库地形制作模型，探讨整体模型的筑坝工艺，并进行不同滩面位置处的尾砂颗粒分析，为筑坝工艺研究提供必要的技术参数。

模型尺寸、浆体流量、流速均按相似准则确定。模型比例为1∶100，试验浆体流量比例 $\lambda_Q=\lambda_L^{2.5}$，原型流量（$Q_p$）为 1.3×10^{-5}L/s，模拟流量（Q_m）为 1.3×10^{-5}L/s，模拟流速（V_m）为 7.36×10^{-2}m/s，浓度分别为30%、45%、50%、55%。

单锥试验在6m×6m地面上进行，整体模型试验在23m×12m试验大厅中进行，通过一系列堆筑特性试验，得出如下规律：

（1）浓度大于35%的尾矿堆筑形成的堆体形状如“火山口”，堆体坡面从上到下由陡变缓，上部为较直的陡坡，中部连续渐缓，下部趋于水平。

（2）浓度为40%的堆体沿排放口从上往下颗粒由粗变细的分布规律不明显；堆体极限坡度随排放浓度的提高而增大，但当排放浓度大于45%时极限坡度不复存在。

（3）堆体坡度随排放流量、流速的增大而减小。

（4）尾矿的不均匀系数 $C_u>5$，曲率系数 $C_c>1$，级配良好，细粒尾矿和矿泥均流向离坝体较远处，不易形成细泥夹层，有利于冲积法或旋流器筑坝。

整体模型筑坝工艺试验表明，采用分散管与旋流器交替排放联合筑坝工艺是可行的。

D 联合筑坝新工艺的工业试验

工业试验先是在坝顶铺设一条与坝轴线平行的尾矿排放立管，再引出若干个支管，支管间距8～12m，管径150mm，尾矿浓度38%～42%。尾矿排放时每次沿坝轴线分段开启相邻6～7根支管，总流量控制在13L/s。矿浆在向库内流动时沿程逐渐形成滩面。当滩面上升距坝顶0.5m时即停止放矿。以上即为联合筑坝的第一阶段（见图5-16）。

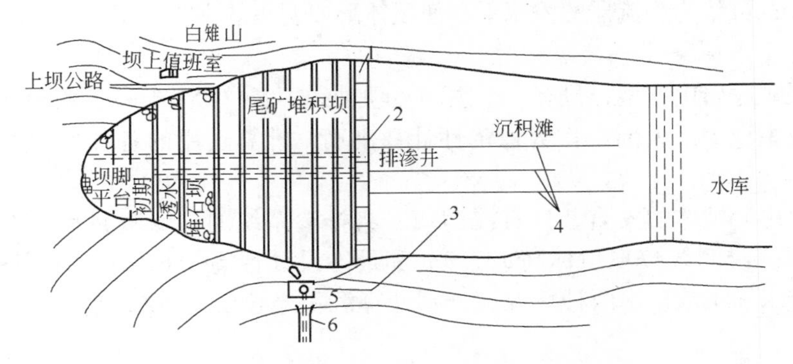

图5-16 联合筑坝第一阶段——坝前分散管均匀放矿

1—坝上尾矿输送管；2—坝前放矿支管（间距8～12m）；3—事故放矿形成的滩面冲沟；4—沉积滩坡度测量线；5—左岸事故集中放矿及浆体流量调节管；6—尾矿浆体输送管

联合筑坝的第二阶段是用水力旋流器堆筑子坝。即在第一阶段完成之后，在坝肩两侧各安置一台直径为500mm的旋流器，用其沉砂堆筑子坝，其溢流细泥则用胶管引到滩面40m以外的尾矿库内。两台旋流器沿坝轴线相向移动，直至中部合拢。沉砂堆体形成子坝的雏形，再用推土机整平压实，达到设计要求的尺寸（见图5-17）。子坝筑成后又回复到第一阶段作业，如此周而复始，直至坝顶升至设计标高。

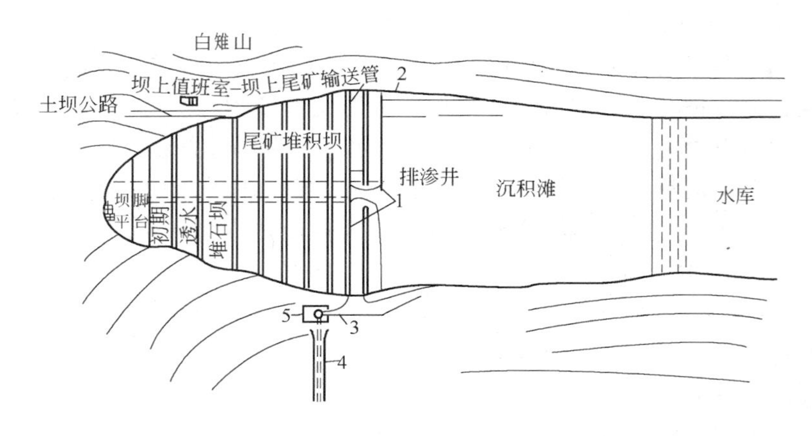

图5-17　联合筑坝第二阶段——水力旋流器堆筑子坝

1—旋流器堆的子坝；2—输送溢流的胶管；3—左岸事故集中放矿及浆体流量调节管；4—尾矿浆体输送管；5—水力旋流器恒压工作装置

为了确定筑坝的技术参数，进行了现场实测。其中沉积滩坡度的测定，是在滩面形成后自然干燥3天后，在滩面上左、中、右3个位置，选取3条有代表性的测线，每条测线设若干测点，测点间距20～50m（见图5-16），用水准仪测量，得到3条测线的平均滩坡为1.568%。

旋流器筑坝技术参数的测定结果为：给矿压力0.21～0.23MPa，溢流压力0.03～0.05MPa，沉砂平均坡度17.7°，沉砂率24.83%，平均粒径0.157mm，不均匀系数3.55；在110m范围内分散管冲沟的沉积尾砂 -200目（-0.074mm）含量为38.1%，平均粒径0.1024m；旋流器冲沟沉积尾砂 -200目（-0.074mm）含量44.05%，平均粒径0.1004mm，两者差别不大；可认为旋流器的溢流不会使坝体形成明显的细泥夹层。

E　初始坝体稳定性分析

白雉山尾矿库属山谷型，只有一个主坝，坝轴线不长（152.1m），两岸陡峭，稳定性好，因而选取主坝的最大剖面作为稳定性计算剖面，计算选用的各种物理力学指标见表5-20。

为了确保尾矿坝体的安全，计算浸润线时将排渗系统的排渗竖井和盲沟作为安全储备，暂不考虑。浸润线按坝顶标高137.0m和最终设计标高186.0m两个高程分别计算，同时考虑放矿水和不放矿水两种情况，分别计算沉积滩长度为300m和200m时的浸润线方程。

土坡稳定分析采用毕肖普法。假定滑裂面呈圆弧形，土条间只有水平推力作用，而条块间的剪力则忽略不计。计算得出如下结论：

（1）坝体堆积到137.0m标高时，在保证沉积滩长度为200m的情况下，不论是否考虑放矿水的影响，按地震烈度为7度计算的安全系数$F_{s,min}$均大于规范中二级尾矿库的允许安全系数［K］，坝体稳定。

（2）坝外坡1∶5，堆积到186m标高，当沉积滩为200m时，若不考虑放矿水和发生地震荷载，坝体稳定，考虑7度地震荷载也基本满足规范的稳定要求。若考虑放矿水而不考虑地震荷载基本满足稳定要求；但若考虑7度地震荷载，接瑞典圆弧法计算的安全系数$F_{c,min}$为1.030，按简化毕肖普法计算$F_{s,min}$为1.179，均需考虑坝体的抗震措施。

（3）坝顶堆积到186m标高，当沉积滩保证为300m时，若同时考虑放矿水和7度地震荷载，则$F_{c,min}$为1.060，$F_{s,min}$为1.212，坝体顶部有浅层破坏，坝体均需考虑抗震减震处理。

（4）放矿水和地震荷载对坝体稳定影响较大，必须高度重视，做好坝体排渗。

进一步采用有限元总应力动力分析法和固结不排水及固结排水有效应力法，对坝体进行有限元动力稳定性分析，具体情况请参见文献［234］。

F 尾矿库的运行及监测

尾矿库在运行初期，沉积滩面距初期坝顶3~4m时出现跑浑漏砂、坝体反滤层被击穿现象，排渗集水管也曾出现过因局部设计不当、施工不到位造成的排渗带砂现象，但采用旋流器与分散管交替排放联合筑坝技术，尾矿坝进入中期130m标高以上后，库区管理及运行基本进入良性阶段。

监测表明，坝体垂直位移和平面位移变化幅度小，坝体稳定，坝体浸润线变化见表5-21。

表5-21 尾矿坝浸润线观测结果 （m）

孔号		孔口高程	观测水位埋深					
			1996年5月	1997年5月	1998年5月	1999年5月	2000年4月	2001年7月
1剖面	B-5-1	111.01	11.28	10.11	9.91	9.44	9.16	—
	B-6-1	119.62	12.15	12.25	11.62	11.97	11.15	11.48
	B-7-1	129.99	18.85	18.44	18.10	17.92	18.13	17.38
	B-8-1	141.59	16.21	16.94	16.52	16.68	16.55	16.15
2剖面	B-5-2	112.48	18.00	17.83	17.66	17.70	17.57	17.58
	B-6-2	119.34	17.90	17.85	17.36	16.80	16.61	16.73
	B-加-1	125.62	17.69	17.67	17.70	17.73	17.46	17.02
	B-7-2	129.51	19.03	18.98	18.53	18.21	18.24	17.29
	B-加-2	136.93	13.85	13.90	13.48	13.46	13.44	13.18
	B-8-2	141.15	16.49	16.98	16.69	—	—	—
3剖面	B-6-3	119.03	15.42	15.33	15.33	15.02	15.00	—
	B-7-3	129.59	20.13	19.88	19.85	19.45	18.59	18.72
	B-8-3	141.10	16.95	15.90	14.91	14.70	—	—
	B-加-5	130.00	18.95	18.86	18.76	10.78	12.57	13.91
	B-加-6	129.46	18.62	18.63	18.56	18.69	18.38	16.98
	B-加-7	128.67	19.25	19.19	18.93	18.77	18.42	17.18

从表 5-21 可以看出：坝体总体浸润线埋深 10 ~ 19m，相对较低，这对坝体渗流稳定有利；实测旱季集水管渗水量在 30 ~ 35m^3/h 左右，表明坝体排渗井有较好的排渗作用。

G　尾矿坝后期稳定性评价

a　堆积尾砂特性

采用旋流器与分散管交替排放联合筑坝工艺筑坝后，沉积尾矿宏观上呈现上粗下细、坝前粗坝尾细的一般特征；微观上尾矿沉积层中普遍分布粗细相间的夹层、互层、交错层、千层饼等现象，结构上表现为不均一性和各向异性。在坝坡约 6m 范围内，基本为尾细砂堆积，往库内尾粉砂和尾粉土以互层状态堆积；尾粉质黏土则分布在库内更远一些的位置，堆积尾砂的颗粒特征见表 5-22。

表 5-22　堆积尾砂的颗粒特征

类　别	粒度组成/%			特征粒度/mm			不均匀系数 C_u	曲率系数 C_c
	2 ~ 0.05mm	0.05 ~ 0.005mm	<0.005mm	d_{10}	d_{20}	d_{50}		
尾细砂	87.1	9.5	3.3	0.0435	0.0737	0.143	4.4	1.3
尾粉砂	72.8	20.1	7.1	0.01304	0.0351	0.110	18.5	2.9
尾粉土	42.9	41.6	15.5	0.0031	0.0096	0.042	22.3	2.2
尾粉质黏土	18.3	55.7	26.0	0.0016	0.0038	0.017	17.6	1.5

坝体的压实状态如图 5-18 和图 5-19 所示。从图可以看出：各类尾砂的密实度随深度增加而增加，尾粉砂在深度 6m 以上为稍密，以下为中密，局部密实；坝外坡尾粉土在深度 15m 以上呈稍密状态；沉积滩尾粉土则呈松散稍密状态；这表明该坝体尾砂压实较好，尤其是没有发现未压实的稀软夹层，这对坝体稳定十分有利。

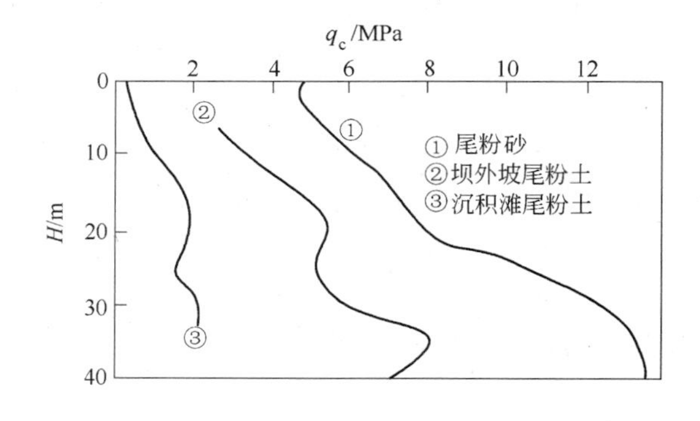

图 5-18　各类尾矿锥尖阻力(q_c)-深度(H)关系曲线

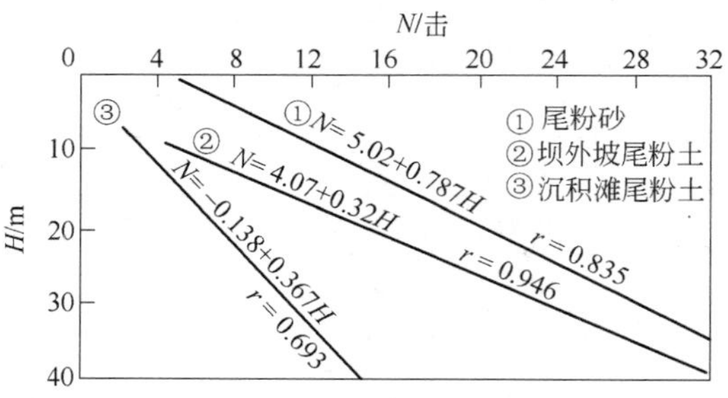

图 5-19　各类尾矿标贯数(N)-深度(H)关系曲线

b　尾矿坝的稳定性验算

坝的稳定性取决于坝高、堆积物的堆积密度、坝体的坡角、水压力及尾矿和基础的抗剪强度等，白雉山尾矿的物理力学性质见表 5-23。采用极限平衡法进行坝体稳定性验算，发现堆积标高 160m 时，最小安全系数为 1.26，坝体稳定。

表 5-23 尾砂物理力学性质试验结果

尾砂名称		尾细砂	尾粉砂	尾粉土	尾粉质黏土
含水量 W/%		9.6	18	20.6	23.4
天然密度 ρ/g · cm^{-3}		1.98	2.3	2.3	2.23
干密度 ρ_d/g · cm^{-3}		1.8	1.95	1.91	1.81
孔隙率 e		0.81	1.623	0.673	0.749
渗透系数 K/cm · s^{-1}		3.60×10^{-4}	8.00×10^{-5}	2.70×10^{-5}	1.30×10^{-6}
压缩系数 a_{1-2}/MPa		0.13	0.12	0.16	0.29
压缩模量 E_s/MPa		14.8	16.4	13.1	6.6
快剪	C_q/kPa	13	21	16	15
	φ_q/(°)	35.6	36.8	33.8	16
固结快剪	C_{cq}/kPa	9	19.2	16	22
	φ_{cq}/(°)	38	37.2	34.5	25.6

c 尾砂的液化判断

根据表 5-24 所列参数，对照液化条件发现：尾细砂易产生液化，但该层位于地下水位以上，不具备产生液化条件，不过在震前暴雨或后期堆坝渗流条件改变，导致坝面饱和的情况下，可能会产生液化；尾粉砂在密实性差的部位有液化的可能；尾粉土由于黏粒含量高，液化可能性较小。综合而言，坝体稳定。

表 5-24 白雉山尾矿坝尾砂液化参数

尾砂名称	统计参数	平均粒径 d_{50}/mm	不均匀系数/C_u	黏粒含量/%	相对密度
尾细砂	平均值	0.143	4.4	3.3	52
	置信区	0.128 ~ 0.158	3.4 ~ 5.4	2.6 ~ 4.0	41 ~ 63
尾粉砂	平均值	0.108	15.3	7.0	81
	置信区	0.100 ~ 0.116	12.7 ~ 17.9	6.3 ~ 7.7	67 ~ 95
尾粉土	平均值	0.046	14.6	10.9	—
	置信区	0.042 ~ 0.056	11.7 ~ 17.5	9.0 ~ 12.8	—
尾粉质黏土	平均值	0.035	16.7	14.7	—
	置信区	0.032 ~ 0.038	15.2 ~ 18.2	13.4 ~ 16.0	—

注：统计数据均在孔深 20m 内测定，均值置信区的置信概率为 95%。

5.4.5.2 德兴铜矿四号尾矿库中线法堆坝生产实践[229~231]

A 概况

德兴铜矿四号尾矿库位于大山选矿厂以北的西源大沟内，是亚洲最大的尾矿库，采用中线法筑坝工艺，设计总库容 8.35×10^8m^3，使用年限 40a，采用分期建设方案，1988 年建成，1991 年投入使用，承担德兴铜矿一、二、三期选矿厂尾矿堆存任务。

该尾矿库在国内首次采用中线法堆坝，由于中线法堆坝工艺先进，要求严格，国内无成熟的经验可供借鉴，加之尾矿库汇水面积大，且地处南方多雨地区，尾矿库防洪和坝坡防护困难大。但是，矿山通过加强生产技术管理，不断完善堆坝工艺，精心组织生产，为中线法堆坝生产及安全管理摸索出一套成功经验。四号尾矿库投产至今，一直安全运营，2005 年尾矿库安全现状评价结论为：“四号尾矿库的安全状况达到了 A 类尾矿库水平，安全生产条件较好，生产活动有安全保障。”

B　堆坝生产工艺

a　尾矿库基本设计参数

初期坝坝址地面标高 72m，坝顶标高 110m，坝顶宽 10m，坝轴线长 180m，为碾压式黏土斜墙堆石坝，堆积坝设计最终标高 280m，坝外坡比 1∶3，汇水面积 14.3km^2，最终坝轴线长 1800m。坝基采取水平排渗，库内排洪设施由斜槽-隧洞组成，最大泄洪流量 12.2m^3/s。

b　堆坝工艺流程

尾矿库采用中线法堆坝工艺。尾矿用直径 660mm Krebs 型水力旋流器进行两段分级，东侧分级站处理大山选矿厂尾矿，西侧分级站处理泗洲选矿厂尾矿，其中二段粗砂用于堆坝，一、二段溢流矿浆均排入库内（见图 5-20）。东西两侧的一段分级站为固定式，二段旋流器布置于坝面，可随坝顶升高和堆坝需要进行移动。旋流器分级的设计技术指标见表 5-25 和表 5-26。

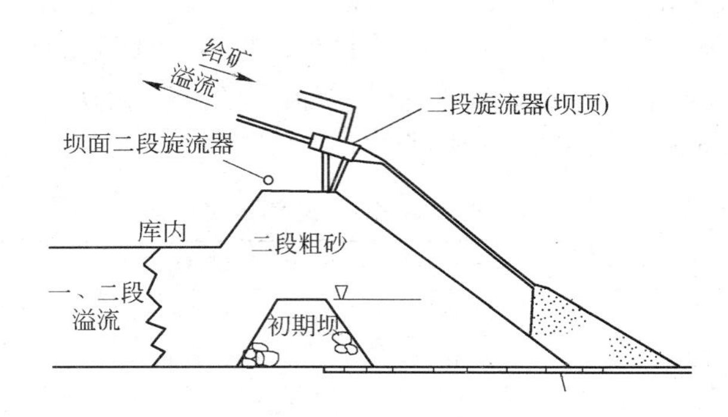

图 5-20　坝顶二段旋流器分级堆坝示意图

表 5-25　四号尾矿库旋流器分级设计技术指标表

分级段	给矿		底流补加水量	沉砂		产砂率	总砂率
	浓度/%	-0.074mm 含量/%	/$m^3 \cdot h^{-1}$	浓度/%	-0.074mm 含量/%	/%	/%
一段分级	30.89	65.0	2500	50	28.2	46.5	30.2
二段分级	40.00	28.2	1000	65	15.0	65.0	

注：全尾矿浓度 30.89%，-0.074mm 含量 65%；设计堆坝粗砂产率 25%，-0.074mm 含量小于 15%。

表 5-26　四号尾矿库不同时期设计要求的粗砂产率

坝顶标高/m	<110	110～120	120～130	130～170	170～200	200～280
粗砂产率/%	25	25	25	25	20	6.7

尾矿坝堆筑采用中线法，以初期坝为中线垂直上升。为了保证尾矿坝的堆坝速度，减少二段分级旋流器和管道的频繁移动，尾矿坝分期堆筑，每期升高 10m 左右。尾矿堆坝工

艺流程如图 5-21 所示。

c 坝体堆筑方法

堆积坝升高采用进占法，升高坝顶时，二段分级旋流器架设于尾矿坝坝轴线两端，以粗砂堆积成的坝体作为基础，分别向另一端分段进占。坝顶施工一般安排在汛期过后，坝顶合拢应在第二年的汛前完成。坝顶堆坝施工采用推土机配合，按约 60m 左右一段分几次移动旋流器进行。

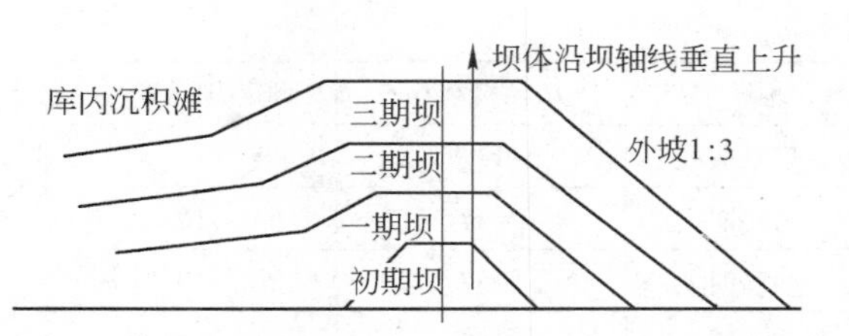

图 5-21 四号尾矿库中线法堆坝工艺示意图

堆坝施工程序为先加高坝顶然后再加厚坝体。每期堆积坝升高的高度一般控制在 10m 左右为好。一次上升太高，堆坝施工周期长，影响坝体边坡稳定；上升高度太小，则坝顶加高工作过于频繁，生产管理不便。

坝顶加高工作完成以后，再将二段旋流器沿坝轴线下游侧均匀布置，通过交叉开启旋流器将堆坝粗砂分区排放。粗砂输送至边远地区采用轻质管材导流，二段溢流尾砂从坝前排入库内。

C 堆坝生产情况

四号尾矿库从 1991 年开始投入生产，至 2007 年 11 月共进行了 10 期坝体堆筑，坝顶标高从初期坝顶的 110m 上升至第十期坝顶的 214m；坝轴线长度由初期坝的 180m 增加到第十期坝的 840m，目前尾矿库累计堆积尾矿量 54000 万吨，总坝高为 146m。1991 ~ 1997 年尾矿库生产情况统计见表 5-27，1991 ~ 2008 年尾矿库堆坝情况统计见表 5-28。

表 5-27 1991 ~ 1997 年尾矿库生产情况统计

项 目	1991 年 6 ~ 12 月	1992 年	1993 年	1994 年	1995 年	1996 年	合 计
进库尾矿量/万吨	275	565	1060	1353	1590	1770	6613
粗砂产量/万吨	19	73.5	159	209	262	354	1076.5
综合产砂率/%	7	13	15	15.5	16.5	20	平均 16
粗砂 -0.074mm 含量/%				19.8	16	16	
坝顶标高/m	110	110	117	125	137	147	
防洪高度/m	6.0	6.0	3.0	3.0	3.0	3.0	
坝体浸润线位置/m		72.0	72.0	72.0	72.0	72.0	
粗砂流失/万吨	30	20	25	25	0	0	100
原尾矿(三期)/%	30	29	27	26	26	26	
浓度(一、二期)/%			14	15	16	18	

表 5-28 1991 ~ 2008 年尾矿库堆坝情况统计

堆积坝	坝顶标高/m	堆积坝高度/m	坝轴线长/m	堆积砂量/万吨	筑坝日期
初期坝	110		180		
第一期坝	117	7	230	90	1991.2 ~ 1992.12
第二期坝	125	8	300	160	1993.1 ~ 1994.4

续表 5-28

堆积坝	坝顶标高/m	堆积坝高度/m	坝轴线长/m	堆积砂量/万吨	筑坝日期
第三期坝	137	12	380	260	1994. 5～1995. 4
第四期坝	147	10	500	402	1995. 5～1996. 5
第五期坝	157	10	520	416	1996. 6～1997. 8
第六期坝	168	11	590	430	1997. 9～1998. 7
第七期坝	177	9	650	510	1998. 8～1999. 1
第八期坝	191	14	700	960	1999. 2～2002. 6
第九期坝	203	12	800	2442	2002. 7～2006. 2
第十期坝	214	11	840	1305	2006. 3～2008

D　存在的问题及解决措施

a　前期粗砂产量不足

由于选矿厂投产后分级堆坝滞后、尾矿经人工二次选矿后再直接入库、二段分级给矿稀释水量及前期经验不足等原因，1997 年以前粗砂产率没有达到设计要求，产砂量严重不足，造成前期粗砂欠产达 567. 6 万吨，影响了尾矿库后期堆积坝的正常堆筑。

针对这些问题，企业采取了如下措施提高旋流器分级粗砂产率：

(1) 1992 年从库内浮船至大山选矿厂的回水管路上引一路回水管至分级站，增加水供应量 1. 5 万吨/天，确保了二段分级补加水的正常供应，明显提高了二段旋流分级效果及综合粗砂产率。

(2) 1994 年通过尾矿旋流分级工业试验，找出了不同尾矿浓度条件下旋流器分级的合理工艺参数，并及时优化现场操作，使粗砂产率有了明显的提高；1997 年后随着选矿厂尾矿浓度的逐年提高和现场多次调整旋流器分级工艺参数使其进一步优化，粗砂产率逐步达到设计要求，并弥补了部分欠产粗砂。

(3) 在不影响堆积坝安全的前提下，调整一段旋流器分级工艺参数，把一段粗砂产率控制在 40% 左右，粗砂中 -0. 074mm 含量控制在 20% 以下，并直接排放在安全稳定系数较大的东、西两侧山凹中，彻底解决了粗砂的欠产问题。

b　二段分级给矿压力不足

保证足够的给矿压力，是确保旋流分级效果的必要条件。随着坝体升高，二段旋流器与一段分级站的高差越来越小，当高差低于 10m 后，靠自然高差产生的给矿压力无法满足二段分级的需要。为此，在一段分级站以下增设加压泵站，将一段分级底流加压后再进行二段分级，这样既延长了一段分级站的使用周期，有利于现场生产管理，又稳定了二段分级的给矿压力，确保了二段分级效果。

c　防止粗砂流失

中线法堆坝无黄土覆盖层及植被，防冲刷能力较差，遇大的降雨冲刷易造成粗砂流失。为此，生产过程中采用多级拦砂的工程措施，并在一段时间内采用坝体固砂防冲刷技术，从而大大减少了尾砂的流失量和下游的清理费用。

d　大坝防洪高度不足

由于二段溢流浓度偏低、粒度偏细，形成的沉积滩坡度偏缓，1993～1996 年大坝防洪高度偏低，低于设计标准。1996 年后的每年汛前，采用一段底流充填库内坝前，使尾砂快速沉积在坝前，形成沉积干滩。由此，防洪高度由 1996 年的 3m 提高到目前的 3.5m 以上，防洪能力达到“千年一遇”防洪标准。

E　堆积坝的边坡稳定性分析

a　分析背景

四号尾矿库投产使用至 2000 年，已堆积尾矿量约 $12000\times10^4 m^3$，尾矿堆积坝高度约 110m，并在堆积坝上游形成 400 多米的沉积滩，达到了使用中期。从管理需要出发，进行了尾矿堆积坝现状（中期）稳定性分析和最终稳定性预测。

b　坝体基本特性

（1）岩土工程特性。堆积坝尾矿按粒度组成，划分为尾粉砂、尾亚砂、尾轻亚黏三个主要层次。据各层尾砂的物理力学指标，选定了坝体稳定分析各分区的参数，具体如表 5-29 所示，其中 4 区为初期坝外坡的尾轻亚黏，取高压参数。

表 5-29　稳定性计算指标参数

分析目标	计算方法	强度指标	1 区		2 区		3 区		4 区	
现状分析	总应力法	天然快剪	C	Φ	C	Φ	C	Φ	C	Φ
			19.3	33.0	21.1	34.3	18.1	33.4	—	—
	有效应力法	固结不排水剪	C'	Φ'	C'	Φ'	C'	Φ'	C'	Φ'
			3.4	22.3	4.5	24.8	6.0	25.3	—	—
加高分析	有效应力法	固结不排水剪	C'	Φ'	C'	Φ'	C'	Φ'	C'	Φ'
			3.4	22.3	4.5	24.8	4.7	27.3	66.0	19.1
干密度/$g\cdot cm^{-3}$（修正值）			18.0		18.0		18.0		18.0	
饱和密度/$g\cdot cm^{-3}$（修正值）			20.0		20.0		20.0		20.0	

（2）坝体浸润线条件。浸润线在沉积滩中降落缓慢，从库区水位（约 175m）至初期坝顶（约 130m）的水力坡度约为 11.25%。接近初期坝时，水力坡度逐渐增大，特别是越过初期坝顶后，成陡降曲线，其水力坡度为 1.5∶1 左右。浸润线出露位置低于坝脚，未从坡面溢出，坝坡稳定。

尾矿堆积坝采用中线法堆坝工艺，尾矿经二段旋流器分选，粗颗粒尾砂（占总量 25%）用于堆坝，堆积坝的各阶段堆坝点及堆坝边坡坡角均为人工控制；细颗粒尾砂排入沉积滩及尾矿库内，尾砂呈自然沉积，其沉积坡为自然形成。

根据堆积坝的尾砂物理力学指标、坝体浸润线以及尾矿库内水位受人工调节等情况，就溃坝的危害性而论，坝的安全性主要在于堆积坝边坡的稳定性。因此，仅进行了堆积坝的边坡稳定性分析。

c　现状稳定性分析

从颗粒组成的角度，堆积坝外坡尾矿砂可分为尾粉砂、尾亚砂、尾轻亚黏，宏观上三层砂自上而下依次分布，但就整个堆积坝边坡而言，各砂层的厚薄及物理力学性质均存在一定的差异。为使稳定性计算尽可能合理反映堆积坝边坡的现状，分别选取了堆积坝三个代表性横剖面进行综合分析，并建立相应的计算模型。

坝坡安全系数计算设定的边界条件为：初期坝强度足够大、滑动面不切穿初期坝、滑动面不切穿基底千枚岩。采用自动搜索法，确定最小安全系数、相应的圆心位置与滑动半径，具体计算结果如下：

（1）有效应力法：K_{min} = 1.311（低压固结不排水剪指标）；

（2）总应力法：K_{min} = 1.80（天然快剪指标）。

从以上计算结果可以看出，采用总应力法计算时，最小安全系数值偏大。根据相关经验，天然快剪强度指标较大，应用于边坡稳定性计算的可靠度偏低。而低压固结不排水剪的有效强度指标与经验值基本相吻合，采用有效应力法计算时，结果较为合理。

通过对计算结果（1）进一步分析发现，最不利滑动面位于坝坡表层 20m 深度范围内，其安全系数 K = 1.311。根据《选矿厂尾矿设施设计规范》，对工程安全等级为一级的边坡工程，要求安全系数 K 值（基本荷载组合）不小于 1.30。由此可见，目前的堆积坝边坡的稳定性安全系数符合规范要求。

d 尾矿堆积坝堆至设计高度 210m 的稳定性预测

尾矿堆积坝设计最终堆坝高度为 210m（标高为 280m），比现有坝体高度高出 100m，为预测其稳定性，按前述方法建立相应的计算模型。

计算采用自动搜索法确定最小安全系数，结果为：滑动圆心（0.750），滑动半径为 729.5m，最小安全系数 K = 1.307；达到规范要求。

综合以上分析，尾矿堆积坝坝坡现状及堆高至 210m 的稳定性好，深层滑动破坏的可能性小，但松散的表层砂稳定性稍差。相应的对策如下：

（1）控制尾矿堆积坝的增高速率，避免松散层过度增厚，防止坡面的滑移变形。

（2）在尾矿堆积坝坝体内，埋设孔隙水压力仪及坝体变形、位移等观测设备，定期进行观测，及时发现和处理隐患。

（3）加大堆坝粗砂产量，提高坝坡的排水渗透性，保证坝坡脚排水垫层的透水能力。

（4）控制尾矿库内水位，增设坝体排水设施，降低浸润线。

（5）做好尾矿堆积坝外坡坡面雨水冲刷的防护工作，避免局部滑坡引起坝坡的滑移变形。

5.5 尾矿库的安全维护管理

5.5.1 尾矿库安全管理的任务与要求

5.5.1.1 安全管理的范畴及基本要求

尾矿库安全监督管理的范畴包括尾矿库的建设、运行、闭库和闭库后再利用。

《尾矿库安全技术规程》（AQ 2006—2005）共计 12 个部分，分别对尾矿库建设（勘察、设计、施工）、生产运行（包括安全检查）、闭库和闭库后再利用等不同阶段的安全技术要求和技术标准作了规定，同时还对尾矿库安全评价的要求和尾矿库安全度的划分作了规定。

5.5.1.2 尾矿库勘察、设计、安全评价和施工管理要求

根据《尾矿库安全技术规程》，尾矿库的勘察、设计、安全评价、施工管理应符合如下要求：

（1）尾矿库的勘察、设计、安全评价、施工及施工监理等应由具有相应资质的单位承担。

（2）尾矿库建设项目安全设施设计审查与竣工验收应符合《非煤矿矿山建设项目安全设施设计审查与竣工验收办法》及有关法律、法规的规定。

（3）尾矿库工程设计应包括安全专篇。

（4）尾矿库建设项目应进行安全设施设计并经审查合格，方可施工。

（5）已投入生产运营的尾矿库无正规设计或资料不齐全的，生产单位应在安监部门规定的限期内进行勘测，补齐必要的资料。

（6）涉及尾矿库库址、等别、尾矿坝坝型、排洪方式等重大设计方案变更时，应报经尾矿库建设项目安全设施设计的原审批部门批准。

（7）施工中需对设计进行局部修改的，应经原设计单位认可。

（8）对生产运行中的尾矿库，未经技术论证和安全生产监管部门批准，任何单位和个人不得对下列事项进行变更：

1）筑坝方式；

2）坝型、坝外坡坡比、最终堆积标高和最终坝轴线的位置；

3）坝体防渗、排渗及反滤层的设置；

4）排洪系统的形式、布置及尺寸；

5）设计以外的尾矿、废料或者废水进库等。

（9）尾矿库每三年至少进行一次安全评价。

5.5.1.3 尾矿库经营单位安全管理的基本要求

根据《尾矿库安全技术规程》，尾矿库经营单位安全管理基本要求如下：

（1）组织建立、健全尾矿库安全生产责任制，制定完备的安全规章制度和操作规程。

（2）保证尾矿库具备安全生产条件所必需的资金投入。

（3）配备相应的安全机构或安全人员，并配备与工作需要相适应的专业技术人员或具有相应工作能力的人员。

（4）针对垮坝、漫顶等生产安全事故和重大险情制订应急救援预案，并进行预案演练。

（5）建立尾矿库工程档案，特别是隐蔽工程的档案，并长期保管。

（6）尾矿库施工应执行有关法律、法规和国家标准、行业标准的规定，严格按照设计施工，做好施工记录，确保工程质量。

（7）从事尾矿库放矿、筑坝、排洪和排渗设施操作的专职作业人员必须取得特种作业人员操作资格证书，方可上岗作业。

（8）按照《非煤矿矿山企业安全生产许可证实施办法》的有关规定，为其尾矿库申请领取安全生产许可证。

5.5.1.4 尾矿库安全标准化系统

《金属非金属矿山安全标准化规范——尾矿库实施指南》参照《金属非金属矿山安全标准化规范导则》制定，用于指导尾矿库创建安全标准化系统，以达到对安全生产工作实施标准化管理，不断消除和控制生产过程中的风险，持续改进安全生产绩效，防止人身伤害或财产损失事故发生的目的。

《金属非金属矿山安全标准化规范——尾矿库实施指南》规定，尾矿库的安全标准化系统由9个元素、38个子元素组成。9个元素分别是：（1）安全生产组织保障；（2）危险源辨识与风险评价；(3) 安全教育培训；(4) 尾矿库建设；(5) 尾矿库运行；(6) 检查；(7) 应急管理；(8) 事故、事件报告、调查与分析；(9) 绩效测量与评价。

5.5.2 尾矿库安全事故与病害隐患

5.5.2.1 尾矿库安全事故及其损害

尾矿库的安全事故，主要表现为溃坝和尾矿泄漏，往往导致大量的人员伤亡、建筑物损坏和环境污染，从而损失惨重。表 5-30 列出了近 10 年来国内发生的重大尾矿库安全事故及其损害情况。

表 5-30 近 10 年来国内发生的重大尾矿库安全事故简表

时 间	矿山/公司	事 故 概 要	伤 亡 损 失
2000. 10. 18	广西南丹县鸿图选矿厂	尾矿库垮坝	死 28 人，伤 56 人，直接经济损失 340 万元
2004. 04. 22	陕西凤县安河铅锌选矿厂	尾矿库排水管破裂发生泄漏	废水/矿浆流入嘉陵江，产生水体污染
2004. 09. 22	陕西渭南华西矿业公司黄村铅锌矿	尾矿库排水管破裂发生泄漏	废水/矿浆流入嘉陵江，产生水体污染
2005. 09. 21	广西平乐县二塘锰矿	尾矿库溃坝	形成泥石流，冲毁村庄、农田，伤 3 人
2005. 11. 08	山西浮山县峰光选矿厂	尾矿库溃坝	形成泥石流，死 8 人
2006. 04. 23	河北迁安市蔡园镇庙岭沟铁矿	尾矿库溃坝	形成泥石流，死 6 人
2006. 04. 30	陕西镇安县黄金矿业公司	尾矿库溃坝，形成泥石流	冲毁村庄、农田，造成氰化物污染，死 17 人，伤 5 人，直接经济损失 492 万元
2006. 08. 15	山西娄烦县银岩选矿厂和新阳选矿厂	尾矿库溃坝，形成泥石流	冲毁村庄、农田、车间、加油站、民房及商铺，死 7 人，伤 21 人
2007. 05. 18	山西繁峙县宝山矿业公司	尾矿库溃坝，形成泥石流	冲毁桥梁、变电站、公路，农田被淹，经济损失 4000 多万元
2007. 11. 25	辽宁海城市甘泉镇西洋鼎洋矿业公司（铁矿）	尾矿库溃坝，形成泥石流	13 人死亡，3 人失踪，39 人受伤，部分房屋被冲毁
2008. 04. 22	山东蓬莱县金鑫实业总公司尖沟矿井	采空区塌陷引起尾矿库泄漏	8 人死亡
2008. 09. 08	山西襄汾县新塔矿业有限公司	尾矿库溃坝，形成泥石流	277 人死亡，被称为“人类历史上最大的尾矿库溃坝灾难”
2006. 12. 27	贵州紫金矿业有限公司贞丰县水银洞金矿	尾矿库溃坝	约 $20 \times 10^4 m^3$ 尾矿下泄，排入 2 座水库中，形成水体污染，1 人轻伤
2009. 05. 14	湖南花垣县兴银锰业公司	尾矿库溃坝	一幢民房被冲垮，3 人死亡，4 人轻伤
2009. 09. 21	广东信宜县紫金矿业信宜银岩锡矿	受强降雨影响，尾矿库溃坝，形成泥石流	28 人死亡或失踪，冲毁下游村庄、民房

5.5.2.2 尾矿库的直接病害隐患

从尾矿库安全管理角度，导致尾矿库安全事故的直接因素包括：尾矿堆积坝边坡过陡，浸润线逸出，裂缝，渗漏，滑坡，坝外坡裸露拉钩，排洪建筑场排洪能力不足，排洪构筑物堵塞，排洪构筑物错动、断裂、垮塌，干滩长度不够，安全超高不足，抗震能力不足，库区渗漏，崩岸和泥石流，地震等。

根据徐宏达的调查统计分析，国内尾矿库病害主要表现为八大类，具体见表5-31[232]。

表5-31 国内尾矿库病害分类统计（截止到2000年8月份）

病害分类	病害描述	所占比例/%			
		黑色	其他	全国	灾害
		49件	29件	78件	45件
Ⅰ	坝坡失稳（各种滑坡）	0	3.4	1.3	0
Ⅱ	初期坝漏矿	8.2	0	5.1	4.5
Ⅲ	雨水或矿浆回流造成坝面拉钩，子坝溃口等	14.3	0	9.0	2.2
Ⅳ	库内滑坡、喀斯特等坝址问题	14.3	13.8	14.1	11.1
Ⅴ	坝坡、坝基、坝肩等渗水、管涌流沙，坝面沼泽化	20.4	3.4	14.1	4.5
Ⅵ	排洪系统的构筑物破坏	32.7	20.8	28.2	33.3
Ⅶ	洪水浸坝等原因溃坝	6.1	58.6	25.6	44.4
Ⅷ	地震引起的裂缝、位移等	4.1	0	2.6	0

溃坝无疑是尾矿库最严重的灾害事故，李全明等对2001～2007年我国尾矿库溃坝事故成因分析得出，洪水漫坝、坝坡失稳（稳定性破坏）、渗流破坏、结构破坏是尾矿库溃坝的主要类型（见图5-22）[233]。

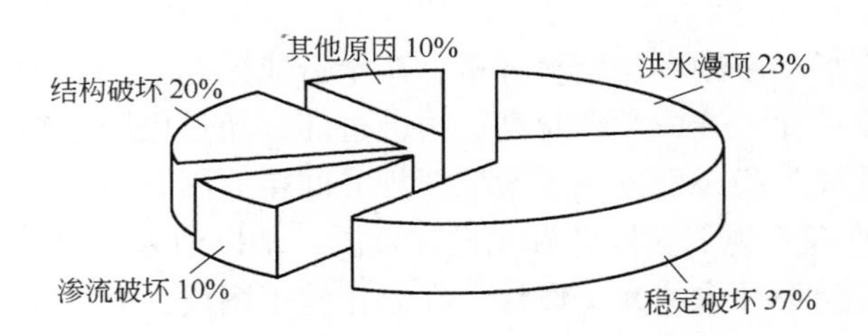

图5-22 2001～2007年我国尾矿库溃坝事故类型[233]

另外，郑欣、束永保等人在系统分析引起尾矿坝溃坝的主要因素基础上，分别建立了尾矿坝溃坝的事故树分析图，具体请参见文献[234，235]。

5.5.2.3 典型尾矿库安全事故分析

A 山西省襄汾县塔儿山铁矿尾矿库溃坝事故[236]

2008年9月8日7时50分左右，襄汾县新塔矿业公司塔儿山铁矿尾矿库突然溃坝，形成泥石流，混杂矿渣的泥水带着巨大冲力从半山腰一泻而下，下泄尾矿量$19\times10^4m^3$，流经长度达2km，淹没面积35.9公顷，死亡277人，失踪4人，直接经济损失9619.2万元，被称为“人类历史上最大的一次尾矿库溃坝灾难”。

发生事故的尾矿库位于襄汾县陶寺乡，总库容量约 $3\times10^4m^3$，坝高 50m。事故发生的直接原因是：企业违法违规生产和建库，隐患排查治理走过场，安全整改措施不落实，当地政府及有关部门监督管理不得力等。具体的技术原因是：已闭库的尾矿库未经论证重新启用，在旧库基础上挖库排尾，水位不断被抬高，水对土壤渗透破坏力增强，改变了坝的坡度，造成尾矿库大面积液化，坝体失稳，从而引发了溃坝事故[237]。

B　贵州省贞丰县水银洞金矿尾矿库溃坝事故

2006 年 12 月 27 日 12 时 20 分，贵州紫金矿业股份有限公司贞丰县水银洞金矿尾矿库子坝发生塌溃事故，约 $20\times10^4m^3$ 尾矿下泄，造成 1 人轻伤，下游 2 座水库受到污染。

发生事故的尾矿库于 2001 年建设，2003 年 8 月建成投产，2005 年 8 月取得安全生产许可证。设计库容 $46.5\times10^4m^3$，现堆积库容量约 $23.5\times10^4m^3$。主坝设计高度为 37m，当时实际高度为 33.6m。筑坝方式为上游式，库型为山谷型，属四等库。

经调查，该尾矿库存在的主要问题是：违规超量排放尾矿，库内尾砂升高过快，尾砂固结时间缩短；干滩长度严重不足。

事故的技术原因是：该尾矿库子坝加高至 1388.6m(标高)左右高程（第 9 级）时，干滩长度仅 14m，此时推土机、履带式挖掘机各一辆在子坝上进行平整作业，在机械扰动下，造成子坝下的尾矿液化，子坝失稳垮塌约 130m 长，尾矿浆流淌冲毁 2 ~ 9 级堆筑的子坝。

C　辽宁省海城西洋鼎洋矿业公司选矿厂尾矿库溃坝事故[238]

2007 年 11 月 25 日 5 点 50 分左右，辽宁省鞍山市海城西洋鼎洋矿业有限公司选矿厂 5 号尾矿库发生溃坝事故，致使约 $54\times10^4m^3$ 尾矿下泄，造成该库下游约 2km 处的甘泉镇向阳寨村部分房屋被冲毁，13 人死亡，3 人失踪，39 人受伤（其中 4 人重伤）。

发生溃坝的 5 号尾矿库设计库容 $36.78\times10^4m^3$，设计最大坝高 14m，内外坡比 1：2，为一次性建筑土石坝。

经专家对事故现场初步勘察、资料分析，认定造成这起事故发生的直接原因是：该库擅自加高坝体，改变坡比，造成坝体超高、边坡过陡，超过极限平衡，致使 5 号尾矿库南坝体的最大坝高处坝体失稳，引发深层滑坡溃坝。间接原因有：

（1）设计单位管理不规范。设计方无设计资质，却以他人的设计资质承揽设计；在未签外聘合同的情况下组织外单位人员设计；在未作施工图设计和缺少验收条件的情况下在工程验收单上盖章。

（2）建设单位严重违反设计施工，擅自加高坝体，改变坡比，造成坝体超高，边坡过陡，坝体失稳。

（3）施工单位管理混乱。施工单位未与建设单位签订合同，仅以劳务合作形式提供施工人员，却在工程验收单施工单位上盖章。

（4）监理单位失职，未与建设单位签订监理合同，未对二期工程进行有效的监理。

（5）验收评价机构不认真、不负责，在没有施工记录、竣工报告、竣工图和监理报告的情况下，做出了该尾矿库是正常库、具备安全生产条件的评价结论。

（6）安全生产许可工作审查把关不严。该尾矿库二期工程 11 月 6 日取得安全生产许可证，11 月 25 日即发生溃坝事故。

D 山西省繁峙县宝山矿业公司尾矿库溃坝事故[239]

2007年5月18日，山西宝山矿业有限公司尾矿库发生溃坝事故，库内近$100 \times 10^4 m^3$的尾矿持续下泄近30h，造成下游近100名村民被迫疏散，太原钢铁公司峨口铁矿铁路专用线桥梁、变电站及部分工业设施被毁，繁（峙）五（台）线交通公路被迫中断，近500亩（33.3公顷）农田被淹，峨河、滹沱河河道堵塞，直接经济损失达4000多万元。

发生事故的尾矿库设计库容$540 \times 10^4 m^3$，设计坝高100m。事故发生的主要原因是：

（1）尾矿库排渗（排洪）管断裂，回水浸蚀坝体，导致坝体逐步松软，并最终塌溃；

（2）企业未按设计要求堆积子坝，擅自将中线式筑坝方式改为上游式筑坝方式，且尾矿坝外坡坡比超过规定要求，造成坝体稳定性降低；

（3）企业安全投入不足，未按规定铺设尾矿坝排渗反滤层；

（4）在增加选矿能力时，没有按要求对尾矿排放进行安全论证。

E 广西省南丹县鸿图选矿厂尾矿库垮坝事故[240]

2000年10月18日上午9时50分，广西南丹县大厂镇鸿图选矿厂尾矿库发生重大垮坝事故，共造成28人死亡，56人受伤，70间房屋不同程度毁坏，直接经济损失340万元。

该尾矿库依照大厂矿区其他尾矿库模式，利用一条山谷建成山谷型上游式尾矿库，既没有进行设计，也没有经过有关部门和专家评审。事故后验算库容为$27400m^3$，实际服务年限仅为1.5a。尾矿库基础坝是用石头砌筑的一道不透水坝，坝顶宽4m，地上部分高2.2m，埋入地下约4m。后期坝采用人工集中放矿筑子坝的冲积法筑坝，后期坝总高9m，坝面水平长度25.5m，事故前坝高和库容已接近最终闭库的数值。

事故发生时，首先是尾矿库后期坝中部底层垮塌，随后整个后期堆积坝全面垮塌，共冲出水和尾砂$14300m^3$。尾砂和库内积水直冲坝首正前方的山坡反弹回来后，再沿坝侧20m宽的山谷向下游冲去，一直冲到离坝首约700m处，其中绝大部分尾矿砂则留在坝首下方的30m范围内。事故将尾矿坝下的34间外来民工工棚和36间铜坑矿基建队的房屋冲垮和毁坏。

事故的直接原因是：基础坝不透水，基础坝与后期堆积坝之间形成一个抗剪能力极低的滑动面，加之尾矿库长期人为蓄水过多，干滩长度不够，致使坝内尾砂含水饱和、坝面沼泽化，坝体始终处于浸泡状态而得不到固结，最终因承受不住巨大压力，而沿基础坝与后期堆积坝之间的滑动面垮塌。

5.5.3 尾矿库的安全评价

5.5.3.1 安全评价的任务和类别

尾矿库安全评价，是对尾矿库安全设施安全性和安全管理健全性的评价。尾矿库安全设施包括初期坝、堆积坝、副坝、排水设施、排渗设施、尾矿库坝体位移观测设施和照明观测设施、通讯设施及其他影响尾矿库的安全设施。尾矿库安全管理包括机构设置、人员配置及资质、安全生产管理制度、安全生产责任制、安全操作规程、应急预案、安全管理档案等。

尾矿库安全评价属专项安全评价，包括建设期间的安全预评价、验收安全评价、生产运行期的安全现状综合评价及闭库时的安全评价。

安全预评价，应在可行性研究（或方案）审查报批前完成；施工验收安全评价应在工程完工验收前完成；安全现状综合评价应每三年进行一次；闭库安全评价应在闭库前一年完成。

尾矿库安全预评价，旨在分析拟建项目设计、建设、运营及安全管理方面可能存在的危险、危害和注意事项，提出对策措施和建议，为设计、建设、运营提供科学指导依据。

尾矿库验收安全评价，旨在检查项目安全设施施工与主体工程同时设计、同时施工、同时投入生产和使用的情况，检查安全生产规章制度、事故应急预案建立情况，检查安全预评价提出的注意事项和安全对策措施的贯彻落实情况。因此，验收安全评价主要是在安全预评价的基础上，对各项安全设施施工不合格、安全管理制度不健全、安全对策措施未落实等可能造成潜在危险、危害进行辨识和分析，是对安全预评价危险、有害因素辨识和分析的补充。

尾矿库安全现状评价，是针对尾矿库工程安全设施和安全管理的现实安全性评价。因此，现状评价应在分析尾矿库事故原因的基础上，辨识、分析导致事故的各类危害。

5.5.3.2　安全评价的程序及方法

A　尾矿库安全评价的工作程序

尾矿库安全评价的工作程序包括：前期工作（现场调查、收集相关的设计、运行资料等）和报告编制工作（危险因素辨识、相关的验算和编写安全评价报告等）。

四等以上尾矿库安全评价报告须经安全生产监督管理部门指定单位评审合格后，报送安全生产监督管理部门备案。评审不合格的，需进行修改补充。两次评审不合格的，由建设单位重新委托评价单位编制安全评价报告。

B　尾矿库安全评价方法

评价方法的选择决定着安全评价结论的准确性、合理性和指导性。尾矿库安全预评价是对拟建项目的评价，应采用预先危险性分析法（PHA），分析全面；验收安全评价是对尾矿库正式投产前安全设施和安全管理是否符合有关要求的评价，应采用安全检查表法，目标具体、明确；安全现状评价应采用模拟分析、符合验算和风险分析等方法，如坝体稳定性计算模拟、调洪演算、渗流计算等。

5.5.3.3　尾矿库的安全度分类[223]

《尾矿库安全技术规程》规定，尾矿库安全度主要根据尾矿库防洪能力和尾矿坝坝体稳定性确定，具体分为危库、险库、病库、正常库四类。

A　危库

尾矿库有下列工况之一的为危库：

（1）尾矿库调洪库容不足，在最高洪水位时不能同时满足设计规定的安全超高和最小干滩长度的要求，不能保证尾矿库的防洪安全；

（2）排洪系统严重堵塞或坍塌，不能排水或排水能力急剧降低；

（3）排水井显著倾斜，有倒塌的迹象；

（4）坝体出现深层滑动迹象；

（5）经验算，坝体抗滑稳定最小安全系数小于0.95（按瑞典圆弧法计算）；

（6）其他危及尾矿库安全运行的情况。

B　险库

尾矿库有下列工况之一的为险库：

（1）尾矿库调洪库容不足，在最高洪水位时不能同时满足设计规定的安全超高和最小干滩长度的要求，但平时对坝体的安全影响不大；

（2）排洪系统部分堵塞或坍塌，排水能力有所降低，达不到设计要求；

（3）排水井有所倾斜；

（4）坝体出现浅层滑动迹象；

（5）经验算，坝体抗滑稳定最小安全系数小于0.98（按瑞典圆弧法计算）；

（6）坝体出现贯穿性横向裂缝，且出现较大管涌，水质混浊，挟带泥砂或坝体渗流在堆积坝坡有较大范围逸出，且出现流土变形；

（7）其他影响尾矿库安全运行的情况。

C 病库

尾矿库有下列工况之一的为病库：

（1）尾矿库调洪库容不足，在最高洪水位时不能同时满足设计规定的安全超高和最小干滩长度的要求；

（2）排洪系统出现裂缝、变形、腐蚀或磨损，排水管接头漏砂；

（3）堆积坝的整体外坡坡比陡于设计规定值，但对坝体稳定影响较小，或虽符合设计规定，但部分高程上堆积边坡过陡，可能出现局部失稳；

（4）经验算，坝体抗滑稳定最小安全系数小于规程规定值；

（5）浸润线位置过高，渗透水自高位出逸，坝面出现沼泽化；

（6）坝面出现较多的局部纵向或横向裂缝；

（7）坝体出现小的管涌并挟带少量泥砂；

（8）堆积坝外坡冲蚀严重，形成较多或较大的冲沟；

（9）坝端无截水沟，山坡雨水冲刷坝肩；

（10）其他不正常现象。

D 正常库

尾矿库同时满足下列工况的为正常库：

（1）尾矿库在最高洪水位时能同时满足设计规定的安全超高和最小干滩长度的要求；

（2）排水系统各构筑物符合设计要求，工况正常；

（3）尾矿坝的轮廓尺寸符合设计要求，稳定安全系数及坝体渗流控制满足要求，工况正常；

（4）尾矿库安全生产管理机构和规章制度健全。

5.5.3.4 安全评价报告

安全评价报告的内容包括前言、目录、编制说明、尾矿库设计概况、尾矿库现状、尾矿库危险因素辨识、尾矿坝稳定性验算与安全性评价、尾矿库洪水验算、排洪构筑物能力和结构强度验算与防洪安全性评价、评价结论、存在问题和建议等。

（1）尾矿库自然状况简明扼要的说明，包括尾矿库的地理位置、周边人文、环境、库形、库底与周边山脊的高程、工程地质概况等。

（2）尾矿坝设计情况的说明，包括初期坝的结构类型、坝顶标高、坝高、坝顶宽度、内外边坡坡比、反滤层设置情况、尾矿堆坝方法、最终堆积标高、总库容、堆积坝的外坡平均坡比、坝体、坝基岩土的物理力学指标和对不良地质现象采取的工程措施等。

（3）尾矿库防洪简明扼要的叙述，包括尾矿库的等别、防洪标准、暴雨洪水总量、洪峰流量、排洪系统的形式、溢洪道的类型/尺寸、排水井的类型/尺寸、排洪隧洞的结构形式/尺寸以及系统的排洪能力等。

（4）现状安全评价报告应对坝体坝面防护情况、沉陷、裂缝、坍塌、位移和坝面渗流破坏情况（包括管涌、流土等现象），坝内排渗设施效果及坝体浸润线观测的情况作简明扼要的叙述。

（5）对于非正规设计、设计资料缺失或设计工作中未进行稳定性计算的尾矿坝，安全评价应根据勘察资料（或经验数据）对其进行静力或动力稳定性验算、渗流稳定计算以及地震液化分析，说明采用的计算方法、计算条件，得出尾矿坝的最小安全系数，分析和掌握在何种条件下才能确保坝体的抗滑稳定性。同时业主应请有相应资质的设计单位补充设计。

（6）对于非正规设计、设计资料缺失的排洪系统，安全评价应对尾矿库的防洪能力进行验算，包括设计保证的洪水总量、洪峰流量、经过调洪后的下泄流量、排洪构筑物和系统的排洪能力等。同时业主应请有相应资质的设计单位补充设计。

（7）尾矿库安全程度的明确结论，包括：尾矿库安全度、尾矿坝的稳定性（抗滑稳定性、抗渗流破坏稳定性和抗地震液化稳定性）、排洪系统的能力和构筑物的结构强度是否满足该等别尾矿库要求等。

（8）明确指出尾矿库存在的问题和安全隐患，按照正常库标准提出确保尾矿库安全的具体建议。

（9）对企业的尾矿库安全管理工作（规章制度的制定、机构设置、人员配备、日常管理和巡检进行情况）给出明确的评价，指出应加强、改进的具体建议。

（10）附件和附图。附件包括任务委托书或评价委托合同、岩土勘察物理力学指标表和与安全评价有关的文件。附图包括尾矿库平面图、尾矿坝横剖面图、带有最危险滑弧位置的尾矿坝稳定计算简图等。

5.5.4　尾矿坝的安全监测与隐患治理

5.5.4.1　*尾矿库的安全监测*

尾矿库（坝）安全监测是为及时掌握其工作状态和变形情况及规律，及时发现不正常的迹象，采取有效处理措施，并对原设计的计算假定、结论和参数进行验证，研究其有无滑坡、滑动和倾覆等趋势，以确保尾矿库安全。

按照《尾矿库安全监测技术规范》（AQ 2030—2010）要求，尾矿库的安全监测，必须根据尾矿库设计等别、筑坝方式、地形和地质条件、地理环境等因素，设置必要的监测项目及其相应设施，定期监测位移、渗流、干滩、库水位、降水量等内容。其中一、二、三、四等尾矿库应监测位移、浸润线、干滩、库水位、降水量，必要时还应监测孔隙水压力、渗透水量、混浊度；五等尾矿库应监测位移、浸润线、干滩、库水位[241]。具体的监测内容如下：

（1）位移监测，包括坝体和岸坡的表面、内部水平和竖向两个方向的位移监测。

（2）渗流监测，包括渗流压力、绕坝渗流和渗流量等监测内容。其中坝体渗流压力监测，包括监测断面上的压力分布和浸润线位置的确定；绕坝渗流监测，包括两岸坝端及部分山体、坝体与岸坡或混凝土建筑物接触面、两岸接合部等关键部位的渗流监测。

（3）干滩监测，具体包括滩顶高程、干滩长度、干滩坡度。

（4）水文、气象监测和排水构筑物检查，包括库水位、降水量监测和排水构筑物检查。

具体监测方法可以参见《尾矿库安全监测技术规范》（AQ2030—2010）。

5.5.4.2　尾矿库病害隐患的治理措施

根据《尾矿堆积坝岩土工程技术规范》（GB 50547—2010），尾矿库的常见病害隐患治理措施见表5-32[242]。

表5-32　尾矿库的病害隐患及其治理措施

病害类型/特征	治理措施/要求
裂　缝	应通过表面观测和开挖探坑、探槽等手段，查明裂缝的部位、宽度、长度、深度、错距、产状等，综合分析裂缝的成因，并可针对裂缝的成因和形式采取治理措施
缝深小于5m的裂缝	开挖回填： （1）开挖长度应超过裂缝两端不少于2m； （2）开挖深度应超过裂缝最大深度0.3～0.5m； （3）开挖坑槽底部宽度至少0.5m； （4）回填土料宜与原土料相同，回填应分层夯实
较深的裂缝	灌浆法处理或开挖回填与灌浆相结合： 上部开挖回填，下部灌浆，灌浆的浆液可采用纯黏土浆或黏土水泥浆
坝体塌坑	
已稳定的沉陷塌坑	回填夯实处理
管涌塌坑	先治理管涌，再进行回填
坝坡冲沟	应以土、石及时分层夯实填平，并增设坝坡排水沟
坝体滑坡	（1）下游坡加压重固脚； （2）放缓平均坝坡； （3）降低坝体浸润线； （4）其他措施
渗流（上游式尾矿堆积坝）	（1）在尾矿筑坝的地基设置排渗褥垫、水平排渗管（沟）及排水井等； （2）在尾矿堆积体内设置水平排渗管（沟）、垂直排渗井或水平与垂直联合排渗系统及贴坡排渗体等； （3）在与山坡接触的尾矿堆积坝坝坡处设置贴坡排渗体或排渗管沟等； （4）适当降低库内水位，增大沉积滩长
坝面或坝肩出现集中渗流、流土、管涌、大面积沼泽化、渗水量增大或渗水变浑	（1）在渗水部位铺设土工布或天然反滤料，其上再以堆石料压坡； （2）增加排渗设施，降低浸润线
尾矿堆积坝抗震能力不足	（1）降低库内水位或增设排渗设施，降低坝体浸润线； （2）在下游坡坡脚增设土石料压坡体； （3）增加沉积干滩长度； （4）对坝体进行加密加固； （5）堆积坝后续加高时采用碾压法填筑或用土工合成材料加筋

5.5.4.3　防洪度汛管理

A　防洪度汛管理的基本任务

（1）贯彻“预防为主”的方针，做好汛前的安全防洪工作和交通、照明、抢险物资的储备。

（2）根据汛期水情，按计划做好行洪工作。

（3）一旦出现险情，做好抢险、排险工作。

（4）提高尾矿回水利用率。

B　尾矿库水位控制应遵循的原则

（1）库内需设醒目的水位标尺，随时掌握和调整库内水位，保证正常生产的排水水质达标。

（2）在满足回水水质和水量要求的前提下，平时尽量使尾矿库低水位运行，在汛期必须满足设计对库内水位控制的要求。

（3）当回水与坝体安全对滩长和超高的要求有矛盾时，必须保证坝体安全。

（4）当尾矿库实际情况与设计不符时，应在汛前进行调洪演算，保证在最高洪水位时滩长与超高都满足设计要求。

（5）排水斜槽和排水井的封堵必须严密可靠。排水构筑物须经常检查和维护，保持结构完好，内部畅通，一旦发现异常，应及时处理。

（6）岩溶发育地区的尾矿库，可采用周边放矿，形成防渗垫层，减少渗漏和落水洞事故。

C　汛期行洪措施

（1）严格控制库内水位，确保调洪库容和安全超高。具体应将水边线控制在远离坝顶的安全位置，并与坝轴线保持基本平行。排出库内蓄水或大幅度降低库内水位时，应注意控制流量，非紧急情况不宜骤降。未经技术论证，不得在尾矿滩面或坝肩设置泄洪口，不得用常规子坝挡水。

（2）合理进行洪水调度。在汛前做好各项防洪准备工作及洪水调度计划的基础上，一旦洪水来临，则按实际情况分析，调蓄量、排洪量及排洪时机和方式都要认真核算，综合平衡。一般来汛初期和中期，在尾矿库内调蓄量应尽可能少，多留下些调蓄库容以备来汛后期急用。如在汛期发现尾矿库排洪设施的实际抗洪能力与设计出入较大，应立即查明原因，采取补救措施，并报上级有关部门。

洪水过后应对坝体和排洪构筑物进行全面认真的检查与清理，发现问题及时修复，同时采取措施降低库内水位，防止连续降雨后发生垮坝事故。

5.5.4.4　防震与抗震管理

尾矿库设计抗震标准低于现行标准时，必须进行加固处理。提高尾矿坝抗震稳定性可采取以下措施：

（1）在下游坡坡脚增设土石料压坡；

（2）对堆积坡进行削坡；

（3）对坝体进行加密处理；

（4）降低库内水位或增设排渗设施，降低坝体浸润线。

平时应注意并维护库区岸坡的稳定性，防止地震造成滑坡破坏尾矿设施。

上游建有尾矿库、排土场或水库等工程设施的尾矿库，应分析上游所建工程的稳定情况，必要时应采取防范措施避免造成更大损失。

震后应进行检查，对被破坏的设施及时修复。

5.5.5　尾矿库的应急管理

5.5.5.1　*尾矿库应急管理的内容*

尾矿库应急管理的工作内容包括制订应急预案、积极组织预案演练、建立健全应急指挥机构、加强应急队伍建设、搞好应急培训教育。

（1）制订应急预案。企业要按照《生产经营单位安全生产事故应急预案编制导则》，制订应急预案，并与政府及有关部门的预案相互衔接。企业的预案，要报所在地县级以上政府安监部门和有关主管部门备案，并告知相关单位。依据法律、法规和标准的变动情况，以及生产经营单位生产条件的变化情况、预案演练中发现的问题和演练总结等，及时对预案予以修订。

（2）积极组织预案演练。生产经营单位要积极组织预案演练，高危企业每年至少一次。

（3）建立健全应急指挥机构。要建立健全应急指挥机构，做到安全应急管理指挥工作机构、职责、编制、人员、经费五落实。

（4）加强应急队伍建设。按照专业救援和职工参与相结合、险时救援和平时防范相结合的原则，建设以专业队伍为骨干、兼职队伍为辅助、职工队伍为基础的企业应急队伍体系。

（5）搞好应急培训教育。加强安全应急培训和宣传教育工作，将安全应急管理和应急救援培训纳入安全生产教育培训体系。

5.5.5.2　*尾矿库的应急计划及预案*

A　*尾矿库应急计划的内容*

企业应针对认定的紧急情况编制应急计划，并明确有关人员的职责及履职方法。应急计划的内容应包括：（1）接警与通知；（2）指挥与控制；（3）警报与紧急公告；（4）应急资源；（5）通讯；（6）事态监测与评估；（7）警戒与治安；（8）人员疏散；（9）医疗与卫生；（10）公共关系；（11）应急人员安全；（12）搜索与援救；（13）泄漏物控制；（14）现场恢复。

B　*尾矿库事故应急救援预案的种类及内容*

尾矿库应急救援预案根据事故类型分为：（1）尾矿坝垮坝；（2）洪水漫坝；（3）水位超警戒线；（4）洪水设施损毁、排洪设施堵塞；（5）坝坡深层滑动；（6）防震抗震；（7）其他。

应急救援预案的内容包括：（1）应急机构的组成和职责；（2）应急通讯保障；（3）抢险救援的人员、资金、物资准备；（4）应急行动；（5）其他。

其中现场应急行动方案应包括：（1）事故特征；（2）应急组织；（3）应急处置；（4）注意事项。

C　*制订应急计划/救援预案应注意的问题*

编制应急计划时，应考虑：

(1) 危险源辨识和风险评价结果;

(2) 安全法律法规与其他要求;

(3) 以往事故、事件和紧急状况的经验;

(4) 企业现有的应急能力和应具备的应急能力;

(5) 专业应急部门可以支援的应急能力;

(6) 政府在应急管理中的作用等。

对于应急计划/救援预案则应注意:

(1) 预案的框架、内容与上级预案相吻合;

(2) 注意协调关系、协作关系、互动关系;

(3) 职责分配和应急程序之间的衔接;

(4) 应急保障条件的充分性、可靠性和有效性;

(5) 后期处置的落实;

(6) 培训、演习的适用性和可能性;

(7) 与相关法律、法规、标准的符合性;

(8) 预案的针对性、科学性和可操作性。

5.5.5.3　尾矿库险情预测与紧急处理

A　尾矿库的险情预测

尾矿库的险情预测，就是通过日常检查尾矿库各构筑物的工况，发现不正常现象，借以研究判断可能发生的事故:

(1) 坝前尾矿沉积滩是否已形成，尾矿沉积滩长度是否符合要求，沉积滩坡度是否符合原控制(设计)条件，调洪高度是否满足需要，安全超高是否足够，排水构筑物、截洪构筑物是否完好畅通，断面是否够大，库区内有无大的泥石流，泥石流拦截设施是否完好有效，岸坡有无滑坡和塌方的征兆。这些项目中如有不正常者，就是可能导致洪水溃坝成灾的隐患。

(2) 坝体边坡是否过陡，有无局部坍滑或隆起，坝面有无发生冲刷、塌坑等不良现象，有无裂缝，是纵缝还是横缝，裂缝形状及扩展宽度，是趋于稳定还是在继续扩大，变化速度怎样(若速度加快，裂缝增大，且其下部有局部隆起，这是发生坝体滑坡的前期征兆)，浸润线是否过高，坝基下是否存在软基或岩溶，坝体是否疏松。这些项目如有异常者，就是可能导致坝体失稳破坏的隐患。

(3) 浸润线的位置是否过高(由测压管中的水位量测或观察其出逸位置)，尾矿沉积滩的长度是否过短，坝面或下游有无发生沼泽化，沼泽化面积是否不断扩大，有无产生管涌、流土，坝体、坝肩和不同材料结合部位有无渗流水流出，渗流量是否在增大，位置是否有变化，渗流水是否清澈透明。这些项目中如有不正常者，就是可能导致坝体渗透破坏的隐患。

B　汛前检查

汛前对尾矿库进行全面的安全检查和观测，根据气象水文、汛前库内水位、调洪库容余量、坝体浸润线等资料，全面分析计算，制订汛期尾矿库防汛调度计划。可从以下三方面考虑:

(1) 若汛前尾矿库有足够的调洪库容、安全超高和干坡滩长度，且尾矿库的排洪工程设施完好，排渗管网齐备，又无工程安全隐患，则尾矿库汛期调度计划，即堆积子坝的加高与尾矿向库内充填计划，应与平时尾矿生产调度计划基本相同。

（2）若汛期洪水不产生漫坝泄流，但干坡滩长度不足，坝体浸润线较高，汛前应重点做好坝体排渗管网的埋设和增补工作。

（3）对尾矿库构筑物工程，包括初期坝和后期尾矿堆积坝，排水、排洪工程，排渗管网工程，有无安全隐患，严重程度如何，汛前采取何种工程措施等方面应有足够的重视。

C 险情紧急处理

当尾矿库（坝）出现下列情况之一时，应采取抢险治理措施：

（1）坝体出现严重的漏洞、管涌、流土等现象，威胁坝体安全的；

（2）坝体出现严重裂缝、垮塌和滑动迹象，有垮坝危险的；

（3）库内水位超过限制的最高洪水位，有洪水漫顶危险的；

（4）正在使用的排水井倒塌或者排水管（洞）垮塌堵塞，丧失或者降低排洪能力的；

（5）其他危及尾矿库安全的险情。

抢险治理应根据堆积坝的条件、险情类别选用合理、有效的措施。当根据水情预报，有洪水漫顶可能时，应采取下列措施：

（1）抢筑子堤。筑坝高度应满足防止洪水漫顶的要求，抢筑子堤可采用土袋筑坝或木板、埽捆堤筑坝等方法。

（2）采取非常排洪措施。打开原已封堵的斜槽盖板、排水井窗口或排水井拱形挡板等，增加进水口排水能力，降低坝前水位；打开已建好的非常溢洪道或临时抢开非常溢洪道。

当坝体发生严重漏洞时应采取前堵后排的抢险治理措施，当坝体发生严重管涌或流土时应采取反滤导渗的抢险措施。

D 事故应急响应

尾矿库发生事故时，事故现场人员应立即将事故情况报告单位负责人，并按照有关应急预案立即开展现场自救、互救。

单位负责人接到事故报告后，应尽快确定事故影响（或波及）范围、人员伤亡和失踪情况以及对环境的影响，迅速组织抢救，并按照国家有关规定立即报告当地人民政府和有关部门。中央企业在向当地人民政府上报事故信息的同时，应当上报安全生产监督管理总局、环境保护部和企业总部。

尾矿库事故发生后，发生事故的单位应立即启动应急预案，组织事故抢救，防止事故扩大，避免和减少人员伤亡，并通知有关专业救援机构；当地人民政府应组织相关部门和专业应急救援力量协助救援。

5.6 尾矿库的环境污染防治

5.6.1 潜在污染物释放及其环境危害

尾矿库自开始堆存尾矿起，潜在污染物的释放与迁移问题便一直存在。污染物的迁移释放方式及其环境危害具体如下[220,243]：

（1）固体物地表运移。由于尾矿输送管路损坏或尾矿坝破坏，导致尾矿浆发生泄漏，固体污染物迁移，造成下游严重污染灾害，这是环境污染的最严重形式。

（2）空气传输。当尾矿干燥并发生风蚀时，便可通过空气扬尘传输和释放污染物，这是干旱地区尾矿库污染环境的重要方式。如我国西北地区某矿山尾矿库流散和飞扬尘粒达80t/d，污染了大片农田和周围村庄。

（3）物理化学迁移（渗滤和地球化学溶滤）。尾矿废水在尾矿库沉积过程中，继续与尾矿发生物理化学作用，使矿物进一步风化，形成新的化合物，并渗入基础土层，经历复杂的地球化学作用生成新的产物，并在地下水运动下迁移，流向水源地或天然排泄区，形成水生环境污染，甚至危及附近地区的生态平衡。这种迁移运动自尾矿库建成开始，将一直延续至尾矿库闭库后很长一段时间；有的甚至关闭几十年、上百年乃至更长时间后，尾矿渗滤液仍影响生态系统。

（4）生物迁移。尾矿库复垦后，植物通过根系从土壤中吸收某些化学形态的重金属，并在植物体内积累起来，然后再经由食物链构成对人体的威胁。

以上几种污染物释放与迁移方式中，物理化学迁移最常见，是尾矿库环境污染防治的重点。在该种迁移方式中，尾矿中硫化矿的淋滤氧化作用是基础与关键。

5.6.2　尾矿的环境矿物学特性及其表征

5.6.2.1　*尾矿的环境矿物学特性*

尾矿是复杂多相的人工堆积物，颗粒细小，尾矿发生的一切变化及其导致的环境危害，都与尾矿的矿物组成、粒度分布、孔隙率等物理化学性质相关，人们将之统归为环境矿物学特性[244~246]。

A　矿物组成

Jambor 和 Owens 根据矿物形成机制及先后顺序，将尾矿的主要矿物分为原生（primary）矿物、次生（secondary）矿物、再生（tertiary）矿物和第四生（quaternary）矿物四类，具体见表 5-33[245]。通常将后三类统称为次生矿物，表 5-34 列出了尾矿库中常见的次生矿物情况[246]。

表 5-33　尾矿库中尾矿矿物组成及分类

组成类别	具 体 含 义	代表性矿物
原生矿物	历经磨细、分选、沉积在尾矿库中，未发生任何化学变化的矿物	石英、硅酸盐矿物、硫化物、碳酸盐
次生矿物	原生矿物经化学侵蚀、风化反应形成的新矿物	石膏、针铁矿、黄钾铁矾、铜蓝、铅矾、胆矾、自然硫等
再生矿物	尾矿库中尾矿脱离蓄水区后，干燥过程形成的矿物，尤其是孔隙水沉淀产生的矿物	
第四生矿物	脱离蓄水区，尾矿样干燥后表面氧化形成的矿物	

表 5-34 尾矿库中常见的次生矿物情况

矿物名称	英文名	分子式	矿物名称	英文名	分子式
铅 矾	anglesite	$PbSO_4$	黄钾铁矾	jarosite	$KFe_3(SO_4)_2(OH)_6$
银铁矾	argentojarosite	$AgFe_6(SO_4)_2(OH)_{12}$	纤铁矿	lepidocrocite	γ-FeO(OHO)
锌铁矾	bianchite	$(Zn,Fe)SO_4 \cdot 6H_2O$	磁赤铁矿	maghemite	$\gamma\text{-}Fe_2O_3$
锌 矾	boyleite	$ZnSO_4 \cdot 6H_2O$	孔雀石	malachite	$Cu_2CO_3(OH)_2$
胆 矾	chalcanthite	$CuSO_4 \cdot 5H_2O$	绿 矾	melanferite	$FeSO_4 \cdot 7H_2O$
辉铜矿	chaleocite	Cu_2S	自然硫	native sulfur	S
泻利盐	epsomite	$MgSO_4 \cdot 7H_2O$	钠铁矾	natrojarosite	$NaFe_3(SO_4)_2(OH)_6$
水铁矿	ferrihydrite	$5Fe_2O_3 \cdot 9H_2O$	铅铁矾	plumbojarosite	$PbFe_6(SO_4)_2(OH)_{12}$
针铁矿	goethite	α-FeOOH	锌孔雀石	rosasite	$FeSO_4 \cdot 4H_2O$
石 膏	gypsum	$CaSO_4 \cdot 2H_2O$		shwertmannite	$Fe_2O_2(OH)_6SO_4$
赤铁矿	hematite	Fe_2O_3	硫酸银	silver sulphate	Ag_2SO_4
水合碳酸铅	hydrated lead carbonate	$PbCO_3 \cdot 2H_2O$	水铁矾	szomolnokite	$FeSO_4 \cdot H_2O$
草黄铁矿	hydronium jarosite	$(H_3O)Fe_3(SO_4)_2(OH)_6$			

原生矿物的组成主要与矿床地质特征、矿石类型、选矿加工工艺有关，不同矿山的尾矿矿物组成各异。在化学风化过程中，大部分原生矿物，如石英和多酸硅酸盐矿物都表现出惰性，但硫化矿物则发生氧化反应，生成酸并释放重金属离子；碳酸盐矿物则与硫化矿物氧化产生的酸发生中和反应，并促使硫化矿氧化产生的金属离子水解沉淀，从而对硫化矿物氧化过程、酸性水产生和重金属离子的释放起重要控制作用。

次生矿物主要是硫化矿物、碳酸盐矿物等原生矿物的化学反应产物，其形态与矿物结晶习性、形成机制及形成环境条件有关。氢氧化物一般以胶体形成沉积，因而呈球形和肾状形态，如水锌矿、针铁矿、水铁矿等；硫酸盐矿物主要是蘑菇状形态，石膏呈圆形多晶，黄钾铁矾呈针状、放射状多晶，次生的易溶盐矿物系从水溶液中浓缩结晶形成，一般呈现针状、板状形态。

次生的铁沉淀物对微量元素迁移和滞留起重要作用，Al、Cu、Mg、Si、Zn、S 等元素通过共沉淀和吸附隐藏在铁沉淀物中，一方面阻止了尾矿中风化淋滤的重金属迁移和对环境的释放，防止环境污染；另一方面随着条件改变，铁沉淀物重新溶解，其吸附的重金属离子重新释放进入水体，从而形成潜在的渗流污染源。

B 粒度分布、孔隙率等物理性质

粒度分布、孔隙率等物理性质主要影响尾矿的保水性和排水固结情况。其中孔隙率是总孔隙空间与总体积之比，有效孔隙率是表征岩石渗透性的重要参数。渗透性是液体或气体穿过孔隙固体运动的能力，影响渗透性的因素包括有效孔隙率、孔隙几何形状、液体黏度和压力梯度。由于尾矿库中堆存尾矿与水、空气发生复杂化学作用，因此，以上物理性质将随着时间变化而变化，尤其是孔隙率和渗透性将因矿物氧化、风化、沉淀、溶滤过程推进而变化。

5.6.2.2 尾矿的环境矿物学特征指数

尾矿中矿物的氧化、风化、溶滤等环境行为特性，可用如下指数来表征：

（1）产酸潜力（acid potential，AP）。产酸潜力是指单位质量尾矿因硫化矿物氧化、转化而可能产生的酸当量数，单位为当量千克 H_2SO_4/吨，它主要表征了尾矿中硫化矿氧化产酸能力。

（2）酸中和能力（neutralizing potential，NP）。酸中和能力是指单位质量尾矿因含碳酸盐类矿物而能够中和的酸当量数，单位为当量千克 H_2SO_4/吨，它主要表征了尾矿中碳酸盐类矿物中和酸的能力。

（3）净产酸潜力（net acid-producing potential，NAPP）。净产酸潜力等于产酸潜力减去酸中和能力，若 NAPP 大于零，表示尾矿中产酸的硫化矿物含量高，为酸性矿。

（4）净中和能力（net neutralizing potential，NNP）。净中和能力等于酸中和能力减去产酸潜力，若 NNP 大于零，表示尾矿中碳酸盐矿物含量高，为碱性矿。

以上特征指数的测定、计算都已有标准的方法，具体请参见文献［118，247］。

5.6.3 重金属等污染物的产生与迁移

5.6.3.1 主要矿物的地球化学演变[248,249]

A 硫化矿物的氧化

一般尾矿中都含有黄铁矿等金属硫化矿物，由于与空气及水接触，硫化矿物发生氧化产生酸，并使重金属以可溶性的离子形式溶出进入水系，从而产生一系列环境问题。图5-23给出了尾矿库中硫化矿物的地球化学-矿物学演变情况[249]。

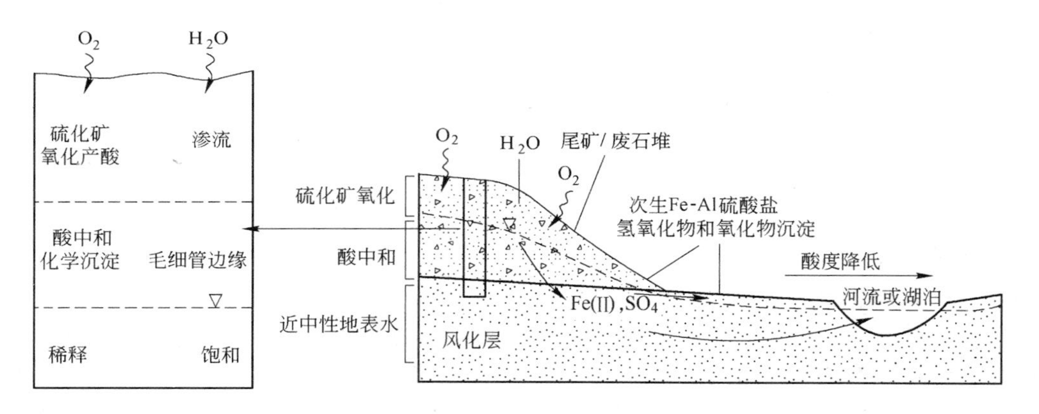

图 5-23 尾矿中硫化矿物地球化学-矿物学演变示意图

黄铁矿是尾矿中最常见的硫化矿物，在通常情况下，其发生的氧化反应如下：

$$FeS_2 + 3.5O_2 + H_2O \longrightarrow Fe^{2+} + 2SO_4^{2-} + 2H^+$$

$$14Fe^{2+} + 3.5O_2 + 14H^+ \longrightarrow 14Fe^{3+} + 7H_2O$$

$$FeS_2 + 14Fe^{3+} + 8H_2O \longrightarrow 15Fe^{2+} + 2SO_4^{2-} + 16H^+$$

在有高价铁离子存在情况下，与黄铁矿共生的砷黄铁矿、黄铜矿及其他金属硫化物也将发生氧化，反应方程式如下：

$$FeAsS + 13Fe^{3+} + 8H_2O \longrightarrow 14Fe^{2+} + SO_4^{2-} + 13H^+ + H_3AsO_{4(aq)}$$

$$CuFeS_2 + 16Fe^{3+} + 8H_2O \longrightarrow Cu^{2+} + 17Fe^{2+} + 2SO_4^{2-} + 16H^+$$

$$MS + 2Fe^{3+} + 1.5O_2 + H_2O \longrightarrow M^{2+} + 2Fe^{2+} + SO_4^{2-} + 2H^+$$（M 表示 Zn、Hg、Cd 等）

不同硫化矿物氧化的产酸能力见表 5-35[248]。

表 5-35 尾矿中常见硫化矿物氧化产酸能力

矿　物	$molH^+/mol$ 矿物	wt%/mol 矿物	与 Fe^{3+} 反应常数①/mol·$(m^2 \cdot s)^{-1}$
黄铁矿（pyrite）	4	0.03	2.7×10^{-7}
白铁矿（marcasite）	4	0.03	1.5×10^{-7}
砷黄铁矿（arsenpyrite）	2	0.018	1.7×10^{-6}
黄铜矿（chalolopyrite）	2	0.011	9.6×10^{-9}
磁黄铁矿（pyrrhotite）	2~0	0.022	
硫砷铜矿（enargite）	1	0.002	

①$m_{(Fe^{3+})} = 10^{-3}$，pH = 2.5，$t = 25℃$。

B　Fe(Ⅲ)离子的水解与产物转化

实际上，尾矿库中酸的来源，除了前面介绍的硫化矿物氧化外，还有 Fe(Ⅲ)离子的水解，表 5-36 列出了不同羟基 Fe(Ⅲ)离子水解反应及质子（H^+）产生数，表 5-37 则给出了不同的次生 Fe(Ⅲ)产物（铁沉淀物）形成及质子（H^+）产生情况[248]。

表 5-36 不同羟基 Fe(Ⅲ)离子的水解反应及质子（H^+）产生数

离　子	水 解 反 应	Fe^{3+}	H^+	$\log K(I=3m)$
Fe^{3+}		1	0	0
$Fe(OH)^{2+}$	$Fe^{3+} + H_2O \rightleftharpoons Fe(OH)^{2+} + H^+$	1	−1	−3.05
$Fe(OH)_2^+$	$Fe^{3+} + 2H_2O \rightleftharpoons Fe(OH)_2^+ + 2H^+$	1	−2	−6.31
$Fe(OH)_{3(aq)}$	$Fe^{3+} + 3H_2O \rightleftharpoons Fe(OH)_{3(aq)} + 3H^+$	1	−3	−13.8
$Fe(OH)_4^-$	$Fe^{3+} + 4H_2O \rightleftharpoons Fe(OH)_4^- + 4H^+$	1	−4	−22.8
$Fe_2(OH)_2^{4+}$	$2Fe^{3+} + 2H_2O \rightleftharpoons Fe_2(OH)_2^{4+} + 2H^+$	2	−2	−2.91
$Fe_3(OH)_4^{5+}$	$3Fe^{3+} + 4H_2O \rightleftharpoons Fe_3(OH)_4^{5+} + 4H^+$	3	−4	−5.77

表 5-37 水解形成不同形态次生 Fe(Ⅲ)产物及质子（H^+）产生数

产 物 相	反 应 式	$molH^+/mol\ Fe^{3+}$
无定形 $Fe(OH)_{3(s)}$	$Fe^{3+} + 3H_2O \rightleftharpoons Fe(OH)_{3(s)} + 3H^+$	3
ferrihydrite	$10Fe^{3+} + 24H_2O \rightleftharpoons 5Fe_2O_3 \cdot 9H_2O + 30H^+$	3
针铁矿(goethite)	$Fe^{3+} + 2H_2O \rightleftharpoons FeO(OH) + 3H^+$	3
赤铁矿(hematite)	$2Fe^{3+} + 3H_2O \rightleftharpoons Fe_2O_3 + 6H^+$	3
schwertmannite	$8Fe^{3+} + SO_4^{2-} + 14H_2O \rightleftharpoons Fe_8O_8(OH)_6 \cdot SO_4 + 22H^+$	2.75
	$16Fe^{3+} + 3SO_4^{2-} + 26H_2O \rightleftharpoons Fe_{16}O_{16}(OH)_{10} \cdot (SO_4)_3 + 42H^+$	2.625
黄钾铁矾	$3Fe^{3+} + K^+ + 2SO_4^{2-} + 6H_2O \rightleftharpoons KFe_3(SO_4)_2(OH)_6 + 6H^+$	2

黄钾铁矾等硫酸复盐虽然溶解度低、稳定性高，但是随着 pH 值升高，将发生转化反应，形成稳定性更高的针铁矿（FeOOH）。

$$KFe_3(SO_4)_2(OH)_6 = 3FeOOH + K^+ + 2SO_4^{2-} + 3H^+$$

$$Fe_{16}O_{16}(OH)_{10}\cdot(SO_4)_3 + 6H_2O = 16FeOOH + 3SO_4^{2-} + 6H^+$$

$$Fe_8O_8(OH)_6\cdot SO_4 + 2H_2O = 8FeOOH + SO_4^{2-} + 2H^+$$

C　酸的中和

产酸反应使尾矿库水呈现酸性（pH = 1.5 ~ 4），不过，尾矿中的碳酸盐、硅酸盐矿物具有酸中和能力，能与废水中的 H^+ 发生中和反应，使得孔隙水 pH 升高和相关金属离子发生水解沉淀。

碳酸盐中和：

$$CaCO_3 + H^+ \rightleftharpoons Ca^{2+} + HCO_3^-$$

$$CaCO_3 + 2H^+ \rightleftharpoons Ca^{2+} + CO_2 + H_2O$$

$$FeCO_3 + H^+ \rightleftharpoons Fe^{2+} + HCO_3^-$$

$$4FeCO_3 + O_2 + 10H_2O \rightleftharpoons 4Fe(OH)_3 + 4HCO_3^- + 4H^+$$

$$Al(OH)_3 + 3H^+ \rightleftharpoons Al^{3+} + 3H_2O(pH = 4.0 \sim 4.3)$$

$$Fe(OH)_{3(s)} + 3H^+ \rightleftharpoons Fe^{3+} + 3H_2O(pH\text{ 约为 }3.5)$$

硅酸盐中和：

$$KAlSi_3O_8 + 9H_2O + 2H^+ \longrightarrow Al_2SiO_5(OH)_4 + 2K^+ + 4H_4SiO_4$$

$$Al_2SiO_5(OH)_4 + 5H_2O \longrightarrow 2Al(OH)_3 + 2H_4SiO_4$$

表 5-38 给出了典型碳酸盐和硅酸盐矿物的酸中和能力[248]。

表 5-38　典型矿物的酸中和能力

反应类别	典型矿物	相对反应性（pH = 5）
溶　解	方解石、白云石、菱镁矿、文石、大理石	1.0
快速风化	钙长石、橄榄石、石榴石、透辉石、硅灰石、硬石、霞石、白榴石、锂辉石	0.4
中速风化	顽辉石、普通辉石、角闪石、透闪石、阳起石、黑云母、绿泥石、蛇纹石、滑石、绿帘石、黝帘石、钙铁辉石、蓝闪石、直闪石	0.4
慢速风化	斜长石（Ab100-Ab30）、蛭石、蒙脱石、三水铝矿	0.02
极慢速风化	钾长石、白云母	0.01
惰　性	石英、金红石、锆石	0.004

5.6.3.2　污染物的迁移

图 5-24 为尾矿库中污染物迁移过程示意，除了前面介绍的以硫化矿为代表的地球化

学作用外，重要的迁移行为还有沉淀、离子交换、吸附/解吸、氧化还原等[220]。

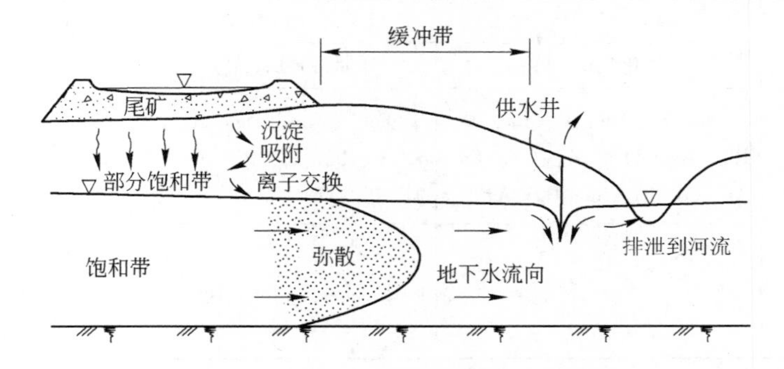

图 5-24 尾矿库中污染物迁移过程示意图

水生环境中可溶性金属/放射性核素等污染物的迁移路径如图 5-25 所示。

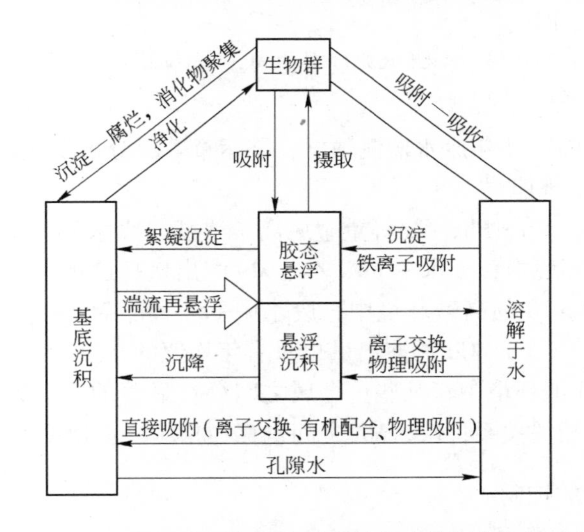

图 5-25 水生环境中可溶性金属/放射性核素等污染物的迁移路径

由于进入水环境的重金属不能被生物降解，主要通过沉淀—水解、吸附—解吸、共沉淀与离子交换、氧化-还原、配合作用和胶体形成等一系列物理化学过程进行迁移和转化[250]，而 pH 值是影响金属及其他元素在尾矿库次生水环境中迁移的最重要因素，表 5-39给出了某些元素的相对迁移率情况[220]。

表 5-39 次生环境中水内某些元素的相对迁移率

相对迁移率	环境条件		
	氧化（pH<4）	还原潜育层（无 H_2S）	还原（有 H_2S）
很活动 $K=10\sim100$	S、Cl、Br、I、He、Rn	Cl、Br、I、B、He、Rn	Cl、Br、I、He、Rn
活动 $K=1\sim10$	Ca、Na、Mg、Sr、Zn、U、Mo、V、Se、Te、Re	Ca、Na、Mg、F、Sr、Mn^{2+}、Zn、Cu、Ni、Pb、Cd	Ca、Na、Mg、F、Sr

续表 5-39

相对迁移率	环境条件		
	氧化（pH <4）	还原潜育层（无 H_2S）	还原（有 H_2S）
轻微活动 $K=0.1\sim1.0$	Si、K、Mn、P、Ba、Li、Rb、Cs、Pb、Ni、Cu、Co、As、Cd、Tl、Ra、Hg、Ag	Fe^{2+}、Co、Hg、Ag、Si、K、P、Ba、Li、Rb、Cs、As、Tl、Ra	Si、K、P、Ba、Li、Rb、Cs、As、Tl、Ra
不活动 $K<0.1$	Fe	U、Mo、V、Se、Te、Re	S、V、Mo、Se、Te、Re、Mn、Zn、Cu、Ni、Pb、Cd、Fe、Co、As、Hg、Ag

注：1. 氧化和还原潜育层环境：若 pH >7，Zn、Cu、Ni、Pb、Cd 为活动的或轻微活动的，这些元素在碱性环境中沉淀；在酸性和碱性环境中，Hg 和 Ag 轻微活动。

2. 表中大多数元素以离子形式移动，但有些元素（如 Mo、U、V、Se、Re）则以化合物形式移动，例如 MoO_4^{2-} 和 UO_2、$(HCO_3)_2^{2-}$。

3. 在通常含水环境中（pH <4，氧化和还原），认为 Al、Ga、Cr、Ti、Zr、Hf、Y、稀土、Nb、Ta、Ba、Th、Sn、Au 是不活动的。

根据某铅锌矿尾矿库 14 年废水监测数据，饶运章等人分析发现尾矿库废水 pH 值与其重金属离子浓度有如下规律[251]：

（1）Fe、Zn、Mn、Cu、Pb、Cd 等重金属离子浓度与废水 pH 值具有密切的负相关关系。在 pH <4 的高酸环境中，废水中 Fe、Zn、Mn 溶出量超过年均值的几倍到几十倍，甚至高出百倍；而在 pH >10 的高碱环境中，废水中 Fe、Zn、Mn 溶出量仅为年均值的几分之一到几十分之一；Cu、Pb、Cd 的溶出量也只有年均值的几分之一。

（2）在相同的 pH 值环境中，某些重金属之间存在显著的伴生关系。如 Cu、Pb、Zn、Cd 之间存在显著的正相关关系；Fe、Mn 之间也存在相应的正相关关系。

5.6.4　尾矿库水污染的控制

尾矿库废水污染主要是酸性排水和重金属离子对下游水体和灌区土壤的污染，并通过水—（土）—植物（水生植物）链危害人体健康。

前面已经明确，尾矿库废水污染的根源就是硫化矿物在 H_2O、O_2 及 H^+ 参与下的氧化，从而使废水酸化与重金属离子溶出。因此，污染控制的关键就是防止尾矿库中硫化矿物的氧化，具体的控制措施如下：

（1）密闭覆盖尾矿，隔绝与 H_2O、O_2 接触，使其中硫化矿物没有氧化的基础环境；

（2）加入碱性物质中和水中 H^+，使水呈碱性，重金属离子没有溶出的介质环境。

5.7　尾矿库的闭库与生态修复

5.7.1　尾矿库闭库及其工程措施

停止接纳尾矿，只是尾矿库使用寿命的结束，尾矿库的安全环境等问题并没有就此自然消失，而仍将延续下去。因此，为了确保尾矿库永久安全稳定，无害于环境，且能再利用，必须实施一系列的闭库工程措施，并进行生态修复与重建。

闭库工程的具体措施包括[223]：

（1）尾矿坝坝体整治。进行稳定性分析，若尾矿坝坝体稳定性不足，采取削坡、压坡、降低浸润线等措施，使坝体稳定性满足尾矿库安全技术规程的要求，并完善坝面排水沟和土石覆盖、坝肩截水沟、观测设施等。

（2）尾矿库排洪系统整治与污染控制。根据防洪标准复核尾矿库的防洪能力，若防洪能力不足，则应采取扩大调洪库容或增加排洪能力等措施，必要时，可增设永久溢洪道。当原排洪设施结构强度不能满足要求或受损严重时，应进行加固处理，必要时新建永久性排洪设施。

5.7.2 尾矿库生态修复与重建的任务与程序[252,253]

5.7.2.1 生态修复与重建的任务

尾矿库是一个典型的被人为破坏的生态系统，其生态修复与重建，是指根据生态学原理，采取人为的工程、生物和生态技术措施，改变和切断生态系统退化的主导因子或过程，修复重建一个符合生态规律和当地社会经济发展需要的可持续生态系统，包括农田、林地、草地、水域、湿地、景观等生态系统。

由于尾矿库的工程特点，目前尾矿库生态修复与重建，一般采取在干涸的尾砂层上，直接植被或覆土后整成田块、种草植树或种植作物，使其转化为林地、草地或景观地。

5.7.2.2 生态修复与重建的程序

尾矿库生态修复与重建（俗称尾矿库复垦），一般分为规划设计、土方工程（工程复垦）、生物复垦（再植被）三个阶段。

规划设计是修复工程的前期准备工作，它以获得最大的社会、经济和环境效益为准则，系统分析确定尾矿库复垦后土地用途，并制订详细的生态修复与重建规划。

尾矿库复垦后土地用途，必须以修复后土地的生产能力为基础，并考虑维持土地生产能力所必需的管理成本确定，需要考虑的主要因素包括当地气候、地形地貌、土壤性质及水文条件、尾矿理化特性和当地市场对土地的需求状况。

规划设计是整个生态修复重建工作的基础与依据，决定了重建工程的目的方向及其技术经济性。

土方工程（工程复垦），是生态修复重建规划付诸实践的工程阶段，具体包括土地整理、土壤改良重构、土方工程等步骤，最终建立有利于植被生长的表层和生根层。

生物复垦是利用生物技术等措施和生物的生产能力，建立能力高、稳定性好、具有较好经济和生态效应的植被。

由于土地和生态系统的形成，往往需要经过较长时间的组织、自协调过程，而且重建所形成的新土壤和生态系统，往往也需要一个重新组织和各物种、成分之间相互适应与协调过程，才能达到新的平衡，因此土方工程完成后，还必须通过后续的生物复垦措施，促使复垦土地提高生产能力，建立良好的植被和生态环境，实现生态修复与重建的最终目标。

5.7.3 尾矿库生态修复与重建的技术

5.7.3.1 生态修复与重建技术的概要[254,255]

一般退化生态系统的生态修复与重建技术分为：（1）非生物或环境因素（包括土壤、

水体、大气）修复技术；（2）生物因素（包括物种、种群和群落）修复技术；（3）生态系统（包括结构与功能）总体规划、设计与组装技术。退化生态系统修复与重建常用基本技术见表5-40[254]。

表5-40　退化生态系统的修复与重建技术体系

修复类型	修复对象	技术体系	技术类型
非生物环境因素	土壤	土壤肥力修复技术	少耕、免耕技术；绿肥与有机肥施用技术；生物培肥技术（如EM技术）；化学改良技术；聚土改土技术；土壤结构熟化技术
		水土流失控制与保持技术	坡面水土保持林草技术；生物篱笆技术；土石工程技术（小水库、谷坊、鱼鳞坑等）；等高耕作技术；复合农林技术
		土壤污染与修复控制技术	土壤生物自净技术；施加抑制剂技术；增施有机肥技术；移土客土技术；深翻埋藏技术；废弃物的资源化利用技术
	大气	大气污染与修复控制技术	新兴能源替代技术；生物吸附技术；烟尘控制技术
	水（体）	水体污染与修复控制技术	物理处理技术；化学处理技术；生物处理技术；氧化塘技术；水体富营养化控制技术
		节水技术	地膜覆盖技术；集水技术；节水灌溉（渗灌、滴灌等）技术
生物因素	物种	物种选育与繁殖技术	基因工程技术；种子库技术；野生物种驯化技术
		物种引入与修复技术	物种引入技术；土壤种子库引入技术；天敌引入技术；林草植被再生技术
		物种保护技术	就地保护技术；易地保护技术；自然保护区技术
	种群	种群动态调控技术	种群规模、年龄结构、密度、性比例等调控技术
		种群行为控制技术	种群竞争、它感、捕食、寄生、共生、迁移等行为控制技术
	群落	群落结构优惠配置与组建技术	林、灌、草搭配技术；群落组建技术；生态位优化配置技术；林分改造技术；择伐技术；透光抚育技术
		群落演替控制与修复技术	原生与次生快速演替技术；水生与旱生演替技术；内生与外生演替技术
生态系统	结构与功能	生态评价与规划技术	土地资源评价与规划技术；环境评价与规划技术；景观生态评价与规划技术；“4S”（RS、GIS、GPS、ES）辅助技术
		生态系统组装与集成技术	生态工程设计技术；景观设计技术；生态系统构建与集成技术

具体到尾矿库生态修复与重建，关键的技术工作包括尾矿库立地条件的分析、土壤污染治理与改良、植物物种的筛选、植被修复等。下面重点介绍土壤培肥改良、土壤重金属污染治理和植被修复技术。

5.7.3.2 土壤培肥改良技术

土壤培肥改良，就是改良土壤的团粒结构、pH 值等理化性质，并改善土壤养分、有机质等营养状况，是矿区农用地复垦的最终目标之一，具体技术措施如下所述。

A 表土转换

为维持质地好、易培肥的土壤剖面，在采矿前先把表层（30cm）及亚表层（30~60cm）土壤取走并加以保存，待工程结束后再放回原处！这样虽破坏了植被，但土壤的物理性质、营养条件与种子库基本保持原样，本土植物能迅速定居。该技术的关键在于表土的剥离、保存和复原，应尽量减少对土壤结构的破坏和养分的流失。

B 客土覆盖

废弃地土层较薄时，可采用异地熟土覆盖，直接固定地表土层，并对土壤理化特性进行改良，特别是引进氮素、微生物和植物种子，为矿区重建植被提供了有利条件。

该技术的关键在于寻找土源和确定覆盖的厚度，土源应尽量在当地解决，也可考虑底板土与城市生活垃圾、污水污泥；覆土厚度则依废弃地类型、特点及复垦目标而定，一般覆土 5~10cm 即可。

C 土壤 pH 值改良

对于 pH 值不太低的酸性土壤，可施用碳酸氢盐或石灰来调节酸性，既降低土壤酸碱度，又能促进微生物活性，增加土壤中的钙含量，改善土壤结构，并减少磷被活性铁、铝等离子固定。但如果 pH 值过低或产酸较久时，宜少量多次施用碳酸氢盐或石灰，也可施用磷矿粉，既提高土壤肥力，又能在较长时间内控制土壤 pH 值。

D 土壤营养状况改良

土壤营养状况改良，主要是通过施用合适的肥料，改善土壤肥力：

（1）化学肥料。其合理施用是矿区复垦增产的有效措施，综合施加氮、磷、钾肥要比单施某一种肥料好，由于土壤盐害会阻碍植物对氮、磷、钾肥的吸收，施肥前进行天然淋溶十分必要。

（2）污水污泥、生活垃圾、泥炭及动物粪便等有机废弃物。其分解能缓慢释放出氮素等养分物质，可满足植物对养分持续吸收的需要，有机物质还是良好的胶结剂，能使土地快速形成结构，增加土壤持水保肥能力。有机废弃物已成为当前矿区土壤基质改良的主要手段。

（3）固氮植物。利用生物固氮（主要是豆科植物），是经济效益与生态效益俱佳的改良方法。生物固氮在重金属含量较低的废弃地上潜力很大，但是对于具较高重金属毒性的废弃地，必须采用相应的工程措施解除重金属毒性，才能保证成功的结瘤与固氮。

（4）绿肥。多为豆科植物，根系发达，生长迅速，适应性强，含有丰富的有机质和氮、磷、钾等营养元素，可为后茬作物提供各种有效养分，改善土壤理化性状，并能加快矸石风化速度。

（5）微生物。具有迅速熟化土壤、固定空气中的氮素、参与养分转化、促进作物吸收养分、分泌激素刺激作物根系发育、改进土壤结构、减少重金属毒害及提高植物的抗逆性等功能。利用微生物的分解特性，采用菌根技术快速熟化和改良土壤，修复土壤肥力的活性，在矿区土地复垦中受到越来越多的重视。

5.7.3.3　土壤重金属污染治理技术

矿区土壤重金属污染治理技术主要包括物理治理、化学治理和生物治理三类，其中生物治理技术包括微生物修复技术、动物修复技术与植物修复技术，其设施简便、投资少、对环境扰动少，被认为最有生命力。

目前，国内外矿区土壤重金属污染治理的具体技术有：

（1）机械工程技术，即应用机械工程措施，对被污染土壤进行物理转移或隔离，降低土壤重金属浓度，或减少重金属污染物与植物根系的接触。该技术具体包括客土、换土、翻土、去表土和隔离等措施，一般适用于小面积、重污染土壤。

（2）电动力学技术，即基于重金属的电动力学特性，在污染土壤中通电，以电流打开金属—土壤链，从而使土壤中的重金属在电解、电迁移、电渗和电泳等作用下被移走。该技术特别适用于其他方法难以处理的、适水性差的黏土类土壤。

（3）热解吸技术，即将污染土壤加热，使重金属污染物产生热分解、挥发，然后进行回收处理。该技术适用于受热易分解挥发的重金属污染，主要是汞污染。

（4）化学淋洗技术，即用清水或能提高重金属水溶性的化学溶液来淋洗土壤，使吸附在土壤颗粒上的重金属离子转变为溶解性的离子、金属-试剂配合物，然后收集淋洗液回收重金属。该技术的关键是淋洗试剂的选择，其适合于砂土、砂壤土、轻壤土等轻质土壤，但易造成地下水污染、土壤养分流失及土壤变性。

（5）化学改良技术，即向污染土壤投加化学改良剂，使其与重金属发生氧化、还原、沉淀、吸附、配合、抑制和拮抗等化学作用，降低重金属污染物的水溶性、扩散性和生物有效性，从而降低它们进入植物体、微生物体和水体的能力。该技术对污染不太重的土壤特别适用，但需防止重金属的再度活化。

（6）植物修复技术，即利用部分植被能忍耐和超量累积某些重金属的特性，通过植物的提取、挥发、稳定化与根际过滤作用，原位清除、稳定污染土壤中的重金属。这是一种很有希望的、可有效和廉价处理土壤重金属污染的新技术。

（7）微生物修复技术，即利用土壤中某些微生物对重金属的吸收、沉淀、氧化和还原等作用，降低重金属的毒性与生物有效性。运用基因工程培育对重金属具降毒能力的微生物并运用于污染治理是目前研究最活跃的领域之一。

5.7.3.4　植被修复技术

A　植被品种筛选

按照复垦规划，对计划植被的作物、牧草、林木品种进行筛选，是矿区植被修复成败的关键之一。根据矿区的气候和土壤条件，植被筛选应着眼于植被品种的近期表现，兼顾其长期优势，通过实验室模拟试验、现场种植试验、经验类比等过程筛选确定。一般筛选的原则是：速生能力好、适应性强、根系发达、抗逆性好；一般优先选择固氮植物，当地优良的乡土品种优于外来速生品种，树种选择宜突出生态功能，弱化经济价值。具体而言，我国各矿区土地复垦的适宜植被差异较大，但多年生豆科牧草、一年生和两年生禾本科、茄科植物与刺槐、沙棘、柠条等乔灌木是主要的适选品种。

B　植被工艺

科学合理的植被工艺能有效提高植物对矿区脆弱生态环境的承受能力，具体工艺因素如下：

（1）植被顺序。农业复垦一般先种植豆科牧草培肥土壤，然后耕种豆科作物增加土壤氮素，在土地达到一定肥力后再种植一般农作物；林业复垦一般直接进行绿化种植，也可先种植豆科牧草，而后栽种林木。

（2）植被结构。不同植物对矿区生境的适应性有限，其生存离不开一定的植物群落。筛选好的植被品种只能作为先锋品种来种植，要达到长久治理的目的，必须乔、灌、草、藤组合，进行多植被间种、套种、混种，并有目的地进行其他生物接种。

（3）植被密度。不同立地条件、不同植被修复目的、不同植被品种应采用不同的种植密度。速生喜光的植物宜稀一些，耐阴且初期生长慢的植物宜密一些；树冠宽阔、根系庞大的植物宜稀一些，树冠狭窄、根系紧凑的植物宜密一些；高海拔、高纬度、低温、土壤瘠薄地区的植被宜密一些；在栽植技术精细、水分供应良好、管理好的地区，植被密度宜稀；水土保持林可密，农田防护林、用材林则宜稀。

（4）植被格局。在废弃地上普遍种植植物，无疑是一种快速修复植被的良好方法，但在人力、财力、物力不足的情况下，最优的植被格局是，依据景观生态学原理，由几个大型的自然植被斑块组成本底，并由周围分散的小斑块及其中的小廊道所补充、连接，这样既可节约人工和经费，又能为植被的自然修复提供空间。

5.7.4 尾矿库生态修复与重建实践

5.7.4.1 杨山冲尾矿库无土植被实践[256]

A 概况

安徽省铜陵市狮子山铜矿杨山冲尾矿库 1966 年启用，1990 年闭库，库容 $748\times10^4m^3$，贮存尾矿 1308 万吨，总面积 $21hm^2$。无土复垦技术项目意在对已关闭的尾矿库尾砂地表，进行不覆盖土层植被生态修复，实现粉尘污染控制，改善生态环境。在铜陵市环保局的支持下，狮子山铜矿与北京矿冶研究总院合作，三年完成了整个库区的植被工程，使原已成为风沙污染源的尾矿库区，基本覆盖绿色植被。

B 矿区背景

a 尾矿库土壤与植被

杨山冲尾矿库 1990 年闭库，坝总长超过 700m，坝高 75m，外坡比 1∶4.5。库内有井-管排水水工设施，通过实施抗震加固工程、垂直/水平联合排渗工程，使库区基本实现了稳定。

尾矿库区土壤以天然冲积亚黏土，残积、坡积黏土及亚黏土，强风化闪长岩为主。成土母质主要为酸性与中性结晶岩、石灰岩、硅质、泥岩残积物的岩成土。矿区山坡植被多数为马尾松，局部地区为毛竹和冬青等。农田主要分布在库区主坝下，以水稻、豆类、油菜、薯类等为主；经济作物以丹皮、油桐等为主。

b 气候特征

尾矿库位于长江下游南岸的铜陵市，地理坐标为北纬 30°46′～31°08′，东经 117°42′～118°11′。年平均温度 16.39℃，最低温度 －8.2℃，最高温度 40.2℃。多年平均降水量 1488mm，蒸发量 1500mm，平均风速 2.5m/s。

c 粉尘污染

尾矿库粉尘是矿山环境的主要污染源之一。在春、冬季季风盛行时，强风将大量尾砂

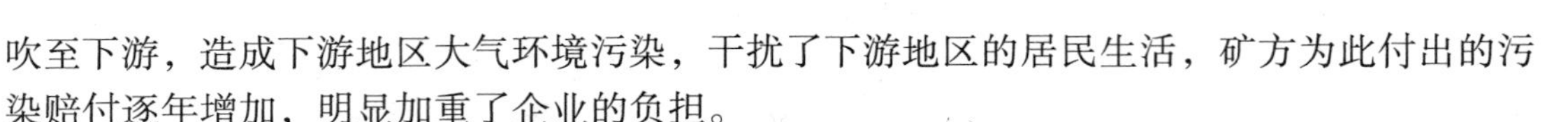

吹至下游，造成下游地区大气环境污染，干扰了下游地区的居民生活，矿方为此付出的污染赔付逐年增加，明显加重了企业的负担。

C 试验结果与分析

a 尾砂性状分析

（1）物理力学特性。密度3.24g/cm^3，平均堆积密度1.92g/cm^3，孔隙度59%，平均粒径0.10mm，渗透系数$k=0.122 \sim 0.712$。

（2）化学组成。现场采样（0～30mm）分析，尾砂的化学组成见表5-41。其中Cu、As、Cd含量分别为1490mg/kg、192mg/kg、11.3mg/kg，分别超出《土壤环境质量标准》（GB 15618—1995）三级的2.725倍、3.8倍、10.6倍。

（3）有机质及营养元素。有机质及营养元素含量见表5-42，其中有机质、含氮量、速效磷、CEC均极低，在0～100mm深度层内，随深度增加有机质含量下降。

表5-41 尾砂（Y-1）的化学组成

主要成分	含量	主要成分	含量
水溶性碳酸盐/mgCO_3^{2-}·kg^{-1}	146	Mg/%	0.52
速效钾/mg·kg^{-1}	10	Mn/mg·kg^{-1}	1580
Al/%	1.70	Na/%	0.022
Ag/mg·kg^{-1}	<4	Ni/mg·kg^{-1}	47.6
As/mg·kg^{-1}	192	Org(有机质)/%	0.10
Ca/%	16.3	P(可溶性)/mg·kg^{-1}	<1.5
Cd/mg·kg^{-1}	11.3	Pb/mg·kg^{-1}	36.9
CND/mg·cm^{-1}	0.224	pH	8.45
Co/mg·kg^{-1}	23.8	S/%	0.15
Cr/mg·kg^{-1}	28.5	Se/mg·kg^{-1}	1.61
Cu/mg·kg^{-1}	1490	TDS/g·L^{-1}	0.112
Fe/%	6.17	TKN/mg·kg^{-1}	235
K/%	0.035	Zn/mg·kg^{-1}	223

表5-42 尾砂中有机质及营养元素含量

采样深度/cm	pH	有机质/%	含氮量(全氮)/%	速效磷/10^{-6}	速效钾/10^{-6}	CEC③/mg·$(100g)^{-1}$
0～17	8.3	0.45	0.02	2	39	4.2
0～30	8.45	0.10	0.0235	<1.5	10/40②	—
30～60	8.32	0.08	0.041①	<1.5	35②	—
60～100	8.62	0.05	0.023①	<1.5	21	—

①TKN；②为全钾；③CEC为阳离子交换容量。

b 现场小区试验结果

通过品种、匹配组合、配合比例等盆栽试验，筛选出适生、表现优异的14个禾本科和豆科类草本品种用于现场小区试验。在不同营养源条件下，分别进行3组系列小区试验。每一组试验中，分别采用二、三、四品种组合作为供试品种，以进行品种适生、配合及抗性试验和基质熟化及肥力条件试验，筛选出可供推广的最佳品种及熟化、肥力条件和适宜的施工方案等。

经过长达两年以上的观察，从3组系列试验中筛选出最佳试验组为Ⅲ系列，发现了适生的最佳豆科、禾本科品种Z、SH、ZSY、BSY、GM、GF、BX、Y、ZY等以及这些品种的二、三、多品种匹配组合，确定适宜的先锋品种。

试验发现，针对性地添加微量元素RR肥和采用膨化OG肥，专属性地接种高浓度微生物菌群，增加严重缺乏微生物尾砂的生物活性，是增加肥力的有效方法；并找到了坡度大、粗砂区植被修复的对策，取得了适宜的施工条件与方式等。基质改良与熟化小区的试验结果如表5-43所示。

表5-43 基质改良与熟化小区的试验结果

组别	发芽率/%	生 长 势	植被覆盖率/%
Ⅰ系列	40~50	植被淡绿，平均株高范围30~60mm，根长平均50mm	40~50
Ⅱ系列	60~70	植株绿，平均株高范围80~90mm，根长平均100mm	60
Ⅲ系列	>95	植株深绿，平均株高范围100~200mm，根长平均200mm	>95

c 扩大试验区情况

扩大试验区按库内地表等高线划分为4个区域，具体从低到高，分期进行植被扩大试验，共分4期完成全部库区植被工程。

2001年4月进行了春季扩大种植试验，主要目标是在库内粗砂区建立植被，提高植被的成活率；具体将该库粗砂区分为10个试验区，进行扩大试验和在试验研究基础上的植被工程。

扩大试验区主要特点是尾砂粗、水分低、坡度大，坝头与库区一般地平面相对高差达2~3m甚至更大；主坝一线粗砂区，坡度在20°以上，邻近溢流井的砂丘区高出库平面1m以上，这些地带风蚀及水蚀严重。

d 植被试验结果

（1）优势品种。2001年春天种植的Y+BSY品种组，对粗砂区显示出适生性强、抗旱能力好、长势旺盛的优势，是粗沙区推广的适宜品种。GF品种早期发芽率高、覆盖度好，但春季种植3个月后，不能抵御连续干热条件，缺乏抗热性，但可作为先锋植物种植。

（2）接种菌剂效果。完成了现场6个试验区，共计21.33hm^2的接种试验。结果表明，除一个试验区效果较差外，其他5个试验区植被品种的发芽、成活和生长效果明显。接种菌剂的加入，增加了活性微生物的菌群，在种子发芽、生长过程中，起着明显促进生长作用。对照试验结果表明，BSY、Z接种菌剂后，根瘤菌从根毛侵入根部，在主根和侧根形成具有固氮能力的根瘤，成活密度高，植株粗壮，叶色浓绿；接种菌剂促进了植被品种发育生长，特别是粗砂区效果明显。

（3）土壤化速度加快。植被的建立促使地表尾砂变成土壤速度加快，地表已经由原有尾砂的黄色，逐渐转变为深灰至黑色，尾砂颗粒粒度由粗变细，原尾砂地表由干燥变为潮湿；随植被覆盖时间增加，试验地粉粒（0.05~0.02mm）比率急剧增加，黏粒也呈缓慢增长趋势，砂粒呈明显下降趋势。

（4）地表水分增加。据现场调查，由于植被及微生物的作用，地表尾砂的颗粒粒度缓慢变细，地表颜色加深，地表水分加大，改变了尾砂从下层至表层（-200～0mm）越来越干燥的趋势；苔藓类植物在植被覆盖的尾砂地表上随处可见。

（5）植株生长旺盛。在库内粗沙、坡度大的地区，几个供试品种植被长势良好，部分豆科植株生长两季以上高度一般在50～120cm，已经开花结籽。禾本科植株生长一季，分蘖数在15个以上，生长两季的植株分蘖数在30个以上，生长3～4季的植株分蘖数在60个以上，部分生长4个生长季的禾本科植株分蘖数已达100多个。初步形成了多植被品种匹配互补的长势。

（6）根系发育良好。在库内粗沙、坡度大的地区，一季生长植株根系在20cm左右，两季根系深度在30～50cm，3季植株根系60～70cm，豆科植株根系70～90cm。其中生长2～3季的植株，有的品种根系控制面积直径达1.5m，根深达1.5m。有的地面植株不大，但根系却十分发达，形成强有力的根系网络。

（7）植被覆盖度。将小区试验成功品种、匹配组合、配合比及种植方式，基质熟化及其改善条件等结果，应用于各期扩大试验及工程中，各期植被长势良好，覆盖度在80%以上，等高线较低的地带覆盖度在85%以上，部分细砂区覆盖度达90%，根系已经形成控制地表的网络体系，庞大的根系网络，远远大于地面植物的密度。

e　复垦实际效果

扩大试验及植被工程基本完成后，尾矿库表层土化趋势明显，库区植被品种生长良好，植株长势旺盛，郁郁葱葱，春季还有紫色、黄色、白色等鲜花盛开。各品种根系纵横交错、互补，已经形成强大的根系网络，在控制尾砂上发挥了重要作用。

尾矿库植被修复后，尾砂地表的昼夜温差大为缩小，对局地小气候发挥了良好调节作用；昔日反映强烈的“尾砂沙尘暴”，基本被绿色植被所固定；生态环境有效改善，目前已经有多达20多种昆虫、鸟、兔回迁尾矿库，并成为牛群放牧基地。

该项目不但具有显著的环境效益、社会效益，而且具有较好的经济效益。采用无土复垦建立植被，试验研究及植被工程费用仅为2.7元/m^2，比覆土和水泥覆盖降低成本50%以上。

5.7.4.2　澳大利亚芒特莱尔铜矿环境的修复[254]

A　基本情况

芒特莱尔铜矿位于澳大利亚西部塔斯马尼亚州昆斯敦，该矿采选生产产出的尾矿、矿渣和剥离物达一亿多立方米，全部堆积于昆河和金河以及麦夸里港，给矿山周围地区带来严重的环境破坏，当地自然景观被破坏，植物消失；水体水质变坏，河流变成死河；昆河和金河被尾矿冲填，在麦夸里港的金河河口形成250hm^2的尾砂三角洲。

芒特莱尔铜矿过去长期由芒特莱尔采矿与铁路运输公司经营，1994年12月最终停产并出售。1995年塔斯马尼亚铜矿控股有限公司（CMT）接手该矿山，根据其与州政府签订的有关协议，公司不承担因过去生产造成环境污染的任何责任，不过，矿山重新开始生产，必须按照法规标准要求，采用现代环境保护技术，尾矿全部排放于尾矿库。

为了修复当地的生态环境，1995年，联邦环境部、澳大利亚环境监督科学家事务所和塔斯马尼亚州政府，针对该地区污染整治与环境补救工程需要，设立了200万澳元的研究试验项目，称为芒特莱尔环境补救研究与论证项目（MLRRDP）。该项目具体由环境监督科学家事务所和塔斯马尼亚环境与土地管理局共同管理。项目需要为芒特莱尔采矿场址、金河、昆河和麦夸里港的环境综合改善提出切实可行的解决方案，并包括优先改善对象，费用估算和时间安排等。

兼顾公共关系，是该项目优先考虑的一个重要内容。为了便于政府与受托方在项目进度和效果方面的联系和相互配合，为此特别设立了一个咨询委员会。

为了鼓励社会各界参与并了解芒特莱尔环境改善研究与论证项目，项目通过信息会议、科学大会和时事通讯等形式，向西海岸社会各界和广大公众定期发布有关信息。

在与咨询委员会磋商并召开各类大会后，确定了芒特莱尔地区环境改善的长期质量目标。主要目标是：尽力减少源于矿场和尾矿堆放场的酸性废水排入河流；改善尾矿库和尾砂三角洲的景观；提高金河与昆河的水质，使之达到能保持生命的水平；保存文化上有重要意义的人工设施；保护海港内海洋养殖业。

社会各界的不少人员对采矿用地复垦形成“新月形”景观持反对态度，他们宁愿任其自然发展，植被自然缓慢恢复；他们认为，荒凉的自然景观对吸引旅游人群有益。另外，麦夸里港渔业保护也被视为重要大事。

B 研究项目

为了获得确定切实可行的最佳环境改善方案所需要的数据，设立了 15 个研究项目。具体的研究项目包括：

（1）源于芒特莱尔铜矿及周围地区的酸性废水质特性鉴定；

（2）金河系统及尾矿三角洲中矿山尾矿特性鉴定及其影响评价；

（3）昆河和金河水体中铜的毒性；

（4）麦夸里港水体及沉积物中铜的毒性；

（5）麦夸里港生物调查、指示群落监测、水体毒性评价和物理化学模拟；

（6）减少酸性废水的技术措施；

（7）尾矿堆场改造与植被修复。

这些项目部分由政府职员承担，但绝大部分项目通过竞争投标，选择合适的技术专家承担，项目研究成果及其建议都通过报告公之于世。

C 主要成果

在昆河与金河中的沉积物和尾砂三角洲，不少硫化物可被空气和水氧化而产生硫酸。测定结果表明，河中沉积物和尾砂三角洲，每天因硫化物氧化而向麦夸里港排放约 10kg 铜离子和 300kg 硫酸，此数值还不到铜和硫酸总量的 5%，据此，可以认为河流环境改善工作应集中在提高芒特莱尔铜矿排出的水质上。浸出试验表明，氧化尾矿中金属与酸的浸出速度很快，倘若尾矿受到自然扰动，则浸出速度更快。

麦夸里港沉积物和水体的性态随位置不同而异，有 3 个明显的铜循环区，具体是金河尾砂三角洲区，有从沉积物流向水体的大量溶解铜；北港区面积较大，但沉积物的铜流量小于尾砂三角洲区；南港区，沉积物表面硫化物含量高。

针对包括本地鱼类、无脊椎动物类和藻类有机物在内的一系列毒性试验表明，水体中的铜对有机物生长影响不明显。麦夸里港水的毒性比据现有铜含量预测的结果要低得多，因而铜含量的降低目标水平可适当降低。

对麦夸里港的生物群落调查表明，与澳大利亚东南其他海湾相比，其无脊椎动物种类和个体生物比较贫乏。该港处于潮汐区，如没有采矿生产影响，估计应有 100 ~ 200 种水底无脊椎动物。实际统计记录有 84 种水底无脊椎动物，本次研究仅收集到 49 种。铜污染物和沉积物中的有机质含量似乎是决定目前种群结构的主要因素。物种齐全性、总丰度及物种分布都遵循同一种模式，即铜含量和海港有机物含量关系模式。

水底无脊椎动物群落被优先选作为本研究项目的生物监测对象。在芒特莱尔矿山采场、昆河与金河，估计随着环境整治改善工作的进行，环境中铜含量会逐步降低。因沉积物和水质的改良，水底无脊椎动物群落数量会相应增加。

麦夸里港的物理化学模型，可用于描述受水文地质、气象和潮汐因素、水体化学成分及生物物种影响的污染物质（尤其是铜）的空间分布情况，影响生物利用率的因素是关注的重点。

MLRRDP 计划把酸性废水视为制约金河和麦夸里港环境质量目标实现的主要问题。解决酸性废水问题的方法必须为居民点所接受，而且在技术上也必须切实可行。具体包括中和方法和远离矿地排放法，各种治理酸性废水方案的详细分析及其结果，将提供给有关政府，供其在环境改善行动的时间和经费条件决策时参考。

6 选矿厂清洁生产与生态矿山（区）建设

6.1 清洁生产概论

6.1.1 清洁生产的含义及特点

6.1.1.1 清洁生产的含义

根据联合国环境规划署1996年的定义，清洁生产（cleaner production）是一种新的创造性的思想，该思想将整体预防的环境战略持续应用于生产过程、产品和服务中，以此增加生态效率和减少人类及环境的风险。对生产过程，要求节约原材料和能源，淘汰有毒原材料，减少所有废弃物的数量和毒性。对产品，要求减少从原材料提炼到产品最终处置的全生命周期的不利影响。对服务，要求将环境因素纳入设计和所提供的服务中。

近年来，为了更好地推进产业系统的持续发展与产业绿色化，强化提高资源的利用效率，环境规划署进一步将清洁生产扩展至资源有效利用与清洁生产（resource efficient and cleaner production，RECP）[257]，RECP优先强调：

（1）通过生产全过程优化自然资源（原材料、能源、水）的使用，提高生产效率。

（2）强化环境管理，减少产业系统对自然环境的不利影响。

（3）减少人与社会面临的风险，促进人类健康发展。

在我国，《中华人民共和国清洁生产促进法》将清洁生产定义为："不断采取改进设计、使用清洁的能源和材料，采用先进的工艺技术和设备，改善管理、综合利用等措施，从源头削减污染，提高资源利用效率，减少或者避免生产、服务和产品使用过程中污染物的产生和排放，以减轻或者消除对人类健康和环境的危害。"该含义可用图6-1形象表述。

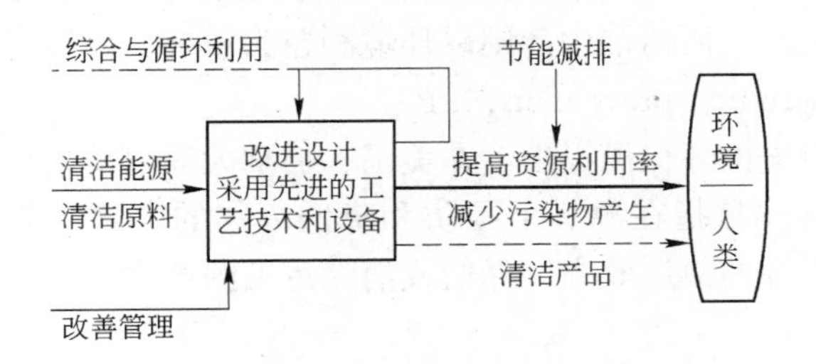

图6-1 清洁生产含义的图解示意图

6.1.1.2 清洁生产的特点

与传统的末端治理相比，清洁生产是在污染产生前采取防止对策，将污染物消除在生产过程之中，从根本上解决污染的问题，因此，它有三个显著特点：

（1）以预防为主的思想。传统的末端治理是"先污染、后治理"，与生产过程脱节，侧重点是"治"；清洁生产则要求从产品设计开始，原材料、工艺路线和设备选择、废物利用、运行管理的各个环节，通过加强管理和技术进步，提高资源综合利用率，减少乃至消除污染物的产生，侧重点是“防”。

（2）强调集约型的增长方式与可持续发展。清洁生产强调摒弃传统的消耗大量资源能源的粗放型经济发展方式，走内涵发展道路，它要求企业大力调整产品结构，革新生产工艺，优化生产过程，提高技术装备水平，加强科学管理，合理、高效配置资源，最大限度地提高资源综合利用率，实现节能、降耗、减污、增效。

（3）强调环境效益与经济效益的统一，实现双赢乃至多赢。传统的末端治理投入多、运行成本高，往往只有环境效益，没有经济效益；清洁生产从源头抓起，不但避免了污染排放，使能源、原材料消耗和生产成本明显降低，企业经济效益与竞争力增强，而且从根本上改善了环境状况，实现了经济与环境的“双赢”。

6.1.1.3　清洁生产的原则

（1）预防性原则。包括预防污染的产生，以及保护工厂免受破坏和操作员工免受不可逆性的不良健康危害。它寻求改变生产和消费系统的上游部分，即对现行的依赖于过量物质消耗的生产和消费系统进行重新设计。

（2）集成性原则。即采用全局的观点和生命周期分析的方法来考虑整个产品生产周期对环境造成的影响，从更大时间和空间跨度上寻求环境问题的解决方案。

（3）广泛性原则。即原则要求生产活动所涉及的所有职工、消费者和社区民众普遍参与，包括工业企业主动提供信息和职工、公众参与重要的决策。

（4）持续性原则。清洁生产是一个没有终极目标的活动，需要企业、政府、公众三方共同坚持不懈的努力。

6.1.1.4　清洁生产的相关名词定义

A　生态效率（eco-efficiency，EE）

生态效率，最先由世界可持续发展工商理事会（WBCSD）于1992年提出，是指有价格竞争力的产品或服务，必须在满足人类需求和提高生活质量的同时，将全生命周期内的生态影响和资源消耗降低到最小，至少不超出地球的环境承受能力。

生态效率的含义与清洁生产类似，但两者的着眼点略有差别，生态效率以经济利益为目标，以环境条件为限制，而清洁生产则以环境利益为目标，以经济条件为限制。

B　污染预防（pollution prevention，PP）

污染预防，最先由美国环保局提出，在美国、加拿大等北美地区使用较多，其含义与清洁生产基本相同，具体是指在源头上预防和降低废物的产生，即通过提高原材料、能源、水资源和土地资源等的使用效率，降低或消除污染的产生，从而保护自然资源和自然环境。

C　废物最小化（waste minimization，WM）

废物最小化，由美国环保局于1988年提出，并列入了1992年颁布的污染预防指标中，具体是指通过改变原材料的输入、提高生产技术水平、优化生产过程和提高产品性能等手段，全程减少资源的使用和废物的产生。

D　工业生态学（industrial ecology，IE）

工业生态学，是研究材料与能源在工业和消费者活动之间的流动，以及流动对环境的影响，经济、政治、法规和社会因素对资源流动、使用和转化的影响；尤其关注模拟自然生态系统中的物质循环过程，进行工业系统的物质流管理。

6.1.2 清洁生产的内容及措施

6.1.2.1 清洁生产的内容

清洁生产的内容主要包括：

（1）清洁的原料。以无毒、无害或少害原料替代有毒、有害原料；改变原料的配比或降低其使用量；保证或提高原料的质量，进行原料的纯化加工，减少对产品的无用成分；采用二次资源或废物做原料，替代稀有短缺资源的利用等。

（2）清洁的能源。具体包括常规能源的清洁利用、新能源和可再生能源利用、节能技术。

（3）清洁的生产过程（服务）。生产中产出无毒、无害的中间产品，减少副产品，选用少废、无废工艺和高效设备，减少生产过程中的危险因素（如高温、高压、易燃、易爆、强噪声、强振动），物料实行再循环，使用简便可靠的操作和控制方法，完善管理等。

（4）清洁的产品。产品在使用中、使用后不危害人体健康和生态环境，产品易于回收、复用和再生；合理包装；合理的使用功能和易处置、易降解。

对于企业来说，应在生产、产品和服务中最大限度地做到：

（1）自然资源和能源利用的最合理化。用最少的原料和能源消耗，生产尽可能多的高质量产品，提供尽可能多的高质量服务，达到生产中最合理地利用自然资源和能源的目标。

（2）经济效益最大化。生产的源动力在于满足人类的需要和追求经济效益最大化。企业通过各种手段提高生产效率，降低生产成本，使生产、产品和服务获得尽可能大的经济效益。

（3）人类与环境危害最小化。提高人类的生活质量是生产的一个主要目标，减少生产对人类与环境造成的风险和危害是实现生产目标的重要保证。

（4）清洁生产的不断完善。清洁生产是一个相对概念，清洁的生产过程和产品是与现有工业过程和产品比较而言，推行清洁生产本身就是一个不断完善的过程。

6.1.2.2 清洁生产的实施途径

清洁生产必须通过企业的经营管理、政府的政策法规、技术创新、教育培训以及公众参与与监督来实现。其中企业的经营管理是清洁生产的体现主体，政府的政策法规是清洁生产的调控手段，技术创新是清洁生产的强大推动力，教育培训和公众参与是清洁生产的保障。

对于企业而言，清洁生产的实施途径主要包括：

（1）原材料、能源的投入替代。优先选择无毒、低毒、少污染的原辅材料替代原有毒性较大的原辅材料；使用可再生材料及能源；延长原材料的使用寿命；使用纯化的材料。

（2）改进生产工艺。采用能够使资源和能源利用率高、原材料转化率高、污染物产生量少的新工艺和设备，淘汰资源浪费大、污染严重的落后工艺设备；优化生产程序，实行自动化控制。

（3）优化管理。强化人员培训，提高职工素质与能力；加强原材料妥善保管与清单管理；加强设备维护与维修，减少“跑冒滴漏”；合理规划与有效调度生产；建立合理的激励机制与奖惩制度；加强成本管理。

（4）优化产品。从产品设计抓起，将环保因素预防性地注入产品设计之中，并考虑其整个生命周期对环境的影响；开发、生产对环境无害、低害的清洁产品；采用更有效、材料强度低的包装物。

（5）废物回收与循环利用。尽可能就地回收利用生产过程的原料、废水、余热；将过程产生的废弃物就地资源化，转化为有用的副产品；对不可避免的废物进行隔离储存。

6.1.2.3　清洁生产技术

清洁生产技术，最早由欧洲经济共同体（European Economic Community，EEC）提出，是指“减少以至消除生产的任何公害、污染或废物，并帮助节省原材料及其他自然资源和能源的任何技术手段”，是实现清洁生产的技术保障。

清洁生产技术也称无害环境技术，低废无废技术或绿色技术，具体包括源头控制、过程减排和末端循环三类技术，其具体标准为：（1）排放到环境的污染较少；（2）废物较少或低废物、无废物工艺；（3）需要的自然资源、能源和原材料较少[258]。

另外，污染防治最佳实用技术（best available technologies of pollution prevention and control）的含义与清洁生产技术类似，具体是指针对生产、生活过程中的各种环境问题，为减少污染物排放，从整体上实现高水平环境保护所采用的、与该时期技术、经济发展水平和环境管理要求相适应，得到行业普遍应用的先进可行的污染防治技术。不过与清洁生产技术相比，污染防治最佳实用技术更强调采用经济可行技术达到国家环境标准要求。

6.1.2.4　清洁生产的工具

实施清洁生产常用的工具有：清洁生产审核、生命周期评价、生态设计、生态效率分析、环境标志、ISO 14000 环境管理标准、环境税等。

以上清洁生产工具中，对于企业而言，清洁生产审核、生命周期评价最适用。

6.1.3　清洁生产的实施程序[259]

企业实行清洁生产过程，包括筹划与组织（准备）、审核、方案评价/分析、方案实施四个阶段，具体如图 6-2 所示。

筹划与组织，主要是通过宣传教育使员工建立对清洁生产的初步正确认识，消除思想上和观念上的一些障碍，使企业高层领导作出执行清洁生产的决定，同时组建清洁生产工作小组，制订工作计划，并做必要的物质准备。

审核，是企业开展清洁生产的核心阶段。在对企业现状全面了解、分析的基础上，确定审核对象，并查清其能源、物料的使用量及损失量，污染物的排放量及产生的根源，以寻找清洁生产的基点。在此基础上，从清洁生产的五条途径提出清洁生产方案。

方案评价/分析，针对提出的清洁生产方案，进行初选、归类，并通过权重加和排序，优选出 3 ~5 个技术水平高和可实施性较强的重点方案，再从技术、环境、经济方面进行综合分析，确定可实施的清洁生产方案。

方案实施，方案确定后，就统筹安排，按计划实施方案。在清洁生产方案实施过程中，全面跟踪、评估、统计实施后的技术情况及经济、环境效益，从而为调整和制定后消费品方案积累可靠的经验。

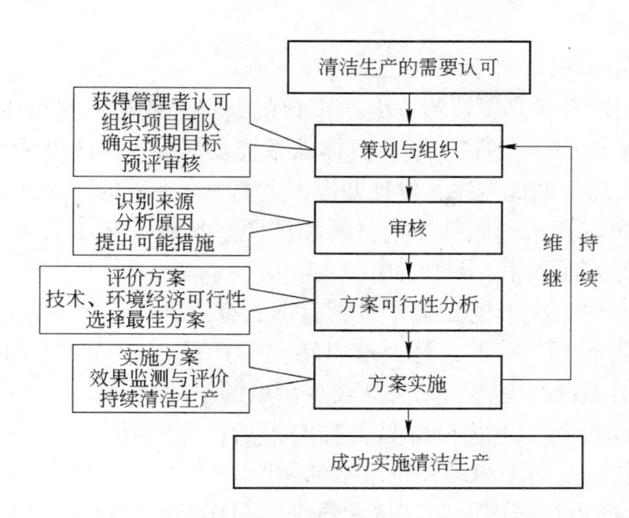

图6-2 清洁生产的实施程序图

清洁生产是一个持续的长期过程，不可能一劳永逸。因此，在清洁生产取得一定成效后，要及时编写清洁生产总结报告，系统评估实施清洁生产取得的经济、环境和社会效益，全面回顾和总结企业开展清洁生产的经验教训，并进行最高管理者的评审，在此基础上，启动新一轮的清洁生产（见图6-3）。

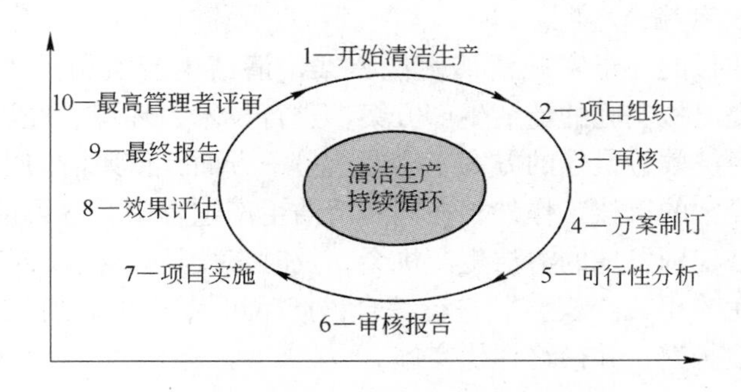

图6-3 持续清洁生产动态闭环示意图

6.1.4 清洁生产审核

6.1.4.1 清洁生产审核的含义及其内容

清洁生产审核（cleaner production auditing），也称为清洁生产审计，是企业实施清洁生产的前提和核心，也是实施清洁生产最主要、也最具可操作性的方法。

根据我国的《清洁生产审核暂行办法》，清洁生产审核是指按照一定程序，对生产和服务过程进行调查和诊断，找出能耗高、物耗高、污染重的原因，提出减少有毒、有害物料的使用、产生，降低能耗、物耗以及废物产生的方案，进而选定技术经济及环境可行的清洁生产方案的过程。

清洁生产审核的核心内容包括三个方面，即生产（服务）过程评价、清洁生产机会识别与清洁生产方案筛选/实施。它们的有机结合，形成了企业清洁生产审核的基本框架。

A　生产（服务）过程评价

生产（服务）过程评价是企业清洁生产审核的起点和基础，它对生产（服务）过程现状及其废物流进行调查了解、诊断分析。具体从系统及其投入、产出关系上考察、确立企业生产过程“不清洁”部位的优先序，发现并提出系统中存在着的“不清洁”情况及问题。

生产（服务）过程评价一般从原辅材料和能源、技术工艺、设备、过程控制、产品、废物、管理、员工等方面入手，具体如：

（1）产品在使用中或废弃的处置中是否有毒、有污染。

（2）原辅料是否有毒、有害，是否难以转化为产品，产品产生的“三废”是否难以回收利用，能否选用无毒、无害、无污染或少污染的原辅料等。

（3）产品的生产过程、工艺设备是否陈旧落后，工艺技术水平、过程控制自动化程度、生产效率的高低以及与国内外先进水平的差距。

另外，《清洁生产审核指南　制订技术导则》（HJ469—2009）附录 D 列举了一些企业清洁生产审核的通用检查清单示例。

B　清洁生产机会识别

清洁生产机会识别是指在生产过程评价，特别是在审核重点评价基础上，针对系统存在的问题、症结（差距），从生产过程内部组成、影响因素上进行因果关系分析，并查找废物产生潜在削减途径的过程。

C　清洁生产方案筛选/实施

清洁生产审核的目的在于实施清洁生产方案，清洁生产实施是审核工作的归宿。因此，一方面，需对提出拟实施的清洁生产方案，进行技术、环境、经济可行性分析，确定技术可行、环境与经济效益最佳的方案来实施。另一方面，依照清洁生产“持续实施”的思想，除需要保持经常的审核工作外，在同一清洁生产过程中，尽可能边审核边实施，即在审核过程中，对已识别发现的清洁生产机会，及时直接具体化，转换成能源削减的措施方案；或对多个潜在的相关“机会”进行综合，产生可操作的行动措施方案，以供进一步的比较筛选或可行性研究，并最终择优实施。

6.1.4.2　清洁生产审核的程序

根据《清洁生产审核暂行办法》，清洁生产审核程序原则上包括审核准备，预审核，审核，实施方案的产生、筛选和确定，编写清洁生产审核报告。

（1）审核准备。开展培训和宣传，成立由企业管理人员和技术人员组成的清洁生产审核工作小组，制订工作计划。

（2）预审核。在对企业基本情况进行全面调查的基础上，通过定性和定量分析，确定清洁生产审核重点和企业清洁生产目标。

（3）审核。通过对生产和服务过程的投入产出分析，建立物料、水、资源平衡以及污染因子平衡，找出物料流失、资源浪费环节和污染物产生的原因。

（4）实施方案的产生和筛选。对物料流失、资源浪费、污染物产生和排放进行分析，提出清洁生产实施方案，并进行方案的初步筛选。

（5）实施方案的确定。对初步筛选的清洁生产方案进行技术、经济和环境可行性分析，确定企业拟实施的清洁生产方案。

（6）编写清洁生产审核报告。清洁生产审核报告应当包括企业基本情况、清洁生产审核过程和结果、清洁生产方案汇总和效益预测分析、清洁生产方案实施计划等。

不过，《清洁生产审核指南　制订技术导则》可能是从强化清洁生产审核的效果出发，将方案的实施、持续性清洁生产等也纳入了清洁生产审核工作的范畴，相应的程序便包括了审核准备，预审核，审核，方案的产生和筛选，方案的确定，方案的实施，持续性清洁生产等，具体如图6-4所示。

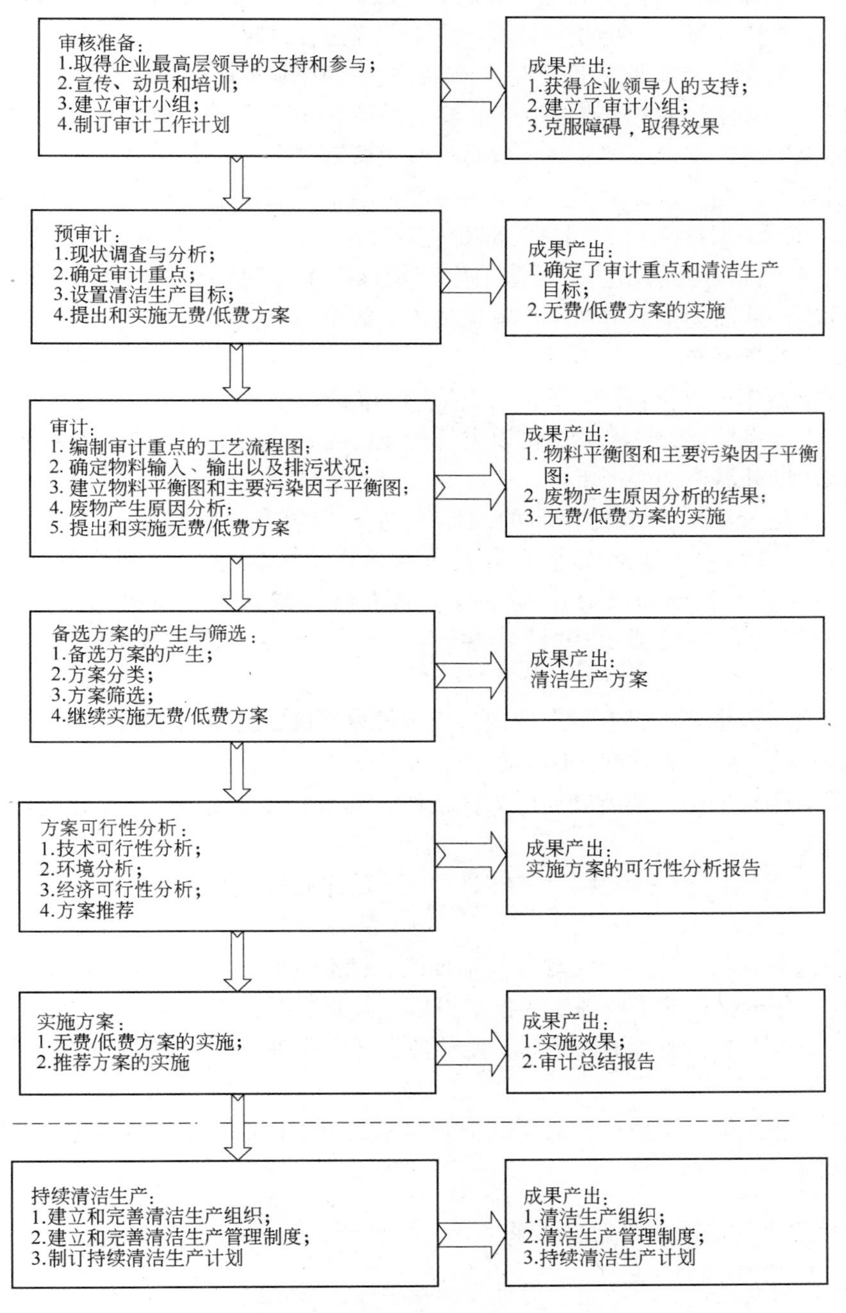

图6-4　企业清洁生产审核的基本步骤

6.1.4.3 国内重点企业清洁生产审核实务

A 实施强制性清洁生产审核的重点企业范围

根据《中华人民共和国清洁生产促进法》，我国的企业应当对生产和服务过程中的资源消耗以及废物的产生情况进行监测，并根据需要对生产和服务实施清洁生产审核。其中以下两类重点企业必须实施强制性清洁生产审核：

（1）污染物排放超过国家和地方规定的排放标准或者超过经有关地方人民政府核定的污染物排放总量控制指标的企业（简称“两超”企业），应当实施清洁生产审核。

（2）使用有毒、有害原料进行生产或者在生产中排放有毒、有害物质的企业（简称“双有企业”），应当定期实施清洁生产审核，并将审核结果报告所在地的县级以上地方人民政府环境保护行政主管部门和经济贸易行政主管部门。

为了引导、督促、保证重点企业清洁生产审核工作的规范、有序开展，国家环境保护总局（现国家环境保护部）会同有关部委先后发布了《清洁生产审核暂行办法》、《重点企业清洁生产审核程序的规定》、《清洁生产审核指南　制订技术导则》（HJ469—2009）等法规和标准，从而为企业清洁生产审核提供了规范标准。

B 清洁生产审核的组织形式

根据《清洁生产审核暂行办法》，清洁生产审核以企业自行组织开展为主。不具备独立开展清洁生产审核能力的企业，可以委托行业协会、清洁生产中心、工程咨询单位等咨询服务机构协助开展清洁生产审核。

《重点企业清洁生产审核程序的规定》进一步规定了实施清洁生产审核的条件。自行组织开展清洁生产审核的企业应具有5名以上经国家培训合格的清洁生产审核人员并有相应的工作经验，其中至少有1名人员具备高级职称并有5年以上企业清洁生产审核经历。为企业提供清洁生产审核服务的中介机构应符合下述基本条件：

（1）具有法人资格，具有健全的内部管理规章制度，具备为企业清洁生产审核提供公平、公正、高效率服务的质量保证体系；

（2）具有固定的工作场所和相应工作条件，具备文件和图表的数字化处理能力，具有档案管理系统；

（3）有2名以上高级职称、5名以上中级职称并经国家培训合格的清洁生产审核人员；

（4）应当熟悉相应法律、法规及技术规范、标准，熟悉相关行业生产工艺、污染防治技术，有能力分析、审核企业提供的技术报告、监测数据，能够独立完成工艺流程的技术分析和进行物料平衡、能量平衡计算，能够独立开展相关行业清洁生产审核工作和编写审核报告；

（5）无触犯法律、造成严重后果的记录；未处于因提供低质量或者虚假审核报告等被责令整顿期间。

6.1.5 清洁生产的法规政策制度体系

法规政策制度是企业清洁生产的重要调控手段，国际组织与各国政府十分重视清洁生产法规政策制度体系建设，美国早在1990年就颁布了《污染防治法》，我国通过十多年的

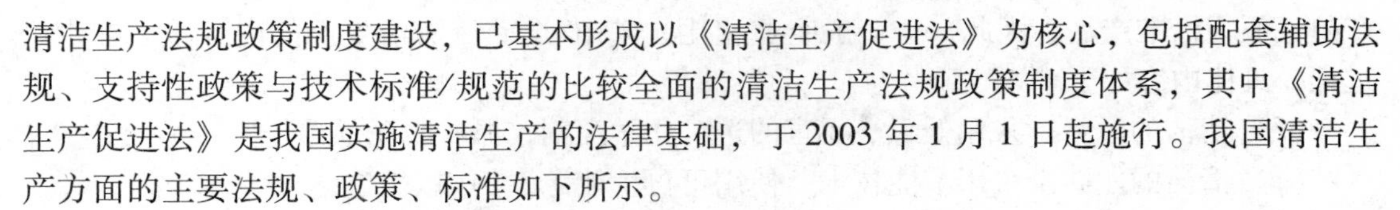

清洁生产法规政策制度建设，已基本形成以《清洁生产促进法》为核心，包括配套辅助法规、支持性政策与技术标准/规范的比较全面的清洁生产法规政策制度体系，其中《清洁生产促进法》是我国实施清洁生产的法律基础，于2003年1月1日起施行。我国清洁生产方面的主要法规、政策、标准如下所示。

6.1.5.1　国家级法律法规

（1）《中华人民共和国清洁生产促进法》（2002）；

（2）《中华人民共和国环境保护法》（1989）；

（3）《中华人民共和国大气污染防治法》（1995）；

（4）《中华人民共和国水污染防治法》（1996）；

（5）《中华人民共和国固体废物污染环境防治法》（1995）；

（6）《建设项目环境保护条例》（1998）。

6.1.5.2　国家支持清洁生产的具体政策

（1）关于加快推行清洁生产的若干意见（国办发［2003］100号）；

（2）关于贯彻落实《清洁生产促进法》的若干意见（环发［2003］60号）；

（3）清洁生产审核暂行办法（中华人民共和国国家发展和改革委员会、中华人民共和国国家环境保护总局令第16号）；

（4）重点企业清洁生产审核程序的规定（环发［2005］151号）；

（5）中央补助地方清洁生产专项资金使用管理办法（财建［2004］343号）；

（6）中央财政清洁生产专项资金管理暂行办法（财建［2009］707号）；

（7）工业和信息化部关于太湖流域加快推行清洁生产的指导意见（工信部节［2009］104号）。

6.1.5.3　支持清洁生产的技术标准及规范

（1）清洁生产标准。已经颁布了涉及27个重点行业共70多项清洁生产标准，其中与金属矿业相关的有：

1）《清洁生产标准　铁矿采选业》（HJ/T 294—2006）；

2）《清洁生产标准　镍选矿行业》（HJ/T 358—2006）。

（2）清洁生产评价指标体系。涉及30个重点行业，目前已颁布了30个清洁生产评价指标体系（试行）。

（3）清洁生产技术导向目录。目前共颁布了三批，第一批涉及5个行业、57项清洁生产技术；第二批涉及5个行业、56项清洁生产技术；第三批涉及7个行业、28项清洁生产技术。

6.2　选矿厂清洁生产与节能减排

6.2.1　选矿厂清洁生产的内容及措施

6.2.1.1　选矿厂清洁生产的内容

矿业自身的基本特点，尤其是矿山不可移动、矿石组成复杂的特性，决定了采矿、选矿过程必然对环境与人类造成不利影响。因此，在矿业领域实施清洁生产，优先目的在于尽可能降低这些不利影响。具体来说，由于矿山/选矿厂的矿石原料一般不可选择，精矿产品一般为标准产品，因此，与一般企业相比，矿山/选矿厂清洁生产的内容重心在生产过程，具体内容如下[260,261]：

（1）清洁的原料。采用低毒、无害的选矿化学药剂，原矿脱泥预选。

（2）清洁的能源。采用节能技术，使用可再生能源，例如太阳能。

（3）清洁的生产过程。采用少废、无废的采矿、选矿工艺和高效设备，减少生产过程的危险因素，尾矿综合利用、危化品管理优化、选矿过程自动化控制。

（4）清洁的产品。降低精矿产品中有害杂质成分的含量，综合回收伴生有价成分，产出合格产品。

6.2.1.2　选矿厂清洁生产的具体措施

Van Berkel 根据矿物加工的特点，将企业清洁生产五项基本措施进一步具体化，明确为过程优化、输入替代、生产优化、管理优化、综合回收与循环利用，具体如图 6-5 所示[262]。

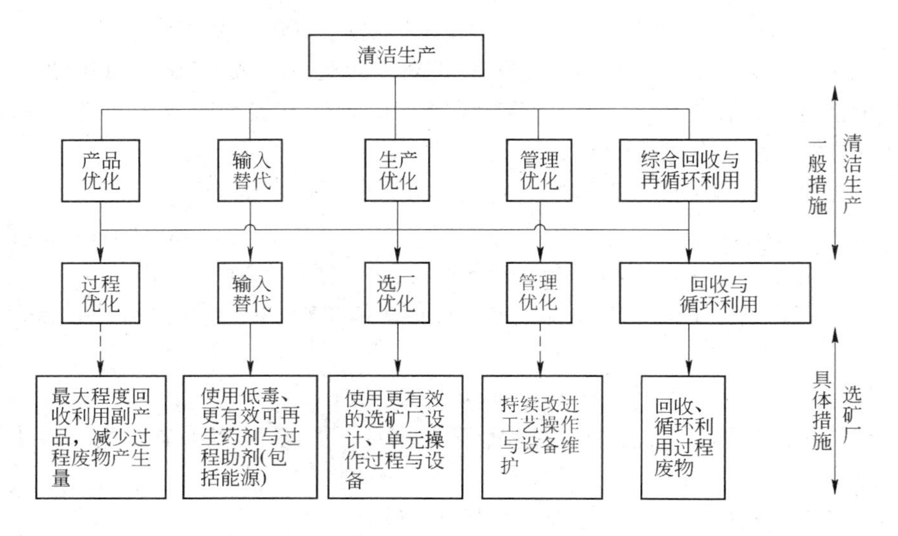

图 6-5　选矿厂清洁生产的具体措施

由于我国金属矿产资源的特点，选矿厂的清洁生产关注的重点与国外存在明显差别，表 6-1 列出了我国选矿厂清洁生产的具体措施及其支撑技术示例。

表 6-1　我国选矿厂清洁生产的具体措施及其支撑技术示例

措施类别		具体措施	支撑技术示例
输入（原料、能源）替代	原料预处理	原矿预选抛尾/脱泥	铁矿干式预磁选抛尾； 重介质分选抛尾； 铝土矿洗选脱泥
	采用节能技术	磁选设备永磁化； 采用高效细磨技术/装备； 精矿远距离浓浆输送	中高场强永磁选机； 搅拌磨/ISA 磨细磨； 铁精矿长距离管道浆体输送技术
	化学品替代	硫化矿无氰浮选； 采用易降解有机浮选药剂	

续表 6-1

措施类别	具体措施	支撑技术示例
过程（单元工艺）优化	阶段磨矿/阶段分选	铁矿阶段磨矿/阶段磁选
	选择性细磨-分级	磨矿-分级过程高效优化技术
	低品位矿石原地（就地）浸出	低品位硫化铜生物堆浸技术； 低品位有色/贵金属矿石堆浸技术； 南方离子型稀土矿原地浸出技术
	微细粒矿高效浮选	微细粒铁矿反浮选技术； 微细粒浮选柱分选技术
管理优化	改变尾矿输送/堆存方式	尾矿膏体输送技术； 尾矿压滤-干堆技术
	矿山酸性废水预防和控制	酸性废水高浓度浆料处理技术
	尾矿库安全管理	尾矿库安全监测预警系统
产品优化（精矿质量优化）	铁精矿提铁降硅（杂）	磁选铁精矿反浮选生产高品位精矿； 磁选铁精矿细筛再磨自循环
	精矿酸洗除杂	白钨精矿酸洗脱钙镁
废物回收与循环利用	尾矿再选回收伴生有价成分	含硫铁矿尾矿弱磁粗选-粗精矿细磨再选技术； 精矿细磨再选技术； 氰化尾渣浮选回收铜铅锌有价金属技术
	尾矿充填采空区	全尾砂胶结充填采矿技术
	尾矿生产建筑材料	选矿尾矿用于水泥生产添加料技术； 选矿尾矿生产新型墙体材料技术
	选矿废水循环利用	含氰废水膜处理回收氰化物技术； 含氰废水综合治理循环利用技术； 浮选厂废水净化回用技术

从生态环境保护与安全出发，近期关注的重点如下：

（1）尾矿的综合利用与安全堆存。尾矿中伴生成分的综合回收，尾矿综合利用，尾矿库的安全，酸性废水产生与迁移控制。

（2）污染物减排与控制。选矿药剂回收利用、酸性重金属废水中和沉淀处理，有机废水的生物氧化处理。

（3）危险化学品管理：建立化学品泄漏监测系统、泄漏化学品收集系统、危险化学品应急处理。

6.2.2 我国选矿厂清洁生产的要求

目前，我国已颁布了铁矿、镍选矿清洁生产标准：《清洁生产标准　铁矿采选业》（HJ/T 294—2006）[263]、《清洁生产标准　镍选矿行业》（HJ/T 358—2007）[264]，这两项标准基本代表了目前我国金属选矿厂清洁生产的基本要求。

上述标准根据选矿行业的特点，将清洁生产指标分为工艺装备要求、资源能源利用指标、污染生产指标（末端处理前）、废物回收利用指标和环境管理要求五类，并依据当前的行业技术、装备水平和管理水平将各项指标分为三级：一级代表国际清洁生产先进水平；二级代表国内清洁生产先进水平；三级代表国内清洁生产基本水平。两个标准的具体指标要求见表 6-2 和表 6-3。

表 6-2 铁矿采选行业清洁生产标准指标要求（选矿类）[263]

清洁生产指标等级	一 级	二 级	三 级
一、工艺装备要求			
破碎筛分	采用国际先进的处理量大、高效超细破碎机等破碎设备，配有除尘净化设施	采用国内先进的处理量较大、效率较高的超细破碎机等破碎设备，配有除尘净化设施	采用国内较先进的旋回、颚式、圆锥锤式破碎机等破碎设备，配有除尘净化设施
磨矿	采用国际先进的处理量大、能耗低、效率高的筒式磨矿机、高压辊磨机等磨矿设备	采用国际先进的处理量较大、能耗较低、效率较高的筒式磨矿机、高压辊磨机等磨矿设备	采用国内较先进的筒式磨矿、干式自磨、棒磨、球磨等磨矿设备
分级	采用国际先进的分级效率高的高频振动细筛分级机等分级设备	采用国际先进的分级效率较高的电磁振动筛、高频细筛等分级设备	采用国内较先进的旋流分级、振动筛、高频细筛等分级设备
选别	采用国际先进的回收率高、自动化程度高的大粒度中高场强磁选机和跳汰机、立环脉动高梯度强磁选机、充气机械搅拌式浮选机等选别设备	采用国际先进的回收率较高、自动化程度较高的大粒度中高场强磁选机和跳汰机、立环脉动高梯度强磁选机、充气机械搅拌式浮选机等选别设备	采用国内较先进的回收率较高立环式、平环式强磁选机、机械浮选机等选别设备
脱水过滤	采用国际先进的效率高、自动化程度高的高浓缩机和大型高效盘式过滤机等脱水过滤设备	采用国际先进的脱水过滤效率较高、自动化程度高的高浓缩机和大型高效盘式过滤机等脱水过滤设备	采用国内较先进的脱水过滤效率较高的浓缩机和筒式压滤机等脱水过滤设备
二、资源能源利用指标			
金属回收率/%	≥90.0	≥80.0	≥70.0
电耗/$kW \cdot h \cdot t^{-1}$	≤16.0	≤28.0	≤35.0
水耗/$m^3 \cdot t^{-1}$	≤2.0	≤7.0	≤10.0
三、污染物产生指标			
废水产生量/$m^3 \cdot t^{-1}$	≤0.1	≤0.7	≤1.5
悬浮物/$kg \cdot t^{-1}$	≤0.01	≤0.21	≤0.60
化学需氧量/$kg \cdot t^{-1}$	≤0.01	≤0.11	≤0.75

续表 6-2

清洁生产指标等级		一 级	二 级	三 级
四、废物回收利用指标				
工业水重复利用率/%		≥95	≥90	≥85
尾矿综合利用率/%		≥30	≥15	≥8
五、环境管理要求				
环境法律法规标准		符合国家和地方有关环境法律、法规，污染物排放达到国家和地方排放标准、总量控制和排污许可证管理要求		
环境审核		按照企业清洁生产审核指南的要求进行了审核；按照 ISO 14001 建立并运行环境管理体系，环境管理手册、程序文件及作业文件齐备	按照企业清洁生产审核指南的要求进行了审核；环境管理制度健全，原始记录及统计数据齐全有效	按照企业清洁生产审核指南的要求进行了审核；环境管理制度、原始记录及统计数据基本齐全
生产过程环境管理	岗位培训	所有岗位均进行过严格培训		主要岗位进行过严格培训
	破碎、磨矿、分级等主要工序的操作管理	有完善的岗位操作规程；运行无故障、设备完好率达100%	有完善的岗位操作规程；运行无故障、设备完好率达98%	有效完善的岗位操作规程；运行无故障、设备完好率达95%
	生产设备的使用、维护、检修管理制度	有完善的管理制度，并严格执行	主要设备有具体的管理制度，并严格执行	主要设备有基本的管理制度，并严格执行
	生产工艺用水、用电管理	各种计量装置齐全，并制定严格计量考核制度	主要环节进行计量，并制定定量考核制度	主要环节进行计量
	各种标志	生产区内各种标志明显，严格进行定期检查		
环境管理制度	环境管理机构	建立并有专人负责		
	环境管理制度	健全、完善的环境管理制度，并纳入日常管理		较完善的环境管理制度
	环境管理计划	制订近、远期计划并监督实施	制订近期计划并监督实施	制订日常计划并监督实施
	环境设施运行管理	记录运行数据并建立环保档案		记录并统计运行数据
	污染源监测系统	对水、气、声主要污染源、污染物进行定期监测		
	信息交流	具备计算机网络化管理系统		定期交流

续表 6-2

清洁生产指标等级	一 级	二 级	三 级
土地复垦（尾矿库）	（1）具有完整的复垦规划，复垦管理纳入日常生产管理；（2）土地复垦率达80%以上	（1）具有完整的复垦规划，复垦管理纳入日常生产管理；（2）土地复垦率达50%以上	（1）具有完整的复垦规划，并纳入日常生产管理；（2）土地复垦率达20%以上

表 6-3 镍选矿行业清洁生产标准指标要求（选矿类）[264]

清洁生产指标等级	一 级	二 级	三 级
一、生产工艺与装备要求			
选矿工艺	采用国际先进的自动化程度高、机械性能好、设备台数少的清洁生产选矿工艺、技术	采用国内先进的自动化程度较高、机械性能良好、设备台数较少的清洁生产选矿工艺、技术	无应淘汰的落后选矿工艺、技术
设备节能	采用国际先进的效率高、能耗低的设备	采用国内先进的效率高、能耗较低的设备	无应淘汰的高能耗设备
生产作业地面防渗措施	具备		
事故性渗漏防范措施	具备		
选矿设备/设施的完整性	具有完整的选矿设备及配套设施		
二、资源能源利用指标			
选矿回收率/%	≥87.0	≥85.5	≥80.0
新鲜水用量/$m^3 \cdot t^{-1}$	≤2.0	≤2.5	≤3.0
单位电耗/$(kW \cdot h) \cdot t^{-1}$	≤45.0	≤50.0	≤60.0
精矿品位/%	Ni≥8.0 Mg≤2.0	Ni≥7.0 Mg≤6.8	Ni≥6.5 Mg≤7.5
三、污染物产生指标			
废水产生量/$m^3 \cdot t^{-1}$	≤0.20	≤0.75	≤1.20
固体浸出液中 Ni 的最高允许浓度/$mg \cdot L^{-1}$	≤0.50	≤0.80	≤1.00
作业环境噪声/dB(A)	≤75	≤80	≤85
作业环境空气中粉尘最高允许浓度/$mg \cdot m^{-3}$	≤8	≤9	≤10
四、废物回收利用指标			
工业水重复利用率/%	≥90	≥80	≥75
尾矿综合利用率/%	≥20	≥15	≥8

续表 6-3

<table>
<tr><th>清洁生产指标等级</th><th>一　级</th><th>二　级</th><th>三　级</th></tr>
<tr><td colspan="4">五、环境管理要求</td></tr>
<tr><td>环境法律法规标准</td><td colspan="3">符合国家和地方有关环境法律、法规，污染物排放达到国家和地方排放标准、总量控制和排污许可证管理要求</td></tr>
<tr><td>组织机构</td><td colspan="3">设专门管理机构和专职管理人员，开展环保和清洁生产有关工作</td></tr>
<tr><td>环境审核</td><td>进行了清洁生产审核，实施了全部无、低费方案和部分中、高费方案；按照 GB/T24001 建立并运行环境管理体系，环境管理制度健全，环境管理手册、程序文件及作业文件齐备</td><td colspan="2">进行了清洁生产审核，实施了全部无、低费方案；建立环境管理与监控制度，有污染事故的应急程序，原始记录及统计数据齐全有效</td></tr>
<tr><td rowspan="5">生产过程环境管理</td><td>所有岗位均进行过严格培训，有完善的岗位操作规程和作业指导书</td><td>所有岗位均进行过严格培训，每个作业区有操作规程，重点岗位有作业指导书</td><td>主要岗位进行过严格培训，有完善的岗位操作规程</td></tr>
<tr><td>设备运行无故障、完好率达 100%；各种计量装置齐全，并制定严格计量考核制度</td><td>设备运行无故障、完好率达 98%；各种计量装置基本齐全，并制定严格计量考核制度</td><td>设备运行无故障、完好率达 98%；主要环节进行计量</td></tr>
<tr><td colspan="2">记录运行数据并建立环保档案；制定了企业环境风险预案</td><td>记录并统计运行数据；制定了企业环境风险预案</td></tr>
<tr><td colspan="3">具备药剂制配室和严格的药剂制度，添加的药剂种类、药剂用量、添加方式、加药地点以及加药顺序等均经过充分试验确定</td></tr>
<tr><td colspan="3">作业环境满足 GBZ 1、GB18152、BGZ 2 标准要求</td></tr>
<tr><td>尾矿处理与处置</td><td colspan="3">采取专用尾矿库，具有防渗、集排水措施，尾矿库坝面、坝坡采取覆盖等措施并有专人维护管理，符合危险废物鉴别标准要求的固体废物严格按照危废处理处置（GB 18597，GB 18598）</td></tr>
<tr><td>相关方环境管理</td><td colspan="3">服务协议中明确原辅料的包装、运输、装卸等过程中的安全及环保要求</td></tr>
</table>

6.2.3　选矿厂清洁生产与节能减排的技术措施

选矿厂环境污染产生的关键就是矿产资源回收率低，原材料（能源）消耗高。因此，必须优先采用先进合理的破碎、磨矿、选别单元工艺、装备及其优化组合技术，提高金属回收率，充分利用矿产资源，减少尾矿等废物产生量，降低原材料与能源消耗，从而从源头上控制污染，实现清洁生产。

另外，由于选矿过程固有特点，选矿厂必然产生尾矿、废水等废物，存在土地占用等问题，因此尾矿处置及综合利用、废水控制与处理、生态恢复等是目前选矿厂清洁生产与节能减排的重点领域，都必须有相应的先进适用技术作支撑[265]。具体的技术情况可见本书相关的章节或《现代选矿技术手册》其他分册的介绍。

2010年发布的《钢铁行业采选矿工艺污染防治最佳可行技术指南(试行)》详细列出了铁矿采选过程污染防治最佳可行技术。选矿厂相关的最佳可行技术涉及提高资源综合利用率、大气污染防治、废水控制与处理、固体废物处置及综合利用、生态修复等。其中铁矿选矿工艺污染防治最佳可行技术组合如图6-6所示；表6-4和表6-5分别列出了选矿工艺

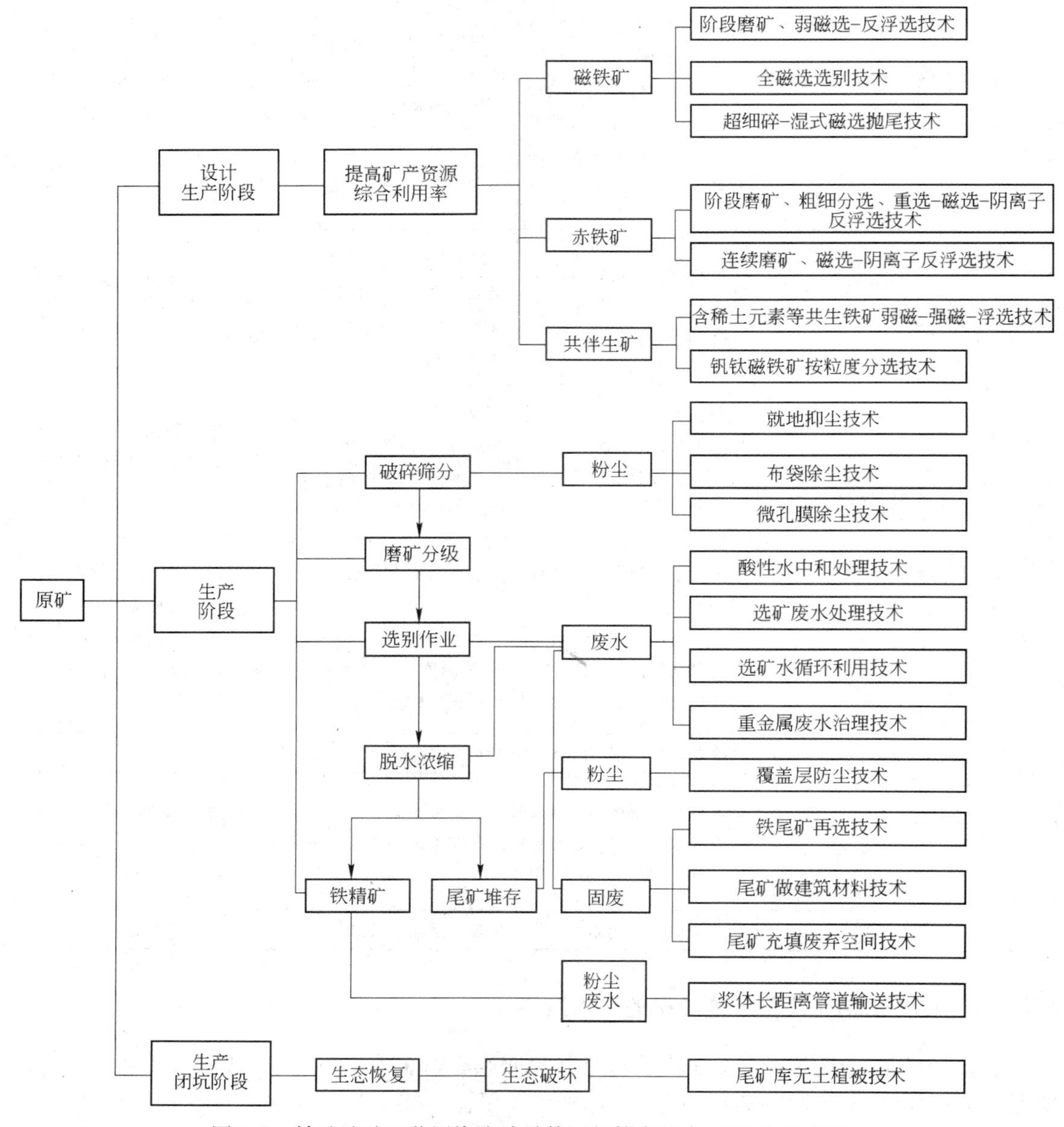

图6-6　铁矿选矿工艺污染防治最佳可行技术组合（HJ-BAT-003）

提高矿产资源综合利用率、固体废物处理及综合利用的最佳可行技术[266]。

表 6-4 铁矿选矿工艺提高矿产资源综合利用率最佳可行技术及适用性

最佳可行技术	环境效益	适用条件
阶段磨矿、弱磁选-反浮选技术	铁精矿品位69%，SiO_2 降至4%以下，金属回收率高	要求高质量铁精矿以及含杂质多的已建和新建磁铁矿矿山
全磁选选别技术	铁精矿品位67%～69%，SiO_2 小于4%，金属回收率高	已建和新建磁铁矿矿山
超细碎-湿式磁选抛尾技术	抛出40%粗尾矿，铁精矿品位65%，SiO_2 小于4%，金属回收率高	已建和新建磁铁矿矿山，具有普遍性，尤其适用于极贫矿
连续磨矿、磁选-阴离子反浮选技术	铁精矿品位67%～68%，尾矿品位8%～9%，金属回收率高	已建和新建的贫赤铁矿
阶段磨矿、粗细分选、重选-磁选-阴离子反浮选技术	铁精矿品位65%～67%，SiO_2 小于4%，金属回收率高	已建、新建脉石非石英的赤铁矿，鞍山地区贫赤铁矿
含稀土元素等共生铁矿弱磁-强磁-浮选技术	铁精矿品位60%～61%，稀土精矿品位ERO50%～60%，综合回收率高，资源利用率高	已建和新建的含稀土铁矿，白云鄂博铁矿
钒钛磁铁矿按粒度分选技术	铁精矿品位达到47.48%，选钛总回收率达25.01%，资源综合回收率高	已建和新建的钒钛磁铁矿、钛磁铁矿
岩石干选技术	甩出混合岩石90%，提高产品质量，从源头削减污染	已建和新建的采用露天汽车-胶带运输的磁铁矿

表 6-5 钢铁行业采选矿工艺固体废物处置及综合利用最佳可行技术及其适用性

最佳可行技术	环境效益	适用条件
铁尾矿再选技术	再选的铁精矿品位66%，减少固体废物排放，提高资源利用率	已建和新建矿山尾矿，敏感区
废石、尾矿用于建筑材料技术	减少排放，减少和消除对大气和水系污染	已建和新建矿山，敏感区
尾矿制造微晶玻璃技术	减少排放，减少对大气和水系污染	已建和新建矿山
固体废物排放采空区技术	减少排放，减少和消除对大气和水系污染	有地下采空区，露天坑或地表塌陷区等稳定废弃空间的矿山，敏感区

6.2.4 矿山/选矿厂清洁生产与节能减排实践

6.2.4.1 姑山铁矿清洁生产审核实践[267]

A 清洁生产审核准备阶段——筹划和组织

首先，组建了清洁生产审核领导小组和技术小组，并制订了相应的工作计划（见表6-6），以确保清洁生产审核工作的顺利进行。

表 6-6　清洁生产审核工作计划

步　骤	主 要 内 容	天　数	启动日期	完成日期
准 备 阶 段				
1	领导决策			
2	组建工作小组			
3	制订工作计划	5	03-19	03-23
4	宣传、动员和培训	10	03-26	04-06
5	物质准备			
审 核 阶 段				
1	公司现状分析	10	04-09	04-20
2	确定审核对象	2	04-23	04-24
3	设置清洁生产目标	4	04-25	04-30
4	编制审核对象工艺流程图	5	05-07	05-11
5	测算物料和能量平衡	5	05-21	05-25
6	分析物料和能量损失原因	4	05-28	05-31
制订方案阶段				
1	介绍物料和能量平衡	2	06-01	06-04
2	提出方案	4	06-05	06-08
3	分类方案	4	06-11	06-14
4	优选方案	5	06-15	06-21
5	可行性分析	5	06-22	06-28
6	选定方案	1	06-29	06-29
实施方案阶段				
1	制订实施计划	7	07-02	07-10
2	组织实施			
3	评估实施效果			
4	制订后续工作计划			
5	清洁生产报告的编写、印刷	25	07-11	08-14

为获得全矿职工的大力支持和参与，本次清洁生产审核工作采用举办学习班和分车间班组小规模讲解讨论两种方式，进行宣传教育，使全体领导和职工了解了清洁生产的概念、目的、意义以及开展清洁生产给企业带来的经济效益等，认识到清洁生产是实施矿山可持续发展的必由之路。

B　清洁生产审核阶段

a　现状分析

该矿山有 3 个主要车间，各车间的主要功能见表 6-7。为确定开展清洁生产的审核对象和目标，从 2001 年 4 月 10 日开始，对生产现状进行了全面调查，了解生产、经营和管理等方面的基本情况，尤其是原材料使用情况、产品调查、环境保护数据和工艺流程等情况的了解，以期找出生产过程中的最薄弱环节，确定资源消耗和对环境影响最大的部位，寻找开展清洁生产能取得最大效益的机会。

表 6-7 主要生产车间功能说明

车间名称	功能说明
采矿车间	对采场的矿石进行采掘（穿爆、装运），废石运往排土场，矿石运往钓鱼山粗中碎，进行初加工
选矿车间	对矿石进行洗碎、淘汰、球磨、过滤等选别处理，最终获得精矿产品
铁运车间	负责铁矿石由采场运往选矿车间，铁精矿运往马钢冶炼厂，其他的运输任务

b 确定审核对象

从矿山各生产车间实际情况及其清洁生产潜力出发，审核优先考虑物耗、能耗大的生产单元；污染物产生量和排放量较大、超标严重，生产效率低下、严重影响正常生产，容易出废品，对操作工身体健康影响大的生产环节；生产工艺较落后的老大难部位，易出事故和维修量大的部位，难操作、易使生产波动的部位等因素。具体采用权重加和排序法确定清洁生产审核对象，结果如表 6-8 所示。

表 6-8 清洁生产审核重点对象的确定结果

权重因素	权重值（W）	采矿车间		铁运车间		选矿车间	
		评分(R)	得分($W \cdot R$)	评分(R)	得分($W \cdot R$)	评分(R)	得分($W \cdot R$)
废物量	10	10	100	2	20	8	80
环境影响	8	8	64	6	48	9	72
废物毒性	7	3	21	2	14	4	28
清洁生产潜力	6	6	36	3	18	10	60
车间积极性	3	7	21	7	21	9	27
发展前景	2	4	8	3	6	8	16
总分 $\Sigma(R \cdot W)$		250		127		283	
顺序		2		3		1	

c 清洁生产目标的制定

根据审核对象的确定，提出本次清洁生产审核的目标，具体如表 6-9 所示。

表 6-9 清洁生产审核的具体目标

项目	短期目标	长期目标
物耗	回收利用粉精矿 30000t/a	
能耗	削减选矿车间电耗 5%	
水耗	削减新水耗量 8%	
环境	削减废水排放量 5%； 尾矿坝干坡段扬尘抑制 50%； 削减尾矿排放量 3 万吨/年	实现选矿尾矿综合利用率 100%，最终达到无尾排放的目标
经济	预计经济效益可达 655 万元	

d　提出和实施低费/无费方案

在审核的基础上，提出并实施无费/低费方案，具体情况如表 6-10 所示。

表 6-10　无费/低费方案及其实施情况

方案类型	内　容	实施时间	投资/元	环境效益
废　物	细碎除尘器恢复运营	8 月	3000	减少破碎粉尘外排
	10000m^3 循环水池的清澈	4 月	10000	提高循环水系统能力和水质
管　理	跳汰分级机进水阀维修	6 月	—	减少生产用水的泄漏
	加强精矿粉外发时的管理	已实施	—	减少精矿粉的流失
职　工	加强培训	在进行	—	提高职工的清洁生产意识

C　审核阶段——输入/输出物料测算

针对前面分析确定的重点审核对象——选矿车间，进行了详细的物料输入/输出情况跟班调查与部分测试，确定的物料输入/输出情况列于表 6-11。

表 6-11　选矿车间各工段输入/输出物料汇总表（年用量）

操作单元	矿物原料输入量/t	矿物物料输出量/t	
		产　品	尾　矿
破碎工段	928200	928200	—
淘汰工段	928200	208927（跳汰小块） 485311（中矿）	233962
球磨工段	485311	312376（粉精矿）	172935
精尾工段	523383（精矿） 404817（尾矿）	523383（精矿）	404817

调查分析发现，该矿在废物产生和产品方面均存在一定问题，主要问题为：跳汰工段水耗（电耗）过大，金属流失量也大；粉尾矿（扫尾、精尾）金属品位高，回收率低；球磨工段噪声不符合卫生标准；尾矿库扬尘量大，影响周围的生态环境；尾矿库溢流水超标。

D　制订清洁生产方案阶段

a　征集方案

本次审核共征集到方案 48 个，根据方案的类型、名称及可实施性分类汇总，具体如表 6-12 所示。

表 6-12　清洁生产方案汇总表

方案类型	编号	方 案 名 称	可实施性
加强管理	1	采场流砂架头的维护	A
	2	钓鱼山生活区锅炉卫生条件差，急需整改	A
	3	细碎厂房内设有 6 台泡沫除尘器，但 2 号、3 号、4 号除尘器不能正常工作，建议查清原因，使之恢复正常运行	A
	4	洗矿厂房用水应设置计量设施，以节约用水	A

续表 6-12

方案类型	编号	方 案 名 称	可实施性
加强管理	5	皮带廊道内冲洗水管因疏于管理，长流水现象比较严重，应加强管理，以节约水资源	A
	6	跳汰厂房内螺旋分级机旁新水给水阀严重漏水，建议更换阀门	A
	7	原矿分级机小叶片经常被矿石卡死，更换时间较长，影响生产	A
	8	工人技术水平参差不齐，对操作参数调整不太熟练，建议对操作工人进行必要的培训	A
废物回收利用	9	回收利用废机械润滑油，减少污染	A
	10	液压油及润滑油分类回收利用	A
	11	采场排土用以修筑高速公路	D
	12	废旧钢丝绳的回收利用	A
	13	废旧钢铁及有色金属回收利用	A
	14	细碎、跳汰流失粉矿的综合回收利用	C
	15	降低尾矿品位，提高金属回收率	C
改进工艺	16	中深孔爆破的孔底起爆技术	B
	17	洗矿和原分级溢流改进粗选作业	C
	18	3 号泵站增设水封水	A
	19	SZ-4 真空泵一泵两用	A
	20	洗碎工段原矿放矿闸门为手工操作，因原矿含泥量大，致使闸门易卡，影响正常生产，建议改手动闸门为电动或气动闸门	A
	21	选矿车间 2 号皮带辊在原矿含泥量大时易打滑，建议尽快解决这一问题	A
	22	选矿车间原矿放料仓下集水池内含有工段打扫卫生的矿浆等，由清水泵排出时易堵，建议改清水泵为渣浆泵	A
	23	细碎厂房内 3 台圆锥破碎机密封圈易损（有时一周要更换 2～3 次），更换耗时较长，影响生产，建议将破碎机密封圈由单密封改为双密封，或其他更有效的办法	A
	24	细碎厂房现有 3 台 PYDϕ1750 圆锥破碎机，因破碎能力有限，难以满足现有生产能力的要求，建议扩容	D
	25	因姑山矿石硬度大，含泥量大，破碎机主要部件更换周期短，是否能寻求性能更好、经济可行性较好的破碎设备	D
	26	跳汰工段属高水耗（电耗）工序，建议在改成干式磁选机时，进行必要的技术经济分析，先对部分跳汰机进行试验改造，成功后再全面铺开	C
	27	原矿分级机脱水效果不佳，造成 22 号、23 号皮带机易打滑，建议找出其中的因果关系，以利改进	A
	28	12 号皮带机头（上部为放料仓），易被矿料堵塞，清理费时费力，建议查明原因，予以改进	A
	29	跳汰工段双层筛筛分效率与处理量不相适应，影响跳汰精矿品位，建议予以改进	B

续表 6-12

方案类型	编号	方案名称	可实施性
改进工艺	30	磨矿分级机（一段、二段）处理能力小，分级效率差，建议立项研究，以解决这一问题	B
	31	扫尾精矿品位低，约为55%，与公司总精矿品位要求59%相差较远，建议采用可行的技术，以提高精矿品位	C
	32	粗尾品位（约为24%）和扫尾品位（26%～27%）均偏高，影响选矿厂金属回收率的提高，应设专项研究，以提高金属回收率	C
	33	选矿车间每年排放尾矿总量约200万吨，建议进行必要的技术论证，实现无尾排放	C
安全环境保护	34	钟山排土场后期整治，固沙防水土流失	A
	35	排土固堤，减少排土场排土量，既保障青山河两岸的河堤安全，又延长排土场使用期限	B
	36	采场边坡绿化，防水土流失，同时净化空气	B
安全环境保护	37	钟山排土场部分台阶复垦利用	C
	38	空心砖厂道路沙尘消除方案	B
	39	空心砖厂生产用水水质差，须进行净化处理	B
	40	空心砖厂厂房内有害废气排放方案	B
	41	关于尾矿库植被复垦，干坡段扬尘抑制的治理方案	C
	42	姑山矿生活饮用水深度处理，保障职工饮用合格水	B
	43	选矿车间原矿放矿口（1号皮带上方）下方温度高，通风效果差，影响操作工人身体健康，建议设置通风设备	A
	44	洗矿振动筛正常生产时筛面噪声较大，能否将筛面改成橡胶衬里或其他可行材料，以降低噪声	B
	45	4号皮带机头目前设有除尘口，但不能正常运转，致使4号皮带廊道内粉尘浓度高，难以达标，建议予以改善	A
	46	跳汰机上方电动葫芦在维修更换8号跳汰机部分设备时，难以把设备调装到位，只能靠人工拉，存在事故隐患	A
	47	球磨机噪声大，影响操作工人身体健康，建议设置隔声操作室	B
原材料改进	48	因原矿含泥量大，影响选矿车间正常生产，能否从采场或粗中碎阶段洗掉部分原矿中的泥分	D

b　方案筛选

对清洁生产方案中的9个C类方案，经充分讨论确定影响方案实施的权重因素及权重值，然后分别进行独立打分、汇总、分析计算，最后按总得分多少确定优先次序，具体结果见表6-13。

表 6-13 清洁生产方案优选评估表

权重因素	权重（1～10）	方案序号及得分								
		14	15	17	26	31	32	33	37	41
减少环境危害	10	60	50	60	50	40	60	90	80	90
经济可行	8	64	64	56	72	48	72	32	64	64
技术可行	8	72	72	64	80	48	72	48	72	72
易于实施	6	36	30	24	36	42	48	30	42	42
节约能源	5	5	10	10	50	10	30	35	25	30
发展前景	4	36	40	32	36	28	32	32	36	36
总　分		273	266	246	324	216	314	267	319	334
排　序		5	7	8	2	9	4	6	3	1

c　方案可行性分析

针对上面筛选的 9 个优先方案进一步进行技术、环境、经济方面的综合分析，确定推荐实施的清洁生产方案。通过分析评估，最后选定的可实施方案见表 6-14。

表 6-14 选定清洁生产方案表

编　号	方 案 名 称	方案类型	经济效益/万元	环 境 效 益
1	尾矿库植被复垦、干坡段扬尘抑制	环境保护	15	生态环境得以恢复、扬尘得到抑制
2	干式磁选机替代跳汰机	改进工艺	160	减少车间水耗
3	钟山排土场部分台阶复垦利用	环境保护	30	排土场生态环境得以恢复
4	降低尾矿品位，提高金属回收率	改进工艺	150	少排尾矿 1 万吨
5	细碎、跳汰流失粉矿的综合利用	改进工艺	300	回收利用流失粉矿量约 3.6 万吨

E　方案实施阶段

a　制订实施计划

对本次清洁生产审核征集到的 48 个方案，按已组织实施、中近期实施、长期实施等类别，分别制订方案实施行动计划，并推荐给矿方分步实施。

b　筹措资金

在本次审核中，中低费方案均由本矿山安排实施；远期方案投资较大，涉及集团公司的整体安排，由集团公司统一部署。

6.2.4.2　河北金厂峪金矿清洁生产审核实践[268]

A　简况

金厂峪金矿始建于 1958 年，是迄今为止冀东地区发现的规模最大的金矿床。为了落实国家环保政策，同时实现企业的可持续发展，该矿积极推进清洁生产，实施了清洁生产审核，并取得了一定的成效。

B　审核重点的确定

金厂峪金矿主要有4个生产部门，包括坑口、选矿厂、机修厂和物料车间。为了确定审核重点，在对金厂峪金矿生产现状全面调查，了解其物料消耗、能量消耗、污染物产生与治理情况的基础上，采用权重加和排序法确定了清洁生产审核重点对象，具体见表6-15。

表6-15　清洁生产审核重点对象的确定结果

权重因素	权重值 $W(1\sim10)$	坑　口		选矿厂		机修厂		物料车间	
		评分(R)	得分($R\cdot W$)	评分(R)	得分($R\cdot W$)	评分(R)	得分($R\cdot W$)	评分(R)	得分($R\cdot W$)
废物量	10	9	90	10	100	5	50	5	50
环境影响	8	10	80	10	80	7	56	8	64
废物毒性	7	6	42	10	70	5	35	7	49
清洁生产潜力	6	7	42	9	54	6	36	6	36
车间积极性	3	9	27	9	27	8	24	8	24
发展前景	2	8	16	10	20	8	16	9	18
总分 $\Sigma(R\cdot W)$		297		351		217		241	
顺　序		2		1		4		3	

由表6-15的排序，在该矿主要的4个生产部门中，能源消耗和废物产生部位主要在选矿厂，所以确定审核重点为选矿厂。根据金厂峪金矿的实际情况，同时结合行业特点，提出了此次清洁生产的目标，具体见表6-16。

表6-16　河北金厂峪金矿清洁生产目标表

项　目	电耗/$kW\cdot h\cdot t^{-1}$	氰化钠/$kg\cdot t^{-1}$
现　状	30.6	27
近期目标	30.4	26.5
远期目标	30.2	26

C　审核重点的评估

在预评估后，审核小组又针对审核重点进行了深入、细致的调查，在此基础上编制了选矿厂的工艺流程图（见图6-7），摸清了各个工艺阶段的产污、排污状况。并根据2005年选矿厂生产报表和相关资料、各洗选设备生产线输入/输出数据的跟班调查结果，建立了物料平衡图（见图6-8），分析了物料流失方向、能源损失和污染物排放的原因。

D　清洁生产方案

a　玛尔斯泵节水措施

金厂峪选矿厂现用玛尔斯泵作一级定量泵，为解决供矿不足情况下采取补清水输送的问题，在原基础上，降低活塞冲次10%，且保证不低于北方管路不冻的极限流速。年节约用水$8.47\times10^4m^3$，大大减少了废水的排放。

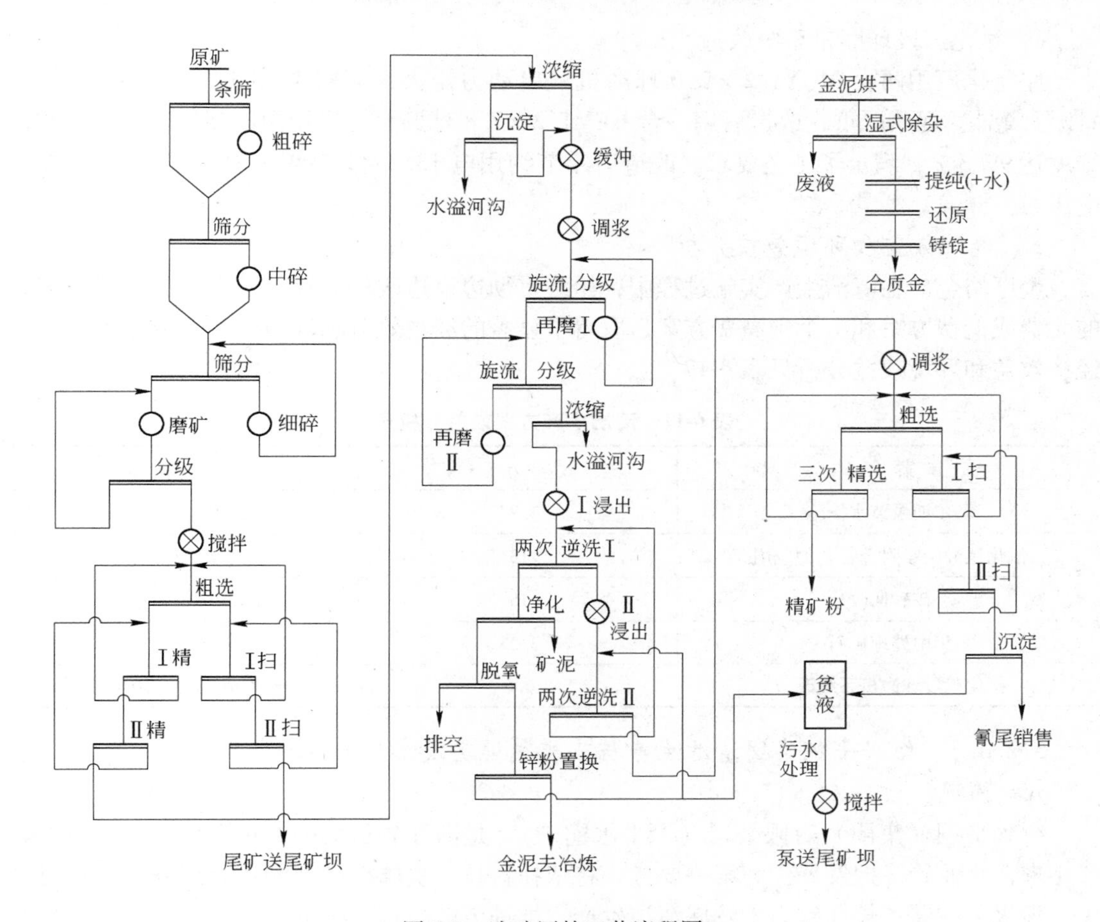

图 6-7 选矿厂的工艺流程图

b 氰化尾液炭吸附金工艺的应用

氰化尾矿的澄清液，原来经氯气处理后排至尾矿库流失掉。改进后采用炭吸附工艺，氰化尾矿打至氰化尾矿池后，澄清水经过活性炭吸附后，再用氯气处理排放。该方案降低了能源损耗，提高了资源利用率，经济效益明显。

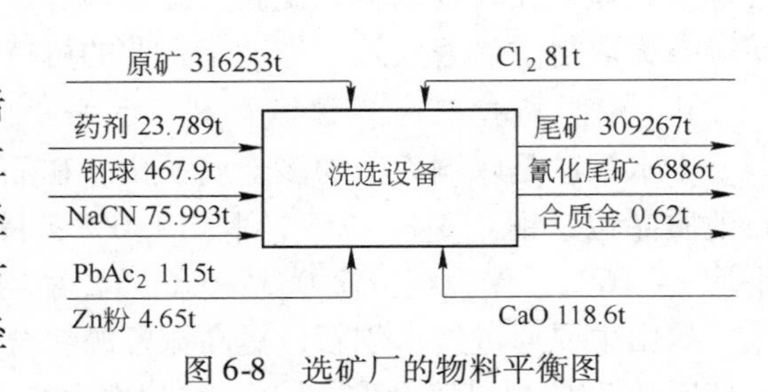

图 6-8 选矿厂的物料平衡图

c 矿砂回收

磨浮车间的矿砂由于大量的药剂、油掺杂其中，给生产系统带来不利的影响，也造成了一定程度上的损失。改进后增建一个矿砂回收沉淀池，实行定期回收。在赢得经济效益的同时，也减少了污染物的排放，可谓“一举两得”。

d 集中处理矿石

目前井下资源有限，从 2006 年起，供矿不足矛盾突出。为解决这一矛盾，选矿厂采用集中开、停车，尽可能多开磨浮系列，避免只开一个系列，这样可以节省尾矿输送的动力消耗和备件损耗，节约电能和水资源，同时减少废水排放量。

e　氰化工段球磨机系统改造

原氰化厂用两台 MQY1.2×2.0 球磨机，启动力矩大，摩擦系数高，润滑系统不畅，“跑冒滴漏”现象严重，改造后用一台 GEM1.2×2.8 球磨机，采用两段旋流器分级，磨矿细度达 99.3%，满足了工艺要求。改造后年节约用电 13.2×10^{4}kW · h，并减轻了电网用电压力。

E　经济效益和环境效益分析

金厂峪金矿在清洁生产实施过程中，始终贯彻边审边改的方针，及时实施了绝大多数的无费或低费方案和 1 个中高费方案，取得了显著的经济效益和环境效益。方案实施后的经济效益和环境效益分析见表 6-17。

表 6-17　清洁生产方案效益分析表

方 案 名 称	经济效益/万元 · 年$^{-1}$	环 境 效 果
马尔斯泵节水措施	4.24	节约用水 8.47m^3/a
氰化尾液炭吸附金工艺的应用	13	降低能源损耗
矿砂回收	15	减少污染物排放
集中处理矿石	3.25	节约用电、用水
氰化工段球磨机系统改造	6.6	节约用电 13.2×10^{4}kW · h

6.2.4.3　绍兴平铜集团清洁生产与节能减排实践[269]

A　简况

绍兴平铜（集团）有限公司（原平水铜矿），是浙江省最大的有色金属矿山企业，40 余年来，企业始终把发展作为第一要务，将依托科技、实施矿产资源的合理开发与综合利用作为永久主题，长期致力于发展清洁生产，推进节能减排，全力打造资源节约型和环境友好型企业，在科技创新、提高资源合理开发利用、充分利用井下裂隙水及采掘废石、尾矿等方面取得了显著成效，推动了企业的可持续发展。

B　依托科技提高资源综合利用水平

平水铜矿是以铜为主的多金属矿山，矿石主要为黄铜矿-闪锌矿-黄铁矿复杂矿石，矿石地质品位：铜 0.3% ~2%，平均 1.0%；锌 0.6% ~5%，平均 1.69%；硫 6% ~30%，平均 14.66%；伴生组分金 0.3 ~0.6g/t，平均 0.49g/t；银 5 ~15g/t，平均 10.96g/t。

矿山主要通过技术创新，提高铜资源综合利用水平，其中改造采选工艺使矿石回采率由核定的 70% 提高到 80% 以上，贫化率由核定的 20% 下降到 15% 以下，铜回收率由设计的 82% 提高到 84% 以上，锌回收率由设计的 65% 提高到 80% 以上，硫回收率由设计的 78% 提高到 80% 以上，黄金的回收率由不到 20% 提高到 35% 以上，具体见表 6-18。

表 6-18　2005 ~2007 年平水铜矿主要技术指标　　(%)

年　份	元素名称	出矿品位	选矿回收率	精矿品位	尾矿品位	贫化率	损失率
2005	Cu	0.926	86.35	18.67	0.026	11.99	14.18
	Zn	1.732	80.03	50.85	0.039		
	S	12.86	81.75	38.35	0.65		

续表 6-18

年 份	元素名称	出矿品位	选矿回收率	精矿品位	尾矿品位	贫化率	损失率
2006	Cu	0.939	85.834	18.826	0.061	12.068	17.914
	Zn	2.034	81.688	51.023	0.082		
	S	13.376	81.537	37.058	0.717		
2007	Cu	0.874	85.48	18.623	0.067	14.055	17.236
	Zn	1.884	80.54	50.316	0.076		
	S	13.885	79.603	38.544	0.68		

注：金、银在铜精矿冶炼中综合回收，回收率在35%以上。

a 采矿工艺的优化

矿山原采用矿体端部单一竖井开拓，大对角通风系统。矿块回采主要用小分段空场采矿法，一步回采，嗣后用废石充填采空区。随着开采深度的不断增大，其地压不断增加，由于上盘围岩为中酸性火山碎屑熔岩，下盘围岩为千糜岩，绿泥石化强烈，弱片理化，极易片帮冒落。回采过程中出现上下盘围岩大量冒落，采场贫化损失严重，并危及出矿安全。

经过认真分析研究，确定长锚索是抑制开挖岩体变形的有效加固措施，但是，中深孔回采的空场采矿法矿山，还没有用长锚索远距离控制上下盘围岩和空场顶柱稳定性的先例。为此，企业经过反复实践，摸索出一套在远离上下盘围岩、顶板的分段凿岩巷道中，利用扇形中深孔（或布置专用锚索孔）延伸后，进行注浆锚固的技术工艺，使围岩不再片帮冒落，保证了采场的顺利出矿；中深孔爆破装药由原来的药卷人工装药改为ML-4型机械装填粉状硫化矿用安全炸药，不但降低了工人的劳动强度，还大大提高了装药密度及装药质量。以上措施实施后，明显降低了采场的贫化率与损失率。

b 选矿工艺不断创新

选矿流程原为混合浮选-粗精矿再磨，改为部分优先选铜-混精再磨-铜锌分离技术后，产品质量和综合回收率明显提高，均优于设计指标，铜锌分离技术达到国内领先水平，具体的进步如下：

（1）通过技术改造，提高磨矿细度。由于矿石中有用矿物嵌布粒度细，只有提高磨矿细度，使有用矿物与脉石间，以及有用矿物间尽可能单体分离，才能提高铜、锌、硫、金、银的选矿回收率。为此，将破碎筛分车间的自定中心振动矿筛的筛孔直径改小，并通过调整各段破碎比，引进并优化磨矿生产自动化控制系统，使一段粗磨磨矿细度提高了1.5%左右。

（2）改进工艺流程、提高选矿回收率。在选矿小试和工业试验研究基础上，将混合浮选-粗精矿再磨选矿工艺流程改为优先选铜（快速浮铜）-混合浮选-混精再磨-铜锌硫分离工艺流程，且锌硫分离采用蒸汽加温浮选工艺，并采用多点矿浆温度检测仪及微机多通道多探头在线品位分析系统，检测矿浆温度及精矿品位，确保了主产品铜、锌的回收率和产品质量。

（3）严格药剂配给、提高产品质量。将人工给药改为自动给药，并采用Z-200等药剂取代丁基黄药，作为一段选铜的捕收剂；为降低铜精矿含杂，铜与锌分离中采用DS抑制剂及石灰乳替代人工粉灰。

c　尾砂综合利用

平水铜矿建矿40余年来，尾矿库累计储存尾砂350多万吨，且每年新增16万吨尾砂，每年需征地20亩左右，这不但浪费土地资源，而且危及周边环境及下游村镇居民的生命财产安全。

2005年开始开展尾砂的综合回收利用研究，利用铜矿尾砂代替石英砂，制造新型墙体材料——轻质加气加砂砖获得成功，两次工业试验的产品全部符合国家相关标准要求，且生产过程能耗仅是生产同类其他建筑材料的50%以下，整个生产过程无废料排弃，所有剩余料都在中间掺和过程中回收利用。

C　发展循环经济，推进节能减排

a　采掘废石直接用于井下采空区充填

根据矿山的开采技术条件和采矿方法，采用工艺成熟的中深孔落矿一步回采方案，嗣后用井下掘进和采矿的废石充填采空区。由于井下掘进和采矿的废石量有限，通过与赣州有色冶金研究所合作，研究确定井下废石主要充填东部和西部的采空区，中部无矿带附近的采空区采取封堵方法隔离空区，即采取充两头封中间的方法，实现井下废石不出坑，全部用于井下采空区充填。该方法采场衔接顺利，生产作业安全，能较好地回收矿石，提高劳动生产率，同时使采场地压得到有效控制和转移，既可保护地表环境，又可降低提升成本和废石场堆放的征地费用，综合效果十分明显。

b　充分利用井下裂隙水

矿山采选生产用水及生活用水均取自平水江旁的水井。一方面，江水流量受上游水库及季节条件的控制，放水量取决于农田灌溉需要，旱年有断流现象发生，因此，干旱季节用水比较紧张。另一方面，矿山井下废水酸性较强，pH值较低（2～3），且铜、锌离子含量特别高。为解决供水紧张并减少井下的废水排放，经认真研究、实地取水化验调查，确认井下裂隙水可完全满足井下生产用水（350t/d）的需要，每年不但节省生产供水11.55万吨，还可减少废水排放11.55万吨/年，取得了突出的经济效益和社会效益。

c　废水循环利用

（1）选矿尾矿水的循环利用。选矿厂尾矿水连同尾矿一起用砂泵输送到尾矿库，通过尾矿粗细粒级自然分级与江水区的自然沉降后，经过自然曝气方法处理，尾矿澄清水经斜槽、消力池、隧洞、明渠自流到选矿厂生产水池。在自流过程中，由于跌水的作用，尾矿澄清水再次与空气充分混合，曝气后的水质已完全达到选矿厂生产工艺要求，回水利用实施以来，效果良好。

（2）工业废水的循环利用。将井下矿坑酸性废水首先在中和搅拌池内加电石渣乳液进行酸碱中和，使pH值调至8.0以上，然后与选矿厂矿浆浓缩、过滤废水及生活废水（经预沉淀池沉淀去除细小精矿粉）合并流入辐流式沉淀池。由于选矿废水一般情况下pH值呈中性，偶尔需要加酸（稀硫酸）或碱（电石渣乳液）进行调节，并利用吸油毡吸去水中的油污。处理后的废水pH值控制在8～9之间，铜离子不大于0.5mg/L，锌离子不大于2mg/L，达到了国家一级排放标准，其主要用作选矿厂的补充用水，也有少量溢流水经计量后排放。

D 依靠清洁生产理念加强生态修复

近几年来，企业致力于加强生态修复工作，着力建设资源节约、环境友好型绿色矿山，促进人与自然生态环境相和谐的绿色矿山建设，主要采取了以下措施：

（1）对超过 12000m^2 多的地面陷落坑，进行了复土回填、植被绿化，绿化面积达到100%；

（2）在厂房、办公楼、住宅、道路周边种植花木，建设生态家园，打造绿色矿山；

（3）开展人造环境、环境育人主题教育活动，提高员工的环境保护意识。

6.3 生态矿山（区）建设探索及实践

6.3.1 生态工业园的思想及其探索

6.3.1.1 生态工业园的含义及特征

传统的经济活动为开放体系，消耗大量原料与能源，产生大量废物，产业与环境无法协调。为此，产业生态学家基于产业（主要是工业）活动及其对自然系统的影响，通过比拟生物新陈代谢过程和生态系统的结构和功能，特别是物质流与能量流的运动规律，提出了产业生态系统（为了与工业园区概念相对应，又称生态工业园）的新型产业模式：即把产业经济系统视为一种类似于自然生态系统的循环体系，其中一个体系要素产生的“副产物”被作为另一个体系要素的“营养物”，各公司就像自然生态一样，利用彼此的副产物作为原料，而不是不断吸收未被动用过的材料和抛弃废物[270]。

生态工业园，Lowe Moran 等人将之定义为一个由制造业企业和服务业企业组成的群落，它通过结构功能优化，在管理能源、水和材料在内的环境与资源问题方面的合作协同，提高环境质量和经济效益，实现比每家公司个体优化效益总和更大的整体效益。其最本质的特征是企业间的相互作用以及企业与自然环境间的相互作用[271]。美国总统可持续发展委员会（PCSD）专家组将其定义为一种工业系统，它有计划地进行材料和能源交换，寻求能源与原材料使用的最小化、废物最小化，建立可持续的经济、生态和社会关系[272]。

从理论上来说，产业生态系统是一个远离平衡状态的开放体系，它遵循耗散结构原理，其物质流与能量流尽可能多层次利用以减少体系熵值，从而做到良性循环，实现产业与环境的协同和谐。

由于卡隆堡（Kalundborg）工业区良好的生态环境与社会示范效应，生态工业园（EIP）成为产业界追求的目标，并得到美国总统可持续发展委员会的支持。该委员会宣布“EIP 概念可作为可持续社区的经济发展模式”，并在 1994 年确定马加里兰州巴尔的摩、弗吉尼亚州查尔斯角、得克萨斯州布朗斯维尔和田纳西州恰塔努加四个生态工业园示范点，从而推动了生态工业园发展模式的兴起及其在全世界的推广[273~275]。

6.3.1.2 生态工业园的实践先驱——卡隆堡工业区[270,274]

丹麦的卡隆堡工业区，是世界上生态工业园的实践先驱，早在 20 世纪 70 年代，卡隆堡市几个重要企业就在减少费用、废物管理和更有效地使用淡水方面寻求合作，建立了企业间相互协作的关系；80 年代以来，当地管理部门认可了这些企业自发创新的这种新型的产业体系，将之称为“工业共生体”（industrial symbiosis），并从各方面给予支持，促进其发展。

卡隆堡生态工业园主要有5家企业，即阿斯奈斯燃煤火电厂、斯塔朵尔（Statoil）炼油厂、诺夫诺尔迪斯科（Novo Nordisk）制药和工业酶加工厂、吉普洛克（Gyproc）石膏板材厂和A/S Bioteknisk Jordrens土壤修复公司，其核心是阿斯奈斯燃煤火电厂，它是丹麦最大的电厂。阿斯奈斯燃煤火电厂同所有燃煤电厂一样，煤炭燃烧变成电能的能量转化率最高仅40%，其余60%作为热（大部分以水蒸气形式）耗散到周围环境中。该系统则将这种本来要损失的能量用于其他目的，使煤炭能效的90%得到利用，具体来说，以发电厂向炼油厂和制药厂供应余热为起点，经过不断扩展，已形成包括发电厂、炼油厂、生物技术产品厂、塑料板厂、硫酸厂、水泥厂、种植业和园艺业以及卡隆堡市的供热系统在内的复合性生态系统。各个系统单元（企业）之间通过利用彼此的余热、净化后的废水、废气，以及硫、硫酸钙（石膏）等副产品而构成了一个非常完美的产业生态系统（见图6-9）。

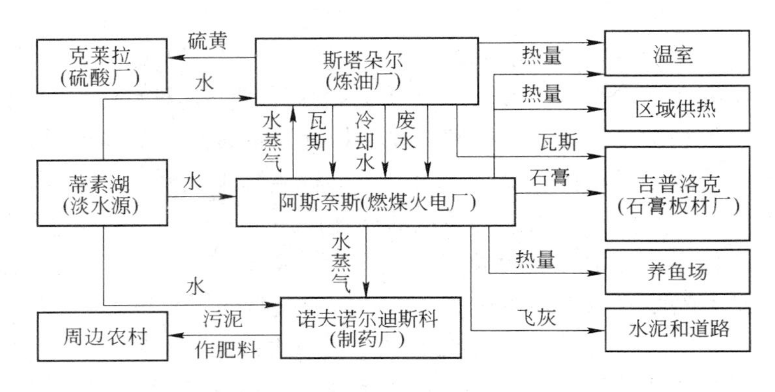

图6-9　卡隆堡原型工业生态系统

6.3.1.3　我国生态工业园的实践先驱——山东鲁北企业集团[276,277]

山东鲁北企业集团（以下简称鲁北集团），是国家首批环境友好企业、国家首批循环经济试点单位、国家第一家生态工业建设示范园区。该生态工业示范园区始自磷铵、硫酸、水泥联产国家示范工程项目，该工程把磷铵、硫酸、水泥三套生产装置有机地组合在一起，利用生产磷铵排放的废渣磷石膏制硫酸，同时生产水泥，硫酸返回萃取磷酸用于制作磷铵，硫酸气回收后抽取液体二氧化硫用于生产溴素，废水封闭循环利用，3种产品进入市场，从而构成一个比较完善的产业生态系统。后来，又进一步扩展了海水“一水多用”与盐、碱、电产业链（见图6-10）。

目前，鲁北集团的产业生态链具体构成如下：

（1）磷铵副产磷石膏制硫酸联产水泥产业链。磷铵生产排放的磷石膏在煅烧窑内分解为水泥熟料和含SO_2烟气，水泥熟料与锅炉煤渣及从盐场来的盐石膏等配制成水泥；含SO_2烟气生产硫酸，硫酸再用于生产磷铵；吸收制酸尾气制得的液体SO_2，用于提溴，硫资源在系统中循环使用。

（2）海水“一水多用”产业链。实现了初级卤水养殖、中级卤水提溴、饱和卤水晒盐、高级卤水提取钾、镁，盐田废渣——盐石膏制水泥的良性循环。

（3）盐、碱、电产业链。热电厂以劣质煤和煤矸石为原料，排放的煤渣用作水泥混合材料；采用循环流化床燃烧技术脱硫，脱硫石膏用于制硫酸并联产水泥。热电厂采用海水

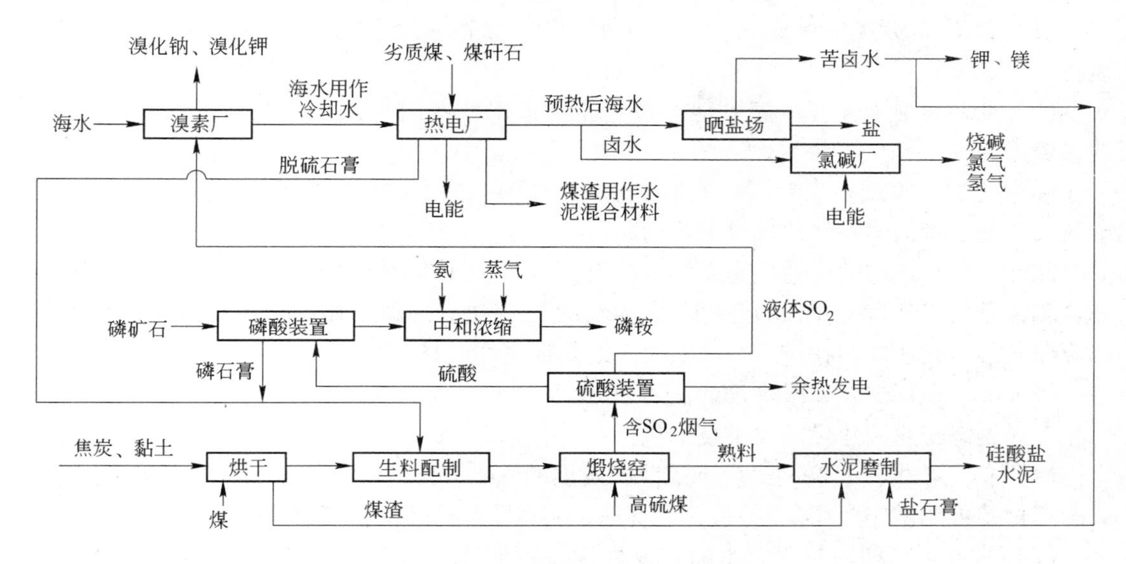

图6-10　鲁北集团产业生态链示意图

冷却，冷却后的海水再输送到海水“一水多用”产业链中集成利用，热电厂产生的热电供氯碱等生产，氯碱厂生产的氢气用于生产合成氨。

目前，该产业链产品的生产能力为：300kt/a 磷铵、1000kt/a 复合肥、800kt/a 硫酸、600kt/a 水泥、10kt/a 溴素、180kt/a 氯碱、百万吨规模盐场、5×10 亩（3.33 公顷）水产养殖场。

6.3.2　生态工业园建设的基础原则及条件

6.3.2.1　生态工业园建设的基本原则

像卡隆堡那样，模仿大自然，从零开始设计产业生态系统如此吸引人，以致科学家们设计了一系列系统方案。但是，大部分生态工业园的建设，更多的是在现有工业园区基础上进行，其基本原则包括[273,274]：

（1）强调产业生态，即产业共生，一种产业的废物（产出）变成另一种产业的原材料（投入），具体通过共生和梯次利用实现能源效率最大化，通过再生循环利用对材料进行可持续利用，使系统内物质流与能量流综合协同形成封闭循环。

（2）通过毒物替代、二氧化碳吸收、材料交换和废物统一处理，减少环境影响或生态破坏，但并不是单纯的环境技术公司或绿色产品公司的集合。

（3）园区企业通过供求关系形成网络，而不是单一的副产物或废物交换模式或交换网络。

（4）提供一种独特的机会与系统，来激励适合特定地点需要的新技术，例如信息管理系统的开发与应用。

（5）拥有规范的体系，并允许一定灵活性，而且鼓励成员为适应整体运行目标作出必要的努力。

6.3.2.2　生态工业园建设的基础条件

产业生态系统建设成功的基础条件包括[270]：

（1）该系统要有一种或一种以上主要出口产品，并且产品生产达到相当大规模的运行；

（2）当地必须有至少一家其他大型企业（或工业部门）来利用该出口产品生产过程的主要废物；

（3）需要一家或多家专门的卫星企业，以使第一层次的出口产品的废物转化成有用原材料，并使后者的实物转化成可上市商品。

此外，一个成功的产业生态系统（生态工业园）必须在市场上证实它的能力，因此，一个非常重要（实际上最难以达到）的条件是：要建立一种可靠的组织结构和运行机制，以确保各参与企业之间在技术经济层次上的长期密切合作[278]。

6.3.2.3　*生态工业园建设的支撑技术*

支撑生态工业园建设的关键技术包括：

（1）信息技术。互联网是生态工业园发展的基础，便捷获取信息有助于园区参加者发展副产物的可能供应商/客户关系，也有助于实现园区外部的营销努力。

（2）水的重复利用技术。水的重复利用技术能使生态工业园参加者取得实质性的效益。很多企业在制造工艺中使用大量的水，协作努力能减少水需要，最大限度减少进入水处理系统和生态系统的废水量。

（3）能源技术。能源技术在生态工业园中最受注意，热电联产、能源回收和替代能源三种能源技术最适用于生态工业园。

（4）材料回收、再循环、重复利用和替代技术。生态工业园大部分围绕废物与副产品重复利用而设立，交换废物与材料的能力，关键在于能将前废物加工成可用于其他用途产品的转化或分离技术。

（5）环境监测技术。环境监测技术将向政府和公众提供有关工业企业环境行为表现的信息，是生态工业园参加者及其他人员判断生态工业园的环境绩效好坏的工具。

（6）绿色交通技术。绿色交通技术对于降低生态工业园总体环境影响至关重要，具体包括使用清洁燃料的车辆，或采用精细交通管理系统确保货物的运输通畅和服务的按时到位。

6.3.3　生态矿山（区）及其实践探索

6.3.3.1　*生态矿山(区)——矿业可持续发展的最佳模式*

由于矿业特殊性，实现矿业的生态化一直是人们追求的目标[279～282]，金属矿山的矿产资源开发与利用完全可以满足构建生态工业园的两个基础条件：（1）系统有一种（或一种以上）主要“出口”产品（精矿或金属等深加工产品），并且产品生产规模相当大。（2）在当地建立有一家其他大型企业（或产业部门）利用矿山废物（尾矿、废石）生产建筑材料（水泥、空心砌块砖等）。因此，金属矿山完全可以构建良好的产业生态链，建立生态矿山（区），实现可持续发展。

生态矿山（区）建设，具体应由金属矿产资源开发与加工的骨干企业为基础，以围绕资源开发与加工利用的一系列生产和服务企业为主体，重点推进废渣综合利用、土地生态修复和景观重塑发展农林和旅游业，并通过结构功能优化、物质材料与能源利用方面的合作协同，提高环境质量和经济效益。

生态矿山（区）建设，对于解决目前我国矿产资源开发与利用过程中存在的重大问题，促进矿业可持续发展具有重要意义[282]：

（1）通过体系中矿产资源清洁开发与加工利用，建筑材料生产和土地复垦与生态修复发展农林业的有机组合，促进矿产及土地资源的合理开发与利用，提高资源利用率，保护环境。

（2）利用废物利用、土地生态修复发展农林业等有利条件，并通过合适运行机制发展大批小型卫星企业，为矿山相邻社区居民提供充分就业机会和发展机遇，促进矿区和相邻社区协调发展，提高整体生态效率。

6.3.3.2 构建矿山产业生态链的典型模式

合适的产业生态链是建设生态工业园的基础与关键。一般来说，产业生态链主要依托能源梯级利用与副产品的相互利用来构建。例如，卡隆堡生态工业园的建立就是自燃煤火电厂余热能源的梯级利用。而副产品的利用，尤其是大宗副产品的利用则是生态工业园构建产业生态链、减少废物排放的中心内容，对于生态矿山（区）而言，更是如此。

对于金属矿山（区）来说，尾矿、废渣产生量大，需要专门的尾矿/渣库堆存，投资大、运行成本高，而且环境安全风险高。因此，这些大宗副产品综合利用是构建产业生态链的主要关注点。目前，典型的模式有：尾矿/废渣充填采空区（充填采矿）；尾矿/废渣生产建筑材料；硫铁矿的回收与全元素利用。下面具体介绍这几种典型模式。

A 尾矿/废渣充填采空区（充填采矿）

与传统的崩落法或空场法相比，充填采矿法，特别是高质量胶结充填法，在矿床开采的整体安全性、矿床开采对矿区及周边环境的影响破坏程度、矿产资源回收利用率及综合技术经济效益等方面，均具有明显的甚至是本质的优势。

随着矿山安全生产及环境保护要求越来越严格，充填采矿法运用越来越普遍，已经从高品位、高价值的有色金属矿山，向黑色金属矿山（如安徽霍邱地区低品位铁矿）、甚至非金属矿山（如贵州开阳磷矿、湖北荆襄磷矿等）推广。在经济发达及环境保护要求严格的省区，如山东、安徽等，当地政府已经明确要求必须采用充填采矿法。

对于金属矿山而言，废石、选矿尾矿是首选的充填集料，也是目前国内外应用最为广泛的充填材料，废石/尾矿充填采矿，将矿山废料转化为矿山内部资源，最大限度地减少向地表排放矿山废料量，甚至为零，从根本上解决了尾矿的堆存与环境污染问题，实现了矿山效益最大化[283]。尾矿充填采矿，根据充填用选矿厂尾砂是否分级，可将尾矿充填分为分级尾矿充填及全尾矿充填两种方式，具体的技术请参看前面第4章的详细介绍。

目前，尾矿充填采空区是尾矿综合利用的主要途径，约占全国尾矿综合利用总量的63%。其中黄金矿山地下采矿大部分采用胶结充填采矿，实际工程实施率约60%，尾矿回填率约50%，2009年利用尾矿量4160万吨。在已实施胶结充填采矿的铜矿山及其他有色稀贵金属矿山地下采矿大部分采用尾矿胶结充填采矿，已实施矿山中实际工程实施率约60%，尾矿回填率约60%，2009年利用尾矿量5399万吨[284]。

B 尾矿/废渣生产建筑材料

尾矿的主体成分是石英、硅酸盐、碳酸盐等矿物，可视为一种复合的硅酸盐、碳酸盐非金属矿物材料。尾矿整体或部分直接作为原材料，用于筑路或生产水泥、墙体、陶瓷、玻璃等建筑材料，能够较大程度上减少尾矿数量，是最理想的尾矿综合利用途径之一。

目前，国内外已经开发出来的尾矿建筑材料很多，最为常见有：微晶玻璃、建筑陶瓷、尾矿水泥、铸石制品、玻璃制品、免烧砖。另外，还有部分尾矿被用作工艺美术陶瓷、日用陶瓷原料，混凝土骨料、铁路道砟、砂浆、筑路砂石等。

前面第 4 章已经详细介绍了尾矿生产建筑材料的具体技术及其实践情况，此处不再重复，这里简要介绍首钢矿业公司尾矿生产建筑材料的情况[284]：

2002 年，首钢矿业公司开始利用水厂铁矿尾矿砂、抛尾碎石，生产建筑用砂和混凝土骨料，目前已形成年产建筑砂 90 万吨、混凝土骨料 60 万吨的生产能力。

首钢矿业公司在水厂铁矿建成了一条年产 40 万立方米规模的铁路道砟生产线，并取得了国家颁发的“铁路采石场开采资格证书”。产品经铁道部科学研究院检验，符合《铁路碎石道砟》（TB2140—90）一级材质标准，已被广泛应用于京山线、京秦线、大秦线、京沪线等主干铁路的路基铺设。

目前，首钢矿业公司可生产彩色路面砖、透水型彩砖、小型空心砌块、路缘砖、墙体砖等 5 大系列、16 个品种的建筑材料，具备年生产建筑砖 600 万块的能力。每年消纳尾矿 6 万多立方米。产品质量达到同行业先进水平，广泛应用于居民小区、公园、广场等人行道铺设及房屋建筑砌筑。

C　硫铁矿的回收与全元素利用

国外，由于硫铁矿品位普遍较高（S 45% ~50%），因此，沸腾焙烧制酸后的烧渣铁含量普遍超过 60%，可以直接作为炼铁原料使用，实现了硫铁矿的全元素利用。另外，为了综合回收利用烧渣中 Cu、Pb、Zn、Au、Ag 等有价金属，还开发了弱氧磁化焙烧法、氯化焙烧法和氯化挥发法等技术。

与国外相比，我国硫铁矿品位不高，因此，长期以来硫铁矿沸腾焙烧制酸都是以低品位硫铁矿石或精矿（S 35% ~38%）做原料，从而造成烧渣铁含量低（40% ~55%）、杂质含量高、残硫含量较高（一般大于 1%），无法直接用作炼铁原料，仅能作为水泥添加剂使用。一些企业的烧渣甚至露天堆放，造成二次污染。另外，我国大部分金属矿，尤其是有色金属矿中都含有一定量的硫铁矿，以前不少都作为尾矿排放到尾矿库，不仅造成了资源浪费，而且导致了严重的二次污染。

实际上，硫铁矿很容易浮选富集，低品位硫铁矿一般采用简单的浮选工艺流程，即可得到硫含量超过 47% 的高品位硫精矿，此硫精矿沸腾焙烧制酸，产出的烧渣铁品位高，可以直接作为炼铁原料使用，从而实现硫铁矿中硫、铁资源全利用。

具体对于化工硫铁矿，根据广东云浮硫铁矿、安徽新桥硫铁矿、湖北黄麦岭化工、南京云台山硫铁矿、湖南恒光化工等企业的生产实践，一般采用一粗/三精或四精浮选工艺，可以很经济地将硫铁矿硫品位由 30% ~35% 提高到 45% 以上。其中湖北省黄麦岭磷化工集团采用一粗/一扫浮选工艺处理含硫 38. 2% 的硫铁矿原矿，得到含硫 48. 45% 的硫精矿，硫回收率大于 90%[285]。

根据金堆城钼业集团、江西铜业公司德兴铜矿、铜陵有色公司冬瓜山铜矿的生产实践，金属矿伴生的硫铁矿同样可以通过精选得到高品位的硫精矿。例如，德兴铜矿采用一粗/二精/一扫的精选流程，将附产的硫精矿硫品位从 30% 左右（20% ~38%）提升到 48% 以上[286]。

金属矿山（区）企业，构建硫铁矿选矿回收—焙烧制酸—铁渣利用的产业链，采用合理的浮选工艺回收金属矿中的伴生硫铁矿，并通过精选得到高品位的硫精矿，进而通过沸腾焙烧制酸，产出能作为炼铁原料的高品位铁渣，实现硫、铁资源的全利用，不仅能解决尾矿/烧渣的排放污染问题，实现节能减排；而且可以产出高附加值的铁精矿产品，降本增效，存在明显的经济效益；尤其是在近年国内钢铁工业快速发展，铁矿石国内供应缺口巨大的背景下，更是具有重要的战略意义，是我国金属矿山企业值得重点发展的产业链。

6.3.3.3 德兴铜矿硫铁矿精选与硫、铁资源全利用实践[286]

A 概况

德兴铜矿为了充分利用自身硫铁矿资源，发挥选矿和硫酸生产综合技术优势，提高企业资源综合利用水平和整体经济效益，2007 年组织实施了硫精矿精选及高品位硫精矿沸腾焙烧试验工作，硫精选中试生产线及高品位硫精矿沸腾焙烧试生产于 9 月初转入稳定运行。通过一年多的运行，取得了较好的经济效益和环境效益。

B 工艺技术路线及流程

项目基本设想为：建设硫精矿精选中试生产线，将德兴铜矿附产硫精矿硫品位从 30% 左右（20% ~38%）提升到 48% 以上；同时，改造硫酸生产加料系统、沸腾炉及余热锅炉，在确保安全、环保、硫酸产品数质量前提下，使之能适应焙烧含硫 48% 以上的高品位硫精矿，并直接产出含铁品位高于 62%、质量符合钢铁厂烧结要求的铁精矿。

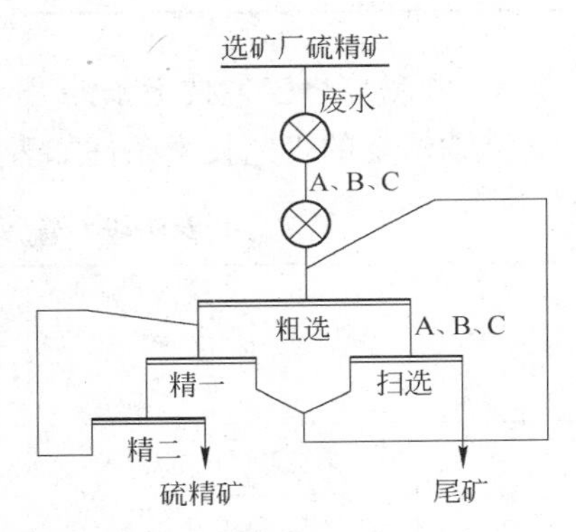

图 6-11 硫精矿精选中试生产线工艺流程图

硫精矿精选中试生产线的工艺流程如图 6-11 所示，即利用泗洲选矿厂一期硫精矿系统 ϕ24m 浓缩机，对选矿厂产出的硫精矿进行浓缩，其底流扬送到中试场调浆，经过一次粗选、二次精选、一次扫选产出高品位硫精矿，该硫精矿经高效浓缩机浓缩后，送到一期硫精矿过滤车间进行过滤，尾矿自流到 ϕ30m 尾矿事故池，再扬送到一期尾矿加压泵站。

高品位硫精矿沸腾焙烧制酸工艺流程与普通流程基本一样，具体包括沸腾炉沸腾焙烧、中压余热锅炉回收高温炉气余热，配置 3000kW 凝汽式汽轮机发电机组发电，旋风除尘、电除尘、稀酸洗涤、两级电除雾净化、“3 +1” 两转两吸制酸流程，设计生产能力为 100kt/a，采用埋刮板机输送、冷却增湿滚筒降温干法回收高品位硫酸渣；净化系统的废水循环使用，产出浓度为 5% ~10% 的废酸，送选硫中试厂使用。

C 工艺技术条件及操作参数控制

a 硫精矿精选工艺技术条件

硫精矿精选中试生产线的工艺技术条件如表 6-19 所示。

表 6-19 硫精矿精选工艺技术条件

项 目	数 值
入选矿浆 pH 值	6 ~8
入选矿浆浓度/%	30

续表 6-19

项　目		数　值
精选作业浓度/%		28
扫选作业浓度/%		28
A 用量/g · t^{-1}	粗　选	90
	扫　选	30
B 用量/g · t^{-1}	粗　选	16
	扫　选	4
C 用量/g · t^{-1}	粗　选	20
	扫　选	3

b　沸腾焙烧工艺技术条件

沸腾焙烧的工艺技术条件如表 6-20 所示。

表 6-20　高/低品位硫精矿沸腾焙烧的工艺技术条件

序　号	指 标 名 称	精矿（含硫 33% 左右）	精矿（含硫 42% 左右）	精矿（含硫 45% 左右）	精矿（含硫 48% ~51%）
1	焙烧鼓风机电流/A	27 ~ 28	26 ~ 27	26 ~ 27	26 ~ 27
2	SO_2 风机电流/A	72 ~ 73	71 ~ 72	71 ~ 72	71 ~ 72
3	炉底温度/℃	750 ± 30	810 ± 30	820 ± 30	840 ± 30
4	焙烧炉出口气温/℃	860 ± 10	965 ± 5	965 ± 5	965 ± 5
5	炉底风量/$m^3 \cdot h^{-1}$	22000 ± 500	21000 ± 500	21000 ± 500	21000 ± 500
6	二次风量/$m^3 \cdot h^{-1}$	3100 ± 50	3100 ± 50	3100 ± 50	3100 ± 50
7	三次风量/$m^3 \cdot h^{-1}$	0	550 ~ 602	600 ~ 644	452 ~ 500
8	炉底压力/kPa	18.50 ± 0.3	17.40 ± 0.2	17.30 ± 0.2	14.50 ± 0.3
9	汽包压力/kPa	2.90 ~ 3.10	3.00 ~ 3.10	3.00 ~ 3.15	3.10 ~ 3.30
10	二过温度/℃	405 ± 10	405 ± 10	405 ± 10	410 ± 10
11	蒸汽流量/$m^3 \cdot h^{-1}$	13.5 ± 0.3	13.8 ± 0.3	14.0 ± 0.3	14.3 ± 0.3
12	GCT 出口烟气温度/℃	38.5 ± 1.5	37.5 ± 1.5	37.5 ± 1.5	36.5 ± 1.5
13	SO_2 风机出口正压/kPa	20.50 ± 1.00	19.50 ± 0.5	19.50 ± 0.5	20.00 ± 0.50
14	SO_2 风机出口酸雾/g · m^{-3}	0.0004	0.0004	0.0004	0.0004
15	SO_2 风机出口水分/g · m^{-3}	≤0.10	≤0.10	≤0.10	≤0.10

c 沸腾焙烧工艺操作参数控制

（1）原料水分控制。确保入炉精矿的水分稳定，有利于控制沸腾层温度，水分具体控制在12%以内比较适宜。

（2）炉底压力控制。排渣口高度1200mm，实际操作中炉底压力应控制在(18 ± 1) kPa，以确保沸腾炉床层较厚，蓄热容量大，操作稳定。

（3）焙烧温度控制。沸腾炉操作温度受入炉料含硫、水分、冷却管束传热面积影响很大；同时，操作负荷、炉气含氧的波动对其也会有一定的影响。在正常情况下，只需控制好入炉精矿的含硫和水分，即可控制沸腾层底部温度为(900 ± 50)℃，顶部温度不高于1000℃。

（4）一、二次风量控制。一次风量控制在(21500 ± 300)m^3/h，二次风量约为总风量的13% ~15%。负荷增加后，为保持底压稳定和保证升华硫能在沸腾炉顶部充分燃烧，需适当加大二、三次风所占比例。

（5）氧浓度的控制。炉气中氧含量是十分重要的沸腾炉操作指标，氧含量的变化对烧渣和炉气成分影响较大。一般情况下，控制炉气氧浓度为2.0% ~5.0%，以抑制SO_3和升华硫的产生。沸腾炉的操作一般由氧表自动控制，具体根据氧表测定的炉气中氧含量，通过变频器自动控制给料皮带电动机转速，调节投矿量。

D 生产技术指标及经济效益

典型高品位硫精矿粒度组成和多元素分析结果分别见表6-21和表6-22。

表6-21 高品位硫精矿粒度组成及硫、铁分布率分析结果

粒级/mm	产率/%	品位/%		分布率/%	
		S	Fe	S	Fe
+0.121	0.06	0.00	0.00	0.00	0.00
-0.121 +0.074	1.74	27.27	26.88	0.98	1.04
-0.074 +0.053	10.69	45.86	43.23	10.15	10.26
-0.053 +0.038	30.04	49.33	44.99	30.70	30.01
-0.038	57.47	49.86	46.38	58.17	58.69
合 计	100.00	50.27	47.03	100.00	100.00

表6-22 高品位硫精矿多元素分析结果

成 分	Cu	$S_{有效}$	$S_{总}$	Fe	Au	Ag
含量/%	0.107	49.66	50.06	46.76	0.458	2.01

注：Au、Ag的含量单位为g/t。

2008年硫酸渣成分组成平均数据见表6-23，其中铁品位65.22%，烧渣残硫0.2%以下，Cu、P、Pb、Zn、As、SiO_2、Al_2O_3等杂质含量均达到了国家铁精矿质量标准。该硫酸渣主要供给铁红厂做生产原料，由于烧渣中有害杂质含量极低，铁红生产成本大幅降低。剩余渣料则直接销售给钢铁厂作炼铁原料，烧结效果良好，产品合格率高，目前供不应求。

表 6-23　硫酸渣成分组成（2008 年月度大样平均数据）

成分	$Fe_{总}$	S	SiO_2	Al_2O_3	CaO	P	Pb	Zn	Cu	As	MgO
含量/%	65.22	0.125	5.67	0.95	0.57	0.0045	0.018	0.012	0.020	0.12	0.21

经过整改、工艺指标调优，该生产系统实现了长周期稳定运行，开工率达 97.90%，主要工艺指标均达到或优于设计指标：硫精矿品位 49.66%，选硫作业回收率 95.42%，硫酸渣铁品位 65.22%，吨酸矿耗 0.678t，吨酸产渣 0.45t，余热发电量 190kW · h/$t_{酸}$，经济效益良好。

E　小结

“废水活化浮选提高硫精矿品位，高品位硫精矿沸腾焙烧”工艺为硫铁矿硫、铁资源的综合利用开辟了新的途径。工业生产实践证明其技术上可行、经济上合理，回收的烧渣中杂质含量低，是炼钢的好原料，也是开发生产铁红等附加值高的深加工产品的优质原料，具有十分广阔的发展前景。该技术避免了普通硫精矿制酸厂烧渣回收利用以及废水处理难的问题，彻底消除了环境污染，是硫铁矿制酸企业资源综合利用，降低生产成本，提高经济效益的最佳选择。

6.3.3.4　国内生态矿山（区）建设的探索实践

过去几年里，我国一大批矿山企业以建设成为资源节约型、环境友好型矿山企业为目标，具体围绕提高资源综合利用率、废物/废水资源综合循环利用、环境保护与生态修复，构建生态产业链，推进节约资源，发展循环经济，在建设生态矿山（区）方面开展了卓有成效的探索，取得了突出成效[276,287~291]，涌现出一批典型的优秀矿山企业。下面具体介绍金川集团有限公司、贵州宏福实业开发有限公司、新城金矿在建设生态矿山（区）方面的探索实践。

A　金川集团有限公司[287,288]

金川集团有限公司（以下简称金川公司），是中国最大的镍钴生产基地和铂族金属提炼中心，是采、选、冶、化一体化的大型有色金属矿山、冶炼、化工联合企业，2010 年被确定为全国第一批资源节约型、环境友好型企业，首批矿产资源综合利用示范基地。

“十五”以来，该公司积极发展循环经济，重点采取就近、互补、分类、共生等多种方式，使上游的“废料”成为下游的原材料，如粉煤灰、矿渣等工业废弃物供应周边水泥厂生产水泥等，推行固体废物的再循环和再利用，构建了比较完善的副产品综合利用产业链（见图 6-12）。

a　资源综合利用

重点实施了深部外围找矿，提高资源保障程度；并开发利用贫镍矿资源，提高矿产资源综合利用水平；对现有的富矿资源推行“资源节约战略”，具体实施了龙首矿东部扩能技术改造工程、西采区贫矿资源开发利用等项目，以贫矿的开发降低富矿的开采速度，使金川矿区服务年限延长。通过资源综合利用联合攻关，突破伴生的镍贫矿资源开发的技术限制，降低采矿成本，提高选矿回收率，使大量被长期搁置的贫矿资源得到充分利用。目前，金川公司矿石损失率、贫化率均在 5% 以下，矿石回采率达 96.73%。

b　固体废物综合利用

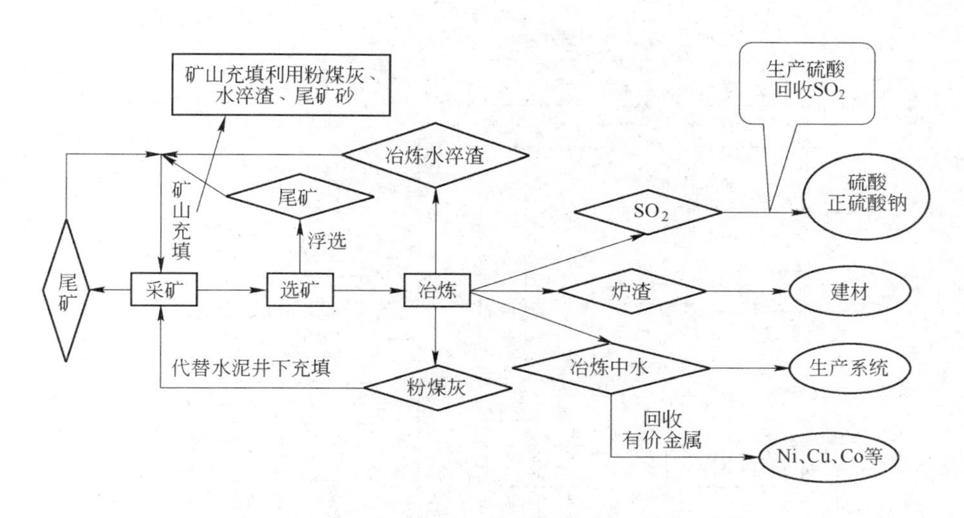

图 6-12 金川公司副产品综合利用产业链示意图

1985 年开始进行尾砂充填试验，使选矿尾砂在井下充填中得到利用；利用尾矿制作复合模板、井盖与井圈；同时进行了尾矿库覆盖治理。另外，1997 年投资 800 万元建成了水淬渣运输系统、矿山堆存场地以及矿山充填系统等配套工程，1999 年工程投入生产，2000 年以来，水淬渣年利用量稳定在 10 万吨以上。与“十五”末相比，2007 年固体废物综合利用率提高 11.11%，粉煤灰利用率超过 90%。

近年固体废物综合利用力度不断加大，1 万吨/年白烟灰综合利用项目建成投运，并已开工建设 110 万吨/年铜炉渣选矿工程、黑铜渣生产电积铜工程。

c 废水综合利用

先后投资近 2 亿元实施了节水综合技术改造项目，具体建设了废水浓缩循环利用系统、矿山井下废水回用矿山绿化系统及两级废水处理站。其中选矿中水在厂区内回收利用，矿山废水用于矿山、厂区绿化和生产，精炼废水处理回收利用其中有价金属，同时建设中水回用设施，提高水资源综合利用水平。工程投产后，公司生产排放废水得到有效处理并回收利用。2007 年工业污水治理率达到 100%，水的重复利用率达到 87.5%，中水利用量 1024 万吨。2010 年工业水重复利用率接近 90%，回用中水 1300 万吨，有效地缓解了金昌地区的供水矛盾。

B 贵州宏福实业开发有限公司[276]

贵州宏福实业开发有限公司（简称宏福公司），是我国“八五”、“九五”期间建设的重点磷肥基地之一，目前，已形成 3500kt/a 磷矿、2000kt/a 硫酸、900kt/a 磷酸、1680kt/a 磷铵、15.4kt/a 氟化铝、30kt/a 黄磷、150kt/a 精细磷化工产品的生产规模。

宏福公司充分利用磷矿资源各种组分，实现水、尾气和废渣资源的循环利用。先后建成 400kt/aWFS 选矿示范装置，5×10^6 块/a 磷石膏块、100kt/a 磷石膏制水泥添加剂、$5\times10^5 m^2$/a 磷石膏制石膏板、1×10^5 块/a 燃煤锅炉粉煤灰制砖等装置，以及烟气回收综合利用装置回收热电厂燃煤锅炉烟气中的 SO_2 生产硫酸。具体的生态产业链与循环经济模式如图 6-13 所示。

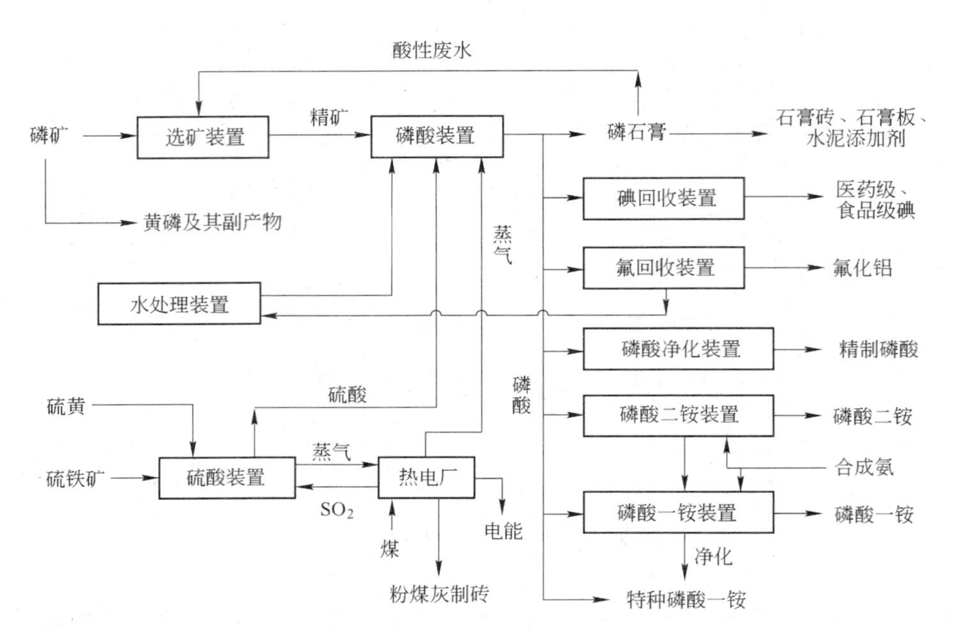

图 6-13 宏福公司生态产业链与循环经济模式

C 新城金矿[289]

山东黄金矿业股份有限公司新城金矿（以下简称新城金矿）位于胶东半岛渤海之滨，是一家具有采、选、冶综合生产能力的国家大型黄金矿山企业。矿山于 1975 年筹建，1980 年竣工投产，2005 年被评为国家环境友好企业，是当时唯一获此殊荣的矿山企业。

近几年来，矿山打破传统的经济发展模式，提出了“节约资源，良性发展”、“奉献黄金白银，留下绿水青山”的发展新思路，明确提出了“发展循环经济，建设绿色矿山”的奋斗目标，成功地走出了一条科技含量高、资源消耗低、环境污染小、经济效益好的可持续发展之路，在节能、节水、节约矿产资源等方面取得了显著的成绩。

a 循环利用废物资源

（1）废水。在对循环利用水资源进行研究论证的基础上，投资改造相关设备设施，逐步实现了生产废水和生活污水的全部回收再利用。

2004 年初，对 5 号新尾矿库及回水系统进行改造，在库区内西北角设计了一座直径 2m、高 15m 的窗口式排水井，用于尾矿库的正常排水，并在库外的西北侧建起长 30m、宽 15m 的水池及回水泵房，尾矿废水在库内澄清之后，通过排水井排至库外的沉淀池和回水池，全部回收用于生产流程。同时，矿山又投资 200 多万元在矿区内建成了日处理能力 $2000m^3$ 新型生活污水处理厂，主要用于处理办公区和家属生活区排放的生活污水。处理后的水全部用作充填、选矿的生产用水，年创经济效益近百万元。

（2）废渣。作为黄金矿山，新城金矿每年产生约 45.5 万吨的尾矿。对此，矿山首先对尾矿进行分级，将其中 60% 的粗粒部分用于井下采场的充填作业，不仅节约了生产成本，也有效地减缓了尾矿库的压力。

（3）废石。新城金矿结合矿山实际，合理开发利用井下采掘产出的废石，在矿内建成了日产石子 100t 的石子加工车间，将井下生产的废石加工成石子，基本上满足了矿山生产的正常需要，使废石得到了再利用。

b 重视环境保护，切实维护生态平衡

早在1999年，就进行了选矿氰化浸出工艺改造，实现了真正的含氰污水“零”排放。针对含氰废渣的处理，在矿区内建起了封闭式堆放场，有效地防止了风吹扬尘、雨水冲刷等污染问题的发生。

为了保证尾矿库坝体的安全和防止澄清水外渗，首先采用塑墙帷幕截渗技术进行了防渗处理，然后又在澄清区的内坡铺设了11000m^{2}的三元乙丙橡胶防水材料。环境质量监测结果表明，地表水和地下水的水质基本没有发生变化，尾矿库的运营没有对水环境造成污染影响。对于闭库的1～3号尾矿库，按照环评及复垦标准要求，在65000m^{2}的坝体表面覆盖了厚达0.5m的黄土层，并积极做好植被绿化工作，不仅加快了自然生态的恢复进程，同时防止了水土流失和尾矿对海域的污染。

c 积极推进清洁生产

新城金矿从2001年开始进行持续清洁生产活动。坚持以清洁生产作为先进管理理念来指导和开展工作，先后投资50万元，在选矿车间和采矿车间实施清洁生产，共完成了清洁生产无、低费方案和中、高费方案30多个，取得显著的经济效益。

7 资源循环与二次资源分选回收

7.1 金属资源循环概论

7.1.1 资源循环的概念与内涵[292,293]

资源循环（resources circle），是指人类在利用自然资源的过程中或之后产生的产物，可以而且应该作为资源加以利用，如此不断循环，最大限度地减少自然资源的损失和对环境的破坏。像自然界存在的许许多多、大大小小的循环一样，资源循环是维持整个地球生态平衡的重要基础之一。

资源循环以物质不灭、质量守恒定律为基础，按照生态规律利用自然资源和环境容量。

资源循环利用（resources recycling），是遵循资源循环规律，将全社会生产活动过程产生的边角料、副产品及废弃物作为一种资源，经过技术处理重新服务于人类，从而实现资源循环。

与传统的“资源—产品—污染排放”资源单向流动利用模式不同，资源循环利用构建了“资源—产品—再生资源”循环利用模式，使资源得到合理持久的利用，把经济活动对自然环境的影响降到最低程度。

金属矿产资源属于不可再生资源，但是金属资源却具有可循环利用特性，是目前资源循环利用的重点对象。具体来说，金属矿产资源经过人类几千年大规模开采，已经趋向枯竭，而且在开采、加工和利用过程中，对环境造成了严重污染，传统的“勘探—采矿—选矿—冶炼—加工”生产模式和“制品—使用—扔弃”生产模式已经走到尽头。在此背景下，资源循环利用对于人类社会持续发展具有重要的战略意义。

（1）资源循环可以弥补原生资源不足，缓解资源约束矛盾。在金属矿产资源越来越少的同时，积存的各种金属废品、边角料和废料却越来越多，而且这些物料的金属含量通常比原矿更高。在西方发达国家，非钢铁、有色金属废料已成为金属冶炼、生产加工的重要原料。我国自21世纪初以来，社会废钢铁积存总量也在稳步增加，很好地利用这部分资源，将部分取代铁矿石原料，钢铁冶炼加工也随之发生根本性变化，有色金属如铜、铝、铅、锌的情况也与钢铁相似，资源循环成为解决矿物资源短缺的最好途径。

（2）资源循环是节能减排，从根本上减轻环境污染，改善环境的有效途径。以矿产资源开采为龙头的原材料工业是典型的高能耗、高污染产业。其中钢铁、有色金属选冶过程产出的“三废”大部分由矿石本身带来，如果矿产资源得到了充分利用，原来的废物大部分转变成了资源，矿区的环境污染就会明显减少；如果钢铁、有色金属产量的一半来自资源循环而不是来自矿石，那么废水、废气和废渣将大为减少，二氧化硫、砷、氟、汞、镉、铅等有毒物质的排放量也将明显下降，表7-1给出了资源循环与从矿石中提取金属相比减少的耗水量和固体废料排出量统计[294~297]。

表7-1 生产1t再生金属可减少的耗水量和固体废料排出量

金　属	矿石金属品位/%	耗水量/t	固体废料产出/t
铁	52.8	79.3	19.2
铝	17.5	10.5	11.2
铜	0.6	605.6	613.7
铅	9.3	122.5	130.5
锌	6.2	36.0	61.6

要改变目前我国钢铁、有色金属原材料工业产量增加、能耗上升的状况，单靠小改小革的节能措施难以奏效，而采取资源循环措施，强化金属回收再生，进行再生冶炼加工则可大大降低其能耗，表7-2所示为典型金属再生冶炼的节能效果。

表7-2 典型金属再生冶炼的节能效果

金　属	钢	铝	铜	铅	锌	镁	镍
节能比例（相比原生金属）/%	57.6	96.3	83.6	64.3	72.1	97.3	89.3

（3）资源循环可以使生产更安全。矿产资源开采属于高风险行业，尤其是地下开采，矿山安全方面风险隐患更大。二次资源是没有矿山的宝藏，加大钢铁、有色金属资源循环量，可以减少矿山开采出矿量，从而使生产更安全。

（4）资源循环可以降低投资和生产成本，提高经济效益。资源循环不需要建设矿山，生产工艺流程更短，基建投资和生产成本大幅度下降，例如1t再生铝比从矿石中生产1t铝节约投资87.5%、生产费用降低40%～50%，如此大幅度降低投资和生产费用，经济效益不言而喻。

7.1.2 典型金属的资源循环特性及循环路径

7.1.2.1 金属资源的可循环利用特性

金属资源具有可循环利用的特性，是目前资源循环利用的重点对象。

各种金属材料制品使用寿命终结后，经回收并通过二次冶炼加工，即可实现金属资源的循环利用。尤其是钢铁、铜、铝、铅、锌等基本金属，一般是以纯金属合金形式作为主体材料应用于各种制品中，产品寿命终结后，经过适当处理就可以很好地将其回收，进而再作为资源加工的原材料。

考虑产品废物循环利用，各种金属资源的物质流循环如图7-1所示，具体自矿山开采/选矿加工开始，经过冶炼提取、材料加工、制品生产、产品使用、废物回收等过程完成其生命周期，回收废料通过二次资源加工，又成为可利用的材料制品，实现循环利用。

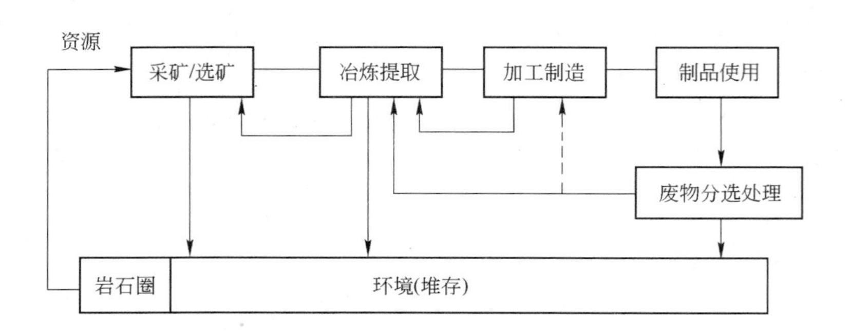

图 7-1　各种金属资源的物质循环流示意图

金属资源循环按照资源及其循环地不同，有大、小循环两条主要循环路径：

（1）大循环，又称厂外循环，指材料制品使用寿命结束后，经拆卸分选处理后的老废物返回冶炼厂重新冶炼，加工再利用。

（2）小循环，又称厂内循环或就地循环，指冶炼、制品加工过程中产生的废料返回厂内前道工序或其他合适工序处理利用，实现就地资源循环利用。

就全球或一个国家而言，大循环是金属资源循环利用的主体，它具有以下特点：

（1）各种金属材料的循环利用周期主要取决于金属材料制品使用寿命（周期），与各种金属材料的特性和制品用途密切相关。表 7-3 给出了主要大宗金属材料产品使用寿命情况。

表 7-3　主要大宗金属材料产品生命周期（使用寿命）

产　品	相关金属材料	使用寿命/a
汽车、家用电器	镀锌钢板、铜、铝合金	10 ~ 12
建筑物、结构材料	钢材、铝材	至少 25
公共设施	镀锌钢材	20 ~ 100
手机、电脑等消费电子产品	铜、铝	3 ~ 5
包装材料	铝	<1

（2）由于金属材料制品，尤其是家用电器等电子产品，像一次矿产资源一样，同时包含多种有价金属，因此不同金属的资源循环构成了一个错综复杂的网络（见图 7-2），无法将其割裂[298]。

7.1.2.2　钢铁的冶炼加工及资源循环路径

按原料、生产工艺及产品特点，现代钢铁冶炼主要有高炉长流程、电炉短流程两种工艺流程，长流程冶炼主要以铁矿为原料，具体包括烧结（球团）、（焦化）炼铁、炼钢、轧钢等生产工序；短流程主要以废钢为原料，主要包括炼钢、轧钢等生产工序。

综合长流程/短流程的冶炼生产，外加铁矿原料采选、钢板加工等就构成了一个完整的钢铁物质循环流程（见图 7-3）[299]。

从图 7-3 可以看出：在钢铁资源循环流程中，最关键环节是废钢电炉炼钢，它实现了钢材在制品加工、产品使用寿命结束后的废钢循环利用。另外，除了废钢资源循环外，钢

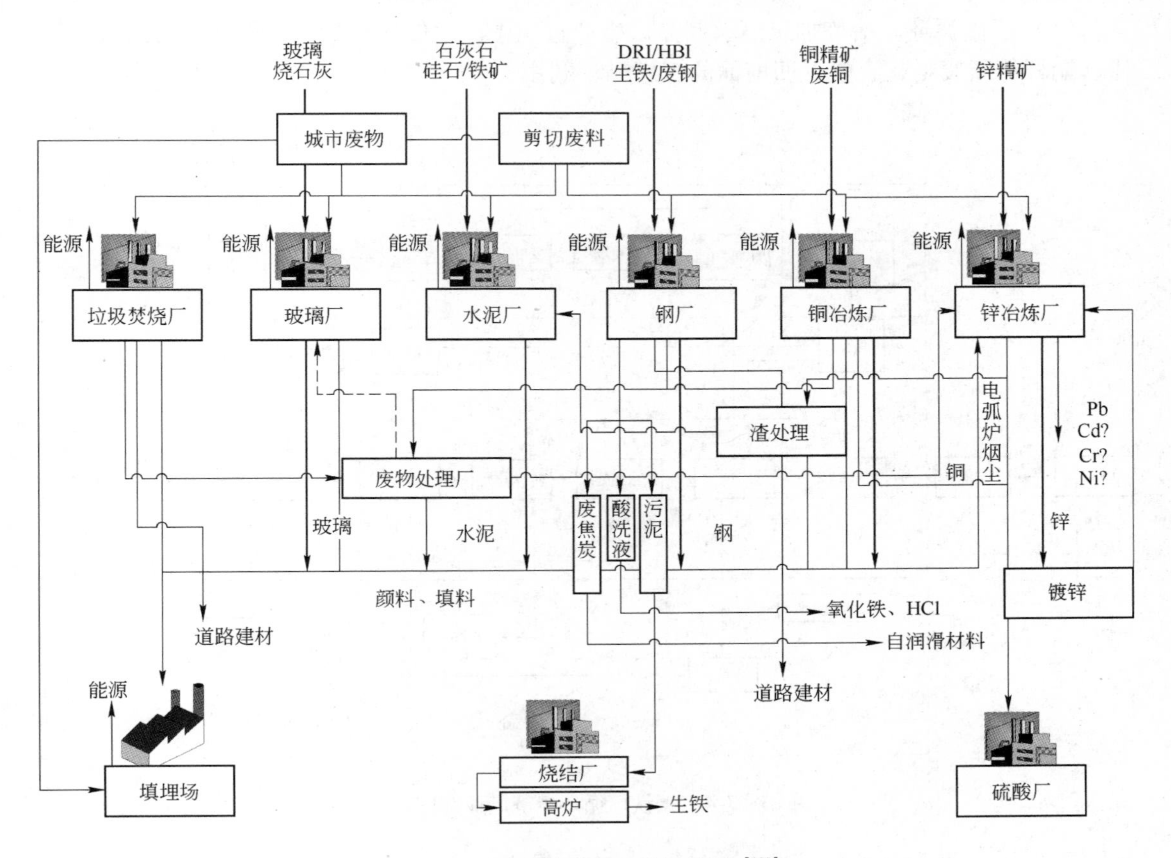

图 7-2　主要金属的资源循环网络[298]

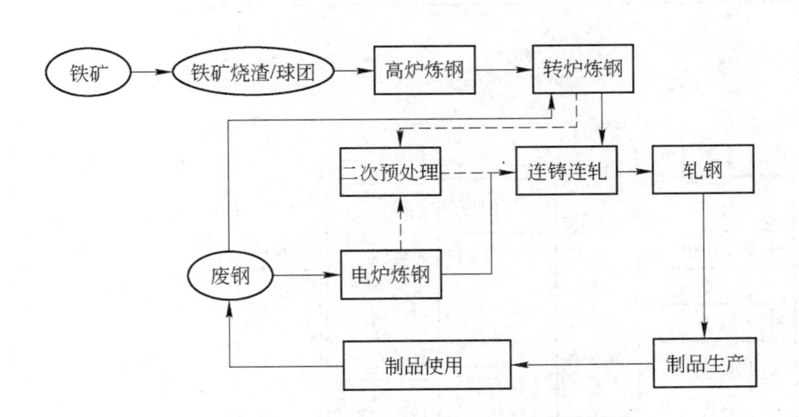

图 7-3　钢铁的资源循环流程图

铁厂内部产生的各种废渣副产品直接循环利用也不可忽视，图 7-4 给出了钢铁厂的循环经济产业链图[300]。

7.1.2.3　铜的生产加工及资源循环路径

图 7-5 所示为详细的铜/铜合金生命周期及循环路径[293]，根据废料的产生点及类别不同，铜资源循环主要有以下三条路径：

（1）厂内循环。冶炼加工厂、制品厂生产过程中产生的残次品、废阳极、废阴极、铜棒、铜杆等新废料，直接返回前面的工序循环利用。

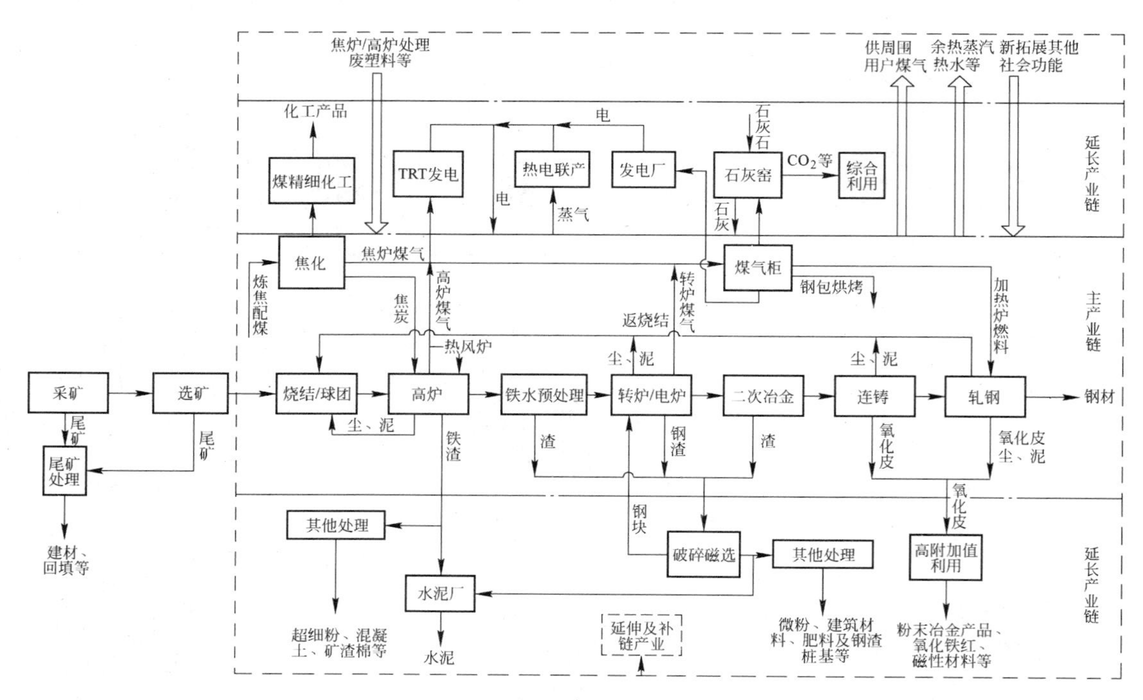

图 7-4　钢铁厂循环经济产业链图

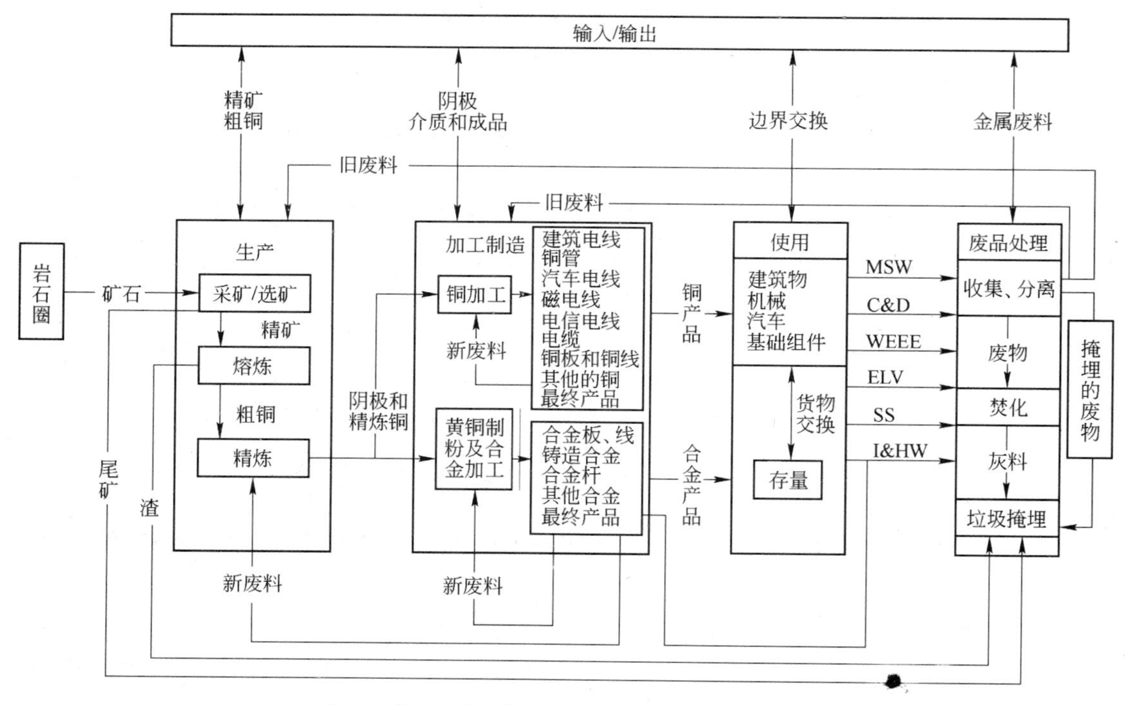

图 7-5　详细的铜/铜合金生命周期及循环路径图

（2）外部老废料，返回原生铜冶炼加工厂处理，循环利用。

（3）外部老废料通过专门再生冶炼厂处理，循环利用。

7.1.2.4　铝的生产加工及资源循环路径

图7-6所示为铝的资源循环流程[301]，与铁、铜不同，铝废料的循环利用不须经过原生铝电解冶炼过程，而直接从再熔炼铸造开始。相应地，由于铝的再熔炼过程没有净化除杂效果，因此不能去除废料中Si、Fe、Ti、Mg等杂质，只能通过熔炼前废料分类及原铝稀释办法来控制产品中杂质含量。因此，杂质高的废铝一般用于生产杂质含量要求低的铸造合金。

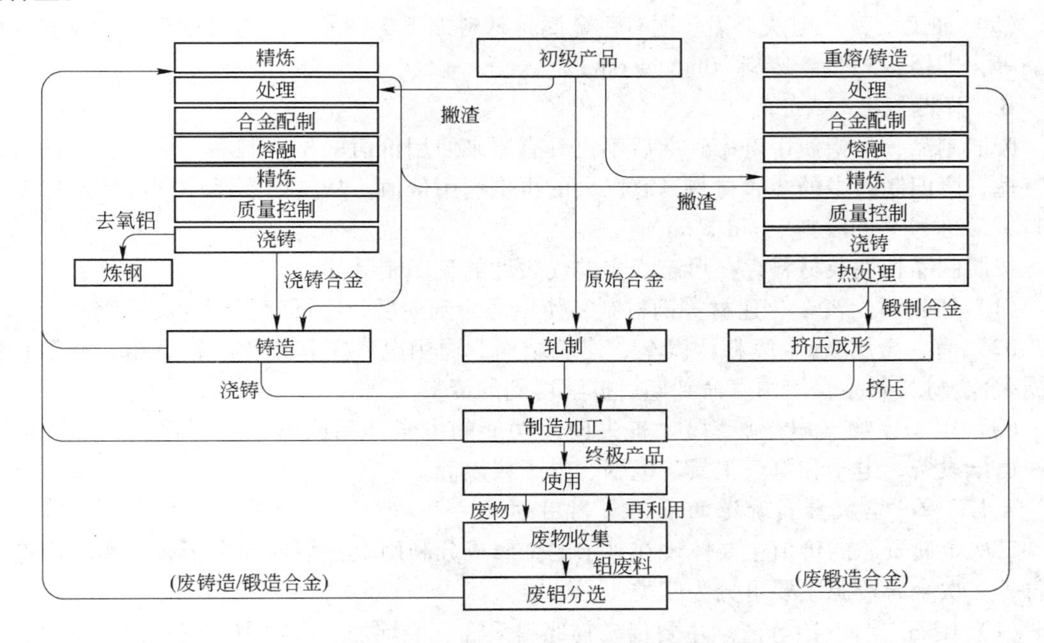

图7-6　铝的资源循环流程图

7.1.3　二次金属资源的产生及循环利用方式

7.1.3.1　二次金属资源的来源及分类

二次金属资源，系与一次金属矿产资源对比而言，是指金属矿物原料采选、冶炼与材料加工、制品生产过程中产出的副产品，以及制成品消费使用后分解拆卸得到的废旧材料制品。由于该类物料含有一定量的有价金属或其他成分，因此具有一定的资源价值。

由于金属的性质特点，二次金属资源主要呈固态、液态两种形态，并以固态为主。固体二次资源（俗称固体废物）数量大，价值高，是人们关注的重点。而且，从处理方便与应用需要出发，人们一般也尽可能地先将液态二次金属资源转化为固态资源，再进行进一步回收利用。因此，下面主要介绍固态二次金属资源。

固态二次金属资源，按其来源于生产过程还是消费过程，分为生产副产品和废旧制品两大类。

A　生产副产品

生产副产品，是指在矿石采选、冶炼与材料加工、制品生产过程中产出的副产物，根据具体生产工序及性质特点不同，又分为以下几种：

（1）采矿废石。采矿过程中产出的废石物料，包括剥离废石、掘进废石、表外矿（低品位矿）等。

（2）选矿尾矿。矿石选矿过程中，选别出精矿后剩余的矿石成分，包括抛尾废石、洗选尾泥、选矿尾矿等。

（3）冶炼废渣。矿石/精矿冶炼过程排出的残渣，如高炉渣、转炉渣、冶炼烟尘、赤泥、有色金属熔炼炉渣、浸出渣等。

（4）特殊冶炼/化工渣。煤燃烧、黄铁矿焙烧生产硫酸产出的粉煤灰、高铁硫酸渣等。

（5）加工废料。钢铁、铝、铜有色金属等材料加工与制品生产过程中产出的废料、次产品等，即俗称的"新废料"（new scrap）。

B　废旧制品

废旧制品，是指使用寿命到期后不再具有原来使用价值的材料制品。由于金属的可循环特性，废旧制品中的金属材料具有巨大的再生利用价值。从废旧制品中回收的废旧金属材料，常称为"旧废料"（old scrap）。

按照制品特性及材料存在形态，主要代表性的废旧制品如下：

（1）废钢材。汽车、建材等钢材制品使用寿命到期后，经拆解得到的废旧钢材。

（2）有色金属/合金废料。汽车、建筑结构、通用电气工程用铝、铜、铅、锌等有色金属/合金材料制品，使用寿命到期后拆解得到的废料。

（3）电子废物（电子废料）。丧失使用功能的电子产品或电子电器设备，如废旧家电、通讯设备、电子和电气工具、电脑、电子仪表等。

7.1.3.2　二次金属资源的价值与利用方式

二次金属资源的价值主要体现在其中的金属成分利用上，根据其中金属资源利用途径而言，二次金属资源主要可分为四类：

（1）废石/尾矿/冶炼渣。主要指矿物原料采选、冶炼加工过程中的副产物，其中有价金属含量较低，一般必须通过分选富集得到精矿产品，才能进一步冶炼提纯利用。

（2）过程废料。钢铁、铝、铜等金属材料加工、制品生产过程中产生的废料及次产品，即前面所称的"新废料"，它们材质纯度较高，不需要进一步富集，直接就地采用简单的二次冶炼加工即可。

（3）旧（产品）废料。汽车等大宗金属制品通过简单拆解、分拣、除杂，然后进行熔炼加工，制取满足应用要求的金属材料。

（4）电子废物。废弃手机、电脑等电子产品，其中的有价金属，尤其是稀贵金属含量远高于矿石原料乃至精矿，经济价值高，但其组成复杂，有毒有害成分也不低。因此，需先进行物理分选，得到不同类型的金属粉料，再经进一步冶炼加工回收利用。

除了金属成分外，二次金属物料的非金属矿物成分都可以生产建筑材料，也具有重要的经济价值。

7.1.4　二次金属资源的循环利用现状

7.1.4.1　国外二次金属资源循环利用

由于金属资源循环利用的显著优越性，世界各国都把大宗二次金属资源循环利用变废为宝，作为经济、社会、环境可持续发展的重要选择。

国外循环利用的金属包括钢铁、锰、铬、钴、钒钛、铜、铝、铅、锌、钨、锡、钼、汞、镍、镁、金、银、铂族金属、铬、镓、铟、硒、锆等共30多种。目前，世界上大宗金属钢铁、铜、铝、锌、铅的再生利用率约为20%～50%。表7-4列出了1996～2004年世界再生铜、铝、铅生产情况[302]。

表7-4　1996～2004年世界再生铜、铝、铅生产情况

年　份	1996	1997	1998	1999	2000	2001	2002	2003	2004
再生铜产量/万吨	533.7	498.3	541.1	527.9	510.0	502.1	552.1	551.8	547.1
铜总产量/万吨	1273.5	1255.8	1414.2	1446.3	1482.0	1554.0	1535.5	1522.7	
再生铜所占比例/%	41.91	36.75	38.26	36.50	34.41	32.31	35.86	36.24	34.74
再生铝产量/万吨	692.3	744.6	757.2	812.7	815.9	777.5	764.9	765.9	756.0
铝总产量/万吨	2776.1	2924.6	3022.6	3183.7	3262.3	3229.5	3373.9	3566.0	
再生铝所占比例/%	24.94	25.46	25.05	25.53	25.01	24.07	22.67	21.48	25.18
再生铅产量/万吨	275.3	286.6	312	271.2	276.1	281.6	299.2	308.7	3270
铅总产量/万吨	558	577.9	595.8	633.2	674.3	674.6	665.3	686.3	
再生铅所占比例/%	49.34	49.59	52.37	42.83	40.95	41.74	44.97	44.98	45.06

西方发达国家由于经济发展历史久，废钢、有色金属积蓄量丰富，二次金属资源的循环利用具备资源上的天然优势，同时环境保护等方面的严格要求，又强化了二次金属资源循环利用的重要性，使其成为环境保护产业的一部分而蓬勃发展。因此，西方发达国家再生资源产业规模大，再生金属循环使用比率明显高于世界平均水平。美国2008年钢铁、铬、铝、铜、铅、锌、镍、镁和锡再生金属产量占其表观供应量比例分别为61%、34%、48%、31.5%、77.0%、30%、43%、53%、34%，表7-5列出了美国2004～2008年主要大宗金属的循环利用生产情况[303]。

表7-5　美国主要大宗金属循环利用生产统计（2004～2008年）

金属名称	年　份	2004	2005	2006	2007	2008
铝	再生产量/万吨	303	303	354	379	333
	表观供应量/万吨	908	922	819	799	690
	比例/%	33	33	39	47	48
铜	再生产量/万吨	965	95.3	96.8	92.5	85.1
	表观供应量/万吨	333	319	301	304	270
	比例/%	29.0	30.0	32.1	30.5	31.5
钢铁	再生产量/万吨	666	656	653	640	660
	表观供应量/万吨	1320	1210	1370	1190	1090
	比例/%	51	54	48	54	61
铅	再生产量/万吨	113	115	116	118	115
	表观供应量/万吨	146	143	147	154	149
	比例/%	77.3	80.1	78.9	76.7	77.0

续表 7-5

金属名称	年　份	2004	2005	2006	2007	2008
锌	再生产量/万吨	34.9	35.4	34.2	23.4	29.7
	表观供应量/万吨	119	108	119	104	100
	比例/%	29	33	29	23	30

除了废旧二次资源外，西方发达国家的工业生产废物综合利用水平也非常高。德国、法国、英国的粉煤灰利用率分别为80%、60%和55%，丹麦和日本达到了100%。日本、德国、澳大利亚、加拿大、波兰的煤矸石利用率在85%以上。瑞典、英国、美国、德国、法国、加拿大、比利时的高炉渣利用率为100%。美国、德国、英国的钢渣利用率分别为100%、90%和80%。

7.1.4.2　国内二次金属资源的循环利用现状

A　废钢资源循环利用

废钢是钢铁工业十分重要的原材料，表7-6给出了2001～2009年我国废钢消耗及资源组成情况[304]。

由于我国为发展中国家，钢材积蓄量及废钢资源量较西方发达国家明显偏低，现今钢材积蓄量约为52.2亿吨，其中2001～2009年积蓄量为35.97亿吨，占总积蓄量的68.92%，按国际通行回收率最低1.5%计算，可回收废钢资源量约为7700～8200万吨。

表7-6　2001～2009年我国废钢消耗及资源组成情况

项　目	2001	2002	2003	2004	2005	2006	2007	2008	2009
钢产量/万吨	15103	18225	22234	27279	35579	42102	49490	50049	56784
废钢总消耗/万吨	3440	3920	4820	5400	6330	6720	6850	7200	8310
自产废钢/万吨	1334	1334	1530	1700	2220	2750	2700	2860	3040
社会采购废钢/万吨	1897	2284	3216	3300	3675	3800	4310	4200	4580
进口废钢/万吨	979	785	945	1023	1014	538	339	359	1369
废钢单耗/$kg \cdot t^{-1}$	226	215	217	191	178	160	140	144	146

自2001年以来，我国废钢的产生量逐步增加，2005～2008年我国社会废钢量为3800～4200万吨，钢厂自产废钢量为2800～3000万吨，但仍无法满足钢铁工业快速发展对废钢日益增长的需求，必须进口部分废钢资源。

受废钢资源量限制，我国钢铁冶炼生产仍以铁矿石/精矿为主要原料，采用高炉/转炉冶炼工艺，电炉炼钢产量比例较低（12%），1t粗钢废钢单耗146kg，远低于国外450kg/t的废钢消耗水平[305]。

不过，可以预测，随着我国经济社会的持续稳定发展，废钢资源积蓄量将稳定增长，废钢将逐步成为我国钢铁冶炼生产的主要原料，从而使冶炼工艺结构发生根本变化。

B　废有色金属资源的循环利用

a　再生有色金属产量

与废钢一样，由于我国废有色金属资源积蓄量有限，再生有色金属的产量比例明显低于西方发达国家，但是21世纪以来，我国充分利用国内、国外废物资源，有色金属资源循环利用产业迅速壮大，形成了以长江三角洲、珠江三角洲和环渤海地区三个产业集中发展区域，浙江（宁波镇海、台州）、江苏、河北、广东（肇庆、江门、梅州、清远）、广西等省（自治区）建立了一批进口废有色金属资源拆解与再生冶炼工业园区，铜、铝、铅等主要有色金属二次冶炼产量成倍增长，表7-7列出了2001~2009年我国再生金属（铝、铜、铅）产量情况[306]。

表7-7 2001~2009年我国再生金属（铝、铜、铅）产量及比例情况

年 份	2001	2002	2003	2004	2005	2006	2007	2008	2009
再生铝产量/万吨		130	145	166	194	235	260	260	310
铝总产量/万吨	357.7	451.1	596	669.0	778.7	926.6	1234	1318	1297
再生铝比例/%		28.82	24.33	24.81	24.91	25.36	21.07	19.73	23.90
再生铜/万吨	38.03	88	93	116	142	168	200	198	200
铜总产量/万吨	190.4	251.3	277	336.2	402.7	468.2	544.3	576.9	613.5
再生铜比例/%	19.97	35.02	33.57	34.50	35.26	35.88	36.74	34.32	32.60
再生铅/万吨	21.15	17	20.0	24.0	28.0	39.0	55.0	70.0	123.0
铅总产量/万吨	119.5	132.5	156.4	193.5	239.1	271.5	278.8	345.2	
再生铅比例/%	17.70	12.83	12.79	12.40	11.71	14.36	19.73	20.28	

b 产业技术与装备水平

近年来，随着行业的快速发展和政策法规的完善，我国再生金属产业技术与装备水平有了很大提高，具体主要表现在以下几个方面：

（1）废金属分选和预处理。放射性元素探测仪、导线剥皮机、铜米机等检测和拆解技术装备得到了广泛应用，实现了废杂金属的预处理由完全依靠手工到半机械化、半自动化的转变。

（2）再生铜冶炼。大吨位电炉熔炼-潜液转流-多流多头水平连铸工艺、火法精炼高导电铜工艺、连铸连轧生产工艺等一大批先进技术工艺和倾动式熔炼炉、竖炉等环保熔炼设备得到了广泛应用，不仅大大提高了生产效率、降低了能源消耗、提高了金属的熔炼回收率，同时还有效地减少了二次污染。

（3）再生铝加工。组合式熔炼炉组、永磁搅拌、蓄热式燃烧系统等技术装备得到广泛应用。通过自动控制和燃烧系统的改进，合理控制铝液温度，节能效果提高15%~20%。

（4）再生铅冶炼。由国外引进的废铅酸蓄电池机械化破碎分选设备逐步得到应用，自主开发的废旧铅酸蓄电池自动分离-底吹熔炼再生铅等工艺实现产业化，行业经济、社会、环境效益显著提高。

C 生产废物产生及循环利用

金属采选、冶炼加工行业产出的废石、尾矿、冶炼渣是重要的金属二次资源，表7-8列出了2004~2008年我国金属采选/冶炼加工行业固废的产生及综合利用情况统计。

表 7-8　2004～2008 年我国金属采选/冶炼加工行业固废的产生及综合利用情况统计

年　份	项　目	全国总量	黑色金属采选业	有色金属采选业	黑色金属冶炼加工	有色金属冶炼加工
2004	产出量/万吨	108368	14927	10691	18623	4275
	利用量/万吨	63356	2265	3594	14223	1553
	利用比例/%	58.46	16.17	33.62	76.37	36.33
2005	产出量/万吨	124324	12728	16313	23506	4779
	利用量/万吨	74083	1915	4199	17505	2047
	利用比例/%	59.59	15.05	25.74	74.30	42.83
2006	产出量/万吨	142053	13680	18339	29149	5544
	利用量/万吨	86304	2313	4829	20829	1975
	利用比例/%	60.75	16.91	26.33	71.46	35.62
2007	产出量/万吨	164238.7	21571.3	21044.2	29797.4	6308.9
	利用量/万吨	102537.2	3926.3	5553.7	24843.5	2411.3
	利用比例/%	62.43	18.20	26.39	83.37	38.22
2008	产出量/万吨	177721	22424	23589	31459	7197
	利用量/万吨	114932	5620	7289	26439	2944
	利用比例/%	64.67	25.06	30.90	84.04	40.91

注：数据来自中国统计年鉴 2005～2009。

由表 7-8 可知，黑色金属采选业、有色金属采选业、黑色金属冶炼加工、有色金属冶炼加工四个行业的生产废物产生量合计占全国各行业生产废物总量的40%～50%。

由于废石、尾矿二次资源组成复杂，有价金属含量低，因此目前综合利用比例较低，不到30%，大部分目前只能堆存处理。相对而言，冶炼废渣，尤其是黑色金属冶炼渣，由于系高温冶炼烧渣，有害杂质含量低，内部蕴含有大量化学能，反应活性高，被广泛用作各级建筑物材料，综合利用率高。

7.2　钢铁冶炼渣/尘的分选处理技术及实践

7.2.1　冶炼渣/尘的来源及性质特点

7.2.1.1　冶炼渣/尘的种类

钢铁冶炼过程中，除了产出钢铁主产品外，同时还以渣/尘形式产出大量其他固体物料，其中主要有高炉渣、钢渣、烧结尘、高炉瓦斯尘/泥等。

A　高炉渣

高炉渣是高炉冶炼生铁过程中排出的副产物，普通高炉渣化学组成与硅酸盐水泥相似，主要成分是氧化钙、氧化镁、三氧化铝，属于硅酸盐质材料。另外，我国攀枝花、承德等钢铁公司采用钒钛磁铁矿炼铁时，还产出含钛型高炉渣。典型高炉渣的化学成分见表 7-9[307,308]。

表 7-9　典型高炉渣的化学成分　（%）

成　分	CaO	SiO_2	Al_2O_3	MgO	MnO	Fe_2O_3	S	TiO_2	CaO/SiO_2
普通高炉渣	32～49	32～41	6～17	2～13	0.1～4	0.2～4	0.2～2		
含钛高炉渣	20～30	12～32	13～17	7～9	0.3～1.2	0.2～1.9	0.2～1	16～25	
HOS/HS	39～41	34～37	10～12	7～12	0.2～0.6（Mn）	0.2～0.6（Fe）	1.0～1.7		0.9～1.2

目前，国内外普遍采用水淬粒化工艺冷却处理熔融的高炉渣。高炉渣急冷处理过程中，熔态炉渣绝大部分物质转变为无定形或玻璃体，蕴含的热能转化为化学能储存其中，因此，具有很好的潜在化学活性，是优良的水泥生产原料。

B　钢渣

钢渣是生铁、废钢炼钢过程的副产物，根据钢生产方式不同，可分为转炉钢渣、电炉钢渣以及不锈钢渣、合金钢渣等。其主要成分是铁的氧化物、其他金属氧化物以及用于形成炉渣的生石灰或煅烧白云石，具体取决于所使用的原材料和作业条件。典型钢渣的化学成分见表 7-10[308～311]。

表 7-10　典型钢渣的化学成分　（%）

成　分	CaO	SiO_2	MgO	Al_2O_3	总 Mn	总 Fe	Cr_2O_3	P_2O_5	总 S	TiO_2
转炉渣	46～53	13～16	1～4	1～4	1.8～4.8	14～19	0.2～0.4	1.2～1.8	<0.2	
电炉渣	26～38	11～16	3～10	3.5～5.5	24～40	3～6	0.7～2.7	0.5～0.8		
电炉渣	37～40	14～28	7～13	5～13	2.6～4.1	6～7	5～19	<0.1	<0.4	
转炉渣	46.60	10.20	8.90	1.06	3.50（MnO）	21.85		2.0	0.045	
转炉渣	36～40	15～25	5～7	6～7	9～12（MnO）	8～10（FeO）		1～2		
电炉渣	40～50	10～20	7～12	3～5	5～10（MnO）	8～15（FeO）		0.5～1.5		
转炉渣	41.66	12.74	10.25	2.94		25.05（Fe_2O_3）				1.77

C　各种含铁尘/泥

包括烧结尘泥、高炉尘泥与炼钢尘泥，典型尘泥物料的化学成分见表 7-11[312～314]。

表 7-11　典型尘泥物料的化学成分　（%）

成　分	TFe	FeO	CaO	SiO_2	MgO	Al_2O_3	C	Zn	Pb	钢铁厂
烧结除尘灰	56.0	8.0	9.6	6.19	—		0.07			首钢
高炉瓦斯泥	～56		～5	4～5	7～8		3～5	0.05～2	～0.13	宝钢
转炉二次除尘泥	～51		～10	4～6	7～8		3～5	3～4	～0.79	宝钢
电炉粉尘	～53		～9	2～4	～3		1～4	2～4	～0.42	宝钢
转炉尘泥	48.59	12.9	9.23	3.47	4.44	1.17	4.2			宝钢

续表 7-11

成　分	TFe	FeO	CaO	SiO_2	MgO	Al_2O_3	C	Zn	Pb	钢铁厂
转炉尘泥	42.71	52.05	19.92	2.36	4.20	0.6	—			马钢
转炉尘泥	48.84	18.77	11.58	3.59	5.89	1.01	2.01	—		新钢
转炉尘泥	50.76	54.17	9.58	4.23	1.23	0.83	—			唐钢
转炉尘泥	56.46	48.11	12.00	3.10	—	0.087	3.51	0.094		鞍钢

a　烧结尘泥

主要产生在烧结机机头、机尾、成品整粒和冷却筛粉等工序，由电除尘器或布袋除尘器捕获得到，细度在 5 ~40μm 之间，机尾粉尘的比电阻为 5×10^9 ~ $1.3\times10^{10}\Omega\cdot cm$。总铁含量在 50% 左右。

b　高炉尘泥

高炉尘泥是炼铁过程中随高炉煤气带出，系原料、燃料的粉尘和高温区激烈反应而产生的低沸点有色金属蒸气等经除尘器捕集而得。重力除尘器所得的瓦斯灰粒径较粗，含碳较高；湿式除尘或布袋除尘所得的泥或尘粒径较小，不易脱水；部分瓦斯尘中含有较高的 Zn、Pb 等有色金属，比电阻为 2.20×10^8 ~ $3.40\times10^8\Omega\cdot cm$。总铁含量为 20% ~40% 。

c　炼钢尘泥

炼钢尘泥包括转炉炼钢尘泥、电炉炼钢尘泥。炼钢尘泥是在铁水加热精炼过程中，由于高温使铁水及一些低熔点金属杂质气化蒸发；钢水沸腾时，液面气流爆裂溅起大量细微金属液滴进入气相，冷却而成固体悬浮物；另外，散装炉料中夹带的粉尘也随烟气进入气相，经文丘里管、袋式除尘器捕获得到。其中转炉尘泥总铁含量为 50% ~60% ，细度一般小于 40μm；电炉粉尘含铁 30% 左右，含锌、铅 10% ~20% ，细度小于 20μm 的占 90% 以上。

7.2.1.2　钢铁冶炼渣/尘排放及性质特点

钢铁冶炼渣/尘排放及性质具有如下特点：

（1）量大面广。钢铁生产消耗的原辅材料和燃料多，50% 以上消耗又以各种固体副产品形式排出，其总量约占粗钢产量 60% ，其中高炉渣 53% ，钢渣 23% ，尘泥 17% ，其他 7% 。冶炼各个环节都有尘/泥废物产生。

（2）不同渣/尘的组成特色突出，综合利用方式明确。普通高炉渣的主要成分是 CaO、SiO_2、Al_2O_3 等硅酸盐质材料，主要用于生产水泥建材。钢渣的铁及锰、铬等合金元素含量高，一般优先厂内回收利用铁及主要合金元素，同时其中的 CaO、MgO 等熔剂及 SiO_2 成分，作为熔剂返回利用或生产建筑材料。各种尘/泥粒度细、铁含量高，同时含有一定量的锌、铅等挥发性有色金属，适宜于分类处理综合回收。

7.2.2　冶炼渣/尘的资源价值及利用方式

钢铁冶炼渣/尘的资源价值，主要体现在以下三方面：

（1）铁及锰、铬合金元素含量高，可以直接或经富集后作为生产原料返回钢铁厂生产使用。

（2）其中的 CaO、SiO_2、Al_2O_3 等主体成分是硅酸盐质材料，而且由于急冷处理储存了大量能量，化学活性高，可以作为水泥、混凝土等建筑材料生产原料。

（3）部分冶炼渣/尘，例如高炉瓦斯尘/泥、电弧炉烟尘等，锌铅挥发性金属含量高，具有较高的回收利用价值。

表7-12列出了钢铁冶炼渣/尘的价值成分及其利用方式[315,316]。

表7-12 钢铁冶炼渣/尘的价值成分及其利用方式

渣/尘类别	价值成分/特性	利用方式	产品形态
普通高炉渣	CaO、MgO、SiO_2、Al_2O_3硅酸盐质材料成分，潜在化学活性高	生产水泥、混凝土等建筑材料及制品	水泥、混凝土、矿渣微粉、掺合料
	Ca-A-Sialon合成成分	碳热还原氮化合成Ca-A-Sialon复合材料	耐火材料
含钛高炉渣	Ti、Si合金成分	硅热法制备硅钛合金，熔融电解法制备硅钛铝合金	含钛合金
钢　渣	残钢、氧化铁、氧化镁、氧化钙、氧化锰等	回收废钢、粒铁返回烧结； 回收熔剂作高炉熔剂； 道路用集料，路用混合料	磁选精矿（钢/铁）； 高炉熔剂； 钢渣沥青混凝土
	硅酸三钙、硅酸二钙等活性矿物； 硅、钙及各种微量元素	工程回填材料； 水泥配料； 农业肥料/土壤改良剂	钢渣水泥； 钢渣磷肥、钙镁磷肥
高炉瓦斯尘/泥	铁、碳、锌	直接作烧结配料（铁、碳）； 铁锌分选回收铁精矿； 冶炼回收锌、铟有色金属	铁精矿； 锌、铟有色金属

7.2.3 高炉瓦斯尘/泥分选回收技术及实践

7.2.3.1 高炉瓦斯尘/泥的组成特点

A 化学组成

高炉瓦斯尘/泥主要有价成分是铁和碳，同时也含有一定量的锌及铅、铋、铟等有价金属。几种典型高炉瓦斯尘/泥的化学组成见表7-13[317]。

表7-13 高炉瓦斯尘/泥化学组成 （%）

项　目	TFe	C	CaO	MgO	SiO_2	Al_2O_3	Zn	Pb	H_2O
钢厂1	30~33	25~30	9.0	1.2	5.0	2.3	0.8~1.6	0.2~0.6	20~35
钢厂2	36.58	13.56	8.68	0.97	12.14	4.4	2.239	0.512	15.70
钢厂3	33.87	22.78	2.55	3.18	10.56	3.27	3.11	0~0.6	15.48
钢厂4	11.01	16.37	4.33	5.54	20.67	4.57	5.33	2.09	28.21

B 矿物组成

高炉瓦斯尘/泥的铁主要是以假象赤铁矿、磁铁矿、金属铁等形式存在[318]，其中：

（1）假象赤铁矿（Fe_2O_3）是高炉瓦斯泥（灰）中的主要矿物成分，含量为40%~45%，粒度0.02~0.10mm，大多呈单体存在，部分假象赤铁矿颗粒中有少量磁铁矿存在；

（2）磁铁矿（Fe_3O_4）含量约10%，主要存在于假象赤铁矿颗粒中；

（3）金属铁（MFe）含量很少，约0.5% ~1.0%，呈单体出现；

（4）铁酸钙含量占1%左右。

高炉瓦斯尘/泥中锌主要以氧化锌和铁酸锌固溶体形式存在，脉石矿物主要为细粒方解石、石英等。

C　粒度分布及成分分组特性

高炉瓦斯尘/泥颗粒粒度细微，97% ~100%小于 -200 目（-0.074mm），一般平均粒径20 ~25μm。两个典型的高炉瓦斯尘/泥颗粒粒度分布如图7-7所示。

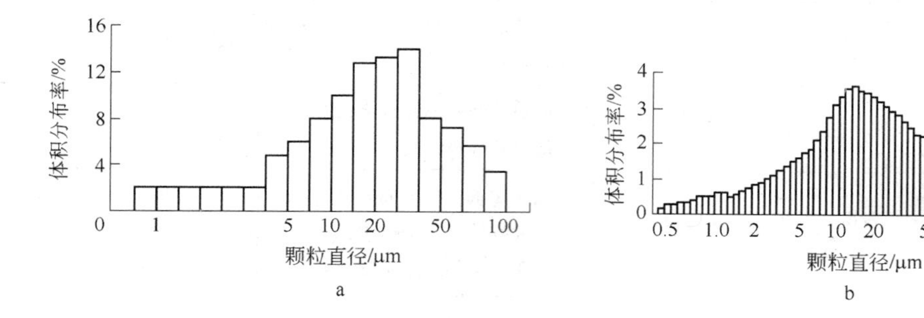

图7-7　两个典型的高炉瓦斯尘/泥颗粒粒度分布

在高炉瓦斯尘/泥中，铁、硫、锌等成分的粒级不均匀分布特性明显。表7-14列出了某钢厂高炉瓦斯尘/泥分粒级的成分分布情况。其中铁主要分布于 +19μm 粒级中，碳主要分布于 +37μm 粒级中，而锌却主要分布于 -37μm 细颗粒中，其中 -19 +10μm 粒级中锌含量分布达到42.60%。

细颗粒中锌含量高的原因是：锌及其化合物的沸点较低，高炉炼铁过程中，锌及其化合物以蒸气的形式存在于高炉烟气中；随着高炉烟气的冷却，锌及其化合物蒸气逐渐凝结于烟气中的杂质微粒（这些杂质微粒就是锌化合物蒸气的凝结核）表面。因此粒度越细，锌含量越高。

表7-14　某钢厂高炉瓦斯尘/泥分粒级的成分分布

粒度/μm	粒度分布/%	成分分布/%		
		Fe	C	Zn
+74	31.93	36.60	36.47	18.77
-74 +37	24.64	27.44	38.15	14.73
-37 +19	15.81	22.67	17.88	15.45
-19 +10	22.79	11.90	6.57	42.60
-10	4.83	1.39	0.93	8.45

7.2.3.2　高炉瓦斯尘/泥的旋流分选回收技术

A　概况

高炉瓦斯尘/泥中的主要有价成分是铁、碳与锌，对于钢铁厂而言，厂内将其回收作为炼铁原料是最现实可能的选择。但是高炉炼铁原料对锌量有严格要求，因此，高炉瓦斯尘/泥分选回收主要围绕铁、碳与锌分离展开，具体分选技术包括重选、磁选、浮选、旋流器离心分选等，其中旋流器离心分选应用最广泛。

B 旋流器离心分选工艺[319,320]

旋流器分选，是目前高炉瓦斯尘/泥脱锌分选的主流方法，其主要是基于高炉瓦斯尘/泥中锌成分按粒度不均匀分布的特性而开发，通过离心粗细分级，将瓦斯尘/泥颗粒分为粗粒低锌部分（底流）和细粒高锌部分（溢流）两种产品，达到实现铁、锌分离的目的。

高炉瓦斯尘/泥旋流器分选一般采用两级旋流分选工艺，第一级旋流器的溢流粒度较细，含锌率最高，经脱水后可外送水泥厂或弃置，其底流经稀释后作为第二级旋流器的进料。第二级旋流器的溢流循环至第一级进料稀释池，其底流粒度较粗，含锌率较低，经过脱水后可作为烧结铁原料。如果原料中锌含量较低，也可采用单级脱锌工艺，则旋流器溢流产品经脱水后直接外送水泥厂或弃置，而底流产品经脱水后直接送烧结厂作为烧结炼铁原料。

高炉瓦斯尘/泥旋流器分选的脱锌效果和铁回收率，除与主设备旋流器的结构参数有关外，还与操作的工艺条件、瓦斯尘/泥的浓度、瓦斯尘/泥的搅拌和输送等诸多因素有关。

C 旋流器分选工艺的优点及应用

与其他分选脱锌工艺相比，旋流器分选工艺具有工艺简单、维修方便、设备投资少、运行成本低、没有二次污染等优点，因而受到普遍关注。

1993 年荷兰 Hoogoven 公司与英国钢铁公司、国际著名水力旋流器制造商 Mozley 合作建造了第一套高炉瓦斯尘/泥旋流器分选脱锌系统，年处理量 14000t，瓦斯尘/泥铁回收率达到 70% ~80%，其后，美国 Bethlehen 钢铁公司、韩国浦项、中国台湾中钢集团、中国宝钢先后建立了类似的瓦斯尘/泥旋流脱锌系统。

D 常规选矿方法

胡永平等采用浮选-螺旋粗选-摇床精选工艺流程处理济南钢铁集团总公司的高炉瓦斯尘/泥。用煤油（或轻柴油）作捕收剂，2 号油（或杂醇）作起泡剂，在入料含碳 16.85% 情况下浮选，可获得含碳 80.49% 的碳精矿产品，回收率 49.81%；浮选尾矿经过螺旋溜槽粗选、摇床精选，铁精矿品位由瓦斯尘/泥中的 37.49% 提高到 60%，回收率 45%。

于留春等以上海梅山钢铁股份有限公司高炉瓦斯尘/泥为原料，采用弱磁-强磁选工艺的实验室试验，研究获得较好的经济技术指标：铁精矿品位从 35.07% 提高到 50.92%，提高了 15.85%，产率 62.77%，回收率 91.14%，尾矿品位降到 8.34%；锌从 7.74% 富集到 13.92%，提高 6.18%，脱锌率达 66.98%[322]。

7.2.3.3 宝钢 1 号高炉瓦斯泥脱锌工程实践[323]

A 概况

宝钢为了发挥瓦斯泥二次资源的综合效益，将瓦斯泥作为炼铁原料回收利用，借鉴国外先进经验，在 1 号高炉（简称 1BF）瓦斯泥旋流器分选脱锌试验研究成功基础上，2004 年上马了旋流器分选脱锌工业生产工程。项目于 2006 年 6 月投产，使该部分资源得到有效利用，宝钢在废弃物综合利用方面又迈出了可喜的一步，并为国内大型钢铁企业瓦斯泥旋流器分选脱锌提供了可借鉴的样板工程。

B　原料组成及特性

原料瓦斯泥的化学成分见表7-15，颗粒粒级分布与含锌量情况见表7-16。

表7-15　宝钢1BF瓦斯泥化学成分　(%)

成　分	TFe	Zn	C	SiO_2	CaO	S	Al_2O_3	P_2O_5
含　量	45～49	0.50～1.14	21～23	3～5	2～4	0.3～0.4	2～5	0.1～0.2

表7-16　瓦斯泥颗粒粒级分布与含锌量

筛目/目	粒径分档/μm	含锌量/%
+200	>76	0.142
-200 +300	76～50	0.188
-300 +500	50～30	0.115
-500 + MXW795	30～10	0.126
- MXW795H	≤10	1.463

C　现场中试试验结果

以将瓦斯泥中含锌量控制在平均0.15%以下为目标，采用英国AXSIA MOZLEY公司的旋流器，进行了几种不同规格和部件组合条件的旋流器脱锌试验。试验采用一级旋流分选脱锌工艺，试验结果如下：

（1）试验所采用的水力旋流器可以将高炉瓦斯泥进行一定程度的粗细粒分级，底流为粗粒低锌产品，可以作为炼铁原料回收。在保证脱锌率70%时，瓦斯泥铁回收率可达到60%以上。

（2）除瓦斯泥本身特性受实际生产情况限定外，其他可以人为控制的影响分选效果的设备与工艺参数，按其重要性大小依次排序为：溢流口直径和底流口直径比、溢流口直径、底流口直径、旋流器（柱体段）直径、泥浆浓度、入口压力；旋流器柱体段长度对瓦斯泥脱锌效果的影响很小。

（3）在试验研究范围内，瓦斯泥的脱锌率随着溢流管直径的增大而降低，随底流管直径和压力的增大而提高。

D　实际工艺流程

1BF煤气洗涤水系统瓦斯泥平均产生量为30m^3/h（泥浆浓度在25%左右，密度为1220kg/m^3），虽然现场中试采用一级旋流分选即可以满足脱锌率70%和污泥回收率60%以上的要求，但是由于生产中受高炉原料和喷煤量影响，瓦斯泥中含锌量波动较大，为确保项目取得预期的脱锌效果，工程设计中采用了二级旋流分离，具体工艺流程如图7-8所示。

E　工程实施中的几个关键问题

a　水力旋流器的选型

水力旋流器是瓦斯泥旋流分选脱锌系统中的关键设备，其选型的正确与否直接影响到脱锌效果，而瓦斯泥成分以及含锌量与颗粒粒径的分布关系是决定旋流分离器选型的重要

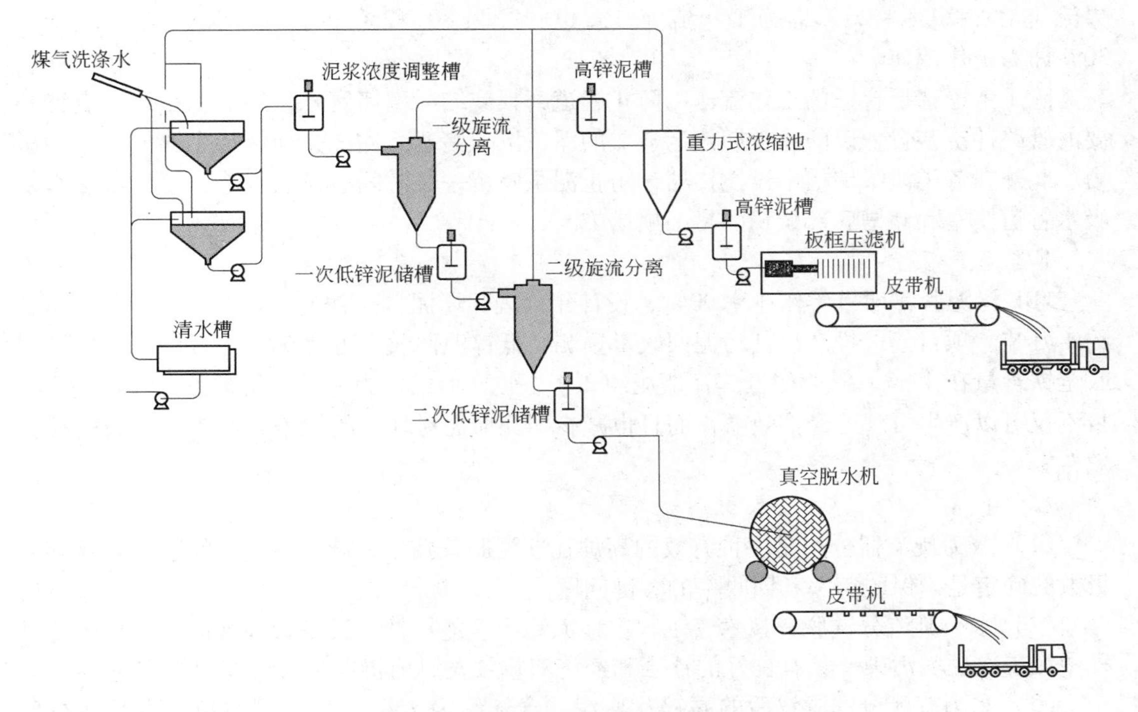

图 7-8 瓦斯泥脱锌具体工艺流程图

因素。因此在水力旋流器选型前必须进行瓦斯泥成分和粒径分析，而且，采用实际样品进行分选中试是设备选型前必不可少的环节。一般来说，瓦斯泥物料颗粒越细，其选用的旋流器筒体直径越小，相应的旋流器溢流口和底流口的口径也越小。

b 泥浆浓度在线检测与调整

泥浆浓度是决定脱锌效率和回收率指标关系的一个重要参数，只有泥浆浓度合适，才能在保证脱锌率的同时，最大限度地回收低锌污泥，实现经济效益最大化。由于煤气洗涤水系统沉淀池底部排出的泥浆浓度较高，必须经过调整后，才能进入水力旋流器进行分离。沉淀池底部排出的污泥浓度约25%～35%。目前，市场上还没有相应的矿浆浓度在线检测仪表供应。但是，基于含相同溶质的液体浓度和密度存在一定的对应关系，可以通过检测泥浆密度间接得出泥浆的浓度，从而解决泥浆浓度检测的问题。

c 管道系统磨损和堵塞问题

合适的工作流速既可以使管道的磨损降低到最小限度，同时也可以防止管道结垢和淤积。瓦斯泥中主要为氧化铁和 SiO_2 等细小坚硬物，同时含有 CaO、MgO 易结垢物质，在泥浆管道输送中如果工作流速过大，对金属管道的冲击和磨损比较强；如果流速太小或停留一定的时间，又会出现管内沉积和结垢现象，且结垢非常坚硬，因此流速选择尤为重要。

在选择浆体流速时，首先必须根据固体密度、颗粒、浓度、管径等因素确定临界流速（固体颗粒在输送管道中保持悬浮状态而不产生滑动层和淤积层的最低流速）。临界流速一般根据物料性质由试验确定，本工程参照宝钢 OG 泥临界流速经验公式进行计算。

计算确定临界流速后，根据管道管径大小选择工作流速。管道管径不超过 80mm，临界流速增加20%～25%即为工作流速；管道管径为80～250mm，临界流速增加25%～30%即为工作流速。

除了考虑选择合适的工作流速以防止管道磨损或结垢型堵塞外，还需在系统中设置必要的管路冲洗装置，以防止长期停运造成的泥浆沉积堵塞。冲洗必须保持足够的水量和压力。此外在各类泥浆储槽中设搅拌器，防止泥浆停留一段时间后自然沉降，也是消除水泵吸水管道堵塞和储槽底部淤积的另一项措施。

F　经济效益

1BF污泥脱锌项目年作业率90%，设计年处理瓦斯泥（干泥）5万吨，实际年处理量约4万吨。项目建成投产后其污泥回收量预测：低锌泥回收率可达60%～70%，全年可回收全铁含量在45%～55%的低锌瓦斯泥约2.4万吨，可以作为炼铁原料资源。因此，该项目不仅可以产生可观的经济效益，而且也减少了瓦斯泥对环境的污染，产生了积极的社会效益。

G　小结

（1）水力旋流器分选是一种有效的高炉瓦斯泥脱锌技术，旋流器规格的选型以及分离级数的确定是确保脱锌率和回收率的关键问题。

（2）水力旋流分选脱锌技术，工程占地面积小、能耗低、设备管理维护简单，运行过程中无二次环境污染，具有良好的社会和经济双重效益，值得在钢铁行业中推广应用。

（3）水力旋流分选脱锌后的高锌瓦斯泥，含锌约为2%～3%，同时还含有其他有色金属，具有一定的回收利用价值。日本、欧美等国家和地区已采用高温直接还原工艺处理钢铁企业含锌含铁尘泥，提炼有色金属锌，并生产含铁金属球团，实现了含锌铁尘泥资源真正意义上的循环利用。宝钢正在积极筹划实施含锌铁尘泥直接还原处理工程，回收富锌粉尘并生产金属化球团，将综合利用技术在深度和广度上再提升一步。

7.2.4　钢渣分选回收利用技术及实践

7.2.4.1　钢渣组成及其资源价值

钢渣作为炼钢产出的副产物，其组成成分主要来源于以下几个方面：

（1）部分粗炼或精炼的金属氧化生成的氧化物，如氧化精炼中生产的FeO、Fe_2O_3、TiO_2、P_2O_5等。

（2）冶炼矿石的脉石成分，这些脉石在炼钢过程中未被还原，具体为SiO_2、Al_2O_3、CaO等。

（3）被侵蚀和剥离下来的炉衬材料，如在碱性炼钢时，炉衬材料侵蚀导致渣中含MgO。

（4）炼钢过程加入的熔剂，如CaO、SiO_2、CaF_2等。

钢渣的主要有用成分是铁，它主要以金属形式存在，采用磁选即可将其与其他脉石成分分开；其次，钢渣中CaO、MgO等熔剂成分含量高，可以作为高炉熔剂利用；另外，钢渣可以作为硅酸盐材料整体利用，作为道路用集料、路用混合料与工程回填材料。

7.2.4.2　钢渣的排渣及预处理工艺

炼钢过程中的排渣工艺，不仅影响到钢渣技术的发展，也与钢渣的综合利用密切相关。目前，炼钢过程中的排渣及预处理工艺主要有：热焖法、水淬法、风淬法、热泼法、浅盘热泼法及滚筒法等[324,325]。

以上工艺方法各有优缺点，其中风淬法、水淬法和滚筒法处理工艺对钢渣流动性要求较严，需要配备其他处理工艺才能100%处理热态钢渣；热泼法、浅盘法工艺简单，处理能力大，但是在环保和处理效果方面还需要改进；热焖法处理兼顾了钢渣性能和环保要求，但是投资成本和处理能力方面还有待改进。

近年来，我国钢渣处理企业逐渐普遍采用成熟的滚筒法工艺。

7.2.4.3 钢渣分选回收废钢和钢粒技术

钢渣中一般含有7%～8%的废钢，经破碎、磁选、筛分等分选工艺，可回收90%以上的废钢及部分磁选氧化物，典型钢渣的分选处理工艺流程见图7-9。所得磁选渣可直接作为炼钢、烧结原料，也可进一步通过粉磨、磁选等加工工序，生产具有高附加值的铁精粉、粒钢等；而非磁性钢渣则可加工成钢渣微粉用作建筑原料。

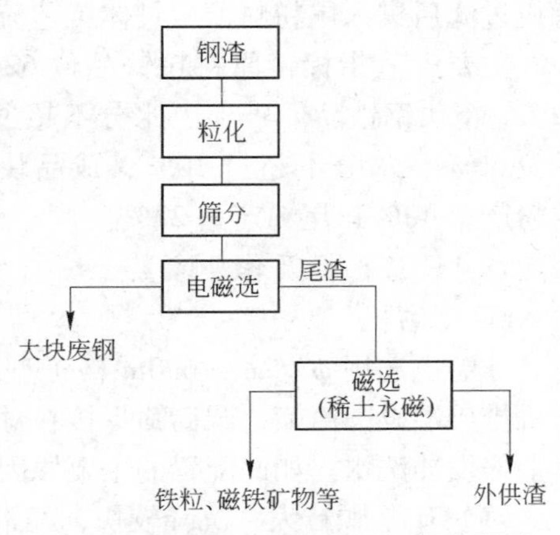

图7-9 典型钢渣分选处理工艺流程图

7.2.4.4 鞍钢钢渣分选的回收实践[326]

A 概况

鞍钢建立了一座240万吨/年钢渣磁选厂，每年除产出合格精矿产品外，还产出粒铁与磁选铁粉两种中矿产品。其中粒铁10万吨左右，铁品位60%～65%，因碱度波动大，返回高炉冶炼利用存在一定困难；磁选铁粉含铁50%～60%，不能直接作为高炉生产原料，只能作为烧渣球团添加料，返回烧结使用，但利用率低。

在系统的试验研究基础上，钢渣磁选厂于2004年、2008年分别设计建成了两条中矿产品再磨再选生产线，将铁矿选矿厂生产经验与技术革新成果融入设计之中，使精块钢与精粉铁品位明显提高，生产线投料试车一次成功，设计能力和指标均达到了设计要求，取得了较好的经济效益。

B 原料性质

鞍钢原始钢渣含铁量10%～12%时，真实密度一般为3.1～3.6g/cm^3，受成分和粒度影响，实际密度一般为1.6～2.26g/cm^3，为便于后续加工的粉尘控制，钢渣含水量一般控制在5%～6%范围内。钢渣抗压性能好，压碎值20.4%～30.8%，但由于钢渣结构致密，较难磨，易磨指数0.7。

钢渣磁选中矿产品的多元素化学分析结果见表7-17。从表中可见，铁品位41.80%，二氧化硅、氧化钙、氧化镁含量较高。

表7-17 钢渣磁选中矿产品多元素化学分析结果 (%)

成 分	TFe	SiO_2	CaO	MgO	Al_2O_3	MnO	S	P	烧 失
含 量	41.80	21.25	13.16	13.10	3.95	0.63	0.20	0.21	8.25

C 选矿工艺流程及设计技术指标

根据试验结果并结合鞍钢生产实际，采用如下选矿生产工艺流程：钢渣先用球磨机进一步细磨，球磨排料经圆筒筛分成筛上和筛下两个产品；筛上产品经磁滑轮分选出块钢和尾渣，块钢经烘干机烘干后，含水量降至2%以下，作为块钢成品；尾渣返回再磨，筛下产品由螺旋分级机分选出溢流和返砂，返砂通过皮带运输进入精粉粉料槽，溢流经泵送至浓缩机，浓缩机底流经过滤机过滤后进入尾粉料槽。具体工艺流程见图7-10。

主要工艺指标：原料粒铁品位62%；磁粉品位42%；精块钢铁品位90%，水分不超过2%；精粉铁品位60%，水分不超过10%；成品块钢产率33%；精粉产率40%；尾粉产率27%。

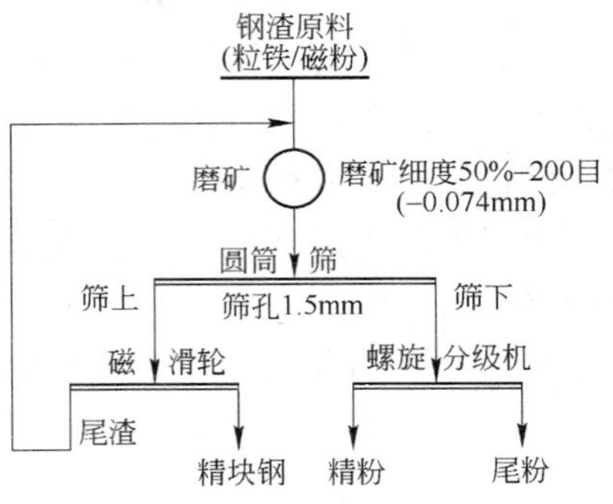

图7-10　钢渣试样选铁工艺流程

D　设备选择及作业参数

a　球磨机

球磨机选用ϕ3.2m×6.0m格子型球磨机，球磨机与圆筒筛配套形成一段开路磨矿，磨机排矿端设圆筒筛，圆筒筛焊接在球磨机的中空轴上与球磨机同步运转，筛孔1.5mm；筛上部设冲洗水。如此配置的主要原因是：

（1）矿浆颗粒大，沉降较快，经常堵塞管道，无法用泵进行输送；

（2）圆筒筛结构简单、节能、效果显著；

（3）筛上部设冲洗水洁净筛上部分，提高了产品含铁量。

正常生产中，球磨机钢球介质充填率30%，处理能力40t/h。

b　选别设备

选别系统采用了粗细分选、磁选和重选联合选别工艺流程，避免了非磁性或弱磁性的物料流失，使物料回收更充分、更彻底。

圆筒筛筛上部分成分以金属铁为主，采用磁滑轮选别。磁滑轮结构简单，直接安装在带式输送机的头部，既是选别设备又作传动设备；圆筒筛筛下部分采用螺旋分级机选别，不仅解决了产品的输送问题，而且通过控制分级机上方冲洗水量的大小，可以控制分级机溢流量的多少，进而控制分级机的返砂品位，从而使品位合格的分级机返砂作为最终成品输出。

c　产品脱水及干燥

最终产品有3种：精块钢、精铁粉、尾粉。精块钢作为炼钢原料，要求含水量小于2%，其干燥采用煤气发生烘干系统。精铁粉含水量要求小于10%，设计采用带式过滤机脱水。但是实际生产中因资金问题，采用自然晾晒，占地面积大，而且冬季难以达标。尾粉含水量要求小于10%。一期工程采用内滤机过滤效果不好，二期工程采用压滤机过滤，达到了生产要求。

E　小结

（1）通过选矿试验并结合鞍钢生产实际，创造性提出了一段磨矿—粗细分选—磁重联合分选工艺流程处理钢渣磁性产品。工艺流程简单合理，对原料适应性强，工艺指标稳定，选矿成本低，成功解决了鞍钢钢渣处理的关键性技术难题，节约了能源，减少了废物的排放。

（2）选别工艺流程中采用常规通用的选矿设备，易于操作和管理。

（3）精块钢产品价值较高，经济效益显著。

7.3　有色金属冶炼渣的分选处理技术及实践

7.3.1　渣的分类及性质特点

7.3.1.1　渣的来源及分类

有色金属冶炼渣，是指各种有色金属冶炼过程中产出的副产物（传统上称为废渣，但就其资源价值来说，称为副产物更确切）。根据冶炼提取的目标金属不同，可分为铜冶炼渣、锌冶炼渣、铅冶炼渣、镍冶炼渣、锡冶炼渣等。根据冶炼工艺不同，则分为火法冶炼渣和湿法冶炼渣两大类：

（1）火法冶炼渣。是矿石/精矿原料熔炼或焙烧挥发等火法冶炼过程中产出的渣，具体按照冶炼设备不同，又分为反射炉渣、鼓风炉渣、闪速炉渣、电炉渣、烟化炉渣、回转窑渣等。火法冶炼渣的组分主要来自矿石、熔剂和燃料灰分中的造渣成分。火法冶炼原料、方法各异，种类繁多，因此，冶炼渣的成分非常复杂，但都属于各种氧化物的共熔体。

（2）湿法冶炼渣。是冶炼原料浸出净化处理时产出的残渣或除杂沉淀渣，典型的渣料有铝冶炼产生的赤泥，锌冶炼产出的铅银渣、针铁矿渣、黄钾铁矾渣，金矿氰化浸出产出的氰化渣等。湿法冶炼渣中一般都含有少量重金属离子，如 Pb、Zn、Cu、Cd、As、Hg 等。

7.3.1.2　渣的组成特征

A　化学成分特征

有色金属冶炼渣的组分主要来源于原生矿石原料的脉石矿物及伴生组分，冶炼过程加入的熔剂、浸出剂等。必须指出的是，渣中往往含有一定量的有用金属组分，尤其是原生矿石中伴生的稀贵金属组分。

B　矿物组成特征

冶炼渣的矿物组分，除了与原生矿石中的矿物组成有关外，更主要的是在冶炼过程中，经过复杂的物理化学反应生成的新矿物，尤其是高温熔炼过程中矿石成分和造渣熔剂组分相互反应，形成氧化物的共熔体，冷却后成为玻璃相。

7.3.2　有色冶炼渣的资源价值及其实现方式

7.3.2.1　有色冶炼渣的资源价值

有色冶炼渣的资源利用价值主要体现在以下两个方面：

（1）受冶炼技术经济条件限制，渣中往往还含有一定量的有价金属成分，尤其是我国有色金属矿床大多为复杂多金属矿，原料精矿中往往还有其他有价金属，特别是稀贵金属含量较高，具有较大的回收利用价值。

（2）冶炼渣，尤其是火法冶炼渣，主体成分主要是铁、硅、钙、镁、铝的氧化物，高温熔炼后各成分呈现原子级混合，为一种环境安全的稳态渣，可作为建筑材料使用。

7.3.2.2　有色冶炼渣的处理利用原则

有色冶炼渣处理利用应遵循如下基本原则：

（1）有色冶炼渣是一种宝贵的资源，应该强调各成分的综合回收利用。

（2）在现有技术条件可能的情况下，应优先回收利用其中的有价金属。

（3）处理技术应经济、节能，对环境二次污染少。

（4）渣量尽可能少，最好是可作为建筑材料使用的稳态渣。

7.3.2.3　有色冶炼渣回收有价金属的方法

由于有色冶炼渣的来源、性质及有价金属存在的形态多样，因此从中回收有价金属的方法也不同，常用的方法有如下几种：

（1）浮选法。采用浮选药剂将其中疏水性好的有价金属组分分离出来，得到符合冶炼要求的精矿产品。

（2）硫化造锍法。在高温熔融状态下，借助硫化剂使炉渣中的铜、钴、镍等重金属和部分铁形成低熔点的冰铜，使之从渣中分离出来加以回收。

（3）浸出法。借助于各种无机酸、碱等溶剂从渣中提取可溶成分，并加以回收利用。

（4）烟化法。利用铅、锌、锡等金属及其化合物挥发性强的特点，将含这些金属的废渣在回转窑或烟化炉中加热熔炼，并形成合适的气氛，使其中铅、锌、锡等挥发性金属以合适的形态挥发进入烟气，然后从烟气中捕集回收。

7.3.3　冶炼渣的分选回收技术

7.3.3.1　概况

自20世纪60年代芬兰奥托昆普公司采用浮选法替代电炉贫化法，处理闪速熔炼渣、吹炼渣回收铜以来，选矿技术，尤其是浮选技术越来越广泛地用于各种冶炼渣的处理。

A　浮选法处理有色冶炼渣的优点

浮选法一般在弱碱、中性或弱酸性介质、常温常压条件下进行，与常规的冶炼处理工艺相比，无论是有价金属的回收率、能耗、投资运营成本，还是环境保护方面均有明显的优势，具体如下：

（1）可以处理不适于直接冶炼的渣，通过浮选可以得到符合冶炼要求的精矿产品，为综合回收其中的有价成分提供条件。如锌的酸性浸出渣经浮选富集后，含银品位可从300g/t 富集到6000g/t。

（2）采用浮选取代某些冶炼富集过程，可以明显提高金属的回收率。如浮选处理铜闪速炉熔炼渣、电炉熔炼渣、转炉吹炼渣，尾矿中含铜量远低于熔炼贫化渣的含铜量，铜回收率提高20%以上。

（3）浮选作业能耗低。

（4）浮选厂基建投资与设备维护费用低。由于浮选设备不用特殊防腐或特殊材质，一般采用普通钢材即可。因此，基建投资与设备维护费用明显低于冶炼处理。

（5）产生的污染物少，环境更友好。浮选过程不产生废气，二次渣料集中，且基本不改变原来渣中组分的稳定性，只要解决好浮选废水的处理与循环利用问题，即可将环境污染降到最低程度。

B　有色冶炼渣浮选处理的注意事项

（1）浮选法处理冶炼渣，渣中能被回收的成分主要是呈疏水性的金属、硫化物、硒化物等。在冶炼时，应注意使欲分选的成分转化为上述形态或在整个冶炼过程中维持上述形态。

（2）渣中有价金属的嵌布特征及粒度是影响浮选效果的关键因素。湿法冶炼中间物料或弃渣，有价金属的嵌布状态及粒度主要取决于冶炼原料，一般适宜于浮选处理。火法冶炼渣，如有价金属成分以固溶或极度分散状态嵌布在难浮脉石矿物中，则难以采用浮选富集回收；必须在熔渣冷却过程中采取合理措施促使有价金属成分结晶、晶体颗粒生长到合适粒度，从而便于浮选回收。

（3）尾矿水的综合平衡。火法冶炼渣，由于其中含有的水溶性物质较少，浮选尾水和矿石浮选的尾矿水性质几乎相同，此种浮选尾矿水无论从环境保护、节约用水和浮选药剂等任一方面考虑，都应当返回利用。湿法冶炼渣含有大量的水溶性盐类和酸、碱，其浮选废水的回收利用，事先必须通过严格的试验和测定。

7.3.3.2 炼铜炉渣的浮选技术[327~329]

A 炼铜炉渣的性质

炼铜炉渣是高温火法炼铜过程的副产物，实际上是一种“人造铜矿石”。一般为黑色致密块状，虽然冶炼工艺不同，但炉渣成分基本相似，其典型的化学成分见表7-18。

表7-18 铜火法冶炼炉渣典型化学成分 （%）

渣类型	Cu	Fe	SiO_2	CaO	MgO	Al_2O_3	S	Co	Ni	Zn	Pb	Ag	冶炼厂	文献出处
转炉渣	6.78~9.60	39.03~48.40	20.12~27.00				1.41~1.46						贵溪冶炼厂	[330]
转炉/电炉渣	2.72	38.43	29.74	1.80	0.93	3.92	0.72	—		1.06	0.83		贵溪冶炼厂	[331]
诺兰达炉渣	4.57	42.14	23.38	5.25	2.74	2.52	1.71	0.031		0.57	0.09		大冶有色金属公司	[332]
转炉渣	1.74	49.45	24.02	—	—	0.93	0.52	—		2.44	0.58	8.33	金峰铜业公司	[333]
白银炉渣	5.24	37.12	28.10	2.58	0.43	1.31	1.60					64.74	白银公司冶炼厂	[329]
闪炼炉渣	1.2	41	29	2.5	1.61	3.2	0.47		0.03	2.5	0.6		Ronnskar冶炼厂	[334]
电炉渣	1.3	30.0	31.0	3.0	0.93	2.9	0.98		0.07	8.9	1.8		Ronnskar冶炼厂	[334]
转炉渣	2.64	47.2	18.21	—	—	—	1.3	0.095	0.065	0.67	0.13		Blacksea冶炼厂（土耳其）	[335]

注：1.“—”表示没有分析测定数据；2. Ag的单位为g/t。

炼铜炉渣中主要矿物成分有铜硫化物、磁铁矿、金属铜、硅酸盐类矿物和玻璃体等，硅酸盐类矿物以橄榄石为主，辉石次之，铁橄榄石和磁铁矿占渣量的90%以上。渣中铜硫化物和金属铜是综合回收的主要目标矿物。炼铜炉渣能否浮选回收铜，关键在于熔融渣冷却过程中，硫化铜结晶和金属铜的聚粒是否达到了适于浮选的晶粒粒度。一般来说，可选铜渣中铜矿物粒度为10~50μm，大者可达50~200μm。

炼铜炉渣的性质特点为：（1）炉渣性质主要受冷却速度影响，进而影响炉渣的浮选效

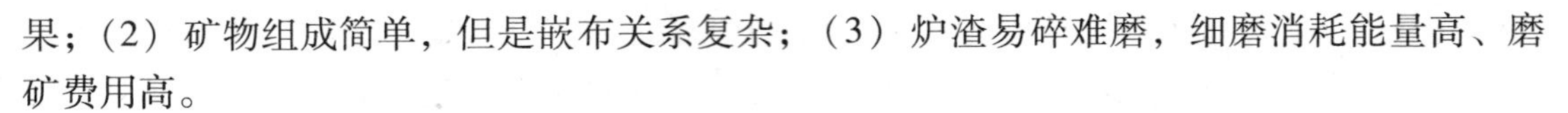

果；（2）矿物组成简单，但是嵌布关系复杂；（3）炉渣易碎难磨，细磨消耗能量高、磨矿费用高。

B　熔渣的冷却与破碎

由于铜矿物粒度大小决定浮选效果，而铜矿物的粒度大小又取决于熔渣冷却过程；熔融渣中铜及其硫化物与其他成分之间几乎完全固溶，如采取水淬骤冷，铜及其硫化物几乎没有结晶聚粒，粒度将很细，相反如采取缓冷，铜及其硫化物可以通过结晶聚粒长大，形成足以浮选回收的矿物颗粒；因此，从最大限度提高浮选回收率出发，炼铜炉渣宜采取缓冷处理。

在工厂生产中，炉渣缓冷是利用不同容积的铸模、地坑或渣包等，在空气中自然冷却，也可缓冷至一定温度后再水淬急冷。

炼铜炉渣的破碎工艺流程主要有两种：一种是与普通矿石类似，根据渣块大小采用二段或三段破碎，所用破碎设备也与天然矿石的相同，第一段采用颚式破碎机或捣碎机，二、三段分别用标准型和短头型圆锥破碎机或颚式破碎机；另一种则是粗碎后直接半自磨（自磨），与传统的多段破碎机或球磨机/棒磨机组成的破碎流程相比，自磨（半自磨）流程明显节能，20 世纪 80 年代后期在炉渣选矿厂普遍应用。

炼铜炉渣破碎至最终粒度后，有些选矿厂设置磁选作业，将渣中粗粒高品位金属铜、白冰铜作为非磁性产品预先选出，以保证浮选给矿品位的稳定。

C　磨浮工艺

由于炼铜炉渣中铜矿物嵌布粗细不均的特点，炼铜炉渣一般采用阶段磨矿/阶段浮选的磨浮工艺流程，并于磨矿回路中设立中间浮选作业，直接产出高品位铜精矿。其中第一段磨矿普遍采用半自磨（自磨），浮选作业制度一般为：矿浆浓度 30% ~60%，pH =8 ~9，Z-200、乙基黄药作捕收剂，2 号油作起泡剂，中间浮选时间 1 ~4min，粗、扫、精选时间 15 ~20min。

D　炼铜炉渣选矿的技术要点

根据国内外的生产实践经验，人们总结得到炼铜炉渣浮选的 6 个技术要点：（1）渣缓冷处理；（2）多碎少磨；（3）浮磁结合；（4）较充分的单体解离；（5）第一段磨矿后快速中间浮选；（6）较高浮选浓度。

7.3.3.3　锌浸出渣回收银浮选技术

A　锌浸出渣的组成及性质

目前，世界上大约 80% 的锌由湿法冶炼生产，浸出渣的组成根据浸出工艺及强度（以终点酸度为标志）不同而不同，常见浸出渣的种类及化学成分见表 7-19[327,336,337]。由表中成分可知，中性/弱酸浸出渣由于铁酸锌未浸出，锌含量较高，铅、银含量较低，而热酸浸出渣锌含量较低，铅、银含量明显高于中性/弱酸浸出渣。由于绝大部分银富集于浸出渣中，因此渣中银具有较高的回收价值。

由于经历了多次粉碎细磨及浸出作业，浸出渣粒度极细，-0.074mm 粒级含量约 90%；银 90% 以上分布在 -0.074mm 粒级颗粒中，主要以疏水性较强的硫化银及自然银形式存在，少部分则以氧化银、氯化银、硫酸银、硅酸银以及银铁矾等化合物形态存在；浸出渣中铅则主要以硫酸铅、铅铁矾形式存在。

表 7-19 不同类型锌浸出渣的化学成分 (%)

渣类型	Zn	Cu	Pb	Fe	S_T	Cd	Sb	SiO_2	Ag	Au	厂家
中性/弱酸浸出渣	20.38	0.73	3.18	21.14	5.47		0.21	8.88	200~400	0.2	株冶
弱酸浸出渣	19.25	0.94	2.67	23.21	6.27	0.28	0.03	6.60	143		云铜锌业
热酸浸出渣	4.63	3.57(Sn)	20.64	3.58		0.37(As)	1.44	10.56	2030.3		来宾冶炼厂
热酸浸出渣	8.73	—	9.09	22.22	7.92			24.24	187		西北冶炼厂
超酸浸出渣	4.1	0.14	17.4	8.8	12.5			21.28	1320		巴伦冶炼厂

注：Ag、Au 的单位为 g/t。

B 浮选工艺及药剂

由于锌浸出渣中的银主要以易浮的硫化银和自然银形式存在，因此，浮选采用常规的硫化矿浮选工艺即可，常用的捕收剂为黄药、黑药、烃基二硫化甲酸盐等，起泡剂为二号油等，活化剂为 Na_2S 等。

浸出渣中铅浮选回收一般采用两种方法：一是用硫化钠将铅矾硫化，然后以黄药或黑药为捕收剂，与银一起浮选回收；二是用烷基磺酸盐直接浮选铅矾。国外典型的锌浸出渣浮选生产所采用的浮选药剂与技术指标情况见表 7-20[338]。

表 7-20 典型锌浸出渣浮选生产的药剂与技术指标情况

冶炼厂	浸出渣情况	浮选药剂及工艺制度	精矿质量	Ag 回收率/%
比利时巴伦厂	热酸浸出渣 Ag 1.5~2.0kg/t，Pb 19.42%，Au 4.8g/t，S 3.2%	银捕收剂：硫逐氨基异丙基乙酯（30~45g/t），242 号浮选剂 10g/t，温度 50~60℃	Ag 10~15kg/t，Pb 8%~10%，Au 30~40g/t，S 38%~40%	90
		铅捕收剂：双烷基硫酸盐（7~10kg/t）	精矿含 Pb 50%~60%，Ag 200~2000g/t，Au 2g/t	75~80
意大利维威埃厂	Ag 1064g/t，Pb 15.53%，S 15.2%	捕收剂：二硫代磷酸盐	Ag 3~4kg/t，Pb 6%~7%，Au 9g/t，Zn 9%~11%	
日本秋田炼锌厂	Ag 215g/t	捕收剂：巯基苯并噻唑 350g/t	Ag 4150g/t，Au 8.98g/t	75~80

7.3.4 有色冶炼渣选矿回收生产实践

7.3.4.1 贵州冶炼厂铜炉渣的选矿生产实践

A 概况

贵溪冶炼厂是 20 世纪 80 年代成套引进国外先进闪速炼铜技术和设备的大型冶炼厂，为了回收转炉渣中的铜，当年与冶炼主系统同步建成了我国第一座完整的铜转炉渣选矿厂，生产规模为 300t/d。此后，随着冶炼主系统的扩产与工艺技术改造，炉渣选矿厂先后进行了两次扩建及多次技术改造，原料从转炉渣扩大至电炉渣，生产规模达到 3100t/d，技术经济指标一直处在较高水平（见表 7-21），取得了良好的经济效益。

表 7-21　贵溪冶炼厂炉渣选矿历年生产技术经济指标

年　份	处理能力/$t \cdot d^{-1}$	原矿品位/%	精矿品位/%	回收率/%	尾矿品位/%
一期设计	300	4.50	30.0	92.0	0.40
1986		3.83	30.08	91.26	0.38
1988		5.53	31.86	94.38	0.37
1990		6.02	34.86	95.00	0.36
1992		6.60	32.26	95.24	0.39
1994		6.45	30.76	94.53	0.44
1996		6.26	29.04	94.01	0.47
1998		7.79	27.29	92.26	0.82
二期设计	600	6.50	28.00	93.37	0.55
2000(6 月)		5.60	28.60	93.0	0.48
2005		2.72			
三期设计	3100				
2006(10 月)		2.72	26.29		0.34

B　炉渣性质

a　转炉渣[330,339]

贵溪冶炼厂采用闪速熔炼-转炉吹炼工艺生产粗铜，即铜精矿经闪速熔炼成冰铜，冰铜再经转炉吹炼产出粗铜，并产生转炉渣。炉渣选矿厂最初处理的原料就是转炉渣，具体包括铸渣机浇铸而成的渣锭，及倒出渣后还挂在渣包子内壁和底部的渣包壳。

转炉渣一般为黑色致密块状，性脆坚硬，与一般铜矿石相比密度大、硬度大、易碎难磨、细磨更难。渣中主要成分是铁和硅，主要矿物成分有磁铁矿、铁橄榄石、石英和冰铜。铜矿物主要以硫化铜、金属铜形式存在，其次是氧化亚铜、氧化铜和铁酸铜。主要铜矿物的嵌布特征情况如下：

（1）金属铜。常呈圆粒状、椭圆粒状产出，部分为不规则状，粒度变化范围比较大，一般为 0.01～0.06mm。粒度大于 0.04mm 的金属铜大多以单体形式出现，而微细粒者通常呈包裹体嵌布在脉石矿物中。

（2）辉铜矿。分布较广泛，约占硫化铜矿物的 80%，常为不规则粒状，而且多以单体颗粒产出，粒度细小者在 0.01mm 左右，粗者可达 0.15mm，一般为 0.02～0.14mm。部分辉铜矿中可见微细粒黄铜矿残余分布。

（3）斑铜矿。含量较少，浅紫色，部分微带蓝色，多呈单体出现，粒度为0.02～0.08mm。

（4）黄铜矿。微量，不规则粒状，粒度通常较为细小，一般为 0.01～0.06mm，沿其边缘常有辉铜矿、斑铜矿镶嵌，部分呈微细粒星散状嵌布在脉石中。

转炉渣组成及性质与冶炼铜精矿成分及操作条件有关，转炉渣历年化学成分和铜物相组成分别见表 7-22 和表 7-23。

表 7-22 贵溪冶炼厂转炉渣主要化学成分 (%)

项 目	Cu	S	Fe	SiO_2
一 期	4.5～5.8	1.2	47～49	21～23
二 期	5.5～8.0	1.2	41～43	25～27

表 7-23 1986～1998 年贵溪冶炼厂转炉渣的铜物相组成统计 (%)

年 份	Cu 含量/分布率				
	氧化铜	金属铜	硫化铜	其他铜	总 Cu 量/合计
原设计		0.99/17.18	4.81/82.81		5.8/100
1989	0.26/4.41	0.47/7.98	5.04/85.58	0.12/2.04	5.89/100
1992	0.61/9.16	0.30/4.5	5.51/82.73	0.24/3.60	6.66/100
1994	0.56/7.90	0.41/5.78	5.76/81.24	0.36/5.08	7.09/100
1996	0.53/7.53	2.18/30.97	4.17/59.23	0.16/2.27	7.04/100
1997	0.95/13.09	2.32/31.96	3.65/50.28	0.34/4.68	7.26/100
1998	0.98/13.42	2.46/33.70	3.53/48.36	0.33/4.52	7.30/100

由表 7-22 和表 7-23 可以看出，1996～1997 年冶炼主系统富氧改造和二期工程建成投产后，由于冶炼环节的工艺变化，转炉渣的物质组成发生了明显变化：

（1）炉渣中铜品位明显提高，一期设计渣含铜 4.5%，实际达到 5.5%～8.0%。

（2）炉渣中金属铜和氧化铜含量均较大幅度增加，并出现了铁酸铜相。炉渣中金属铜分布率由 12% 上升到 32% 左右，氧化铜的分布率由 5% 上升到 18%，硫化铜的分布率由 82% 下降至 50%。

（3）铜矿物结晶变细（见表 7-24），给磨选作业带来困难。

表 7-24 不同生产时期转炉渣的粒级组成比较 (%)

粒度/μm	1989 年		1997 年		1999 年	
	产 率	品 位	产 率	品 位	产 率	品 位
+74	55.07	7.30	48.28	6.46	44.39	7.42
-74 +37	20.62	5.90	20.63	10.60	19.29	8.85
-37 +19	13.84	5.84	16.21	8.17	25.79	7.20
-19 +10	2.86	9.84	6.28	7.37	5.23	9.33
-10	7.61	7.07	8.60	7.23	5.30	7.43
合 计	100.0	5.90	100.0	7.57	100.0	7.26

b 电炉渣与混合渣[331]

与转炉渣相比，电炉渣含铜较低，基本上以斑铜矿、方黄铁矿、黄铜矿等铁硫化铜的形式存在，硫化铜的结晶粒度普遍偏细，0.043mm 以下的中细粒累计为 96.56%，小于 0.010mm 的细粒占 33.09%。

三期工程（3100t/d）的原料是电炉渣和转炉渣按 25∶6 配比的混合渣，密度 3.75g/

cm^3。由于电炉渣的数量远多于转炉渣，斑铜矿、方黄铁矿、黄铜矿等硫化铜与辉铜矿、蓝辉铜矿含量相差不大。

混合渣的主要化学成分分析结果见表7-25，铜物相分析结果见表7-26。

表7-25　混合渣主要化学成分分析结果　　（%）

成　分	Cu	Pb	Zn	Fe	S	SiO_2	Al_2O_3	CaO	MgO
含　量	2.72	0.83	1.06	38.42	0.72	29.74	3.92	1.80	0.93

表7-26　混合渣的铜物相分析结果　　（%）

相　别	金属铜	斑铜矿	辉铜矿	磁铁矿包裹铜	硅酸盐包裹铜	合　计
铜含量	1.33	0.46	0.51	0.25	0.17	2.72
分布率	48.90	16.91	18.75	9.19	6.23	100.0

C　一期工程的生产实践[327,340,341]

a　设计工艺流程

一期工程是在无选矿试验资料的情况下，参照日本东予冶炼厂转炉选矿工艺设计，原渣粒度250～0mm，破碎采用二段一闭路流程，粗碎前设手选，选出金属铜，剔除铁体等杂物，破碎最终产品粒度15～0mm，磨浮采取阶段磨矿/阶段选别、中矿再磨再选的单一浮选工艺流程，具体如图7-11所示。其中一段浮选为单槽浮选，二段浮选采取一粗一扫

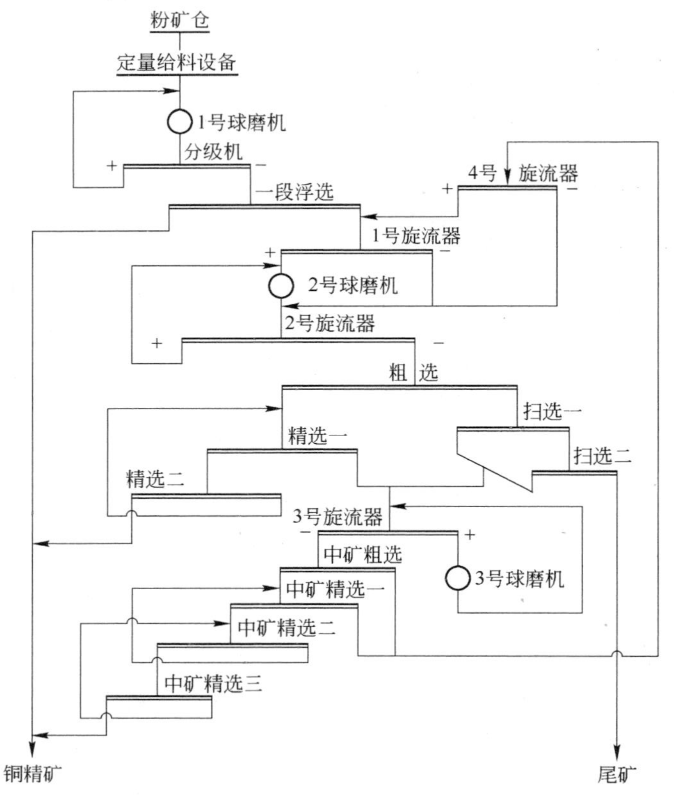

图7-11　一期工程设计磨浮工艺流程图

二精，选得铜精矿Ⅱ和最终尾矿，中矿则再磨再选得铜精矿。

b 磨浮工艺条件

由于转炉渣中铜的嵌布粒度较细，因此，实行高浓度条件下的细磨操作制度：第一段矿浆浓度80%、磨矿细度-0.074mm 55%，第二段矿浆浓度77%、磨矿细度-0.037mm 80%，中矿再磨矿浆浓度73%、磨矿细度-0.025mm 80%。

由于转炉渣性质简单，在细磨单体解离条件下，采用单一浮选流程即可获较好的选别指标，具体作业制度如下：

（1）单槽浮选。第一段闭路磨矿后，设置单槽浮选作业，及时选出已经单体解离的铜矿物，得到品位较高、粒度较粗的铜精矿。

（2）药剂制度。捕收剂采用捕收能力强、选择性好的Z-200，用量250g/t，起泡剂采用松油（90g/t）、pH值不调整。

（3）浮选浓度。在高浓度下浮选，浮选速度快、回收率高、精矿品位高，粗选作业浮选浓度44%，扫选作业浮选浓度45%，精选作业浮选浓度35%。

（4）浮选时间。由于转炉渣粒度细，颗粒与气泡碰撞的概率较低，浮选时间较矿石长，一般约为100min，但主要发生在前30min。

c 主要生产设备

一期工程主要生产设备配置规格见表7-27。

表7-27 一期工程主要生产设备表

编号	作业名称	设备名称	规格	处理能力	功率/kW	备注
1	粗碎	单肘板颚式破碎机	900mm×380mm	50t/h	55	排矿口40mm
2	细碎	液压圆锥破碎机	ϕ15220mm	110t/h	130	排矿口16mm
3	筛分	E-11型椭圆运动单层振动筛	1500mm×3600mm	110t/h	15	橡胶筛面，方型筛口15mm
4	一/二段磨矿	溢流型球磨机	2400mm×2400mm			二段为橡胶衬板
5	中矿再磨	溢流型球磨机	1200mm×4200mm			橡胶衬板
6	分级	单螺旋分选机	ϕ1200mm			
7	分级（1号）	MD-6号旋流器	ϕ150mm	0.316m^3/min		溢流分级80%，通过粒度13μm
8	分级（2号）	MD-9号旋流器	ϕ150mm	0.601m^3/min		37μm
9	分级（3号）	MD-6号旋流器	ϕ150mm	0.196m^3/min		25μm
10	分级（4号）	MD-6号旋流器	ϕ150mm	0.176m^3/min		13μm
11	浮选(粗、扫选)	AG号36阿尔泰浮选机	0.64m^3/槽		5.5（2槽/台）	
12	精选	FW18SP-SUBA法连瓦尔德浮选机	0.68m^3/槽		5.5（2槽/台）	
13	浮选机配套	离心式鼓风机	空气量48m^3/min		22	
14	铜精矿浓缩	中心传动式浓缩机	ϕ800mm(内径)		1.5	槽体深度：四周2800mm，中心3320mm

续表 7-27

编号	作业名称	设 备 名 称	规　格	处理能力	功率/kW	备　注
15	尾矿浓缩	中心传动式浓缩机	ϕ1200mm(内径)		22/1.5	槽体深度：四周 3300mm，中心 4100mm
16	精矿/尾矿过滤	圆筒过滤机	ϕ2400mm × 2440mm	18.4m^2（过滤面积）	1.5/1.5	

d　技术改造措施

1997 年贵溪冶炼主系统富氧改造和二期工程一步建成投产后，由于冶炼环节变化，转炉渣性质发生了显著变化，选矿厂生产技术指标明显恶化，精矿品位下降，尾矿品位上升到 0.7% ~0.97%。

经过磨浮流程考查，确定强化选别的关键措施是提高磨矿细度、强化对氧化铜矿的回收。为此，渣选厂进行了技术改造，改造后工艺流程如图 7-12 所示。

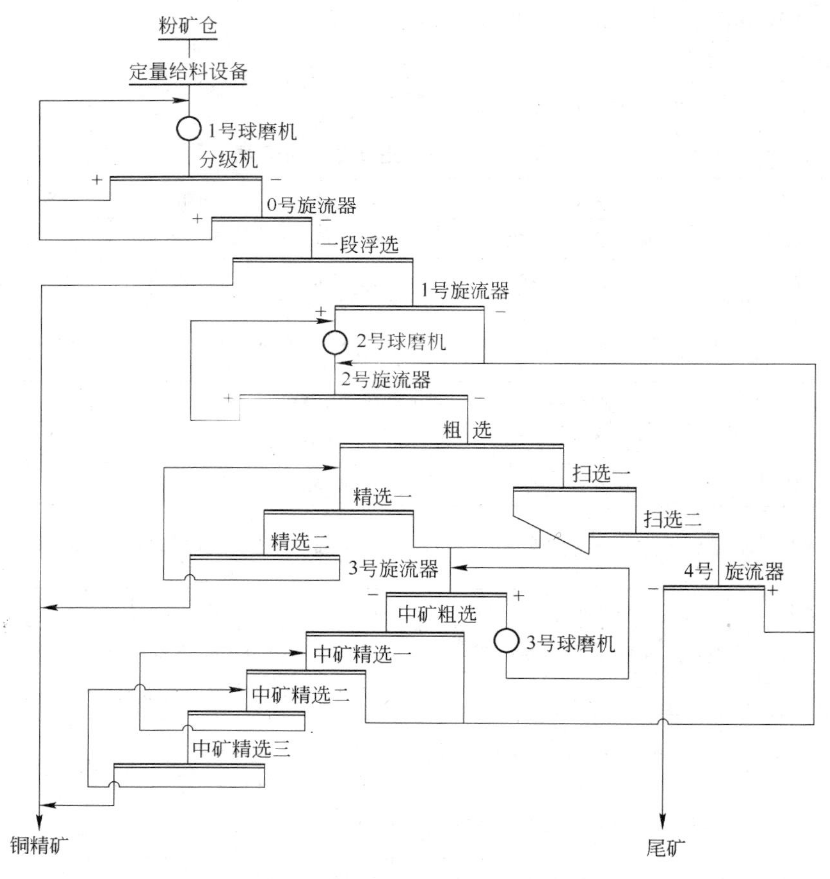

图 7-12　改造后磨浮工艺流程图

具体的技术改造措施如下：

（1）降低入磨产品粒度，实现多碎少磨。在碎矿系统增加一台 HP100 圆锥破碎机，破碎流程改成三段一闭路，振动筛的筛孔由15mm×15mm改成13mm×13mm，使破碎机粒度降至10mm以下。

（2）提高一段磨矿细度。在一段磨矿回路中增加一套ϕ230mm旋流器分级系统，由螺旋分级机一段分级改成螺旋分级加水力旋流器两段分级，将一段浮选给矿粒度由-0.074mm 55%提高到-0.074mm 70%，使金属铜能充分单体解离。

（3）尾矿粗粒级再磨再选。增加一套尾矿分级系统，将尾矿进行分级，脱除占尾矿量50%~70%的细粒级（以37μm为分级临界点），粗粒级返回2号球磨机进行再磨再选。

（4）调整药剂制度。针对转炉渣中氧化铜及其他铜的含量上升，一期设计使用Z-200为捕收剂，未考虑氧化铜回收的情况，在一段浮选底流加入Na_2S作为硫化剂，以强化对氧化铜的回收。

（5）精选及中矿精选增加3台浮选柱，延长浮选时间。

改造后的流程于1998年8月投产，改造后浮选条件大为改善，磨矿效率大大提高，一段浮选粒度达到-0.074mm 70%左右，生产技术指标明显好转，具体见表7-28。

表7-28　工艺流程改造后生产技术指标（1998年） （%）

月　份	原矿品位	精矿品位	尾矿品位	回收率
2月	7.93	27.64	0.86	92.06
3月	7.68	28.57	0.86	91.56
4月	9.72	37.54	0.94	92.63
6月	7.86	23.55	0.96	91.55
7月	8.22	27.64	1.13	89.93
8月	8.51	22.98	0.59	95.52
9月	8.90	23.60	0.51	96.35
10月	6.38	21.54	0.46	94.81
11月	7.17	26.24	0.65	93.29

D　二期改造扩建工程的生产实践[341,342]

a　设计流程

为了与冶炼主体二期工程配套，扩大选矿厂处理能力，进行了二期改造扩建工程建设，同时优化原来的磨浮工艺流程。

基于渣选厂多年的生产实践，同时结合新渣样的选矿小型试验结果，二期工程采用如图7-13所示磨浮工艺流程。

流程磨矿细度控制参数：一段磨矿水力旋流器溢流，-200目(-0.074mm)75%；二段磨矿水力旋流器溢流，-400目(-0.038mm)80%；中矿再磨水力旋流器溢流，-600目(-0.023mm)80%。

有关设计指标优化的说明：

（1）一段磨矿细度设计确定为-200目(-0.074mm)75%。根据试验资料，一段磨矿细度越细，浮选指标越好。但是，一段磨矿细度一般只能达到-200目(-0.074mm)

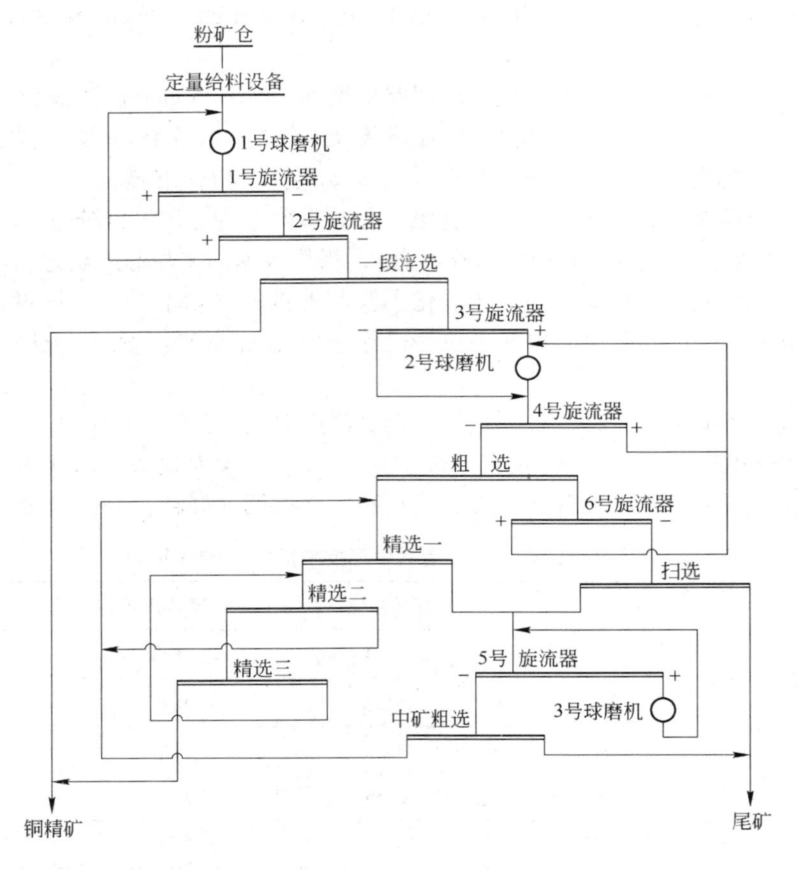

图 7-13　二期工程磨浮工艺流程图

75%，再进一步提高磨矿细度，就必须采取两段磨矿。

（2）为了降低尾矿品位，设计延长了粗选和扫选时间，粗选时间由 8.73min 调整为 20min，扫选时间由 30.49min 调整为 45min。

（3）由于设计原矿品位较流程考查报告数据略低，浮选回收率也应相应调低。从生产情况来看，尾矿品位很难降至 0.5% 以下，因此将设计尾矿品位定于 0.55%。

b　主要技术特点

（1）一段磨矿采用两段水力旋流器分级。由于炉渣的特殊性质，螺旋分级机返砂很难控制，有时甚至起不到分级作用。因此，新厂设计改采用两段水力旋流器分级，从而可以根据磨机排矿和分级产品的粒度要求，调节旋流器的给料压力，优化分级条件，提高分级效果，使一段磨矿的细度更有保证。

（2）简化了浮选流程，降低了生产管理难度。流程考查和现场多次取样证实，中矿粗选尾矿含铜品位均在 0.5% 以下，低于最终尾矿品位，因此，将中矿粗选尾矿直接丢弃。

另外，从流程考查和生产实践可知，一段浮选已经回收了 80% 的铜金属量，而后面的细磨、一粗、二精及中矿再磨、中矿一粗/三精流程，仅回收剩余的 16% 铜金属量，流程复杂；因此，改为将细磨后的粗选精矿和中矿浮选精矿合并精选三次，得最终精矿。

（3）新老系统合并为一个系列，实现扩大选矿厂处理能力的目的。磨浮系统在设备选择及配置上有双系列和单系列两种方案，实际设计采用了单系列方案，将原设备和新增设备统筹兼顾，既充分利用了原有设施，又新采用了一些大型设备，明显减少了厂房面积，节省了投资和减少了操作费用。

（4）采用国内先进的选矿设备，实现了设备大型化。充分细磨是炉渣选矿的关键，球磨机选型十分重要。一段球磨机选用 3200 × 5400 溢流型球磨机，再增加 1 台 1500 × 3600 溢流型球磨机与现场 1200 × 4200 溢流型球磨机一起作为中矿再磨，原有的 2 台 2400 × 4200 溢流型球磨机均作为二段磨矿机。

炉渣密度大，浮选作业浓度又高，为了防止浮选作业沉槽，二期设计采用了当时国内最先进的机械搅拌式 BF 型浮选机，不用外加充气系统，不仅节省了项目投资，而且减少了充气系统和生产环节。

（5）自动化水平高。磨矿细度是否达到设计要求，直接影响浮选指标的好坏，为此，利用 1 台 PIS-200 粒度仪自动对三段磨矿产品细度进行在线检测。同时采用 1 台 COURIER 3 SL 品位测定仪对原、精、尾各产品品位进行在线测量，以便及时调整药剂制度，确保选别指标。

另外，为了提高自动化水平，设计采用了一套 DCS 监控系统，对整个选矿车间进行集中控制和监控，为生产操作正常化提供了可靠有力的保证。

渣选厂投料试车一次成功，具体生产指标为：炉渣品位 5.6%，精矿品位 28.60%，尾矿品位 0.48%，回收率 93%。

E 三期混合渣选矿生产实践[331,343]

a 设计工艺流程

贵溪冶炼厂三期工程改造后，受熔炼车间配置场地的限制，贫化电炉无法扩容，无法满足炉渣沉降时间的要求，加之实际生产铜精矿品位低于设计值，导致电炉弃渣含铜平均达到 0.9%，高于设计值，从而降低了全厂铜金属回收率，对企业经济效益产生了一定影响。为了彻底解决该问题，综合考查后，决定把渣处理方法由电炉贫化改为渣选矿来回收电炉渣中的铜金属。新建了处理能力 3100t/d 的混合渣选矿车间，其中电炉渣 2500t/d，转炉渣 600t/d，混合渣选矿的设计工艺流程如图 7-14 所示。

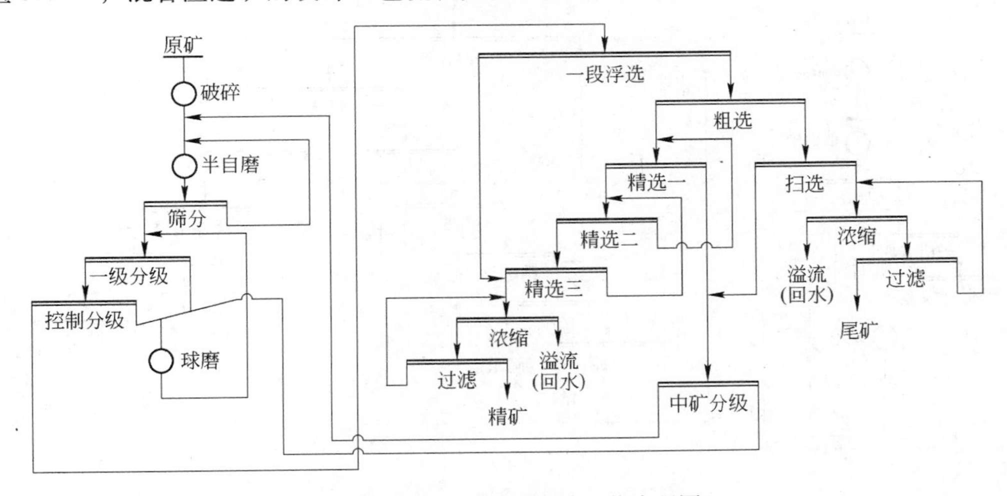

图 7-14 混合渣选矿设计工艺流程图

b　生产中存在的问题

混合渣选矿车间于2005年11月投料试生产，经过一年的生产实践，发现主要存在以下问题：

（1）设计的电炉渣缓冷时间偏短（40h），冷却速度过快，导致了电炉渣中铜结晶粒度过细。

（2）由于中矿再磨系统没有使用，不能实现中矿再磨再选，对铜回收率和尾矿含铜等指标有一定影响，导致尾矿含铜高于设计值。

（3）由于中矿量不稳定，中矿分级系统矿浆通过渣浆泵扬送，中矿分级溢流水作为半自磨机补给水，导致半自磨机补给水量的不稳定，从而使半自磨机磨矿浓度不稳定，影响半自磨机磨矿效率。

（4）电炉渣性质还没有完全掌握，还没有找到半自磨机和浮选的最佳操作条件。

（5）由于炉渣密度较大，沉降速度快，尾矿直接进入ϕ53m尾矿浓缩机中，粗颗粒还没有分散就沉降到浓缩池底部，导致浓缩机负荷分布不均，中间部分负荷过大。尾矿浓缩机4次出现压耙，严重影响生产，造成了较大的经济损失。

c　技术改造措施

针对存在的问题，采取了相应的技术改造措施。

（1）改进设备。电炉渣和转炉渣在渣场利用前装机配料，提高了破碎系统的破碎效率，降低了劳动强度。一段精矿泵和精矿浓缩机排矿泵扬程太小，不能满足生产需求。将老选矿系统可以满足生产的渣浆泵搬至新渣选车间，作为一段精矿泵和精矿浓缩机排矿泵，保证了矿浆输送的畅通。

（2）改进工艺流程。2006年4～8月，根据半年多生产实践情况，对渣选工艺流程进行了部分改进，取消了中矿分级系统，新上一组FX100-GK×50旋流器组用于尾矿浓缩。尾矿先经FX100-GK×50旋流器组浓缩，浓缩底流进入陶瓷过滤机过滤，溢流进入尾矿浓缩机，经浓缩机再次浓缩后，再进入陶瓷过滤机过滤。改进后的混合渣选矿工艺流程如图7-15所示。

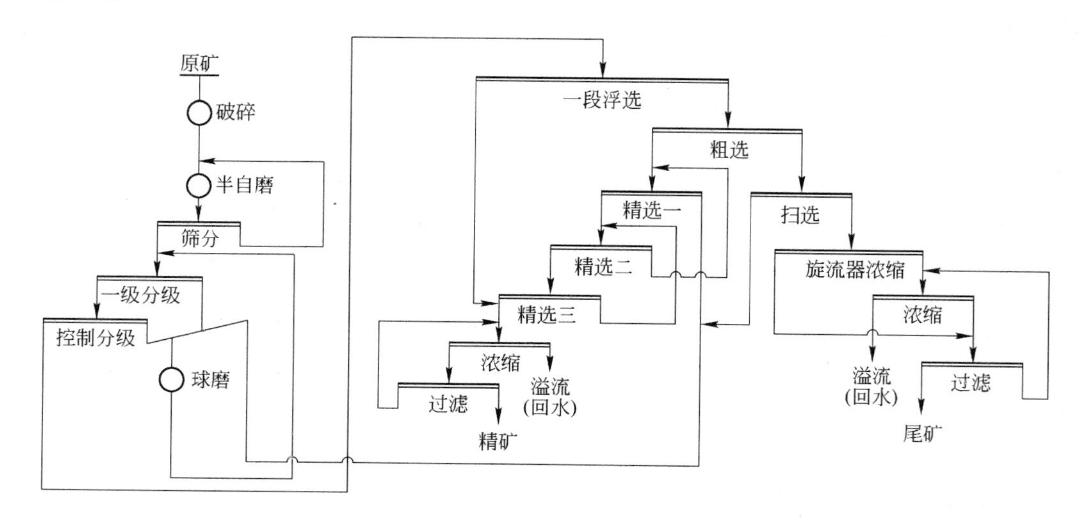

图7-15　改进后的混合渣选矿工艺流程图

（3）改进工艺操作条件。

1）根据半自磨机处理量情况，调整了钢球填充率、磨矿浓度、给矿粒度和返砂量。

2）调整了浮选浓度，浮选粒度、浮选矿浆 pH 值、浮选风量。

3）改变了药剂种类、添加量、添加点等药剂制度。增加了粗选 3 区、扫选 4 区、扫选 9 区、粗选接受槽等 4 个药剂添加点，使药剂分布更加合理；并根据生产指标及时调整了各个药剂添加点的药剂添加量。

4）针对混合渣与转炉渣性质的不同，进行了混合渣溢流水沉降实验室试验与工业试验，在工业试验基础上，新上一套石灰和絮凝剂自动定量添加系统，实现了浓缩机溢流水稳定澄清，达到国家排放标准。

d 技术改造实施效果

（1）半自磨机处理量由 96t/h 提高到 130t/h，解决了炉渣无处堆存的问题，保障了工厂生产的安全顺利。

（2）经济技术指标得到较大优化，尾矿含铜由 0.68% 降至 0.34%，具体生产指标见表 7-29。

（3）浓缩机溢流水由混浊变澄清。浓缩机溢流水澄清后，使系统回水利用率达到 100%，减少了系统清水使用量，提高了水综合利用率，防止了浓缩机溢流水对水域的污染。

（4）尾矿浓缩机一直运行正常，未出现过压耙现象，脱水系统运行正常。

表 7-29 三期工程混合渣选矿生产指标 （%）

时间	2005 年		2006 年									
	11 月	12 月	1 月	2 月	3 月	4 月	5 月	6 月	7 月	8 月	9 月	10 月
精矿品位	48.24	42.91	28.88	32.17	24.82	25.25	26.82	27.41	27.44	26.80	26.04	26.29
尾矿品位	1.68	2.18	0.65	0.68	0.62	0.56	0.47	0.43	0.45	0.41	0.38	0.34

注：2005 年 11 月和 12 月试车原料为转炉渣，2006 年原料为混合渣。

e 小结

（1）在国内首次采用选矿方法处理混合铜炉渣（转炉渣和电炉渣），提高了资源利用率。

（2）采用成熟的半自磨工艺进行炉渣碎磨，解决了常规破碎工艺难以适应炉渣物料变化的难题，具有处理能力大、设备作业率高、能耗低、生产成本低、物料适应性强等优点。

（3）渣选尾矿处理采用旋流器与浓缩机组成的联合浓缩流程，有效地解决了炉渣尾矿不适应常规脱水流程的问题，在同类型选矿厂有一定的推广价值。

7.3.4.2 大冶诺兰达铜炉渣的选矿生产实践[332,344]

A 概况

大冶有色金属公司（冶炼厂）是一家具有悠久历史的老厂，1993 年引进诺兰达法富氧熔池熔炼铜技术，对冶炼厂熔炼系统进行了扩产改造，系统产出大量含铜 4% ~5% 的冶炼炉渣。针对该炉渣的处理，该公司在选矿试验研究基础上，先后建成了新冶铜矿渣选厂（1997 年，450t/d）、铜绿山矿渣选厂（1998 年 5 月，550t/d）和下陆渣选厂（2002 年，20 万吨/年）三家诺兰达炉渣选矿厂，生产实践取得了很好的效果，铜回收率高、生产成本低、节能效果好。

B　炉渣工艺矿物学性质

a　炉渣化学成分

炉渣的化学成分见表7-30，其中具有回收价值的元素有铜、铁、金、银等。

表7-30　大冶公司诺兰达炉渣化学成分　（%）

成　分	Cu	TFe	Au	Ag	Pb	Zn	S
含　量	4.57	42.14	1.01	24.10	0.09	0.57	1.71
成　分	Co	As	SiO_2	Al_2O_3	CaO	MgO	
含　量	0.031	0.035	23.38	2.52	5.25	2.74	

注：Au、Ag的单位为g/t。

b　炉渣的矿物组成

炉渣中主要矿物含量见表7-31，其中主要金属矿物为铜锍、硫铁矿、金属铜、黄铜矿、斑铜矿，其次为赤铜矿、闪锌矿、（磁）黄铁矿、赤/褐铁矿、金属铁。

表7-31　诺兰达炉渣的主要矿物含量　（%）

矿物	冰　铜	金属铜	赤铜矿	斑铜矿/黄铜矿	闪锌矿	磁铁矿	磁黄铁矿
含量	5.2	0.9	0.2	0.7	0.8	21.8	0.6
矿物	赤/褐铁矿	金属铁	铁橄榄石	长石/高岭石/绿泥石	无定形硅酸盐及石英	其　他	
含量	2.5	0.5	47.3	2.5	11.7	0.3	

脉石矿物以铁橄榄石、无定形硅酸盐和无定形 SiO_2 为主，另有少量长石、高岭石、绿泥石等。

c　铜、铁的赋存状态

炉渣（缓冷渣）中铜的化学物相组成见表7-32，铜主要以硫化铜的形式存在，分布率73.8%，其次为金属铜，占20.31%，另含有少量氧化亚铜，其他形式铜含量甚少。

表7-32　诺兰达炉缓冷渣铜的化学物相组成　（%）

物　相	硫化铜	金属铜	氧化亚铜	氧化铜	铁(硅)酸铜	合　计
含　量	3.38	0.93	0.22	0.01	0.04	4.58
分布率	73.80	20.31	4.80	0.22	0.87	100.00

缓冷渣中铁的化学物相组成见表7-33，铁主要以硅酸铁及磁性铁的形式存在，分布率分别为47.83%、44.18%，另有少量的赤铁矿、褐铁矿，硫化铁及金属铁的含量较少。

表7-33　诺兰达炉缓冷渣铁的化学物相组成　（%）

物　相	金属铁	磁铁矿	硫化铁	硅酸铁	赤/褐铁矿	合　计	总　铁
含　量	0.53	18.68	0.96	20.22	1.89	42.28	32.69
分布率	1.25	44.18	2.27	47.83	4.47	100	—

d　主要矿物的嵌布关系

铜锍是缓冷渣中最主要的铜矿物，以它形粒状及粒状集合体产出，其嵌布特点体现在四个方面：

（1）以块状和致密状出现，粒度粗大，主要出现于富矿中，内部常见网络状、微细片状的其他铜矿物，呈固溶体分布；

（2）以“斑晶”的形式零星嵌布在脉石中，“斑晶”主要为圆球状；

（3）以圆粒状、不规则粒状呈浸染状嵌布在气孔周围和脉石中；

（4）约有5%的铜锍以微细粒呈星点状分布在脉石中和磁铁矿周围，少量嵌布在磁铁矿粒间或被磁铁矿包裹，该部分铜锍难磨矿解离，机械选矿回收较为困难。

金属铜呈他形粒状集合体，形状不规则，主要有蠕虫状、片状、树枝状、圆粒状、不规则状等，常沿铜锍的裂隙或边缘分布，有时以蠕虫状或不规则粒状嵌布于脉石中。金属铜的粒度在0.005～0.1mm之间。

黄铜矿呈他形粒状及粒状集合体产出，常见于相变不甚完全的炉渣中。黄铜矿与磁黄铁矿、铜锍、磁铁矿一起呈星点状分布于脉石中，或以集合体的形式沿气孔边缘分布，少量以固溶体的形式嵌布于铜锍中。粒度较细，一般在0.005～0.03mm之间。

磁铁矿是铁含量最高的金属矿物，呈半自形、他形粒状及粒状集合体产出，以浸染状的形式较均匀地分布于铁橄榄石及脉石中，粒度较均匀，大都分布在0.04～0.15mm之间，最大0.3mm，少量以微细粒的形式嵌布于脉石中。磁铁矿与铜锍嵌布较密切，后者常沿前者周围及粒间分布，磁铁矿的铁含量在68.5%～70.0%之间，主要杂质为Al_2O_3。

磁黄铁矿主要以两种形式产出，一种嵌布于相变不完全的矿石中，此矿石中铁橄榄石和磁铁矿含量少，且粒度细，磁黄铁矿呈浸染状分布，粒度分布不均匀。另一种呈微细粒星点状嵌布于磁铁矿周围和脉石中，常与铜锍共生。

铁橄榄石是缓冷渣中的主要脉石矿物，呈半自形、他形粒状及粒状集合体产出，有时呈片状、针状及串状。铁橄榄石粒度较细，FeO含量在45.0%～62.0%之间，MgO含量在6.5%～17.0%之间，SiO_2含量在31.5%～35.0%之间，另含有少量的CaO和MnO等杂质。

e 铜、铁矿物的粒度特性

缓冷渣中铜矿物的粒度范围为0.01～0.42mm，呈现两头集中、中间少的分布特性，有相当一部分分布在0.15mm以上粒级中，大于0.074mm粒级占81.72%，小于0.02mm粒级占7.02%，主要呈块状、浸染状、星点状嵌布于脉石中，有时与铁矿物共生。其中有5%微细粒铜锍（-0.019mm）机械选矿难回收。磁铁矿粒度分布较为集中，主要分布在0.037～0.15mm之间，大都呈浸染状较均匀地嵌布在脉石中，少量呈微细粒星点状。

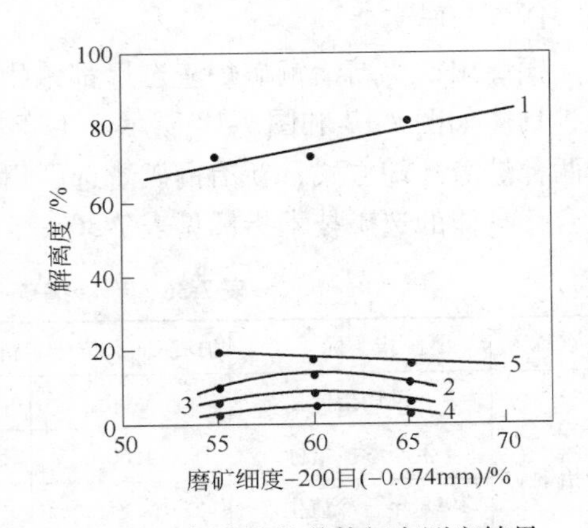

图7-16 铜矿物的单体解离测定结果

1—单体；2—$\frac{3}{4}$连生体；3—$\frac{3}{4}$～$\frac{2}{4}$连生体；4—$\frac{2}{4}$～$\frac{1}{4}$连生体；5—$\frac{1}{4}$连生体

不同磨矿细度下，炉渣（缓冷渣）中铜矿物的单体解离测定结果如图7-16所示。由图可以看出：在-200目(-0.074mm)50%～70%磨矿细度下，单体解离度都不高，提高磨矿细

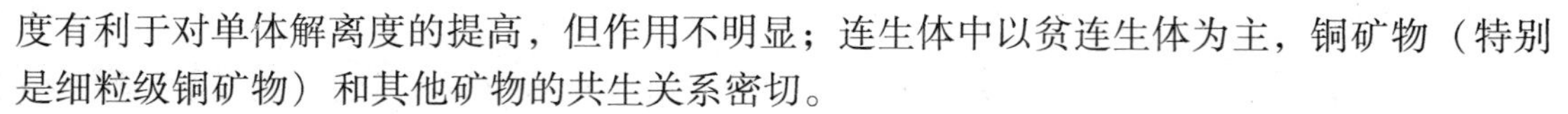

度有利于对单体解离度的提高，但作用不明显；连生体中以贫连生体为主，铜矿物（特别是细粒级铜矿物）和其他矿物的共生关系密切。

C　试验研究结果

根据加拿大诺兰达公司推荐的炉渣“阶段磨矿阶段选别”原则，同时参考转炉渣选矿原则流程，对炉渣进行了磨矿细度、药剂条件和不同冷却方式的试验，试验采取缓冷渣“阶磨阶选”原则工艺流程，两段粗选直接产出精矿。

试验推荐的工艺条件见表7-34，技术指标见表7-35。

表7-34　选矿试验推荐的工艺条件

作业名称	磨矿细度/目（mm）	含量/%	矿浆浓度/%	药剂用量/g·t^{-1}		
				黄　药	松　油	Na_2S
Ⅰ段磨矿	-200(-0.074)	65	75	—	—	260
Ⅰ段粗选	-200(-0.074)	65	35	80	50	—
Ⅱ段磨矿	-325(-0.044)	75	70	—	—	—
Ⅱ段粗选	-325(-0.044)	75	30	20	20	—
扫　选	-325(-0.044)	75	30	20	10	—
精　选	-325(-0.044)	75	15	—	—	—

表7-35　选矿试验的技术指标

产物名称	产率/%	品　位			回收率/%		
		Cu/%	Au/g·t^{-1}	Ag/g·t^{-1}	Cu	Au	Ag
精　矿	14.21	29.84	8.47	164.22	94.10	80.76	69.89
尾　矿	85.79	0.31	0.33	11.72	5.90	19.24	30.11
原　矿	100.00	4.50	1.49	33.29	100.00	100.00	100.00

D　生产实践

铜绿山矿、新冶铜矿炉渣选厂都采用两段一闭路破碎、两段磨矿/两段选别的工艺流程，具体如图7-17和图7-18所示。生产初期，由于曾采用过铸渣机急冷和缓冷场渣包缓冷两种炉渣冷却方式，新冶铜矿渣选厂相应地对浮选的流程进行了局部调整，使生产稳定正常，具体的选矿技术指标见表7-36。

表7-36　新冶铜矿/下陆渣选厂的选矿技术指标

名称	指　标	炉渣Cu品位/%	精矿Cu品位/%	选矿回收率/%	尾矿Cu品位/%	处理/t·d^{-1}
新冶铜矿	设计指标	5.00	34.50	93.10	0.36	450
	生产考核指标	4.60	23.49	94.02	0.34	501
	1998年急冷渣生产	5.54	26.44	92.06	0.56	338
	1998年缓冷渣生产	5.05	27.70	94.25	0.35	468
下陆	设计指标	4.50	30.00	93.31	0.35	588.3
	2003年生产指标	4.28	27.11	92.89	0.36	700

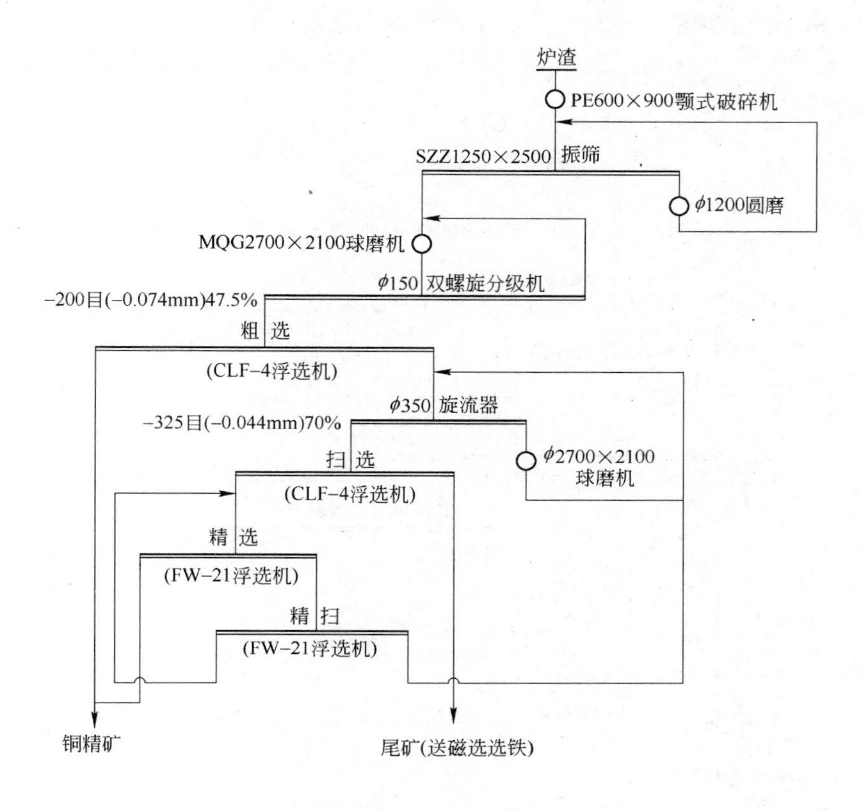

图 7-17 新冶铜矿渣选厂的选矿工艺流程

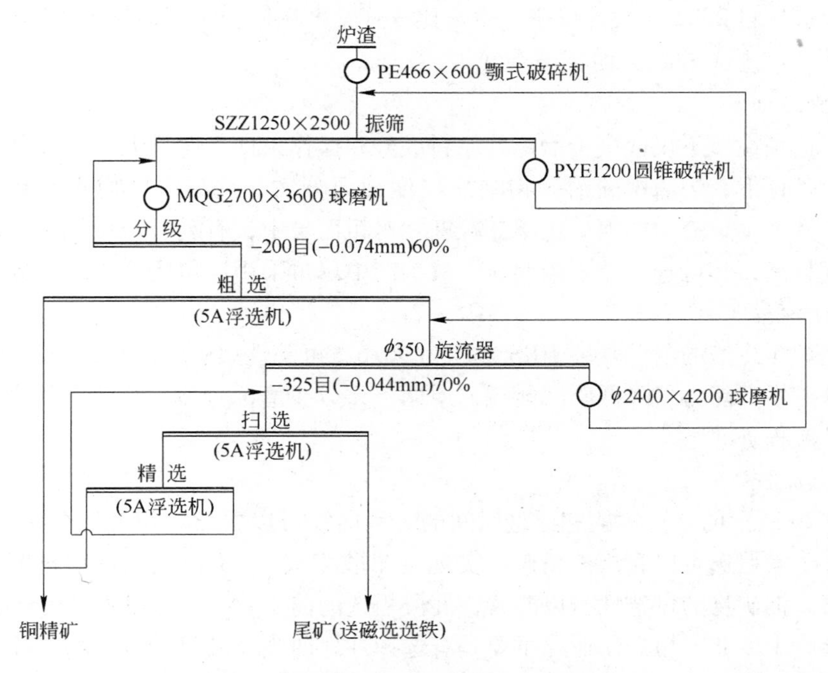

图 7-18 铜绿山矿渣选厂的选矿工艺流程

2002 年根据减少炉渣运输量、节约生产成本的原则，在下陆诺兰达炉渣缓冷场旁设计建成了新的渣选厂，新选矿厂设计采用了三段一闭路破碎、两段磨矿/两段选别的工艺流程（见图 7-19）。

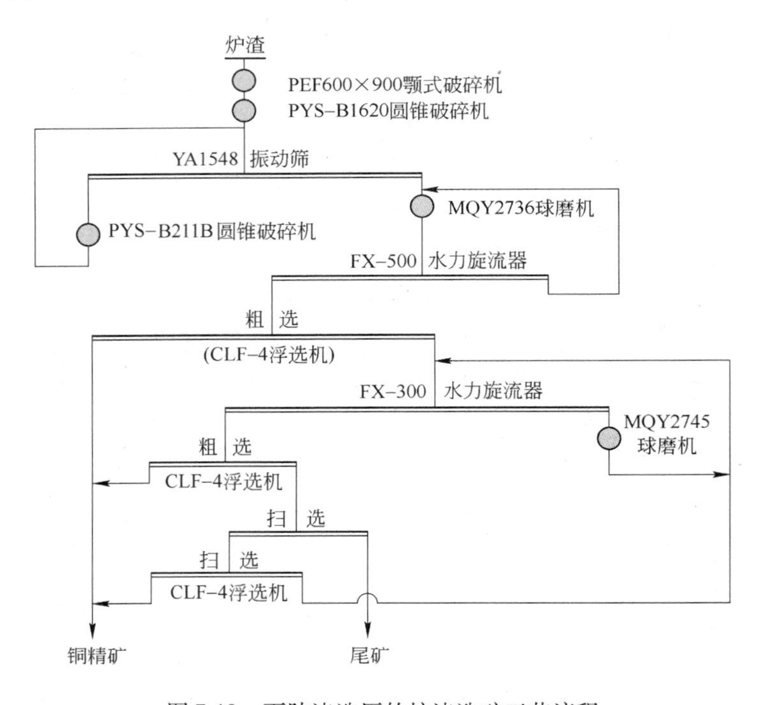

图 7-19　下陆渣选厂的炉渣选矿工艺流程

下陆渣选厂自 2002 年投产以来，生产比较正常，选矿技术指标见表 7-36。

E　影响炉渣选矿工艺的因素讨论

a　炉渣冷却

炉渣的选别性质不仅取决于冶炼的原料成分和操作条件，而且取决于冷却方式和冷却制度。急冷条件下，炉渣中的铜矿物结晶粒度细而分散，且与铁矿物密切共生，解离困难；缓冷条件下，炉渣中的铜矿物结晶粒度相对粗而集中，有利于渣中铜矿物的回收。炉渣缓冷程度越高，其可选性差别越明显。故生产中尽量采用渣包缓冷、严格缓冷制度。

b　碎矿流程

诺兰达炉缓冷渣的洛氏硬度 HRS 平均为 96. 6，可碎性属中等偏难，与难碎矿石接近。为了提高磨矿生产能力、降低碎磨能耗，遵循“多碎少磨”原则，生产实践中应采用三段一闭路碎矿流程。

c　浮选流程

从图 7-20 所示的浮选性能和浮选时间的关系曲线可以看出：在自然介质或 Na_2S 调浆的条件下，Ⅰ段粗选可以直接得精矿，实现“早收多收”。Ⅰ段粗选尾矿再磨后，连生体进一步解离，铜矿物的可选性得以改善，Ⅱ段粗选的前 4 ~ 5min 可以直接得精矿。

炉渣选矿Ⅰ、Ⅱ段粗选作业，主要是有选择性地回收高品位的铜矿物，浮选时间不宜过长，否则会降低精矿品位。而扫选作业的浮选时间可适当延长，以确保铜矿物的回

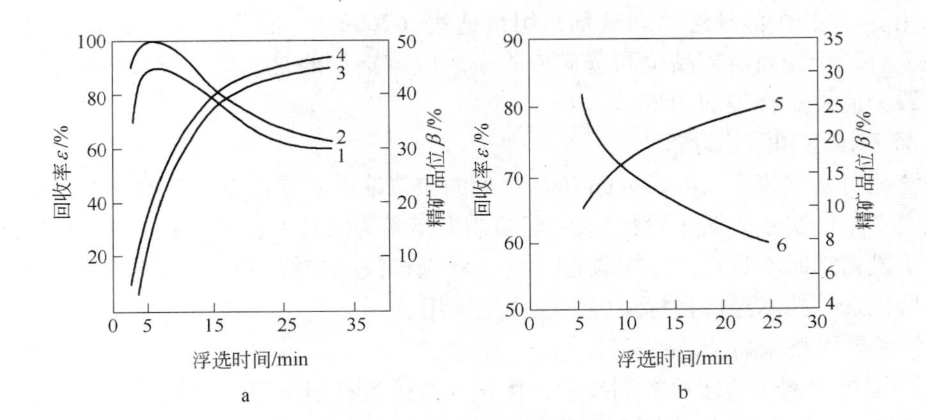

图 7-20 浮选性能与浮选时间的关系

a—Ⅰ段粗选；b—Ⅱ段粗选

1—自然介质中精矿品位；2—Na_2S 调浆精矿品位；3—自然介质中铜矿物回收率；4—Na_2S 调浆铜矿物回收率；5—铜矿物回收率；6—精矿品位

收率。

d 磨矿细度和流程

铜矿物的单体解离度研究分析以及磨矿试验和生产实践都表明，Ⅰ段磨矿细度以 -200 目（-0.074mm）65%～70%为宜（见图 7-21a），Ⅱ段磨矿以 -325 目 70%为宜（见图 7-21b），这样既有利于浮选工序“早收多收”，又避免出现过磨和欠磨现象。为了强化分级，Ⅰ段磨矿宜采用水力旋流器作分级设备。

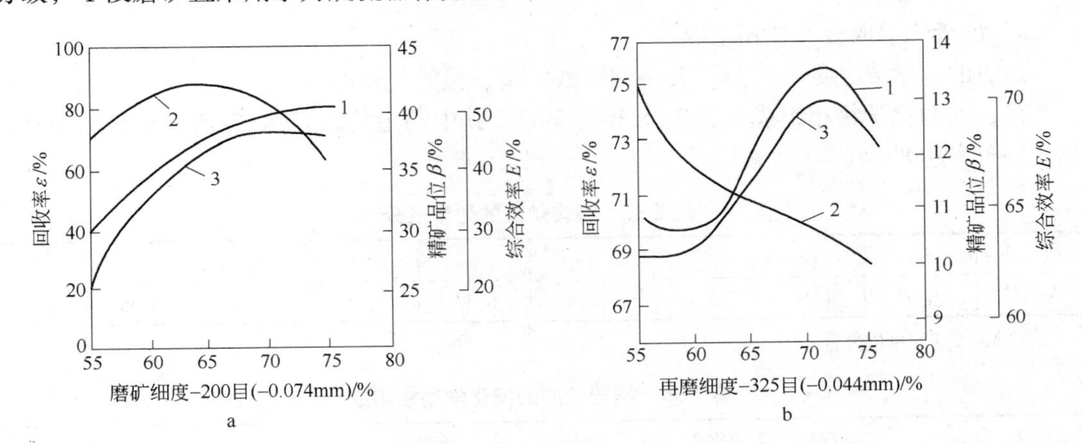

图 7-21 磨矿细度试验曲线

a—Ⅰ段磨矿；b—Ⅱ段磨矿

1—铜矿物回收率；2—精矿品位；3—综合效率

e 浮选药剂

铜冶炼炉渣的常规捕收剂是 Z-200 号，它对铜矿物有较强的选择性。小型试验研究表明诺兰达炉渣使用 Z-200 号和黄药效果相当，考虑成本因素，生产采用了丁黄药做捕收剂，起泡剂选用 2 号油。

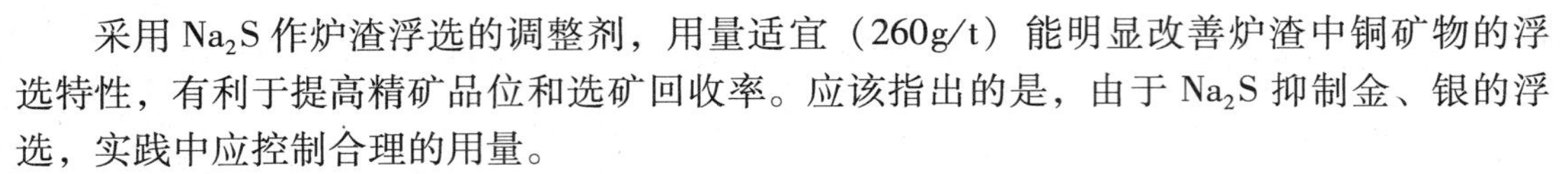

采用 Na_2S 作炉渣浮选的调整剂，用量适宜（260g/t）能明显改善炉渣中铜矿物的浮选特性，有利于提高精矿品位和选矿回收率。应该指出的是，由于 Na_2S 抑制金、银的浮选，实践中应控制合理的用量。

f　浮选浓度和浮选设备

炉渣相对密度较大（4.22g/cm^3），合理的矿浆浓度和浮选设备对确保浮选技术经济指标很重要。生产实践表明Ⅰ段粗选矿浆浓度以35%为宜；A型浮选机容易出现沉槽现象，尤其在Ⅰ段粗选时不宜选用。粗颗粒CLF-4浮选机效果较好，外部充气、搅拌强度适中的浅槽浮选机选别技术经济指标最好，应优先采用。

F　主要的技术特点

（1）通过含铜炉渣缓冷控制技术，优化入选炉渣有用金属的晶化程度和粒度嵌布及其他晶体性质，使之与浮选对含铜炉渣的要求相匹配，为高效回收铜资源提供可靠工艺矿物学性质基础。

（2）采用选择性碎解结合多段磨矿、多段选别、中矿再磨再选，提高可分选性。在球磨机中添加助磨剂，不仅能起到矿浆分散作用，而且可以提高磨机产能，改善磨矿产品的粒度组成，对减少钢球及衬板消耗非常有利。

（3）设计适合铜炉渣浮选的专用浮选机，强化充气量控制，优化槽体内流体分布，强化粗颗粒浮选。

（4）选铜尾矿作建材原料，或弱磁回收低品位铁精矿，尾矿再作建材原料，实现了无尾选矿。

7.3.4.3　内蒙古金峰铜业铜转炉渣的选矿生产实践[333]

A　炉渣性质

a　炉渣化学成分及物相组成

炉渣的化学成分见表7-37，其中铜、铁、金、银等元素有回收价值。

铜、铁的化学物相组成见表7-38和表7-39。其中铜主要以辉铜矿/蓝辉铜矿的形式存在，分布率达88.51%。

表7-37　铜转炉渣的化学成分　（%）

组　分	Cu	Fe	Pb	Zn	S	SiO_2	Al_2O_3	Au	Ag
含　量	1.74	49.45	0.58	2.44	0.52	24.02	0.93	0.08	8.33

注：Au、Ag的单位为g/t。

表7-38　铜转炉渣的铜化学物相组成　（%）

相　别	辉铜矿/蓝辉铜矿	金属铜	黄铜矿	其他形式铜	总　铜
含　量	1.54	0.03	0.12	0.05	1.74
分布率	88.51	1.72	6.90	2.87	100.0

表7-39　铜转炉渣的铁化学物相组成

相　别	磁铁矿中铁	其他矿物中铁	总　铁
含　量	12.91	36.54	49.45
分布率	26.11	73.89	100.0

b 矿物组成及含量

炉渣中铜矿物主要为辉铜矿、蓝辉铜矿、金属铜、黄铜矿、斑铜矿、方黄铜矿等，这些矿物都属易浮矿物；主要铁矿物为磁铁矿、赤铁矿；脉石矿物主要为铁橄榄石、硅灰石、玻璃体等。

c 重要矿物的粒度组成

铜矿物的粒度很细，其中粒度 +74μm 铜矿物占 38.06%；而 -43μm 铜矿物占 50.08%，少部分铜矿物的粒度小于 10μm。

磁铁矿的粒度分布较均匀，单体解离较好。

d 炉渣分选特性

由前面的炉渣性质，可以看出其分选特性为：

(1) 铜矿物的粒度是影响分选的主要因素。自然温度下，渣包冷却时间越长，铜矿物的结晶粒度越粗，但渣的硬度也越大，越难破碎；冷却时间越短，铜矿物的结晶粒度越细，浮选指标越差。合理的自然冷却时间为 40~48h。

(2) 渣中除铜外，铅、锌、铁等杂质元素的含量较高，将影响铜精矿品位。

(3) 部分磁铁矿嵌布关系复杂，解离困难，将影响铁精矿的回收率和品位。

(4) 由于转炉渣中铜矿物粒度细，只有通过细磨才能使铜矿物单体解离，从而使磁选时机械夹杂严重，影响铁精矿的品位。

B 设计工艺流程及试生产情况

借鉴国内外炉渣选矿的成功经验，设计采用的转炉渣选矿生产工艺流程如图 7-22 所示。

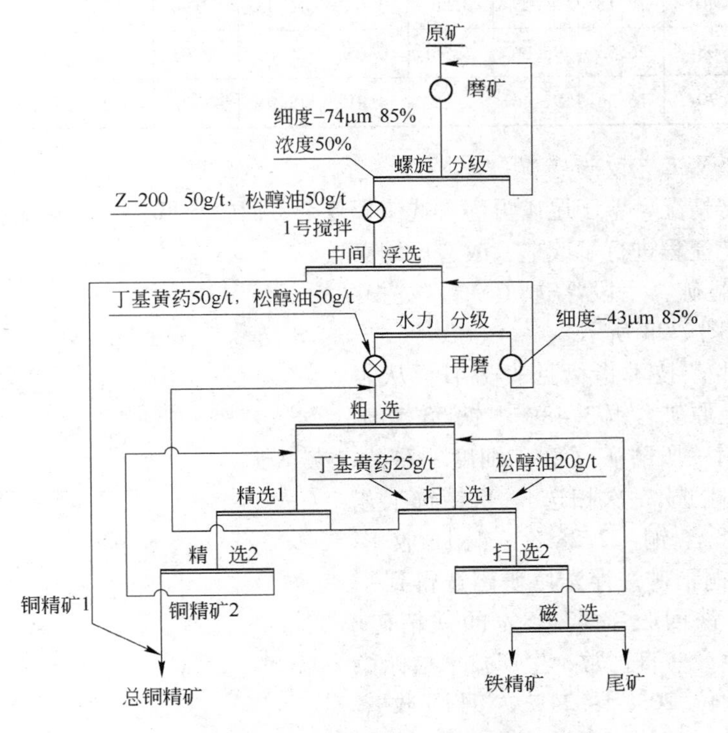

图 7-22 设计生产工艺流程

试生产的技术指标见表7-40，由表中结果看出，铜精矿品位低，铜回收率高；中间浮选在原矿品位3.20%情况下，铜精矿品位16.36%，铜回收率92.46%；尾矿再磨后两段浮选，获得的铜精矿品位仅2.99%，回收率仅4.81%。

表7-40 转炉渣选厂试生产的技术指标 (%)

日期	班次	原矿品位	铜精矿						铜浮选尾矿			
			铜精矿1		铜精矿2		总精矿		中浮尾矿		浮尾矿	
			品位	回收率	品位	回收率	品位	回收率	品位	回收率	品位	回收率
1/2	白	2.75	20.15	88.82	1.29	9.92	8.77	98.34	0.35	11.18	0.10	1.66
1/3	白	3.05	13.75	90.05	0.79	6.08	6.75	96.13	0.38	9.95	0.21	3.87
1/4	夜	3.32	19.06	95.24	5.99	3.30	17.16	98.54	0.19	4.76	0.06	1.46
1/5	白	2.28	14.85	90.8	42.54	3.82	12.37	94.66	0.31	9.16	0.19	5.34
1/5	夜	3.56	16.88	94.59	3.25	3.84	14.51	98.43	0.24	5.41	0.05	1.57
1/6	白	2.92	20.40	90.47	4.24	6.13	16.44	96.60	0.32	9.53	0.12	3.40
1/6	夜	2.98	10.18	92.98	2.46	5.56	8.64	98.24	0.30	7.02	0.08	1.76
1/7	白	3.15	10.04	94.19	1.01	4.57	7.10	98.76	0.26	5.81	0.07	1.24
1/7	夜	3.55	14.31	91.50	2.16	4.34	11.40	95.84	0.39	8.50	0.20	4.16
1/8	白	2.96	11.32	91.54	2.89	6.29	9.54	97.83	0.32	8.46	0.09	2.17
1/10	白	3.46	18.18	94.27	3.86	3.67	16.43	97.94	0.24	5.73	0.09	2.06
1/10	夜	4.08	26.53	95.39	5.36	0.66	25.83	96.05	0.22	4.61	0.19	3.95
算术平均		3.20	16.36	92.46	2.99	4.81	12.91	97.28	0.29	7.54	0.13	2.72

C 试生产及工艺改造情况

根据试生产情况，鉴于尾矿再磨再选流程复杂、回收率低，从简化流程、降低生产成本出发，对工艺流程进行了改造，改造后的工艺流程为一段磨矿、一段浮选（一粗/一扫/一精），具体如图7-23所示。

改造后的生产技术指标见表7-41。从表中可以看出，在原矿含铜3.48%、铁53.58%的情况下，采用一段磨矿（磨矿细度 -74μm 85%），经一次粗选/一次扫选/一次精选工艺流程，获得了含铜22.28%、铜回收率90.64%的优质铜精矿；浮选尾矿磁选得到了含铁58.36%、铁回收率62.18%的铁精矿。改造投产以来生产一直正常，生产技术指标稳定：铜精矿品位20%～24%，铜回收率90%～96%；铁精矿品位58%～61%，铁回

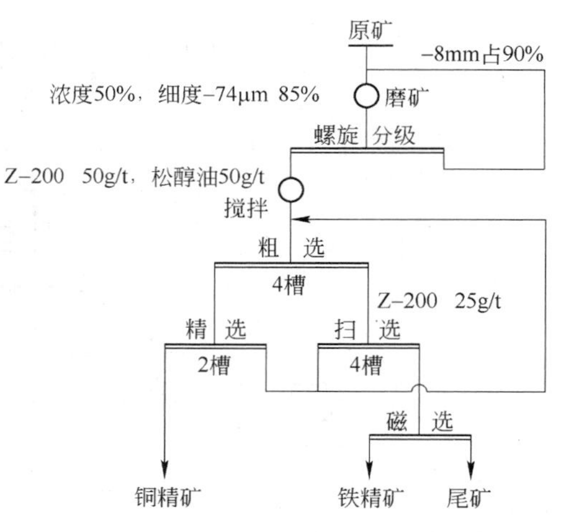

图7-23 改造后的转炉渣选矿工艺流程

收率60%～70%。

表7-41 转炉渣选厂流程改造后的生产技术指标 (%)

日期	班次	原矿品位		铜精矿				铁精矿				尾矿			
				品位		回收率		品位		回收率		品位		回收率	
		Cu	Fe	Cu	Fe	Cu	Fe	Cu	Fe	Cu	Fe	Cu	Fe	Cu	Fe
1/23	夜	3.22	54.01	18.19	42.34	90.33	12.54	0.41	60.00	6.58	57.39	0.10	50.78	3.09	30.07
1/24	白	3.33	54.23	24.26	37.43	91.87	8.70	0.37	57.70	6.58	63.05	0.14	49.28	1.55	27.28
1/24	夜	3.42	53.48	22.83	39.62	92.72	10.29	0.31	59.84	5.52	68.18	0.23	44.21	1.76	21.53
1/25	白	3.28	53.57	23.27	39.57	86.55	9.05	0.53	58.30	8.92	60.06	0.25	49.54	4.48	39.94
1/25	夜	3.77	53.36	23.12	36.28	91.44	10.14	0.46	57.01	6.88	60.24	0.13	48.92	1.68	29.62
1/26	白	3.32	53.34	25.00	37.40	90.21	8.40	0.49	58.78	8.47	63.25	0.26	49.20	1.32	28.35
1/26	夜	3.46	51.23	21.87	38.97	90.83	10.93	0.38	59.62	7.23	77.65	0.20	47.44	1.92	11.42
1/27	白	3.93	52.97	16.97	43.92	90.80	17.44	0.51	57.74	8.05	67.62	0.22	48.79	1.15	14.94
1/27	夜	3.46	53.98	28.47	35.49	91.01	7.27	0.46	58.47	6.72	54.75	0.22	49.09	2.27	37.98
1/28	白	3.59	55.77	20.55	40.47	89.64	11.36	0.53	57.17	6.85	47.48	0.26	49.73	3.51	41.16
1/28	夜	3.51	53.46	20.74	39.87	91.59	11.56	0.43	57.34	7.36	64.34	0.15	48.48	1.05	24.10
算术平均		3.48	53.58	22.28	39.21	90.64	10.70	0.44	58.36	7.20	62.18	0.20	48.68	2.16	27.12

D 工艺流程特点

(1) 根据转炉渣较坚硬、易碎、难磨的性质，破碎采用惯性圆锥破碎机，不但简化了破碎流程，而且降低了破碎产品粒度（破碎最终产品粒度－8mm）。

(2) 由于转炉渣中含有26%左右的磁铁矿，磨矿机采用磁性衬板，大大减少了磨机的维修量，提高了磨机的作业率。浮选尾矿磁选产出了产率30%左右的铁精矿，实现了铁的综合回收。

(3) 由于最终破碎粒度较细，采用长筒磨矿机，并优化配球比，一段磨矿细度达到－74μm 85%。

(4) 转炉渣中含有部分粗粒的冰铜、白冰铜及硫化铜矿物，选用高效捕收剂Z－200进行浮选，不但浮选药剂制度简单，而且铜回收率高。

7.3.4.4 株冶锌浸出渣浮选回收银精矿生产实践[327,345,346]

A 简况

株洲冶炼集团股份有限公司（原株洲冶炼厂，简称株冶）是我国最大的湿法炼锌企业，一直采用常规湿法冶炼工艺生产电锌，1982年起开始采用浮选工艺从锌浸出渣中回收银，经过长达20多年的生产实践和改造，浸出渣浮选系统的处理能力不断增加，生产技术经济指标逐步提高。1995～2000年技术指标见表7-42。

表7-42 Ⅰ、Ⅱ系统银浮选主要产量及技术指标（1995～2000年）

年份	铅渣浮银量/kg		银精矿品位/%		银总回收率/%		开车天数/d	
	Ⅰ系统	Ⅱ系统	Ⅰ系统	Ⅱ系统	Ⅰ系统	Ⅱ系统	Ⅰ系统	Ⅱ系统
1995	10047		0.5936		35.24			
1996	13281		0.5158		47.89			

续表 7-42

年份	铅渣浮银量/kg		银精矿品位/%		银总回收率/%		开车天数/d	
	Ⅰ系统	Ⅱ系统	Ⅰ系统	Ⅱ系统	Ⅰ系统	Ⅱ系统	Ⅰ系统	Ⅱ系统
1997	15675	6274	0.5851	0.8319	53.52	40.9		
1998	14295	9222	0.6705	0.8367	55.30	47.4	283	256
1999	19746	11612	0.6466	0.9518	66.36	44.13	254	262
2000	20136	14711	0.4898	0.6972	57.06	44.58	286	284

B 原料性质

浮选原料为焙砂浸出经过滤后的滤渣，其主要成分是未浸出的硫化物、硅酸盐及少量的矾类，矿物均以极细的微粒存在，呈现为一种类似胶态的高分散含水中间化合物形态产出。其主要化学成分含量见表 7-43，其中含 Zn 18% ~ 25%、Pb 1% ~ 2.5%、Ag 0.01% ~0.04%。银主要以自然 Ag、Ag_2S、AgCl、Ag_2O 形式存在，浸出渣中银的物相组成见表 7-44。

表 7-43 浸出渣的主要化学成分 (%)

成分	Zn	Fe	TS	SiO_2	Pb	Sb	As	Cu	Ag	Au
含量	20.38	21.14	5.47	8.88	3.18	0.21	0.54	0.73	200 ~400	0.2

注：Ag、Au 的单位为 g/t。

表 7-44 浸出渣中银的物相组成 (%)

成 分	自然 Ag	Ag_2S	Ag_2SO_4	AgCl	Ag_2O	脉 石	合 计
分布率	10.02	61.80	2.14	3.50	5.44	17.10	100.00

C 浮选工艺流程及作业条件

浸出渣浮选回收银，采用如图 7-24 所示的“一粗、三精、三扫”工艺流程。

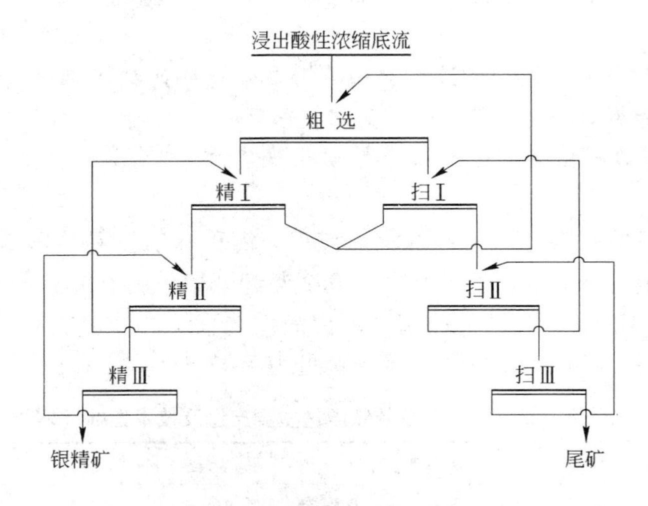

图 7-24 株冶锌浸出渣浮选银的工艺流程图

浮选的具体技术条件为：捕收剂丁基胺黑药 300 ~400g/t，起泡剂 2 号油适量，矿浆浓度15%，自然pH值4~5；浮选时间：粗选8min，精选20min，扫选25min。

D Ⅰ系统存在的问题及改进措施

2002年锌Ⅰ系统通过改造，将浮选机由SF型改为BF-6.0型，原矿处理能力和银精矿产量实现较大幅度提高，但是2004年因锌系统产量较大幅度提高，粗杂矿投放多，浮选机的备件和尾矿泵较易磨损，寿命短，故障率高，开车率低，严重影响了浮选银精矿的品位和产量。同时，因浮选尾矿泵、精矿槽处理能力小，不能处理日益增长的酸性浓缩底流量，造成回收率和产量以及开车率低。

为提高浮选银工序银精矿的品位和产量，重点开展了针对影响浮选银产量的技术攻关和改进，具体措施如下。

a 浮选机材质改型

浮选机的转子/定子原采用高分子塑料材质，因粗杂矿多仍较易磨损，寿命仅2~3个月。浮选机备件消耗大、故障率高，开车率低。2005年9月开始采用耐磨橡胶材质转子/定子，使用寿命明显提高，达到了3~5个月。

b 增大尾矿泵型号，提高浮选处理能力

浮选尾矿泵原是2.5″陶瓷泵，输送管道内径为65mm，矿浆流量仅有40~50m^3/h，生产中由于系统冷焙砂等粗颗粒投入多，尾矿泵的叶轮、泵体等易磨损，泵的使用寿命仅4~6d。2005年9月份起，将尾矿槽由6m^3改大为18m^3，同时改为机械搅拌，尾矿泵改为4″陶瓷泵，输送管道内径为125mm，输送流量达到150~210m^3/h。改造后尾矿泵的寿命提高到3个月以上，较大地提高了浮选机的开车率，大幅提高了浮选银精矿的产量。

c 降低原矿中不溶硫含量

根据生产实践统计，原矿不溶硫含量小于1.0%时，银精矿品位在0.3%以上，不溶硫含量为1.0%~1.5%时，银精矿品位为0.3%左右，而不溶硫含量超过1.5%时，银精矿品位则小于0.2%。其主要原因是原矿中不溶硫含量过高，表明其他硫化物数量较多，因此会消耗更多的丁基胺黑药，并且使银精矿的品位大幅降低。锌Ⅰ系统由于沸腾炉温度较难控制，易造成炉料焙烧不完全，使浮选原矿中硫化物含量较高，银精矿品位长期维持在0.3%以下。为此，生产实践中发现原矿不溶硫含量高时，及时调整沸腾炉温度，消除硫化物对浮选银的影响。

d 稳定浮选矿浆流量

生产中，矿浆流量对浮选影响较大：流量过小，刮不到泡沫，影响浮选产量；流量过大，则银精矿品位低。为了保证流量稳定，采取了如下措施：

（1）增设稳压槽。原矿进入浮选槽前先通过稳压槽，稳压槽底部连接一个阀，控制进入浮选槽流量。同时在稳压槽上部开口，使溢流矿浆进溢流槽，溢流槽溢流经泵返回到原矿槽，从而稳定控制进入浮选槽内原矿流量。

（2）确保浮选液位稳定。通过将原矿槽高、低液位信号连接到木耳过滤送渣泵，实现原矿浆流量的自动控制，确保原矿槽液位稳定。

e 增加精矿储槽，改大精矿压滤机

原来浮选精矿槽是两个30m^3储槽，精矿压滤机采用全手动小型40m^2厢式压滤机。2005年9~10月利用锌系统停产检修，将厢式压滤机改为120m^2的自动压滤机，同时利用一空闲30m^3的储槽，通过防腐、改装搅拌机、接管道和以前两个储槽并联在一起，明显增大了精矿储备能力。通过以上两项改进，2006 年 11 月后基本消除了中、晚班因上述原因而造成的浮选机停车现象。

f 定期清理浮选槽，检修浮选机

生产中，由于原矿粗粒多，易堵塞浮选槽和过浆管道，同时对浮选机的转子和定子造成磨损，因此一般每隔 1 ~ 2 个月就集中停车 2 ~ 4d，清理浮选槽和过浆管道，检修浮选机。

g 增加精选次数，提高浮选银的品位

在 2005 年 12 月浮选系统停产改造时，将精选次数由三次改为四次，改造后银精矿品位明显提高，达到了 0.322% ~0.408%，从而消除了以前因银精矿品位低、量大而造成银精矿压滤机处理能力不足而停车的现象，浮选银产量得到大幅提高，月产量在 1500kg 以上，经济效益显著。

7.3.4.5 株冶湿法炼锌挥发窑窑渣资源化综合利用[347,348]

A 概况

株冶锌生产采用“焙烧-中性/弱酸浸出-净化-电积-铸型”常规湿法炼锌工艺，浸出时焙砂中的铅、金、银、铟、锗、镓及 60% 铜、30% 镉、15% 锌进入渣中，浸出渣浮选回收部分银、铅后，采用威尔兹法回转窑处理回收锌、铟等有价金属。

威尔兹法，是将浸出渣配入质量 45% ~ 55% 的焦粉，一起加入挥发回转窑，在 1100 ~ 1300℃ 的高温下还原焙烧，渣中的锌、铅、镉、铟等有价金属被 CO 还原为金属而挥发进入烟气，随后在烟气中再氧化成氧化物并被捕集在收尘器内，高温窑渣则从窑尾排出，水淬成为窑渣。由于威尔兹法处理只能挥发回收锌、铅、镉和部分的铟，铜、银、金都残留在窑渣中，因此窑渣中含有大量的银、镓、锗等稀贵元素，是一种宝贵资源。

根据生产实际统计，每生产 1t 电锌约产出 0.8t 窑渣，株冶锌焙砂浸出系统每年产出约 20 万吨窑渣，历年堆存的窑渣累计达 200 万吨，形成了一座巨大的渣山。为了彻底解决窑渣的堆存难题，强化资源综合回收，株冶历经多年技术研究，开发出了以物理分选为核心的窑渣资源化综合循环利用新工艺，自 2003 年新工艺生产应用以来，不仅实现了新产窑渣的资源化综合循环利用，没有形成新的堆存，而且产生了较好的经济效益、环境效益和社会效益，使渣山的问题得到了较好的解决。

B 窑渣性质

窑渣是半熔融态的高铁、二氧化硅炉料的水淬渣，具有粒度小、残碳高、硬度大、含有价金属多且含量低等特点，其化学成分见表 7-45，其中 Fe、C、SiO_2 含量较高。

表 7-45 株冶挥发窑窑渣化学成分 (%)

成 分	Zn	Pb	Cu	Cd	In	Ge	Ga	Fe	As
含 量	1.0 ~ 2.5	0.5 ~ 1.0	0.7 ~ 1.2	15 ~ 60	20 ~ 60	10 ~ 80	200 ~ 310	35 ~ 40	0.3 ~ 0.8
成 分	C	S	CaO	Al_2O_3	MgO	Au	Ag	Co	
含 量	15 ~ 18	3.8 ~ 5.2	4 ~ 6	5 ~ 7	2 ~ 3	0.1 ~ 0.3	250 ~ 350	134	

注：Cd、In、Ge、Ga、Au、Ag、Co 的单位为 g/t。

在浸出渣中锌、铅还原挥发同时，其中的氧化铁大部分也被还原成金属铁，锗、镓大部分被还原成金属与铁成合金形式，其他金属或者形成合金，或者形成各种化合物。其中铁、铜、银的化学物相组成见表7-46～表7-48。其中铁以金属铁为主，铜以硫化物为主，银以金属银和硫化银为主。

表7-46 窑渣中铁的化学物相组成 (%)

物 相	金属铁	氧化亚铁	硫化亚铁	五氧化三铁	三氧化二铁+其他
分布率	52.85	27.12	2.09	12.38	5.56

表7-47 窑渣中铜的化学物相组成 (%)

物 相	金属铜、硫化亚铜、硫化铜	氧化铜	其 他
分布率	94.36～95.30	1.01	4.7～4.63

表7-48 窑渣中银的化学物相组成 (%)

物 相	金属银	硫化银	氧化银	其 他
分布率	38.0	51.7	0.4	9.9

在电子探针、X光衍射分析与显微镜下观察，窑渣的基体为金属铁和其他化合物紧密结合的复相，尤其是有一部分微粒α-铁和铁闪锌矿被包裹在玻璃体和焦炭颗粒内；另外，球状的α-铁和铁闪锌矿间隙中填充着硫化亚铁，硫化亚铁内又嵌布了微粒铅-铁、锑-铜合金和金属银。窑渣的矿物组成为：玻璃体（包括少量石英、透闪石）34%、α-铁39.4%、焦炭7.6%、硫化铁11.2%、铁闪锌矿4.80%、其他3%。

C 资源化综合利用工艺

由于窑渣组成复杂，很难用一般的物理分选方法获得纯净或品位高的产品。为此，株冶基于自身为铅锌铜贵金属联合冶炼企业的特点，在多年一系列试验研究基础上，运用综合集成创新的手段，提出了利用窑渣中铁质与碳质等的磁性差和密度差，采用物理分选方法处理窑渣，得到铁剂、银铁矿、焦粉和炭泥等不同产品，然后分别综合利用的工艺思路。

具体技术措施上，依据窑渣中铁质与碳质等的磁性和密度差异，开发了水力冲洗法分离部分焦粉、破碎-二级磁选法分离铁渣与焦粉、球磨-二级湿式磁选法生产铁粉和重选法富集生产银铁矿等技术；并将铁渣、铁粉或银铁矿作为配料取代硫酸烧渣返回炼铅系统，或者取代铁屑进入铅浮渣反射炉、铋反射炉、铜鼓风炉处理，从而利用粗铅、冰铜等捕集回收铁渣中的银、铜等有价金属；焦粉则返回挥发窑配料利用；其余的铁泥外销钢铁和有色冶炼企业。

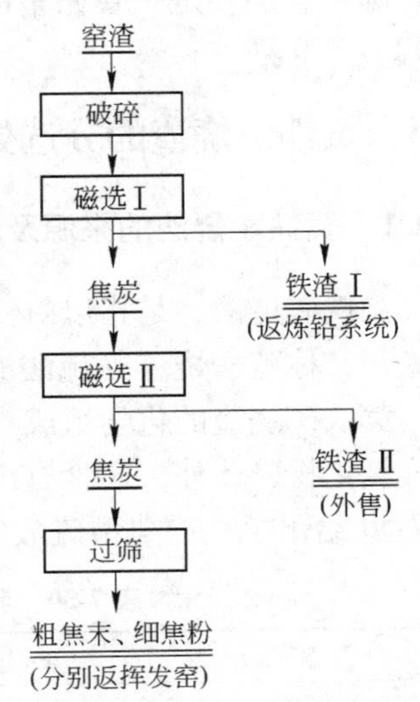

图7-25 窑渣处理一期工程的破碎-二级干式磁选工艺流程

D 生产实践

在试验研究的基础上，株冶2003年3月建成了窑渣处理一期工程。一期工程设计能力为20万吨/年，采用破碎-二级干式磁选工艺（见图7-25），投入运行效果良好，磁选产出铁渣Ⅰ、铁渣Ⅱ和焦炭三种产品，其中的Cu、Pb、Ag、Fe、C含量见表7-49。2003年全年处理窑渣91131t，回收焦粉8652t(固定碳60%~65%)，一级磁选铁渣5690t(Fe 50%~65%、Ag 300~600g/t)，二级磁选铁渣76789t。

为了进一步分选二级磁选的铁渣，2004年8月在一期工程厂房内又投资建成了一条二级湿式球磨-二级湿式磁选铁粉生产线，增设铁渣球磨强化了铁渣剥离；湿式磁选强化了铁渣分选，分选出炭泥和铁泥，铁泥的Fe含量达65%，窑渣处理能力18万吨/年。2004年处理窑渣17.5万吨，产出焦粉（含固定碳60%以上）约1.6万吨，均返回挥发窑使用；铁渣一部分供铅厂配料用（1.2万吨，含铁40%），一部分外销冶炼厂（1/3左右）；铁泥（含铁65%）最终销往钢铁厂。

表7-49 窑渣磁选产品中主要有价金属及碳的含量 (%)

磁选产品	Cu	Pb	Ag	Fe	C
一级磁选铁渣Ⅰ	1.58	0.61	0.060	65.18	2.90
一级磁选铁渣Ⅱ	0.55	0.28	0.018	25.85	8.95
焦 炭	0.19	0.15	0.009	9.35	61.59

2006年5月，株冶在新窑渣处理系统的基础上，投资2000多万元建成了老窑渣处理生产线，窑渣处理能力19.5万吨/年。该生产线在一期工程基础上，增设了重选工序，使银的富集效果更好，产出了Ag含量大于600g/t的银铁矿。

E 项目效益

该技术的工业应用取得了显著的经济效益，从2003年3月投产以来到2006年7月，创造直接经济效益达10531万元。若加上铁剂和二次焦返回铅、铜和锌系统，回收的铜、铅、锌、铟等有价金属价值，项目创造的总经济效益超过2亿元。

该技术有机地结合了铅锌生产工艺条件，流程简单、投资少、技术成熟，分选生产过程无任何废料产生，产品可全部作为相关用户的原料使用，其中焦粉返回挥发窑配料回收利用，铁泥外销钢铁和有色冶炼企业，炭泥外销有色冶炼企业和制砖厂，实现了窑渣的资源化综合利用，是一套完整的挥发窑废渣资源化综合循环利用工艺技术，推广应用前景广阔。

7.4 黄铁矿烧渣的分选处理技术及实践

7.4.1 黄铁矿烧渣的来源及组成特点

黄铁矿烧渣，是指以硫铁矿（常称黄铁矿）为原料，采用沸腾焙烧制取硫酸后产出的废渣，又称硫酸烧渣（硫酸渣）、硫铁矿烧渣。

黄铁矿烧渣的化学组成十分复杂，其中主要成分是铁的氧化物，其次为硅、钙、铝、镁等氧化物，此外，还含有少量或微量的铅、锌、铜、金、银等有价金属及硫、砷元素，表7-50给出了我国典型硫酸生产企业的黄铁矿烧渣的化学成分情况[286,349~353]。

表7-50 我国典型硫酸生产企业的黄铁矿烧渣的化学成分 (%)

厂 家	TFe	FeO	CaO	MgO	Al_2O_3	SiO_2	S	As	Cu	Pb	Zn
德兴铜矿	65.22		0.57	0.21	0.95	5.67	0.125	0.0012	0.02	0.018	0.012
铜冠冶化厂	61.70	4.43	3.37	1.88	0.50	4.52	0.93	—	0.34	0.01	0.01

续表 7-50

厂　家	TFe	FeO	CaO	MgO	Al_2O_3	SiO_2	S	As	Cu	Pb	Zn
永平铜矿	54.63	4.74	3.34	1.32	1.90	12.20	1.04	—	0.292	—	—
南京化工集团	54.98	4.36	4.63	1.52	1.60	8.23	1.11	—	—	0.023	—
济宁某化工厂	52.84	1.32	2.30	1.71	2.51	15.57	0.79	—	—	—	—
铜化磷铵厂	49.23	1.27	3.52	0.79	1.94	13.50	1.76	0.60	—	—	—
河南某硫酸厂	53.04	—	—	—		11.31	1.08	0.08	0.36	—	0.44

黄铁矿烧渣的具体成分组成及理化性质，与黄铁矿原料的化学组成及焙烧工艺密切相关。一般而言，以化学矿山的黄铁矿精矿为原料得到的黄铁矿烧渣，铜、铅、锌等有色金属含量较低，而以有色金属矿山黄铁矿精矿为原料焙烧得到的黄铁矿烧渣，则有色金属含量较高。烧渣中铁的矿物组成主要受焙烧生产条件控制，根据生产条件不同，主要有以下三种情况：

（1）过氧化烧渣。呈红棕色，主要矿物是赤铁矿，在风料比偏高的条件下形成。

（2）正常烧渣。呈棕黑色，其中赤铁矿与磁铁矿含量大致相等，在风料比适中条件下形成。

（3）欠氧化烧渣。呈铁黑色，主要矿物是磁铁矿，有时含有方铁矿，在风料比偏低的条件下形成。

7.4.2 黄铁矿烧渣资源化利用方式

由于铁含量较高，黄铁矿烧渣实质是一种“人造铁矿”，可作为铁矿资源的补充而利用。黄铁矿烧渣中的有价成分，除了铁以外，还包括金、银等贵金属以及铜、铅、锌等贱金属，具体的有价成分及其实现方式见表 7-51。

表 7-51 黄铁矿烧渣的有价成分及其价值实现方式

有用成分	主要利用途径	典型技术	适用原料特点
铁	作炼铁原料 （铁精矿/直接还原铁粉/金属化球团）	磁　选	欠氧化烧渣
		重　选	过氧化烧渣
		磁选-重选联合工艺	正常烧渣
		还原焙烧-磁选	
	生产铁红及其他化学品		
铜、铅、锌 （基本金属）	氯化焙烧-湿法冶金回收； 还原焙烧-浸出	光和法（日本） 还原焙烧-氨浸 硫酸化焙烧-水浸	
金、银贵金属	选矿富集-氰化浸出回收	超细磨-氰化浸出 化学处理-氰化浸出	

7.4.3 黄铁矿烧渣处理利用技术

7.4.3.1 分选回收铁精矿

虽然部分优质黄铁矿烧渣中铁含量高，硫、硅含量低，可以直接用作烧结矿的配料，但大部分黄铁矿烧渣必须经过进一步处理，降低其中的硅、铁等杂质含量，提高铁品位，才能作为质量合格的铁精矿使用。

黄铁矿烧渣最简单的处理方法是磁选、重选等常规机械分选，但是，烧渣中的矿物系半熔融热渣急冷形成，理化性质与天然矿物有些差别，部分铁矿物与石英矿物呈半玻璃态混合，因此，常规选矿方法很难使其品位和回收率同时最佳。

7.4.3.2　磁化焙烧-磁选回收铁精矿技术

由于黄铁矿沸腾焙烧制酸一般采用强氧化性气氛作业，绝大部分 Fe^{2+} 氧化成为 Fe^{3+}，以弱磁性矿物形式存在，因此难以采用常规选矿工艺富集。

磁化焙烧-磁选工艺，就是针对铁氧化过度的实际情况，采用加还原剂，在 700 ~ 800℃磁化焙烧措施，使其中弱磁化铁矿物转化为强磁性的磁铁矿，然后再采用简单的磁选处理，即可得到高品位铁精矿，同时铁回收率指标也比较理想。该工艺的缺点是不能脱除烧渣中的铜、硫等有害元素。

7.4.3.3　氯化焙烧-浸出法综合回收有色金属与铁

该法根据氯化焙烧温度不同，分为高温氯化焙烧-浸出与中温氯化焙烧-浸出两种工艺。

高温氯化焙烧-浸出法，即日本光和法，具体流程如图 7-26 所示，将沸腾炉产出的热渣喷入 $CaCl_2$ 溶液进行混料，使渣含水 12%，含 $CaCl_2$ 3% ~4%，并与返料等混合均匀，经研磨混捏制成球团（含水 15%，生球强度 6 ~ 7kg/球），干燥后再入回转窑中，在 1000 ~ 1250℃温度下高温焙烧，有色金属以氯化物形式挥发随烟气进入收尘系统，收尘产品用常规的湿法处理，回收有色金属和 $CaCl_2$；铁则以烧结球团形式产出，作为炼铁原料。

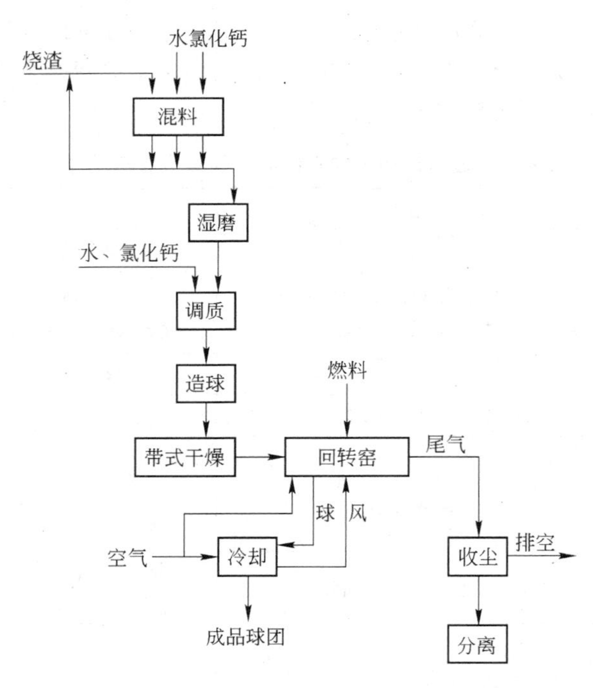

图 7-26　高温氯化挥发-回转窑球团的工艺流程

该法在日本应用最为普遍，如日本光和公司户烟厂、同和公司尼崎厂、三菱等厂都采用该法。其优点是：有色金属、贵金属的回收率高，Cu 89.1%，Pb 93.4%，Zn 93.4%，

Au 94.4%，Ag 85.6%。但是，该法对原料烧渣的质量要求高，如要求烧渣中 SiO_2 含量低于7%，FeO 含量低于5%，S 含量低于0.5%，Cu + Pb + Zn 含量高于2.5%，As 含量低于0.1%。

7.4.3.4 还原挥发-金属化球团法综合回收有色金属与铁

该法是将烧渣配入一定量的黏结剂一起混磨，然后造球，干燥后与还原剂共同加入回转窑中，在1000～1150℃下还原焙烧，其中的Zn、Pb被还原挥发进入烟气，再随烟气进入收尘系统，捕集后送有色冶金工序回收，同时得到海绵铁（或叫金属化球团）产品，具体流程如图7-27所示。

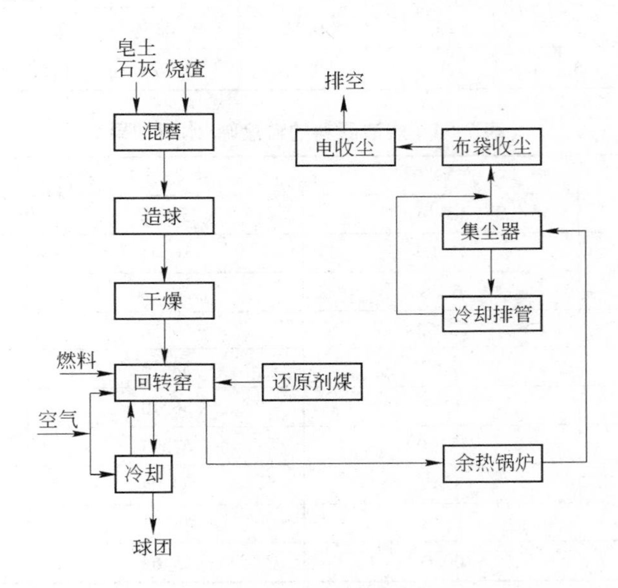

图7-27 还原挥发-金属化球团法工艺流程

该法的优点是：铁的金属化率可高于90%，Zn、Pb的挥发率可大于95%，在脱除Pb、Zn和Cd、In、Ge等金属的同时，可以获得金属化球团；流程简单可靠，不存在氯化焙烧中的设备防腐问题。但是，该法不适用于处理含Cu、Ag、Au等不挥发金属的烧渣。

7.4.4 黄铁矿烧渣综合回收的生产实践

7.4.4.1 永平铜矿硫酸烧渣选铁的工业试验[350]

A 简况

江西铜业股份有限公司永平铜矿年产铜精矿约7万吨、硫精矿约60万吨。为了延伸产业链，于2006年建成一座年产40万吨的硫酸厂，硫酸厂每年可产出铁品位54%左右的硫酸烧渣约30万吨。

为了合理利用好资源，确保投资可靠，矿山与研究院所合作，在选矿小型试验及扩大连选试验基础上，进行了日处理量50t硫酸烧渣的工业试验。经过长达3个多月的试验，取得了比较理想的效果。

B 试验矿样

工业试验用烧渣原料的化学多元素分析结果见表7-52，铁的化学物相组成见表7-53，粒度筛/水析结果见表7-54。该渣中主要的金属矿物是赤铁矿、褐铁矿和磁铁矿，主要脉石矿物是石英和黏土，渣中粗/细粒级铁品位较低，中间粒级铁品位较高，且分布率较高。

表 7-52　烧渣原料的化学多元素分析结果　（%）

元素	TFe	FeO	SFe	CaO	MgO	Al_2O_3	SiO_2	S	P	Cu	烧损
含量	54.63	4.74	53.99	3.34	1.32	1.90	12.20	1.04	0.028	0.292	2.86

表 7-53　烧渣原料的铁化学物相组成　（%）

物相	磁铁矿	假象赤铁矿	赤、褐铁矿	黄铁矿	磁黄铁矿	碳酸铁	硅酸铁	合计
铁含量	9.43	28.50	15.40	0.15	0.03	0.30	0.85	54.66
分布率	17.25	52.14	28.17	0.27	0.06	0.55	1.56	100.00

表 7-54　烧渣原料的粒度筛/水析结果

粒级/mm	产率/%	铁品位/%	铁分布率/%
+0.15	15.14	50.66	13.79
-0.15 +0.10	17.07	56.41	17.31
-0.10 +0.076	6.96	58.76	7.35
-0.076 +0.043	22.52	59.50	24.08
-0.043 +0.038	8.67	58.13	9.06
-0.038 +0.030	1.23	56.10	1.24
-0.030 +0.019	14.50	57.93	15.10
-0.019 +0.010	8.45	49.94	7.58
-0.010	5.46	45.79	4.49
合　计	100.00	55.64	100.00

C　工业试验流程及条件

原渣样由圆盘给矿机给入搅拌槽，加水搅拌后自流到圆筒筛除渣，筛下由泵给入一段旋流器分级，分出细粒级（简称一段旋溢），旋流器沉砂进入一段螺旋溜槽粗选，精矿泵入二段螺旋溜槽精选，二段螺旋溜槽中矿返到二段螺旋溜槽再选，二段螺旋溜槽精矿泵入高频振动细筛筛分，筛下为重选最终精矿，筛上部分与一、二段螺旋溜槽尾矿合并，进入由磨机与高频振动细筛组成的闭路磨矿分级系统再磨分级，筛下产品泵入二段旋流器分级，分出细粒级（简称二段旋溢），二段旋流器沉砂再返回一段螺旋溜槽再选，一、二段旋溢合并自流至浓缩池，经浓缩机浓缩后进入反浮选系统。反浮选采取一次粗选/三次精选，粗选泡沫为最终尾矿，精选泡沫产品合并返回浓缩机，三次精选尾矿为最终精矿。重选精矿与浮选精矿分别浓缩、过滤。

试验主要工艺操作参数为：

一段旋流器给矿浓度20%左右，给矿压力0.8～1.0kg/cm^2；一段螺旋溜槽（粗选）给矿浓度40%±2%，二段螺旋溜槽（精选）给矿浓度30%±2%；重精细筛筛孔尺寸0.125mm，磨矿细筛筛孔尺寸0.11mm；二段旋流器给矿浓度12%左右，给矿压力1.4～1.6kg/cm^2；反浮选给矿细度-0.043mm 95.50%，反浮选各作业的药剂用量（对原矿）及工艺条件见表7-55。

表 7-55 反浮选各作业的药剂用量（对原矿）及工艺条件

作业名称	药剂名称	用量/g·t^{-1}	反浮选时间/min	矿浆浓度/%
粗选	NaOH	400	16	30±2
	DF	400		
	A-12	130		
一次精选	A-12	40	10	25
二次精矿	A-12	30	12	22
三次精选	A-12	20	13	20

注：条件 pH 值 9～9.5、矿浆温度 28～32℃。

D 试验过程与结果

工业试验共进行了 20d，重选部分连续稳定运转 20d，全流程稳定运转 11d，取生产试样 91 批。

试验表明，在烧渣平均铁品位 54.25% 的情况下，采用粗细分选-部分磨矿-重选-反浮选的工艺流程处理各种烧渣，均能获得理想的选别指标，当入浮粒度 -0.043mm 95.50% 时，能获得精矿产率 55.08%、铁品位 62.11%、铁回收率 63.06% 的选别指标。而回水的循环利用，可降低浮选药剂用量 50% 以上，并且对选别指标没有明显影响，具体的数质量流程如图 7-28 所示。

E 产品考查

工业试验所得的重选精矿、浮选精矿和综合精矿化学多元素分析结果见表 7-56，综合精矿的粒度筛/水析结果见表 7-57，由表中结果可以看出，综合精矿中硫、磷含量较低，粒度 -0.076mm 90% 左右，符合冶炼要求。

表 7-56 各精矿化学多元素分析结果 （%）

元素		TFe	FeO	SFe	CaO	MgO	Al_2O_3	SiO_2	S	P	Cu	烧损
含量	重选精矿	63.27	5.68	63.12	1.45	0.76	1.10	5.98	0.232	0.022	0.61	0.300
	浮选精矿	61.33	5.64	61.14	1.28	1.21	1.70	7.88	0.120	0.024	0.285	0.68
	综合精矿	62.26	5.66	61.69	1.32	0.96	1.40	6.95	0.162	0.023	0.49	0.396

表 7-57 综合精矿的粒度筛/水析结果

粒级/mm	产率/%	铁品位/%	铁分布率/%
+0.15	0.67	47.96	0.52
-0.15 +0.10	5.71	63.05	5.79
-0.10 +0.076	2.34	64.10	2.41
-0.076 +0.043	16.30	63.80	16.71
-0.043 +0.038	13.66	62.66	13.75
-0.038 +0.030	5.04	61.11	4.95
-0.030 +0.019	30.11	64.03	31.16
-0.019 +0.010	18.02	60.27	17.44
-0.010	8.15	55.58	7.27
合 计	100.00	62.25	100.00

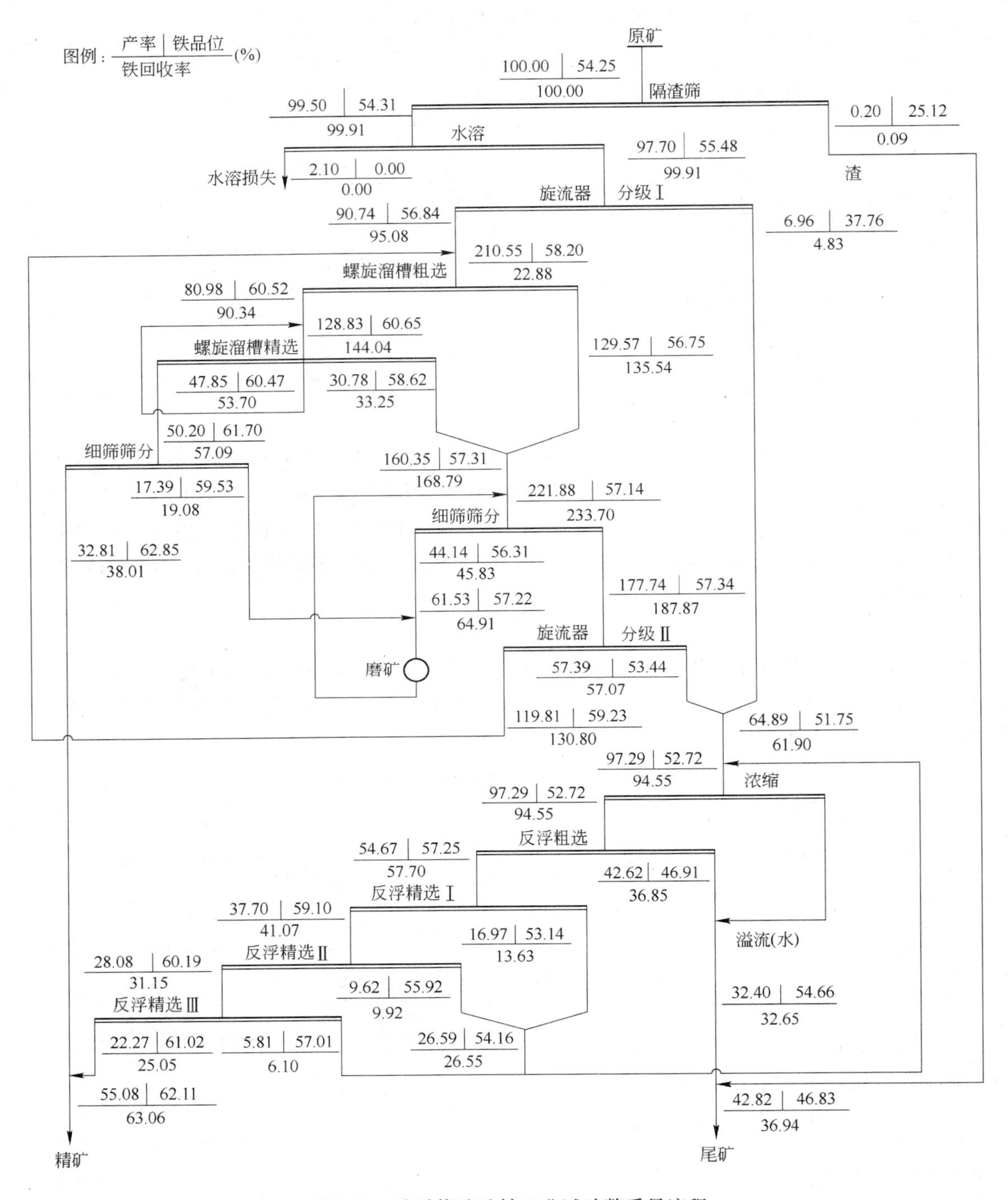

图 7-28　硫酸烧渣选铁工业试验数质量流程

7.4.4.2　金山店铁矿硫酸厂硫酸渣综合利用生产实践[354]

A　简况

金山店铁矿硫酸厂每年生产硫酸渣约 3.5 万吨，若能将该硫酸渣变废为宝，不仅会取得明显的环境效益，而且经济效益也相当可观。矿山通过一系列试验研究，确定采用螺旋溜槽与磁选机组成的重选-磁选联合流程，处理该硫酸渣可取得较好的回收效果。在试验基础上实施了工业生产，一年的生产实践表明，精矿品位可控制在57% ~60%，产率可达66%左右。

B　原料性质

原料硫酸渣的粒度筛析结果见表7-58。从表中结果可看出，渣中39.29%的铁金属分布在-0.038mm粒级中，由于微细颗粒在磁选过程中易产生“磁团聚”，造成精矿铁品位偏低，因此不适宜采用单一磁选工艺处理。

表7-58　硫酸渣粒度筛析结果

粒级/mm	产率/%	品位/%		回收率/%	
		Fe	S	Fe	S
+0.105	8.40	47.48	1.51	8.07	22.97
-0.105 +0.076	10.37	52.70	0.55	11.06	10.33
-0.076 +0.045	27.39	49.56	0.39	27.47	19.35
-0.045 +0.038	14.21	49.07	0.32	14.11	8.23
-0.038	39.63	49.00	0.545	39.29	39.12
合　计	100.00	49.42	0.552	100.00	100.00

C　工业试验结果

鉴于磁选效果不佳，重点进行了螺旋溜槽重选试验，试验流程如图7-29所示，试验结果见表7-59。

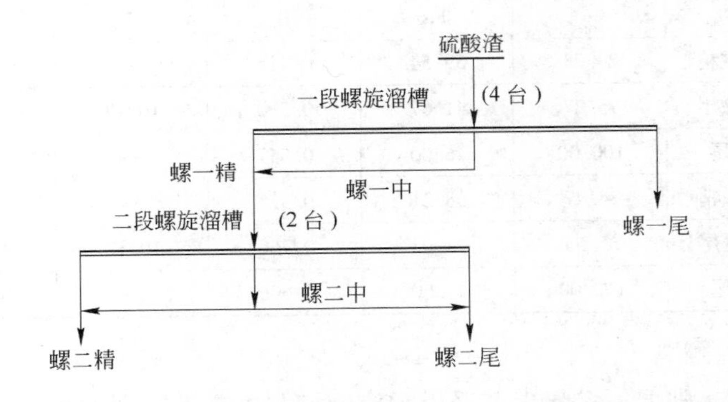

图7-29　螺旋溜槽重选处理硫酸渣的工业试验流程图

表7-59　螺旋溜槽分选硫酸渣的工业试验结果

试验批次	试验条件	产品名称	产率/%	品位/%		回收率/%	
				Fe	S	Fe	S
2002-9-18G	精、尾矿分隔挡块，角度60°，给矿浓度：7.20%	螺一精	72.65	53.20	0.79	75.41	69.15
		螺二精	61.51	59.61	0.59	71.54	43.72
		总尾矿	38.49	37.89	1.21	28.46	56.28
		硫酸渣	100.00	51.25	0.83	100.00	100.00

续表 7-59

试验批次	试验条件	产品名称	产率/%	品位/%		回收率/%	
				Fe	S	Fe	S
2002-9-21H	精、尾矿分隔挡块，角度 60°，给矿浓度：6.74%	螺一精	72.32	54.29	0.79	76.68	79.35
		螺二精	61.98	59.99	0.64	71.41	55.09
		总尾矿	38.02	38.50	0.85	28.59	44.91
		硫酸渣	100.00	51.20	0.72	100.00	100.00
2002-9-18J	精、尾矿分隔挡块，角度 105°，给矿浓度：6.86%	螺一精	65.61	56.61	0.71	71.39	55.46
		螺二精	50.21	60.01	0.65	57.91	38.85
		总尾矿	49.79	43.98	1.03	42.09	61.15
		硫酸渣	100.00	52.03	0.84	100.00	100.00

从表 7-59 结果可看出，采用螺旋溜槽选别时，根据硫酸渣给矿品位的高低调节精、尾矿的挡块角度，可将硫酸渣精矿品位控制在 57% ~60%，不过，渣中仍然有相当一部分磁性物质从尾矿中流失。

为了回收流失在螺旋溜槽尾矿中的磁性物质，进一步对螺旋溜槽的尾矿进行了磁选回收试验，试验结果见表 7-60。从表 7-60 可看出，经螺旋溜槽选别的尾矿，再经一段磁选分选后，可得到品位为 59% 左右的精矿，从而再回收一部分铁精矿。

表 7-60　螺旋溜槽尾矿磁选回收试验结果

试验批次	产品名称	产率/%	品位/%			回收率/%	
			Fe	S	MFe	Fe	S
2002-10-28K	螺一磁精	24.23	59.54	0.415	—	31.36	18.38
	螺一磁尾	75.77	41.67	0.590	10.12	68.64	81.62
	螺一尾	100.00	46.00	0.547	—	100.00	100.00
2002-10-28L	螺一磁精	34.47	58.21	0.575	—	42.15	28.48
	螺一磁尾	65.53	42.02	0.760	10.12	57.85	71.52
	螺一尾	100.00	47.60	0.696	—	100.00	100.00

D　生产实践

在工业试验的基础上，实际生产采用螺旋溜槽与中磁选机联合的一粗、一精、一扫工艺流程，进行硫酸渣再选回收。实际生产的工艺流程见图 7-30，流程考查的产品质量指标

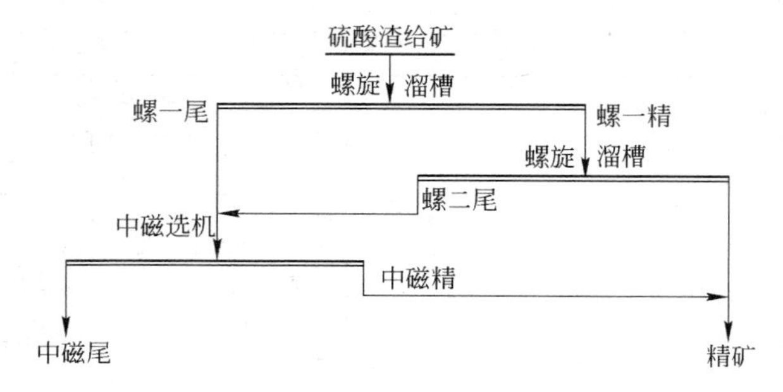

图 7-30　硫酸渣重选-磁选流程回收铁精矿生产工艺流程图

见表7-61，生产流程的台时产量及产率见表7-62。

表7-61 流程考察的产品质量指标 (%)

时间（2003年）		03-11	03-13	03-14	03-23	03-34
硫酸渣	Fe品位	47.88	51.62	43.63	52.33	47.98
	S品位	1.22	1.55	0.91	1.09	1.28
螺一精	Fe品位	50.88	59.94	46.84	54.99	51.92
	S品位	1.19	1.31	0.84	1.24	1.31
螺一尾	Fe品位	46.28	46.93	41.74	48.88	45.91
	S品位	1.32	1.31	1.49	1.21	1.35
螺二精	Fe品位	57.31	59.69	55.93	58.95	56.09
	S品位	1.45	1.14	0.79	1.39	0.98
螺二尾	Fe品位	46.63	47.37	41.60	49.76	46.53
	S品位	1.35	1.38	0.87	1.24	1.32
中磁给	Fe品位	44.25	45.95	42.51	45.98	47.68
	S品位	1.36	1.28	0.88	1.29	1.39
中磁精	Fe品位	59.19	61.91	60.59	61.08	58.94
	S品位	1.19	1.30	1.86	1.64	1.27
中磁尾	Fe品位	42.79	28.32	43.35	38.42	37.65

表7-62 生产流程的台时产量及产率

类　别	密度/$t\cdot m^{-3}$	台时产量/$t\cdot h^{-1}$	实际产率/%	密度/$t\cdot m^{-3}$	台时产量/$t\cdot h^{-1}$	实际产率/%
硫酸渣	3.55	3.89	100.00	3.61	4.03	100.00
螺一精	3.97	2.88	74.04	3.95	2.92	72.46
螺二精	3.92	2.39	61.44	4.05	2.48	61.54
中磁精	4.32	0.20	5.15	4.32	0.27	6.70
硫酸渣精矿	4.36	2.59	66.58	4.33	2.75	68.24
铁皮精	4.55	—	—	4.35	—	

7.4.4.3 铜陵有色利用硫酸渣生产氧化球团的工业实践[349]

A 简况

为了开发利用自产铁精砂和硫酸渣，铜陵有色金属集团控股有限公司铜冠冶化分公司在试验研究基础上，于2008年9月建成投产了国内首例以硫酸渣为主要原料的120万吨/年氧化球团生产线。

B 原料性质

硫酸渣的化学成分见表7-63，其中铁品位61.70%，硫含量0.93%，CuO等有害成分偏高。

表7-63 硫酸渣的化学成分 (%)

成　分	TFe	FeO	Al_2O_3	CaO	MgO	MnO	K_2O	Na_2O
含　量	61.70	4.43	0.50	3.37	1.88	0.053	0.038	0.017
成　分	CuO	PbO	ZnO	P	S	SiO_2	烧　失	水　分
含　量	0.430	0.017	0.020	0.0076	0.93	4.52	1.21	1.5

硫酸渣的粒度组成见表 7-64，其中 −0.043mm 粒级 81.3%，−0.074mm 粒级约 95%，在粒度上适合用作球团原料。硫酸渣的其他物理性能指标见表 7-65。

表 7-64　硫酸渣的粒度组成

粒级/mm	+0.125	−0.125 +0.074	−0.074 +0.043	−0.043
分布率/%	1.8	2.8	14.1	81.3

表 7-65　硫酸渣的物理性能指标

性能指标	真密度 /g·cm^{-3}	堆密度 /g·cm^{-3}	静堆积角 /(°)	比表面积 /cm^2·g^{-1}	毛细水迁移速度 /mm·min^{-1}	毛细水 /%	分子水 /%	静态成球形指数 K
指标值	4.4237	1.069	30.58	878	25.03	35.18	11.80	0.505

根据表 7-63 ~ 表 7-65 中相关数据可以看出，该硫酸渣的特点是：

（1）含铁量低，含硫量高，达到 0.93%。

（2）质地疏松，颗粒呈多孔蜂窝状。疏水性强，堆密度与比表面积小，成球性能差，生球水分高。

C　工艺技术研究

采用该硫酸渣生产氧化球团，主要存在以下技术难点：

（1）硫酸渣中铁矿物主要以 Fe_2O_3 形式存在，具有类似赤铁矿的焙烧特性，只有在较高的焙烧温度下（约 1300℃），才能使其晶格中质点扩散，发生晶粒长大和再结晶固结。

（2）硫酸渣中硫含量较高，必须要充分考虑硫的脱除，才能使成品球团矿中的硫含量低于 0.05%。

（3）硫酸渣气孔率较高，存在大量的蜂窝状孔隙，比表面积远低于造球所要求的值（1500 ~ 1900cm^2/g），需要采取相应的提高原料比表面积的措施。

（4）硫酸渣质地疏松，密度低、疏水性强，且含水量低，不能直接用来混合造球，应采取适度配矿等的技术措施，提高其成球性能，确保生球强度。

鉴于以上情况，设计采用如图 7-31 所示的链箅机-回转窑工艺流程。针对其中的技术难点，采取了如下的特殊造球技术和热工制度。

a　造球技术

（1）针对硫酸渣质地疏松、极具预润湿和困料的特点，采用专用困料技术，分两次进行增湿，一次增湿水分由 0.5% 提高到 10%，二次增湿再提高到 12%。

（2）采用二级串联的高压辊磨技术，将物料比表面积由 878cm^2/g 提高到 1600cm^2/g，提高物料成球性能。

（3）控制生球水分为 13% ~13.5%，确保下道工序的生球强度。

b　热工制度

（1）采用鼓风干燥减少过湿层的影响，同时提高鼓风干燥段的气流温度。

（2）增加链箅机长度，延长生球在鼓风干燥段的停留时间。

（3）提高鼓风干燥段的烟气温度，防止结露，以免造成后段设备的黏结。

（4）增加调温热风炉，提高抽风干燥段的排出烟气温度，保证烟气温度大于 220℃，以防相关设备产生酸腐蚀。

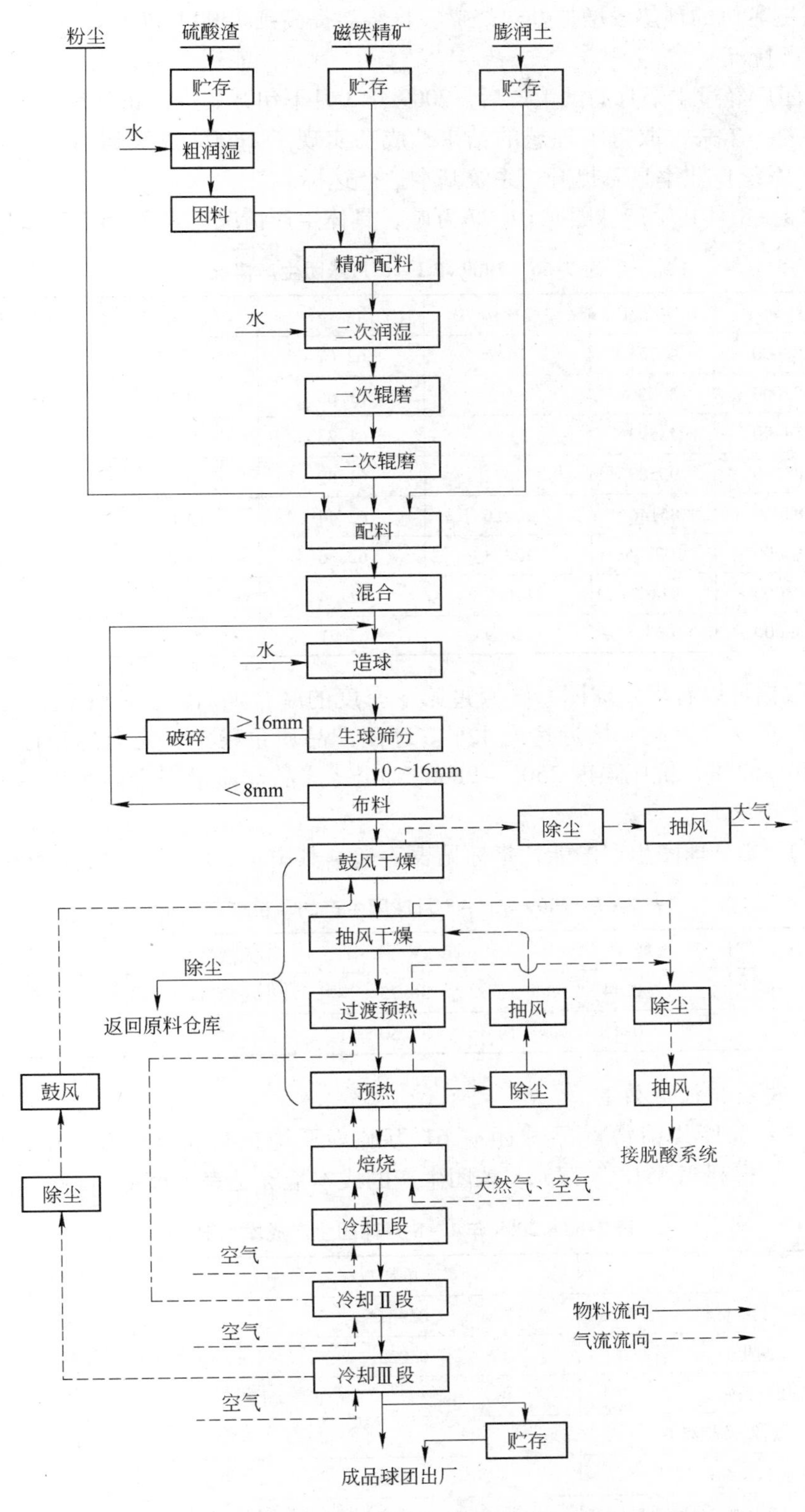

图 7-31 硫酸渣链箅机-回转窑生产氧化球团的工艺流程图

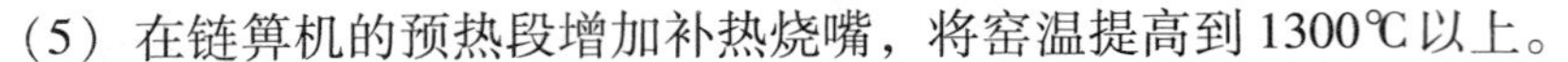

（5）在链箅机的预热段增加补热烧嘴，将窑温提高到1300℃以上。

D　生产情况

氧化球团厂经过4个月的试生产后，2009年3月下旬开始进入正常运行；至2010年3月投产运行近一年来，取得了理想的结果，成功实现了1800h连续运行，总运行时间达6640h，生产系统作业率显著提升，系统基本达产达标。

2009年1～8月共生产球团矿61.27万吨，具体生产情况见表7-66。

表7-66　2009年1～8月球团生产情况

月 份	计划/t	实际/t	完成比例/%	平均品位/%	硫含量/%	平均强度/N·个$^{-1}$
1月	83000	63725	76.7	62.67	0.03	2855
2月	83000	30056	36.2	61.65	0.06	3393
3月	84000	43593	51.9	61.73	0.01	2997
4月	83000	95587	115.2	61.89	0.01	2520
5月	83000	85146	102.6	62.44	0.01	2758
6月	84000	102735	122.3	62.36	0.02	2680
7月	83000	91462	110.2	62.54	0.02	2751
8月	83000	100385	120.9	62.21	0.02	2808

从表中数据可以看出：球团系统经过第一季度的磨合期后，生产比较稳定，4～8月球团月平均产量9.5万吨，接近达产水平。球团产品质量稳定，完全达到行业二级品标准，其中TFe≥62%，抗压强度2500～2800 N/个。成品球质量完全满足市场要求，部分指标甚至优于市场要求。

2009年1～8月球团生产的能耗指标见表7-67，其中水、电消耗优于设计指标。

表7-67　2009年1～8月球团生产的单位能耗指标

项　目	水耗/t·t^{-1}	电耗/kW·h·t^{-1}	天然气/m^3·t^{-1}	粉煤/kg·t^{-1}
设计消耗	0.44	38.75	11.0	23.0
实际消耗	0.41	37.50	13.0	27.7

E　经济效益和社会效益

2009年1～8月共销售商品球团矿61万吨，平均销售价728.06元/t，单位利润73.975元/t，销售利润4512.5万元。球团生产的成本情况见表7-68。

表7-68　2009年1～8月球团生产成本情况

成 本 项 目	实际单耗数/t	实际单位成本/元
原料及主要材料	0.987	521.10
膨润土	0.023	6.15
辅助材料		2.19
燃料（天然气及烟煤）		59.36
生产用水、压缩空气	0.550	0.60
生产用电	40.413kW·h	23.74

续表 7-68

成本项目	实际单耗数/t	实际单位成本/元
职工薪酬		10.77
制造费用		30.18
成本合计		645.09
吨球加工费		126.84

以正常年产 120 万吨球团矿计算，年生产球团矿成本为 78490.8 万元；平均售价按 750 元/t 计算，年销售收入为 90000 万元；年净利润可达 11509.2 万元；企业生产所得税按 25% 计算，则税后利润可达 8631.9 万元/年；全部资产投资回收期约为 4 年左右。

采用自产硫酸渣做原料，走循环经济的模式，实现了变废为宝，不仅经受住了金融危机的考验，还创造了可观的利润。该项目不仅有良好的经济效益，而且有显著的社会效益：

（1）利用硫酸渣生产球团矿，可在一定程度上缓解国内铁矿资源紧张状况，降低炼铁成本，提高矿产资源的综合利用率。

（2）很好地解决了硫酸渣堆积难、严重污染环境的问题，生产出合格的球团矿产品，实现了硫酸渣的循环利用。

7.5　粉煤灰的分选处理技术及实践

7.5.1　粉煤灰的组成及性质特点[355,356]

7.5.1.1　粉煤灰的来源及组成

粉煤灰是粉煤燃烧后，从烟囱里排放出来的飞灰，它是粉煤高温燃烧时，无机杂质熔融、骤冷而形成的固体产物。

A　化学成分组成

粉煤灰的主要化学成分为：Al_2O_3、SiO_2、Fe_2O_3 以及 CaO、MgO、K_2O、Na_2O、TiO_2、C 和其他多种微量元素。成分的具体含量因煤的产地、煤的燃烧方式和程度等不同而有所不同，表 7-69 列出了我国火力发电厂粉煤灰的主要化学成分组成范围及均值。

表 7-69　粉煤灰主要化学成分　（%）

成分	SiO_2	Al_2O_3	Fe_2O_3	CaO	MgO	SO_3	Na_2O	K_2O	烧失
范围	34～65	14～40	1～16	0～17	0～4	0～6	0～4	0～2	0～30
均值	50.80	28.10	6.20	3.70	1.20	0.80	1.20	0.60	7.90

B　矿物组成

从矿物物相上讲，粉煤灰是晶体矿物、硅-铝质玻璃体非晶体矿物及少量未燃炭的混合物，其中主要的晶体矿物为石英、莫来石、赤铁矿、磁铁矿、氧化镁、生石灰及无水石膏等，玻璃体包括光滑的球形玻璃体粒子、形状不规则孔隙少的小颗粒、松散多孔且形状不规则的玻璃体球等；未燃炭多呈疏松多孔形式。

粉煤灰中的矿物组成波动较大，一般玻璃体含量 50% 以上；冷却速度越快，玻璃体含量越高；反之，玻璃体容易析晶。粉煤灰的主要矿物组成及含量范围见表7-70。

表7-70　粉煤灰的矿物组成　（%）

名　称	莫来石	石　英	赤铁矿	磁铁矿	玻璃体
范　围	2.7～34.1	0.9～18.5	0～4.7	0.4～13.8	50.2～79.0
均　值	8.10	21.20	1.10	2.80	60.40

人们通常将粉煤灰按形状分为珠状颗粒和渣状颗粒两大类。其中珠状颗粒包括空心玻珠（漂珠）、厚壁及实心微珠（沉珠）、铁珠（磁珠）、炭粒、不规则玻璃体和多孔玻璃体等；渣状颗粒包括海绵状玻璃渣粒、炭粒、钝角颗粒、碎屑和黏聚颗粒等。

7.5.1.2　粉煤灰的性质特点

粉煤灰是一种具有火山灰特性的微细灰，其主要物理性质参数见表7-71。

表7-71　粉煤灰的物理性质参数

项　目	范　围	均　值	备　注
粒径/mm	0.0005～0.2	0.02	
密度/g·cm^{-3}	1.9～2.9	2.1	
堆积密度/g·cm^{-3}	0.531～1.261	0.78	
比表面积/cm^2·g^{-1}	800～19500	3400	氧吸附法
	1180～6530	3300	透气法
原灰标准稠度/%	27.3～66.7	48	
需水量/%	89～130	106	
28d抗压强度比/%	37～85	66	

粉煤灰是一种火山灰特性的混合材料，本身略有或没有水硬胶凝性能，但当以粉状及有水存在时，在一定温度下与$Ca(OH)_2$等碱性物质反应，其生成物不但能在空气中硬化，而且能在水中继续硬化，生成具有水硬胶凝性能的化合物，成为一种增加强度和耐久性材料。

7.5.2　粉煤灰的资源价值及实现方法

7.5.2.1　粉煤灰的资源价值

粉煤灰的资源价值主要体现在有价成分回收利用与整体利用两方面。

A　有价成分回收利用

粉煤灰中包含了氧化铝、空心微珠、铁质微珠等有用成分，其回收利用价值相当可观：

（1）氧化铝。Al_2O_3是粉煤灰的主要成分，一般含量范围为15%～40%，有些高铝粉煤灰中Al_2O_3含量达到50%（质量分数），是一种很好的工业氧化铝生产原料。

（2）空心微珠（空心漂珠）。以空心漂珠为原料，经合理配制、高温烧结、精制可得到高强轻质耐火砖制品，其广泛应用于冶金、机械、石油、化工、电力、电炉、锅炉、船舶、建材等行业的热工设备，具有质量轻、耐火度高、抗压强度大、导热系数低、隔热性能佳、表面活性大等优点。

（3）铁质微珠。

B 材料整体利用

粉煤灰是火山灰特性的粉末材料，具有潜在活性高、矿物体化学稳定性好、颗粒细、有害物质少等特点，是生产水泥、混凝土及轻质建材的好原料。

7.5.2.2 粉煤灰综合利用的途径方法

根据粉煤灰资源价值的主要体现方式，其综合利用途径主要可分为有价成分回收利用与整体利用两大类。美国电力研究所根据粉煤灰的容纳量（即吃灰量）和技术水平，进一步将粉煤灰综合利用途径分为三类（具体情况见表7-72）[357]：

（1）高容量/低技术。即不需要深度加工就可以利用，投资少，上马快，技术易掌握，吃灰量最大；缺点是使用地点和数量经常变动，难以预测。

（2）中容量/中技术。主要用作建筑材料，一般投资大，吃灰量大，用量稳定，有一定的技术要求。

（3）低容量/高技术。主要为分选利用，产品层次高，吃灰量甚微，技术水平要求高，但经济效益好。

表7-72 按容纳量和技术水平分类的粉煤灰综合利用途径

类别	用 途	实 例	类别	用 途	实 例
高容量/低技术	灌浆材料	废矿井充填	中容量/中技术	墙体材料	粉煤灰烧结砖
		废坑道充填			粉煤灰砖
	筑路工程	基层材料			粉煤灰陶粒
	回填材料	大桥桥台回填土			粉煤灰切块
		挡土墙回填土			彩色地面砖
低容量/高技术	分选微珠	新型保温材料			层面保温材料
	磁化粉煤灰	土壤磁性改良剂			粉煤灰防水粉
	粉煤灰提铝	电解铝原料		水泥生产	混合材原料
	制造岩棉制品	炭黑、活性炭等		混凝土掺合料	代替部分水泥
	粉煤灰艺术制品	代替石膏			
	吸收材料	分子筛原料之一			

从表7-72可以看出，粉煤灰主要利用途径是用于灌浆材料、筑路工程、回填材料、水泥和混凝土掺合料和生产建筑材料。其中粉煤灰作为灌浆材料、筑路工程、回填材料受地域限制，用量不稳定，而且技术水平低下。而粉煤灰用于水泥和混凝土可以改善混凝土材料的性能，用量大、技术水平较高，是我国粉煤灰利用的最主要途径。

7.5.3 粉煤灰脱炭分选技术及实践

7.5.3.1 粉煤灰整体利用的技术要求

根据国家标准《用于水泥和混凝土中的粉煤灰》(GB/T 1596—2005)[358]，拌制混凝土和砂浆用粉煤灰有细度、需水量比、烧失量、含水量、三氧化硫、游离氧化钙、安定性等7项技术要求；水泥混合材用粉煤灰有6项技术要求，即将前者7项技术要求减少了细度和需水量比，增加了强度活性指数，因此可以理解为水泥和混凝土用粉煤灰有8项技术指标要求。其中含水量、三氧化硫、游离氧化钙、安定性4项指标是对粉煤灰品质的基本规定；游离氧化钙、安定性和三氧化硫主要是为限制过烧或欠烧 CaO、MgO 与硫酸盐水化后体积膨胀使混凝土开裂而制定。

普通粉煤灰含水量、三氧化硫、游离氧化钙、安定性 4 项指标都可以达到规定的技术要求，真正衡量粉煤灰品质高低的是细度、需水量比、强度活性指数和烧失量 4 项指标，其中烧失量主要受粉煤灰中未燃尽的残炭、未变化或变化不明显的煤粒有机成分含量影响，是影响需水量比、强度活性指数的主要因素，故而对混凝土的性能影响非常大。

7.5.3.2　粉煤灰的脱碳方法

为了保证混凝土的质量，必须对粉煤灰的烧失量进行严格控制，降低粉煤灰的碳含量。尽管 GB/T 1596—2005 规定Ⅰ级灰的烧失量小于 5%，但市场上所能接受的指标远低于这个值（一般要求小于 3%）。而我国很多电厂粉煤灰的含碳量在 10% 左右，有的甚至到 20%。因此，碳含量超标是粉煤灰资源化的过程中所遇到的主要问题，它制约着粉煤灰在许多领域的应用，经济合理的脱碳技术成为粉煤灰能否资源化利用的关键。

粉煤灰脱碳方法分为湿法和干法两大类。浮选法是湿法工艺的代表，传统的水膜除尘系统收集的湿排灰通常采用该法处理。干法的代表工艺为电选法，此外，还有流态化分选法、磁选法等；静电干式收尘得到的粉煤灰干粉一般采用干法处理。

粉煤灰的电选和浮选脱碳工艺的适用范围和优缺点见表 7-73[359]。其中电选产品无需过滤干燥，随着电厂越来越普遍采用静电干式收尘系统，粉煤灰电选干式分选脱碳成为优先选择。

表 7-73　粉煤灰电选与浮选脱碳工艺的比较

方　法	电　选	浮　选
粒度范围	中粗粒（>45μm）	中细粒（<100μm）
优　点	无需干燥、成本低	尾灰含碳量低
缺　点	尾灰含碳量高	需干燥、流程较复杂
适用性	含碳较低的干粉煤灰	各种粉煤灰

7.5.3.3　粉煤灰电选脱碳工艺及设备[360]

粉煤灰电选处理回收炭粒，主要是利用炭粒的比电阻（一般为 104 ~ 105Ω · cm）与硅铝酸盐矿物的比电阻（一般为 1011 ~ 1012Ω · cm）之间的差异，在高压电晕电场与高压静电场相结合的复合电场中，通过高压分选电场和离心力场的作用，实现炭-灰的分离和灰的细度控制。

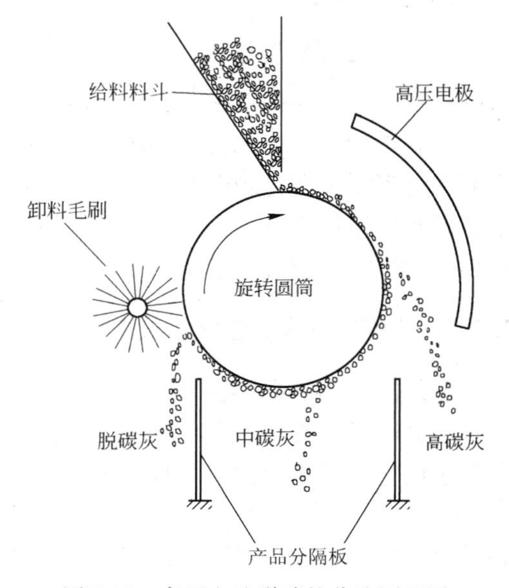

图 7-32　高压电选脱碳的分选原理图

具体的分选原理如图 7-32 所示，原料从圆筒上部给到高压电极和接地电极之间的电晕电场中，物料荷电以后，导电性能良好的炭粒颗粒在与接地电极表面接触时，能较快地将所荷的电荷经圆筒电极传走，并在旋转圆筒带来的离心力和自身重力的作用下，脱离圆筒电极，落入导体颗粒的接料槽中。导电性能较弱的颗粒灰，在与圆筒接触时，则较难传走它们所带的电荷，由于异性电荷相互吸引而吸附在圆筒表面，并随圆筒转动进入后部，被卸料毛刷刷下，落入非导体颗粒接料槽中。

长沙矿冶研究院专门设计了锅炉粉煤灰脱碳的 YD31-21F 系列高压电选脱碳机，主机由接地分选圆筒、电晕-静电复合电极、接料分隔板、滚动卸料毛刷、传动系统、给料斗、机架、抽尘管路和吹气清扫管路等组成。除了分选主机外，该设备还包括定量给料器、排料斗、高压电源、电控柜以及远程智能监控系统等部分。该电选脱碳机的主要技术参数见表 7-74，外观如图 7-33 所示。

图 7-33 YD31-21F 型高压电选脱碳机外观图

表 7-74 YD31-21F 型高压电选脱碳机的主要技术参数

规格型号	圆筒转速 /r·min^{-1}	分选电压 /kV	传动功率 /kW	入选粒度 /mm	处理能力 /t·h^{-1}	外形尺寸 /m×m×m	重量 /t
YD31200-21F	0 ~ 600	0 ~ 80	3	0.02 ~ 3.0	2.0 ~ 4.0	3.5 × 1.8 × 1.8	3.8
YD31300-21F	0 ~ 600	0 ~ 80	4.4	0.02 ~ 3.0	4.0 ~ 6.0	4.5 × 1.8 × 1.8	4.8

7.5.3.4 粉煤灰电选脱碳的生产实践[361]

A 概况

广东云浮发电厂排放的粉煤灰，由于原煤及锅炉燃烧工艺变化等原因，其烧失量波动比较大，当原灰烧失量达到 10% ~20% 时，利用原有的风选系统难以获取高质量的产品。

为了解决粉煤灰烧失量过高的问题，2005 年 4 月装备了一套粉煤灰电选脱碳系统，经过试生产后投入正式生产运行。

B 工艺流程及设备

原灰用罐车取自云浮发电厂干排灰，再泵送至灰库中。灰库底部设置电选脱碳机，灰库中的灰用钢管自流至电选脱碳机上部的料斗中，再通过电选脱碳机自带的连续给料机送入分选区进行分选。

电选脱碳机采用 YD31300-21F 型高压电选脱碳机，分选采用一次电选分选的原则流程。该流程工艺设备简单、运行操作方便。

C 产品指标及生产控制

影响产品质量的重要因素主要有圆筒转速、给料速度等。通过调整圆筒转速可以控制产品产率和产品质量，转速越高，脱碳灰的产率越小，烧失量越低；圆筒转速越低，脱碳灰的产率越大，烧失量越高。

原状灰的烧失量也是决定脱碳灰质量的重要因素，在原状灰烧失量 10.60% 情况下，试生产的技术指标见表 7-75。

表 7-75 云浮发电厂粉煤灰电选脱碳试生产技术指标

试验编号	产品指标		试验条件	
	产率/%	烧失量/%	电压/kV	转速/r·min^{-1}
1	71.43	6.32	51	300

续表 7-75

试验编号	产品指标		试验条件	
	产率/%	烧失量/%	电压/kV	转速/r·min^{-1}
2	79.03	6.39	54	300
3	82.14	6.81	57	300
4	49.09	4.79	51	350
5	51.47	4.69	54	350
6	66.67	4.80	57	350
7	34.33	4.30	51	400
8	42.86	4.09	54	400
9	45.95	4.32	57	400

注：原状灰烧失量 10.60%。

控制产率 50.0% 左右，可以得到烧失量为 4.09% ~4.80% 的脱碳灰，其烧失量可达到一级灰标准；控制产率 80.0% 左右，可以得到烧失量为 6.32% ~6.81% 的脱碳灰，其烧失量可达到二级灰标准。

原状灰烧失量 18.14% 时，控制产率 40% ~50%，可以得到烧失量小于 8% 的脱碳灰产品，其烧失量可达到二级灰标准。要使脱碳灰烧失量小于 5%，就需要降低其产率，经济上不合理。

电选脱碳时，脱碳灰的细度可调整，其产率大小主要取决于原灰的细度状况。

YD31300-21F 型高压电选脱碳机的生产能力以 4 ~6t/h 为宜。过高的生产能力会使脱碳灰的产率下降，并在一定程度上影响脱碳灰的品质。

D 其他生产实例

除了广东云浮发电厂外，青海桥头发电厂、贵州鸭溪电厂（遵义市）、攀钢集团五零四电厂观音岩水电站粉煤灰加工分选厂也采用了 YD31300-21F 型高压电选脱碳机进行粉煤灰电选脱碳；具体技术指标见表 7-76 ~ 表 7-78。

表 7-76 青海桥头发电厂粉煤灰电选脱碳试生产技术指标

试验编号	产品指标		试验条件	
	产率/%	烧失量/%	电压/kV	转速/r·min^{-1}
1	40.36	3.14	30	100
2	32.03	2.71	30	120
3	24.32	2.68	30	140
4	23.55	2.90	27	120

注：原状灰烧失量 10.10%。

表 7-77 贵州鸭溪电厂粉煤灰电选脱碳试生产技术指标

试验编号	产品指标		试验条件	
	产率/%	烧失量/%	电压/kV	转速/r·min^{-1}
1	46.71	3.31	18	140
2	35.33	2.69	18	160
3	32.48	2.41	18	180

注：原状灰烧失量 10.15%。

表 7-78 观音岩水电站粉煤灰加工分选厂电选脱碳试生产技术指标

试验编号	产品指标		试验条件		原灰烧失量/%
	产率/%	烧失量/%	电压/kV	转速/r · min⁻¹	
1	60.73	4.75	21	110	6.39
2	45.63	4.08	21	140	
3	62.69	3.90	21	120	5.84
4	47.08	3.43	21	150	
5	68.22	4.49	21	120	5.43
6	47.18	2.58	21	160	

7.5.4 高铝粉煤灰生产氧化铝的技术及其工业化[355,362]

我国内蒙古地区和山西朔北地区煤田中铝含量较高，该煤种燃烧后形成了一种我国乃至世界上独特的粉煤灰——高铝粉煤灰，表 7-79 给出了我国内蒙古两电厂高铝粉煤灰的化学成分。高铝粉煤灰，一般 Al_2O_3 含量大于 30%，Al_2O_3 和 SiO_2 总量大于 80%，是一种潜在的氧化铝生产原料。

表 7-79 高铝粉煤灰的化学成分 (%)

产地	SiO_2	Al_2O_3	Fe_2O_3	CaO	MgO	SO_3	TiO_2	K_2O	烧失
准格尔电厂	41.3	51.19	1.97	1.26	0.14	0.87	-1.67	—	—
蒙西电厂	47.5	35.5	5.2	1.1	0.4	0.5	—	0.6	7.6

粉煤灰提取氧化铝的工艺方法主要有烧结法、酸浸法、碱浸法以及直接还原法等，其中烧结法工艺概况见表 7-80。烧结法工艺中碱石灰烧结法、石灰石烧结法与目前铝土矿烧结法生产氧化铝比较接近，是最可能实现工业化的方法。

表 7-80 高铝粉煤灰提取氧化铝的烧结法工艺概况

工艺名称	技术概要	优点	缺点
石灰石烧结自粉化法	将粉煤灰与石灰石混合后烧结，使粉煤灰中莫来石和石英变为硅酸二钙和七铝十二钙，粉煤灰中氧化铝被活化，然后加入纯碱溶液进行溶出，溶出液脱硅处理，碳酸化分解产出 $Al(OH)_3$，焙烧生产氧化铝	原料丰富，炉料不需配碱，熟料可以自粉化	熟料烧结温度高，熟料及溶出料中 Al_2O_3 含量低而 Na_2O 含量高，物料流量大
碱石灰烧结法	粉煤灰和石灰、硫酸钠经高温烧结，得到含有铝酸钠和不溶性 $2CaO \cdot SiO_2$ 的熟料，熟料经破碎、溶出、分离、二段脱硅、碳酸化分解产出 $Al(OH)_3$，焙烧得到 Al_2O_3		要求粉煤灰中 Al_2O_3 含量不低于 30%，没有综合利用 SiO_2
高温烧结微波辐射法	将一定配比的粉煤灰、石灰石、纯碱高温烧结成熟料，将熟料粉碎，与碳酸钠水溶液配成一定液固质量比料浆，放在微波场中进行溶出反应，过滤得到 $NaAlO_2$ 溶液，脱硅、除杂，通 CO_2 气水解、焙烧得到 Al_2O_3 产品	加快了 Al_2O_3 溶出速度，提高了溶出率	

续表 7-80

工艺名称	技术概要	优点	缺点
钙溶法	粉煤灰与生石灰按一定比例烧结，生成可被盐酸溶解的钙长石、钙黄长石，经稀盐酸分解、萃取除铁、浓硫酸除钙后，以铝铵矾形式沉铝，煅烧得到 Al_2O_3 产品	工艺简单，回收效果好	必须保证粉煤灰的 CaO 与 Al_2O_3 质量比足够大，必须除去杂质铁

经过多年研究攻关，目前我国在高铝粉煤灰提取氧化铝方面初步形成了两种工艺技术路线，一是预脱硅-碱石灰烧结法，二是石灰石烧结-拜耳法。其中预脱硅-碱石灰烧结法提取氧化铝联产活性硅酸钙的工艺技术，由大唐国际再生资源开发有限公司开发[363]。该工艺技术的特色与创新点如下：

（1）采用化学预脱硅技术，首先去除高铝粉煤灰中 40% 左右的二氧化硅，使粉煤灰中的铝硅比提高 1 倍以上，同时粉煤灰的化学活性也得到显著提高；

（2）将脱除下来的二氧化硅制成优质活性硅酸钙，同时实现碱的回收；

（3）将提取氧化铝后剩下的硅钙渣进行脱碱和脱水处理，满足生产水泥的技术要求；

（4）利用电石渣代替石灰石，一定限度上实现了废弃资源的综合利用与节能减排。

“十一五”期间，在国家科技支撑计划“高铝粉煤灰提取氧化铝多联产工艺技术优化与产业示范”项目支持下，内蒙古托克托工业区建成了高铝粉煤灰提取氧化铝多联产技术示范工程。

7.6　电子废物的分选回收技术与实践

7.6.1　电子废物的种类及特点[364]

电子废物，是指丧失使用功能的废弃电子产品或电子电气设备，通常的英文表述为 waste electric and electronic equipment（WEEE），或 electronic waste（e-waste），具有包括各种废旧的家电、通讯设备、电子和电气工具，以及被淘汰的电子仪器仪表、电脑等。

电子废物种类繁多，大到电冰箱、电脑、电视机等大型家电，小到手机、电动牙刷等小型电子产品，多达上百种，而且成分组成复杂，差异明显，具有数量增长快、危害大、潜在附加值高、处理困难等特点。

（1）数量大，增长快。电子废物是信息时代发展的必然产物，随着电子产业技术水平升级加快，社会对电子消费产品需求的不断更新和膨胀，电子产品淘汰速度越来越快。我国自 2003 年起进入家用电器更新高峰期，每年至少 500 万台电冰箱、400 万台电视机、500 万台洗衣机、600 多万台计算机及 3000 万部手机被淘汰更新，从而使电子废物数量急剧增长。

（2）危害性大。电子产品所用的原材料多种多样，一般都含有有毒有害的化学物质，如重金属铅、汞、镉、六价铬等，以及作为阻燃料成分的多溴联苯（PBB）、多溴二苯醚（PBDE）等。电子废物中《巴赛尔公约》禁止越境转移的有毒有害物质情况见表 7-81，若不对其加以处理，而直接丢弃或将其与城市垃圾一起混埋或焚烧，将会对空气、土壤、水和人类造成严重危害。

表 7-81 电子废物中的污染成分（有毒有害物质）

污染物	来 源	污染物	来 源
氯氟碳化合物	冰 箱	镍、镉	电池及某些计算机显示器
卤素阻燃剂	线路板、电缆、电子设备外壳	铅	阴极射线管、焊电锡、电容器及显示屏
汞	显示板	铬	金属镀层
硒	光电设备		

（3）潜在价值高。从资源回收利用角度，电子废物中含有大量可回收的黑色金属、有色金属、塑料、玻璃等有价成分，典型电子垃圾通常由40%的金属、30%的塑料及30%的氧化物组成，回收价值比普通生活垃圾要高许多。可以说，高价值与高危害并存，资源回收了就是高价值，未回收处理就是高危害。

（4）组成复杂，处理难度大。由于不同电子产品的使用周期、更新周期不同，而且电子产品种类繁多、结构复杂、材料多样，因此，电子废物完全资源化、无害化具有相当大的难度。

7.6.2 电子废物的资源价值及其回收利用

7.6.2.1 电子废物的物质构成及其资源价值[364~367]

电子废物的资源化利用，根据利用方式不同可分为以下三个层次：

（1）整机或附属设备修理或升级后重新利用，最大限度地利用废旧电子设备。

（2）对可拆解再利用的元器件回收利用，减少后续处理成本和再加工成本。

（3）有价成分的分离与综合回收利用，对不可利用的电子废物拆解、破碎、物理分选与化学处理，分离回收其中的各种有价成分。

电子产品的原材料，主要由无机材料与有机材料两部分构成。无机材料包括铁、铜、铝、铅、镍等基本金属，金、银、铂、钯等贵金属及其合金。有机材料主要是塑料，其中电脑制造用塑料品种达40多种，主要品种有聚氯乙烯（PVC）、聚乙烯（PE）、聚丙烯（PP）、丙烯腈/丁二烯/苯乙烯共聚物（ABS）等。表7-82列出了个人电脑（PC）及其印刷线路板（PCB）的成分构成情况[366]。

表 7-82 个人电脑（PC）及其印刷线路板（PCB）的成分构成 （%）

电子器件	玻璃等难熔氧化物	塑料	金属					
			Cu	Al	Fe	Zn	Pb	其他
PC	37	30	6	4	17	1	1	4
PCB	32	28	13	7	12	2	1	5

根据电子产品的原材料构成，可以认为电子废物是一种由铜、铝、钢等金属，以及各种有机塑料与陶瓷材料组成的混合物，表7-83列出了典型电子废物中主要有价金属的含量情况[367]。

表 7-83　典型电子废物中主要有价金属含量　（%）

电子废物	Fe	Cu	Al	Pb	Ni	Ag	Au	Pd
TV 线路板废料	28	10	10	1.0	0.3	280×10^{-4}	20×10^{-4}	10×10^{-4}
PC 面板废料	7	20	5	1.5	1	1000×10^{-4}	250×10^{-4}	110×10^{-4}
手机废料	5	13	1	0.3	0.1	1380×10^{-4}	350×10^{-4}	210×10^{-4}
portable audio 废料	23	21	1	0.14	0.03	150×10^{-4}	10×10^{-4}	4×10^{-4}
DVD 废料	62	5	2	0.3	0.05	115×10^{-4}	15×10^{-4}	4×10^{-4}
计算器废料	4	3	5	0.1	0.5	260×10^{-4}	50×10^{-4}	5×10^{-4}
PC 主板废料	4.5	14.3	2.8	2.2	1.1	639×10^{-4}	566×10^{-4}	124×10^{-4}
印刷线路板废料	12	10	7	1.2	0.85	280×10^{-4}	110×10^{-4}	—
TV 废料(不包括 CRTS)	—	3.4	1.2	0.2	0.038	20×10^{-4}	$<10\times10^{-4}$	$<10\times10^{-4}$
PC 废料	20	7	14	6	0.85	189×10^{-4}	16×10^{-4}	3×10^{-4}
典型电子废物	8	20	2	2	2	2000×10^{-4}	1000×10^{-4}	50×10^{-4}
E-Scrap 1	37.4	18.2	19	1.6	—	6×10^{-4}	12×10^{-4}	
E-Scrap 2	27.3	16.4	11.0	1.4	—	210×10^{-4}	150×10^{-4}	20×10^{-4}
印刷线路板	5.3	26.8	1.9		0.47	3300×10^{-4}	80×10^{-4}	—
电子废物综合料	36	4.1	4.9	0.29	1.0	—	—	—

电子废物中可回收的资源主要有以下三部分：

（1）金、银、铂、钯等贵金属成分。因其化学性质稳定、具有良好的导电性而广泛应用在电子元件中，是电子废物中最具价值的成分。（2）铜、铝、锌、铁等贱金属成分。其含量高，是回收利用的重要对象。（3）塑料等聚合高分子有机材料。它是电子废物中体积最大的组成部分，既可回收生产能源，也可生产相关的化学品。

7.6.2.2　电子废物的资源化回收处理流程和方法

电子废物资源化回收处理的原则流程如图 7-34 所示[368]，一般包括测试/拣选、拆解、粉碎、材料分选富集等步骤，具体简要介绍如下。

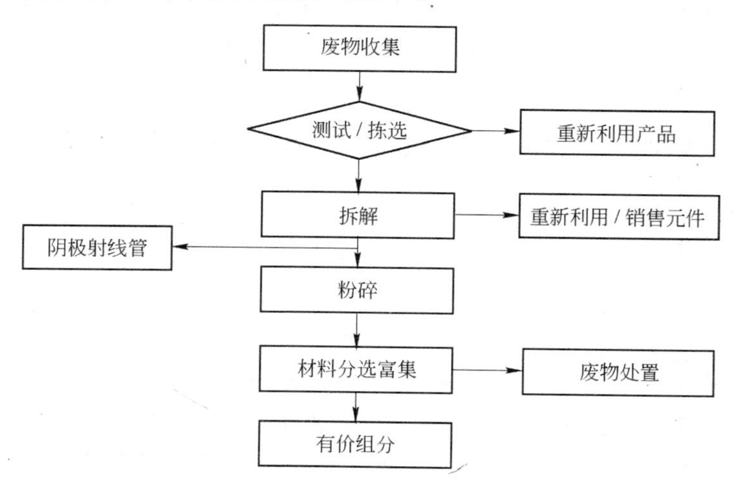

图 7-34　电子废物资源化回收处理的原则流程

（1）测试/拣选。对收集来的电子设备进行性能测试，拣选出其中可继续使用的设备。

（2）机械拆解。对不能继续使用的电子设备采用合适的机械拆卸分解，回收其中的可用部件，并分离其中的危险部件与成分。

（3）粉碎。采用合适的破碎设备将拆解后需要分选处理的物料破碎至合适粒度，实现不同组分的解离，以便于后续的物理分选。

（4）材料分选富集。在粉碎解离基础上，基于不同组分的物理化学性质差异，采用磁选、电选、重选等合适的物理化学方法处理已粉碎解离的物料，实现不同组分材料的分选富集，得到可市场销售的产品，并对不能利用的组分进行合理处置。

在上述的电子废物资源化回收处理流程中，材料分选富集实现铜、贵金属等各种有价成分分离回收，是整个流程的核心与关键。

材料的分选富集主要采用化学与物理两种方法，化学方法以回收利用其中的铜、贵金属等有价金属为主要目的，采用高温或强酸、强氧化条件，实现有价金属与其他成分的分离，具体包括酸洗法、溶蚀法、高温分解法、焚烧法、裂解法和冶炼法等。化学方法处理过程中，都要释放一定量的有毒物质，对空气或土壤等环境造成严重的二次污染，其应用越来越受到限制。

物理方法主要是利用电子废料中钢铁、有色金属及塑料等不同组分的粒度、密度、电/磁性质差异进行分选，具体包括分级、重选、磁选、电选等方法，一般采用干式作业，具有作业环境条件好、环境污染小、可实现各种组分的综合回收利用、综合利用率高等优点，是未来电子废物处理的发展方向。下面重点介绍电子废物的物理分选方法及其实践。

7.6.3 电子废物的物理分选工艺及设备

7.6.3.1 物理分选的方法基础

电子废物物理分选的基础是钢铁、有色金属及塑料等主要组分之间的密度、电/磁性质差异。

A 密度

表7-84给出了电子废物中金属与塑料两种主要成分的密度。金属的密度都在1.7g/cm^{3}以上，平均6～9g/cm^3，最高可接近20g/cm^3；塑料成分密度都不超过1.5g/cm^3；两者之间的密度差别非常明显，而且同类材料中不同成分之间的密度也有明显差别。

表7-84 电子废物中主要成分的密度

金属成分	密度/g·cm^{-3}	塑料成分	密度/g·cm^{-3}
金、铂族金属、钨	19.3～21.4	LDPE、HDPE、PP	0.9～1.0
铅、银、钼	10.2～11.3	ABS、PS	1.0～1.1
镁、铝、钛	1.7～4.5	PVC、PA	1.1～1.5
其他金属/合金	6～9		

B 电/磁特性

铁、锰、铬等黑色金属材料都有较强的磁性，有色金属及其合金以及塑料、陶瓷等都没有磁性。

有色金属及其合金都具有良好导电性，而黑色金属材料、塑料则导电性很差。

7.6.3.2　物理分选的基本方法

根据电子废物中主要组分的密度、电/磁特性差异，电子废物组分的物理分选方法主要有重选、电选和磁选。

A　重选

利用材料成分间密度的差异进行分选。根据所采用的分选介质和设备不同，具体有风力摇床、气流分选、水力摇床等，其中气流分选由于利用空气作介质，分选效率高，作业简单，分选后不须进行干燥作业，在电子废物处理中应用广泛。

B　电选

利用颗粒间导电性能的差异进行分选，用于电子废物中有色金属成分与非金属成分的分选，具体包括静电分选、摩擦电选、涡电流分选三种方法。表 7-85 列出三种不同电选工艺的特点及适用范围[369]。

表 7-85　三种不同电选工艺的特点及适用范围

电选工艺	分选原理	分选判据	分选对象	分选粒级范围/mm
涡电流分选	交变电场/感应涡流	导电常数/密度	有色金属/非金属	>5
电晕静电分选	离子/电子碰撞荷电	导电常数	金属/非金属	0.1～5(10mm 片状物)
摩擦电选	摩擦带电	介电常数	塑料（非导体）	<5(10)

过去 20 多年里，基于钕铁硼稀土永磁体的涡电流分选机的开发与应用是该领域最重要的技术发展，显著推动了电子废物分选技术的发展。

C　磁选

利用材料颗粒间磁性差异进行分选，用于电子废物中黑色金属磁性物质与有色金属、塑料等非磁性物质之间的分离。由于其磁性差别明显，采用传统的弱磁选机即可实施分选作业。

下面专门介绍电子废物分选应用较广的涡电流分选、静电分选和气流分选。

7.6.3.3　涡电流分选工艺与设备[369～372]

A　工艺原理

涡电流分选（eddy current separation，ECS）的分选原理是基于两个重要的物理现象：一个随时间而变的交变磁场总是伴生一个交变电场；载流导体产生磁场。因此，含有非磁性导体金属（如铅、铜、锌等物质）的电子废物碎料，以一定的速度通过一个交变磁场时，非磁性导体金属颗粒产生感应涡流，使物料与磁场有一个相对运动的速度，对产生涡流的金属颗粒产生推力，从而使其从混合物料中分离出来。图 7-35 为涡电流分选的原理及分选过程示意图[370]。

B　分选设备

根据所采用的磁场不同，涡电流分选设备主要有“直线电机”型涡电流分选机、“脉冲”拣选型涡电流分选机、滑动式涡电流分选机、永磁滚筒式（辊式）涡电流分选机四种。

目前普遍应用的是永磁滚筒式涡电流分选机，尤其是钕铁硼永磁滚筒式涡电流分选机。该机型于 20 世纪 80 年代末至 90 年代初由德国和美国相继研制成功，并由 Eriez 磁力公司（美国）和 Wagner 公司（德国）投入市场。由于其具有单位磁极面积处理能力大、

续表 7-88

物　料	来　源	解离设备	粒度/mm	可达到的品位/%	备　注
Al 塑料	复合材料（如四方块）	低温研磨	0.05～0.5	Al　达95 塑料　95	
Cu 环氧树脂	空白印刷电路板（无元件）	锤碎机	0.2～2	Cu　99 树脂　99.5	
PE EVOH	汽车电瓶箱	切碎机	3～5	PE　95 EVOH　90	非导体分选

7.6.3.5 气流分选工艺及设备[378]

A 工作原理

气流分选，是以空气为分选介质，利用空气悬浮原理，将混合的粉状物按密度或粒度进行分离：较轻物料在气流作用下向上或水平方向运动到较远的地方，而重物料则由于气流不能支撑或惯性大而沉降，再将由气流带走的轻物料从气流中旋流分离出来。具体工作原理如图 7-37 所示。

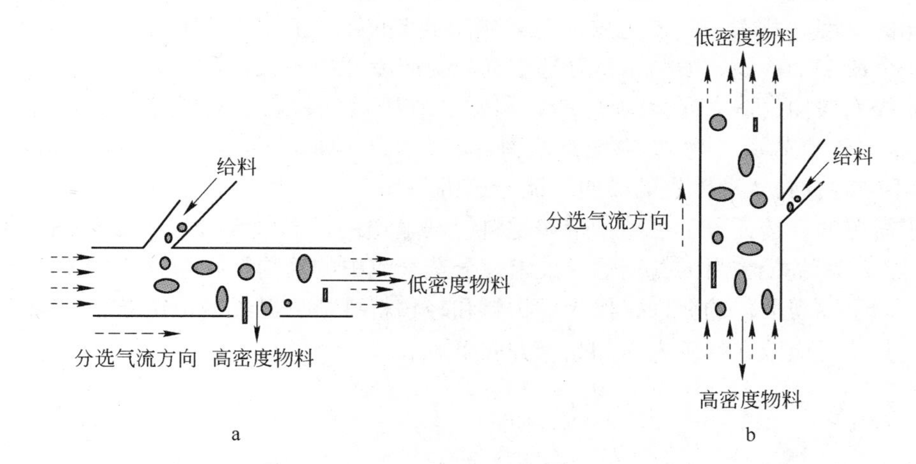

图 7-37　气流分选的工作原理

a—横向气流分选；b—对流气流分选

B 分选设备

气流分选设备按工作气流的主流方向分为水平、垂直和倾斜三种类型，其中垂直气流分选机应用最广泛。

a Z 字形气流分选机

Z 字形气流分选机，可视为由一系列垂直气流分选机串级而成（见图 7-38）。混合物料沿分选机内的向下倾斜面下滑或下滚，被横向而来的气流吹动；分选出的轻物料到达通道的对面（其上部的倾斜板面）并向上滑动或滚动，直到在空气流中重新被分选。Z 字形气流分选机已被有效地应用于电缆、废冰箱、废汽车等的处理，其分选空气负荷量（物料/空气）的

图 7-38　Z 字形气流分选机

范围一般为 0.4 ~ 2kg/m³。

b　圆锥气流分选机

圆锥气流分选机如图 7-39 所示，它能在一台分选机上实现多重横向流分选。混合物料通过一个高度可调的同心给料管给到分配圆锥上，分配圆锥将物料均匀分配给分选腔，然后进行多重横向流分选。在分选腔中，物料从同心圆锥及外墙返到分选气流中，形成物料循环。在各分选阶段，除了从下方吹来的一次分选气流外，还可在分选腔内引入二次分选气流以提高分选效率。其分选空气负荷量（物料/空气）的范围为 0.3 ~ 0.8kg/m³。

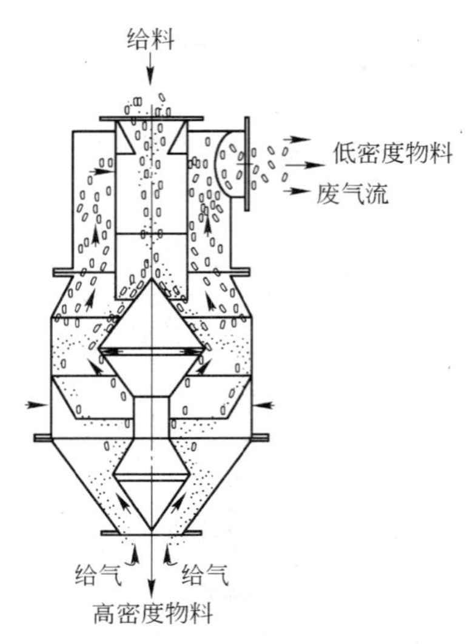

图 7-39　圆锥式气流分选机

c　带有轻物料气动输送的横向气流分选机

由于受分选腔尺寸大小限制，Z 字形气流分选机和圆锥气流分选机的分选粒度上限较小。为了分选粒度更大的物料，一般采用轻物料气动输送的横向气流分选机（见图 7-40）。首先用一条加速输送皮带来减小残余废弃物物料床的厚度（相对前一传送皮带上物料床的厚度）；在加速皮带的抛出点、尾轮的下方装有一个或多个狭缝式喷嘴，将分选空气流导向废弃物的飞行路径；轻物料被气流带动偏离原路径而向抽气罩方向运动（一次分选），在随后的松散区实现进一步分选（二次分选）。分选空气负荷量（物料/空气）范围一般为 0.2 ~ 1kg/m³。

d　不带轻物料气动输送的横向气流分选机

对于简单的分选任务，可用不带轻物料气动输送的横向气流分选机（见图 7-41）。此类分选机没有配备轻物料的气动输送设施，分选气流中的轻物料在分选机的松散腔中被分离出来。为了实现最佳的分选，作为重物料和轻物料排料分界线的可旋转分离隔板设计非常重要，其位置应该在水平方向和竖直方向可调。

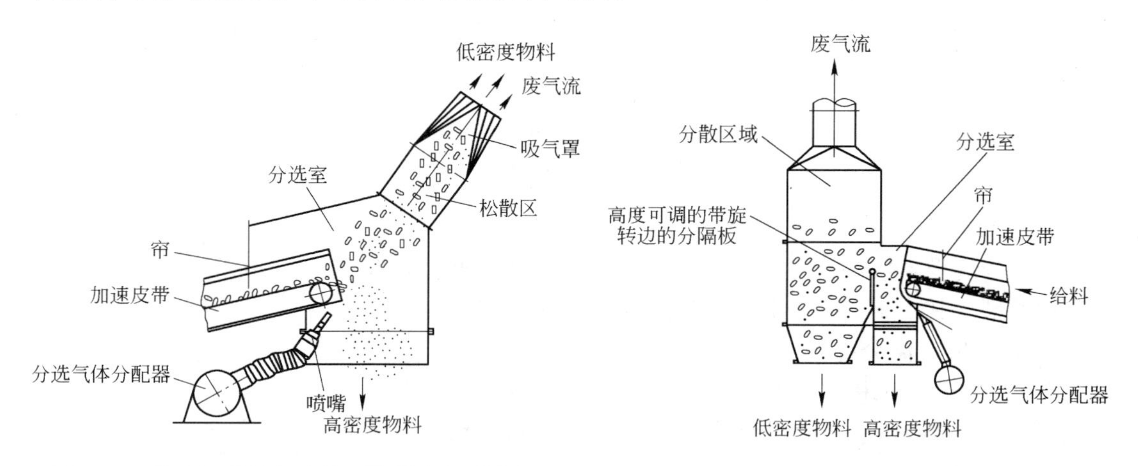

图 7-40　带有轻微料气动输运的横向气流分选机　　图 7-41　不带轻物料气动输运的横向气流分选机

7.6.4　电子废物的物理分选工艺流程

虽然电子废物种类很多，成分差异明显，但其原材料构成都以铁磁性物质、有色金属、塑料等有机物、玻璃等无机物四大类为主，因此其物理分选流程大同小异，下面给出了几个实际应用的典型流程，如图 7-42 ~ 图 7-45 所示。

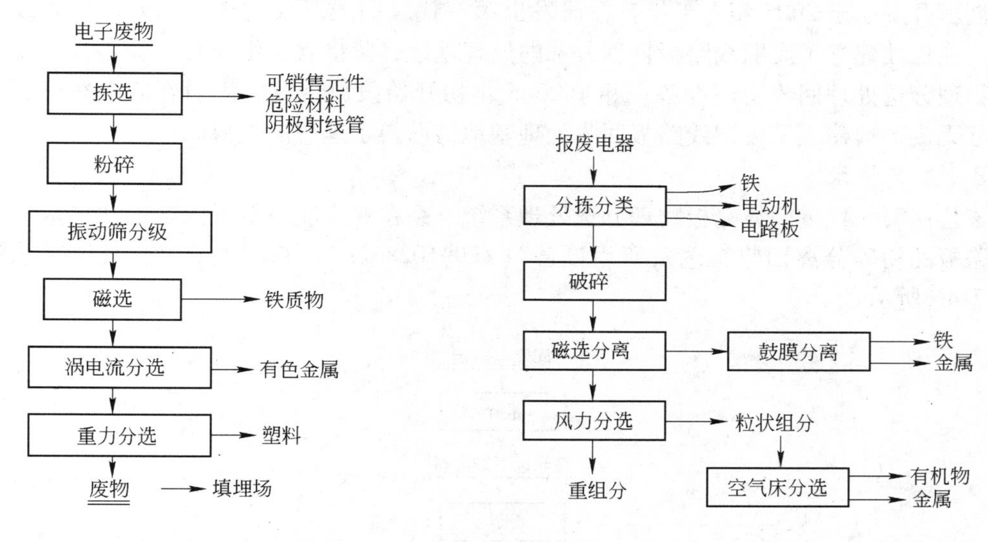

图 7-42 美国电子废物处理材料回收厂基本工艺流程（MRF）[368]

图 7-43 瑞典 SRAB 公司电子废物处理的基本工艺流程[379]

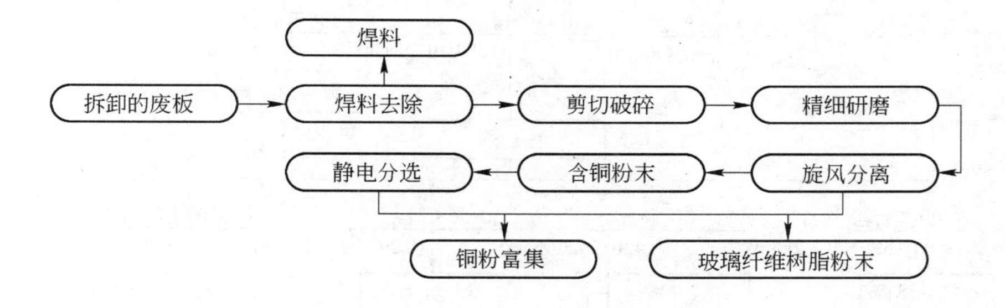

图 7-44 日本 NEC 公司电子废物处理的基本工艺流程[380]

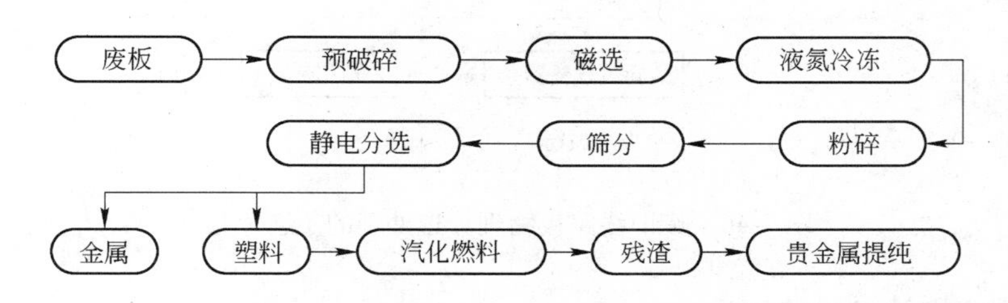

图 7-45 德国 Daimler-Berz 公司电子废物处理的基本工艺流程[381]

7.6.5 废旧线路板物理分选的处理实践

7.6.5.1 湖南万容科技有限公司废旧线路板处理实践[382~385]

A 概况

湖南万容科技股份有限公司是一家专注于“电子废物”、“工业废弃物”等城市矿产资源开发的民营企业，2004 年开始介入废旧线路板的回收利用与无害化处理，以北京航空航天大学电路板处理专利技术为基础，结合其他行业的成熟技术和国外的先进经验，通过自主创新开发，于 2005 年上半年自行研发出第一代废旧线路板物理分选处理回收设备生产线，在长沙建立了废旧线路板物理分选的处理基地，紧接着又继续优化完善，开发了第二代物理分选处理回收生产设备，并于 2006 年初开始投放市场，先后在广东东莞、深圳及江苏无锡等地建立了废旧线路板回收处理基地，取得了理想的效果。

B　工艺技术

该公司第一代废旧线路板物理分选处理系统，系在北京航空航天大学专利技术“废印刷电路板的粉碎分离回收工艺及所用设备”（ZL99102862. 7）基础上研发，具体工艺流程如图 7-46 所示。

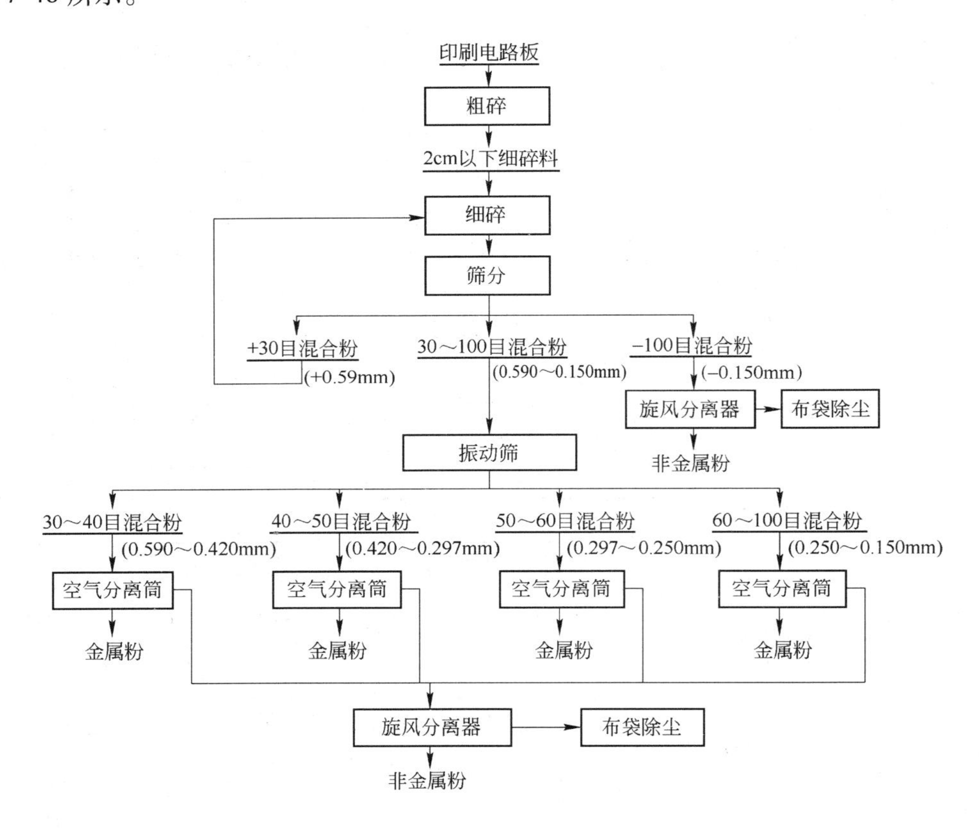

图 7-46　废旧线路板物理分选处理的工艺流程

该系统的关键技术与特点是：

（1）通过二次机械破碎，把片状线路板粉碎成完全解离的金属材料与非金属材料混合粉。

（2）采用空气分选技术（空气分离筒），分粒级进行金属与非金属的分选。

该系统的不足之处在于：

（1）风力管道正压输送，螺旋斗式给料容易产生粉尘泄漏。

（2）分级后不同粒度物料分别分选，工艺复杂，能耗高，效益低，设备投资大。

为了克服上述不足，该公司对粉碎分级系统进行了重点改造，开发了新型粉碎机，并将粉碎和风选分离两道工序集中组合在一台设备上完成，相应工艺流程如图 7-47 所示，设备联系如图 7-48 所示。

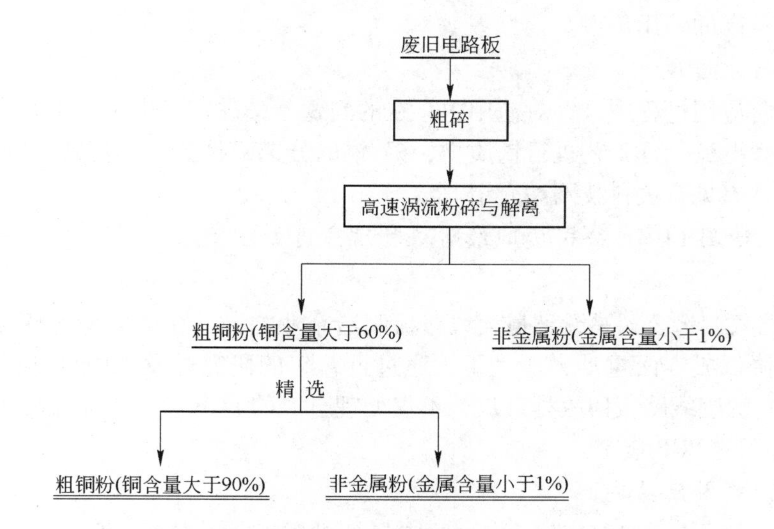

图 7-47　第二代废旧线路板物理分选处理的工艺流程

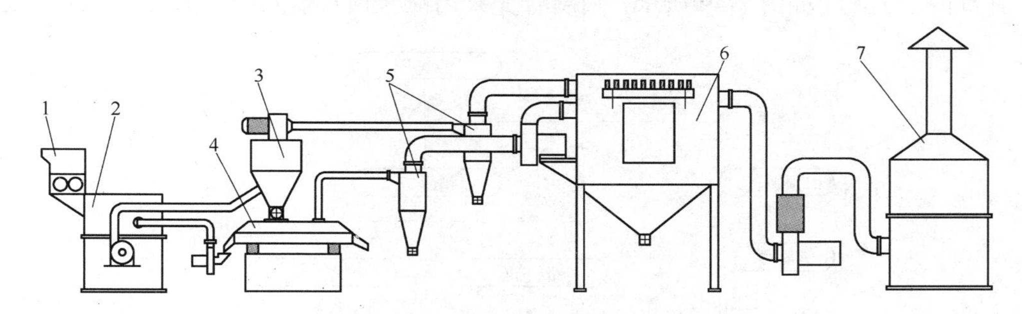

图 7-48　第二代废旧线路板物理分选处理系统设备联系图

1—双轴撕碎机；2—多功能锤式粉碎机；3—复合式外分级机；4—气流振动分选机；
5—旋风分离器；6—脉冲布袋式除尘器；7—尾气处理排放系统

C　技术效果

第二代废旧线路板物理分选处理系统的主要技术参数如下：

（1）装机容量 240kW，产能不小于 600kg/h；

（2）金属回收率不小于 96%；非金属粉末中金属含量小于 1%。

由于采取了严格的环保措施，第二代废旧线路板物理分选处理系统环保效果明显，达到了国家相关的产业环保标准及要求：

（1）整套生产线采用负压系统输送物料，在一个封闭的系统中进行，采用标准脉冲除尘器系统回收粉尘，没有粉尘泄漏；

（2）噪声：空载 80.4dB(A)，负载 82.5dB(A)；

（3）经喷淋塔 3 级化学溶液喷淋除味和气水分离，排放气体达到国家标准；

（4）生产过程基本没有废水排放，设备冷却用水循环使用。

经该系统分选得到的金属粉末产品，根据需要再进一步深加工处理或直接销售给客户。非金属粉末产品经过特殊工艺处理后，可直接作为塑胶填充改性材料及活性粉体材料，生产物流托盘、工业垫板、室外景观材料、市政工程排污用管道及下水道井盖等产品，同样具有较高的使用价值。

D　最新技术进展

近年在设备应用过程中，针对使用中存在的问题，又进行了进一步工艺优化，主要是采用了磁选、涡电流分选工艺进行铁质物、铝/铜的分选回收。新工艺流程类似于图 7-42，设备相关情况请参见有关科技网站介绍[385]。

7.6.5.2　德国 FUBA 公司废旧线路板物理分选处理实践[369,386,387]

A　概况

FUBA 线路板制造公司是欧洲最大线路板制造企业之一，在当地绿色环保政策要求和自身废物管理降低成本两重动力驱动下，通过近 5 年的研究开发，1995 年建立了年处理 PCB 废料 5000t 的废线路板回收处理厂，不仅处理自产的 PCB 废料，而且处理中北欧地区其他 PCB 制造厂的 PCB 废料。

B　工艺流程及产品

该厂完全采用干式物理分选工艺，具体包括机械破碎、分级、磁选、静电分选等工序；详细的工艺流程如图 7-49 所示，原料首先采用前置预磁器除铁，然后进入旋锤式破

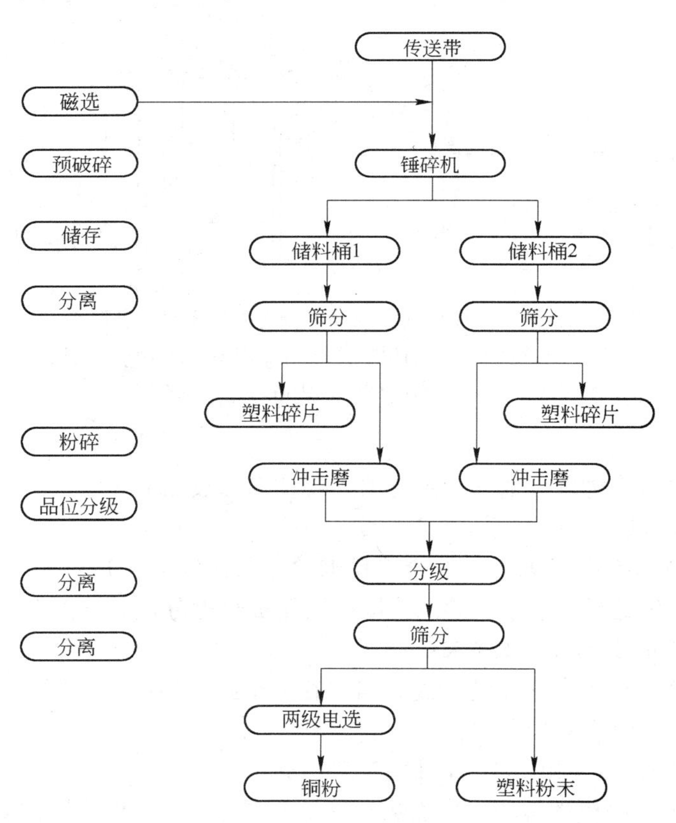

图 7-49　FUBA 公司 PCB 废料物理分选回收的工艺流程

碎机粉碎，碎料用皮带输送至储料仓内储存，料仓下设置筛分机进行粗细分级，筛上为难碎的玻璃纤维，筛下物进一步采用冲击式盘磨机细碎，然后筛分、两段静电分选，得到铜粉与塑料粉末产品。

该分选系统最终得到铜粉、塑料纤维和塑料粉末三种产品，其中铜粉含铜约92%，直接作为冶炼原料销售给铜冶炼厂；对于玻璃纤维和塑料粉末的处置，初始阶段公司采用挤压成型方法将其制成填料，后来则利用其阻燃性能好的特性，进一步制成化学惰性运输托盘/货架，专门供给地下采矿等行业使用。

C　经济效益与社会效益

该厂由于完全采用物理分选工艺干式作业，不仅避免了二次环境污染，而且分选产品完全回收利用；不仅无需支付废物处理费，而且还有可观的销售收入，实现了可持续发展，2000～2001年度利润达到240万欧元。

参 考 文 献

[1] Mining-facts, figures and environment[J/OL]. Industry and Environment, special issue (Mining and sustainable development Ⅱ: challenges and perspectives) 2000, Vol. 23: 4 ~ 8. http: //www. uneptie. org/media/review/vol23si/unep23. pdf.

[2] EPA's national hardrock mining framework appendix B: potential environmental impacts of hardrock mining. http: //www. nap. edu/openbook. php? record_id = 9682&page = 149-168.

[3] Environmental Law Alliance Worldwide (ELAW). Guidebook for evaluating mining projects EIAs [M/OL]. 2010: 8 ~ 19. http: //www. elaw. org/files/mining-eia-guidebook/Full-Guidebook. pdf.

[4] 徐友宁．矿山地质环境调查研究现状及展望[J]. 地质通报，2008，27(8)：1235 ~ 1244.

[5] 唐恒．我国矿山生态环境与保护现状[J]. 内蒙古环境保护，2006，18(1)：15 ~ 19.

[6] Environment Australia. Overview of best practice environmental management in mining [M/OL]. 2002: 14 ~ 16. http: //www. ret. gov. au/resources/Documents/LPSDP/BPEMOverview. pdf.

[7] International Finance Corporation Word Bank Group. 采矿业环境健康与安全指南. http: //www1. ifc. org/wps/wcm/connect/8915900048855a5285c4d76a6515bb18/032% 2BMining. pdf? MOD = AJPERES&CACHEID = 8915900048855a5285c4d76a6515bb18.

[8] 李录久，吴萍萍，杨自保，等．矿区土壤重金属污染现状调查[J]. 安徽农业科学，2006，34(13)：3136 ~ 3137.

[9] 郑佳佳，姜晓，张晓军．广东大宝山矿区周围土壤重金属污染状况评价[J]. 环境科学与技术，2008，31(11)：137 ~ 139.

[10] Liu H Y, Probst A, Liao B H. Metal contamination of soils and crops affected by the Chenzhou lead/zinc mine spill (Hunan, China)[J]. Science of the Total Environment, 2005, 339(3): 153 ~ 166.

[11] 孙健，铁柏清，秦普丰，等．铅锌矿区土壤和植物重金属污染调查分析[J]. 植物资源与环境学报，2006，15(2)：63 ~ 67.

[12] Bi X Y, Feng X B, Yang Y G, et al. Environmental contamination of heavy metals from zinc smelting areas in Hezhang County, western Guizhou, China[J]. Environment International, 2006, 32(6): 883 ~ 890.

[13] 张德刚，刘艳红，张虹，等．选冶矿厂周边土壤中几种重金属污染状况调查分析[J]. 广东农业科学，2010(3)：215 ~ 216.

[14] 王志楼，谢学辉，王慧萍，等．典型铜尾矿库周边土壤重金属复合污染特征[J]. 生态环境学报，2010，19(1)：113 ~ 117.

[15] 葛振华．国外矿产资源保护政策研究及对我国的启示[J]. 国土资源情报，2003(1)：17 ~ 24.

[16] 王淑玲，马建明．世界主要发达国家及发展中国家矿业开发现状及政策概况[J]. 国土资源情报，2004(9)：6 ~ 10.

[17] 胡德斌．国外矿山环境保护管理及对我国的启示[J]. 中国矿业，2004，13(2)：39 ~ 40.

[18] 徐曙光．国外矿山环境立法综述[J]. 国土资源情报，2009(8)：20 ~ 24.

[19] National strategy for ecologically sustainable development (mining part 2 sectoral issues-chapter 5) [EB/OL]. http: //www. environment. gov. au/about/esd/publications/strategy/mining. html.

[20] 加拿大自然资源部．加拿大联邦政府的矿物与金属管理政策：通过合作伙伴关系促进可持续发展 (The minerals and metals policy of the government of Canada: partnerships for sustainable development). http: //www. nrcan. gc. ca/minerals-metals/sites/www. nrcan. gc. ca. minerals-metals/files/files/pdf/poli-poli/policy-chi. pdf.

[21] International network for acid prevention (INAP). http: //www. inap. com. au/.

[22] Breaking new ground: mining, minerals and sustainable development [M/OL]. London: Earthscan publi-

cations Ltd. , 2002. http://pubs. iied. org/pdfs/9084IIED. pdf.

[23] 可持续发展问题世界首脑会议执行计划[EB/OL]. http://www. un. org/Chinese/waterforlifedecade/Johannesburg. pdf? Open&DS = A/CONF. 199/20&Lang = C.

[24] International council on mining & metals. http://www. icmm. com/.

[25] International cyanide management institute. http://www. cyanidecode. org/.

[26] Minerals council of Australia. Enduring value: the Australian minerals industry framework for sustainable development, 2005. http://www. minerals. org. au/file_upload/files/resources/enduring_value/EV_SummaryBooklet_June2005. pdf.

[27] Minerals Council of Australia. Enduring value: the Australian minerals industry framework for sustainable development guidance for implementation, 2005. http://commdev. org/content/document/detail/746/.

[28] 何金祥. 澳大利亚生态与矿业可持续发展的简要回顾及给我国的启示[J]. 国土资源情报, 2008 (7): 8 ~ 10.

[29] The intergovernmental forum on mining, minerals, metals and sustainable development. A mining policy framework mining and sustainable development, managing one to advance the other. 2010. http://www. globaldialogue. info/Mining%20Policy%20Framework%20final. pdf.

[30] 联合国经济及社会理事会. 旨在加快执行进度的各项政策选择和行动: 采矿业秘书长的报告[R]. 可持续发展委员会第十九届会议. http://www. un. org/esa/dsd/csd/csd_pdfs/csd-19/sg-reports/ecn7_chinese. pdf.

[31] Chronology of major tailing dam failures (from 1960). http://www. wise-uranium. org/mdaf. html.

[32] 世界环境与发展委员会. 我们共同的未来[M]. 北京: 世界知识出版社, 1989.

[33] Australian minerals industry code for environmental management. http://www. emed-mining. com/download.../9-aust_enviro_code_2000. h...

[34] ICMM 良好实践指南. http://www. icmm. com/library.

[35] Environment Australia. Best practice environment management in mining program. http://www. ret. gov. au/resources/Documents/LPSDP/BPEMOverview. pdf.

[36] Leading practice sustainable development program for the mining industry. http://www. ret. gov. au/resources/resources_programs/lpsdpmining/handbooks/Pages/default. aspx.

[37] 中华人民共和国国土资源部. 2010 中国国土资源公报[EB/OL]. 2011. http://www. mlr. gov. cn/zwgk/zytz/201110/P020111019408400790897. pdf.

[38] 中国 21 世纪议程——中国 21 世纪人口、环境与发展白皮书[EB/OL]. http://www. acca21. org. cn/cca21pa. html.

[39] 国土资源部. 全国矿产资源规划 (2008 ~ 2015 年)[EB/OL]. http://www. mlr. gov. cn/xwdt/zytz/200901/t20090107_113776. htm.

[40] 中国矿业联合会. 绿色矿山公约[EB/OL]. http://app. chinamining. com. cn/focus/green_mines/.

[41] 国土资源部. 关于贯彻落实全国矿产资源规划发展绿色矿业建设绿色矿山工作的指导意见[EB/OL]. 2010. http://www. mlr. gov. cn/zwgk/zytz/201008/t20100823_745059. htm.

[42] 国土资源部. 矿产资源节约与综合利用"十二五"规划[EB/OL]. 2011. http://www. mlr. gov. cn/zwgk/zytz/201201/P020120116436982675507. pdf.

[43] 朱训. 论矿业与可持续发展[J]. 中国矿业, 2000, 9(1): 1 ~ 6.

[44] 国土资源部. 矿山地质环境保护规定 (中华人民共和国国土资源部令第 44 号). 2009. http://www. mlr. gov. cn/zwgk/flfg/dzhjgl/200903/t20090306_685772. htm.

[45] 工业和信息化部. 金属尾矿综合利用专项规划 (2010 ~ 2015 年)[EB/OL]. 2010. http://www. miit. gov. cn/n11293472/n11293832/n12843926/13158991. html.

[46] 国土资源部．全国矿山环境保护与治理规划(2010～2015年)(国土资发[2010]44号).2010.

[47] 中华人民共和国环境保护部．中国环境统计年报（2009)[M]．北京：中国环境科学出版社，2010.

[48] 胡岳华，冯其明．矿物资源加工技术与设备[M]．北京：科学出版社，2006.

[49] 周爱民．矿山废料胶结充填[M]．北京：冶金工业出版社，2007.

[50] 孙体昌．固液分离[M]．长沙：中南大学出版社，2011.

[51] 杨守志，孙德堃，何方箴．固液分离[M]．北京：冶金工业出版社，2003.

[52] 张泾生．现代选矿技术手册第2册：浮选与化学选矿[M]．北京：冶金工业出版社，2011.

[53] JB/T 6991—2010 周边齿条/滚轮传动式浓缩机[S]．北京：机械工业出版社，2010.

[54] 中国选矿设备手册编委会．中国选矿设备手册（下册)[M]．北京：科学出版社，2006.

[55] JB/T 11004—2010 液压中心传动式浓缩机[S]．北京：机械工业出版社，2010.

[56] 选矿设计手册编委会．选矿设计手册[M]．北京：冶金工业出版社，1988.

[57] Dorr-Oliver Eimco Thickeners & Clarifiers. http：//www. flsmidth. com/ ~/media/PDF% 20Files/Liquid-Solid% 20Separation/Sedimentation/Thickeners% 20Clarifiers% 20brochure. ashx.

[58] 奥图泰．前沿的浓密和澄清技术．http：//www. outotec. com/36727. epibrw.

[59] Buscall R，White L R. The consolidation of concentrated suspensions[J]. J Chem Soc Faraday Trans Ⅰ，1987，83：873～889.

[60] 陈述文，陈启平．HRC高压浓缩机的原理、结构及应用[J]．金属矿山，2002(12)：34～36.

[61] 陈述文，全克闻，陈启平．SZN型深锥浓密机的设计思想及应用考核[J]．有色金属（选矿部分)，1995(3)：34～38.

[62] Bagatto P F，Puxley D L. Method of and apparatus for thichening red muds derived from Bauxite and Similar Slurries：US，4830507 [P]. 1989.

[63] Liam Mac Nara. Development of the Eimco DCT[J]. International Mining supplement，2006(4)：9～12.

[64] 陈述文，陈启平．表面充填用铁尾矿膏体制备技术研究[J]．金属矿山，2004(5)：1～3.

[65] Deep Cone™ Paste Thickeners. http：//www. flsmidth. com/ ~/media/PDF% 20Files/Liquid-Solid% 20Separation/Sedimentation/Deep% 20Cone% 20Thickeners% 20brochure. ashx.

[66] David Gough. Developments in gravity sedimentation[J]. Filtration，2005，5(1)：22～28.

[67] Outotec® thickened tailings and paste solutions. http：//www. outotec. com/epibrowser/Technology/5_Publications/New% 20brochures/low_res_Outotec% 20Thickened% 20tailings% 20and% 20Paste% 20Solutions. pdf.

[68] Paste and high density thickeners. http：//www. westech-inc. com/public/uploads/global/2012/1/Paste% 20and% 20High% 20Density12_5_11. pdf.

[69] Steve Slottee，Mark Crozier. Paste thickener technology[J]. International Mining Supplement，2006(4)：2～3.

[70] Brandt Henriksson. Thickening rake mechanisms[J]. International Mining Supplement，2006(4)：4～7.

[71] Steve Slottee. A matter of paste[J]. World Coal，2005(4)：43～46.

[72] Steve Fiscor. Paste processing potential[J]. E & L M J，2009(10)：72～77.

[73] Stephen S J，Johnson J. Paste thickener technology for mine bacfill [C]//2005 SME annual meeting and exhibit-got mining. 2005：1～5.

[74] 谷志君．最大型深锥膏体浓密机在中国铜钼矿山的应用[J]．黄金，2010，31(11)：43～45.

[75] 惠学德，谢纪元．膏体技术及其在尾矿处理中的应用[J]．中国矿山工程，2011，41(2)：49～54.

[76] 长沙矿冶研究院有限责任公司矿冶工程技术公司．矿浆高效浓缩输送技术及工程[EB/OL]．http：//www. crimm. com. cn/article. do? article_millseconds = 1300849518544&method = get&column_no = 0302&column_no_parent = 030203.

[77] 丁启圣，王维一，等. 新型实用过滤技术[M]. 3版. 北京：冶金工业出版社，2011.

[78] 李正东，吴伯明. 影响陶瓷过滤机产能的因素[J]. 金属材料与冶金工程，2007，35(1)：40～42.

[79] 吴伯明. 正确使用陶瓷过滤机提高其设备产能[J]. 矿业快报，2006，444：562.

[80] Outotec Larox® CC. http://www.outotec.com/41819.epibrw.

[81] 宜兴非金属化工机械厂有限公司宜兴陶瓷过滤机厂. http://www.yxtcglj.com/product.asp.

[82] 辽宁圣诺矿冶科技有限公司（辽宁鞍山特种耐磨设备厂）. http://www.as-tn.com/product/tcglj.php.

[83] 现代铁矿石选矿编委会. 现代铁矿石选矿（上册）[M]. 合肥：中国科学技术大学出版社，2009.

[84] 核工业烟台同兴实业有限公司. http://38607585.b2b.chemm.cn/.

[85] 河北景津环保设备有限公司. 景津压滤技术[EB/OL]. http://www.jiylj.com/upbad/2012/2/2791449469.pdf.

[86] 赵昱东. 高效真空过滤机技术进展及应用效果[J]. 矿业快报，2005(10)：1～4.

[87] 邓新发，罗升. 提高硫精矿陶瓷过滤机过滤能力的实践[J]. 有色金属（选矿部分），2000(4)：22～23.

[88] 时宗友. CC-45陶瓷过滤机在硫精矿脱水中的应用[J]. 金属矿山，2012(6)：36～38.

[89] 董国胜. 陶瓷过滤机在有色金属矿的应用[J]. 江苏陶瓷，2010，43(4)：9～13.

[90] 刘广龙. 陶瓷过滤机应用于浮选铜镍精矿的研究[J]. 云南冶金，2002，31(6)：16～21.

[91] 曾新民，潘竞虎，周建立. 陶瓷过滤机在金川铜镍精矿生产中的应用[J]. 有色金属，2001，53(2)：29～34.

[92] 石继军，邓合汉. 使用陶瓷过滤机降低精矿水分提高精矿质量的作用[J]. 有色金属（选矿部分），2005(1)：33～36.

[93] 吴伯明，张爱明，何卫平，等. 高效节能陶瓷真空过滤机的研制及其应用[J]. 江苏陶瓷，2000，33(2)：4～6.

[94] 吴伯明，许锋. HTG型陶瓷过滤机在铁精矿脱水中的应用[J]. 矿业工程，2005，3(1)：50～51.

[95] 项则传. 陶瓷过滤机在永平铜矿的工业试验及生产应用[J]. 金属矿山，2002(2)：45～47.

[96] 严荥，吴焕勋. 硫精矿应用国产TT系列陶瓷过滤机的脱水试验及生产实践[J]. 化工矿物与加工，2007(10)：7～8.

[97] 郑旭惠. 陶瓷过滤机在德兴铜矿的应用[J]. 江西有色金属，2005，19(4)：25～27.

[98] 马洁珍，陈兴章，向飞. 陶瓷过滤机在新疆阿舍勒铜矿的模拟试验和生产实践[J]. 甘肃冶金，2007，29(1)：35～36.

[99] 吕奇富. 陶瓷过滤机在铅锌选矿厂的成功应用[J]. 四川有色金属，2003(3)：36～37.

[100] 金成宽，王玲. 陶瓷盘式过滤机在东鞍山烧结厂的应用[J]. 金属矿山，2002(10)：33～34.

[101] 于瑞杰. 陶瓷盘式过滤机在承德安利铁矿的应用[J]. 矿产保护与利用，2007(4)：32～33.

[102] 李红文，程永维. HRC60高压浓密机在歪头山铁矿马耳岭选矿车间的应用[J]. 湖南有色金属，2011，27(2)：57～60.

[103] 杨慧. 高压浓密机膏体制备系统的研究与设计[J]. 矿冶工程，2003，23(2)：37～39.

[104] Outotec. SUPAFLO® paste thickener optimizes economic and environmental benefits at Pajingo. http://www.outotec.com/39020.epibrw.

[105] 梁经冬，梁树理，刘建军. 无含氰废液排出的氰化提金新工艺[J]. 矿冶工程，1995，15(1)：21～24.

[106] 司久荣. 贫液返回工艺在归来庄金矿的应用[J]. 工程设计与研究，1994(8)：10～14.

[107] 罗中兴，谢纪元. 论压滤技术在氰化提金厂的应用[J]. 黄金，1996，17(4)：27～31.

[108] 陈希龙. 尾矿浆全压滤工艺在全泥氰化炭浆厂的应用[J]. 黄金，1998，19(10)：34～35.

[109] 梁国海，洪小鹏．尾矿压滤干堆工艺在排山楼金矿的成功应用与改造实践[J]．黄金，2003，24(12)：47～49.

[110] 迟春霞，沈强．尾矿干堆技术探讨[J]．黄金，2002，23(8)：47～49.

[111] 谢庆华，姜振华，陈孟清，等．广西龙头山金矿尾矿压滤输送技术改造的生产实践[J]．黄金，2004，25(11)：50～52.

[112] 华金仓，张韧，赵义斌．尾矿压滤新工艺在阿希金矿的设计与应用[J]．新疆有色金属，2000(1)：12～14.

[113] 白金禄，赵连全．尾矿压滤、干式堆存处理工艺[J]．黄金，2000，21(5)：40～41.

[114] 张韧．论尾矿压滤工艺在新疆黄金矿山的应用[J]．新疆有色金属，2001(2)：10～12.

[115] 史密斯 R W. 选矿厂的废水和废料的处理[J]．国外金属矿选矿，1998(12)：2～12.

[116] 陈彩霞，李华昌，栾和林．尾矿库中乙基黄原酸钾光降解趋势的探讨[J]．矿冶，2007，16(2)：61～63.

[117] 栾和林，田野，汪鑫，等．矿山药剂二次污染链研究[J]．矿冶，2006，15(2)：57～60.

[118] 澳大利亚联邦政府工业旅游资源部．矿产业可持续发展最优方法计划——酸性和含金属废水管理[M/OL]．澳大利亚联邦，2007[2010-09-15]. http：//www. ret. gov. au/resources/Documents/LPSDP/LPSDP-AcidChinese. pdf.

[119] Bernard Aube. The science of treating acid mine drainage and smelter effluents [R/OL]. [2010-09-15]. http：//www. infomine. com/publications/docs/Aube. pdf.

[120] Richard Coulton，Chris Bullen，Carl Williams，et al. The formation of high density sludge from mine-water with low iron concentrations[C]// 2004 international mine water association symposium. Newcastle upon Tyne，UK，2004：1～14.

[121] Zinck J M ，Griffith W F. An assessment of HDS-type lime treatment processes-efficient and environmental impact[C]// Proceedings of the fifth international conference on acid rock drainage (Volume Ⅱ). Denver，Colorado，2000：1027～1034.

[122] Matthew Dey，Keith Willams，Richard Coulton. Treatment of arsenic rich waters by the HDS process[J]. Joural of Geochemical Exploration，2009，100：160～162.

[123] Aube B，Stroiazzo J. Molybdeuum treatment at Brenda Mines[C]//Processdings of the fifth international conference on acid rock drainage (Volume Ⅱ). Denver，Colorado，2000：1113～1119.

[124] Doshi S M. Bioremediation of acid mine drainage using sulphate-reducing bacteria [R/OL]. 2006[2010-09-15]. www. cluin. info/download/studentpapers/S_Doshi-SRB. pdf.

[125] Kuyucak N，Lindvall M，Sundqvist T，et al. Implementation of a high density sludge "HDS" treatment process at the kristineberg mine site[C]//Securing the future 2001，mining and the environment conference proceedings. June 2001：353～362.

[126] 蒋伯良．高浓度浆料技术在德兴铜矿废水处理中的应用[J]．铜业工程，2005(1)：63～65.

[127] 罗良德．利用 HDS 技术处理铜矿山废水的试验研究[J]．铜业工程，2004(2)：17～19.

[128] 兰秋平．德兴铜矿酸性废水处理调控系统的建立与应用[J]．矿业快报，2007(2)：56～58.

[129] 李哲浩，吕春玲，刘晓红，等．黄金工业废水治理技术现状与发展趋势[J]．黄金，2007，28(11)：43～46.

[130] 高大明．氰化物污染物及其治理技术（续三）[J]．黄金，1998，19(4)：55～57.

[131] 薛文平，薛福德，姜莉莉．含氰废水处理方法的进展与评述[J]．黄金，2008，29(4)：45～49.

[132] 高大明．氰化物污染物及其治理技术（续四）[J]．黄金，1998，19(5)：57～59.

[133] 高大明．氰化物污染物及其治理技术（续五）[J]．黄金，1998，19(6)：56～58.

[134] 高大明．氰化物污染物及其治理技术（续八）[J]．黄金，1998，19(9)：58～59.

[135] 高大明．氰化物污染物及其治理技术（续七）[J]．黄金，1998，19(8)：56~58.
[136] 高大明．氰化物污染物及其治理技术（续六）[J]．黄金，1998，19(7)：58~60.
[137] 董兵，任华杰．金渠金矿含氰废水处理技术的应用[J]．现代矿业，2009(6)：81~83.
[138] 刘晓红，李哲浩．金精矿浸出含氰废水综合处理的研究与工业实践[J]．黄金，2002，23(9)：40~44.
[139] 陈民友，袁玲．采用过氧化氢氧化法处理酸性含氰废水技术的研究[J]．黄金，1998，19(3)：47~49.
[140] 吴先昌，陈银霞．膜技术处理氰化废水的应用[J]．中国环保产业，2006(5)：34~36.
[141] 杨旭升，林明国，童银平．含氰废水综合治理闭路循环的应用实践[J]．黄金，2001，22(7)：40~42.
[142] 罗开贤，胡岳华，孙伟．凡口矿选矿废水资源化综合利用技术研究[J]．有色金属（选矿部分），2003(4)：34~38.
[143] 王方汉，缪建成，孙水裕，等．铅锌硫化矿选矿过程清洁生产技术的研究与应用[J]．有色金属（选矿部分），2004(6)：5~10.
[144] 刘绪光．吉恩铜镍选厂选矿废水循环利用生产实践[J]．矿产保护与利用，2009(3)：55~58.
[145] 许国强．高悬浮物选矿废水处理技术研究与工程实践[J]．矿冶，2005，14(2)：28~32.
[146] 张锦瑞，王伟之，李富平，等．金属矿山尾矿综合利用与资源化[M]．北京：冶金工业出版社，2010.
[147] 金云虹．云锡老尾矿的工艺矿物学与再利用的研究[J]．矿冶，1998，7(4)：36~38.
[148] 林海清．论钨矿老尾矿的再开发利用[J]．中国钨业，2010，25(1)：17~21.
[149] 潘项绒．银洞坡金矿氰化渣浮选尾矿的综合回收[J]．有色矿山，2000，29(4)：27~29.
[150] 路常喜．金川二矿区富矿石浮选尾矿回收有用矿物的研究[J]．甘肃有色金属，1996(3)：6~12.
[151] 王雅静．大厂老尾矿综合回收关键技术研究[D]．昆明：昆明理工大学，2008.
[152] 陈晓东．金川选矿尾矿再选新技术研究[D]．昆明：昆明理工大学，2006.
[153] 王运敏，田嘉印，王化军，等．中国黑色金属矿选矿实践[M]．北京：科学出版社，2008.
[154] 董燧珍．金堆城钼尾矿中铁的综合回收与提纯[J]．矿产综合利用，2005(5)：6~8.
[155] 贺政，赵明林，王洪杰．氰化尾渣中铅锌浮选影响因素及解决方案浅析[J]．矿冶，2003，12(3)：25~28.
[156] 阮华东，蒋传生，赵金奎．武山铜矿老尾矿资源回收的试验研究[J]．矿业快报，2004(12)：30~31.
[157] 陈家镛．湿法冶金手册[M]．北京：冶金工业出版社，2005.
[158] 普拉德汉 N，李长根，崔洪山．黄铜矿生物堆浸评述[J]．国外金属矿选矿，2008(6)：2~8.
[159] 王世民，樊绍良．歪头山铁矿选矿厂尾矿再选研究与实践[J]．金属矿山，1993(8)：37~42.
[160] 任连峰．冯家峪铁矿尾矿再选生产实践[J]．冶金矿山设计与建设，1997(6)：49~51.
[161] 张振宇．BKW 型尾矿再选磁选机在尾矿再选中的应用[J]．矿冶，2002，11(增刊)：250~251.
[162] 王国军，武小涛．尾矿再选磁选机在铁古坑选厂的应用[J]．现代矿山，2009(2)：250~251.
[163] 李风海．JHC 型矩环式永磁选机在尾矿再选中的应用[J]．冶金矿山与冶金设备，1998(5)：16~17.
[164] 刘曙，祁超英．程潮铁矿选矿厂尾矿再选生产实践[J]．国外金属矿选矿，1998(4)：35~36.
[165] 苏惠民，姜仁社，顾元良．从金矿尾矿中回收金、银、硫的试验研究[J]．黄金，2003，24(8)：31~33.
[166] 张国旺，黄圣生，李自强，等．大型超细搅拌磨机的研制和应用[J]．中国粉体技术，2006，12(4)：48~51.

[167] 张国旺，李自强，李晓东，等. 立式螺旋搅拌磨矿机在铁精矿再磨中的应用[J]. 金属矿山，2008(5)：93～95.

[168] Burford B D，Clark L W. Isa Mill™ technology used in efficient grinding circuits [G/OL] Ⅷ international conference on non-ferrous ore processing-Poland. Wojcieszyce (Poland)，May 21～23，KGHM Cuprum，Wroclaw，2007. http：//www. isamill. com/downloads/IsaMill% 20Technology% 20Used% 20in% 20Effecient% 20Grinding% 20Circuits. pdf.

[169] 安尼马杜 A K，李长根，雨田. 超细磨技术在南非英美铂业集团公司的开发应用[J]. 国外金属矿选矿，2007(6)：11～15.

[170] 卞春富. 选矿厂尾矿回收再选工艺及效益浅析[J]. 首钢科技，2000(1)：22～24.

[171] 胡壁辉. 磁选尾矿回收再选新工艺[J]. 金属矿山，2009(11)：183～185.

[172] 李红卫，徐引行. 汝阳钼矿综合回收磁铁矿工艺的技术改造[J]. 金属矿山，2008(8)：148～150.

[173] 沈立义. 大红山铁矿 400 万 t/a 选矿厂尾矿再选试验及初步实践[J]. 金属矿山，2008(5)：143～145.

[174] 纪光辉，张国强. 三山岛金矿从氰渣中回收铅金属的生产实践[J]. 有色金属(选矿部分)，2003(4)：8～10.

[175] 冯肇伍. 金精矿氰化尾渣回收铜的研究与实践[J]. 有色金属（选矿部分），2002(1)：17～19.

[176] 佘克飞，陈钢，刘建军，等. 从香花岭尾矿库中回收锡石的研究与生产实践[J]. 湖南有色金属，2007，23(3)：11～12.

[177] 杨志洪. 金锑钨尾矿资源综合回收试验研究及生产实践[J]. 有色金属（选矿部分），2002(1)：13～16.

[178] 曹俊华，吴士鹏. 辽宁五龙金矿尾矿开采的生产实践[J]. 黄金，2003，24(2)：30～32.

[179] 张尚铎，王德怀，曹家孔. 铜陵地区黄金矿山尾矿资源的综合利用[J]. 安徽地质，2007，17(1)：22～23.

[180] 林宗寿. 无机非金属材料工学[M]. 武汉：武汉工业大学出版社，1997.

[181] 周仲平. 硫铁矿双代烧制水泥熟料[J]. 水泥技术，1993(3)：25～27.

[182] 苏达根，周新涛. 钨尾矿作环保型水泥熟料矿化剂研究[J]. 中国钨业，2007，22(2)：31～32.

[183] 刘东旭，苏伟. 用选铁尾矿替代铁粉配料生产硅酸盐水泥熟料[J]. 水泥技术，2007(5)：97～98.

[184] 朱永亮，杨万芳，崔海兵. 用尾矿配料生产环保水泥熟料[J]. 中国水泥，2008(6)：55～57.

[185] 孙贵信，周玉，孙薇. 用铁矿尾矿配料生产优质水泥熟料[J]. 水泥，2006(3)：23～24.

[186] 吴振清，周进军，唐声飞，等. 利用铅锌尾矿代替粘土和铁粉配料生产水泥熟料的研究[J]. 新世纪水泥导报，2006(3)：31～32.

[187] 卢山，冯培植，郭随华. 大冶铜尾矿配制高强低能耗水泥的研究[J]. 水泥，1996(1)：1～5.

[188] 康惠荣，陈建兵，康遂平. 用铁尾矿代替硫酸渣烧制水泥熟料的试验研究[J]. 水泥，2004(1)：23～24.

[189] 余春刚，李心继，赵仁应，等. 梅山铁尾矿代替铁粉研制优质水泥熟料[J]. 水泥工程，2008(5)：19～22.

[190] 朱建平，李东旭，邢锋. 铅锌尾矿对硅酸盐水泥熟料矿物结构与力学性能的影响[J]. 硅酸盐学报，2008，36(z1)：180～184.

[191] 冯婕. 刘岭铁矿尾矿综合利用的研究[J]. 金属矿山，2000(6)：47～48.

[192] 李国忠. 新型墙体材料应用现状与发展趋势[J]. 21 世纪建筑材料，2009(1)：31～33.

[193] 马荣. 我国新型墙体材料发展的机遇和挑战[J]. 中国煤炭，2001，27(11)：36～37.

[194] 谢尧生. 固体废弃物在新型墙体材料中的应用[J]. 砖瓦世界，2007(6)：2～6.

[195] 贾清梅，张锦瑞，李凤久. 高硅铁尾矿制取蒸压尾矿砖的研究[J]. 中国矿业，2006，15(4)：

39～41.

[196] 张锦瑞，倪文，贾清梅．唐山地区铁尾矿制取蒸压尾矿砖的研究[J]．金属矿山，2007(3)：85～87.

[197] 何廷树，王盘龙，陈向军，等．铁尾矿干压免烧砖的制备[J]．金属矿山，2009(4)：168～171.

[198] 黄世伟，李妍妍，程麟，等．用梅山铁尾矿制备免烧免蒸砖[J]．金属矿山，2007(4)：81～84.

[199] 尹洪峰，夏丽红，任耘，等．利用邯邢铁矿尾矿制备建筑用砖的研究[J]．金属矿山，2006(2)：79～81.

[200] 朱敏聪，朱申红，夏荣华．利用金矿尾矿制作建筑材料蒸压砖的工艺研究[J]．矿产综合利用，2008(1)：43～46.

[201] 刘福运．绿色墙体材料——尾矿免烧砖的生产与应用[J]．山东建材，2003，24(5)：43.

[202] 李同宣，刘福运．尾矿免烧砖生产工艺实践[J]．冶金环境保护，1999(5)：119～120.

[203] 林积梁．利用黄金尾矿和瓷土尾矿生产加气混凝土砌块的探讨及实践[J]．福建建材，2009(6)：39～42.

[204] 徐惠忠．利用黄金尾矿制砖的实验研究及生产工艺选择[J]．硅酸盐建筑制备，1995(4)：32～36.

[205] 周爱民．中国充填技术概述[J]．矿业研究与开发，2004，24(z1)：1～7.

[206] 于润沧．我国胶结充填工艺发展的技术创新[J]．中国矿山工程，2010，39(5)：1～4.

[207] 施士虎，李浩宇，陈慧泉．矿山充填技术的创新与发展[J]．中国矿山工程，2010，39(5)：10～13.

[208] 柳小胜．中国铁矿床充填采矿实践[J]．矿业研究与开发，2012，32(6)：7～9.

[209] 韩振中．高浓度全尾砂胶结充填新工艺和装备的研究与应用[J]．采矿技术，2001，1(4)：8～11.

[210] 谢开维，何哲祥．张马屯铁矿全尾砂胶结充填的试验研究[J]．矿业研究与开发，1998，18(4)：8～10.

[211] 何哲祥，谢开维，周爱民．全尾砂胶结充填技术的研究与实践[J]．中国有色金属学报，1998，8(4)：739～744.

[212] 康建华．张马屯铁矿全尾砂胶结充填试验[J]．山东冶金，2001，23(2)：39～41.

[213] 王兆远．济钢张马屯铁矿“矿业循环经济模式”探索[J]．矿业快报，2006(5)：45～47.

[214] 蔡嗣经．矿山充填力学基础[M]．北京：冶金工业出版社，1994.

[215] 王方汉，姚中亮，曹维勤．全尾砂膏体充填技术及工艺流程的试验研究[J]．矿业研究与开发，2004，24(z1)：51～55.

[216] 姚中亮．全尾砂结构流体胶结充填的理论与实践[J]．矿业研究与开发，2006，26(z1)：15～18.

[217] 王方汉，曹维勤，康瑞海．南京铅锌银矿全尾砂胶体充填试验与系统改造[J]．金属矿山，2003(10)：16～17.

[218] 王喜兵，庞计来，李红桥．新型全尾砂胶结充填采矿工艺技术研究与应用[J]．采矿技术，2010，10(3)：1～5.

[219] 王汉强，沈楼燕，吴国高．固体废物处置堆存场环境岩土技术[M]．北京：科学出版社，2007.

[220] 祝玉学，戚国庆，鲁兆明，等．尾矿库工程分析与管理[M]．北京：冶金工业出版社，1999.

[221] 澳大利亚联邦政府工业旅游资源部．矿产业可持续发展最优方法计划：尾矿管理[M/OL]．2007. http：//www. ret. gov. au/resources/Documents/.

[222] 陈青，陈秀华，朱星．尾矿坝设计手册[M]．北京：冶金工业出版社，2007.

[223] AQ 2006—2005 尾矿库安全技术规程[S]. 2005.

[224] 马池香，秦华礼．基于渗透稳定性分析的尾矿库坝体稳定性研究[J]．工业安全与环保，2008，34(9)：32～34.

[225] 吕庭刚，庙延钢．尾矿库坝体渗透稳定性分析[J]．云南冶金，2005(2)：12～15.

[226] 裘家骙，王炳荣，柳厚祥．白雉山尾矿库筑坝技术与坝体动力稳定性研究[J]．化工矿山技术，1994，23(4)：21～26.

[227] 周志斌．白雉山尾矿库的稳定性评价[J]．冶金矿山设计与建设，2002，34(7)：5～8.

[228] 柳厚祥，王开治．旋流器与分散管联合堆筑尾矿坝地震反应分析[J]．岩土工程学报，1999，21(2)：171～176.

[229] 梁金建．德兴铜矿 4 号尾矿库中线法堆坝生产实践[J]．中国矿山工程，2008，37(1)：15～17.

[230] 吴飞．德兴铜矿尾矿库中线法堆坝生产及技术管理实践[J]．有色金属（选矿部分），1998(1)：37～39.

[231] 李建荣．德兴铜矿 4 号尾矿库尾矿堆积坝边坡稳定性分析[J]．有色冶金设计与研究，2002，23(4)：62～63.

[232] 徐宏达．我国尾矿库病害事故统计分析[J]．工业建筑，2001，31(1)：69～71.

[233] 李全明，王云海，张兴凯，等．尾矿库溃坝灾害因素分析及风险指标体系研究[J]．中国安全生产科学技术，2008，4(3)：50～53.

[234] 郑欣，秦华礼，许开立．导致尾矿坝溃坝的因素分析[J]．中国安全生产科学技术，2008，4(1)：51～54.

[235] 束永保，李仲学．尾矿库溃坝灾害事故树分析[J]．黄金，2010，31(6)：54～56.

[236] 印万忠，李丽匣．尾矿的综合利用与尾矿库的管理[M]．北京：冶金工业出版社，2009.

[237] 国家安全生产监督管理局．安监总管一[2007]4 号：国家安全监管总局关于贵州紫金矿业股份有限公司贞丰县水银洞金矿尾矿库“12·27”溃坝事故的通报[R]. 2007-01-08.

[238] 国家安全生产监督管理局．安监总管一［2007］245 号：国家安全监管总局关于辽宁省鞍山市海城西洋鼎洋矿业有限公司选矿厂尾矿库“11·25”溃坝事故的通报[R]. 2007-12-02.

[239] 山西省安全监督局．“5. 18”尾矿库溃坝事故分析[J]．劳动保护，2007(12)：78～79.

[240] 广西南丹县鸿图选矿厂尾矿库垮坝事故［EB/OL]. http：//www. aqsc. cn/101814/101919/24932. htm.

[241] AQ 2030—2010 尾矿库安全监测技术规范[S]. 2010.

[242] GB 50547—2010 尾矿堆积坝岩土工程技术规范[S]．北京：中国计划出版社，2010.

[243] 邢丹，刘鸿雁．铅锌矿区重金属的迁移特征及生态恢复研究现状[J]．环保科技，2009，15(2)：10～13.

[244] 陈天虎．矿山尾矿矿物学研究进展[J]．安徽地质，2001，1(1)：64～69.

[245] Jambor J L，Owens D R. 1993，Mineralogy of the tailings impoundment at the former Cu-Ni deposit of Nickel Rim. Mines Ltd. ，eastern edge of Sudbwy Structure，Ontario；CANMET Division Report MSL 934 (CF).

[246] Michelle paulette Bowlet. A comparative mineralogical and geochemical study of sulphide mine-tailings at two sites in new mexico. USA［D]. Ottawa：the univsity of manitoba 1997：132. http：//www. collectionscanada. gc. ca/obj/s4/f2/dsk2/ftp04/mq23231. pdf.

[247] Miller S D，Jeffery J J，Wong J W C. Use and misuse of the acid-base account for AMD prediction[C]//Proceedings of the second international conference on the abatement of acid drainage. Montreal，1991：16～18.

[248] Bernhard Dold. Basic concepts of environmental geochemistry of sulfide mine-waste. 5 ～ 20. http：//www. unil. ch/webdav/site/cam/users/jlavanch/public/Le_personnel/Dold_ Basicconcepts. pdf.

[249] Eggleton R A ，Aspandiar M. Environmental mineralogy. 2007：34 ～ 38. http：//crcleme. org. au/Pubs/OPEN%20FILE%20REPORTS/OFR%20206/OFR%20206. pdf.

[250] 钱建平，江文莹，牛云飞．矿山-河流系统中重金属污染的地球化学研究[J]．矿物岩石地球化学

通报，2010，29(1)：75～82.

[251] 饶运章，侯运炳．尾矿库废水酸化与重金属污染规律研究[J]．辽宁工程技术大学学报，2004，23(3)：430～432.

[252] Best practice environmental management in mining. Enviroment Protection Agency，Rehabilitation and Revegetation，1995. http：//www. ret. gov. au/resources/resources_programs/lpsdpmining/handbooks/Pages/default. aspx.

[253] 澳大利亚联邦政府工业旅游资源部．矿产业可持续发展最优方法计划 矿区复原．http：//www. ret. gov. au/resources/Documents/LPSDP/LPSDP-MineRehabChinese. pdf.

[254] 胡明安，徐伯骏，张晓军，等．鄂东南大型矿业基地资源开发的环境影响评价指标及生态重建示范工程调研[M]．武汉：中国地质大学出版社，2005.

[255] 彭建，蒋一军，吴健生，等．我国矿山开采的生态环境效应及土地复垦典型技术[J]．地理科学进展，2005，24(2)：38～48.

[256] 过仕民．杨山冲尾矿库无土植被及其效果[J]．有色金属，2004，56(4)：126～128.

[257] Resource efficient and cleaner production introduction. http：//www. unep. fr/scp/cp.

[258] 段宁，但智钢，王璠．清洁生产技术：未来环保技术的重点导向[J]．环境保护，2010(16)：21～23.

[259] UNEP，Sida. Basic of cleaer production session 2. http：//unep. fr/shared/. s.

[260] Rene Van Berkel. Application of cleaner production principles and tools for Eco-efficient minerals processing [C]//Green processing conferrnce cairns Qld. 2002：57～69.

[261] Hilson G. Defining "cleaner production" and "pollution prevention" in the mining context[J]. Minerals Engineering，2003，16：305～321.

[262] Rene Van Berkel. Eco-efficiency in the Australian minerals processing sector[J]. Journal of Cleaner Production，2007，15：772～781.

[263] HJ/T 294—2006 清洁生产标准铁矿采选业[S]. http：//kjs. mep. gov. cn/hjbhbz/bzwb/other/qjscbz/200608/t20060822_91721. htm.

[264] HJ/T 358—2007 清洁生产标准镍选矿行业[S]. http：//kjs. mep. gov. cn/hjbhbz/bzwb/other/qjscbz/200708/t20070808_107734. htm.

[265] Catherine Driussi，Janis Jansz. Pollution minim-isation practices in the Australian mining and mineral processing industries[J]. Journal of Cleaner Production，2006，14：673～681.

[266] HJ-BAT-003 钢铁行业采选矿工艺污染防治最佳可行技术指南（试行）[S]. http：//www. zhb. gov. cn/gkml/hbb/bgg/201003/W020100413516609751138. pdf.

[267] 周成昌，钟铁．马钢姑山矿业公司清洁生产审核实践[J]．矿山环保，2002(4)：3～7.

[268] 董会新，张春娜，李富平．河北金厂峪金矿清洁生产审核[J]．矿业快报，2008(6)：60～61.

[269] 俞锡明，孟农灿，楼海高．平铜集团节能减排与矿山和谐发展的实践[J]．采矿技术，2008，8(3)：88～90.

[270] Ayres R U. 创造工业生态系统——一种可行的管理系统？[J]．产业与环境（中文版），1997，19(4)：4～7.

[271] Lowe E，Moran S，Holmels A. A field-book for the development of eco-industrial parks[R]. Report for U S Environmental Protection Agency Oakland：Indigo Development International，1995.

[272] President' s council on sustainable development. Eco-industrial park workshop proceedings，Washington D C，1996. http：//cliton4. nara/pcsd/publications/ecoworkshop. htm.

[273] Edward Cohen Rosenthal. 设计生态工业园：美国经验[J]．产业与环境（中文版），1997，19(4)：14～18.

[274] 邓南圣，吴峰．工业生态学——理论与应用[M]．北京：化学工业出版社，2002.

[275] 董业斌，张梦莎，李志东．我国工业生态园区建设的社会背景及发展趋势[J]．生态经济（学术版），2010(2)：258 ~ 261.

[276] 纪罗军．从几种典型模式看我国硫酸工业循环经济发展[J]．硫酸工业，2007(5)：7 ~ 12.

[277] 山东鲁北企业集团总公司．走进鲁北/循环经济［EB/OL］. http：//lubei. com. cn/index. aspx? menuid = 3&type = introduct&lanmuid = 4&language = cn.

[278] 朱俊士，生态矿业[J]．中国矿业，2000，9(6)：1 ~ 3.

[279] 潘长良，彭秀平．关于生态矿业的思考[J]．湘潭大学自然科学学报，2004，26(1)：132 ~ 135.

[280] Sagar A D，Frosch R A. A perspective on industrial ecology and its application to a metals-industry ecosyotem[J]. J cleaner production，1997，5(1/2)：39 ~ 45.

[281] Basu A J，van Zyl A J A. Industrial ecology frame work for achieving cleaner production in the mining and minerals industry[J]. Journal of cleaner production，2006，14：299 ~ 304.

[282] 肖松文，张泾生，曾北危．产业生态系统与矿业可持续发展[J]．矿冶工程，2001，21(1)：4 ~ 6.

[283] 周爱民，古德生．基于工业生态学的矿山充填模式[J]．中南大学学报（自然科学版），2004，35(3)：468 ~ 472.

[284] 尾矿综合利用产业技术创新战略联盟．尾矿综合利用发展现状及前景展望[J]．尾矿联盟简讯，2011(4)：1 ~ 18.

[285] 纪罗军．硫铁矿烧渣资源的综合利用[J]．硫酸工业，2009(1)：1 ~ 8.

[286] 李青春，刘水发．德兴铜矿硫铁矿资源综合利用研究和应用[J]．铜业工程，2010(1)：58 ~ 61.

[287] 秦国玉．金川集团公司发展矿业循环经济的实践与探索[J]．有色冶金节能，2010(1)：14 ~ 16.

[288] 金川集团有限公司社会责任/环境保护[EB/OL]. http：//www. jnmc. com/shzr/hjbh/index. html.

[289] 武玉江．发展循环经济　打造绿色矿山——新城金矿环境保护工作的探索与尝试[J]．黄金，2005，26(12)：1 ~ 3.

[290] 李奎星．鲁中矿业公司发展矿业循环经济的实践与探索[J]．矿业工程，2008，6(5)：50 ~ 52.

[291] 吕宏芝．南京栖霞山锌阳矿业有限公司开展循环经济工作经验[J]．矿业快报，2006(3)：430 ~ 433.

[292] 邱定蕃，徐传华．有色金属资源循环利用[M]．北京：冶金工业出版社，2006.

[293] 郭学益，田庆华．有色金属资源循环理论与方法[M]．长沙：中南大学出版社，2008.

[294] 邱定蕃，吴义千，符斌，等．我国有色金属资源循环利用[J]．有色冶金节能，2005(4)：6 ~ 13.

[295] 邱定蕃，吴义千，符斌，等．我国有色金属资源循环利用（续）[J]．有色冶金节能，2005(5/6)：7 ~ 10.

[296] 邱定蕃，吴义千，符斌，等．我国有色金属资源循环利用（续3）[J]．有色冶金节能，2006(1)：11 ~ 14.

[297] 邱定蕃，吴义千，符斌，等．我国有色金属资源循环利用（四）[J]．有色冶金节能，2006(2)：4 ~ 8.

[298] International Zinc Association，Delft University of Technology. Zinc College course notes［M］. 2nd ed (with revisions). 2002.

[299] Reina Kawase. Estimation of global iron and steel cycle［R/OL］[2011-04-25]. http：//www. iam. nies. go. jp/aim/AIM_workshop/15thAIM/04_Kawase. pdf.

[300] HJ 465—2009 钢铁工业发展循环经济环境保护导则［S］［2011-04-25］. http：//bz. mep. gov. cn/bzwb/other/qt/200903/W020090320473438205525. pdf.

[301] Organisation of European Aluminium Refiners and Remelters. Aluminium recycling in Europe，the road to high quality products［R/OL］[2011-04-25]. http：//www. world-aluminium. org/cache/fl0000217. pdf.

[302] 张华，胡德文．我国二次资源回收利用状况与发展潜力[J]．金属矿山，2004(增刊)：29～33.
[303] U S Geological Survey，U S Department of the Interior. 2008 minerals yearbook recycling，metals [R/OL] [2011-04-25]. http：//minerals. usgs. gov/minerals/pubs/commodity/recycle/myb1-2008-recyc. pdf.
[304] 林加冲．我国废钢产业发展概况及前景展望[J]．再生资源与循环利用，2010，3(2)：13～17.
[305] 李士琦，张汉东，陈煜，等．废钢电弧炉炼钢流程和循环经济[J]．特殊钢，2006，27(3)：1～4.
[306] 卢建．再生金属：发展现状及前景展望[J]．中国金属通报，2010(21)：17～20.
[307] 成海芳，文书明，殷志勇．高炉渣综合利用的研究进展[J]．矿业快报，2006(9)：21～23.
[308] 赵青林，周明凯，魏茂．德国冶金渣及其综合利用情况[J]．硅酸盐通报，2006，25(6)：165～171.
[309] 郭家林，赵俊学，黄敏．钢渣综合利用技术综述及建议[J]．中国冶金，2009，19(2)：35～38.
[310] 朱仁良，李军．炼铁的固体废物资源控制与综合利用[R/OL][2011-04-25]. http：//www. baosteel. com/group/07press/pdf/baosteeltech/23b. pdf.
[311] 钱强．攀钢钢渣加工现状及发展对策[J]．中国资源综合利用，2010(8)：38～40.
[312] 刘承军，扈恩征．开辟除尘灰利用和环保新途径[J]．中国冶金，2004(9)：40～45.
[313] 王涛，夏幸明，沙高原．宝钢含锌尘泥的循环利用工艺简介[J]．中国冶金，2004(3)：9～14.
[314] 黎燕华．我国转炉污泥资源化技术研究与进展[J]．金属矿山，2005(增刊)：101～106.
[315] 黄导．中国钢铁工业固体废弃物（固体副产品）资源化无害化处理实践及发展趋势[J]．冶金环境保护，2009(6)：10～19.
[316] 杨景玲，朱桂林，孙树杉．我国钢铁渣资源化利用现状及发展趋势[J]．冶金环境保护，2009(6)：26～31.
[317] 林高平，邹宽，林宗虎，等．高炉瓦斯泥回收利用新技术[J]．矿产综合利用，2002(3)：42～45.
[318] 刘秉国，彭金辉，张利波，等．高炉瓦斯泥（灰）资源化循环利用研究现状[J]．矿业快报，2007(5)：14～19.
[319] 邹宽，林高平，胡利光．使用水力旋流器回收高炉瓦斯泥[J]．中国冶金，2003(9)：29～33.
[320] Heijwegn Cornelis P，Kat Willem. Method for treating blast furnace gas and apparatus for carring out that method：US，4854946 [P]. 1989-08-08.
[321] 胡永平，孙体昌．高炉瓦斯泥的回收与利用[J]．环境工程，1996，12(6)：50～531.
[322] 于留春，衣德强．从梅山高炉瓦斯泥中回收铁精矿的研究[J]．金属矿山，2003(10)：65～681.
[323] 曹克，胡利光．水力旋流分离技术在瓦斯泥脱锌工程中的应用与研究[J]．宝钢技术，2006(5)：16～19.
[324] 崔健，肖永力，李永谦，等．渣处理技术的发展与钢铁行业的环境经营[J]．宝钢技术，2010(3)：5～9.
[325] 宁新周，张计民，张维召，等．国内钢渣处理和应用方式的调查分析[J]．冶金环境保护，2007(2)：45～47.
[326] 于克旭，周征，宋宝莹．钢渣磁选产品选别工艺设计及生产实践[J]．金属矿山，2010(10)：175～177.
[327] 选矿手册编辑委员会．选矿手册第八卷第四分册[M]．北京：冶金工业出版社，2008.
[328] 王少青．铜炉渣选矿工艺流程设计探讨[J]．有色矿山，1998(6)：20～23.
[329] 黄建芬，丁长云．冶炼渣浮选处理工艺及评价[J]．有色金属（选矿部分），2000(5)：15～18.
[330] 毛建秋．贵溪冶炼厂转炉渣浮选尾矿铜偏高原因的探讨[J]．国外金属矿选矿，2001(6)：21～22.
[331] 王国红．贵溪冶炼厂渣选系统达产达标技术研究[J]．矿冶，2008，17(2)：12～20.
[332] 甘宏才．大冶诺兰达炉渣选矿的研究与实践[J]．湖南冶金，2004，32(4)：30～34.
[333] 王国军．内蒙古金峰铜业铜转炉渣选矿生产实践[J]．有色金属（选矿部分），2010(1)：26～28.

[334] Amirreza Khatibi. Distribution of elements in slag, matte and speiss during settling operation[D]. Lulea: Lulea University of Technology, 2008: 12[2011-04-25]. http: //epubl. ltu. se/1653-0187/2008/111/LTU-PB-EX-08111-SE. pdf.
[335] Caneyt Arslan, Fatma Arslan. Recovery of copper, cobalt, and zinc from copper smelter and converter slags[J]. Hydrometallurgy, 2002, 67: 1 ~ 7.
[336] 沈湘黔，谢建国．铁矾法炼锌工艺中回收银的研究[J]．矿冶工程，1992，13(2)：51 ~ 55.
[337] Ductrizac J E, Chen T T. Mineralgical characterization of silver flotation concentrate produced by vielle-montagne balan belgiom [J]. Trans Inst Min Metall (Sect C: Mineral Process Extr Metall), 1988, 97: 180 ~ 190.
[338] 梁经冬．浮选理论与选冶实践[M]．北京：冶金工业出版社，1995.
[339] 余真荣．贵冶转炉渣选矿原矿和尾矿物质组成的调查研究[J]．有色矿冶，1999(1)：14 ~ 17.
[340] 黄明琪，雷贵春．贵溪冶炼厂转炉渣选矿生产10年综述[J]．江西有色金属，1998，12(2)：17 ~ 20.
[341] 余浔，雷存友．贵溪冶炼厂二期转炉渣选矿工艺设计[J]．有色冶金设计与研究，2000，21(4)：26 ~ 30.
[342] 杨峰，曾洪生．江铜贵冶转炉渣选矿二期工程调试与技改[J]．江西有色金属，2002，16(1)：23 ~ 26.
[343] 王国红．电炉渣回收铜技术的生产实践[J]．铜业工程，2007(2)：5 ~ 7.
[344] 汤雁斌．提高炼铜炉渣选矿技术指标的工艺措施[J]．矿冶工程，2005，25(2)：31 ~ 33.
[345] 陈明云．提高株冶锌Ⅰ系统浮选银产量的生产实践[J]．湖南有色金属，2007，23(3)：5 ~ 7.
[346] 刘文敏．锌系统浮选银存在的问题及改进[J]．湖南有色金属，2001，17(9)：5 ~ 10.
[347] 王辉．湿法炼锌工业挥发窑窑渣资源化综合循环利用[J]．中国有色冶金，2007(6)：46 ~ 50.
[348] 王辉．锌挥发窑废渣物理分选回收工艺研究[J]．稀有金属与硬质合金，2007，35(1)：31 ~ 35.
[349] 刘树立．铜陵有色高配比硫酸渣球团技术的工业化应用[J]．烧结球团，2010，35(1)：15 ~ 20.
[350] 朱腊梅．永平铜矿硫酸渣选铁工业试验研究[J]．矿业快报，2008(12)：72 ~ 74.
[351] 胡宾生，王晖．南化硫酸渣磁化焙烧-磁选工艺的研究[J]．环境工程，1999，17(4)：53 ~ 56.
[352] 董风芝，姚德，孙永峰．硫酸渣用磁化焙烧工艺分选铁精矿的研究与应用[J]．金属矿山，2008(5)：146 ~ 148.
[353] 胡宾生，王晖．铜陵硫酸渣磁化焙烧-磁选过程中铜、金、银赋存状态的变化[J]．矿产综合利用，2002(4)：16 ~ 18.
[354] 刘友华．硫酸渣综合回收利用研究及生产实践[J]．矿业快报，2006(11)：54 ~ 56.
[355] 饶拴民．对高铝粉煤灰生产氧化铝技术及工业化生产技术路线的思考[J]．轻金属，2010(1)：15 ~ 19.
[356] 陈祥荣，王明智，席北斗，等．粉煤灰的资源化利用与循环经济[J]．再生资源与循环利用，2009(11)：34 ~ 38.
[357] 杨圣玮，侯新凯，汪澜．浅谈粉煤灰综合利用技术[C]//第十届全国水泥和混凝土化学及应用技术会议论文集．南京，2007：1 ~ 9.
[358] GB/T 1596—2005 用于水泥和混凝土中的粉煤灰[S]．北京：中国标准出版社，2005.
[359] 石云良，陈正学．粉煤灰的脱炭技术[J]．矿产综合利用，1999(2)：35 ~ 37.
[360] 龚文勇，张华．电选粉煤灰脱碳技术的研究[J]．粉煤灰，2005(3)：33 ~ 36.
[361] 龚文勇，张华，林善飞．YD31300-21F型粉煤灰电选脱碳机在云浮电厂的应用研究[C]//第三届中国商品粉煤灰、磨细矿渣及煤矸石加工与应用技术交流大会．长沙，2005：23 ~ 27.
[362] 吕子剑．粉煤灰提取氧化铝研究进展[J]．轻金属，2010(7)：12 ~ 14.

[363] 王祝堂．从高铝粉煤灰提取氧化铝联产硅产品的工艺[J]．轻金属，2010(4)：52.
[364] 何亚群，段晨龙，王海峰，等．电子废弃物资源化处理[M]．北京：化学工业出版社，2006.
[365] 顾帼华，王晖．报废电子器件的物理分离[J]．矿冶工程，2004，24(4)：24～30.
[366] Zhang Shunli，Forssberg Eric. Electronic scrap characterization for materials recycling[J]. Journal of Waste Management & Resource Recovery. 1997，3(4)：157～167.
[367] Cui Jirang，Zhang Lifeng. Metallurgical recovery of metals from electronic waste：a review[J]. Journal of Hazardous Materials，2008，158：228～256.
[368] Kang Haiyong，Schoenung Julie M. Electronic waste recycling：a review of US infrastructure and technology options[J]. Resources，Conservation and Recycling，2005，45：368～400.
[369] Cui Jirang，Forssberg Eric. Mechanical recycling of waste electric and electronic equipment ：a review [J]. Journal of Hazardous Materials，2003，B99：243～263.
[370] 李明德，李涛，王明才．稀土永磁辊式涡电流分选机的研制[J]．矿冶工程，1997，17(1)：38～41.
[371] 孙云丽，段晨龙，左蔚然，等．涡电流分选机理及应用[J]．江苏环境科技，2007，20(2)：40～42.
[372] 刘承帅，王晓明，刘方明．涡流分选原理及皮带式分选机的研制[J]．有色设备，2009(1)：4～7.
[373] Eriez eddy current non-ferrous metal separators [2011-04-25]. http：//eriez. com/products/Eddy Current Separators Recycling.
[374] Non-ferrous separators [2011-04-25]. http：//www. waqner magnete. de/en/content700. html.
[375] Mastemag eddy current Separator [2011-04-25]. http：//www. mastermagnets. com.
[376] Eddy current separator from dings [2011-04-25]. http：//www. dingsmagnets. com/eddy-current-separation/#.
[377] 科恩勒彻 R，博茨 M．静电分选及其在处理各种再生物料混合物的工业应用[J]．国外金属矿选矿，1998(8)：22～25.
[378] 提墨尔 G．残余废弃物的气流分选[J]．国外金属矿选矿，2006(10)：32～35.
[379] Zhang Shunli，Forssberg Eric. Mechanical recycling of electronics scrap-the current status and respects [J]. Waste Manage Res，1998，16(2)：119～128.
[380] Yokoyama S，Iji M. Recycling of printed wiring boards with mounted electronic parts [C]//Proceedings of the 1997 IEEE international symposium，electronics and the environment. 1997：109～114.
[381] 徐政，沈志刚．废旧线路板的处理技术[J]．中国粉体材料（信息资讯版），2005(1)：6～9.
[382] 明果英．废印制电路板的物理回收及综合利用技术[J]．印刷电路信息，2007(7)：47～50.
[383] 胡远军，李麒麟，徐东军．废旧印制电路板物理回收及综合利用[J]．印刷电路信息，2007(4)：59～62.
[384] 李麒麟，明果英．一种废旧电路板回收处理系统：中国，CN200910262200. 3[P]. 2009-12-31.
[385] 废印制电路板基板粉碎分离设备．http：//www. vary. net. cn/prod/2012-7-6/FeiYiZhiDianLuBanJiBanFenSuiBanChiSheBei. htm.
[386] Goosey M，Keller R. A scoping study：ender-of-life printed circuit boards [R/OL]. 2002[2011-04-25]. http：//www. cfsd. org. uk/seeba/TD/reports/PCB_Study. pdf.
[387] Gary Stevens，Janet Thomas，Catalin Fotea. Recovery & recycling of waste electronic circuit boards for onyx environment trust [R/OL]. 2005[2011-04-25]. http：//www. veoliatrust. org/docs/recovery_and_recycling_of_waste_electronic_circuit_boards. pdf.

冶金工业出版社部分图书推荐

书名	作者	定价(元)
复杂难处理矿石选矿技术(全国选矿学术会议论文集)	孙传尧　敖　宁　刘耀青	90.00
尾矿库手册	沃廷枢　汪贻水	180.00
选矿厂辅助设备与设施	周晓四　陈　斌	28.00
铁矿选矿新技术与新设备	印万忠　丁亚卓	36.00
尾矿的综合利用与尾矿库的管理	印万忠　李丽匣	28.00
矿物加工实验方法	于福家　印万忠　刘　杰 赵礼兵	33.00
矿物加工技术(第7版)	B. A. 威尔斯 T. J. 纳皮尔·马恩	65.00
采场岩层控制论	何富连　赵计生　姚志昌	25.00
矿井热环境及其控制	杨德源　杨天鸿	89.00
碎矿与磨矿技术问答	肖庆飞	29.00
露天采矿机械	李晓豁	32.00
安全科学及工程专业英语	唐敏康　邓晓宇	36.00
新编矿业工程概论	唐敏康	59.00
化学选矿技术	沈　旭　彭芬兰	29.00
探矿选矿中各元素分析测定	龙学祥	28.00
煤炭分选加工技术丛书		
选煤厂固液分离技术	金　雷	29.00
重力选煤技术	杨小平	39.00
煤泥浮选技术	黄　波	39.00
煤化学与煤质分析	解维伟	42.00
工业清洁生产培训系列教材	环境保护部清洁中心	45.00
钢铁行业清洁生产培训教材	冶金清洁生产技术中心	45.00
矿产经济学——原理、方法、技术与实践	袁怀雨　刘保顺　李克庆 苏　迅　贺冰清　李富平 李新玉　谢承祥	59.00
重介质旋流器选煤理论与实践	彭荣任　何青松　杨　喆	40.00
构建企业安全文化及基本知识问答	姜福川	35.00